카르툼

대영제국 최후의 모험

KHARTOUM

카르툼

대영제국 최후의 모험

마이클 애셔 지음
최필영 옮김

일조각

한국의 독자들에게

책을 써오면서 이토록 극적인 실화를, 그것도 소설보다 더 흥미진진한 소재를 다룰 기회는 일생에 몇 번 없을 것입니다. 『카르툼—대영제국 최후의 모험』은 바로 그런 책입니다. 세계 질서를 완전히 뒤바꾼 제1차 세계대전이 벌어지기 20여 년 전, 대영제국은 빅토리아 시대의 황혼기에 접어듭니다. 당시 최전성기를 맞은 대영제국은 최후의 모험을 펼치는데, 그것이 바로 이 책의 내용인 영국-수단전쟁입니다.

저자인 저로서도 이 책을 한마디로 정의하기란 쉽지 않습니다. 이 전쟁에는 자부심과 오만이 깔려 있습니다. 그리고 용기와 투지, 헌신과 명예가 묻어 있으며 피비린내 나는 공포도 책의 곳곳에서 만날 수 있습니다. 등장인물의 야망과 신념은 서로 충돌하며 불꽃을 일으킵니다. 이들에 비하면 어지간한 소설의 주인공은 빛을 잃을 지경입니다.

오스만제국이 씌운 식민지의 멍에를 던져버린다며 무슬림 지지자들을 모아 군대를 일으킨 마흐디, 글은 몰랐으나 영적 지도자 역할을 하다 결국 폭군이 된 아브달라히, 조직의 명령을 따르기보다는 내면의 소리에 귀를 기울인 기독교 신비주의자 찰스 고든, 무능한 부하들 탓에 자신이 구상한 화려한 작전을 망쳐버린 가넷 울즐리, 낯을 가리는 얌전한 공병 장교였으나 민완한 정보 장교로 성장한 허버트 키치너. 키치너는 광활한 미지의 사막에 대담하게도 철도를 부설했고, 1898년, '세상의 끝' 이라 부를 만한 '옴두르만 전투'에서 마흐디국을 끝장냅니다.

저는 인생의 상당 부분을 수단에서 보냈습니다. 아랍어를 쓰면서 살며, 수단 사람들을 매우 존경합니다. 이런 제게 『카르툼』은 의미가 남다릅니다.

집필할 때는 이 책이 한국어로 번역되리라고는 전혀 생각하지 못했습니다. 최필영 소령이 번역해 한국 독자들에게 소개된다니 무척 기쁘고 영광스럽습니다. 최 소령은 최적의 번역자입니다. 그는 수단에서 유엔군 옵서버로 근무했기에 수단은 물론 『카르툼』의 전투 현장을 속속들이 알고 있습니다. 그 경험을 살려 수려한 번역으로 제 책을 한국에 소개해준 최 소령에게 감사를 표합니다.

끝으로 이 전쟁을 되짚어보며 제가 느꼈던 감동, 경외감, 그리고 장엄한 역사 속으로 빨려들어 가는 듯한 생동감을 한국 독자들께서도 느껴보시기를 기대합니다.

케냐 나이로비에서

마이클 애셔

책을 옮기며

장면 하나.

2001년 9월 11일, 오사마 빈 라덴이 이끄는 알카에다의 행동대원들은 납치한 민항기 4대로 뉴욕의 세계무역센터와 워싱턴의 미 국방부를 각각 들이받는 유례없는 자살공격을 감행해 성공했다. 2011년 5월 2일, 끈질기게 추적해 오사마 빈 라덴을 사살한 뒤 오바마 대통령은 "정의가 실현되었다 Justice has been done!"고 말했지만, 안보와 전쟁의 전통적인 개념을 송두리째 바꿔놓고 9·11이라는 고유명사로 남은 2001년의 이 사건은 이미 지울 수 없는 시대의 흔적이 되었다.

장면 둘.

제1차 세계대전 중 솜Somme 전투 첫날인 1916년 7월 1일, 영국군은 독일군의 기관총 앞으로 무모하고도 용감하게 돌격했지만 대가는 참혹했다. 이날 하루에만 영국군 1만 9천240명이 전사하고, 3만 5천493명이 부상했는데, 이 숫자는 전쟁의 역사에서 가장 참혹한 기록이다. 기관총과 철조망으로 상징되는 참호전塹壕戰을 극복하려 전차가 등장했고 이를 시작으로 신무기들이 지금까지 전장을 누비고 있지만, 기관총은 언제나 중요한 무기로 남을 것이다.

이 책은 19세기 후반, 제국주의 시대를 배경으로 근동近東(오늘날 널리 쓰는 중동中東은 제2차 세계대전의 산물이다)과 북동 아프리카에서 일어난 일련의 전쟁에 초점을 맞춘 역사서이다. 역사서이긴 하지만 다큐멘터리와 드라마가 살아 있는 책이기도 하다.

인류의 인식과 삶을 크게 바꾼 일을 주요 사건이라 부른다면, 이 책에 나온 몇 개의 사건은 오늘날까지도 상당한 정도로 영향을 미친다는 점에서 주요 사건으로 부르는 데 손색이 없다.

이 책의 가장 큰 강점은 오늘의 세계사를 상당 부분 이해하도록 도와준다는 것이다. 오사마 빈 라덴이 일으킨 2001년의 사건이 앞으로도 영향을 끼칠 것이라는 판단은 '그에게 영향을 미친 것은 무엇인가?' 라는 물음으로 자연스럽게 이어진다. 세계적으로 손꼽히는 갑부였던 그가 수단에 가서 살겠다고 결심할 무렵부터, 그리고 수단에서 지낸 4년 동안 그에게 가장 큰 영향을 끼친 것은 마흐디와 마흐디의 유산이었다. 1955년 수단 내전이 시작된 것을 시작으로 2011년 7월 9일 남수단이 독립하게 된 데에는 역시 마흐디의 유산이 있었다. 우리와는 아무 관련도 없을 것 같던 마흐디의 유산은 100여 년 뒤인 2002년 다산부대와 동의부대가 아프가니스탄에 파병되는 것을 시작으로, 2010년 오쉬노부대, 그리고 2012년 유엔 평화유지군의 일원으로 남수단에 한빛부대가 파병되는 데도 영향을 미쳤다. 나 또한 어떤 형태로든 마흐디의 유산으로부터 두 번이나 영향을 받은 사람이 되었다.

이 책의 두 번째 강점은 기관총을 중심으로 현대 전쟁에 쓰이는 무기의 발전과 전술의 변화 과정을 상당 부분 보여주면서 전쟁이라는 것이 얼마나 복잡한 것인가를 생각하게 해준다는 것이다. 지난 20세기에는 기술이 빠르게 발달하면서 전투 방식 또한 급속히 바뀌었는데 이런 변화의 뿌리와 중간 과정의 상당량은 이 책의 여러 전투에서 찾을 수 있다. 결과적으로만 보면 특정 무기가 전쟁의 양상을 단번에 바꾸는 것 같지만 핵무기를 제외한 모든 무기는 그 나름의 치열한 과정을 거쳐 뿌리를 내리거나 퇴출되었다. 막상 자리를 잡더라도 기존 전술의 관성을 극복하고 변화를 가져오는 데는 상당한 시일이 걸린다. 당시 신무기라 할 수 있는 기관총이 2천 년도 더 된 '구식 싸움법' 을 쉽게 극복하지 못하는 모습, 별다른 효과를 보지 못하면서도 기병 돌격을 고집하는 모습을 보노라면 오늘날 대세라 할 수 있는 최첨단 정밀 무기가 전장에서 고전하며 전쟁이 생각처럼 풀리지 않는 현실이 겹쳐진다.

마지막으로 이 책은 승리의 핵심이 결국 사람이라는, 평범하지만 변치 않는 진리를 다시 한 번 확신시켜준다. 지난 20여 년 동안 하루가 다르게 발전한 무기가 전장에서 위력적으로 사용되는 모습이 생중계되다시피 하면서 우리 머릿속에는 무기가 승패를 가른다는 인식이 굳어졌다. 틀린 말은 아니지만 그렇다고 꼭 맞는 말도 아니다. 새로운 것을 받아들일지 말지를 결정하는 것도 사람이고, 설령 새로운 것을 받아들이더라도 이를 운용하는 것 또한 사람이다. 오묘한 것은, 같은 상황을 보고도 모든 사람이 같게 해석하지 않는다는 점이다. 전쟁에서 승리하려는 군인이라면 늘 곱씹어야 할 경구이다.

이 책의 근간을 이루는 1차 사료 대부분이 영국인과 유럽인의 시각에서 작성된 것이기 때문에 편향적이라고 생각할 수도 있다. 그러나 마이클 애셔가 오랜 현지 경험을 바탕으로 아랍어는 물론 스와힐리어를 유창하게 구사하고 아랍과 수단의 문화를 깊이 이해하는 점을 감안할 때 어느 누구보다도 균형적인 시각으로 저술했다는 점을 강조하고 싶다. 또한 오사마 빈 라덴 이후 흔히 이슬람 원리주의(또는 근본주의: Islamic Fundamentalism)라는 말을 유행처럼 쓰지만, fundamentalism은 1910년대 미국의 기독교 운동에서 유래했다는 점, 그리고 이슬람 원리주의라는 말은 종교의 이름으로 경제와 사회 등을 포괄하는 정치 운동이기 때문에 복합적인 시각에서 해석이 필요하다는 점을 함께 강조하고자 한다.

우리에게 덜 알려진 제3세계의 역사 한 꼭지를 상세히 소개하면서 '전혀 모르는 타인의 어제가 우리의 오늘이 될 수 있다'는 평범한 진리를 다시 한 번 깨달았다. 이런 깨달음이 생각으로만 끝나지 않고 결실을 본 데는 일조각의 도움이 절대적이었다. 부족한 남편을 믿으면서 늘 말없이 성원해준 사랑하는 나의 아내 박혜준과 딸 안지에게는 특별한 고마움을 전한다.

2013년 12월 삼척에서

최필영

일러두기

1. 이 책의 원제목 Khartoum(수단의 수도)은 아랍어로 الخرطوم(al-Khar ṭūm, 여기서 al은 정관사)라고 쓴다. 아랍어 후두음喉頭音(인두의 벽과 혀뿌리를 마찰하여 내는 소리로 흔히 '가래 끓는 소리'라고 부름) خ(kha')에 상응하는 우리말 자음은 존재하지 않으나, 연구개음(뒤혓바닥소리) ك(kaaf)는 'ㅋ'에, 후두음 ح(h'aa')는 'ㅎ'에 각각 대응한다. 따라서 خ(kha')를 'ㅋ'으로 쓸지, 아니면 'ㅎ'으로 쓸지는 상당한 논란이 된다. 참고로 국립국어원은 '하르툼'을 올바른 표기로 인정하나, 이 책은 수단 현지 발음을 최대한 살려 '카르툼'으로 적었다. 그 밖의 인명과 지명 및 용어 등은 국립국어원의 외래어표기법을 따랐으나, 일부 단어는 예외를 두어 현지음에 가깝게 표기했다. (예 무함마드 알리, 아유브 왕조, 압바스 힐미, 이스마일리야, 히즈라 등)
2. 이 책의 '카르툼을 읽기 전에'는 옮긴이가 더한 내용이다.
3. 이 책의 그림과 지도는 원서와 일치하는 것도 있으나 대부분 옮긴이가 당시 영국에서 발행된 *The Illustrated London News*, *The Graphic* 등의 신문 원본을 직접 구해 추가했다.
4. 이 책의 역주를 작성하는 데 아래 책과 논문을 참조했다.
   - 강원택. 2008.『보수정치는 어떻게 살아남았나? — 영국 보수당의 역사』. 동아시아연구원.
   - 내셔널지오그래픽. 오승훈 옮김. 2010.『세계의 역사를 뒤바꾼 1,000가지 사건』. 지식갤러리.
   - 더글러스 H. 존슨. 최필영 옮김. 2011.『수단 내전』. 양서각.
   - 맥스 부트. 송대범 외 옮김. 2007.『Made in War — 전쟁이 만든 신세계』. 플래닛미디어.
   - 샤를 바라, 샤이에 롱. 성귀수 옮김. 2001.『조선기행』. 눈빛.
   - 손주영 외. 2009.『이집트 역사 다이제스트 100』. 가람기획.
   - 어니스트 볼크먼. 석기용 옮김. 2003.『전쟁과 과학, 그 야합의 역사』. 이마고.
   - 원태재. 1994.『영국육군개혁사 — 나폴레옹전쟁에서 제1차 세계대전까지』. 한원.
   - 이내주. 2011.「화약무기 발전과 영국군 기병, 1870-1918」.『영국 연구』 제25호.
   - 정수일. 2002.『이슬람 문명』. 창비.
   - Beckett, Ian. 2006. *The Victorians at War*. Continuum.
   - 영국육군박물관 누리집(www.nam.ac.uk)
5. 역주는 *를 붙여 각주로 달았으며 원주原註는 아라비아숫자를 붙여 미주로 처리했다.
6. 지도를 제외한 본문의 마일mile과 야드yard는 한국 독자에게 익숙한 미터meter로 환산해 번역했다. 단, 파운드pound는 무기의 고유 이름인 때가 있어 경우에 따라 그대로 두었다.

차 례

지도 목록

그림 목록

카르툼을 읽기 전에

케디브 왕조의 시작: 맘루크와 무함마드 알리

이집트는 1250년부터 1517년까지 맘루크Mamluk 왕조가 통치했다. 맘루크란 아랍어로 남자 노예를 뜻하는데 인종적으로 흑黑 아프리카 출신이 아닌 터키, 체르케스, 조지아, 그리고 슬라브 출신의 백인이었고, 이들은 대개 군인으로 활약했다. 오늘날 일반적으로 생각하는 흑인 노예와 달리 9세기 이후 이슬람 사회에서 노예란 전투 기술을 기반으로 하는 군인 노예가 대부분이었다. 노예라 해도 하는 일에 별다른 제한이 없었기에 장점을 살리고 기회를 잡으면 요직에 오를 수 있었다. 심지어 아프가니스탄의 가즈나 왕조(977~1187)나 인도의 노예 왕조(1206~1290)처럼 이슬람 세계에서 노예가 왕조를 세우는 일도 드물지 않았다.

1250년에 이집트 맘루크의 사령관인 아이벡은, 여자로서는 최초로 술탄이 될 뻔했던 샤자르와 결혼해 술탄에 오르면서 아유브Ayyub 왕조를 무너뜨리고 맘루크국을 열었다. 맘루크국은 1517년, 오스만제국의 술탄인 셀림 1세가 이집트를 정복해 속주로 삼을 때까지 존속했다. 맘루크국이 사라지기는 했지만, 오스만제국의 중앙정부가 쇠락하는 17세기 중엽부터 이집트에서는 다시 맘루크가 득세하기 시작했다. 오스만제국이 눈에 띄게 쇠약해지는 18세기로 접어들면서 이런 현상은 더 심해졌고 중앙정부가 이집트에 파견하는 왈리wāli(총독)는 아무 역할도 못하는 허수아비로 전락했다. 정치력이 부재한 이집트는 맘루크들의 권력투쟁으로 만신창이가 되었다. 이에 따라 경제가 점점 쇠락하면서 인구가 줄고 세금도 감소하는 악순환에 빠지는데,

이런 상황은 1798년 6월에 나폴레옹이 이집트를 침공할 때까지 계속된다.

1798년 7월, 현대적인 무기와 전술로 무장한 프랑스군은 나폴레옹의 지휘를 받아 이집트의 알렉산드리아를 침공한 뒤 맘루크 군대를 무너뜨리고 카이로를 점령했다. 속주인 이집트가 프랑스에 점령당하자 지중해에서 지배력이 약해지는 것을 걱정한 오스만제국은 영국, 러시아와 동맹을 맺고 프랑스를 공격했다. 나폴레옹이 이집트를 떠난 뒤 2년 정도 더 주둔하던 프랑스군은 전쟁에서 패해 1801년 8월, 이집트에서 철수했다. 나폴레옹전쟁 때문에 복잡해진 유럽 문제로 골머리를 앓던 영국 또한 이집트에 별 관심을 보이지 않고 떠나버렸다.

강력한 유럽 군대들이 떠난 이집트에는 두 세력이 남는데, 하나는 오스만 군대를 이끌고 파병된 알바니아 출신의 무함마드 알리Muhammad Ali였고, 다른 하나는 오스만제국이 쇠락하면서 다시 힘을 얻은 맘루크였다. 무함마드 알리와 맘루크 사이에 알력은 있었지만 1804년까지는 별다른 충돌 없이 평화로운 상태가 유지되었다. 그러나 3년 남짓 되는 나폴레옹 치하에서 프랑스의 민중혁명 사상을 받아들인 이집트인들은 현지 사정을 외면하는 오스만제국과 무자비한 방법으로 군림하는 맘루크의 통치를 모두 거부하면서 1804년 3월, 종교 지도자들을 중심으로 봉기했다. 맘루크를 몰아낸 이집트인들은 당시 총독인 알리 파샤Ali Pasha*에게 세금을 낮추고 국가 정책 결정 과정에 자신들을 참여시켜달라고 요구했다. 그러나 알리 파샤는 이를 거부했고 이집트인들은 알리 파샤를 몰아내고 아흐마드 쿠르쉬드 파샤Ahmad Kurshid Pasha를 새로운 총독으로 세웠지만, 그 또한 아무것도 할 수 없는 허수

* 이 책에 자주 등장하는 이집트의 고유 호칭은 '파샤Pasha'와 '베이Bey', '에펜디Effendi'가 있다. 파샤는 오스만제국의 술탄과 이집트의 케디브가 고위 장성에게 내린 칭호로 이집트군에서는 총사령관, 중장, 소장까지 주어졌다. 그리고 베이는 원래 왕이나 술탄의 아들을 뜻하는 것이었으나 민과 군을 가리지 않고 영예로운 인물의 호칭으로 쓰였다. 이집트군에서는 대령과 중령 계급을 지낸 인물에게 베이라는 칭호를 붙였다. 소위부터 소령까지는 에펜디라는 칭호를 붙였는데 식자층을 일반적으로 부를 때 쓰는 칭호이기도 하다.

아비였다.

1805년 5월, 이집트인들은 아흐마드 쿠르쉬드 파샤에게 하야를 요구하면서 대중에게 인기가 많은 무함마드 알리에게 왈리 취임을 종용했다. 세르비아 지방의 반란 때문에 별다른 힘을 쓸 수 없던 오스만제국은 1806년, 무함마드 알리를 공식 왈리로 인정할 수밖에 없었다. 관례와 달리 대중이 추대해 왈리가 된 무함마드 알리는 기존에 쓰던 왈리 칭호 대신 '스스로 다스리는 군주'라는 뜻의 '케디브Khedive'라는 새로운 명칭을 쓰기 시작했다. 오스만제국은 무함마드 알리의 손자인 무함마드 이스마일이 케디브이던 1867년에 이 명칭을 공식 인정한다.

무함마드 알리는 군부를 내세워 이집트를 대대적으로 개혁하며 근대화를 시작했다. 무함마드 알리의 개혁 정책엔 이집트를 근동과 지중해 동부의 패권국으로 만들려는 그의 야심이 녹아 있었다. 그는 유럽인을 자문위원으로 선임해 군대와 정부를 개편했고, 기술학교와 고등교육기관을 여럿 세웠으며, 국가 주도의 경제 정책을 추진했다. 특히 오스만제국이 시행하던 소작제를 폐지해 토지를 국유화한 뒤, 이를 임대하는 방식으로 정부 재정을 강화해 나갔다. 또한, 환금작물인 면화·쌀·사탕수수의 생산을 크게 늘리고, 산업혁명을 시도해 부국강병의 길을 모색했다.

1811년 3월, 무함마드 알리는 아라비아 원정에 나서는 아들 이브라힘 Ibrahim의 사령관 취임식에 맘루크 500여 명을 초청해놓고, 이들을 일거에 처형해 정치적 불안 요소였던 맘루크를 정리하는 초강수를 두었다.

케디브 왕조의 팽창

이렇게 이집트의 국력이 커지자 당시 오스만제국의 무능했던 술탄 마흐무드 2세는 이집트의 힘을 빌려 오스만제국의 당면 문제를 해결하고자 했다. 술탄의 명을 받은 무함마드 알리는 1812년에는 아라비아반도에서 오스만제국에 반기를 든 와하비Wahabi파를 진압해 이슬람 성지인 메카와 메디나의 지

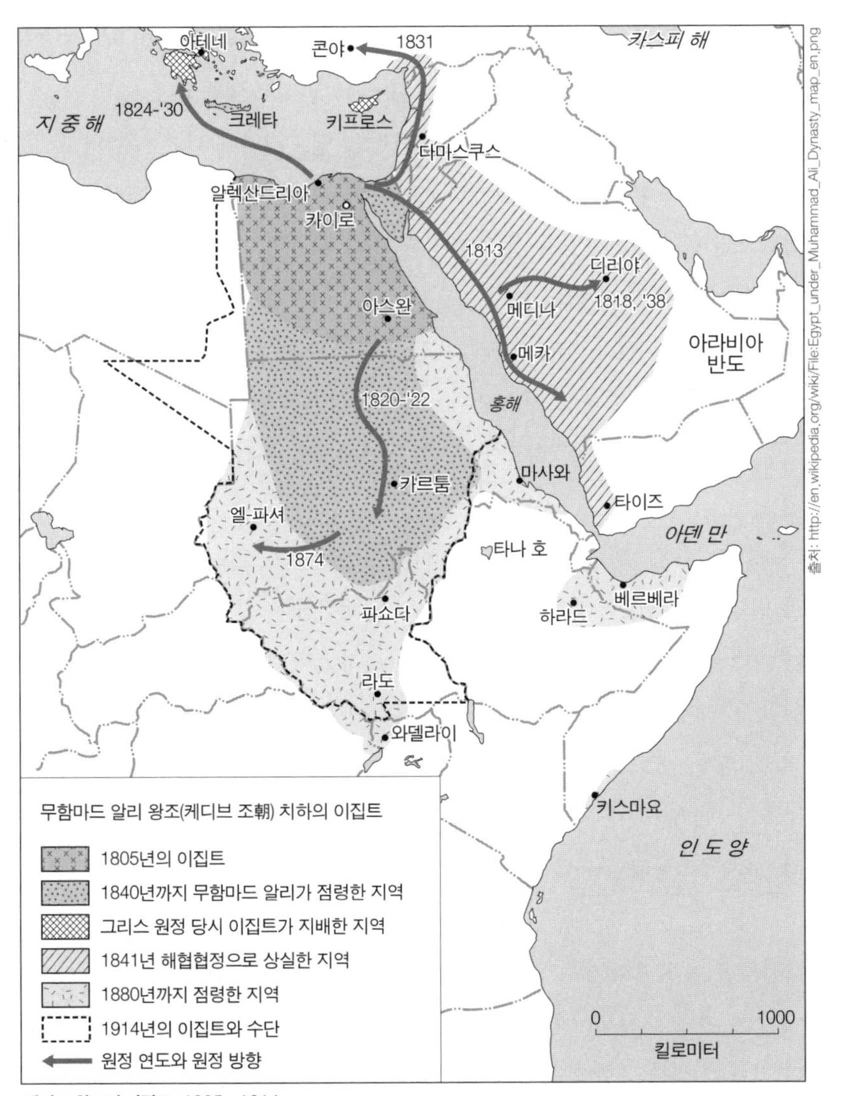

케디브 왕조의 이집트, 1805~1914

배권을 되살렸고, 1820년에는 독자적으로 수단을 침공해 이 책의 배경이 되는 누비아, 센나, 동골라, 그리고 다르푸르를 식민지로 만들었다.

1821년 4월, 지중해에서 그리스가 반란을 일으키자 술탄은 무함마드 알리에게 진압을 지시하고 그 대가로 시리아를 약속한다. 그러나 계산과 달리 그리스가 독립하면서 아무것도 얻지 못하게 된 무함마드 알리는 1831년에 군대를 이끌고 시리아를 정복해버린다. 이제 이집트는 아라비아반도, 수단, 시리아, 그리고 이라크 유프라테스 강 주변까지 영향력을 떨치면서 오스만제국의 위상을 위협하게 된 것이다. 그러나 지중해 동부와 근동에서 세력을 점차 넓혀가던 무함마드 알리는 결국, 필연적으로 유럽 열강의 견제를 받게 된다.

1840년 유럽 열강 4국(영국 · 러시아 · 프로이센 · 오스트리아)은 오스만제국과 런던4국조약Convention of London of 1840을 체결하는데, 이 조약으로 이집트는 수단을 제외한 나머지 점령 지역을 반환하고 군대를 5분의 1로 감축해야 했다. 수세에 몰린 무함마드 알리는 1841년 유럽 열강과 해협협정을 체결해, 시리아를 오스만제국에 반환하고 이집트군을 줄이는 대가로 이집트에서 왕조의 세습을 인정받고, 오스만제국에 바치는 조공을 뺀 나머지 이권을 지키는 것으로 사태를 봉합해야 했다.

무함마드 알리의 아들인 이브라힘은 1811년부터 군 지휘관으로 두각을 나타냈고 아버지의 개혁 정책을 가장 잘 이해한 인물이었다. 그러나 케디브에 오른 지 불과 두 달 만인 1848년 11월에 병으로 사망했고 이미 나이가 들어 기력이 쇠한 무함마드 알리 또한 1849년 사망하고 만다. 이브라힘의 뒤를 이은 것은 무함마드 알리의 손자이자 이브라힘의 조카인 압바스 힐미 1세Abbas Hilmi I였다. 그러나 압바스는 알리가 추진한 많은 정책을 무위로 돌리다가 1854년 7월 13일 정적에게 암살당한다. 뒤이어 무함마드 알리의 넷째 아들 무함마드 사이드Muhammad Said가 케디브에 오르면서 이집트는 몇 가지의 큰 변화를 맞게 된다.

그중 가장 큰 것은 1854년 프랑스의 페르디낭 드 레셉스Ferdinand de Lesseps에게 수에즈운하 건설을 허가한 것이고, 두 번째는 유럽 국가의 압력으로 아프리카에서 노예 금지 조치를 최초로 시행한 것이다.

이집트와 수단의 노예무역에 제동을 건 것은 유럽 국가, 특히 영국이었다. 이집트는 카르툼에 있는 노예 시장을 폐쇄했고 1864년 6월에는 나일강에 노예무역을 단속하는 순찰선을 투입했다. 그러나 노예무역상 중 상당수는 순찰을 피하거나 적발되더라도 뇌물을 주고 해결했다. 1877년 8월 4일에 체결된 '영국-이집트노예무역금지조약Anglo-Egyptian Slave Trade Convention'은 이집트에서 노예무역을 금지하는 최초의 제도적 장치였고, 이 조약으로 수단은 1880년부터 노예 매매를 전면 중단해야 했다.

수에즈운하는 애초 예상과 달리 이집트를 재정 파탄 상태로 몰아가면서 영국이 이집트 내정에 간섭하는 빌미를 제공했고, 노예 금지 조치는 훗날 수단의 내정 불안을 일으킨 주요 원인이 된다.

이집트의 몰락

무함마드 사이드를 이어 1863년에 이브라힘의 둘째 아들 이스마일Ismail이 케디브로 즉위했다. 이스마일은 "이제 이집트는 아프리카 국가가 아닌 유럽의 일원"이라 선언하며 할아버지 무함마드 알리의 부국강병책을 이어받아 각종 개혁 조치를 시행했다. 이스마일은 유럽 자본가들에게 돈을 빌려 수에즈운하를 계속 건설하고 왕실에 필요한 경비를 충당했다.

미국 남북전쟁 기간 중 미국산 면화의 공급이 줄자 이집트는 면화를 유럽에 수출해 돈을 벌었으나 남북전쟁이 끝나고 미국산 면화가 다시 유럽으로 유입되면서 국제 면화 값이 하락했고 이집트는 이자도 제대로 상환할 수 없는 처지가 되었다. 또한, 1869년 11월 개통된 수에즈운하가 이스마일의 기대와 달리 이집트의 재정에 부담을 주면서 이집트는 파산 직전에 이르렀다. 결국, 1875년 이집트는 수에즈운하의 주식을 영국에 팔았고 이로써 영국은 별다른 힘을 들이지 않고 수에즈운하의 경영권을 장악한 뒤 이집트 내정에 깊이 개입하기 시작했다.*

이스마일은 세금을 올려 문제를 해결하려 했으나 대부분 지주 출신으로 구성된 의회가 이 제안을 거부하면서 결국 유럽 국가들과 부채 상환 문제를 힘들게 논의해야 했다. 1876년, 1천만 파운드에 달하는 부채를 진 이집트는 영국과 프랑스가 공동으로 이집트에 재정 감독관을 각각 한 명씩 파견하는 데 동의하면서 사실상 반식민지 상태로 전락했다.

그럼에도 이스마일은 근대화 정책을 계속 펼쳐갔다. 학교를 세우고, 철도와 전신을 설치하고, 언론 제도를 장려해 여론을 수렴했다. 이 덕분에 이집트의 민족주의 운동은 서서히 싹 트기 시작했다. 이렇게 성장한 민족주의 세력이 외세에 제대로 대응하지 못하는 내각에 총사퇴를 요구하자 영국과 프랑스는 오스만제국의 술탄 압둘 하미드 2세에게 압력을 넣어 이스마일을 퇴위시키고 그의 아들 무함마드 타우피크를 케디브로 임명하게끔 했다. 이 소식을 듣고 분노한 이집트인들은 아흐마드 오라비Ahmad Orabi 대령을 중심으로 봉기했다. 민족주의 세력은 의회를 장악했고, 민족주의자 마흐무드 사미 알 바루디가 정부를 이끌었으며 오라비는 육군성 장관으로 취임했다.

이에 영국과 프랑스는 1882년 1월 공동 각서를 발표하고 민족주의 세력을 제거하려 했으나 오히려 이집트 민족주의 운동은 더욱 강경해졌다. 그해 7월, 영국은 알렉산드리아 항을 포격하고 점령한 뒤 수에즈운하를 따라 내

---

* 이스마일은 자신이 소유한 수에즈운하 회사 지분을 400만 파운드에 넘기겠다고 영국에 제안했다. 보수당 출신인 디즈레일리는 이를 받아들여 주식을 사들였고 당시 야당 지도자 글래드스턴은 주식 매입 예산안 승인에 반대했다. 역설적이게도 훗날 총리가 된 글래드스턴은 영국의 이집트 지배권을 오히려 확대했다. 영국으로선 수에즈운하 주식 구매는 매우 성공적인 투자였다. 1875년 한 주당 22파운드 10실링 4펜스에 구매한 주식은 1876년 1월이 되자 50퍼센트 상승해 34파운드 12실링 6펜스가 되었고, 이런 가치 상승은 이후로도 계속 이어져 제1차 세계대전 전에는 4천만 파운드, 1935년에는 9천300만 파운드까지 치솟았다. 또한, 영국은 1875부터 1895년까지 20년 동안 매년 20만 파운드의 배당금을 받았는데, 이후로도 계속 올라 1901년의 배당금은 88만 파운드였다.

륙으로 진입, 이스마일리야에 상륙해 텔 엘-케비르*에서 오라비가 이끄는 이집트군을 무너뜨리고 카이로를 점령했다. 이후 이집트는 영국이 파견한 총영사의 통치를 받으며 실질적인 영국의 보호령이 되는데, 이때 파견된 고문관이 바로 에벌린 베링Evelyn Baring이다. 그는 1877년에 이집트로 와 1879년부터 재무 총감독으로 일했고 1882년에는 이집트 주재 영국 총영사가 되어 1907년까지 근무하며 사실상 이집트를 통치했다.**

이 책은 이러한 이집트와 그 식민지였던 수단을 둘러싼 당시의 역사적 상황에서, 빅토리아 시대의 정점에 서 있던 영국과 대척하며 1880년대 초반에 봉기해 근 20년간 독립을 유지한 채 수단을 통치했던 마흐디국의 흥망의 과정을 마치 대서사시처럼 흥미진진하고 세밀하게 전개해나가고 있다.

* Tel el-Kebir: 나일 삼각주에 있으며 카이로에서 북동쪽으로 약 110킬로미터 떨어져 있다.

** 무함마드 알리 왕조는 그 뒤로도 계속 이집트를 통치했으나, 1952년 가말 압델 나세르와 무함마드 나기브가 이끄는 자유장교단이 쿠데타를 일으키면서 파루크 1세를 끝으로 왕정은 막을 내린다.

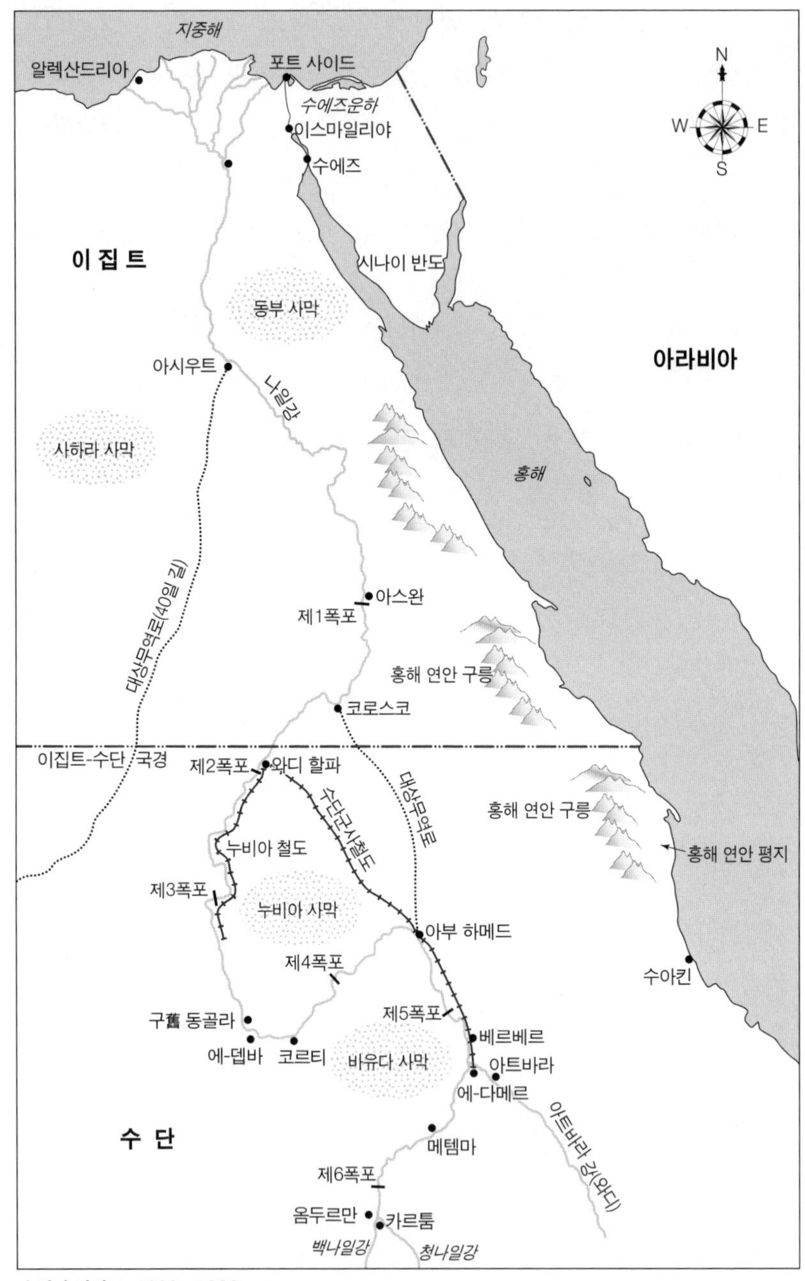

수단과 이집트, 1883~1898

북부 수단, 1883~1898

찰스 고든 Charles Gordon(1833~1885)

중국의 태평천국운동을 진압해 유명해진 영국의 장군으로 1877년부터 마흐디운동이 일어나기 직전인 1880년까지 수단 총독을 지냈다. 자유롭고 신념에 찬 인물로 평가받지만 19세기 제국주의를 상징하는 전형적인 인물이기도 하다. 그럼에도 고든 자신은 옳다고 믿는 원칙을 위해 언제라도 죽을 각오가 되어 있었다. 평생을 군인으로 살다 죽었으나 어떤 의미에서 고든은 군인의 모습을 한 신비주의자였다는 평가가 더 적합한 인물이다. www.wikipedia.org

마흐디Mahdi(1844~1885)

본명은 무함마드 아흐마드 빈 아브드 알라Muhammad Ahmad bin Abd Allah. 1881년 3월, 스스로 '메시아 또는 인도자' 라는 뜻의 '마흐디'라 선언한 그는 외세를 몰아내고 수단에 이슬람 원리주의를 기반으로 한 독립 국가를 건설했다. 마흐디는 오늘날까지 수단뿐만 아니라 이슬람 원리주의자들 사이에서도 종교와 정치는 물론 경제와 사회 등 모든 분야에 가장 큰 영향을 미치는 인물로 남아 있다.

www.wikipedia.org

오스만 디그나 Osman Digna(1836~1926)

동부 수단에서 활동한 마흐디군의 장군으로 역사를 통틀어 영국군이 인정한 탁월한 적장 20명 중 하나로 선정된 인물이다. 아프리카에서 가장 용맹하다는 베자족을 이끈 그는 마흐디군 지휘관 중 게릴라 전술을 가장 잘 구사한 인물이었다. 그림의 오스만 디그나가 입은 옷은 하덴도와 부족의 전통 복장이다.

http://www.gutenberg.org/files/28876/28876-h/files/17332/17332-h/v12b.htm#image-0018

허버트 키치너 Herbert Kitchener(1850~1916)

영국이 배출한 가장 유명한 장군 중 한 명인 키치너는 세밀하면서도 추진력 있는 수단 재정복 작전을 이끌어 '수단 기계' 라는 별명을 얻었다. 많은 사람이 불가능하다고 했지만, 그가 아프리카의 사막에 건설한 수단군사철도는 지금까지도 불가사의한 업적으로 평가받는다. 사진은 이집트군 총사령관 제복을 입은 모습이다.

www.wikipedia.org

윌리엄 힉스 William Hicks(1830~1883)

1883년, 마흐디가 점령한 엘-오베이드를 되찾고자 병력 1만 1천여 명을 이끌고 코르도판으로 향한 힉스는 이집트군 총사령관을 꿈꾼 인물이었지만 샤이칸 숲 전투에서 마흐디군에게 학살에 가까운 전멸을 당한 뒤 전사했다. 그의 목은 엘-오베이드에 효수梟首되었다.

www.wikipedia.org

에벌린 베링 Evelyn Baring(1841~1917)

1878년 재무총감으로 이집트에 온 뒤 1883년에 총영사가 되었고, 1907년 영국으로 돌아갈 때까지 25년 이상 사실상 이집트의 군주나 다름없던 인물. 그를 두고 전형적인 영국 관료라고 평하지만, 직선적이면서도 양심적이던 그는 이집트 경제를 자립시키겠다는 큰 이상을 가지고 있던 인물이었다. 낭만적인 성향의 고든은 싫어했으나, 치밀한 작전을 추구한 키치너는 좋아했다.

www.wikipedia.org

윌리엄 글래드스턴 William Gladstone(1809~1898)

빅토리아 시대 대영국의 마지막을 이끌었던 정치가. 자유당 소속으로 62년간의 정치 인생 중 총 네 번(1868~1874, 1880~1885, 1886, 1892~1894)에 걸쳐 총리를 역임했다. 퇴임 후 작위를 사양하고 '대평민The Great Commoner'으로 일생을 마쳤다. 그는 평화주의 외교 노선을 고수하고 서민을 위한 각종 개혁을 단행해, 19세기 영국을 대표하는 위대한 의회 정치가로 이름을 남겼다.

www.wikipedia.org

가넷 울즐리 Garnet Wolseley(1833~1913)

19세기 빅토리아 시대를 대표하는 군인이다. 속물근성도 강한 데다, 고집과 자만심까지 셌지만 능률성을 잣대로 대영제국의 육군을 정교하게 조직화한 업적은 오늘날까지 영국은 물론 여러 영연방 국가 육군에 뿌리 깊게 자리 잡고 있다. 당시 영국군 내 최대 사조직인 아샨티회를 창립해 이끈 수장이기도 하다. 수단에서 손을 떼려는 글래드스턴 정부를 정치적으로 몰아붙여 수단 파병을 얻어낸 장본인이었지만, 정작 자신이 지휘한 고든 구원군은 고든을 구하지 못하고 말았다.

http://www.soldiersofthequeen.com/page13k-SirGarnetWolseley.html

허버트 스튜어트 Herbert Stewart(1843~1885)
아샨티회 소속으로 울즐리의 총애를 받은 허버트 스튜어트는 고든 구원군의 사막부대를 지휘했지만 아부 크루 전투에서 치명상을 입어 찰스 윌슨에게 지휘권을 넘겨야 했다. 코르티로 후송되던 중 사망한 허버트 스튜어트는 작둘 우물 근처에 묻혔다. 허버트 스튜어트의 사망 소식을 들은 울즐리는 "여왕의 군대에 그보다 용감하거나 명석한 군인은 아무도 없었다"라고 말하며 아쉬워했다.
www.britishmedal.us/people/stewartherbert.html

존 스튜어트 John Stewart(1845~1884)
고든의 보좌관으로 카르툼에서 빠져나오다 나일강 강변 마을에서 최후를 맞이한 인물. 1883년 작성한 수단 보고서가 계기가 되어, 영국군 수뇌부는 그를 고든의 보좌관으로 임명했다. 고든과 카르툼까지 동행했던 스튜어트는 함락이 임박한 상황에서 포위를 뚫고 카르툼을 빠져나오지만 결국 마나시르 부족에게 목숨을 잃는다. 사진은 1876년에 찍은 것이다.
www.wikipedia.org

찰스 윌슨 Charles Wilson(1836~1905)
고든 구원군의 정보참모였던 윌슨은 당시 샌님 소리를 듣는 장교였지만 허버트 스튜어트가 치명상을 입으면서 생각지도 못하게 지휘권을 넘겨받았다. 결과만 놓고 본다면 윌슨은 고든을 구하지 못했고, 울즐리는 윌슨을 줄기차게 비난했지만, 여러 번 목숨이 왔다 갔다 한 긴박한 전장에서 그가 보여준 용기와 지휘력은 당대 어떤 장교의 그것과 비교해도 보기 드물게 뛰어난 것이었다.
www.pef.org.uk

제럴드 그레이엄 Gerald Graham(1831~1899)
고든과는 각별했던 친구 사이로 카르툼으로 들어가는 고든을 코로스코까지 배웅했다. 코로스코에서 돌아온 그는 곧장 원정군을 이끌고 동부 수단의 수아킨으로 이동, 오스만 디그나가 이끄는 베자족과의 전투에서 모두 승리하지만 그의 승리는 아무런 전략적인 목표도 달성하지 못하면서 빛을 잃었다.
www.wikipedia.org

프레데릭 버나비 Frederick Burnaby(1842~1885)

왕실기마근위대 출신답게 허우대도 좋고, 인기가 많았던 버나비는 큰소리치기 좋아하고 허영에 사로잡힌 모험가였다. 전쟁을 너무도 경박하게 즐겼던 그는 자신은 물론 따르던 병사들까지 위험에 빠뜨리면서 결국 아부 툴라이 전투에서 전사한다.

www.wikipedia.org

카를 폰 슬라틴 Carl von Slatin(1857~1932)

오스트리아 출신으로 고든이 수단에서 총독으로 근무할 당시 휘하에 있었으나, 마흐디 봉기 직후 포로로 잡혀 마흐디의 부하가 되었고, 11년 뒤 마흐디 진영을 탈출해 고든의 원수를 갚는 키치너 원정군의 정보 장교로 활약했다. 그 뒤 수단 감찰감까지 지낸 슬라틴의 인생은 그 어떤 소설보다도 극적이었다. 사진은 마흐디군의 상징인 집바를 입은 모습이다.

www.wikipedia.org

케디브 타우피크 Khedive Tawfiq(1852~1892, 재위 1879~1892)

영국-수단 전쟁의 한 축을 담당했던 이집트의 통치자. 아버지인 케디브 이스마일이 강제로 퇴위된 뒤 케디브로 즉위하지만, 민족주의자 오라비의 봉기를 피해 도망쳐야 했다. 1882년 영국은 알렉산드리아를 포격하고 텔 엘-케비르 전투로 오라비의 봉기를 진압한 뒤 타우피크를 권좌로 복귀시켰다. 그러나 타우피크는 사실상 영국의 꼭두각시나 다름없었다.

www.wikipedia.org

아브달라히 와드 토르샤인 Abdallahi wad Torshayn(1849~1899)

바까라족 출신으로 조그마한 부족의 영적인 일을 담당하던 페키였으나, 순례 길에서 마흐디를 만난 뒤 그를 구세주로 믿고 받들어 마흐디국을 창시한 인물로 한순간에 마흐디국의 2인자가 되었다. 1885년 마흐디의 갑작스러운 죽음으로 마흐디국의 실질적인 통치자가 된 그는 16년간 마흐디국의 전성기를 이끌었다. 옴두르만에서 키치너의 원정군에 맞섰지만 패한 뒤 내륙으로 도주했다가 1899년 토벌대에 쫓겨 전사했다.

프롤로그: 샤이칸의 대학살

이런 처참한 살육 현장은 처음이었다. 이집트군의 시체는 3킬로미터에 이르는 가시덤불 아래에 널브러져 있었다. 총과 칼로 난자당한 시체는 너덜너덜해져 마치 걸레처럼 보였다. 그 수만 해도 1만 1천여 구에 이르렀다. 널브러진 송장들 사이로 마흐디군 병사들이 바삐 움직였다. 이들은 3미터나 되는 긴 창으로 시체를 뒤적이며 무기와 화약, 장화와 시계는 물론 심지어 피로 물든 군복까지 남김 없이 거둬들였다.

피 냄새를 맡고 몰려든 독수리들이 원을 그리며 새까맣게 하늘을 뒤덮었다. 총알이 살을 뚫고 타들어간 시체에서는 연기가 피어오르고 있었다. 마흐디군 병사들은 "이교도들이 지옥불에 타 죽은 것"이라며 소리쳤다. 탈영병 구스타프 클루츠Gustav Klootz는 거대한 바오바브나무에 목이 매달려 죽은 병사를 보았다. 살육을 피해 필사적으로 나무 위로 도망가려 했으나 끝내 실패한 병사였다.

클루츠의 지휘관이던 윌리엄 힉스William Hicks 중장도 송장이 되어 있었다. 힉스의 시신 근처엔 프러시아 남작 출신으로 키가 컸던 고츠 폰 제켄도르프 Gotz von Seckendorf 소령과, 《데일리 뉴스Daily News》의 종군기자인 에드먼드 오도노반*의 시신도 있었다. 클루츠는 제켄도르프 소령의 전령이었다. 아일

* Edmund O'Donovan: 1844년 9월 13일 아일랜드의 더블린에서 고고학자이자 지형학자로 유명한 존 오도노반의 아들로 태어났다. 오도노반은 1866년부터 《아이리시 타임스The Irish Times》를 시작으로 여러 신문에서 일했고, 프랑스 외인부대에 입대해 싸우다 독일군의 포로가 되기도 했으며, 《데일리 뉴스》 기자로 오스만제국에 반기를 들며 봉기한 보스니아와 헤르체고비나를 취재하다 억류되는 등 모험적인 취재를 계속했다.

랜드 출신답게 술꾼이었던 오도노반은 클루츠가 배신한 것을 알았을 때 다른 누구보다 분노했다. 클루츠가 탈영하자 오도노반은 일기에 이렇게 적었다. "심지어 유럽 출신의 부하가 적진으로 탈영하는 마당에 이 군대가 갖출 조건은 무엇인가?"[1]

베를린 출신으로 큰 키에 금발인 클루츠는 사회주의를 신봉하는 청년이었다. 그는 살육이 벌어지기 한 주 전, 에-라하드er-Rahad에서 마흐디군을 만나 이슬람으로 개종했다. 클루츠는 힉스 원정군의 전투대형에 약점이 있다고 조언했다. 덕분에 마흐디군은 힉스 원정군을 상대로 학살에 가까운 승리를 거둘 수 있었다.

클루츠는 폴란드 경기병과 벌인 전투로 철십자훈장*을 받기도 한 용맹한 군인이었다. 그러나 이번 전투는 전혀 달랐다. 차마 눈 뜨고 볼 수 없을 정도로 잔혹했고 구역질을 멈출 수 없었다. 그는 이렇게 기록했다. "불과 얼마 전까지도 나는 그들과 함께 웃고 이야기했다. 팔다리가 잘린 채 누워 있는 그들을 보면서 나는 무너지지 않으려 안간힘을 써야 했다."

1883년 11월 5일 아침, 귀를 찢는 함성과 함께 사납게 돌진한 4만 명의 마흐디군 병사들은 수단 중서부 코르도판 지방의 샤이칸Shaykan에 있는 숲에서 힉스가 지휘하는 이집트군을 뭉개버렸다.

힉스 원정군은 삼각대형을 유지한 채 전진하던 중 마흐디군의 기습공격을 받았다. 세 개의 꼭짓점을 중심으로 각 소부대는 앞서거니 뒤서거니 하며 방진을 이루고 있었다. 삼각대형의 선두에 있던 부대가 갑자기 나타난 마흐디군의 습격을 받았다. 뒤따르던 나머지 소부대의 소총병들은 갈증과 피로에 지쳐 있었다. 당황한 이들은 앞으로 뛰어나가 아군과 엉켜버린 마흐디군을 향해 무

* Iron Cross: 철십자는 십자가 중심으로 갈수록 폭이 좁아지는 형태로 1219년 이후 튜턴 기사단이 은색 예루살렘 십자가 위에 흑색 튜턴 십자가를 조합해 쓰면서 탄생했다. 철십자훈장은 1813년 3월 10일 프러시아의 프리드리히 빌헬름 3세가 나폴레옹전쟁 당시 브레슬라우Breslau에서 제정했으며 이후 보불전쟁을 거쳐 제1차 세계대전 동안에는 독일제국이, 제2차 세계대전 중에는 나치 독일이 사용했다.

차별 사격을 시작했다. 총탄은 마흐디군은 물론 아군까지 쓰러뜨렸다.

힉스의 개인 요리사로 총을 맞고 칼에 찔렸으나 기적적으로 살아남은 무함마드 누르 알-바루디Muhammad Nur al-Barudi는 당시 상황을 이렇게 전했다. "마흐디군은 숲에서 튀어나와 우리를 에워싸며 공격했다. 그러자 대혼란이 벌어졌다. 삼각대형을 이룬 소부대들은 피아를 구분하지 못한 채 사격을 시작했고 계속 밀어붙이던 마흐디군은 우리를 서서히 포위해왔다."[2]

포위망이 완성된 순간 힉스 원정군에게 군기란 존재하지 않았다. 병사들이 서로 살겠다고 발버둥치자 대형이 무너졌고 끔찍한 살육이 시작되었다. 한 병사는 당시 상황을 이렇게 증언했다. "병사들이 전투대형을 이탈해 작은 무리를 지어 싸우기 시작하면서 전술 대형을 유지할 수 없었다. 마흐디군은 이탈한 이집트 병사들을 한 명씩 둘러싸고는 돌아가면서 총을 쐈다."[3]

그나마 유럽 출신 장교 11명과 이들을 따르는 호위병들이 벌인 전투 정도가 저항다운 저항이었다. 호위병들은 바쉬-바주크Bashi-Bazouk, 즉 비정규 기병들인데, 대부분 튀르크인, 알바니아인, 수단 북부의 샤이기야 부족* 출신이었다. 이들은 바오바브나무 한 그루에 등을 붙이고 마지막까지 싸우다 최후를 맞이했다.

지휘관인 힉스 역시 마지막까지 싸웠다. 그는 말 위에서 리볼버 권총을 세 번이나 재장전했다. 탄알이 떨어지자 힉스는 미친 듯이 칼을 휘두르며 적에게 달려들었다. 마흐디군 병사들은 기세에 놀라 도망쳤다. 그러나 타고 있던 말이 먼저 쓰러졌고 말에서 떨어진 힉스는 칼을 휘두르며 싸웠지만, 끝내 창에 찔려 전사했다. 마흐디군 병사였던 쉐이크 알리 굴라Sheikh Ali Gulla는 힉스의 최후를 이렇게 증언했다. "그는 마치 코끼리처럼 용감했고 전혀 두려워하지 않았다. 그는 내가 아는 사람 중 가장 용맹한 사람이었다."[4]

* Shaygiyya: 1821년, 이집트의 수단 침공 당시 샤이기야 부족의 용맹성에 감탄한 무함마드 알리는 이들이 땅을 유지하도록 해주었고 샤이기야 부족은 그 답례로 군에 복무했다. 이런 까닭으로 식민 시대뿐만 아니라 독립 이후에도 샤이기야 출신들이 군과 경찰에 두드러지게 진출했다.

마흐디군은 힉스와 제켄도르프의 머리를 잘라 본영으로 가져갔고 클루츠는 신원을 확인해주었다. 두 사람의 머리는 꼬챙이에 꽂혀 엘-오베이드el-Obeid에 있는 마흐디군 본영 대문 위에 내걸렸다.

수단을 통치하던 이집트 식민정부는 마흐디 운동을 손쉽게 진압할 것이라 자신했다. 게다가 이참에 반란군에게 뭔가 확실한 행동을 보여줘야 한다고 생각했다. 과욕이 성급함과 결합하면서 샤이칸 숲의 학살을 불러왔다. 처참한 결과였다.

코르도판에 근거를 둔 마흐디군은 2년 내내 힉스와 제켄도르프에게 연이은 패배를 안기며 군사적으로 괴롭혔다. 마흐디군은 매복과 기습으로 이동하는 부대를 몰살시켰고, 요새를 공격해 점령하고는 폐허로 만들어버렸다. 1883년 1월, 마흐디군은 코르도판의 주도州都인 엘-오베이드를 함락했다.

이집트의 통치자 타우피크는 애초에 마흐디 운동을 이슬람 광신도들이 주도한, 그저 지방에서 일어난 가벼운 소요사태로 생각했다. 그러나 1883년 초까지 전개된 상황으로 보자면 식민정부가 엘-오베이드를 탈환하지 못할 땐 수단 전체가 반군 수중에 떨어지는 것은 시간문제였다.

반군을 이끄는 무함마드 아흐마드Muhammad Ahmad는 스스로 마흐디Mahdi, 즉 예언자 무함마드의 계승자라 주장했다. 마흐디의 추종자들은 '다라위쉬'로 불렸는데, 이는 '알라*에 독실한 사람들'이라는 뜻의 수단 구어이다. 다라위쉬의 음을 영어로 옮기면 '더비쉬'**가 된다. 마흐디는 새로운 이슬람 사상을 설파하면서, 따르지 않으면 죽음뿐이라 협박했다. 그의 사상은 나

---

* Allāh: 아랍어로 신을 뜻하며 이슬람에서 알라는 전지전능한 유일신이다. 따라서 알라신神이라고 번역하는 것은 적절치 못하며 꼭 필요하다면 '하나님'으로 표기하는 것이 바람직하다.

** Dervish: 원래 거지 또는 빈자를 뜻하는 페르시아어인 darvesh(또는 darvish)에서 유래한 이 단어는 1580년대에 터키어에서 영어로 유입되었다. 원래는 '타인을 위해 구걸하며 신앙심이 깊은'이라는 뜻으로 통용되었지만, 마흐디 운동을 포함해 서구의 식민주의에 대항하는 무장 투쟁이 몇 차례 반복된 이후 원래 종교적인 뜻이 정치 군사적인 뜻으로 바뀌면서 '무장한 무슬림 광신도'라는 뜻으로 사용되기 시작했다. 원문은 마흐디를 따르는 이들을 모두 dervish로 적고 있으나 역자는 상황에 따라 이 단어를 마흐디군(병사) 또는 마흐디 추종자 등으로 번역했다.

일 계곡Nile Valley부터 서부 수단까지, 독실한 무슬림이면서도 정치적으로는 튀르크-이집트제국의 식민통치를 증오했던 사람들 사이로 퍼져나갔다.

1883년 9월, 케디브 타우피크는 힉스 원정군을 수단으로 보내 엘-오베이드를 탈환하고 마흐디를 제거하기로 했다. 힉스 원정군은 보병 8천300명과 기병 2천여 명에 크루프* 사에서 만든 산악포와 노르덴펠트** 사가 제조한 기관총 16정으로 무장했다. 치중대輜重隊로 2천 명의 병사와 물자를 실어 나를 낙타, 당나귀, 노새 6천 마리도 동원되었다. 이는 지금까지 수단으로 파병한 군대 중 가장 큰 규모였다.

한편, 마흐디가 그러모을 수 있는 병력이라야 오합지졸이고 그나마 대부분 칼이나 막대기, 기껏해야 창으로 무장한 것이 고작이었다. 병력과 무장에서 우세한 힉스 원정군은 당연히 마흐디군을 압도했어야 했다. 그러나 힉스의 부대는 중요한 약점이 있었다. 그것은 바로 사기였다.

힉스 원정군의 병사들 대부분은 한 해 전 나일 삼각주에 있는 텔 엘-케비르 전투에서 이집트 민족주의 운동을 이끌던 아흐마드 오라비 대령 밑에서

---

* 알프레드 크루프Alfred Krupp(1812~1887): 열네 살 때 아버지가 죽으면서 물려받은 회사에서 주물과 단조 기술을 발전시켜 세계적인 철강 기업을 일군 독일의 철강제조업자. 1850년 영국의 베세머가 개발한 최신 철강 제조법을 세계 최초로 실용화해 기차 바퀴, 철로 등을 양산하면서 막대한 부를 축적했다. 크루프는 철강 제품의 품질을 과시하고자 대포, 특히 후장식 폐쇄기가 달린 대포를 개발, 크루프 사를 세계적인 철강 무기 제조사로 키워냈다. 1856년 이집트를 시작으로 크루프가 사망할 때까지 무려 46개 국가에 크루프 사의 대포가 납품되었다. 크루프 사는 양차 세계대전을 거치며 성장했지만, 현재는 티센과 합병돼 티센크루프ThyssenKrupp로 남아 있다.

** 토르스텐 노르덴펠트Thorsten Nordenfeldt(1842~1920): 스웨덴 실업가. 1862년부터 런던 주재 스웨덴 회사에서 일하다 1867년 결혼하면서 잉글랜드로 이주했다. 영국에서 스웨덴산 강철 수입상으로 활동하던 그는 자신의 이름을 딴 무기 제작 회사 Nordenfeldt Guns and Ammunition Company를 세워 운영하면서 기관총, 잠수함, 어뢰정, 공격용 포 등 여러 무기를 개발했다. 1888년에는 맥심 기관총을 생산하는 맥심과 합병하면서 회사 이름이 Maxim Nordenfeldt Guns and Ammunition Company로 바뀌었다. 노르덴펠트는 1890년에 파산한 뒤 잉글랜드를 떠나 프랑스로 이주해서 새로운 회사를 세우고 프랑스 육군에 유압식 주퇴복좌 장치가 달린 75밀리 포(반동이 있어도 포가 밀리지 않아 발사 속도가 매우 높아짐)를 납품하다 1903년에 스웨덴으로 돌아갔다.

싸우다 영국군에 포로로 잡힌 병사들이었다. 이들은 쇠고랑을 차고 수단에 끌려왔다. 카이로에서 출정 전 원정군을 사열한 영국군 장교는 일부 병사들이 방아쇠를 당기는 집게손가락을 잘라낸 것을 발견하고는 충격을 받았다. 어떤 병사들은 눈에 석회를 문질러댔다. 게다가 거의 모든 병사가 위조된 제대 증명서를 지니고 있었다.

지휘관 힉스도 병사들보다 나을 것이 없었다. 그는 카이로에 있는 셰퍼즈 호텔*에서, 말 그대로 제비뽑기로 원정군 사령관이 되고 말았다. 그는 비록 고위직까지 올라가진 못했지만 나름대로 용감하고 유능한 장교였다. 당시 쉰셋의 나이로 두 자녀를 둔 가장이던 힉스는 이집트군에 안착하고 싶어 했다. 그는 전투에서 기사도 정신을 보여주겠다는 꿈이 있었고 종국엔 당시 에벌린 우드 경이 맡고 있던 이집트군 총사령관 자리도 이어받고 싶어 했다.

키가 크고 다부졌으며 강인했던 힉스는 인도군에서 대령 진급과 함께 전역한 상태였다. 인도와 아비시니아(오늘날의 에티오피아)에서 스무 번 이상 전투를 치렀고 영국군 수훈 보고서에도 이름을 두 번이나 올렸다. 샤이칸 숲에서 원정군이 몰살하자 힉스에게 비방이 쏟아졌지만, 그는 여론에 뭇매를 맞을 정도로 무능한 인물은 아니었다.

1883년 6월, 힉스는 원정군의 임무를 수도인 카르툼과 카르툼 남쪽의 청나일강과 백나일강 사이에 좁고 길게 형성된 게지라** 지역을 방어하는 것으로 한정해야 한다고 제안했다. 안정적인 전투준비태세를 유지하던 힉스 원정군은 그 두 달 전인 4월, 반군을 상대로 첫 승리를 거두었다. 지난 2년간 거의 없던 승리였다. 게지라 전투에서 원정군을 공격한 마흐디군 기병은 원정군의 방어진영 코앞까지 돌진하는 데는 성공했으나 원정군의 일제사격으

* Shepherd's Hotel: 1841년 영국인 새뮤얼 셰퍼드가 세운 호텔로 1952년까지 카이로에서 가장 유명한 호텔이었다. 1869년 수에즈운하 개통 축하연이 열리기도 했고, 제1차 세계대전 동안에는 영국군 사령부로 사용되었으며, 제2차 세계대전 동안에도 수많은 고급 장교와 정치인들의 모임 장소로 이름을 떨쳤다. 1952년 카이로 화재 때 불에 타 사라졌다.

** 아랍어로 자지라Jazira는 섬을 뜻하는데 수단이나 이집트에서는 '게지라'로 발음한다.

로 모두 사살되었다. 이 전투에서 마흐디군은 마흐디의 친동생을 포함해 600명을 잃었다. 첫 교전 이후 힉스는 다음과 같은 기록을 남겼다. "이집트군 병사들은 내가 예상했던 것보다 훨씬 더 침착했다. 그러나 제대로 무장한, 코르도판에 있는 반군은 다를 것이다. 코르도판으로 가 이들과 교전할 때도 이처럼 침착할 수 있을지는 모르겠다."[5]

힉스의 평가는 정확했다. 무장한 증기선이 함포로 지원해주는 나일강 강변과 코르도판의 황량한 초원은 전혀 달랐다. 게다가 힉스가 파악하지 못한 것도 있었다. 이집트군은 전통적으로 사막을 무서워했다.

힉스에겐 정치적인 문제도 있었다. 이집트 식민정부의 수반인 타우피크는 허울뿐인 통치자였다. 식민정부가 그렇듯이 실질적인 권한은 이집트 주재 영국 총영사인 에드워드 말레트 경*에게 있었다. 타우피크는 1879년 이집트 민족주의자 오라비 대령의 봉기로 권좌에서 쫓겨났으나 1882년 텔엘-케비르 전투로 봉기를 진압한 영국이 다시 불러들여 허수아비로 앉혀놓은 인물이었다. 이 사건으로 이집트는 영국의 보호령이 되었다. 영국 총영사 말레트는 원정군이 카르툼을 방어하는 임무만 수행해야 한다는 힉스의 생각에 동의했으나 군대와 관련된 결정은 그가 아니라 영국 정부가 내렸다. 당시 영국 총리는 자유당 출신인 윌리엄 글래드스턴William Gladstone이었다. 그는 수단 문제에 말려드는 것을 꺼렸다. 외무성 장관인 그랜빌 경Lord Granville은 말레트에게 '이집트 정부가 수단 문제에 독립적인 결정을 내리고 있다'는 보고서를 본국에 계속 올리라고 지시했다.

힉스가 군대를 이끌고 수단으로 떠난 지 사흘 뒤, 말레트의 후임으로 취임

* Sir Edward Baldwin Malet(1837~1908): 영국의 외교관. 17세부터 외무성에서 근무했으며 1879년 10월 10일 이집트 주재 영국 총영사로 임명되어 1883년까지 근무하면서 이집트의 행정과 재정 개혁을 주도했다. 오라비 파샤의 봉기가 일어난 1882년 2월 13일경 당시 글래드스턴 수상에게 "케디브가 통치하는 이집트가 매우 불안정하며 영국이 알렉산드리아에 압박을 가해야 한다"는 전문을 보내 영국군의 개입을 촉구했다. 1884년부터 1895년까지 독일 주재 영국 대사를 지냈다.

한 에벌린 베링은 처음부터 수단에 원정군을 보내는 데 반대했다. 그는 힉스 원정군이 궤멸하자 글래드스턴 정부가 원정의 위험성을 몰랐을 리 없다고 주장하며 정부의 위선적인 행동을 비난했다. 실제로 1883년 3월 카르툼에 파견된 제11경기병연대의 존 스튜어트John Stewart 중령은 수단으로 원정군을 보내는 것이 위험하다는 요지의 보고서를 작성했다. 그는 보고서에 이집트군은 장교와 병사를 가리지 않고 모두 겁이 많다는 점을 냉정하게 기술했다. 스튜어트는 힉스가 패할 것이고 그러면 수단 전체를 잃을 것이 확실하다고 전망했다.

영국 정부는 구체적인 계획 없이 힉스 원정군이 도살장으로 끌려가는 것을 내버려 둔 셈이었다. 만일 모든 어려움을 극복하고 힉스가 원정에 성공하면 영국은 승리의 기쁨을 만끽하면 되었고 잘못돼 실패하더라도 수단 문제에서 손을 떼면 그만이었다. 타우피크는 자신을 통제하던 말레트가 이집트를 떠나자 자신의 뒷마당이라 할 수 있는 수단에서 벌어지는 문제쯤은 해결할 만큼 이집트가 건재하다는 것을 영국에 보여주고 싶어 했다. 타우피크는 스튜어트의 보고서를 무시했다.

당시 힉스는 수단 원정과 관련해 사실상 모든 권한을 쥐고 있었다. 만일 힉스가 "카이로에 있는 타우피크와 고위 관료들은 수단의 현지 사정에 어둡다"고 주장했더라면 원정을 밀어붙인 타우피크의 지시를 거부할 수도 있었다. 그러나 힉스는 원정군 사령관으로 자신의 역량을 보여줄 좋은 기회라고 생각했다. 1883년 1월, 그는 편지에 이렇게 적었다. "이번 작전의 성공이 가장 중요하다. 수단을 지킬 수 있을지 아니면 잃게 될지는 이번 원정에 달렸다."[6]

힉스가 처음 카르툼에 파견되었을 때는 부사령관 신분이었다. 그는 열심히 노력했고 전투에서 공을 세워 사령관에 올랐다. 힉스는 사령관으로 승진한 마당에 원정을 거부하는 것은 비열한 짓이라고 생각했다. 게다가 사령관이 되자마자 꼬리를 내린다는 것은 직업군인으로서 마침표를 찍는 것이나 마찬가지였다. 경우야 어찌 되었든, 힉스는 크루프 사에서 만든 산악포와 노르덴펠트 사의 기관총이 병사의 무능함을 채워줄 것으로 믿었다.

1883년 9월 5일, 힉스 원정군은 카르툼에서 엘-오베이드를 향해 출발했다. 《타임스Times》 기자인 프랭크 파워Frank Power는 이 원정을 두고 "가장 암울한 미래로 이어지는 핏빛 출정"이라고 썼다. 원래 파워는 원정 내내 동행할 계획이었으나 출발한 지 사흘째 되는 날 운 좋게도 이질 때문에 카르툼으로 되돌아왔다. 파워는 카르툼에 돌아와서도 힉스 원정군이 현대식 무기로도 마흐디를 따르는 광신도들을 막을 수 없을 것이라 확신했다. 그는 이집트군 방진 안으로 마흐디군 50명만 들어와도 이집트군 전체 대형이 무너질 것이라고 예상했다.[7]

원정군이 힉스의 직관대로 작전에 임했다면 마흐디군을 진압할 수도 있었다. 힉스는 북쪽에서 엘-오베이드로 접근한다는 기동계획을 세웠다. 이는 사하라 사막의 가장자리를 통과하는 지름길을 이용하는 것이었다. 그러나 원정군에 함께한 알라 아-딘 파샤Ala ad-Din Pasha가 다른 안을 내자 힉스는 이 계획을 포기했다. 알라 아-딘은 오스만제국의 기병 장교 출신으로 신임 수단 총독 자격으로 원정군에 합류한 인물이었다. 그는 계절성 하천인 코르 알-하블Khor al-Habl에서 물을 구하기가 훨씬 쉬울 것이라며 사하라 사막을 통과하는 힉스의 계획보다는 조금 더 남쪽으로 내려가는 기동 계획이 낫다고 주장했다. 힉스는 썩 내키지는 않았지만, 이 계획에 동의했다. 힉스는 나중에 철수할 때를 생각해 일정한 간격마다 작은 요새를 남겨 운영할 계획도 세웠다. 이 요새들은 나일강에서 출발하는 보급부대가 중간 기지로 이용할 수도 있었다. 그러나 이번에도 알라 아-딘이 반대했다. 작은 요새는 반군에게 각개격파 당하기 쉽고 병력도 분산돼 좋지 않다는 것이었다. 힉스는 이 계획도 포기했다. 그러나 사사건건 힉스와 다른 주장을 편 알라 아-딘은 결국 샤이칸에서 힉스와 함께 최후를 맞았다.

힉스는 우수한 장교였으나 권한을 위임할 줄 몰랐다. 그럴 수밖에 없는 것이 그가 데려간 장교 중에는 참모 경험이 있는 사람이 아무도 없었다. 그는 전략과 정보의 중요성도 간과했다. 그러나 힉스의 가장 큰 실수는 알라 아-딘에게 눌려 자신의 직관과 경험을 전혀 살리지 못했다는 것이다. 남쪽 기동로를 택한 원정군은 아주 불리한 환경과 맞닥뜨렸다. 마흐디군은 초토화 전술로 원정군을 괴롭혔다. 마을에서 사람들을 소개疏開하고, 식수를 구할 수 없도록 우물을 오염시켰다. 9월 22일, 힉스가 백나일강 서쪽에 있는 에-두엠ed-Duem을 떠난 날부터 3천 명에 이르는 마흐디군 척후부대가 그림자처럼 원정군을 따라붙었다.

파워 특파원의 비극적인 예견은 정확했다. 마흐디군은 원정군의 행군을 몇 주간에 걸쳐 괴롭혔다. 11월 1일(또는 2일인데 정확한 날짜를 놓고 논란이 있음), 마흐디군은 엘-오베이드에서 남쪽으로 64킬로미터 떨어진 비르카Birka에 있는 저수지를 점령했다. 물이 필요한 원정군은 북쪽으로 방향을 틀어 다른 저수지로 가야 했다. 새로 선택한 저수지의 이름은 '내장內臟 웅덩이'라는 기분 나쁜 뜻을 지닌 풀라 알-마사린Fula al-Masarin이었다. 이곳에 가려면 키트르kitr나무와 가시덤불이 빽빽한 샤이칸 숲을 통과해야 했다. 가시덤불이 어찌나 빽빽한지 원정군은 대형을 유지할 수 없었다. 그야말로 매복과 기습엔 적격이었다.

11월 3일 밤, 원정군은 흙을 쌓아 보루를 만들고 참호를 팠다. 당시 만든 보루는 전투가 끝나고 50년이 지난 1930년대까지도 잔해가 남아 있었다. 다음 날인 4일 새벽, 마흐디군 소총병들은 가시덤불 사이를 기어 원정군 바로 앞까지 접근했다. 아침이 되자 마흐디가 도착했다. 샤이칸 전투가 벌어지고 수년 뒤 가진 인터뷰에서 마흐디군 병사 벨라 아흐마드 시라즈Bela Ahmad Siraj는 전투를 앞둔 마흐디군의 분위기를 이렇게 기억했다. "우리는 달려들고 싶어 안달이 났는데 마흐디는 우리더러 참으라고 했다. 그래서 우리는 이집트군과 전초전을 벌이거나 그들에게 총을 쏘는 것으로 만족해야 했다. 총격이 워낙 맹렬해서 마치 비누로 씻어낸 것처럼 나무껍질이 벗겨졌다."[8]

마흐디군이 쏜 총알은 거의 명중했다. 그러나 원정군은 누가 어디에서 공격하는지도 알지 못한 채 총알만 낭비했다. 오스트리아 기병 장교 출신으로 힉스의 참모인 아르투어 헤를트Arthur Herlth 소령은 그날 쓴 일기에 전투 상황을 이렇게 남겼다. "총알이 사방에서 날아왔고 낙타, 노새, 그리고 병사들이 계속해 총알에 맞아 쓰러졌다. 우리가 너무 밀집해 있어서 적이 쏘면 쏘는 대로 맞을 수밖에 없었다. 우리는 용기를 잃고 무기력한 채 무엇을 할지 몰랐다."[9] 총격전은 온종일 계속되었다. 그날 따라 계절에 맞지 않게 무더웠다. 저녁이 되자 원정군은 탈진 상태에 이르렀고 사기는 떨어질 대로 떨어져, 자리바zariba라 부르는, 나무 끝을 뾰족하게 깎아 적 방향으로 비스듬히 세워놓는 목책조차 만들 수 없었다. 다음 날인 5일 아침 10시경, 원정군은 세 개의 방진을 형성했다. 병사들이 죽어나가면서 송장이 쌓였고 심지어 후방의 포병까지 몰살되었다. 갈증으로 눈이 멀 지경인 원정군은 천천히 덤불을 헤치고 앞으로 나아갔다. 덤불은 어제보다는 훨씬 덜 빽빽했다. 원정군이 움직인 지 한 시간도 되지 않아, 마흐디군은 끝내 기다렸던 마지막 돌격을 시작했다.

파워의 예측은 정확했다. 마흐디군은 힉스 원정군이 가진 산악포나 기관총에 조금도 주눅이 들지 않았다. 마흐디군의 가장 위력적인 무기는 애국심이었고 그 무기는 전장에서 환하게 타올랐다. 사기충천한 마흐디군의 병력은 원정군보다 네 배나 많았다. 그들은 알라를 위해 싸운다고 굳게 믿었다. 힉스의 원정군도 지휘부를 제외하고는 대부분 무슬림이었다. 코란은 무슬림끼리의 전쟁을 금기한다. 그러나 마흐디군에게 마흐디를 따르지 않는 무슬림이란 불신자*에 불과했기에 마흐디군은 원정군의 무슬림 병사들을 죽

* 아랍어로 '숨기다(감추다)'라는 뜻을 지닌 K-F-R에서 유래한 카피르kafir는 이슬람이 시작된 이후 이슬람을 받아들이지 않는 사람(불신자)이라는 뜻으로 쓰이기 시작했다. 이슬람을 받아들여 무슬림 공동체의 일원이 된 이들은 다르 알-이슬람Dar al-Islam(평화의 집)에 거하며, 불신자는 다르 알-하르브Dar al-Harb(전쟁의 집)에 거하게 된다. 모든 무슬림은 이슬람을 지키고 번창하게 할 의무가 있고, 이 의무의 극단적인 형태가 바로 불신자와의 전쟁이다. 마흐디는 자신을 믿지

이면서도 조금도 갈등을 겪지 않았다. 마흐디군에게 피부가 하얀 외국인은 출신 국가나 종교와 상관없이 모두 가혹한 지배를 일삼는 '튀르크인'을 뜻했다. 튀르크인이란 이들에게 분노를 타오르게 하는 기름이었다.

심리전에서도 마흐디군은 원정군을 압도했다. 마흐디는 "원정군이 쏜 총알은 물로 변할 것"이라며 병사들을 안심시켰다. 마흐디군 병사 중 상당수는 '헤잡hejab'이라고 불리는, 코란 구절을 적은 부적을 가죽 주머니에 담아 몸에 지녔다. 예기치 않게 이 헤잡이 마치 면갑棉甲*처럼 총알을 막아준 덕분에 몇몇은 목숨을 건지기도 했다. 또 마흐디는 예언자 무함마드가 직접 계시했다며 "결전의 날에 4만의 천사들이 마치 거대한 독수리처럼 하늘에서 내려와 우리를 도와 불신자들을 덮칠 것"이라고 예언하며 병사들의 사기를 북돋았다. 전투가 끝나고 마흐디군 중 일부는 실제로 전장에서 검은 천사들을 보았다고 말했다.

전투는 일방적인 학살로 끝이 났다. 마흐디군은 샤이칸 숲 근처에서 1주일 동안 머물며 전리품을 챙겼다. 전리품은 종류도 다양했고 양도 많았다. 비스킷, 쌀과 보리 같은 식량과 낙타, 말, 당나귀, 노새 등의 운송 수단도 얻었다. 소총, 권총, 탄, 칼, 총검 이외에도 삽, 옷, 시계, 금과 은, 현금도 있었다. 그러나 최고의 노획품은 산악포와 기관총, 그리고 이를 운용할 수 있는 탄약이었다. 탈영병 클루츠는 힉스의 백마를 맡았다. 무스타파라는 새 이름을 얻은 클루츠는 노획한 의료용품을 써서 말을 치료하라는 명령을 받았다.

시체 아래 숨어 있다가 붙잡힌 이집트군 300여 명은 발가벗겨져 목에 오라를 걸고 엘-오베이드로 호송되었다. 엘-오베이드에서 일부는 처형되었

않는 이들이 알라에게 버림받을 것이며 자신을 믿는 이들(안사르)만이 진정한 무슬림이라고 주장하면서 다른 무슬림을 적대시했다. 일례로 1883년에 마흐디는 안사르와 안사르가 아닌 이들의 기존 혼인을 무효화하는 조치를 시행하기까지 했다. 이러한 식으로 무슬림을 불신자로 낙인찍는 것을 타크피르takfir라고 하는데, 이 문화는 오늘날에도 이슬람권에서 매우 심각한 사회 문제를 불러일으키고 있다.

* 면을 여러 겹으로 덧대 만든 일종의 방탄복으로 조선 시대에도 면갑을 사용했다. 당시의 실물이 육군사관학교 안에 있는 육군박물관에 전시되어 있다.

고, 처형되지 않은 이들도 시장에서 구걸하다가 결국 굶어 죽었다. 마흐디군 전사자는 수백 명 정도였다. 전사자 중에는 백나일강에서 온 케나나Kenana* 부족장과 그가 데려온 14명의 병사가 있었는데 이들은 원정군이 쏜 포탄 한 방에 함께 목숨을 잃었다. 이는 전투 당시 원정군이 포를 사용하기는 했다는 것을 보여준다. 마흐디군은 전사한 동료의 장례를 간단히 치르고 매장했으나 원정군 송장은 그대로 남겨놓아 새들이 뜯어 먹게 했다.

마흐디는 초기 이슬람의 공동 생활양식을 부활시켰다. 모든 전리품은 바이트 알-말bayt al-mal이라 불리는 공동 창고에 모았다. 어떤 것은 경매에 부쳤고 어떤 것은 선물로 나눠주었다. 마흐디는 욕심에 눈이 멀어 전리품을 숨긴 이들에게 짧게나마 고백할 시간을 주었다. 끝내 물건을 숨긴 이들은 자백할 때까지 하마 가죽 채찍으로 태형을 당했다. 태형을 견디지 못해 죽은 이들도 있었다. 마흐디의 삼촌인 사이드 무함마드 타하Sayid Muhammad Taha의 노예 중 일곱 명이 전리품을 숨긴 것이 드러나자 모두가 보는 앞에서 이들의 오른손과 왼발을 잘라버렸다.

마흐디군은 힉스 원정군의 송장 썩는 냄새를 견딜 수 없게 되자 엘-오베이드로 이동했다. 엘-오베이드로 입성하는 날, 승리를 기념하는 예포가 울려 퍼졌다. 개선 부대의 행군으로 먼지가 자욱하게 일었고 엘-오베이드는 온통 황홀경에 빠졌다. 빨강, 검정, 녹색 깃발을 든 기수단이 먼저 들어왔고 수천 명의 병사가 그 뒤를 따랐다. 적군의 피가 말라붙은 창날이 햇볕에 반짝였다. 승리에 취한 군중은 "라 일라흐 일랄 라흐la ilaha illa-llah(알라 외에 다른 신은 없다)"를 주문처럼 계속해서 읊조렸다.** 당시 엘-오베이드 감옥에는 오스트리아 출신의 가톨릭 선교사인 요세프 오르발더 신부***가 갇혀 있

* 에-두엠에서 동쪽으로 90킬로미터 떨어져 있다.

** 무슬림의 신앙 고백인 '샤하다'는 '라 일라흐 일랄 라흐 무함마드 라쑬룰 라(알라 외에는 신이 없고, 무함마드는 알라의 사자이다)'라는 문장으로 되어 있으며, 사우디아라비아 국기에 적힌 문장이기도 하다.

*** Father Joseph Ohrwalder: 1856년 3월 3일 오스트리아 티롤에서 태어난 가톨릭 사제로 1913

었다. 그는 승리의 노래가 마치 사납게 흐르는 급류 같았다고 회상했다. 반쯤 정신이 나간 병사들이 대열에서 이탈해 창을 휘두르며 빙글빙글 돌면서 피가 얼어붙을 것 같은 오싹한 소리를 질러댔다.

환호하며 행진하는 병사들 뒤로는 기병이 따랐다. 기병은 종종걸음으로 말을 몰다가 창을 세워 매서운 돌격 자세를 취해 보였다. 그 뒤로 알몸의 이집트 병사들이 줄에 묶여 끌려왔다. 사람들은 이들을 발로 차거나 주먹으로 때리고 침을 뱉으며 모욕했다. 노획한 대포가 그 뒤를 따랐다. 그리고 하얀 낙타에 올라탄 마흐디가 행렬의 대미를 장식했다.

마흐디가 나타나자 군중은 광분했다. 남자들은 마흐디에게 달려가 발에 입을 맞추거나 그가 입은 예복을 만졌다. 그럴 수 없는 사람들은 하얀 낙타가 남긴 발자국 위에 엎드려 입을 맞추었다. 여자들이 크게 외쳤다. "마흐디, 알라께서 보내신 분!" 스스로 구세주라 부른 무함마드 아흐마드, 그는 기적을 행하고 있었다. 여러 부족과 농부들을 모아 군대를 만들었고, 지금까지 본 것 중 가장 큰 규모의 이방인 군대와 싸워 이겼을 뿐만 아니라 칼과 창만으로 기관총과 대포로 무장한 원정군을 몰살시켰다.

이날 이후, 마흐디는 확실한 숭배의 대상이 되었다. 사람들은 그가 목욕한 물을 만병통치약으로 여겼으며 마흐디에게 바라카baraka, 즉 성인聖人이 가진 신비한 생명의 기운이 충만해 있고 그를 만지면 이 기운을 자신도 받을 수 있다고 굳게 믿었다. 무함마드 아흐마드가 전설로만 전해오는 구세주인 마흐디라고 믿었던 사람들은 샤이칸 전투가 바로 그 증거라며 의기양양했다. 반대로 그를 구세주로 생각하지 않던 사람들은 이제 마흐디를 믿는다고 말하거나 아니면 입을 다물어야 했다. 노획품에 손을 댄 사람들이 어떻게 처형되었는가를 본 이상, 적어도 공식적인 자리에서 무함마드 아흐마드에게 반론을 제기하는 사람은 아무도 없었다.

년 8월 8일 옴두르만에서 사망했다. 수단에서 선교 사역 중 마흐디국에 포로로 잡혀 10년간 억류되어 있다가 탈출했다.

마흐디도 이제 자신이 반란군의 수괴 정도로 치부될 인물이 아니라는 점을 분명하게 알고 있었다. 마흐디는 애초에 이 정도의 대승을 기대하진 않았다. 그러나 샤이칸 전투 이후 힘의 균형이 깨지면서 마흐디는 수단을 틀어쥐게 되었다. 이집트 정부는 수단 남부 몇몇 곳에 군대를 주둔시키고 있었다. 이 중에는 유럽인이 지휘를 맡은 곳도 있었다. 바흐르 알-가잘Bahr al-Ghazal의 프랭크 룹턴Frank Lupton, 파쇼다Fashoda의 에민 파샤, 다르푸르Darfur의 지사 루돌프 카를 폰 슬라틴Rudolf Carl von Slatin 등이었다. 그러나 이 부대들은 병력이 부족하고 장비도 보잘것없었을 뿐만 아니라 길도 제대로 나 있지 않은 광야 한복판에 고립돼 있었다. 이들이 마흐디를 막을 수는 없었다. 이제 시라트 알-무스타킴sirat al-mustaqim, 즉 '진실한 이슬람'으로 향하는 곧은 길을 막는 유일한 방해물은 동쪽으로 480킬로미터 떨어진, 성벽으로 둘러싸인 채 얼마 안 되는 병력이 지키는 카르툼밖에 없었다.

검은 사람들의 땅

1

1883년 11월 5일, 샤이칸 전투에서 승리한 이슬람 급진주의자들은 수단에 마흐디국을 세웠다. 당시까지 아프리카대륙에서 무력으로 독립을 쟁취한 곳은 마흐디의 수단뿐이었다. 샤이칸 숲의 패배는 서구에 엄청난 파문을 몰고 왔다. 때마침 영국은 빅토리아 여왕의 즉위 50주년*을 앞두고 있었다. 해가 지지 않는 대영제국의 영광이 정점에 다다르던 시절, 일개 반군에게 원정군이 몰살되었다는 소식은 빅토리아 시대의 앞길에 큰 숙제를 안겨주었다.

1820년, 무함마드 알리의 군대가 이집트 남쪽 경계를 건너기 전, 수단이라는 나라는 존재하지도 않았다. 그저 황량한 구릉과 산, 계곡과 늪, 호수와 푸른 초원, 불모의 사막과 해안선으로 이뤄진 259만 제곱킬로미터의 거대한 땅덩어리일 뿐이었다. 그곳엔 얼마 되지 않는 초지에서 농사를 짓거나, 이리저리 떠돌아다니는 유목민들이 부족을 이뤄 이리저리 흩어져 살고 있었다. 부족들이 쓰는 언어만도 400개에 달했다. 어찌 보면 수단은 아랍과 아프리카 문화의 혼합체였다. 수단에 아랍인이 정착한 것은 12세기경부터였고 아랍인들은 이 땅을 '검은 사람들의 땅'이라는 뜻을 지닌 '빌라드 아-수단bilad

* 1819년 5월 24일 태어나 1837년 6월 20일 갓 18세를 넘긴 나이에 즉위한 빅토리아 여왕은 1901년 1월 22일 사망할 때까지 63년 7개월 동안 영국과 아일랜드의 군주Monarch of the United Kingdom and Ireland였으며 1876년 5월 1일부터는 인도 여제Empress of India의 직위도 함께 가졌다. '해가 지지 않는 나라' 대영제국의 전성기를 이끌었던 빅토리아 여왕 재임 기간을 빅토리아 시대라고 부른다.

as-Sudan'이라 불렀다.

지난 400년간 수단에선 부족 간의 크고 작은 전쟁이 끊이지 않았다. 게다가 오스만제국의 술탄이 수단 땅에 영지를 건설하자 내란의 양상은 더 복잡해졌다. 18세기까지 수단 역사에서 가장 강력한 세력은 청나일강 유역의 센나Sennar를 수도로 삼은 푼즈Funj였다. 푼즈는 16세기, 원주민 농민과 아랍 유목민이 연합해 만든 술탄의 영지였으나 잦은 내란을 치른 덕에 1820년대에 들어서서는 간신히 명맥만 유지한 채 점점 더 쪼그라들고 있었다. 1821년 무함마드 알리의 이집트 침공군이 센나에 도착했을 때 이들은 저항조차 할 수 없었다.

알바니아 출신인 무함마드 알리 파샤는 오스만제국에서 군인으로 복무하다가 이집트 총독까지 오른, 운 좋은 인물이었다. 무함마드 알리는 명목상으로는 오스만제국의 최고 지도자인 술탄의 부하였으나 실질적으로는 이집트를 직접 통치하는 군주나 다름없었다.

술탄은 세속 군주이자 동시에 최고 종교 지도자이며 세상에 알라의 뜻을 처음으로 전한 예언자 무함마드의 후계자이다. 따라서 무함마드 알리가 수단을 정복하자 수단은 원칙적으로 오스만제국의 영지이면서 동시에 오스만제국의 식민지인 이집트의 식민지가 된, 이상한 형국이 만들어졌다.

무함마드 알리의 수단 침공은 흑인 노예와 상아 때문이었다. 노예로 붙잡힌 흑인들은 유럽 군대의 소총병 훈련을 받고 오스만제국 장교의 지휘를 받는 수단대대에 배치되었다. 이 노예 출신 징집 병사들을 지하디야Jihadiyya라고 불렀다.[1] 그러나 무함마드 알리가 경제적인 이익만 생각한 것은 아니었다. 그는 이집트와 수단을 현대적인 국가로 만들려는 꿈이 있었다. 그의 후계자 중 일부는 무능하고 부패했으나 나머지는 그런대로 그 꿈을 이뤄가고 있었다. 이들은 수단에 현대적인 농업계획을 도입해 새 작물을 소개하고 유목민을 정착시켰으며 학교와 병원을 세우고 철도를 놓았다. 전신주를 세우고 우편제도를 도입했으며 나일강에 증기선을 띄워 교통과 통신을 개선했다.

물론, 이런 조치엔 엄청난 예산이 필요했고 수단 사람들은 가혹하다 못해 파산할 정도로 세금을 부담했다. 세금 징수는 바쉬-바주크라 불리는 오스만제국의 비정규군이 맡았다.* 힉스가 기록한 것처럼 이들은 강도질과 살인을 일삼았다.[2] "이들은 마치 양계장에 들어온 족제비 같았다. 식민정부로부터 급료로 50파운드를 받았지만 거둬들인 세금에서 거의 매달 500파운드를 횡령했고 그것 말고도 더 큰돈을 긁어모았다."[3]

가혹한 세금은 마흐디의 봉기를 도운 1등 공신이었다. 세금 문제와 더불어 마흐디 봉기에 불을 댕긴 것은 노예무역 금지 조치였다. 1877년, 무함마드 알리의 손자인 이스마일 파샤는 영국의 압력을 받고 노예제도를 금지하는 협정에 서명했다. 노예제도 금지 협정으로 이집트에서는 노예 거래가 금지되었고 앞으로 12년 안에 수단에서도 노예의 개인 소유와 매매를 금지해야 했다. 케디브 이스마일은 이러한 금지 규정을 강화고자 찰스 고든Charles Gordon을 수단 총독으로 임명했다. 고든은 이스마일이 임명한 최초의 유럽인 총독이었다.

고든은 이미 이스마일을 위해 일한 경험이 있었다. 그는 탐험가였던 새뮤얼 베이커 경**의 뒤를 이어 곤도코로 지방*** 주지사로 3년 동안 일했다. 곤

* 광대한 영토와 봉건제도 때문에 중앙 정부의 정규군을 유지하기 어려웠던 오스만제국은 비정규군에 의존할 수밖에 없었으며 이러한 비정규군을 바쉬-바주크Bashi-Bazouk라 불렀다. 이들은 제국의 통제를 받았으나 군복을 입지 않았고 봉급을 받지 않는 대신 약탈을 보장받았다. 바쉬-바주크 중에는 기독교인도 있었고 무슬림도 있었다. 바쉬-바주크란 '골이 빈', '무질서한' 또는 '지도자가 없는'이란 뜻인데 이들은 그 뜻처럼 군기가 없었고 약탈과 잔인한 행위로 악명이 높았기 때문에 나중에 바쉬-바주크라는 단어는 '막돼먹은 강도'라는 뜻으로 통용되었다. 공식적으로 바쉬-바주크 제도는 19세기 후반이 돼서야 폐지되었다.

** Sir Samuel White Baker(1821~1893): 영국의 탐험가. 오스만제국 군대와 이집트군에서 소장을 역임했으며 노예제도 폐지, 아프리카 탐험 등으로 이름을 떨쳤다. 새뮤얼 베이커는 1869년 4월부터 1873년 8월까지 오늘날 남수단과 우간다 북부에 해당하는 에콰토리아 유역의 총독을 지내면서 이곳을 에콰토리아 지방Equatoria Province으로 출범시켰다. 특히 나일강을 따라 중앙아프리카 내륙을 탐험하면서 1864년에는 우간다 서쪽에서 발견한 호수를 빅토리아 여왕의 남편 이름을 딴 앨버트 호Lake Albert라 이름 붙여 명성을 얻었으며 여러 편의 책과 논문을 남겼다.

*** Gondokoro: 카르툼에서 남쪽으로 1천200킬로미터 떨어진 백나일강 동편에 있는 마을로 2011년 7월 9일 독립한 남수단의 수도인 주바Juba에서 강을 건너 북동쪽으로 약 7킬로미터 정도 떨

도코로는 카르툼에서 증기선을 타고 약 한 달 동안 백나일강을 거슬러 올라가야 하는 거리에 있었다. 수단 총독이 된 고든은 노예무역과의 전쟁을 선포했다. 그는 노예시장을 폐쇄하고 대상隊商을 정지시켜 수색했으며, 적발된 노예상은 공개 교수형에 처했다. 바흐르 알-가잘 지방의 노예상인들이 폭동을 일으키자 그는 초원 지역에 있는 유목민을 동원해 폭동을 진압했다.

수단인에게 노예무역이란 생활 그 자체였다. 이슬람도 노예무역을 금하지 않았을 뿐만 아니라 이것을 잘못으로 생각하는 사람도 없었다. 수단 사람들은 모두에게 이익이 돌아가는 노예무역을 왜 이방인들이 폐지하려 드는지 이해할 수 없었다. 노예무역의 금지는 노예가 된 사람들과 고든에게만 절실한 문제였다. 노예무역을 금지하자 수단 경제가 휘청거리기 시작했다. 터무니없이 높은 세금에 그렇지 않아도 고통을 받아왔는데 노예무역까지 금지되자 수단 이곳저곳에서 불만이 터져나왔다.

원래 이집트의 통치자 케디브 이스마일은 노예무역 금지 조치와 고든의 수단 총독 임명을 모두 반대했었다. 그러나 이집트는 영국을 포함한 유럽 채권국들에 엄청나게 빚을 지고 있던 터라 이에 반대할 수 없었다. 나라의 부채는 13년 만에 9천1백만 파운드가 되었는데 이집트로선 도저히 상환할 수 없는 금액이었다. 1876년, 이스마일이 부채 상환을 중단하자 영국·프랑스·독일·러시아는 빚을 받아낼 위원회를 구성했다. 이스마일은 권좌에서 쫓겨났다. 뻣뻣한 이스마일 대신 이집트 정부의 수반으로 취임한 것은 훨씬 다루기 쉬운 그의 아들 타우피크였다. 일련의 이집트 궁정의 무혈 쿠데타를 주도한 사람은 4국 채무상환위원회의 영국 대표인 에벌린 베링이었다. 그는 군에서 포병 장교로 복무하다 외교관이 된 인물로 금융기업인 베링 브러더스* 후손이기도 했다.

어져 있다. 카르툼에서 배를 타고 백나일강을 거슬러 올라오면 이곳에서부터 육로를 통해 우간다로 넘어가야 했기에, 아프리카 무역의 중요한 요충지였다.

* Baring Brothers & Co.: 1762년에 런던에서 프랜시스 베링Sir Francis Baring, 1st Baronet과 그의

이스마일을 권좌에서 몰아낸 영국은 이것이 어떤 여파를 가져올지 미처 몰랐다. 나라가 외국에 팔렸다는 소식을 듣자 격앙된 이집트 민족주의자들이 들고일어났다. 전형적인 이집트 농민 출신의 오라비 대령은 민족주의자로 인기가 높았다. 그를 중심으로 반反외세 감정이 홍수처럼 번져나갔다. 군의 지지를 등에 업은 오라비는 알렉산드리아를 점령해 외국인들을 죽이고 수에즈운하를 막겠다고 공포했다. 꼭두각시나 다름없던 타우피크는 카이로에서 도망쳤다.

물론 영국이 가만히 있지 않았다. 영국은 이집트를 포기할 수 없었다. 수에즈운하를 통과하는 배 중 80퍼센트는 영국 배였다. 타우피크가 도망치고 한 달 뒤인, 7월 11일 영국 해군 지중해함대는 알렉산드리아 항구에 있는 오라비의 해안포대를 포격했다. 1883년 9월, 3천 명으로 구성된 영국-인도 혼성 원정군이 알렉산드리아에 상륙했다. 대영제국의 문제 해결사인 가넷 울즐리 중장이 지휘하는 원정군은 9월 13일 나일 삼각주에 있는 텔 엘-케비르에서 오라비가 이끄는 저항군을 전멸시켰다.

타우피크는 권좌를 되찾았고 이집트군은 영국군의 지휘 아래 완전히 새롭게 재건되었다. 이집트는 명목상 여전히 오스만제국에 속했지만, 이제 사실상 이집트를 통제하는 것은 영국이었다. 그러나 오라비의 봉기가 발생하고 영국이 이를 진압하는 사이 이집트의 수단 통제력은 눈에 띄게 약해졌다. 노예무역이 사라지면서 수입이 끊기고, 살인적인 세금 때문에 가난해졌으며, 튀르크-이집트 식민정부가 도입한 개혁 때문에 소외감을 느낀 수단 사람들의 불만이 하늘을 찔렀다. 수단 사람들이 보기에 오스만제국의 멍에를 벗어버릴 기회는 지금밖에 없었다. 때가 무르익은 1881년, 수피교도 무함마드

큰형인 존 베링이 합작해 설립한 John and Francis Baring Company를 시작으로 19세기를 풍미하고 20세기에 들어와 Barings Bank라는 이름으로 성장하기까지 유서 깊은 상업 은행으로 군림했다. 1995년에 싱가포르 지점에 근무하는 닉 리슨Nick Leeson이라는 풋내기 행원이 8억 2천7백만 파운드를 투기성 자본에 투자해 손실을 보면서 망한 것으로도 유명하다. 에벌린 베링의 아버지 헨리 베링은 프랜시스 베링의 셋째 아들이다.

아흐마드는 스스로 마흐디라고 선언했다. 그는 "모든 무슬림은 튀르크인을 몰아내는 데 앞장서라!"고 외쳤다. 마흐디는 기름에 젖은 짚단에 떨어진 불씨였다. 이렇게 떨어진 불은 삽시간에 사방으로 번져나갔다.

2

카르툼은 청나일강과 백나일강이 합류하는 지점에 있다. 이 두 강이 모이면서 만들어낸 땅은 하늘에서 보면 마치 뱀처럼 가늘고 길어 아랍인들은 이 지역을 '코끼리 코'라는 뜻의 카르툼이라 불렀다. 수단 남쪽은 보통 4월부터 10월까지 우기가 계속된다. 이때 내린 비로 카르툼 일대는 매년 9월 무렵이면 강물이 범람한다. 두 강이 만나는 곳의 강폭은 1.6킬로미터가 넘게 넓어지고, 수위는 4.5미터 이상 올라가 모든 것을 쓸어가버린다.

청나일강은 에티오피아 아비시니아 고원의 타나 호수Lake Tana에서 발원해 수단 땅으로 들어와 로제이레스Rosseires 평야의 점토 지대를 통과하면서 유속이 준다. 우기에는 점토질 때문에 강물이 마치 죽처럼 끈적해지고 통나무와 동물 시체, 검불이 떠다닌다. 백나일강은 빅토리아 호수의 니안자Nyanza에서 발원해 개구리밥이 가득 찬 적도상의 늪지대를 통과해 약 1천600킬로미터를 굽이쳐 흐르면서 청나일강보다 완만하게 흐른다. 두 강이 합쳐지는 모그란Moghran point에서 청나일강의 짙은 물빛이 엷은 옥색의 백나일강과 만나는 것을 뚜렷하게 볼 수 있다.

1830년대까지 카르툼은 쉴룩Shilluk족이 투쿨*에 거주하며 고기잡이로 살아가던 작은 마을에 지나지 않았다. 카르툼을 도시로 만든 것은 초대 수단 총독을 지낸 쿠르쉬드 파샤였다. 그는 모스크, 병원, 군대가 주둔하는 병영

* tukul: 수단식 오두막집이다. 나무를 사용해 기둥을 세우고 이엉을 엮어 지붕을 얹는다. 진흙에 지푸라기를 섞고 당나귀 똥을 개서 만든 흙을 발라 벽을 만들기도 한다. 투쿨의 지붕을 얹고 벽을 바르는 것은 여자의 일이다.

과 총독 관저인 히킴다르hikimdar(총독이라는 뜻의 터키어) 궁宮을 세우고 카르툼을 군사와 행정 중심지로 만들었다. 오늘날에도 수단 대통령궁은 그 총독 관저 자리에 있다.

1840년대, 백나일강 유역에 서구 문명의 손길이 닿으면서 카르툼은 비로소 도시다운 모습을 갖추기 시작했다. 카르툼 남쪽의 백나일강 유역은 개구리밥 뭉치가 가득한 늪과 체체파리 그리고 호전적인 나일강 일대의 부족들 때문에 사람들이 좀처럼 발을 들여놓을 수 없었다. 그러나 제국을 확장하려는 이집트와 영국은 적도가 지나는 아프리카의 오지에 무장 증기선을 보내 새 길을 열었다. 이로써 파쇼다를 주도州都로 하는 어퍼나일Upper Nile 주와 곤도코로를 주도로 하는 에콰토리아Equatoria 주 두 곳이 생겼다.*

남쪽 상류로 길이 열리기 무섭게 상아 사냥꾼들의 배가 백나일강을 뒤덮었다. 처음에는 이집트 정부가 상아 무역을 독점했다. 그러나 1840년에 전매가 해제되면서 상아 무역으로 한몫 보려는 사람들이 구름처럼 몰려들었다. 백나일강 유역에 사는 봉고Bongo족과 바리Bari족 같은 토착민들은 상아의 가치를 전혀 몰랐기에 외지인들은 상아 무역으로 엄청나게 큰 이익을 보았다. 1840년대 현지 상아 가격은 거의 거저나 다름없었다. 2실링어치 베네치아산 유리구슬을 주면 토착민들은 온전한 상아 한 개를 건네주었다. 세계 시장에서 상아는 킬로그램 당 20실링에 팔렸는데 보통 상아 한 개는 8.5킬로그램이었다. 이는 상아 한 개당 168실링, 즉 이익이 85배나 남는 장사였다. 백나일강에서 일확천금을 노리는 이들에게 카르툼은 상업 전진기지로 이상적인 곳이었다.

수단에서 노예제도는 역사가 기록되기 이전부터 존재했다.** 그러다 19

* 이집트 정부는 백나일강에서의 이익을 장악하려고 영국인 탐험가 새뮤얼 베이커를 파견했고 그는 1870년에 에콰토리아 지방을 설치했다. 베이커는 곤도코로 외에 추가로 또 다른 무역 중심지를 세우고 에콰토리아 지방을 장악하려 했으나 성공하지 못한다.

** 그리스의 역사가 헤로도토스(BC 484?~BC 425?)는 '바끄트'라는 협정에 따라 쿠쉬 왕국에서 2년에 한 번씩 이집트에 있는 페르시아 왕조로 노예를 보냈다고 기록했다. 652년에는 이슬람 세

세기 들어 상아 무역이 발달하자 노예무역도 덩달아 커졌다. 상아를 구하려면 백나일강을 타고 올라갔다가 군인들과 함께 내륙으로 들어가야 했다. 상아 상인들은 북부 수단 부족민을 고용해 무기를 주고 용병으로 이용했다. 이렇게 고용된 부족들은 남부 수단 부족의 마을을 포위해 주민을 생포한 다음, 상아를 내놓을 때까지 고문했다. 그렇게 상아를 얻고 나면 마을을 불태우고 젊은 남녀와 어린이를 제외한 모든 사람을 죽여버렸다. 마을에서 키우던 가축은 용병의 몫이었다. 살아남은 마을 사람들은 운반선이 기다리는 강가로 상아를 져 날랐다. 운반이 끝나면 상아 상인들은 이들을 바로 현찰처럼 사용했다. 즉, 원정 비용과 용병의 임금을 상아 사냥 중에 잡힌 노예로 지급했다.

카르툼은 하천 무역과 낙타를 이용한 대상 무역의 중심지였다. 서쪽의 다르푸르와 동쪽의 아비시니아에서 노예, 상아, 타조 깃털, 아라비아고무가, 북쪽의 이집트에서는 직물과 공산품이 카르툼으로 들어왔다. 1870년대까지 카르툼의 인구는 약 5만 명이었는데 그 중 절반 이상이 노예였다.

1850년, 리버풀 출신 상인 조지 멜리George Melly는 카르툼을 이렇게 표현했다. "이곳은 마치 세상의 끝처럼 보인다."[4] 그 뒤로 34년이 지난 1884년에도 카르툼은 여전히 같은 풍경이었다. 청나일강의 둑 위로 야자수가 줄지어 자라 두 강이 만나는 곳까지 길게 그늘을 만들었고 카르툼 시내에도 나무가 빽빽하게 자랐다. 당시 나일강 일대는 나무가 많아 오늘날보다 훨씬 더 푸르렀다. 사자, 코뿔소, 하마와 같은 야생동물도 카르툼에서 그리 멀지 않은 곳에 서식하고 있었다. 물지게꾼과 빨래하는 아낙네들에게 악어는 항상 위협

력권의 이집트가 기독교 세력권의 누비아 왕국으로부터 젊은 남녀 노예 360명을 매년 받는 대신 물자를 제공하는 협정을 맺은 기록이 있다. 이런 노예는 분명 누비아 왕국의 신민臣民이 아니었을 것이 분명하며 아마도 누비아의 지배를 받는 지역에서 붙잡혀왔을 것이다. 그러나 이집트에서 노예란 모두 누비아에서 왔기 때문에 이집트와 나일 계곡 일대에서 '누비아 사람'이란 말은 피부색이 희지 않은 사람, 즉 노예를 뜻하는 말로 사용되기 시작했다. 아랍어로 수단이 '검은 사람들의 땅'이라는 뜻인 것처럼 그리스인들 역시 북아프리카의 유색인들을 에티오피아(얼굴이 그을린)라고 부른 점으로 보아 노예제도는 매우 뿌리가 깊은 관행이었을 것으로 추정된다.

Louis Jackson, *Our Caughnawagas in Egypt*, 1885

나일강의 사기야 수차, 1880년대

적인 존재였다. 원주민들이 셰이크*라고 부르는 거대한 악어는 숭배의 대상이었다. 이 녀석에게 잡아먹힌 사람이 꽤 됐지만 그렇다고 이 녀석을 사냥한다는 것은 상상도 할 수 없었다. 청나일강 강변은 그야말로 눈코 뜰 새 없이 바삐 움직이는 곳이었다. 사기야Sagiyya라고 부르는 수차는 삐걱대면서 강물을 수로로 밀어 올렸고 이렇게 올라온 강물은 강둑을 따라 펼쳐진 농경지로 흘러갔다. 이런 수차가 약 100미터마다 한 대씩 돌아가고 있었다. 개중에는 어쩌다가 증기 펌프로 대체된 것도 있었는데 기계 소리가 건너편에서도 들릴 정도로 시끄러웠다. 농경지 사이로 난 좁은 길로는 머리 위에 물 항아리를 이고 멋지게 균형을 잡은 노예와 물지게꾼의 행렬이 계속 이어졌다.

* Sheikh: 아랍어로 우두머리를 뜻한다. 종교적인 우두머리를 뜻하기도 하고 부족의 우두머리를 뜻하기도 한다. 연장자를 향한 존경의 의미를 담을 때도 사용된다.

The Illustrated London News, 1885년 2월 14일

③

④

카르툼 전경, 1880년대

① 카르툼 성내
② 히킴다르 궁
③ 청나일강 하류 쪽
④ 청나일강 상류 쪽

선창에 접근하려면 돌로 쌓은 둑에 난 계단을 이용해야 했다. 강에는 온갖 종류의 배들이 오고 갔다. 총독 관저에서 이용하는 배는 다하비야dhahabiyya라 불렸다. 이 배 주변에는 고깃배, 영사들이 머무는 배들, 이곳 주민이 누가르nuggar라 부르는 돛단배, 정부의 싸구려 증기선 그리고 수십 가지 깃발이 나부끼는 무장상선들이 정박해 있었다. 때때로 베르베르Berber 지방의 지사가 건장한 흑인 노예 12명이 노를 젓는, 마치 갤리선 같은 배에서 얼굴을 내밀기도 했다.

히킴다르 궁 또는 사라야saraya라고 불린 총독 관저는 그 일대에서 가장 인상적인 건물이었다. 붉은 벽돌을 쌓아올려 ㄷ자 모양으로 지은 히킴다르 궁은 정면 2층, 양쪽 날개가 각기 1층으로 되어 있었다. 1층은 식민정부에서 근무하는 서기들이 썼고 2층은 정부 관리들이 사용했다. 서쪽으로 난 아치 모양의 정문은 카르툼의 민사 업무를 총괄하던 무데리야Muderiyya를 바라보고 있었다. 무데리야가 있던 곳은 오늘날 내무부가 자리하고 있다.

무데리야 뒤에는 오스트리아-헝가리제국의 쌍 독수리 문장을 문 위에 단 오스트리아 영사관이 있었다. 당시 영사는 나이 지긋한 마르틴 루트비히 한잘Martin Ludwig Hansall로 그는 카르툼에서 유명한 인물이었다. 한잘은 카르툼에 정착한 초기 외국인으로, 1853년 가톨릭 선교단원으로 이곳에 왔다. 그는 가톨릭 학교 선생과 카르툼 주교의 비서직을 역임하고 1862년에는 오스트리아 영사 겸 가톨릭 선교단의 수호자로 임명되었다. 그는 독실한 가톨릭 신자였지만, 적어도 일곱 명의 수단 아가씨를 첩으로 거느리고 있었다.

오스트리아 영사관 옆에는 전신국과 우체국이 있었다. 그 뒤로는 1848년 오스트리아-헝가리제국 예수회에서 세운 가톨릭 선교회 본부가 있었다. 상당히 넓은 면적을 차지한 가톨릭 선교회는 담으로 둘러싸여 있었고 말쑥한 정원 안에는 바나나, 무화과, 재스민, 그리고 미모사나무가 자랐다. 선교회 안에는 도서관, 수도원, 가톨릭 학교와 성당이 있었다. 《타임스》의 프랭크 파워 기자는 성당 종소리를 좋아했다. "야자수와 아랍인, 노예, 그리고 벌거벗은 남자와 여자, 열대지방의 새들이 지저귀는 가운데 삼종기도* 시간을 알리는 성당의 종소리를 듣는 것은 야릇한 느낌이다."[5]

원주민들이 사는 진짜 카르툼은 강변 뒤에 있었다. 나일강의 둑과 원주민 구역 사이에는 넓은 공터가 있었고 원주민들은 이곳에서 벽돌을 만드는 데 쓸 모래와 진흙을 퍼갔다. 진흙 벽돌과 짚으로 만든 오두막들이 미로처럼 얽혀 있는 원주민 구역의 중심에는 지붕이 있는 시장 두 곳과 하나짜리 미나렛**을 올린 모스크가 있었다. 가장 가난한 지역은 사창가를 끼고 있었고, 그곳은 오늘날 카르툼의 중심지인 자모리야Jamhuriyya 거리로 변모했다.

카르툼의 기후는 그럭저럭 견딜 만했으나 우기에는 참을 수 없을 만큼 무더웠다. 비가 내리면 모래와 진흙을 퍼낸 구덩이에 물이 가득 찼다. 셀 수 없이 많은 개구리가 동시에 울어댔고 모기가 들끓었다. 카르툼은 말라리아의 온상으로 변했다. 당시만 해도 모기가 말라리아를 옮긴다는 것이 알려지지 않았다. 1878년 한 해에만 카르툼 가톨릭 선교회의 17명의 신부와 수녀가 말라리아로 목숨을 잃었다.

5월부터 6월까지는 하부브***가 불어왔다. 강력한 모래 폭풍은 짚으로 만든 오두막을 통째로 날려버렸다. 1839년의 모래 폭풍은 수천 채의 가옥과 백나일강에 떠 있던 11척의 배를 앗아갔다.

* 三鐘祈禱: 라틴어로 Angelus라고 하는 삼종기도는 대천사 가브리엘이 성모 마리아에게 예수 그리스도의 수태를 알린 사건(성모영보)을 기념하는 가톨릭교회의 기도이다. 삼종은 종을 세 번 친다는 뜻으로 다른 종소리와 구별되는데 종을 세 번 치는 것은 예수의 강생구속降生救贖 도리가 세 가지로 나뉘어 있다는 것을 뜻한다. 삼종기도는 전통적으로 성당, 수도원 등에서 아침 6시, 낮 12시, 저녁 6시에 이뤄진다.

** minaret: 이슬람 사원인 모스크(마스지드)에 딸린 뾰족탑이다. 예배를 알리는 시무자 무앗진이 올라가 아잔(예배시간)을 외치는 곳이기도 하다. 오늘날에는 미나렛에 스피커를 달아 아잔을 알린다.

*** haboob: 이집트와 수단 지역에 부는 모래 폭풍. 아주 작은 모래 또는 마른 진흙 먼지를 동반한 강력한 돌개바람으로 높이는 수백 미터까지 올라가고 넓이 또한 수 킬로미터까지 퍼진다. 하부브가 한 번 불면 모든 것을 삼켜버릴 것 같은 뿌연 먼지에 휩싸이며 폭풍이 지나간 뒤에는 온 세상이 미세한 황토 먼지로 뒤덮인다.

카르툼은 천연 요새였다. 백나일강과 청나일강이 만나면서 그 사이에 형성된 카르툼 지역, 특히 관공서가 밀집한 북쪽 지역은 강줄기의 보호를 받았다. 남쪽으로는 청나일강 변에 있는 부리 요새Fort Burri부터 백나일강 방향으로 약 6킬로미터 길이의 초승달 모양의 성벽이 이어져 카르툼을 보호하고 있었다. 그러나 건기와 우기의 수심 차가 4.5미터에 달해 백나일강에 접한 서쪽 성벽은 건기 때가 되면 강바닥을 드러낸 채 무방비로 노출되었다. 카르툼 성벽은 기본 주둔 병력을 고려해 지어진 것이었으나, 1883년 11월 중순, 카르툼엔 이 기본 병력에도 턱없이 모자라는 2천 명의 군인밖에 없었다.

3

힉스가 원정군을 이끌고 남쪽으로 떠나자 카르툼의 긴장감은 날이 갈수록 높아졌다. 헨리 드 코틀로곤Henry de Coetlogon 중령은 매주 고속 증기선 보르댕Bordain을 타고 백나일강을 따라 카르툼과 에-두엠을 왕복하며 지푸라기라도 잡는 심정으로 힉스 원정군의 소식을 얻으려 했으나 번번이 빈손으로 돌아왔다. 카이로에 있는 베링도 밤낮을 가리지 않고 힉스의 소식을 묻는 전보를 보냈으나 아무 답도 들을 수 없었다.

당시 마흔넷의 나이로 카르툼 임시 사령관직을 맡은 드 코틀로곤 중령은 무능하다는 이유로 힉스 원정군에 참가하지 못했지만, 그 덕분에 목숨을 부지할 수 있었다. 힉스는 드 코틀로곤이 무례하고 복종심이 없다며 몇 차례 호되게 야단쳤다. 결국, 힉스는 그를 카르툼에 남겨두었다. 특별히 눈에 띄는 장점이 없던 장교인 드 코틀로곤 중령은 독일 뮌헨에서 태어나 열아홉 살에 이스트요크셔연대East Yorkshire Regiment에 입대했다. 그는 진급에서 여러 번 쓴잔을 마시다가 입대한 지 15년 만에 겨우 대위로 진급했다. 그러다가 1881년에 소령으로 명예 전역하고 인도에서 2년간 근무한 뒤 이집트군에 재입대한 인물이었다.

드 코틀로곤 중령은 전신국이 있는 히킴다르 궁으로 갔다. 전신국엔 힉스 원정군을 따라갔다가 이질 덕분에 중간에 돌아온 프랭크 파워 기자만 홀로 있었다. 스물다섯 먹은 아일랜드 출신의 파워는 《타임스》 특파원이었지만 또 다른 신문인 《픽토리얼 뉴스Pictorial News》의 삽화가도 겸하고 있었다. 히킴다르 궁은 한적하다 못해 황량하기까지 했다. 이 때문에 파워는 기분이 더 침울했다. 오랫동안 이질을 앓아 건강이 나빠진 그는 과대망상에 사로잡혀 있었다. 그는 10월 27일 일기에 이렇게 적었다. "에-두엠에서 힉스와 헤어진 지 오늘로 32일째다. 원정군으로부터 아무 소식도 없다. 좋은 소식도 나쁜 소식도……. 만일 나쁜 일이 일어났다면 카르툼에 사는 아랍인들은 한 명도 남김 없이 마흐디 편이 될 것이다. 그러면 이곳에 있는 기독교인, 튀르크인, 이집트 출신의 아랍인들의 목숨은 10분도 못 버틸 것이다."[6]

파워는 이미 튀르크-러시아전쟁 중 플레브나 전투*에서 《타임스》 종군기자로 오스만제국 군대를 따라 취재하며 학살을 목격한 적이 있었다. 그러나 이번과 같은 중압감은 처음이었다. 잠을 뒤척이던 그는 매일 새벽 4시면 일어났다.

파워는 히킴다르 궁 정문을 지나 무데리야 광장에 있는 찻집으로 향했다. 그가 궁을 통과할 때면 25명의 수단 군인과 한 명의 부사관으로 이뤄진 경비대는 그를 향해 '받들어 총'을 했다. 광장은 떠들썩하게 주사위놀이를 하거나 생각에 잠겨 장기를 두는 사람들로 북적였다. 파워는 야자수 아래 앉아 기사를 쓰고 그림을 그렸다. 시장 노점상이나 행인들을 보면서 시간을 보내다 10시쯤 돼서 날이 더워지면 그제야 일어났다.

* 튀르크-러시아전쟁(1877~1878) 중 불가리아의 플레브나Plevna에서 벌어진 포위전. 1878년 7월 19일 오스만제국은 불가리아로 들어가는 요충지인 플레브나에 요새를 구축하고 러시아와 루마니아 연합군의 진격을 저지했다. 이 전투로 러시아-루마니아 연합군의 인명피해가 엄청나게 늘어가자 러시아는 10월 24일 플레브나 포위전을 시작했다. 12월 10일, 오스만제국군이 항복함으로써 포위전은 끝났다. 이후 러시아군은 아드리아노폴(오늘날 그리스와 인접한 에디르네)을 점령하고 1878년 3월 3일 산스테파노조약을 체결한다.

시장은 시끌벅적한 소리와 바삐 움직이는 사람들 때문에 늘 붐볐다. 시간은 지루한 줄 모르고 흘렀다. 꼭대기에 술이 달린 빨간 타르부쉬를 쓴 정부 관리들은 노새만큼 큰 흰 누비아 당나귀 사이를 지나다녔다. 콥트교도인 사환과 회계사, 튀르크인, 체르케스*인, 알바니아인 그리고 아르메니아인들은 종종걸음을 치며 무데리야로 향하곤 했다. 모래 냄새를 풍기며 짐승 가죽을 가지고 샤나블라와 슈크리야**에서 온 아랍인들은 군중 속에서 거들먹거리며 낙타 위에 앉아 있었다. 허리춤만 간신히 가린 흑인 노예들은 마치 살이 오른 구더기들처럼 나일강에서부터 물자루를 져 날랐다.

카르툼 시장엔 세상 모든 종류의 여자를 모아놓은 것 같았다. 딩카Dinka족과 쉴룩족 처녀들은 늘씬한 긴 다리를, 누비아 여자들은 초콜릿빛 피부를 자랑했다. 누비아 여자들은 환상적인 문양을 넣어 머리를 땋고 여기에 조가비와 금으로 장식했다. 나일 계곡에서 온 다나글라Danagla 부족과 자알리인Ja'aliyyin 부족 남자들은 수단 전통 의상인 흰 잘라비야***를 입고 머리에는 흰 수건을 여러 번 돌려 감았다. 이들은 노예무역상, 선원, 하인, 보따리상, 그리고 행상을 고용했다. 이들은 파워가 지나갈 때면 눈을 흘기면서 물어보았다.
"원정군에서는 아직 아무 소식이 없소?"

몇 주가 지나갔지만 파워는 아무 소식도 듣지 못했다. 그러던 중 11월 21일 밤, 연락선으로 보낸 증기선 보르댕이 총독 관저 아래 부두로 조용히 입항했다. 배에는 드 코틀로곤 중령과 등에 창상을 입은 원주민 병사 한 명이 타고 있었다. 그는 자신이 힉스의 원정군에서 살아남은 유일한 생존자라고 말했다.[7]

---

* Cherkess: 코카서스 산맥 북쪽의 흑해 연안 지역.

** Shanabla는 카르툼에서 남동쪽으로 약 150킬로미터 떨어진, 청나일강 유역의 도시로 주변에는 루파아, 와드 메다니가 있다. Shukriyya는 카르툼에서 남쪽으로 약 120킬로미터 떨어진 곳으로 이 두 지역 모두 게지라 지방에 속한다.

*** Jallabiyya: 나일 계곡 일대 아랍계 사람들이 입는 전통 의상. 상의가 어깨부터 발까지 길게 내려오며 기본 색깔은 흰색이다. 오늘날에는 여성들이 화려한 색을 넣어 입기도 한다. 오늘날 남부 수단에선 잘라비야를 입은 사람을 잘라바Jallaba라 부르는데, 이 말엔 경멸의 뜻이 담겨 있다.

그날 밤늦게 프랑스 영사 알퐁스 마르케는 그리스 영사 니콜라오스 레온티데스의 방문을 두드렸다. 프랑스 영사 마르케는 당시 카르툼에서 가장 돈 많은 상인이었다. "내 집 정원으로 오시오!" 마르케가 말했다. 레온티데스는 강가에 난 길을 따라 마르케의 정원으로 들어갔다. 마르케 영사, 드 코틀로곤 중령, 파워 특파원, 한잘 영사, 그리고 총독 직무대리인 시리아 출신의 후사인 유스리Hussain Yusri가 흐릿한 불빛 아래 우울하기 짝이 없는 표정으로 서 있었다. 드 코틀로곤은 다른 사람들은 이미 다 아는 사실을 레온티데스에게 다시 설명했다. 내용은 간단했다. '힉스 원정군이 마흐디군에게 전멸당했다.'

파워는 나중에 다음과 같이 적었다. "힉스, 참모진, 오도노반, 그리고 1만 2천 명의 병력이 몰살당했다. 드 코틀로곤과 나는 카르툼에 있어 무사했다. 그러나 마흐디군은 소총과 대포로 무장한 3만의 병력이 있지만 우리는 겨우 2천 명뿐이다. 홍해 쪽 마을들이 이미 반란군 편이어서 후퇴할 수도 없다."

4

다음 날, 드 코틀로곤 중령은 힉스 원정군 소식을 카이로로 타전했다. 베링은 나일강 강변의 카스르 아-두바라Qasr ad-Dubbara에 있는 집무실에서 급사가 가져온 전문을 받아 세심하게 읽더니 나일강까지 넓게 뻗은 잔디밭으로 눈을 돌렸다. 영국 왕실의 문양이 새겨진 철문 너머로 멀리 이집트 주둔 영국군이 머무는 아비시니아 병영과 그 너머에 있는 성공회성당의 탑도 눈에 들어왔다. 베링은 힉스 원정군의 몰살 소식을 읽고도 별로 놀라지 않았다. 이미 며칠 전부터 프랑스 총영사 입을 통해 원정군이 곤경에 처했다는 소문이 돌고 있었다. 베링은 원정군이 살아 있더라도 지금쯤이면 식량이 다 떨어졌을 것이라고 계산하고 있었다.

잠시 우선순위를 정리한 베링은 영국 해군 동인도기지East India Station 총사령관인 윌리엄 휴잇* 해군 소장에게 보내는 긴급 전문을 작성했다. 전문을 받은 휴잇 소장은 전함으로 구성된 전대戰隊를 파견해 수단의 주요 항구인 수아킨과 마사와를 확보하라고 명령했다. 이 조치를 확인한 베링은 그랜빌 외상에게 전문을 보냈다. 그랜빌은 수단 상황이 이집트에 위협이 될 것인지에 주로 관심이 있었다. 그는 베링에게 이집트군 총사령관인 에벌린 우드Evelyn Wood 중장, 이집트에 주둔 영국군 사령관 프레데릭 스티븐슨Frederick Stephenson 중장, 그리고 이집트 헌병군** 사령관 발렌타인 베이커Valentine Baker 중장과 이야기를 나눠보고 최선의 방책을 결정하라고 답신했다.

힉스 원정군이 몰살당했다는 소식이 퍼지자 카르툼은 공황에 빠졌다. 이제 마흐디군은 규모가 클 뿐만 아니라 당시 가장 현대적인 무기로 무장하게 되었다. 샤이칸 전투를 관망했던 부족들은 마흐디 아래로 모이라는 소식을 들었다. 이전까지 눈치를 보던 지방 관리들도 구세주로 떠오른 마흐디에게 권력을 넘길 준비를 하라는 전갈을 받았다. 이제 마흐디군이 카르툼 외곽에 나타나는 것은 시간문제였다. 12월 1일, 프랑스 영사 마르케는 짐을 싸 배에

* Sir William Nathan Wright Hewett(1834~1888): 포츠머스에서 출생해 1847년 4월 22일 해군사관생도로 해군에 입대했다. 크림전쟁 중 빅토리아십자무공훈장을 받았다. 1873년부터 제3차 아샨티전쟁 동안 서아프리카 해안과 희망봉에서 싸웠으며 1882년에는 동인도기지 사령관으로 임명되었다. 1888년에 하슬라Haslar 해군병원에서 사망했고 포츠머스에 묻혔다.

** gendarmerie: '무장한 사람gen d'arme'이라는 뜻의 프랑스어에서 유래한 단어로서 헌병憲兵으로 번역되는 영어의 military police와는 그 유래나 임무가 현격하게 다르다. gendarmerie는 프랑스에서 유래한 군사제도로 원래는 왕을 위해 귀족들로 구성된 중기병重騎兵 부대를 뜻했으나 프랑스혁명 이후 기존 구체제에서 보안관 임무를 수행하던 마레쇼세maréchaussée를 장다르메리gendarmerie로 이름을 바꾸면서 오늘날과 같은 뜻을 갖게 되었다. gendarmerie는 경찰보다 훨씬 더 강한 무장과 위계질서를 가진 군사 조직으로 전시와 평시를 막론하고 치안과 공안, 국경 통제, 범죄 수사 등 군인은 물론 민간인까지 관할하는 포괄적인 사법경찰 기능을 담당하는 특징이 있다. 헌병은 하나의 병과이지만 gendarmerie는 육군, 해군, 공군과 대등한 하나의 군service을 형성하기 때문에 헌병군이라는 번역이 적절하다. 프랑스와 비슷한 시기에 이런 제도를 운용하던 유럽 국가들(포르투갈의 Guarda Nacional Republicana, 이탈리아의 Carabinieri)도 있지만, 나폴레옹전쟁 이후 도입한 국가들(스페인, 벨기에, 스위스 등)도 있으며 오스만제국, 터키, 이집트 등에서도 이 제도를 도입했다. 전통적으로는 국방부가 헌병군의 관할권을 행사했으나 현재는 나라에 따라 내무부로 이관되거나 국방부와 내무부가 협조하는 형식을 취하기도 한다.

싣고 나일강 하류에 있는 베르베르로 떠났다. 이것은 대탈출의 신호탄이 되었다. 파워는 당시 탈출하는 사람들의 행렬을 이렇게 기록했다. "그리스인, 콥트인, 튀르크인, 말타인, 벵갈인, 알제리인, 이탈리아인들은 베르베르로 가는 뱃길이 막히기 전 썰물처럼 카르툼을 빠져나갔다."[8] 12월 말이 되자 거의 모든 영사와 가톨릭 선교회 신부와 수녀들까지도 카르툼을 떠났다.

힉스의 패배 소식이 전해지고 나흘 뒤 우드 중장, 스티븐슨 중장, 그리고 베이커 중장 등 몇몇 장군들이 베링의 집에 모였다. 베링과 그의 부인은 화요일마다 최대 40명까지 손님을 초대해서 우아하지만 간소한 파티를 열곤 했다. 그날 참석한 사람들은 파티에서 만난 적이 있기에 서로 낯선 사이는 아니었다. 그러나 참석한 장군들은 심기가 불편했다. 벽과 천장은 물론 의자까지도 티 하나 없이 하얘서 마치 병원에 있는 느낌이었다. 차를 가져온 하인은 베링이 델리에서 데려온 인도인이었는데 그 역시 흰색과 금색이 섞인 인도식 옷을 입고 터번을 두르고 있었다.

회동 분위기는 심각하고 진지했다. 장군들이 보기에 힉스 원정군이 마흐디에게 패했다는 것은 수단에서 튀르크-이집트 정부의 식민 통치가 끝났다는 신호나 마찬가지였다. 이렇게 되면 카르툼의 안전도 보장할 수 없었다. 장군들은 수단의 나머지 요새들을 철수시키는 시간을 벌 동안 카르툼 요새를 방어하다가 홍해에 있는 몇몇 항구를 제외한 전 수단에서 전면 철수한다는 안을 내놓았다.

장군들이 떠나자 베링은 사무실로 가 그랜빌 외상에게 보내는 전문을 작성했다. 전문에는 세 장군의 조언이 담겨 있었다. 베링은 수단 포기가 어렵다고 생각하지 않았다. 베링은 이집트를 재건하려는 의지가 매우 강했다. 이집트 재건의 핵심은 돈이었다. 광대한 사막과 늪을 가진 수단을 포기하면 이집트 사람들의 자존심이 크게 상하겠지만, 이집트의 재정 상태는 개선될 것이었다. 케디브와 이집트 정부가 반대할 이유도 없었다. 사실 베링은 인기 없는 결정을 내리는 데 익숙한 사람이었다. 당시 나이 마흔둘이던 베링은 12

년 전, 소령으로 전역하고 1872년 인도 총독으로 부임한 노스브룩 경*의 개인 비서로 일했다. 인도 총독의 개인 비서로 호가호위하던 시절, 그의 주위엔 그를 두려워하면서 존경하거나 두려워하지만 혐오하는 두 부류의 사람들만 있었다. 진정한 친구는 별로 없었다.

곰처럼 생긴 베링은 도무지 속을 알 수 없는 사람이었다. 함부로 떠들고 다니는 사람도 아니었다. 그는 허풍을 믿지 않고 무례와 자기자랑을 용납하지 않는 전형적인 영국인이었지만 그러한 냉정함 속에는 부조리를 감지하는 날카로운 감각이 살아 있었다. 그는 이런 감각을 어린 시절부터 친구였던 시인 에드워드 리어**와 함께 나눠왔다. 아울러 베링은 천성이 성실했다. 그는 스물한 살에 약혼을 하고 14년이나 기다려 서른다섯에 결혼할 때까지 약혼자에게 신의를 지켰다. 때때로 거만하고 독단적인 모습을 보인 그에게 '건방진 베링'이라는 별명은 불가피한 것이었다. 그러나 그는 올곧은 사람이었다. 친절하고, 분명하며 솔직했던 그는 진심으로 '대영제국은 본질적으로 자비롭다'라는 명제를 믿는 인물이었다.

영국을 대리하는 이집트 총영사인 베링은 영국군 철수를 감독하면서, 케디브가 이끄는 독재 정부를 길들여 행정을 개혁해야 하는 두 가지 임무를 동시에 수행해야 했다. 베링은 이 두 가지 임무가 서로 배타적이라는 것을 잘 알고 있었다. 영국군이 이집트에서 철수하면 개혁은 물 건너간 이야기가 된다. 따라서 유일한 해결책은 영국이 계속해 이집트를 점령하는 것뿐이었다.

* Thomas George Baring, 1st Earl of Northbrook(1826~1904): 베링은행을 세운 프랜시스 베링 Sir Francis Baring, 1st Baronet의 손자이며 멜버른 내각에서 재무장관을 지낸 프랜시스 베링 Francis Baring, 1st Baron Northbrook의 큰아들로 태어났다. 토마스 베링은 파머스턴 내각에는 1857년부터 1858년까지 해군성 장관, 1861년에는 육군성 차관, 1861년부터 1864년까지는 인도성 차관, 1864년부터 1866년까지는 내무성 차관을 지냈다. 1868년부터 1872년까지는 글래드스턴 내각에서 육군성 차관을 다시 맡았다가 1872년부터 1876년까지 인도 총독을 지냈고 영국으로 돌아와서는 1880년부터 1885년에 해군성 장관을 역임했다. 에벌린 베링이 노스브룩 경의 5촌 아저씨가 된다.

** Edward Lear(1812~1888): 영국의 작가이자 화가, 삽화가, 시인이다.

당장 베링은 수단 주둔 이집트군을 철수시키는 데 모든 관심을 집중했다. 가장 논리적인 방법은 홍해의 수아킨 항을 이용하는 것이었다. 수아킨에서 나일강의 베르베르까지는 대상무역로가 나 있었다. 비록 중간에 물을 얻을 수 있는 곳이 얼마 없는 사막이기는 했지만, 거리가 390킬로미터밖에 되지 않았다. 수아킨과 그 주변 기지인 신카트Sinkat와 토카르Tokar는 여전히 케디브의 통제 아래 있었다. 그러나 문제는 수아킨과 베르베르 사이의 길을 마흐디에 합류한 베자족이 막았다는 사실이었다. 마흐디를 추종하는 오스만 디그나Osman Digna는 뛰어난 군사 지도자였다. 그는 베자족을 모아 군대를 만들어 이미 지난해부터 활동에 들어갔다. 신카트 기지가 습격을 받은 것도 그 무렵이었다.

그해 겨울, 오스만 디그나의 군대는 신카트로 향하던 이집트군 160명을 괴멸시켰다. 그 한 달 뒤, 아라비아반도 젯다Jeddah의 영국 영사인 린도크 몬크리프Lyndoch Moncrieff 해군 대령은 오스만 디그나를 몰아내고 토카르를 되찾으려고 이집트 보병대대를 이끌고 진격하다 에-테브et-Teb에서 전사했다. 11월 중순, 오스만 디그나의 소탕 작전에 투입된 수단 지하디야 소총병 대대에서 살아 돌아온 것은 장교 두 명과 병사 33명뿐이었다. 11월 19일, 베링은 그랜빌 외상에게 수단의 상황을 보고하는 전문을 보냈다. "수단 동부에 이집트의 통치력은 사실상 존재하지 않습니다."

수아킨에서 베르베르를 잇는 구간을 확보하려면 상당한 병력이 필요했다. 문제는 '어디에서 병력을 데려올 것인가'였다. 타우피크는 이집트군 총사령관인 우드 장군이 육성 중인 이집트군을 파견하고 싶어 했다. 그러나 그랜빌 외상이 이를 받아들이지 않았다. 이집트군은 아직 훈련도 덜 끝난 데다 이집트 내에서만 활동하게 되어 있었다. 글래드스턴 수상이 정책을 바꾸지 않는 한 스티븐슨 중장이 지휘하는 이집트 주둔 영국군을 투입한다는 것은 생각할 수도 없었다. 그렇다고 명목상의 종주국인 오스만제국의 군대를 파병하는 것은 정치적으로 너무나 복잡한 일이어서 곤란했다. 유일한 대안은 베이커 중장이 지휘하는 이집트 헌병군이었다.

헌병군은 무장 상태는 좋았지만, 경찰 임무를 수행하는 병력이었을 뿐만 아니라 이집트군과 마찬가지로 원칙적으론 국경 너머로 파견할 수 없었다. 약 200여 명의 원기 왕성한 튀르크 병사를 보유하기는 했으나 헌병군의 장교와 병사들은 대부분 미덥지 못했다. 베링은 헌병군을 지휘하는 쉰일곱 살의 발렌타인 베이커 중장도 믿지 못했다. 베링은 특히 그가 경솔하게 행동할까 봐 걱정했다.[9]

나일강을 탐사해 유명해진 탐험가 새뮤얼 베이커의 동생인 발렌타인 베이커는 카이로의 에즈베키야Ezbekiyya 광장에 있는 셰퍼즈 호텔에서 부인과 두 딸과 함께 살았다. 형만큼이나 무모하고 감각이 떨어졌던 그는 새뮤얼처럼 땅딸보에다 힘이 세고 거친 사내였다. 형이 그랬듯 발렌타인도 원래는 영국 육군에서 촉망받던 장교였다. 개인적으로 에드워드 왕세자의 친구였고, 영국군 내 최정예로 손꼽히는 제10경기병연대에서 대령으로 근무한 경력도 있었다. 그러나 9년 전, 베이커는 워털루행 기차에서 레베카 디킨슨Rebecca Dickinson이라는 젊은 여성을 성폭행해 유죄 판결을 받았다. 그가 유죄인지 아닌지는 여전히 논란이다. 이 사건에서 가장 놀라웠던 것은 성폭행 그 자체가 아니라 그처럼 특권을 누리던 사람이 처벌을 피하지 못했다는 것이었다.

베이커 자신에게야 불행한 일이었지만, 그는 사람을 잘못 골랐다. 디킨슨은 만만한 여자가 아니었다. 엎친 데 덮친 격으로 빅토리아 여왕은 디킨슨의 주장에 손을 들어주었다. 당시 빅토리아 여왕은 왕세자인 앨버트 에드워드* 주변에 모여든 난봉꾼들에게 본때를 보여주겠다고 마음먹고 있었다.** 베

* Albert Edward(1841~1910): 빅토리아 여왕의 장남으로 태어난 앨버트 에드워드는 태어난 지 한 달 만에 왕세자가 되었으나 빅토리아 여왕이 1901년 1월 22일에 서거해 에드워드 7세Edward VII로 즉위할 때까지 거의 60년 동안 왕세자로 있었다.

** 에드워드 왕세자는 스무 살이던 1861년 여름, 군 경험을 쌓으려고 아일랜드의 커레이 기지Curragh Camp에서 10주를 보냈다. 그 기간 중 그는 동료 장교들이 소개해준 넬리 클리프든Nellie Clifden이라는 여배우와 동침하게 되는데 11월에 이 소문이 아버지 앨버트 공과 어머니 빅토리

이커는 유죄 판결을 받았고 징역 1년과 벌금 500파운드를 선고받고 군에서 파면되었다.*

2년 뒤, 베이커는 콘스탄티노플에서 재기했다. 오스만제국의 술탄 아브달 하미드 2세Abdal Hamid II가 그를 용병으로 고용한 것이다. 베이커는 튀르크-러시아전쟁에 기병 장교로 참전해 전공을 세웠다. 텔 엘-케비르 전투가 끝난 1882년, 그는 중장 계급을 유지한 채 이집트군으로 전군轉軍했다. 카이로에 온 첫날 베이커를 만난 힉스는 그를 이렇게 평가했다. "베이커는 내가 지금까지 만난 사람 중 가장 멋진 사람이다. 그는 대단히 분별력이 있는 사람이다. 그리고 인생에 우여곡절이 많은 사람처럼 보인다."[10]

새로운 이집트군의 청사진을 그린 것은 바로 베이커였다. 그는 영국군 장교 80명과 이집트 병사 6천 명으로 편제된 새로운 이집트 군대를 구상했다. 그는 이 신편 군대의 초대 사령관이 되고 싶어 했다. 그래서 옛 친구인 에드워드 왕세자에게 청탁을 넣었다. 그러나 빅토리아 여왕에게도 결코 주눅이 들지 않았던 글래드스턴 수상은 왕세자쯤은 대수로이 생각하지 않았다. 영국 정부의 공식 인물도 아닐뿐더러 법원으로부터 유죄 판결을 받은 범법자에게 이집트군 총사령관을 맡길 수는 없었다. 결국, 타우피크는 어쩔 수 없이 베이커에게 헌병군을 맡겼다.

베이커를 믿지 못하는 베링의 판단은 충분한 근거가 있었다. 자기 존재 가

아 여왕의 귀에까지 들어갔다. 왕세자는 이미 덴마크의 공주 알렉산드라 캐롤라인Alexandra Caroline Marie Charlotte과 정혼한 사이였기에 아버지 앨버트 공은 아들을 꾸짖기 위해 아픈 몸을 이끌고 왕세자가 공부하는 케임브리지로 찾아와서는 오랫동안 이야기를 나누었다. 앨버트 공은 얼마 지나지 않은 12월 14일에 사망한다. 빅토리아 여왕은 아들의 바람둥이 행각이 아버지를 죽게 했다면서 왕세자를 크게 꾸짖었다. 에드워드 왕세자는 알렉산드라 캐롤라인과 1863년 3월에 혼인하나 이후에도 수많은 여인과 염문을 뿌렸으며 그중에는 처칠의 어머니인 제니 처칠 Jennie Churchill도 있었다.

* 빅토리아 여왕은 디킨슨 사건을 알자 매우 격분했으며 베이커의 파면을 요구했다. 베이커는 케임브리지 공작과 에드워드 왕세자를 동원해 여왕의 마음을 돌리려 노력했으나 실패했다. 이후 에-테브 전투에서 베이커가 부상당한 뒤 런던 정가에서는 베이커 복권 여론이 일었으나 여왕은 끝내 마음을 돌리지 않았다.

치를 증명해야 한다는 강박관념에 사로잡힌 지휘관은 부대 전체를 위험에 빠뜨리기에 충분했다. 특히 민감한 군사작전에서 지휘관의 과욕은 최대의 적이다. 베이커는 자기 명예를 회복하고 영국군으로 복귀하는 것을 삶의 목표로 삼았고 그것은 누구라도 알아차릴 수 있는 사실이었다. 베이커가 위험한 임무일수록 자청하고 나설 것은 당연지사였다.

베링은 베이커의 이런 속셈을 꿰뚫어볼 만큼 기민했다. 그러나 헌병군을 수단에 보낼지 말지는 타우피크가 결정할 일이지 베링이 할 일은 아니었다. 만일 선택할 수 있었다면, 베링은 베이커를 보내지 않았을 것이다. 수아킨의 외곽 기지인 신카트와 토카르는 이미 마흐디군이 포위한 상태였다. 영국 정부는 영국군을 파견하는 것도 이집트군을 파견하는 것도 모두 거부했다. 그렇다고 아무런 행동도 취하지 않는다면 기지 두 곳은 마흐디군 수중에 떨어지고, 결국 중요한 항구인 수아킨을 잃게 될 것이 분명했다.

베링은 베이커가 수단으로 떠나기 전, 그를 불러놓고 절대로 어리석은 '영웅적인 행동'은 하지 말라고 으름장을 놓았다. 베이커는 명령을 성실히 따르겠다고 약속했다. 베링은 자신의 지시를 문서로 만들어 타우피크의 서명을 받았다. 이 서명으로 베이커의 임무는 수아킨과 베르베르의 구간을 확보해 개통하고 수아킨 주변 지역을 평정하는 것으로 재차 확인되었다. 베이커는 상황이 유리하지 않은 이상 마흐디군과 교전해서는 안 되고 증원군이 도착하기 전에는 사소한 행동이라도 자제하라는 지침을 받았다. 예정된 증원군은 친이집트계 수단 부족들로 구성된 규모 약 600명의 수단 군대였다. 이 군대는 노예무역상이었던 주바이르 라흐마 파샤Zubayr Rahma Pasha가 육성한 사병私兵들로 당시 주바이르 파샤는 6년째 카이로에서 망명 생활을 하고 있었다.

1883년 크리스마스 이틀 전, 발렌타인 베이커 중장이 이끄는 이집트 헌병군은 동부 수단에 상륙했다.

5

이맘쯤, 카르툼의 히킴다르 궁은 텅 비어 있었다. 파워는 힉스의 방을 손대지 않고 남겨놓았다. 12월 1일, 파워는 일기에 이렇게 적었다. "나는 아무것도 손대지 않았다. 힉스가 남긴 사진, 총기와 서류는 마치 그가 잠시 자리를 비운 것처럼 놓여 있다."[11] 마흐디가 카르툼 성벽까지 도달하는 데 실패하자 파워는 활기를 되찾았다. 그는 카르툼 사람들이 정부의 통제에 따라 여러 달 버텨내면 그동안 베이커의 헌병군이 수아킨과 베르베르 구간을 확보하리라 생각했다. 파워는 《타임스》 특파원이라는 자긍심이 있었다. 그는 베이커 같은 '사회적 문제아'가 카르툼의 운명을 쥔 상황이 영 못마땅했다. 베이커가 아니라 사회적으로 더 유명한 그의 형 새뮤얼 베이커였다면 이야기는 훨씬 더 멋질 것이었다. 파워는 카르툼 거주자 중 마흐디 지지자가 적어도 1만 5천 명은 되고 그들을 이끄는 핵심 인사가 30명쯤 된다고 보았다. 30여 명의 핵심 인사를 암살하는 방안이 독살부터 침대에서 목을 조르는 것까지 다양하게 거론되었으나 막상 실행된 것은 아무것도 없었다.

드 코틀로곤 중령은 처음부터 기가 죽어 있었다. 힉스 원정군이 전멸했다는 소식을 들은 지 3일 뒤, 그는 이집트군 총사령관 우드 중장에게 절박한 사정을 호소하는 전문을 보냈다. "카르툼과 센나에는 두 달 치 식량밖에 없고 보급은 모두 끊겼습니다. 수단에 있는 이집트군을 살리려면 즉각 베르베르로 후퇴해야 하며……. 증원군은 육로를 이용해야 하는바, 대규모로 편성되어야 합니다……. 다시 말씀드리지만, 남은 병력을 살릴 수 있는 유일한 방법은 베르베르로 철수하는 것입니다. 이것이 현재의 실상입니다. 그리고 사령관님께서 이집트 정부에 이 상황을 주지시켜주실 것을 간청합니다."[12]

1884년 1월 1일이 되자 파워조차 베이커 원정군이 정말 수아킨으로 가기는 갈 것인지 궁금해졌다. 그는 어머니에게 편지를 보내면서 당시 상황을 이렇게 적었다. "이집트 정부는 모든 것을 운명에 맡긴 채 우리에게 해준 것이 아무것도 없습니다. 우리를 둘러싼 적은 점점 더 강해집니다." 한 달 전, 베링이 파워를 카르툼 주재 영국 영사로 임명하자 그는 잠시 우쭐했다. 카르툼에 있는 영국 사람이라야 자신과 드 코틀로곤 중령 단 두 사람뿐이기는 했지만 그렇다고 영사라는 감투의 명예가 사라지는 것은 아니었다. 그는 베이커 원정군이 나일강을 따라 카르툼에 도착하는 데 22일이 걸릴 것으로 계산했다. 그러나 한참이 지나도 원정군은 전혀 보이지 않았다. 1월 초, 더는 기다릴 수 없던 드 코틀로곤은 카르툼을 지키는 데 병력 1만 2천 명이 필요하다는 전문을 카이로로 보내면서 먼저 보낸 보고서와는 정 반대의 태도를 보였다. 그러나 겨우 6일 뒤, 드 코틀로곤은 또 마음을 바꿔 철수 명령을 내려달라고 요청했다.

6

카이로에서 북동쪽으로 1천600킬로미터 떨어진 곳, 팔레스타인 사해 연안의 텔 아부 하레이라Tel Abu Hareira에서 한 장교가 야영 중이었다. 영국군 공병 대위 허버트 키치너Herbert Kitchener는 빅토리아 시대 영국 장교들과는 전혀 다른 자질을 지닌 인물이었다. 당시 서른셋이던 그는 이집트군에 소령으로 배속되어 있었고 잠시 휴가를 내 팔레스타인탐험기금*이 추진하는 와디 아라바** 지역의 지도 제작에 자원해 활동하던 중이었다.

베이커 중장이 군 생활을 제10경기병연대에서 시작했던 것처럼, 키치너도 원하기만 했다면 기병 장교로 임관할 수도 있었다. 제13용기병연대에서

* The Palestine Exploration Fund: 레반트와 팔레스타인 지역 연구를 목적으로 빅토리아 여왕의 후원을 받아 1865년에 설립된 단체로 오늘날까지도 이 분야 연구를 선도하고 있다. 키치너가 참여한 것은 1871년부터 1878년까지 진행된 서부 팔레스타인 조사였다. 키치너는 1874년에 조사 책임자인 콘더Conder 중위의 조수로 임명되어 조사단에 참여했으나 1875년에 조사단이 공격을 받아 콘더가 임무를 수행하기 어려워지자 조사단을 이끌어 1877년에 조사를 마무리했다. 키치너는 1883년, 에드워드 헐 교수와 함께 와디 아라바와 북동 시나이 지역을 조사했다.

** Wadi Arabah: 홍해의 아까바Aqaba에서 사해까지 이어지는 요르단 단층 계곡Jordan Rift Valley의 일부로 오늘날 이 지역의 상당 부분이 이스라엘과 요르단의 국경을 이루고 있다.

중령으로 근무한 키치너의 아버지는 아들이 기병 장교가 되길 원했다. 그러나 키치너는 공병을 택했다. 당시 공병은 기병과 달리 사회적인 신분 상승이 어려웠다.* 그러나 공병은 전문성이 있었다. 공병은 장교로만 이루어진 데다가 병과가 만들어진 이래 다른 병과와 달리 계급을 돈으로 사는 문화도 없었다. 임관과 진급을 사는 매관賣官 관행은 1871년 카드웰 개혁Cardwell reform 때 공식적으로 폐지되었다.** 그러나 이미 고급장교 중 다수가 이런 관행의 수혜자였는데 베이커와 드 코틀로곤도 그런 사람이었다.

키치너는 1870년에 공병으로 임관해 오랫동안 팔레스타인과 터키 그리고 키프로스Cyprus에서 근무했고 터키어와 아랍어를 유창하게 구사했다. 유능한 지도 제작자이기도 했던 그에게 팔레스타인의 지도 제작을 제안한 것은 당시 카이로 주재 영국 무관인 찰스 윌슨Charles Wilson이었다. 윌슨은 키치너의 친구이자 공병 동기이며 영국 학술원 회원으로 팔레스타인탐험기금을 이끌고 있었다. 학술원 회원이자 왕립과학대학 지질학 교수로 있는 에드워드 헐Edward Hull도 지도 제작에 참여했는데, 키치너는 헐 교수를 영 못마땅하게 여겼다.

그러나 키치너가 헐과 함께 머문 시간은 길지 않았다. 1883년 12월 31일

---

* 1889년 기준으로 영국 육군에서 기병의 비율은 약 8퍼센트에 불과했다. 그러나 이런 희소성 때문에 기병은 정예부대로 군을 대표한다는 자부심이 강했을 뿐만 아니라 전장에서는 위험을 무릅쓰고 최전선을 정찰하고, 결정적인 순간에 돌격으로 적을 격멸하는 용맹함을 과시했다. 이러한 '기병 정신' 덕에 기병은 늘 선망의 대상이었다. 반면 이런 자부심의 부작용으로 품위 유지와 사교 활동에 과도한 비용을 지출하는 문제점도 따랐다.

** 영국은 자격과 무관하게 신분과 금전으로 장교 계급을 사고팔 수 있는 매관 제도purchase of commission가 있었는데 최초의 기록은 1663년까지 올라간다. 포병이나 공병과 같은 기술병과 장교들은 매관이 아닌 군사학교를 통해 배출되기도 했으나 보병이나 기병 대부분은 매관으로 충원되었다. 오늘날 기준으로는 불합리해 보이나 매관은 당시 장교들에게 충분한 급여와 퇴직금을 지급하지 못했던 정부나 국왕에게는 예산 절감의 수단이었고, 개인에게는 계급을 팔아 부를 확보하거나 계급을 사서 명예를 보유하는 방법이었으며, 사회적으로는 지배계층의 기득권을 보호하는 장치였다. 1842년, 샌드허스트 육군사관학교The Royal Military College at Sandhurst 졸업생들이 매관 없이 전투병과 장교로 임관하기 시작하고 1849년에 장교 임관 시험제도를 도입하면서 매관 제도는 서서히 사라졌으며 1871년에 폐지되었다.

밤, 낙타를 탄 베두인 네 명이 전문 한 통을 가지고 황급히 키치너가 머무는 야영지에 도착했다. 그들은 수에즈운하 중간에 있는 이스마일리야Ismailiyya에서 출발해 거의 한 번도 쉬지 않고 이곳까지 달려왔다. 전문을 보낸 사람은 이집트군 총사령관 에벌린 우드 장군이었다. 전문을 읽은 키치너는 힉스 원정군이 수단에서 전멸했다는 것을 알 수 있었다. 상황으로 볼 때, 카르툼은 물론이고 이집트까지 위험해질 수 있었다. 우드는 키치너에게 즉시 카이로로 돌아오라고 명령했다.

키가 크고 호리호리한 체격에 풍성한 콧수염이 인상적인 키치너의 얼굴은 평면과 각이 조화된 화강암 같았다. 그의 얼굴은 훗날 제1차 세계대전 당시 "조국은 당신을 원한다!"는 모병 포스터에 거부할 수 없을 것 같은 인상적인 모습으로 등장한다.* 당대 대영제국의 수많은 군인과 탐험가들처럼 키치너도 아일랜드 출신이다. 그는 1850년 6월 24일 아일랜드 남서부에 있는 케리Kerry에서 태어났다. 아버지 헨리 키치너Henry Kitchener는 그가 태어나기 오래전에 계급을 팔고 은퇴한 용기병龍騎兵 장교 출신 지주였고, 어머니 프랜시스Frances는 잉글랜드 남동쪽 서포크Suffolk의 성공회 교구 목사의 딸이었다.

키치너의 아버지는 군대식으로 엄격하게 가정을 이끌었다. 예를 들어 하인들이 정확한 시간에 아침을 대령하려고 시계를 들고 문 앞에서 기다리고 있을 만큼 아버지의 정확성은 강박증에 가까웠다. 말투도 매우 강했다. 이 두 가지는 키치너의 성격 형성에 큰 영향을 끼쳤다. 그는 아버지를 피해 방으로 숨는 습관이 생겼다. "키치너는 매우 내성적이었어요. 커서 이것 때문에 힘들어할까 봐 걱정했지요." 어머니 프랜시스의 말이다.[13] 키치너가 열네 살 되던 해, 어머니가 죽으면서 그의 낯가림은 더 심해졌다. 그는 무뚝뚝하고 냉담한 젊은이로 성장했고 런던 동쪽의 울위치Woolwich 육군사관학교

* 비장하면서도 강인한 표정 그리고 포스터를 보는 사람을 직접 가리키는듯한 손가락이 인상적인 이 포스터의 표현법은 훗날 제2차 세계대전 당시 미국과 소련은 물론 적국 독일에서도 쓰일 만큼 널리 유행한다.

에 진학했다. 사관학교 시절, 그는 누군가에 강요당하는 것을 끔찍이 싫어했고 반대로 자신이 남에게 의견을 구하는 것 역시 싫어했다. 기억력은 비상했으나 시력이 나빠 스포츠나 사격은 할 수 없었다.

위관장교 시절, 키치너는 동료보다는 외국인들과 더 잘 지냈다. 비상한 기억력, 언어 재능 그리고 외국인과의 친화력으로 그는 당대 가장 명석한 정보장교로 손꼽혔다. 1882년 오라비의 봉기로 영국-이집트전쟁이 벌어졌을 때, 키치너는 키프로스에서 조사 임무를 수행하고 있었다. 그는 허가 없이 부대를 이탈해 이집트 알렉산드리아로 가는 해군 증기선에 올라탔다. 그는 에드워드 시모어Edward Seymour 제독이 이끄는 함대에 육군 연락장교로 나와 있던 툴록A. B. Tulloch 중령을 찾아갔다. 키치너는 아랍어를 할 수 있다며 정보업무를 맡겨달라고 청원했다. 툴록은 키치너의 제안을 받아들였다. 밤이 되자 둘은 레바논 관리 복장으로 변장하고 해안에 상륙했다.

키치너와 툴록은 오라비가 알렉산드리아 항구에 배치한 대규모 포병을 정찰하고 나일강 삼각주에 있는 자가지그Zagazig로 가는 기차에 올랐다. 출발한 지 얼마 되지 않아 기차에서 내린 둘은 이집트군의 병력 배치를 염탐하고 간이 보고서를 작성해 해변에 있는 비밀 접선 장소로 돌아왔다. 시모어 제독이 보낸 배가 이들을 태워 기함 인빈시블Invincible로 데려갔다. 정찰 보고를 마친 뒤, 키치너는 인빈시블의 갑판에서 영국 함대가 알렉산드리아를 포격하는 모습을 지켜봤다. 포격이 있고 며칠 뒤, 자가지그의 열차에서 끌려나온 흰 피부의 시리아인이 영국 간첩이라는 죄목으로 살해되었다.

적진에서 벌인 첩보활동이 얼마나 짜릿한지 알게 된 키치너는 키프로스로 돌아가고 싶지 않았다. 그렇게 내키지 않는 마음으로 돌아가던 중, 그는 상관인 로버트 비덜프* 소장이 격분한 것을 알게 되었다. 키치너는 허락 없이

* Sir Robert Biddulph(1835~1918): 울위치 육군사관학교를 졸업하고 1853년 포병 장교로 임관했다. 1854년에 크림전쟁 중 세바스토폴 포위전을 시작으로 1871년에 부관 차장으로 선발되었고 1879년에는 울즐리의 뒤를 이어 키프로스 주둔군 사령관이 되었다. 1886년에 런던으로 돌

임무 지역을 이탈했는데 이는 군사재판감이었다. 그가 목숨을 걸고 알렉산드리아에서 활약한 것을 알게 된 비덜프 소장은 탈영은 눈감아주었지만, 이집트 주둔 영국군으로 전속시켜달라는 키치너의 요구는 거부했다.

1882년 6월, 울즐리가 텔 엘-케비르 전투에서 오라비를 진압하기는 했지만, 영국군은 여전히 키치너가 필요했다. 영국군 장교 중에 아랍어를 구사할 수 있는 사람이 거의 없는 데다가 아랍어와 터키어를 동시에 구사하는 장교는 말 그대로 손가락으로 꼽았기 때문이었다. 키치너는 이집트군 총사령관 우드 중장이 지휘하는 이집트군으로 전속될 최초 26명의 장교 명단에 간신히 이름을 올렸다. 1883년 1월, 키치너는 기병대 부지휘관으로 이집트군에 합류했다.

주둔지 지역민과 쉽게 융화하는 키치너의 능력은 위급한 상황에서 빛을 발하기 시작했다. 사해에 있는 키치너의 야영지에 우드의 전문이 도착한 지 며칠 지나지 않았지만, 이미 키치너는 아랍 복장을 하고 아브달라 베이 Abdallah Bey라는 아랍 이름을 가진 이집트 관리로 신분을 위조해 말을 타고 시나이반도의 사막을 가로지르고 있었다. 그는 곧 수에즈운하의 중간에 있는 이스마일리아에 도착했다. 그가 횡단할 거리는 약 320킬로미터였는데 시나이반도에 사는 베두인의 충성심은 썩 믿을 만한 것이 아니었다. 헐 교수는 한 해 전인 1882년에 팔레스타인탐험기금 소속의 에드워드 파머Edward Palmer와 동료 두 명이 시나이 사막을 횡단하다가 안내를 맡은 베두인에게 살해된 이야기를 해주면서 키치너의 계획을 강하게 반대했다. 그러나 키치너는 헐 교수의 반대를 웃어넘겼다.

키치너와 베두인 호위대는 황량하고 돌이 많기로 이름난 시나이 사막에서 하루 10시간씩 말을 타고 이동했다. 키치너는 베두인들이 해와 별에 의지해

아온 비덜프는 감찰감을 맡아 2년 동안 근무한 뒤 육군 내 군사교육을 총괄하는 군사교육국장을 맡았다. 1893년에는 병참감을 잠시 맡았다가 지브롤터 총독으로 취임해 1900년까지 재임했다. 비덜프의 뒤를 이어 병참감으로 취임한 인물이 바로 에벌린 우드이다.

길을 찾아내는 것을 보고 감탄했다. 횡단 중 길을 잃은 적은 단 한 번뿐이었다. 횡단을 끝내기 전, 날카로운 모래 폭풍이 이틀 내내 채찍처럼 얼굴에 몰아쳤다. 그러나 키치너는 위장이 들통 날까 봐 선글라스를 쓸 수 없었다. 이 일이 있은 뒤, 그는 이 모래 폭풍이 자신의 시력 악화에 영향을 주었다고 이야기하곤 했다.

키치너는 무사히 카이로로 돌아왔고 2주 뒤엔 제럴드 그레이엄Gerald Graham 소장과 셰퍼즈 호텔에서 저녁 식사를 함께했다. 키가 180센티미터도 넘는 그레이엄 소장은 크림전쟁의 세바스토폴 포위전 중 레단Redan에서 치른 전투로 빅토리아십자무공훈장*을 받았으며 영국-이집트전쟁 당시 결정적인 전투인 텔 엘-케비르 전투를 이끈 전투공병 장교였다. 이 식사 도중 갑작스러운 전문이 도착했다. 찰스 고든 소장이 카이로역에 도착한다는 것이었다. 그레이엄은 레단 전투 당시 위관 장교인 고든을 처음 만났고 그 뒤 중국에서 우연히 다시 만난 적이 있었다. 이제는 그레이엄처럼 고든도 소장 계급에 올라 있었다.

찰스 고든은 누구인가? 힉스 원정군이 몰살당하고 수단 위기가 불거지자 영국이 선택한 유일한 대안은 고든이었다. 곤도코로(에콰토리아) 지사와 수단 총독을 역임했던 고든은 수단 총독으로 다시 임명돼 카르툼으로 돌아가는 길이었다. 그가 정부로부터 받은 명령은 '수단에 주둔하는 이집트군을 철수시키고 수단을 영원히 포기'하라는 것이었다.

7

베이커 중장이 이끄는 원정군 선발대가 드디어 수아킨에 상륙했다. 바로 그날, 이집트군 장교 카심 에펜디Qasim Effendi는 지하디야 소총병 700명을 이

* Victoria Cross: 크림전쟁 때 제정된 무공훈장이다. 영국 군인으로서 받을 수 있는 가장 영예로운 훈장으로 수훈자는 영국 왕실은 물론 모든 국민에게 존경받는다.

끌고 마흐디군을 진압하러 나갔다. 이 부대는 타마니브Tamanib의 바위 협곡에서 마흐디군 3천 명에게 매복 공격을 받았다. 부대의 기병을 지휘했던 알바니아 출신의 바쉬-바주크는 꽁지가 빠지게 도주했다. 이집트군은 용감하게 맞섰으나 겨우 50명만 살아 돌아왔을 뿐 나머지는 학살에 가깝게 몰살당했다. 마흐디군은 생존자 50명을 수아킨까지 추격했다. 그러나 항구에서 짐을 부리던 베이커의 헌병군이 이들을 물리쳤다.

홍해는 할라이브Halayb에서 시작해 아키크Aqiq에 이르는 480킬로미터 길이의 좁은 바다로, 수아킨은 이 홍해에서 유일한 항구였다. 수아킨은 산호초가 만들어낸 천연 미로로 둘러싸인 섬 위에 자리 잡은 요새로, 좁고 긴 만灣을 따라 그 끝의 수아킨에 닿으려면 산호초 사이로 난 좁은 통로를 조심스럽게 통과해야 했다. 1883년, 힉스의 참모였던 존 콜본John Colborne은 다음과 같은 기록을 남겼다. "반짝이는 하얀 마을……. 멀리서 집들을 바라보면 마치 중세 성곽과 같은 분위기를 자아냈다."[14] 수아킨 사람들은 산호와 석회암을 써서 집을 지었다. 화려한 마쉬라비아 장식*이 돋보이는 벽면, 건물 벽에 돋은 창문, 툇마루와 발코니 그리고 벽감壁龕마다 새겨진 코란 구절은 이곳 집의 특징이었다. 부두 위에는 창고가 줄지어 있었고, 수아킨 지사의 거처는 미로처럼 복잡한 거리의 중앙에 있었다. 이 집 대문은 난파선 이물에서 떼어 온 사자 머리 장식이 지키고 있었다.

부두를 따라 설치된 천막 뒤편으로는 검푸르다 못해 불투명하고 심지어 무심해 보이는 홍해가 펼쳐져 있었다. 그러나 이런 풍경도 건너편 아라비아 반도의 해안선을 따라 솟아오르는 해무에 묻혀 사라지곤 했다. 섬 주변의 수심은 대략 9~11미터였다. 해안에는 산호초가 층을 이뤄 자랐기에 마치 거대한 테두리를 두른 것 같았다. 이렇게 형성된 환형 산호초 중에서 오직 뚫

* 우리나라의 문창살처럼 조각된 나무를 이용해 도로 쪽으로 난 창이나 주로 2층 이상부터 층 전체를 장식하는 아랍 전통 건축 양식이다. 기하학적 무늬가 발달한 이슬람의 영향으로 우리네 문창살보다는 훨씬 더 복잡하며 작은 창부터 층 전체를 장식하는 것까지 규모도 다양하다.

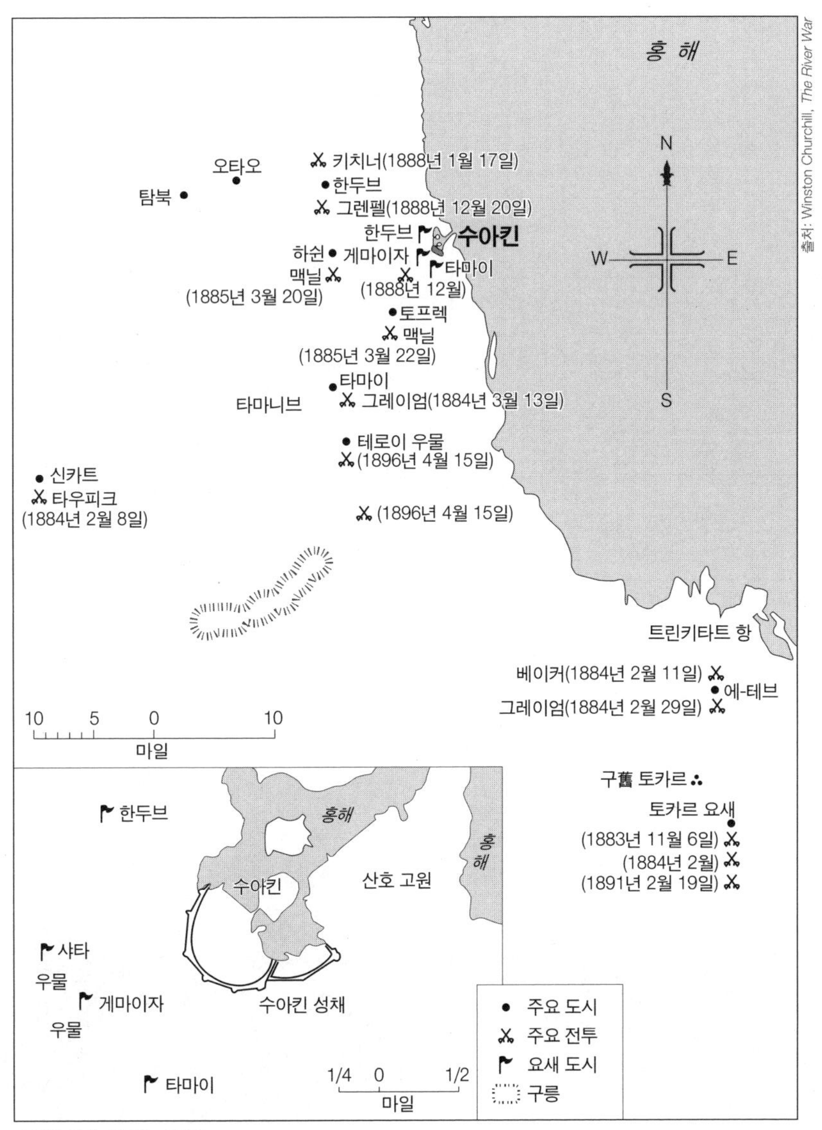

수아킨 일대, 1883~1898

우들락 호

수아킨의 전경과 수아킨 항에 정박한 영국 해군 함정

수아킨에 상륙한 베이커의 헌병군, 1883년 12월 23일

The Illustrated London News, 1884년 2월 2일

The Illustrated London News, 1884년 2월 2일

린 곳이라곤 육지에서 흘러온 민물이 바다로 흘러들면서 밀려오는 파도와 만나는 곳뿐이었다. 썰물이 되면 모래톱 때문에 바닷물이 빠져나가지 못하면서 석호潟湖가 만들어졌고 석호엔 해초와 화살촉 모양의 머리를 가진 작은 물고기들이 가득했다. 해안에는 평평한 갈색 갯벌 사이사이에 맹그로브나무가 자라 숲을 이뤘다. 표범 무늬처럼 보이는 해안 평지, 즉 현지어로 그위넵Gwineb은 지평선과 하늘이 맞닿는 곳까지 뻗어나갔고 홍해를 따라 하늘로 솟은 붉은 황토빛 구릉은 이러한 풍경에 장엄함을 더했다. 아울리브Aulib라고 불리는 이 구릉은 16만 제곱킬로미터가 넘는 광대하고 황량한 산악 사막의 경계선이었고, 이 산악 사막은 서쪽으로 계속 이어지면서 누비아 사막과 만났다.

수아킨 섬은 고든이 총독 시절 만든 둑길로 육지와 연결되어 있었다. 베이커 원정군의 선발대장 해링턴Harrington 대위는 이 둑길이 방어에 취약하다고 생각했다. 그래서 그는 제일 먼저 둑길의 육지 쪽 입구에 흙으로 방벽을 쌓았다. 항구에서 약 900미터 떨어진 곳에 방벽을 세운 뒤 폭 1.2미터짜리 해자를 파고 날카로운 말뚝과 쇠꼬챙이로 보강했다. 해링턴은 항구에 있는 창고에서 25만 파운드어치 면제품이 썩어나가는 것을 발견했지만, 식량은 찾을 수 없었다. 항구를 수비하는 이집트군은 마치 누더기 군대 같았다. 군기라고는 찾아볼 수 없었고 배를 곯아 몹시 허약했다. 병사 대부분은 골동품이라 할 수 있는 활강총*을 썼다.

해링턴은 휴잇 해군 소장이 지휘하는 홍해 함대 소속의 전함 몇 척이 해협을 향해 속도를 높여 다가온다는 소식에 마음이 놓였다. 장갑함 레인저Ranger는 12월 중순경에 나타나 둑길에 포격을 가할 수 있는 위치에 자리를 잡았다. 휴잇은 기함인 유리앨러스Euryalus를 타고 12월 16일에 도착했다. 2주 뒤에는 우들락Woodlark과 포함砲艦 코케트Coquette가 도착했다. 베이커의 참

* 滑降銃: 총열에 강선이 없는 총이다. 강선이 없기 때문에 가스가 새는 데다가 총알이 회전하지 않아 명중률이 낮다.

모장인 조지 사르토리어스George Sartorius 대령이 이끄는 본대도 도착했다. 당시 나이 마흔셋이던 영국군 포병 장교 사르토리어스는 인도에서 전투에 참여했으며 베이커와 함께 용병 자격으로 튀르크-러시아전쟁에 참가하기도 했다. 그는 부인도 함께 데려왔다. 도착하자마자 그가 맨 먼저 해결해야 할 문제는 식량이었다. 그는 육지로 병력을 보내 가축을 구해 오게 했다. 만일 주인과 만나면 가축 값을 지급하고 그렇지 않으면 눈에 보이는 대로 가져오면 되는 것이었다.

사르토리어스는 수아킨 수비대 전체를 밖으로 나오도록 해 열병을 받으라고 명령했다. 그는 알바니아 출신 바쉬-바주크에게 공개적으로 태형을 가해 반란 조짐을 손쉽게 잠재웠다. 지사인 술라이만 파샤Sulayman Pasha가 항의하자 사르토리어스는 카이로와 연락해 그를 해임했다. 당시 술라이만 파샤의 나이는 일흔둘이었다. 12월 23일에 도착한 베이커는 민사와 군사를 완전히 장악했다.

여러 대대로 이루어진 3천 명 규모의 베이커 원정군은 사기가 바닥을 치고 있었다. 우선 병사들은 이집트를 떠나 다른 곳에 배치된다고 하자 심하게 구시렁거렸다. 부대의 근간을 이뤘던 튀르크 병사 200명은 카이로에서 반란을 일으켰다. 이들은 수단을 향해 출항하는 배에 오르지 않았다. 이집트 병사 중 많은 수가 수에즈에서 사라져버렸다. 나머지 병사들의 동요를 막고자 문제 병사에게는 족쇄가 채워졌다.

수단에 도착한 병사들의 훈련 수준도 형편없었다. 수아킨에 도착해 시행한 검열도 실망스러웠다. 병사들은 명령을 이해하지 못했고, 오른쪽과 왼쪽도 구분하지 못했으며, 어떻게 방진을 만드는지도 몰랐다. 어떤 병사는 소총 사격훈련 중에 겁에 질려 총구를 하늘로 향한 채 방아쇠를 당기기도 했다. 이는 갓 입대한 신병이나 하는 짓이었다. 이들이 보여준 전체적인 모습은 그나마 가졌던 일말의 기대조차 사라지게 했다. 참모장 사르토리어스 대령을 따라온 부인은 나름대로 희망을 담아 이렇게 적었다. "적이 우리와 싸우지 않기를, 적이 거대한 본대를 형성한 아군의 모습을 보고는 멀찍이 떨어져 접근하지 않기를 바랄 뿐이다."15

주바이르 파샤가 부리는 바쉬-바주크도 이집트군과 다를 바 없었다. 이들은 행군하는 것과 착검하는 것도 몰랐다. 하급장교 대부분은 이미 퇴역했던 사람들로 명령을 어떻게 내려야 하는지조차 잊어버렸다. 최악은 하급장교들이 오직 주바이르 파샤의 말에만 복종한다는 것이었다. 그러나 노예 상인이던 주바이르 파샤는 나타나지 않았다. 무책임 때문이 아니라 영국 정부의 반反노예제도 정책 때문이었다. 그랜빌은 주바이르 파샤가 카이로를 떠나지 못하게 하라고 베링에게 명령했다. 이 조치를 접한 사르토리어스의 부인은 이런 논평을 남겼다. "이것은 시작부터 원정군을 무기력하게 만들었다. 주바이르 파샤가 있다면 바쉬-바주크는 마흐디군을 상대할 때 매우 성의 있고 열정적으로 싸웠겠지만, 그가 없이는 무기력했다."16

베이커는 수아킨에서 한참 남쪽에 있는 마사와Massawa 항을 살피러 배를 타고 떠났다가 지하디야 소총병 대대를 데리고 1월 초에 돌아왔다.

며칠 뒤, 베이커는 베링을 만났다. 그는 마사와에서 데려온 병력과 주바이르 파샤의 바쉬-바주크만 가지고도 영국이나 오스만제국의 도움 없이 동부 수단에서 통제권을 확보할 수 있다고 한껏 자랑을 늘어놓았다. 같은 날, 수아킨과 베르베르 구간의 안전을 확보하라는 기존 명령이 취소되었다.

카이로에 있는 베링은 이집트 정부에 압력을 가하고 있었다. 이집트 국무총리 샤리프*와 그가 이끄는 내각은 어떤 대가를 치르더라도 카르툼을 사수하길 원했다. 그러나 베링은 1월 6일, 샤리프 총리와 정부 수반 타우피크에게 수단에 있는 이집트군을 철수시키고 수단을 포기하라는 최후통첩을 보냈다. 베링은 이 제안을 받아들이지 않으면 쿠데타를 일으켜 샤리프 정부를 전

* Muhammad Sharif(1826~1887): 그리스 북부의 카발라Kavala의 투르크인 집안에서 태어난 이집트 정치인으로 1879년 4월부터 8월까지 이스마일 휘하에서, 1881년 9월부터 1882년 2월까지 타우피크 휘하에서 그리고 마지막으로는 1882년 2월부터 1884년 1월까지 압바스 2세 휘하에서 각각 총리를 역임했다. 1887년 4월 20일 오스트리아-헝가리제국의 그라츠Graz에서 사망했다.

복할 심산이었다. 이를 감지한 샤리프와 내각은 자진해 사직서를 제출했다. 샤리프는 "수단에는 오스만제국 술탄에게 충성하는 이집트군 2만 1천 명과 그 식솔들이 있으며, 이들이 마흐디의 치하에서 비참하게 생활하도록 놔둘 수 없다"고 항변했다.

샤리프를 대신해 국무총리가 된 누바르*는 아르메니아 출신의 기독교인이었고 카이로에서는 이방인 취급을 받았다. 그는 수단에서 병력을 철수시키는 정도로 만족했다. 그는 이 결정에 반대하지 않을 사람을 장관으로 뽑으려고 내각 구성에 신중을 기했다.

베링은 베이커에게 수단 부족들과 우호적으로 교섭해 수아킨과 베르베르 구간을 확보해보라고 제안했다. 그러나 베이커는 이 생각이 터무니없다는 것을 알고 있었다. 철수할 군대에 어느 부족장이 동맹을 맺으려 하겠는가? 더욱이 베이커는 '평화적인 방법'으로 자신의 명예를 되찾을 수 없었다.

베이커 휘하에는 35명이 조금 넘는 유럽인 장교들이 있었다. 그런데 예상치 못한 사람이 1월에 베이커를 찾아왔다. 바로 왕실기마근위대Royal Horse Guard 소속의 프레데릭 버나비Frederick Burnaby 대령이었다. 그는 발칸에서부터 베이커의 오랜 친구였다. 버나비는 노퍽 재킷**을 입고 우산을 든 채 베이커의 사무실을 제 발로 찾아왔다. 사실 베이커의 부인 패니Fanny는 남편 몰래 버나비를 초대해 남편 부대에 한 자리가 비는데 남편에게는 믿을 수 있는 사람이 필요하다고 이야기했다. 이런 사정을 들은 버나비는 당장 휴가를 냈고, 마흐디군과 싸우는 것을 꿩사냥 정도로 여겼는지, 쌍열 산탄총 한 자

* Boghos Nubar(1825~1899): 오스만제국의 이즈미르에서 아르메니아 상인의 아들로 태어난 이집트 정치인으로 어려서 프랑스 툴루즈에 있는 예수회 학교에서 교육을 받았다. 1878년 8월부터 1879년 2월까지 무함마드 알리 왕조 초대 총리, 1884년 1월부터 1888년 6월까지 케디브 타우피크 휘하에서 총리, 1894년 4월부터 1895년 11월까지 압바스 2세 휘하에서 총리를 맡았으며 이를 끝으로 공직에서 완전히 물러났다. 1899년 1월 14일 파리에서 사망했다.

** Norfolk jacket: 원래는 사격할 때 팔꿈치가 끼지 않게끔 하기 위해 만든 재킷으로 오늘날에도 군이나 경찰의 제복 양식으로 많이 이용된다. 1860년대에 노퍽 샌드링엄Norfolk Sandringham에 영지를 가진 에드워드 왕세자가 야외 사교 모임에서 입어 유행하기 시작했다.

루를 빌려 베이커 부대에 합류했다.

베이커야 자신과 마음이 맞는 버나비가 와주어 기뻤지만, 모두가 버나비를 진정으로 환대한 것은 아니었다. 버나비는 전쟁을 너무 쉽게 생각했다. 런던에서 북쪽으로 약 100킬로미터 떨어진 베드퍼드Bedford에서 성공회 목사의 아들로 태어나 당시 마흔두 살이던 버나비는 힘과 허우대가 좋고 언어 능력도 타고난 사람이었다. 그는 중앙아시아를 몇 차례 여행하고서 『히바로 가는 길A Ride to Khiva』* 이라는, 조금은 출처가 의심러운 책을 써 인기를 얻었고 1882년에는 최초로 영불해협을 열기구로 횡단했다. 전장에서처럼 언행도 거침없던 버나비는 에드워드 왕세자를 공개적으로 모욕했다. 이 때문에 그는 빅토리아 여왕의 사촌으로 케임브리지 공작이자 영국 육군 총사령관인 조지 원수**의 증오를 샀다.

버나비는 흠잡을 데 없는 사회적 명성을 얻었지만, 과시욕이 강하다는 소문이 무성했다. 베링은 키치너와는 정반대의 유형인 버나비의 자질을 혐오했다. 화가 티소J. G. Tissot가 1870년에 그린 젊은 장교 버나비의 초상화는 한마디로 제국주의의 오만과 탐욕을 압축해 표현한 듯했다. 그러나 전사하기 얼마 전에 찍은 사진에서는 젊은 시절의 한창 모습이 사라졌고 누가 봐도 알아볼 수 있는 광기가 서려 있다. 아랍 전문가 윌프레드 블런트Wilfred Blunt는 자신의 일기에 다음과 같은 논평을 남겼다. "그는 평범한 사람이 상상할 수 있는 것 이상으로 용모가 사악하다. 우둔한 데다 야비하고 잔인하기 그지없었다."[17] 블런트는 별다른 고민 없이 버나비를 도살자라고 결론지었다.

1월 말경, 휴잇 소장, 베이커 중장, 버나비 대령 그리고 다른 고급장교들이

---

* 1876년에 출간된 책으로 히바는 오늘날 우즈베키스탄이다.

** George William Frederick Charles: 1819년 3월 26일에 국왕 조지 3세의 손자로 태어났다. 빅토리아 여왕 역시 조지 3세의 손녀이다. 1837년부터 군 생활을 시작해 1856년에는 영국 육군 총사령관이 되었으며 1862년에는 원수가 되었다. 1895년까지 39년 동안 총사령관으로 재임했으며 1904년 3월 17일에 사망했다.

작전계획을 의논했다. 수아킨에서 겨우 14킬로미터 떨어진 신카트 요새는 상황이 심각했다. 크레타 섬 출신 유대인으로 신카트 요새의 지휘를 맡은 타우피크 베이Tewfiq Bey는 수단 해안을 따라 배치된 이집트군 장교 중 최고라고 평가받는 인물이었다. 1883년 8월 이후로 반군의 공격은 소강상태로 접어들었다. 그러나 고립된 요새 안의 병력은 굶주림에 시달리고 있었다. 요새 안에 있던 당나귀, 개, 고양이, 쥐, 곤충과 같이 살아 있는 것은 물론이고 가죽장화, 혁대, 신발, 뼈, 그리고 나뭇잎까지 먹어치운 상태였다. 그들에게 남은 일이라곤 죽음을 무릅쓴 탈출뿐이었다. 신카트보다 남쪽에 있는 토카르 요새는 사정이 조금 나았다. 토카르 요새에는 3개월 치 식량이 있었으나 밤낮없이 마흐디군의 사격을 받았고 보유한 탄약도 거의 바닥난 상태였다.

베이커는 신카트 요새가 가장 급하다는 것을 잘 알고 있었다. 그러나 그가 지휘하는 헌병군은 요새에 도달하기도 전에 전멸할 것이 뻔했기에 원조물자를 보내는 것은 불가능했다. 반면 토카르 요새는 평평한 해안 평야에 자리잡고 있었다. 몬크리프의 부대가 이미 토카르 전투에서 산산조각이 나기는 했지만, 베이커는 자기 운을 믿어보기로 했다. 헌병군이 토카르를 공격하면 마흐디군은 신카트의 압박 수위를 낮출 것이고, 그렇다면 타우피크 베이가 돌파구를 만들 수도 있을 것이었다. 회의가 끝나자 베이커는 토카르 방향으로 군사행동에 나서겠다는 전문을 베링에게 보냈다.[18]

베이커가 신카트와 토카르 요새를 책임질 의무는 없었다. 베링은 베이커에게 절대적으로 성공을 확신하지 않는 한 어떤 작전도 감행하지 말라고 귀에 못이 박이도록 말했다. 물론 이 '절대적인 확신'이란 주관적인 판단이다. 그러나 베이커는 명예를 회복해야 한다는 강박관념에 사로잡혀 있었다. 이런 베이커가 눈앞의 상황을 그저 초연하게 바라보고만 있을 수는 없었다. 한 번 병 밖으로 나온 요정을 다시 집어넣기란 불가능했다. 베링은 베이커에게 토카르로 진격하지 말라는 명령을 직접 내릴 수도 있었지만 그러지 않았다. 1월 22일, 베이커는 신카트와 토카르로부터 마흐디군의 주의를 돌리려고 수아킨에서 24킬로미터 떨어진 한두브Handub에 바쉬-바주크 정찰대를 투입했다. 바쉬-바주크 부대는 이번에도 마흐디군을 만나 전멸하다시피 사라져버렸는데 이것은 바람직한 징조가 아니었다.

이틀 뒤, 베이커는 토카르 요새를 구할 병사들을 증기선에 태우고 홍해 연안을 따라 약 70킬로미터 남쪽에 있는 트린키타트Trinkitat 항으로 출발했다.

8

베이커를 포함한 원정군 장교들은 자신들이 야만인과 싸우고 있다고 생각했다. 버나비는 깊이 있는 정치적인 신념도 없는 데다 자기 과시 경향까지 강한 인물이었다. 심지어 그는 놀러 나온 듯 꿩 사냥총을 가져왔다. 이는 당시 유행한 이념의 영향이 컸다. 영국군 교범에도 '야만인과 전쟁하는 법'이라는 장이 있을 정도였다. 이 장엔 이런 문구도 있다. "야만인은 주로 아군의 후방이나 측방을 노린다. 따라서 행군이나 교전 중에는 융통성이 있는 방진이 필요하다."[19]

베이커의 부대가 앞으로 맞닥뜨릴 베자족의 눈에는 오히려 베이커와 베이커의 부대가 야만인이었다. 베자족의 역사는 최소한 4천 년을 거슬러 올라간다. 베자족을 부르는 이름은 많았다. 16세기 초 이곳을 여행한 레오 아프리카누스*는 베자족을 부기하Bugiha라고 기록했다. 로마인은 베자족을 블레미스**, 악숨인은 부가스Bugas, 이집트의 파라오는 메자Medja 또는 부카스Bukas라 불렀다. 베자족은 고대 이집트 왕들이 금을 찾아 이곳으로 군대를

* Leo Africanus(1494~1554?): 무어인 외교관으로 북아프리카 지리를 다룬 *Descrittione dell' Africa*(아프리카의 묘사)의 저자로 유명하다. 그는 알-하산 이븐 무함마드 알-와잔 알-파시al-Hasan ibn Muhammad al-Wazzan al-Fasi라는 아랍식 이름으로 불리기도 한다.

** Blemmyes: 로마사에 기록된 누비아 유목민을 뜻한다. 3세기 후반부터 로마에 대항에 싸우기 시작했으며 일반적으로 이집트 남쪽에 해당하는 누비아, 쿠쉬 또는 에티오피아에 거주한다고 알려졌다. 이들은 머리 없이 눈과 입이 가슴에 있다는 전설 속의 존재로 묘사되기도 했다.

보내기 전부터 홍해 연안 구릉 지대의 바위틈, 골짜기, 고원과 계곡에서 살고 있었다.

베자족의 혈통을 가장 완전하게 보존해온 아마라르Amarar 부족은 창세기에 나오는 노아의 아들 함Ham의 직계 후손이라 주장하며, 문자 그대로 홍수가 끝나고 방주가 안착한 이후 홍해 연안 구릉에 살기 시작해 오늘날까지 이어오고 있다고 믿었다. 따라서 이들은 함에서 파라오의 조상으로 이어지는 가계에도 속할 수 있었다. 실제로 아마라르 부족은 수많은 문명이 태어나고 사라지는 것을 목격했다. 이들은 고대 이집트, 그리스, 로마제국, 비잔틴제국, 오스만제국, 포르투갈인, 프랑스인, 튀르크-이집트제국까지 모두 목격했고 이제는 영국인을 볼 차례였다. 나열한 침략자 중 누구도 베자족을 지배하지 못했다. 낙타와 철제 무기가 전해진 것 그리고 몇 가지 기술적인 혁신이 일어난 것을 빼면 베자족의 문화는 4천 년 동안 거의 변한 것이 없었다.

베자족은 당시 수단에서 가장 무서운 전사 집단이었다. 수 세대에 걸쳐 피를 부르는 반목과 부족 간 전쟁을 거치며 베자족은 용맹한 전사로 단련되었다. 이미 기원전 2000년에 고대 이집트의 파라오는 이러한 용맹함을 알아보고 베자족을 경찰로 징집했다. 역설적이게도 이미 4천 년 전에 베자족은 베이커가 데려온 헌병군 같은 역할을 했던 것이다. 베자와 아랍은 대비되는 면이 많다. 베자족은 아랍인도 아니고 아랍어를 쓰지도 않는다. 이들의 언어인 투-베다위Tu-Bedawi어는 소말리아어와 연관이 있는 쿠쉬어이다. 아랍인은 외향적이고 개방적인 데다가 화로에 둘러앉아 대화하는 것을 좋아했기에 관대함과 환대의 문화를 발전시킨 반면, 베자족은 호전적이고 말이 없으며 변덕스러운 데다가 외국인을 혐오하기까지 했다.

일찍이 이곳을 여행한 사람도 거의 없었지만, 여행을 다녀와 베자족을 좋게 말한 사람도 드물었다. 서기 40년경 로마인 지도 제작자 폼포니우스 멜라Pomponius Mela는 베자족을 사람으로 취급하지 않았는데 이는 베자족이 로마를 500년이나 애먹였기 때문이다. 16세기 포르투갈의 돈 스테파노 데 가마*는 1540년에 쓴 책에 이런 기록을 남겼다. "베자족은 거칠며 그들에겐 문명도, 성실함도, 예의도 존재하지 않는다." 1864년에 게오르그 슈바인푸르트**도 이런 기록을 남겼다. "베자족은 불친절할뿐더러 믿을 수 없고 무엇인가 숨기는 듯하다……. 자생식물에 돋은 가시처럼 의존적이며 쌀쌀맞다."[20]

베자족은 작은 무리를 지어 구릉을 떠돌아다니며 살았다. 이들은 어찌나 과묵한지 가문 내 다른 가족과도 말을 섞지 않을 정도였다. 이들이 사는 땅의 풍광은 가혹하고 무자비했다. 눈을 씻고 찾아도 그늘이나 편히 누울 곳은 없었다. 바람은 사나웠고 낮에는 용광로처럼 더웠다가 밤에는 이가 시릴 만큼 추웠다. 이러한 사막 구릉에서 성장한 베자족은 성별과 관계없이 비범한 생존 의지로 무장한 채, 온몸으로 환경에 맞서온 강인한 존재였다. 베자 공동체는 극한 환경에서 강인함을 유지하며 계속 진화해왔다. 유전자에 배려라는 것이 전혀 없는, 뼛속까지 철저한 개인주의자인 베자족은 수 세기에 걸쳐 가장 가혹한 자연환경을 극복해온 셈이다.

베자족의 가장 큰 특징은 머리 모양이다. 베자족은 머리카락을 자르는 것을 불명예로 생각했다. 이들은 머리카락이 자라는 대로 놔두었고 그렇게 자란 머리털은 마치 양 기름을 바른 것처럼 번들거리면서 거대한 깃털이나 들쥐의 꼬리처럼 보였다. 베자족의 머리 모양은 이집트의 고왕국*** 무덤에서도 확인할 수 있을 만큼 역사가 깊다. 영국군은 마치 까치집처럼 생긴 베자

* Don Stefano de Gama: 포르투갈 발음으로 에스테바옹 다 가마Estêvão da Gama라고도 한다. 포르투갈령 황금해안과 포르투갈령 인도에서 총독을 지냈다. 그는 홍해를 항해한 경험을 담은 *The voyage of Don Stefano de Gama from Goa to Suez: in 1540, with the intention of burning the Turkish Gallies at that port*라는 책을 남겼다. 그의 아버지는 유럽에서 남아프리카의 희망봉을 돌아 오늘날 케냐의 몸바사를 거쳐 인도로 가는 직항로를 개척한 바스코 다 가마Vasco da Gama이다.

** Georg August Schweinfurth: 1836년 12월 29일에 발트해 연안의 리가에서 태어난 독일의 식물학자이다. 수차례에 걸쳐 수단을 포함한 북동부와 중앙아프리카를 장기간 탐사했으며 고생물학 분야에 여러 논문과 책을 남겼다. 1925년 9월 19일 베를린에서 사망했다.

*** Old Kindom: 기원전 2650년경부터 기원전 2150년경까지 약 500년 동안 존재한 이집트 왕국.

족의 머리를 보고는 '퍼지-워지Fuzzy-Wuzzy'라 불렀다.

마흐디군에 합류하기는 했지만 베자족은 신실한 무슬림은 아니었다. 무슬림이라면 '알라 외에는 신이 없고, 무함마드는 알라의 사자임을 증언한다(라 일라흐 일랄 라흐 무함마드 라쑬룰 라)'라는 이슬람 신앙고백(샤하다)과 하루 다섯 번 '살라'라 불리는 예배를 드리고, 소득의 40분의 1을 종교 헌금(자카트)으로 내야 한다. 또 매년 이슬람력으로 9월에 찾아오는 라마단 기간엔 금식(사움)을 하고 능력이 되면 평생 한 번은 성지순례인 하지Haji를 해야 한다. 그러나 베자족 중에는 열심히 예배하는 사람도, 라마단 금식을 지키는 사람도, 홍해만 건너면 있는 메카 또는 메디나와 같은 이슬람 성지를 순례한 사람도 거의 없었다. 오랜 세월 이집트에서 숭배했던 여신 이시스부터 서구의 기독교까지 수십 종교가 베자 땅에 들어왔지만, 자생적인 주술 신앙이 강한 베자족 사이에서 어떤 것도 뿌리내리지 못했다. 한 베자 부족은 진*이나 악령을 언제나 불러올 수 있다고 믿었다. 이런 부족은 마흐디를 따르지도 않았으며 백나일강이나 서부 수단에서 온 부족들과 전혀 공감대를 형성하지 못했다. 이들에게 나일강 서편에 있는 땅은 세상의 끝을 넘어선 곳이었다.

베자족은 세 개의 주요 부족과 상대적으로 약한 한 개 부족 등 총 네 개 부족으로 이뤄졌다. 가장 남쪽에 있는 부족은 낙타와 가축을 키우며 살아가는 하덴도와Haddendowa 부족인데 이들이 사는 곳은 가쉬 삼각지Gash Delta까지 뻗어 있었다. 세 주요 부족 중 가장 인구가 적은 아마라르 부족은 베자 지역의 정중앙에 살았다. 중앙에서 북쪽으로 이집트 남부까지는 비샤리인Bishariyyin 부족의 지역이었다. 이 부족은 굳이 문화나 언어를 보지 않더라도

* 다른 문화권과 마찬가지로 사막에 살던 베두인들과 오아시스 주변의 정착민들은 이슬람이 전해지기 이전부터 주변의 모든 것에 초자연적인 정령精靈(Jinn)이 살며 정령이 인간 생활에 영향을 끼친다고 믿어왔다. 이런 토속신앙은 이슬람이 전해진 이후에도 사람들 사이에 하나의 신앙체계 또는 이슬람과 융합된 혼합 신앙으로 여전히 남아 오늘날까지 이어지고 있다. 동부 수단은 정령 신앙 외에도 여자들 사이에서 자르Zar라고 불리는 영혼 소유 의식이 오랫동안 유지되는 곳이기도 하다.

아랍계 혈통이 섞여 있는 것이 확연하게 드러난다.

베자족은 순수한 유목민이 아니다. 아랍의 베두인Bedouin과 달리 베자족은 땅을 소유하며 후손에게 물려준다. 그러나 험한 지리적 조건 때문에 이들은 정착하지 못하고 떠돌아다니면서 산다. 4월부터 9월 사이에 강우량이 풍부해지면 이들은 빗물이 단 며칠만이라도 흐르는 곳에 수수를 심고는 낙타에 야자 섬유로 만든 천막을 싣고 가축을 몰아 다른 곳으로 이동했다가 수수가 익으면 돌아와 수확하는 식으로 살았다. 그러나 베자 땅에서 비란 몹시 변덕스러운 존재이다. 날이 가물면 가축이 죽어나갔고 홍수가 나면 애써 심은 수수를 격류가 휩쓸고 가버렸다.

베자족은 용기를 숭배하며 살았다. 이들은 맨발에 칼과 방패만으로 사자를 사냥했다. 베자족 사이에선 평범한 목동이 빠르고 사나운 표범을 단도 하나로 죽였다는 이야기 정도는 무용담 축에도 못 들었다.

베자족, 특히 비샤리인 부족은 세상에서 제일가는 낙타 사육가이기도 했다. 이들이 키우는 낙타는 흰 털과 회색 털이 섞여 말쑥하고 머리가 크며 귀가 밝아 중동이나 아프리카에 있는 어떤 낙타도 압도할 수 있는 품종이었다. 이들이 키우는 낙타의 발걸음이 얼마나 안정적인가 하면, 낙타에 올라탄 채 차를 마셔도 잔에서 차 한 방울 흘리지 않을 정도였다.

베자족의 방계 부족인 하덴도와 부족이 말을 키우기는 했으나 베자족은 대부분 걸어 다니면서 싸웠다. 팔다리가 가늘고 긴 베자족은 재치 있고 날랬으며 믿음직했다. 베자족은 창을 썼지만, 이들이 선호한 무기는 검이었다. 이 검은 넓적하고 곧게 뻗은 몸통 양쪽에 날이 섰으며 칼자루와 날 사이에는 날밑*이 있었다. 이들의 칼 중에는 대대로 가보로 내려오는 칼도 많았다. 베자족은 항상 총보다는 칼을 더 선호했다. 이들은 총을 받기는 했으나 도통 관심이 없었다. 베자족이 구사하는 전술 또한 바뀌는 법이 없었다. 이들은 조용히 적에게 다가가 순식간에 돌격해 공격했다.[21] 베자 여인과 심지어 아

* 손을 보호하고자 칼자루와 날이 만나는 곳에 끼운 테두리를 말한다.

이까지도 남자라면 당연히 전사가 되어야 한다고 여겼다.

베자족이 튀르크-이집트제국에 봉기한 것은 종교 때문이 아니었다. 탐욕스러운 이집트 관리 두 명이 베자족에게 가야 할 무역품 운송비를 착복했고, 그것이 도화선이 돼 동부 수단의 베자족 봉기로 이어졌다.

하덴도와 부족은 수아킨에서 베르베르로 이어지는 대상로隊商路에서 짐꾼 일을 했다. 1883년 초, 이들은 힉스 원정군의 병사와 장비 그리고 식량을 운반하는 계약을 맺었는데 계약 요금은 낙타 한 마리당 7달러였다. 당시 재무 총감독관인 베링은 요금을 제대로 지급했다. 문제는 인원과 물자를 안전하게 베르베르까지 운반한 다음에 벌어졌다. 하덴도와 부족이 받은 돈이 낙타당 1달러에 불과했던 것이다. 나머지 돈은 중간에서 이 일을 맡았던 라시드 파샤Rashid Pasha와 이브라힘 베이Ibrahim Bey의 주머니로 들어갔다. 이를 안 하덴도와 부족은 분노가 극에 달했다.

베자족은 이 일을 잊을 수도 없었고 아무 일도 없었다는 듯이 흘려보낼 수도 없었다. 바로 이때 이들 앞에 복수할 방법이 나타났다. 마흐디가 동부 수단을 관리할 대리인으로 오스만 디그나를 지명한 것이다. 당시 마흔넷이던 오스만 디그나는 키도 작고 내성적이었다. 따라서 누구도 그가 영웅 노릇을 할 수 있다고 생각하지 않았다. 마흐디가 그를 대리인으로 지명한 것 또한 믿기 어려운 일이었다. 베자족의 전통에서 볼 때, 그는 용감하거나 너그럽지도 않았으며 그렇다고 매력적이거나 존경할 만한 인물도 아니었다. 오스만 디그나의 어머니는 하덴도와 출신이었지만 아버지 쪽 선조는 외지인이었다. 그 선조는 '단호한 셀림Selim the Grim'이라 불린 셀림 1세*가 1516

* Selim I(재위 1512~1520): '단호하다'는 뜻의 야부즈Yavuz라는 별명으로 불렸으며 '성스러운 메카와 메디나의 하인'이라는 칭호를 받았다. 영어로는 Selim the Grim이란 이름으로 유명하다. 그는 이슬람의 칼리파라는 명칭을 얻은 오스만제국 최초의 술탄이기도 하다. 재위 당시 시리아, 팔레스타인, 이집트는 물론 아라비아 반도까지 정복하면서 오스만제국의 영토를 넓혔다. 훗날 오스만제국이 부국강병책을 구사하며 독일에서 전함을 들여왔을 때 배 이름을 야부즈로 명명하기도 했다.

년에 수아킨을 점령할 때 수단에 들어온 쿠르드족 출신 병사였다. 천성적으로 까다로운 성격에다 융통성이라곤 조금도 없는 오스만 디그나는 인색하고 치사하기까지 했기에 인기라고는 눈곱만큼도 없었다. 그런 그가 어떻게 하덴도와 부족을 이끌었는지는 아직도 풀리지 않는 수수께끼이다. 오스만 디그나가 죽고 10여 년쯤 지나 토머스 오언*은 다음과 같이 그를 평가했다. "하덴도와 부족 중에 애정이나 존경심을 가지고 오스만 디그나를 기억하는 사람이 거의 없다. 그러나 그는 위대한 지도자에게 필요한 세 가지 자질을 모두 갖추고 있었다. 그는 기민했고, 결단력이 있었으며, 설득력이 대단했다. 운도 따랐다. 이 중 한 가지라도 부족했다면 베자족의 봉기는 실패했을 것이다."[22]

오스만 디그나는 수아킨에서 태어나 상인으로 살았다. 그는 노예무역에 잠시 손을 댔으나 큰 낭패를 보면서 인생의 전환점을 맞이했다. 그의 배 한 척이 노예 84명을 싣고 아라비아반도의 젯다로 향하던 중 영국의 노예 순찰선 와일드 스원Wild Swan에 발견돼 정선 명령을 받았다. 영국 해군은 젯다에 있는 오스만제국 행정기관에 요청해 수색 허가를 받았다. 영국군은 노예를 압류했고 오스만 디그나와 형제들을 투옥했다. 이후 오스만 디그나는 그리스 상인이 소유한 진Gin 공장에 물을 대주는 사업을 시작했지만, 날이 갈수록 영국인과 튀르크인을 증오했다. 1879년, 이집트에서 오라비의 봉기 소식을 전해 들은 오스만 디그나는 수아킨에서 사람들을 규합해 튀르크-이집트제국의 식민 통치에 맞서 봉기하려 했다. 굴뚝에서 연기를 뿜어내는 영국 전함이 함포를 쏘며 항구에 들어올 상상만으로도 겁이 난 수아킨 상인들은 그에게 수아킨을 떠나라고 요구했다. 그는 수아킨을 떠나 베르베르로 갔다. 그러

* Thomas Richard Hornby Owen(1903~1982): 영국의 식민 행정가로 1926년에 와우Wau에서 공직을 시작한 이후 1953년에 바흐르 알-가잘의 지사로 퇴직할 때까지 수단 주요 지역에서 공직을 두루 역임했다. 공직 생활 중 모은 편지와 회고록을 1959년에 영국 더햄Durham대학교에 기증했다. 이 기증물은 20세기 수단 현대사 연구에 중요한 1차 자료이다. 더햄대학교엔 그의 이름을 딴 기념서가가 있다.

나 그 뒤로도 종종 수아킨에 모습을 드러냈다.

1883년 4월, 오스만 디그나는 베르베르에 있으면서 엘-오베이드가 마흐디 수중에 떨어졌다는 소식을 들었다. 오스만 디그나의 형제 한 명이 마흐디 운동에 가담했으나 마흐디군이 엘-오베이드를 점령하기 전에 열병으로 죽고 말았다. 오스만 디그나는 엘-오베이드에 있는 마흐디를 직접 만나보기로 했다. 그가 이를 행동으로 옮긴 시점이 절묘했는데, 마흐디는 수아킨이 전략 요충지라는 것을 잘 알고 있었을 뿐만 아니라 이집트군의 토벌대가 카르툼을 최종 목적지로 삼고 수아킨을 향해 출발한 것도 이미 알고 있었다. 베자족이 봉기에 합류할지 아니면 방관할지는 확실치 않았다. 그러나 만일 오스만 디그나가 홍해 일대에서 충분히 문제를 일으켜서 튀르크-이집트제국의 보급로를 차단해준다면 마흐디에게 큰 이익이 될 것이 분명했다. 1883년 5월 8일, 마흐디는 오스만 디그나를 동부 수단 마흐디국의 에미르emir(토후)로 임명했다.

오스만 디그나는 수아킨으로 돌아오자마자 마흐디가 주장하는 대의를 전파하기 시작했다. 사실 오스만 디그나는 동부 수단에서 그다지 유명하지 않았다. 사람들은 그를 좋아하지도 그렇다고 존경하거나 신뢰하지도 않았기에 그의 이야기를 심각하게 받아들이지 않았다. 그는 이 약점을 보완하려고 동부 수단에 퍼져 있으면서 남부 베자족으로부터 막대한 신망을 받는 수피 종단인 마자지브Majazib에 가입했다. 오스만 디그나는 원래 수피즘*에 냉담했던 인물이었다. 그가 마자지브의 최고 지도자 알-타히르 마즈주브al-Tahir Majzub를 찾아가 도움을 청하자 마즈주브는 그를 환대했다. 마즈주브는 마흐디의 편지를 읽고서 존경의 표시로 편지를 자기 머리 위에 올려놓았다. 나중

* Sufism: 이슬람 신비주의를 뜻한다. 이슬람 초기 영적인 체험을 추구한 사람들이 금욕과 수행의 의미로 양털, 즉 수프suf를 두르고 수행에 힘썼는데 이들을 sufi라고 부른 데서 유래한 것으로 추정된다. 개인적인 신비주의 경험에서 출발했으나 13세기에 들어와서는 체계화된 수피 종단이 등장한다.

에는 입고 있던 잘라비야를 벗고 마흐디군이 입는 집바jibba와 서월sirwal 바지를 입었다. 마즈주브의 종교적인 권위를 배경으로 오스만 디그나는 본격적으로 일을 벌였다.

마즈주브가 마흐디의 야망과 궤를 함께한 데는 나름대로 속셈이 있었다. 마자지브와 종교적으로 경쟁 관계에 있는 상대는 알-미르가니 가문이 이끄는 카트미야Khatmiyya파* 였는데 이들은 세력이 강력했다. 카살라Kassala에 본부를 둔 카트미야파는 무함마드 알리가 수단을 침공한 뒤로 이집트 정부로부터 특별한 혜택을 누리고 있었다. 이 때문에 반정부 감정이 극에 달한 알-타히르 마즈주브는 오스만 디그나가 찾아오자 망설이지 않고 정부에 반기를 들 기회를 잡은 것이다.

오스만 디그나가 맨 먼저 관심을 보인 곳은 수아킨-베르베르의 대상로에서도 중요한 기착지인 신카트였다. 이곳은 수아킨에서 남서쪽으로 약 60킬로미터 떨어져 있었다. 1883년 8월 5일, 그는 하덴도와 부족과 아마라르 부족 1천500명으로 구성된 부대를 이끌고 신카트에 도착했다. 그는 마흐디의 이름을 대면서 신카트와 수아킨을 자신에게 넘기라고 요구했다. 신카트 요새 지휘관 타우피크 베이는 카트미야파를 협상단으로 내보내고 부하들을 시켜 최대한 빨리 병영을 보강하도록 했다. 계략을 눈치챈 오스만 디그나는 베자족 부대로 신카트 요새를 공격했다. 베자족의 공격을 받은 타우피크 베이의 부하들은 요새 안으로 밀리면서도 용감히 맞서 싸웠다. 오스만 디그나는 세 번 부상당했고 부하 중 65명이 전사했다. 전사자 중에는 오스만 디그나의 동생과 사촌이 포함되어 있었다. 상황이 이렇다 보니 오스만 디그나의 부하들은 사기가 떨어져 아마라르 방향으로 물러났다. 수행원들은 부상당한 오스만 디그나를 집으로 옮겼고 이후로 오스만 디그나는 1킬로미터 정도 떨어

---

* 사이드 무함마드 우스만 알-미르가니 알-카팀Sayyid Muhammad Uthman al-Mighani al-Khatim이 세운 수피 종단으로 수단, 에리트레아, 에티오피아에서 가장 크며 차드, 이집트, 사우디아라비아, 소말리아, 우간다, 예멘 등에도 추종자가 있다.

진 후방에서 기도용 양탄자를 깔고 그 위에서 전투를 지휘했다.

신카트 공격이 실패하자 오스만 디그나의 인기가 떨어졌다. 당시 그를 지지한 세력은 하덴도와 부족에 속하는 비샤리아브Bishariab파와 제밀라브Jemilab파뿐이었다. 원래 이 두 파는 약탈과 강도질로 악명이 높았다. 이들 말고는 다른 세력은 움직이지 않고 있었다. 그런데 이런 상황에서 오히려 무기력한 식민정부가 오스만 디그나를 도와주고 말았다. 봉기가 일어났는데도 수아킨 요새에선 별 움직임이 없었다. 식민정부 또한 무성의한 모습으로 회유에 나서자 오스만 디그나가 주도권을 다시 쥐게 되었다. 상황이 이렇게 흘러가자 베자족은 튀르크-이집트제국 정부가 유약하며 심지어 오스만 디그나를 두려워한다고 믿기 시작했다. 그 해가 다 가기 전, 상황은 완전히 바뀌었다. 북부 하덴도와 부족 전체가 봉기에 합류한 것이다.

이미 몬크리프 영사의 부대를 토카르 평원의 에-테브에서 격파한 베자족은 베이커의 헌병군을 똑같은 운명으로 만들겠다는 듯, 인내심을 가지고 기다렸다.

9

베이커 원정군의 상륙교두보는 토카르에서 북동쪽으로 약 20킬로미터 떨어진 트린키타르에 있었다. 이곳은 홍해 쪽으로 완만한 곳을 이룬 평지였다. 베이커 부대는 트린키타트에 상륙하는 데 꼬박 이틀이 걸렸다. 그도 그럴 것이 부대 규모가 만만치 않았다. 병력 4천 명에 크루프 대포 4문과 로켓* 포대 2개 그리고 개틀링 기관총 2정이 포함되어 있었다. 병력은 1천 명이 넘는

* 1804년 영국군 포병 장교 윌리엄 콩그리브는Sir William Congreve Baronet 인도에서의 경험을 바탕으로 군용 로켓을 발명했는데 이 로켓은 나폴레옹전쟁 당시 불로뉴, 코펜하겐, 단치히에서 사용되었다. 특히 1814년에는 영국이 미국 볼티모어 근처 매켄리 요새를 공격할 때 사용하면서 미국 국가 〈성조기여 영원하라!〉 가사에 영감을 주어 "로켓의 붉은 섬광, 하늘에서 터지는 폭탄And the rocket's red glare, the bombs bursting in air"라는 가사로 삽입되었다.

헌병군과 비슷한 규모의 지하디야 소총병, 주바이르 파샤가 이끄는 바쉬-바주크 700명 그리고 이집트-터키 혼성 기병 450명으로 이뤄졌다.

토카르는 코르 바라카Khor Baraka 끝자락에 있었다. 코르 바라카는 삼각주로 우기에는 순간적으로 물에 잠기는 침수 지역이었고 홍해 연안의 땅 중에서 가장 넓은 곳이기도 했다. 해변에서 성채처럼 우뚝 솟은 구릉까지는 아카시아가 빽빽하게 자란 너비 약 60킬로미터의 평원이 자리 잡고 있었고 하늘에서 보면 이 구간은 마치 진회색 천을 덮은 당구대처럼 보였다. 토카르는 이 황량한 벌판에 있는 조그마한 마을에 불과했지만, 이곳엔 우물이 몇 개 있었고 이 우물들을 보호하고자 튀르크인이 쌓아놓은 성채도 있었다.

베이커가 상륙한 다음 날, 수아킨과 카이로 사이에 해저 케이블이 놓여 전신이 개통되었다.* 수아킨까지 전령을 보내기만 하면 카이로까지 두 시간이면 충분했다. 베이커는 1월 31일에 최초로 전문을 보냈다. 내용은 다음 날인 2월 1일에 토카르로 이동한다는 것이었다.

트린키타트의 반대편에 있는 수단 본토는 질척거리는 진흙 위에 소금기를 머금은 흙이 과자부스러기처럼 말라붙어 있었다. 그 위로 지나가는 것은 마치 가톨릭에서 하는 고행처럼 보였다. 베이커가 상륙교두보 방어시설의 토목공사를 감독하는 동안 프레드 버나비는 선도 부대를 이끌고 해변으로 나가 습지 사이에 이동로를 표시했다. 중간 중간 식물이 자라는 습지는 약 5킬로미터가량 뻗어 있었다. 베이커는 습지 끝에 있는 능선 위에 조그만 성채 하나를 세우라고 지시했다. 전체적으로 원형이며 흉벽과 벽면을 빙 둘러가면서 파놓은 해자를 갖춘 이 성채는 만들어지자마자 포트 베이커Fort Baker라는 이름을 얻었다. 베이커 원정군과 동행한 《데일리 뉴스》 특파원 존 맥도널

* 1844년에 미국의 새뮤얼 모스Samuel F. B. Morse가 워싱턴과 볼티모어 간에 전신망을 가설해 최초의 통신에 성공했고, 그 뒤 1858년 미국과 영국을 잇는 해저 케이블이 설치되었다. 그러나 이 해저 케이블은 기술적인 문제로 1866년에 가서야 완성된다. 1861년에는 미국을 동서로 잇는 전신망이 완성되었고 영국도 인도양에 전신망을 설치하는 등 당시 전 세계는 국가와 지역 간에 전신망을 구축하는 노력을 기울였다.

드John McDonald가 남긴 기록에 따르면 포트 베이커와 교두보 사이 거리는 기껏해야 2.8킬로미터였지만 심리적인 거리는 그보다 훨씬 멀었다.

"개펄과 진흙으로 뒤엉킨 길을 따라 트린키타트에서 포트 베이커까지 직접 이동해봤다면 왜 사람들이 이 두 지점 사이를 4킬로미터부터 최대 16킬로미터까지로 추정하는지 쉽게 이해할 것이다." [23]

이동로 위에서 노새, 낙타, 말은 진창과 싸워야 했고, 병사들은 배낭을 벗어 던지고 진흙탕에서 짐승들을 끌어내려고 밀고 당겨야 했다. 낙타꾼들은 인내심을 가지고 낙타에서 짐을 부린 뒤 단단한 땅으로 낙타를 끌고 가 다시 짐을 싣는 일을 반복했다. 금세 사람과 짐승, 대포와 장비는 소금에 절어 고약한 냄새를 풍겼고 끈적이는 개흙 속에서 모두 땀으로 범벅이 되었다. 진창이 깊은 곳엔 널빤지를 깔아봤지만 허사였다. 마치 발작을 하듯 전진하면서 애초 예상보다 훨씬 늦게 포트 베이커에 도착했고 베이커는 이동 계획을 이틀 연기해야 했다.

그러나 2월 2일, 베이커는 '병력 3천200명과 함께 다음 날 아침, 에-테브에 있는 우물로 이동할 것'이라는 전문을 카이로에 보냈다. 에-테브 우물까지의 거리는 약 5킬로미터였다. 이동로에 있는 이 중요한 우물은 이미 오스만 디그나의 베자 부대가 점령하고 있었다. 몬크리프의 부대가 몰살당한 곳도 바로 이곳이었다. 명예를 회복할 순간이 임박했다고 느낀 베이커는 낙관적으로 생각하기 시작했다. 승리를 확신할 수 없다면 자제하라는 베링의 지침을 잊은 것은 아니었지만, 모든 일이 순조로울 것 같았다.[24]

동이 트자마자 베이커 원정군은 행군을 시작했다. 3개 대대가 사다리꼴의 행군 대형을 만들었고 그 속에서 중대는 종대로 이동했다. 크루프 대포로 무장한 포대는 행군의 선두와 양 측면에서 기병 본대의 보호를 받으며 이동했다. 기병은 폭 1.6킬로미터에 달하는, 마치 거대한 상자와 같은 대형을 이뤄 척후대로 활동했다. 이날은 하늘도 흐리고 날도 찌푸렸으며 공기 중에는 비릿하게 비 냄새도 났다. 시간이 지나면서 갑작스러운 소나기가 이들을 덮쳤

1 힘겹게 갯벌을 헤치며 이동하는 베이커 부대
2 토카르 요새 앞에 정렬한 베이커 부대

The Graphic, 1884년 3월 29일

The Graphic, 1884년 3월 29일

다. 전진 속도도 더딘데 낙오자를 챙기느라 자주 행군을 멈췄다. 가시거리는 나빴고 이동 속도도 답답했다. 아침 9시경, 베이커는 척후대 좌전방에서 총소리를 들었다. 검은 그림자들이 지평선 위로 불쑥 나타났다. 베자족이었다. 이들은 허리춤에 걸친 흙색 천 쪼가리를 제외하면 벌거숭이나 다름없었고 제멋대로 자란 머리털은 하늘을 배경으로 바람에 날리며 강렬한 공포를 자아냈다. 완전무장한 전사들이 땅에서 불쑥 솟아난 것 같았다.

베자족 전사들은 호기심 어린 눈으로 이집트군을 바라보았다. 밝은 흰색 제복에 선명한 빨간색이 도드라지는 타르부쉬 모자를 쓴 이집트 헌병군이 대형을 이뤄 행진하는 모습은 마치 뻣뻣하고 생기 없는 인형이 움직이는 듯했다. 게다가 지형을 전혀 이용하지 않고 전진했기 때문에 말 그대로 완벽한 표적이었다. 베자족은 영국 장교인 몬크리프가 그랬던 것처럼 이집트군도 총격을 받으며 즉각 방진을 형성하리라는 것을 알고 있었다. 그러나 공격을 받고 방진을 형성하는 전술에는 몇 가지 문제점이 있었다. 우선 방진을 만드는 동안 대응사격 능력이 떨어졌다. 방진 뒤쪽에 있는 병사들은 총 한 번 쏠 수 없었다. 오스만 디그나는 방진 대형의 약점, 즉 방진의 모서리가 취약하다는 것을 정확히 알고 있었다. 그는 방진 왼쪽 정면을 공격해서 이런 약점을 파고들려 했다. 이집트군에겐 대포가 있었지만, 오스만 디그나는 별로 걱정하지 않았다. 그는 대포가 제 기능을 발휘하기 전에 사거리 안쪽으로 파고들어 이집트군을 공격할 생각이었다. 계획대로라면 이집트군이 초탄을 발사할 즈음 베자족은 포대를 공격할 수 있었다.

베이커는 포 사격을 명령했다. 포신에서 불꽃이 튀고 포성이 정적을 깨면서 화약 냄새가 코를 찔렀다. 포탄이 터지면서 돌과 먼지가 튀자 베자족은 신속하게 사라졌다. 이와 거의 동시에 기괴한 머리 모양을 한 베자 전사들이 방진 전면 오른쪽 능선에 나타났다. 낙타를 탄 베자족도 마치 거대한 파리 떼가 달려드는 것처럼 멀찍이서 달려오고 있었다. 베자족의 유일한 전술이라 할 수 있는 전면全面 인해전술을 즉각 알아챈 베이커는 하비Harvey 대위에게 기병을 데리고 베자 낙타꾼들을 상대하라고 지시했다.

사실 이 일은 기병대대 규모가 맡을 일이었지만 실제로는 기병연대 전체가 동원되었다. 수가 얼마 안 돼서 기병대와 맞닥뜨리면 허둥지둥 도망갈 줄 알았던 베자 낙타꾼들은 예상과 달리 오히려 더욱 박차를 가하며 돌격해왔다. 기병대와 함께 말을 타고 나온 버나비는 깜짝 놀랐다. 자신이 호기 있게 예상한 것과 달리 쉽게 이기지 못할 것 같다는 불길한 예감이 뇌리를 스쳤다. 그는 베자 전사 한 명이 낙타를 타고 이집트 기병대대를 향해 돌진하는 것을 보았다. 그는 기병 대대장에게 과감하게 돌진하더니 '휭' 하는 소리와 함께 칼을 휘둘러 안장에서 떨어뜨렸다. 생각지도 못한 기습에 넋이 나간 기병 대대장은 날아오는 칼을 제대로 받아넘기지도 못했다. 이집트 기병 둘이 달려왔지만 베자 전사는 칼을 한 번 크게 휘두르는 것으로 이 둘을 땅에 쓰러뜨렸다. 그때까지도 노퍽 재킷을 입은 채 우산을 들고 있던 버나비는 그제야 베자 전사의 머리에 권총을 쏴 사살했다. 버나비와 하비가 지휘체계를 되살리려고 필사적으로 노력하는 순간, 기병대의 뒤쪽에서 불길한 느낌이 드는 총소리가 울렸다. 제대로 된 지휘 없이 불규칙하게 사격하면서 누가 쏜 것인지도 모를 총알에 기병대가 쓰러졌다. 기병은 마치 돌이 떨어지듯 안장에서 땅으로 떨어졌다. 공포에 질린 기병들이 말머리를 돌려 날카로운 말 울음소리와 함께 도망쳤다.

버나비의 시종 스토리Storey가 탄 말이 공포에 질려 광폭하게 날뛰면서 스토리는 덤불 속으로 떨어졌다. 그 앞에는 때마침 베자 전사들이 무리지어 있었다. 스토리는 운 좋게 고삐를 쥐고 있었지만 버나비가 구해줄 때까지 자기를 잡으러 달려드는 적에게 쫓기면서 사납게 날뛰는 말을 따라 함께 뛰어다녀야 했다. 혼란 속에서 주인은 짧게 물었다. "스토리! 대체 왜 말을 타고 있지 않은 건가?"

자일스Giles 소령이 지휘하는 튀르크 기병은 2킬로미터가량 베자 기병을 추격하다 함정에 빠진 것을 알았다. 관목 숲에 숨어 있던 오스만 디그나의 병사들이 창을 들고 사방에서 튀어나왔다. 자일스는 부하들에게 본대로 후퇴하라고 명령했다. 맥도널드 특파원은 다음과 같은 전투 장면을 기록했다. "기병대가 돌아올 무렵 격렬한 전투가 벌어졌다. 기습을 당한 것은 맞지만, 비극의 전조는 이미 전투 전부터 감지됐었다. 좌측면에 배치된 전초병들은 본대 쪽으로 계속 밀렸다. 이들은 점점 질서를 잃었고 전황을 책임져야 할 장교들은 어느새 사라지고 없었다."[25]

후방을 빼곤 사방에서 베이커 원정군에게 총알이 날아들었다. 베이커의 지시에 따라 아흐마드 카말Ahmad Kamal 대령은 헌병군에 방진을 형성하라고 명령했다. 처음에는 믿지 못할 정도로 부드럽게 방진이 만들어졌다. 예상보다 빨리 헌병군이 방진을 만들면서 좌측면과 정면 그리고 우측면 일부가 보강되었고 지하디야 소총병 대대는 좌측면에 자리를 잡았다. 그러나 방진 뒷면은 혼란 그 자체였다. 그러는 와중에 오스만 디그나의 본대는 관목 숲에서 튀어나와 방진을 향해 맹렬하게 돌진하기 시작했다. 이 장면은 보는 사람을 오싹 얼어붙게 할 만큼 무서웠다. 베자족은 옷도 제대로 입지 않은 맨발에, 코르크 마개를 따는 타래 송곳처럼 생긴 번들거리는 머리를 하고, 코끼리 가죽 방패와 공격용 나무창을 들고서 빠르게 다가왔다. 휘두르는 창과 칼이 햇빛에 번쩍였다. 이들은 달린다기보다는 사냥에 나선 육식동물이 겅중거리듯이 평지를 가로질렀다. 이런 모습을 표현하기에 전사라는 단어로는 부족했다. 이들은 마치 보름달을 보고 늑대로 변해 울부짖는 늑대인간 같았다.

뼛속까지 공포에 질린 헌병군은 베자족을 제대로 조준해 사격할 수 없었다. 너나 할 것 없이 겁에 질려 정신없이 총을 쏴대는 바람에 아직 완성되지 않은 방진은 불과 15초 만에 화약 연기로 자욱해졌다. 장교들이 고래고래 소리 질러 명령을 내렸지만 이런 아수라장에서 명령을 따르는 병사는 아무도 없었다. 이 혼란은 허리에서 탄띠를 풀던 지하디야 소총병에게까지 퍼져 나갔다. 맥도널드 특파원은 이 모습을 다음과 같이 기록했다. "이집트 병사들은 필사적으로 방진 안으로 들어오려 했다. 명령 소리는 소음과 섞여 오히려 혼란을 불러왔다. 낙타 300마리로 편성된 치중대가 방진 안으로 들어오려 안간힘을 쓰자 후방은 대혼란에 빠졌다. 이 이상은 묘사가 불가능했다. 후미는 말, 당나귀, 낙타, 그리고 사람이 빽빽하게 엉긴 채 서로 밖으로 나가려고 움직이면서 옴짝달싹 못하는 덩어리가 되어버렸고 이렇게 생긴 무질서는 방진의 중앙으로 퍼져나갔다."[26]

방진 전술의 기본은 병사들이 빈틈없이 어깨와 어깨를 맞대고 서서 외부 공격에 맞서는 것이다. 아직 베자족은 방진에 닿지 못했다. 헌병군이 겁에 질려 대오를 무너트리지 않았다면 대형을 정비할 수 있는 시간이 있었다. 베자족은 이집트군을 우회해 바쉬-바주크와 지하디야 소총병들을 뒤로 밀어내면서 방진 안으로 쇄도했다. 수단 병사들이 자리를 지켰지만, 이들만으로는 오래 버틸 수 없었다. 방진 안에 있는 포병 중 일부는 타고 온 노새가 겁을 먹고 난폭해지는 바람에 포 조립도 미처 마치지 못한 상태였다.

이때, 베자족에게 쫓겨 후퇴하는 이집트 기병이 마치 회오리바람처럼 포병 사이로 난입했다. 대부분은 주인을 잃은 말이었다. 맥도널드의 기록은 이렇게 계속된다. "말들이 겁에 질려 사나워졌다. 방진이 무너지자 안에 있는 보병은 겁을 먹고 아무렇게나 사격을 해댔다. 이집트 기병 장교 한 명은 내가 탄 말에 세게 부딪히자마자 나가떨어졌다. 말에서 떨어진 이집트 병사 대부분이 그렇듯 그 장교도 잔인하게 살해당했다." 충격에 빠진 맥도널드는 자신과 불과 3미터 떨어진 곳에서 이집트 병사가 우군 총알을 맞고 죽는 것을 목격했다. 불과 몇 초 뒤, 이탈리아 출신인 카발리에리Cavalieri 대위 역시 우군 사격으로 목숨을 잃었다. 방진 밖에서도 비슷한 상황이 벌어지고 있었다. 헌병군 병사 한 명이 쏜 총알이 운 좋게 간발의 차로 베이커를 비껴갔다. 베이커 근처에서 크루프 대포를 운용하던 포대들은 이미 베자족에게 유린당했다. 참모장 사르토리어스 대령은 베이커 곁에 서 있다가 칼에 찔렸다. 사르토리어스가 동맥에서 뿜어져 나오는 피를 주변에 뿌리며 죽어가는 동안 포수들도 창에 찔리거나 난자당해 피투성이 송장으로 변했다.

초원을 가로질러 경중거리며 다가오는 베자족이 방진에 다다르기도 전에 방진을 구성한 대대 하나가 완전히 무너졌다. 엎친 데 덮친 격으로, 공황에 빠진 다른 대대들도 무너지고 있었다. 공포와 불안에 사로잡힌 헌병군 병사들이 총을 내던지고 도망치자 방진을 통제하는 것이 불가능해졌다. 빗발치는 총알을 뚫고 방진으로 돌아온 버나비는 눈앞에서 벌어지는 광경을 믿을 수 없었다. 버나비는 당시 장면을 이렇게 기록했다. "내가 본 광경은 결코 잊을 수 없다. 약 4천 명의 병사들이 수백 명에 불과한 베자족이 닥치는 대로 휘두르는 창을 피해 살겠다고 이리저리 도망쳤다."[27] 버나비는 말을 탄 바쉬-바주크 장교가 자기만 살겠다고 무차별적으로 총을 쏘며 도망가는 것을 보았다. 그의 총에서 발사된 총알은 적과 아군을 가리지 않고 쓰러뜨렸다.

헌병군 병사들은 도망치면서 입고 있는 군복을 벗으려고 애썼다. 몇몇은 상륙교두보까지 홀딱 벗은 채로 내달렸다. 일부는 말총을 잡고 말 등에 올라타려 애썼지만 허사였다. 유럽 출신 장교들이 도망자의 등에 총을 쏴 사살하자 많은 병사가 무릎을 꿇고 깍지 낀 채 살려달라고 애원했다. 베이커는 기병을 모으려 했지만 이미 군기는 눈 씻고 찾으려 해도 찾을 수 없는 상태였다. 여러 전투를 경험한 베이커였지만 부하들이 겁에 질린 짐승 수준으로 전락해 자기 몸 하나도 지키지 못하는 이런 광경은 생전 처음이었다.

베자족이 방진을 향해 돌격한 지 불과 8분 뒤, 원정군 전체가 전투에 휘말렸다. 이집트군은 수송용으로 데려온 가축과 뒤엉키거나 잔인하게 살해되었다. 근접전이 벌어지자 베자족은 이집트 병사들의 목을 잡고 창으로 등을 찌른 뒤 칼로 목을 베었다. 총기를 사용해본 적이 없는 베자족은 총기를 그저 둔기로 사용했다. 헌병군 병사가 버린 총을 집어든 베자족은 총대를 휘둘러 그 병사의 머리통을 부숴버렸다. 맥도널드 특파원은 이 장면을 이렇게 기록했다. "쫓기는 내내 학살이 이어졌다. 우리가 아침 일찍 출발했던 포트 베이커까지 거의 8킬로미터의 구간에는 고막을 찢는 듯한 베자족의 함성과 죽어가는 이집트군의 섬뜩한 비명으로 가득 찼다."[28]

개틀링 기관총 사수들이 사격을 시작했을 때는 베자족이 이미 코앞에 와 있었다. 기관총 사수들은 몇 발 쏴 보지도 못하고 창에 찔려 처참한 최후를 맞았다. 방진 안에 있는 크루프 대포 포대들은 최후까지 사격을 계속했다. 이들을 보호한 것은 대부분 유럽 출신 군인들이었는데 이 중에는 원정군 의무 장교로 당시 나이 서른여덟이던 아만드 레슬리Armand Leslie, 재무관이자 원정군 합류 전에는 이집트 해안경비대의 감찰감이었던 제임스 베이James Morice Bey, 그리고 왓킨스Watkins 소령과 캐롤Carrol 중위가 있었다. 맥도널드 특파원은 말을 타고 후퇴하는 도중에 이 넷이 리볼버 권총과 칼로 베자족에 맞서 싸우는 것을 보았다. "끔찍한 지옥과 흉포한 승리가 공존하는 전장에서 묵묵히 책임을 다하는 이들이야말로 신의 희망처럼 밝게 빛났다."[29]

베이커와 참모장인 헤이 대령은 최후까지 병력을 모으려고 아직까지 대형을 유지하고 있는 방진으로 달려갔으나 베자족이 이 둘을 막아섰다. 베이커와 헤이는 개의치 않고 베자족 앞으로 돌진했다. 베이커는 포트 베이커로 후퇴하면서 마지막으로 병력을 모아 저항해보려 했으나 불가능했다. 이집트군 중 다수는 이미 해두보까지 도달해 증기선에 기어오르고 있었다. 아귀같이 배로 기어오르는 이집트군에게 영국 해군 장교들이 권총을 쏘지 않았다면 아마 배가 침몰했을 것이었다. 베이커는 최후의 순간에도 의지할 곳이 없었다. 트린키타트에 도착했을 때 그는 아군이 헌병군에 사격하는 것을 보고 경악했다. 베이커 원정군이 완전히 몰락한 것이다.

명성을 회복하겠다던 허영에서 출발한 베이커의 원정군은 그렇게 끝을 맞았다. 원정군 병력 3천200명 중 전투에 투입된 2천250명이 전사했고 장교 112명이 실종 또는 전사했다. 버나비와 베이커를 제외한 영국군 장교 여섯과 유럽 출신 장교 거의 모두가 전사했다. 튀르크대대에서는 30명, 지하디야 소총병 중에는 70명만 살아남았다. 위용을 자랑하던 크루프 대포 4문, 개틀링 기관총 2정 그리고 약 50만 발로 추정되는 탄약은 고스란히 빼앗겼다. 이집트군이 버리고 온 레밍턴 소총도 3천 정에 달했다. 베이커의 방진은 오스

제1차 에-테브 전투 모습, 1884년 2월 4일. 사납게 달려드는 베자족을 피해 겁에 질린 채 트린키타트 해변으로 도주하는 베이커의 헌병군.

만 디그나의 베자족과 교전하기도 전에 무너졌다. 반면 전투에 참여한 베자족의 수는 기껏해야 1천200명에 불과했다.

10

베이커는 얼이 빠졌다. 그는 자기 부대가 최고가 아니라는 것은 이미 알고 있었지만, 병력이 3대 1로 우세한 원정군이 줄행랑을 치게 되리라고는 전혀 예상치 못했다. 명예를 되찾을 가능성은 완전히 물 건너갔다. 그러나 지금은 그런 타령이나 할 때가 아니었다. 베자족은 여전히 원정군을 추격하고 있었

The Graphic, 1884년 3월 1일, 에-테브 전투에서 가까스로 생존한 자일스 소령이 남긴 그림이다.

다. 지금 당장 해야 할 일은 잔여 병력을 추슬러 최대한 빨리 수아킨으로 돌아가는 것이었다. 원정군 말고도 트린키타트에 주둔한 베이커의 병력은 3천 명이 더 있었지만, 이제는 수아킨마저도 위험했다. 수아킨을 잃으면 모든 것이 끝이었다.

오스만 디그나의 베자족이 포트 베이커와 소금기가 있는 늪지 외곽까지만 추격한 것이 그나마 다행이었다. 베자족은 밤새 늪지 주변을 배회했다. 베이커는 카르툼 주둔 이집트군이 철수할 때를 대비해 트린키타트 섬에 방벽을 건설하라고 지시했는데 지금 그 덕을 보고 있었다. 맥도널드 특파원은 당시를 이렇게 기록했다. "이집트 장교 중 누구 하나 베이커를 돕지 않았다. 그들은 침대 아니면 어딘가에 처박혀서 얼굴도 비추지 않았다. 베이커 중장, 참모장인 헤이 대령, 그리고 수송 책임자인 뷸리Bewley, 이 셋이서 모든 일을 다 했다. 이집트 장교들처럼 겁쟁이인 집단은 다시 없을 거다. 변명거리야 있겠지만, 이집트 병사들을 전투에 투입한 것은 범죄나 다름없는 멍청한 짓이었다."[30]

다음 날 베이커는 베링에게 전문을 보내 전날의 패배를 알렸다. "오스만 디그나의 부대가 방진에 닿기도 전에 이집트 병사들은 무기를 내던지고 도망쳤다." 소식을 들은 베링은 망치로 한 대 맞은 것 같았다. 하지 말라고 그렇게 당부한 행동을 베이커가 해버린 것이다. 베이커는 승리에 눈이 멀어, 훈련도 안 되고 군기도 없는 부대를 데리고 능력 밖의 일을 벌였다. 결국, 베이커의 희망은 물거품으로 돌아갔다. 힉스 원정군이 몰살당해 어려워진 수단 상황은 이제 더욱 꼬여버렸다. 베링이 정말로 원치 않았던 상황이 벌어지고 만 것이다.

베링은 카이로의 집무실에서 나일강을 내려다보면서 곰곰이 생각에 잠겼다. 베이커의 패배는 심각한 파급효과를 가져올 것이 분명했다. 수아킨은 어제의 패배 이전부터도 군사적으로 취약했다. 이제 수아킨이 베자족 손에 들어가는 것은 가능성의 문제가 아니라 시간문제가 되어버렸다. 신카트와 토카르에 있는 요새는 회복이 불가능했고, 수아킨과 베르베르를 잇는 길은 없는 것과 마찬가지였다. 이는 동부 수단이 사실상 이집트에서 떨어져나갔다는 것을 뜻했다. 마지막 방법은 영국군의 투입이었다. 그러나 이것은 당장은 쉽고 그럴듯해 보여도 결국 영국이 수단 문제에 군사적으로 전면 개입한다는 것을 뜻했다. 베링도 영국 정부도 이것만은 피하고 싶었다. 실제로 육군부관감 울즐리와 총사령관 케임브리지 공작은 글래드스턴 수상에게 영국군의 개입은 고려하지 말하고 조언하고 있었다.

베링은 베이커의 보고에 답을 작성하면서 자기 별명과는 사뭇 다르게 자제력을 잃지 않았다. 학살에 가까운 패배의 책임은 일단 베이커에게 있었다.

앞으로 며칠 사이에 무슨 일이라도 벌어지거나 혹은 베이커가 냉정함을 잃는다면 또 다른 재앙이 이어질 것이었다. 따라서 지금 질책하는 것은 아무 도움도 되지 않았다. 그는 "베이커가 최선을 다했다고 생각하며, 여전히 베이커를 전적으로 신뢰한다"는 답장을 보냈다. 이는 베링의 관대함과 기품에서 나온 행동이었다. 베링은 베이커를 원정군 사령관으로 임명하는 데 절대 동의하지 말았어야 했다고 생각했다. 베이커는 자기 결정을 이렇게 평가했다. "나는 이번 사태에 원칙적으로 책임이 있다. 나는 베이커 장군이 수아킨으로 가는 것을 막을 수 있었다. 그러나 나는 위험한 줄 알면서도 베이커 장군을 수아킨으로 보내는 데 반대하지는 않았다."[31] 그러나 베이커가 베링을 실망시킨 것은 분명했다. 더욱이 베이커가 이번 임무로 자기 존재 가치를 증명하려 했다는 점에서 실망감은 더했다. 베링도 이야기했듯이, 그냥 평범한 성공이 아니라, 대담한 작전으로 자기를 돋보이게 하려 한 지극히 개인적인 동기가 문제였다.[32]

베이커 원정군이 패배하자 수아킨은 공황 상태에 빠졌다. 그랜빌은 휴잇 제독에게 군사와 민사의 지휘권을 모두 맡으라고 명령했다. 베이커는 보직에서 해임되었다. 이는 홍해에 있는 항구들을 보호한다는 명분으로 영국이 케디브로부터 통제권을 넘겨받는다는 뜻이었다. 휴잇은 영국 해병과 해군 150명을 수아킨에 상륙시켰다. 이제 영국군은 공식적으로 수단 문제에 개입한 셈이었다.

에-테브 전투 패배는 줄줄이 참극을 불러왔다. 2월 8일, 더 버틸 수 없던 타우피크 베이는 신카트 탈출을 결심했다. 그는 병사들과 그 가족들을 데리고 신카트에서 수아킨까지 15킬로미터에 이르는 바위 협곡을 무사히 빠져나갈 수 없다는 것을 잘 알고 있었다. 그러나 글자 그대로 바퀴벌레와 메뚜기까지 죄다 잡아먹었기에 이젠 먹을 것이 없었다. 포위망을 뚫고 나가다 죽든지 아니면 굶어 죽든지 죽는 것은 마찬가지였다. 타우피크 베이는 요새에 있는 크루프 대포를 포함해 베자족 손에 들어가면 조금이라도 유용할 것 같은 물품들을 못쓰게 부수거나 우물에 버리라고 명령했다. 그러고는 여자들과 아이들을 방진 중앙에 놓고 방진 선두에 서서 요새를 빠져나왔다.

행군을 시작한 지 한 시간이 지났을 때 베자족이 사방에서 덮쳤다. 타우피크 베이와 병사들이 용감하게 대항했지만 역부족이었다. 전투가 끝난 뒤, 여자 서른 명과 남자 여섯 명만 살아남았다. 타우피크 베이는 끝까지 싸우다 부하들과 함께 전사했다. 관대함이라고는 찾아보기 어려운 오스만 디그나도 타우피크 베이를 "수단에 있는 모든 오스만제국 장교 중 가장 용감한 사람"이라며 칭찬했다. 젯다에 있는 영국 영사 대행인 오거스터스 와일드 Augustus Wylde는 타우피크 베이를 이렇게 추모했다. "수단 역사에서 타우피크 베이보다 더 완벽한 영웅은 없었다. 그의 명성은 한 세대가 지나가더라도 수단 전사들 사이에서 영원히 전해질 것이다."[33]

마호디국의 탄생

1

수아킨에서 다르푸르까지는 1천600킬로미터, 바로 이 사이에 수단 서부의 비옥한 땅이 자리하고 있다. 대상무역로는 백나일강 너머 고즈goz 구릉까지 광대한 초원을 관통해 뻗어 있으며 이곳에선 아프리카의 푸른 하늘 아래, 초원이 끝도 없이 펼쳐진다. 광활한 초원 위로 바다처럼 넓게 퍼진 붉은 모래에선 노란 풀과 가시 수풀이 자란다. 이런 모습은 아프리카대륙 북위 10도에서 13도 사이에서 흔한 광경이다. 고즈는 사하라 사막의 남쪽 경계로 아랍 세계와 아프리카가 만나는 곳이기도 하다.

고즈의 모습은 계절에 따라 극과 극을 오간다. 건기엔 사람이 살 수 없을 정도다. 건기에 고즈를 여행하면 며칠을 가도 사람 구경하기가 어렵다. 초원은 덥고 먼지투성이에다 풍경 또한 단조롭다. 죽은 것처럼 잿빛을 띠는 가시나무는 당장에라도 부스러질 듯하다. 비가 올 때만 흐르는 사막의 강인 와디wadi와 물웅덩이는 바닥이 말라서 거북이 등딱지처럼 갈라져 있다. 설령 마을을 만나더라도 사람이 없다. 마을은 마치 귀신이 사는 곳 같다. 그러나 비가 내리고 나면 모든 풍경이 바뀐다. 말라비틀어진 풀은 어느새 자취를 감추고 무성한 초록 잎을 자랑하는 풀이 온 땅을 뒤덮는다. 바짝 말라 바스러질 것 같던 가시덤불에도 새잎이 돋는다. 와디에 물이 흐르고 웅덩이에는 붉은빛이 도는 물이 가득 찬다. 그동안 대체 어디에 있었는지 모를 사람들이 나무 둥치가 움푹 파여 물을 저장할 수 있는 바오바브나무 주변에 나타난다.

19세기 내내 그리고 20세기 들어서도 코끼리, 기린, 물소, 오릭스, 영양 떼가 아랍어로는 바흐르 알-가잘*, 딩카어로는 키르Kiir라 불리는 강을 건너 비가 만들어낸 북쪽 초지로 이동한다. 1820년대, 영국인 여행가 데넘** 소령은 2천 마리 정도의 코끼리 떼를 다르푸르에서 목격했다고 보고했다.

고즈의 바까라족은 우기에 코끼리와 기린을 사냥한다. 바까라족은 단일 부족이라기보다 아랍 유목민인 베두인의 후손들로 이뤄진 여러 부족의 연합 공동체이다. 바까라족의 선조들은 중세 후반에 사하라 사막 일대를 떠돌아다니며 생활하면서 피부가 검은 아프리카 여자를 아내로 받아들였다. 이들은 인종적으로는 아프리카에 가깝지만, 언어와 문화는 아랍 방식을 지켜왔다. 그러나 이들은 베두인이 사용하는 전통적인 검은 천막을 포기하고 풀로 지은 오두막을 택했으며, 낙타 대신 가축과 말을 키웠다. 바까라족은 초원의 삶에 완벽하게 적응했다.

바까라족에게 코끼리와 기린 사냥은 생계가 아닌 명예의 문제였다. 1870년대 무렵, 바까라족 일부는 화승총을 가졌지만, 여전히 대부분 샬랑가이 shalangai라 불리는, 나뭇잎 모양의 촉이 달린 3미터짜리 창을 가지고 말을 탄 채 사냥했다. 이 모습을 본 유럽 여행가들은 바까라족의 용맹을 높게 평가했다. 독일의 식물학자 게오르그 슈바인푸르트는 1874년에 이런 기록을 남겼다. "바까라족은 창과 칼로 코끼리를 쓰러뜨린다. 그 솜씨가 어찌나 좋은지

* Bahr al-Ghazal: 아랍어로 바흐르bahr는 바다 또는 강을 가리키는데 바흐르 알-아랍Bahr al-Arab은 '아랍 강'이라는 뜻이고 바흐르 알-가잘Bahr al-Ghazal은 가잘, 가젤 강이라는 뜻이다.

** Dixon Denham(1786~1828): 데넘은 나폴레옹전쟁에 참전했고 1821년에는 월터 우드니 Walter Oudney와 휴 클래퍼튼Hugh Clapperton이 이끄는 원정대에 자원했다. 원정대는 트리폴리에서 출발해 사하라 사막을 남으로 가로질러 1823년 2월 17일, 오늘날 나이지리아 북쪽에 있는 보르누Bornu의 수도인 쿠카Kuka에 도착했다. 같은 해 12월, 우드니와 클래퍼튼이 서쪽으로 방향을 잡고 이동할 때 데넘은 차드 호수 일대를 탐험했다. 유럽인으로는 최초로 사하라 사막을 가로질렀을 뿐만 아니라 무사히 살아 돌아온 이 셋은 1825년에 영국으로 돌아와 매우 유명해졌다. 데넘은 1827년에 중령으로 진급해 서아프리카에서 해방 노예들을 총괄했고, 1828년에는 시에라레온 총독으로 취임했으나 같은 해 5월 8일, 시에라레온의 프리타운에서 열병으로 사망했다.

사자나 표범을 새끼 고양이처럼 다룰 정도였다."[1]

코끼리를 사냥하려면 몇 주의 시간, 용기, 그리고 최상의 마술馬術이 필요했다. 우선 말을 탄 창잡이 하나가 상아를 가진 커다란 놈을 하나 골라 말을 타고 용감하게 달려들어 샬랑가이 창으로 괴롭혀 화를 돋운다. 화가 난 코끼리가 덤벼들면 창잡이는 말과 코끼리의 거리를 10미터 정도로 일정하게 유지한 채 사냥꾼 일곱 명이 매복한 덤불로 코끼리를 유인한다. 코끼리가 걸려들면 날카로운 창을 항문 근처에 한꺼번에 찔러넣어 코끼리를 쓰러뜨린다.

바까라 사냥꾼들은 코끼리에게선 상아를 얻고 기린에게선 고기를 얻었다. 기린 사냥은 코끼리 사냥보다 훨씬 세심한 기술이 필요했다. 기린은 위협을 느끼면 거의 500미터 밖에서도 알아채고 도망간다. 게다가 기린은 다리가 호리호리해도 웬만한 지형을 믿을 수 없을 정도의 빠른 속도로 달릴 수 있다. 기린을 잡으려면 말을 타고 전력 질주해야 한다. 이때는 고도의 집중력이 필요하다. 조금만 주저하면 목숨을 잃기 십상이다. 한 해에 몇 명은 기린 사냥 도중에 탈tahl이라 불리는 나뭇가지에 부딪히거나 덤불 때문에 보이지 않는 구멍에 빠져 목숨을 잃었다. 기린을 창으로 찌를 수 있는 거리가 되면 창잡이는 말 위에서 창을 오른손으로 옮겨 잡는다. 창을 찌를 때는 부러지는 기린 다리에 걷어차이지 않도록 조심스럽게 뒷다리를 노려 찔러야 한다. 기린을 쓰러뜨리는 데는 제대로 된 찌르기 한 번이면 충분했다.

나중에 예술에 가까운 말타기로 기린을 사냥하게 될 바까라 소년들은 어려서부터 말안장에서 성장했다. 바까라족은 소떼를 몰고 물과 풀을 찾아 끊임없이 이동하며 살아간다. 말도 중요했지만, 이들 문화에선 가축이 자부심의 상징이었다. 이들은 가축을 '파다 움 수프faddha umm suf', 즉 '털을 가진 은'이라고 불렀다.

바까라족은 건기엔 활동 영역의 남쪽 경계에 있는 바흐르 알-아랍 강 또는 바흐르 알-가잘 강 근처에 머물렀다. 우기가 되어 사방에 웅덩이가 생기고 파리 떼가 극성을 부리면 북쪽으로 올라갔다. 이들은 사막지대의 남방 한

계선까지 북상했다. 파리 떼는 이곳까지 올 수 없었다.

우기가 찾아오면 바까라족은 물웅덩이나 와디 주변에 천막을 치고 생활했다. 보통 사발 모양의 천막 대여섯 개가 한 집단을 이뤘다. 나무 그늘 중앙에 뾰족하게 자른 덤불로 만든, 자리바라 불리는 울타리를 치고 그 속에 청년들이 앉아서 어둠이 내리고 난 뒤 혹시 나타날지 모르는 사자로부터 가축을 지켰다. 이동하는 도중 괜찮은 곳에는 드후라 또는 두큰*을 뿌려놓고는 철이 바뀌길 기다렸다가 돌아오는 길에 수확했다. 바까라족의 주식은 아시다asida라고 불리는 죽으로 이것은 손으로 간 곡물에 우유와 버터를 섞은 것이다.

바까라족에 사치품이라는 것은 없었다. 심지어 다른 유목 문화에서 볼 수 있는 가축의 털로 만든 깔개나 걸개도 없었다. 천막조차도 풀, 가늘고 긴 가지, 나무껍질, 야자 섬유처럼 자연에서 쉽게 구하는 재료로 만들었다. 이 재료들은 재활용하거나 필요에 따라서는 그냥 버려도 되는 것이었다. 한 식구의 가재도구라 해야 소 두세 마리 등에 올릴 정도였고 짐을 싸서 싣는 데까지 한 시간 정도면 충분했다.

우기 때 바까라족은 하루에 약 30킬로미터를 이동했다. 여자와 어린이는 소 등에 깔개를 덮고 그 위에 올라탔고, 남자는 당나귀나 말을 탔다. 점심에 잠시 멈추면 바까라족은 천막과 자리바를 세우고 우유를 짰는데 이 모든 일이 두 시간 안에 해결되었다. 흥미롭게도 천막은 여성의 소유물이었다. 바까라족 남자는 나무를 기린 내장으로 엮어 만든 앙가렙angareb 침대와 옷가지, 안장 그리고 단검과 창을 제외하면 개인 소지품이 거의 없었다.

바까라족 여자들은 결혼식이나 할례 의식 때 사냥꾼의 업적을 노래했다. 그뿐만 아니라 비겁한 행위를 조롱하는 노래도 있었다. 동부 수단의 베자족과 마찬가지로 바까라족 또한 용맹이 삶의 기준이었으며 겁쟁이로 불리기보다는 차라리 죽음을 택하는 문화를 가졌다. 슈바인푸르트는 이렇게 썼다.

* 드후라dhura/durra와 두큰dukhn은 열대 지방에서 많이 재배하는 주요 곡물로 드후라는 수수, 두큰은 기장의 일종이다.

"가축은 부의 기준이다. 그러나 바까라족은 우리가 생각하는 그런 목동이 아니다. 이들은 어려서부터 호전적이고 용감하며, 수단 내 어떤 유목민보다도 대담한 약탈자이다. 나일강 일대에 사는 유목 부족 중에서 이들이 가장 우수한 부족이라고 자신 있게 말할 수 있다."[2]

코르도판과 다르푸르의 황량한 초원에서 태어나 잔인한 목동으로 성장한 바까라족은 훗날 마흐디 군대의 주축을 형성한다. 그리고 이슬람의 구세주인 마흐디를 권좌에 앉히고 나중에는 수단의 절대적인 통치자가 된 인물, 아브달라히 와드 토르샤인Abdallahi wad Torshayn도 바로 바까라족 출신이다.

2

아브달라히 와드 토르샤인은 1849년 고즈가 펼쳐진 다르푸르 남부에서 태어났다. 그의 아버지 토르샤인은 '못난 황소'라는 별명을 가졌고, 바까라족 방계 부족인 타이샤Ta'isha 부족에서 영적 역할을 담당한 페키feki였다. 페키는 할 일이 많았다. 총알이나 칼날을 막아주는 주문을 쓰고, 약을 지어 영혼이나 육체가 병든 사람을 치료하며, 악령 '진'을 쫓아내야 했다. 무엇보다 약탈이나 사냥에 적합한 시기와 장소를 알려주는 것이 페키의 일이었다.

토르샤인 가문은 최소한 3대에 걸쳐 페키 일을 해왔다. 토르샤인은 무슬림의 의무인 하지를 행하려고 서아프리카에서 출발해 다르푸르를 거쳐 메카까지 걸어갔던 유명한 치료사 알리 카라르Ali Karrar의 손자였다. 알리 카라르는 타카르나Takarna라고 알려진 순례자들 여럿과 함께 수단에 정착했다. 그는 타이샤 부족 소녀와 결혼했고 바까라족에 페키가 없는 것을 발견했다. 확실하지는 않으나 알리 카라르는 아마도 1810년 서부 나이지리아에 세워진 술탄령인 소코토Sokoto에서 왔을 확률이 매우 높다.

소코토의 술탄은 무함마드 벨로였다. 그는 마흐디, 즉 이슬람의 위대한 지도자가 곧 임재할 것이라 예언했다. 마흐디는 기독교의 메시아 같은 인물로 이슬람에서는 여러 번 반복해 등장한다. 마흐디는 이슬람을 순결하게 하고, 정의를 세우며, 조화를 되찾아줄 것이었다. 벨로는 동쪽으로 사절을 보내 오늘날 차드 동부에 해당하는 와다이Wadai와 수단의 다르푸르에서 마흐디의 소식을 알아오라고 했다. 이후 아프리카 동쪽에는 소코토 출신으로 마흐디를 찾는, 약간은 광신적인 무슬림 이주자들이 쭉 존재했다. 알리 카라르는 이러한 이주자 중 하나였을 가능성이 매우 높다. 이러한 추정이 맞는다면, 그의 후손 아브달라히는 소년기 때부터 마흐디가 곧 올 것이라는 굳게 믿고 있었을 것이다.

아브달라히는 토르샤인의 세 아들 중 막내였다. 그의 유년기는 잘 알려지지 않았으나 공부 잘하는 학생은 아니었던 것 같다. 그는 코란 읽는 법도 배우지 못했다. 아버지 토르샤인은 무슬림의 일상 의무라 할 수 있는 하루 다섯 번의 예배에 필요한 구절조차 외우지 못하는 아브달라히를 포기했다. 아브달라히는 곁눈질로 주술 문구 쓰는 것을 배웠는데 그러다 보니 글자를 완전히 이해하지는 못했다. 글자를 완전히 이해하지 못했다고 해도 창피한 일은 아니었다. 부족 남자들은 마법의 힘이 문구의 뜻에서 나오는 것이 아니라 문양의 모양에서 나오는 것이라 믿었기 때문이었다.

아브달라히는 청년 시절부터 페키 자격으로 코끼리와 기린 사냥에 참여했다. 페키는 사냥 성공을 보장해야 한다. 페키는 로loh라고 불리는 판에 코란 구절을 새기고 이 판을 물로 씻는다. 사냥꾼들은 판 씻은 물을 사발에 담아 돌려 마시고 남은 물은 말의 옆구리에 문지른다. 아브달라히는 이 역할을 꽤 잘했던 것 같다. 위로 있는 형 둘과 배다른 형제 하나가 읽기와 쓰기를 더 잘했지만, 토르샤인이 늙어 기력이 없어졌을 때 부족을 대표하는 페키를 이어받은 것은 바로 아브달라히였다.

3

아브달라히가 스무 살이 될 때까지 다르푸르는 수단에 속한 땅이 아니라 술탄령이었다.* 다르푸르는 아랍어로 '푸르족의 집'이라는 뜻이다. 따라서 통치권은 이곳 터줏대감이라 할 수 있는 푸르족 지도자인 술탄 이브라힘 무함마드Ibrahim Muhammad의 손에 있었다. 그러나 1860년대 중반부터 노예무역상 주바이르 라흐마가 실질적인 권력을 행사했다. 주바이르는 마흐디의 봉기가 일어날 즈음, 이집트 카이로로 망명해 주바이르 파샤로 불렸다. 베자족에 학살에 가까운 패배를 당한 베이커 원정군에 속했던 바쉬-바주크가 바로 그의 부하들이었다. 주바이르는 북부 수단의 자알리인Ja'aliyyin 부족 출신으로 천부적인 지도력과 행정력을 가졌던 인물이다. 다르푸르에서 전통적으로 노예사냥이 이뤄진 곳은 바흐르 알-가잘 강 남쪽에 있는 다르 파르티트Dar Fartit였는데 주바이르는 이곳의 상아와 노예무역을 장악하고 있었다.

다르 파르티트에서 잡은 노예를 술탄령의 수도인 엘-파셔el-Fasher로 데려가려면 바까라 방계 부족인 리자이카트Rizaygat 부족의 땅을 통과해야 했다. 1873년, 다르푸르 술탄은 비밀리에 리자이카트 부족을 부추겨 몇 번에 걸쳐 주바이르의 노예 호송대를 공격하고 약탈했다. 믿는 구석이 있던 주바이르는 리자이카트 부족의 버르장머리를 고쳐놓겠다고 결심했다. 리자이카트 부족이 호전적인 전사 집단이기는 해도 주바이르에겐 바징거bazinger라 불리는 노예 사병私兵 7천 명이 있었다. 이들은 그때까지 다르푸르에서 볼 수 없었던 강선총으로 무장한 데다 교육과 훈련으로 군기까지 서 있는 조직적인 군대였다.

솜씨 좋은 기획가였으며 명석한 군인이기도 한 주바이르는 본능적으로 게릴라 전술을 구사했다. 게릴라 전술의 핵심은 야간 작전, 기습 공격, 그리고 매복이다. 맹렬한 기병 공격으로 적을 위협하고 환한 대낮에 직접 맞부딪혀

* 이슬람 세계에서 세습 군주제로 통치하는 국가나 지역의 군주를 술탄Sultan이라 부른다. 술탄은 아랍어로 '권위' 또는 '권력'을 뜻한다.

싸우는 데만 익숙하던 리자이카트 부족은 주바이르 군대의 전술에 속수무책이었고 결국 바까라 방계 부족에 지원을 요청했다. 이 요청에 응한 자원자 중 한 명이 바로 페키 역을 수행하던 아브달라히였다. 바징거 병사가 쏜 총알을 막을 수 있다는 소문에 그의 마법 문구를 찾는 사람이 폭발적으로 늘어났다. 물론 그의 마법 문구는 총알을 막지 못했다. 아브달라히는 1873년 8월 샤카Shakka에서 벌어진 전투에서 다른 사람들과 함께 붙잡혔고 사형을 선고받았다.

아브달라히는 그렇게 생을 마감하고 역사에 묻힐 수도 있었다. 아마 그랬더라면 마흐디국도 없었을 것이다. 주바이르는 평소 이슬람에 정통한 원로들의 모임인 울라마ulama에서 조언을 구해왔는데, 이들은 아브달라히가 페키이므로 비전투원으로 취급해야 한다고 조언했다. 아브달라히를 처형하면 바까라족의 반발을 부를 것이 뻔했다. 주바이르가 이 문제를 놓고 고민한 흔적은 그의 일기에서 찾을 수 있다. "이런 까닭으로 그를 사형에 처하는 데 주저하고 있다. 그러나 나는 알라께서 나의 사형 결정을 도와주시길 기도한다. 그는 살아봤자 수단에 문제만 일으킬 인물이다."[3]

간신히 사형을 면한 뒤, 아브달라히는 주바이르가 마흐디로 자기 앞에 나타나는 생생한 꿈을 꾸었다. 자기 증조부는 마흐디를 찾아 수단까지 온 사람이었다. 그는 즉시 주바이르에게 편지를 썼다. "저는 꿈에서 당신이 마흐디라는 것을 알게 되었습니다. 저는 당신을 따르는 사람입니다. 당신이 마흐디인지 알려주십시오."[4] 정통 수니파 무슬림인 주바이르는 편지를 받고 소름이 돋았다. 편지 내용으로 본 아브달라히는 이단이나 마찬가지였다. 그는 아브달라히에게 다시는 그런 터무니없는 일을 되풀이하지 말라고 답장했다. 주바이르는 계획을 바꾸었다. 원래 그는 튀르크-이집트제국으로부터 바흐르 알-가잘 지사로 인정을 받아 케디브 왕조의 이름으로 다르푸르를 침공할 생각이었다.

1874년 11월, 주바이르는 술탄 이브라힘을 죽이고 다르푸르의 수도인 엘-파셔를 점령했다. 수단 총독인 아유브 파샤Ayyub Pasha가 곧 합류해 다르푸르가 튀르크-이집트제국의 지방 영토임을 선언했다. 주바이르는 다르푸르 지사로 임명되기를 기대했지만, 승리의 열매는 오지 않았다. 주바이르의 권력을 질투한 아유브 파샤는 그에게 바흐르 알-가잘로 돌아가라고 명령했다. 주바이르는 바흐르 알-가잘로 돌아가는 대신 카이로로 가서 케디브 이스마일에게 정당한 몫을 주장했다. 케디브 이스마일은 다르푸르의 권리를 포기하는 대가로 주바이르와 바징거 병사들을 카이로에 머물게 해주었다.

주바이르가 다르푸르를 침공하자 아브달라히와 아버지 토르샤인은 다르푸르를 떠나 아브달라히의 증조부가 중도에 그만둔 성지순례를 마치기로 했다. 이들은 다르푸르 동쪽에 있는 코르도판의 쉬르카일라Shirkayla에 도착했다. 그곳에 사는 바까라족 방계부족인 지미Jimi족은 이 둘을 환대했다.

아브달라히는 1870년대 후반 지미족과 생활하면서 자신의 예상이 맞아간다고 확신했다. 이집트의 내부 혼란과 오라비 대령의 봉기 소식이 소문을 타고 전해졌다. 내용이야 혼란스러웠지만 한 가지 확실한 것은 이집트의 수단 장악력이 느슨해졌다는 것이다. 튀르크-이집트제국이 수단에 씌워놓은 멍에를 벗어던질 기회가 바로 지금이었다. 무함마드가 메카를 버리고 메디나로 떠난 622년의 히즈라 이후 1300년이 지난 서기 1880년에 구세주 마흐디가 올 것이라는 예언도 돌고 있었다. 마흐디의 도래가 임박했다는 소문이 꼬리에 꼬리를 물었다.

아브달라히가 무함마드 아흐마드의 이름을 처음으로 들은 것은 아마 이 무렵일 것으로 추정된다. 무함마드 아흐마드는 백나일강 일대에서 샴마니야Shammaniyya 형제단의 열성 신자로 명성을 쌓아가던 인물이었다. 아브달라히는 그가 찾는 구세주가 무함마드 아흐마드일지도 모른다고 생각했다. 1880년 말, 아버지 토르샤인이 죽자 아브달라히는 현인을 찾아 여행을 떠났다.

4

날짜는 정확하지 않지만, 아브달라히는 1880년 말에서 1881년 초 사이에 무함마드 아흐마드를 찾아 게지라에 있는 알-마살라미야*까지 왔다. 이 마을은 카르툼에서 남쪽으로 그리 멀지 않은 곳에 있었다. 당시 아브달라히는 여행 짐을 당나귀 등에 실었는데 당나귀 등이 까지는 바람에 당나귀를 끌고는 터벅터벅 걸어왔다. 가죽으로 만든 물자루, 곡식 주머니, 그리고 집바jibba라고 불리는, 면으로 만든 윗도리가 당나귀 옆구리에 걸려 있었다. 당시 그는 서른여섯 살로 중간 키에 몸매는 말랐으나 꼬장꼬장해 보였고 얼굴에는 천연두를 앓은 흔적이 있었으며 다리를 살짝 절었다.

아브달라히는 이곳까지 힘들게 왔다. 백나일강 일대 부족은 바까라족을 혐오했다. 같은 아랍어를 썼지만, 바까라족의 문화와 백나일강 일대 부족의 문화는 극과 극이었다. 한번은 그가 무함마드 아흐마드라는 이름을 가진 나이 든 수피 현자에게 말을 건네자 그 현자는 바까라라는 이름을 입에 담아 스스로 천해지고 싶지 않다고 했다. 아브달라히는 가는 곳마다 놀림을 당하거나 학대를 받았다. 어쩌다 만나는 친절한 사람들이 나누어준 음식 덕에 굶어 죽지 않고 버틴 셈이었다.

알-마살라미야에 도착했을 때, 아브달라히는 묘지를 짓고 있는 남자들을 만났다. 그들은 진흙을 구워 만든 벽돌로 묘지의 둥근 천정을 올리고 있었다. 일꾼 중 한 명이 당시 나이 서른넷이던 무함마드 아흐마드였다. 그는 키가 크고, 체격이 건장했으며, 부드러운 갈색 피부와 매력적인 미소를 지녔다. 특히 앞니 가운데가 V자 모양으로 벌어져 있었는데 이것은 수단에서 대접받던 외향이었다. 그의 양 볼에는 긴 흉터가 수직으로 세 개씩 있었는데 이것은 다나글라Danagla 부족의 표식으로 슐룩shluk이라고 불렸다. 아브달라히가 묘지에 나타났을 때, 무함마드 아흐마드는 비계 위에서 일하고 있었다.

* al-Masallamiyya: 카르툼에서 남동쪽으로 140킬로미터 떨어진, 청나일강 서안에 있는 게지라 지방의 도시로 '알-마살라미야'는 '평화가 함께'라는 뜻이다.

무함마드 아흐마드를 바라보고 있는 것은 아브달라히만이 아니었다. 사람들이 서서히 모여들더니 무함마드 아흐마드의 이야기를 들었다. 그가 군중을 상대로 연설하는 것을 들었을 때, 아브달라히는 깊은 감명을 받았다. 무함마드 아흐마드의 목소리는 땅속 깊은 곳에서 울려나온 것처럼 들렸다. 알라를 위해 물질을 포기해야 한다는 연설은 군더더기 없이 깔끔했다. 무함마드 아흐마드는 매혹적인 설교자였고 그가 사용하는 단어에는 절대적인 순수성과 확신이 있었다. 그 순간, 아브달라히는 무함마드 아흐마드가 그가 그토록 찾던 마흐디라는 것을 알았다.

그러나 아브달라히는 아흐마드에게 쉽게 다가갈 수 없었다. 자기는 서쪽에서 온 유목민에 불과했을 뿐만 아니라 영적인 존재이기는 했으나 코란도 제대로 읽지 못하는 사람이었다. 반면 무함마드 아흐마드는 분명 배움의 깊이가 있어 보였다. 아브달라히는 백나일강 일대 사람들이 자신에게 보여준 조롱과 경고를 떠올리면서 위화감을 느꼈다. 그는 무함마드 아흐마드를 바라보면서 슬금슬금 꽁무니를 빼고 싶었으나 아흐마드의 목소리가 아브달라히를 안심시켜주었다. 군중이 적어지자 아브달라히는 자신을 소개해볼 용기를 냈다. 그는 무함마드 아흐마드에게 제자로 받아달라고 간청했다.

아브달라히가 이곳까지 오면서 받았던 대접과는 달리 무함마드 아흐마드는 그를 비웃지 않았다. 대신 그는 아브달라히에게 물과 깔개를 가져오라고 했다. 물과 깔개가 오자 무함마드 아흐마드는 수단 결혼식에서 신랑과 신부가 하듯이 자신의 손과 아브달라히의 손을 얽어 잡고 물었다. "회개하면서 알라께 돌아올 준비가 되어 있는가?" 아브달라히는 그렇다고 대답하며 무함마드 아흐마드의 손에 입을 맞추고 살아 있는 동안 그에게 충성을 다할 것을 맹세했다.

아브달라히가 무함마드 아흐마드에게 복종을 맹세한 순간, 마흐디국은 탄생했다.

5

이슬람의 역사에서 마흐디는 여럿 있었다. 그러나 막상 코란에는 마흐디를 언급한 대목이 없다. 무함마드 아흐마드는 이 사실을 잘 알고 있었다. 다만 예언자 무함마드의 언행록인 『하디스Hadith』에 마흐디의 개념을 다룬 대목이 여러 차례 나오는데 그 내용들이 서로 모순적이다. 아랍의 역사가 이븐 할둔Ibn Khaldun은 이런 상반되는 개념 중에서 공통점을 정리해 『알-무까디마al-Muqaddima』라는 책을 냈다. 이븐 할둔이 정리한 내용은 다음과 같다.

첫째, 마흐디란 구세주를 부르는 이름이다. 둘째, 마흐디는 예언자 무함마드로부터 그의 딸 파티마를 통해 이어지는 후손이다. 셋째, 마흐디는 이슬람을 돕고, 정의를 되살리며, 이슬람의 일치를 회복한다. 넷째, 마흐디는 심판의 날을 예언한다.

정황 증거뿐이지만 『이슬람 백과사전Encyclopedia of Islam』도 인정하는 것처럼 무함마드 아흐마드를 마흐디라고 주장한 최초의 사람은 아브달라히였다. 알-마살라미야에서 아브달라히가 무함마드 아흐마드와 만난 지 얼마 되지 않아 마흐디 봉기가 일어났다는 것은 이 둘의 만남이 반란에 불을 붙인 사건임을 암시한다.

무함마드 아흐마드를 마흐디로 주장하려면 우선 예언자의 혈통이 필요했다. 이는 무함마드 아흐마드의 가계도로 충족이 가능했다. 아흐마드는 부계 조부모와 모계 조모가 예언자의 딸 파티마의 후손이라고 믿었다. 마흐디의 임무라 할 수 있는 '이슬람을 돕고 정의를 되살리며 이슬람을 일치시키는 것'은 아흐마드의 지상 목표였다. 그가 보기에 심판의 날과 승천은 임박해 있었다. 세상의 물질적인 유혹을 경계해야 한다고 끊임없이 설교했고, 심판 이후의 삶을 준비해야 한다고 선언했다. 그는 스스로 물질적인 부를 멀리했다. 그러나 그가 보여준 자기 절제와 극도의 겸양과 고행은 신심에서 나온 것이라기보다는 투사의 모습을 투영한 것이었다. 그의 이슬람 신앙은 엄밀하고도 교조적이었다. 코란의 토론이나 해석을 금지했으며 나중에는 수피

즘까지 금지했다.

당시 튀르크-이집트 식민정부는 이슬람을 기반으로 하고, 명목상으로나마 오스만제국의 술탄과 이슬람의 최고 지도자인 칼리파에게 복종하는 것을 원칙으로 삼고 있었다. 그러나 마흐디는 튀르크인이나 이집트인을 배교자라고 생각했다. 그가 보기에 이들은 무슬림이 아니라 알라에게 등을 돌린 위선자에 불과했다. 이들은 불신자의 악행을 받아들였고, 유대인이나 기독교인과 공모해 다른 무슬림을 핍박했다. 이는 이슬람이 탄생하기 전의 암흑시대를 뜻하는 '자알리아'가 끝나고 이슬람이 시작된 이래로 용납되지 않는 행위였다. 무함마드 아흐마드는 이런 지경에 빠진 이슬람을 회복시키는 것을 자신의 운명으로 받아들였다. 그러려면 우선 칼리파라 부르는 술탄을 포함해 오스만제국 휘하의 정부들을 갈아엎어야 했다.

배교는 이슬람에서 가장 큰 죄이다. 불신자란 현재 알라를 믿지 않을 뿐이지 그 사람이 영원히 알라의 뜻을 모른다는 것은 아니다. 그러나 배교자는 알라의 뜻을 알았는데도 세상의 이익을 좇아 이를 저버린 사람이다. 현세에서 이 죄를 용서받을 길은 없다. 오직 사후에 알라만이 이를 용서할 수 있을 뿐이다. 따라서 배교자는 즉시 처형하는 것이 마땅했다. 이슬람법에 따르면 지하드*를 선포할 수 있는 합법적인 근거는 두 가지뿐인데 그중 하나가 바로 배교와의 전쟁이다.

마흐디가 된 무함마드 아흐마드는 나일강이 관통하는 동골라 지방의 주도인 동골라 알-우르디Dongola al-Urdi 근처에 있는 라밥Labab 섬에서 1844년에 태어났다. 그는 다나글라 부족 출신으로 이들은 아랍계와 아프리카계가 혼

* jihad: 우리말로는 성전聖戰이라고 번역하나 실제 지하드가 뜻하는 바는 훨씬 더 다양하고 폭이 넓다. 지하드란 이슬람을 지키거나 흥하게 하는 모든 노력을 뜻하기 때문에 단순히 무력을 사용하는 전쟁으로 한정해 사용하는 것은 옳지 않다. 그러나 코란과 하디스에서 지하드가 전쟁을 뜻하는 것으로 사용된 예가 많은 것도 사실이다. 지하드를 행하는 사람을 무자히드(복수는 무자히딘)라 부른다. 수니파 이슬람에서 지하드는 5주(다섯 가지 의무)에 속하지 않으나 시아파 이슬람은 5주에 지하드와 선행(악한 말이나 생각을 하지 않는 것)을 추가해 7주의 하나로 규정하고 있다.

합된 누비아인이었다. 누비아에서 쓰는 언어는 두 종류가 있는데 이들이 쓰는 언어가 그중 하나였다. 이들은 언제인지 알 수도 없는 시기부터 나일강 일대 야자 숲 주변에서 살아왔다.

나일강은 이집트 남쪽에 있는 아스완과 카르툼 사이 구간을 거대하게 굽이쳐 약 2천 킬로미터를 흐른다. 그러나 이 두 지점의 직선 거리는 이보다 훨씬 짧다. 카르툼에서 합쳐져 계속 북으로 흐르는 나일강은 아부 하메드Abu Hamed에서 방향을 틀어 남서쪽으로 흐르다가 에-뎁바ed-Debba에서 다시 북쪽으로 방향을 틀면서 유명한 '나일강 물음표'를 만든다. 나일강 대부분은 수심이 깊고 모래와 진흙 때문에 홍수가 발생하지만, 이 구간에는 여섯 개의 폭포*가 있다. 기반 지층부터 단단한 화성암이 강바닥을 뚫고 솟아올라 강 위에 여울목, 모래톱, 골짜기와 섬을 이룬다. 수단의 나일강 하류는 이런 폭포 때문에 항해가 불가능했다. 따라서 나일강은 수천 년 동안 수단을 향한 외부의 침입을 막는 효과적인 장애물이었다. 나일강의 이 구간이 바로 누비아 지역이다. 누비아는 6천 년 동안 이집트와 문명을 공유했다. 글을 모른 채 수단 서부에서 살아온 바까라족과 누비아인은 매우 달랐다. 누비아인은 로마가 작은 마을에 불과했고 런던은 습지로만 존재할 때 이미 나일강 일대에 자리 잡고 세대에서 세대로 문명을 전해가며 살고 있었다.

무함마드 아흐마드의 아버지 아브달라Abdallah는 배를 만들어 생계를 꾸렸다. 무함마드 아흐마드가 다섯 살이 되었을 때, 아브달라는 가족을 데리고 카르툼에서 북쪽으로 20킬로미터 정도 떨어진 케라리Kerreri라는 작은 마을로 이사했다. 무함마드 아흐마드는 가업을 이어받았지만, 머리가 좋아 공부도 썩 잘했다. 그는 이슬람 기숙학교인 칼와khalwa에 들어갔다.

칼와에서 배우는 것은 오직 코란뿐이었다. 학생은 네 살짜리부터 있었다. 학생들은 코란을 외울 때까지 필사하고 지우기를 반복했을 뿐만 아니라 단

* 나일강의 폭포는 물이 수직으로 떨어지는 폭포라기보다는 격류가 흐르는 경사가 심한 지형에 가깝다.

체 암송을 통해 코란을 완전히 외우는 일에 몰두했다. 이곳의 규율은 엄격해서 집중하지 않는 학생들은 선생에게 손등을 맞았다. 칼와의 궁극적인 목표는 열 살 이전에 코란을 기계적으로 암송할 수 있게 만드는 것이었다. 그러나 그 나이에 암송을 마치는 것이 특별한 일은 아니었다. 예언자 무함마드 본인도 문맹이었을뿐더러, 코란은 제3대 칼리프인 우스만이 문자로 기록하기 전까지 암송으로 구전되었다. 따라서 코란 암송은 이슬람에서는 당연한 일이었다.

튀르크-이집트 정부가 수단에 도입한 울라마ulama, 즉 교리를 공식화하는 제도는 수단에서는 이질적인 제도였다. 전통적으로 수단에 이슬람을 전파한 것은 수피교도들이었다. 이들은 신비주의를 추구하는 무슬림으로 빙글빙글 돌며 춤을 추거나 끊임없이 주문을 외며 알라를 직접 만나고자 했다. 더구나 이들이 사용한 방법은 개인마다 차이가 있었다. 무함마드 아흐마드가 주목한 것이 바로 이런 신비스런 부분이었다. 그는 무함마드 샤리프Muhammad Sharif라는 이름의 셰이크, 즉 수피 지도자가 이끄는 샴마니야 종단에 학생으로 등록했다. 샴마니야파를 만든 인물은 이슬람이 자정自淨 노력으로 한창 시끄러울 때, 사우디아라비아에서 공부한 수단 사람으로, 무함마드 샤리프는 그의 손자였다.

무함마드 아흐마드는 스승과 함께 7년을 지내며 수도자로 명성을 얻었고 독립할 수 있는 종교 지도자, 즉 셰이크가 되었다. 1870년에 아버지 아브달라가 죽자 무함마드 아흐마드를 포함한 삼 형제는 배 만드는 사업을 백나일강에 있는 아바 섬*으로 옮기기로 했다. 셰이크가 된 무함마드 아흐마드는

* Aba Island: 백나일강에 있는 섬으로 코스티Kosti 바로 위에 있으며 카르툼에서 남쪽으로 240킬로미터 떨어져 있다. 마흐디국이 시작된 곳이며 오늘날 수단 정치에서 여전히 영향력을 발휘하는 마흐디주의자들이 결성한 정당인 움마 당Umma Party의 본산이기도 하다. 1970년에 자파르 니마이리가 이끄는 정부가 들어서자 마흐디주의자들은 이 섬을 근거지로 삼아 강력하게 반대했고 니마이리는 이집트 공군의 도움을 받아 섬을 폭격했다. 이 공격으로 마흐디의 손자인 사디크 알-마흐디의 숙부를 포함해 약 1만 2천 명의 마흐디주의자들이 죽었다.

이때부터 아바 섬을 근거지로 삼아 주변 지역을 오가는 수도자로 생활했다. 독신은 무슬림 수도 생활의 조건이 아닌지라 그는 아바 섬에 있는 동안 아버지의 사촌 중에서 나이가 어린 여자와 결혼했다. 그러나 그가 주로 머문 곳은 나일강 강변에 있는 계곡이었다. 그는 꼭 필요한 몇 가지를 제외하곤 가진 것이 거의 없었다. 신앙심과 금욕으로 유명세를 타면서 케나나 부족과 디그하임Dighaym 부족에서 많은 이들이 그를 따랐다. 이들은 백나일강 일대에서 가축을 치며 아랍어를 쓰는 유목 부족이었다.

1872년, 무함마드 아흐마드는 존경하는 스승 무함마드 샤리프를 아바 섬에 모셔왔다. 그러나 이는 큰 실수였다. 셰이크 한 명도 많다면 많은 작은 섬에 셰이크가 둘이나 있었기 때문이었다. 자연히 둘 사이에는 긴장이 높아졌고 지지자들 사이에 수시로 패싸움이 벌어졌다. 결국, 무함마드 아흐마드가 스승을 비난하면서 둘의 관계는 파국을 맞았다. 무함마드 샤리프는 자신의 아들 할례 날에 춤과 잔치 그리고 음악을 허락했는데 이는 이슬람법인 샤리아에 저촉되는 것이었다. 비난을 받은 샤리프는 아흐마드를 종단에서 추방했다. 전해오는 이야기로는 아흐마드가 스승에게 계속해 용서를 구했지만 결국 실패했다고 한다.

6

1881년 초, 무함마드 아흐마드는 새로운 제자 아브달라히와 함께 아바 섬으로 돌아왔다. 몇 주 지나지 않아 그는 아브달라히의 통찰력을 확인시켜주는 환상을 수차례 체험했다. 그중 하나는 예언자 무함마드와 예수가 자신을 가운데 둔 채 무함마드가 예수에게 "무함마드 아흐마드가 마흐디이다"라고 이야기하는 장면이었다. 예언자 무함마드는 거기서 그치지 않고 무함마드 아흐마드에게 직접 이야기했다. "튀르크인이든 울라마든 아무것도 두려워하지 마라. 이제 마흐디에게 주어진 12개의 증표가 너에게 나타날 것이다."

3월이 되자 아흐마드는 아브달라히와 특별한 추종자들에게 자신을 예언자 마흐디라 선언했다. 그리고 얼마 지나지 않아 그는 코르도판을 다시 한 번 방문했다. 상황이 급변했을 때를 대비해 아바 섬보다는 안전한 곳을 물색하기 위해서였다. 그는 코르도판에서 돌아오는 길에 '마흐디 무함마드'라고 서명한 편지를 수단 전국의 무슬림 저명인사들에게 보냈다. 거기엔 그를 마흐디로 받아들이는 사람들은 즉시 모이라는 내용이 담겨 있었다.

무함마드 아흐마드는 스스로 마흐디라고 선언하는 순간, 기존 이슬람에 직접 도전장을 낸 것이고 이 때문에 자신이 위험에 빠질 수 있다는 것을 잘 알았다. 이슬람이 치른 전쟁을 오랫동안 공부한 덕에 그는 이런 상황에 준비가 잘 되어 있었다.

예언자 무함마드와 함께 최초로 무슬림이 된 이들은 메카에 살던 불신자들로부터 박해를 받았다. 그 때문에 무함마드와 성도들은 메디나로 이주해 최초의 이슬람 국가를 세웠다. '히즈라Hijra'로 알려진 622년의 집단 이주는 이슬람력의 기원이 되었다. 마흐디는 이를 모방해 아바 섬에서 나와 다른 곳으로 이주를 결심한 상태였다. 그는 자신을 따르는 사람들을 더비쉬dervish(수도자)가 아니라 예언자 무함마드를 신봉하고 도운 사람들, 즉 조력자助力者라는 뜻의 안사르Ansar라 부르기 시작했다.* 그는 아바 섬에서 코르도판의 누바 산맥에 있는 '큰 산'이라는 뜻의 제벨 카디르Jebel Qadir로 히즈라를 계획했다. 여기엔 단지 주거지를 바꾸는 물리적인 이주만이 아니라 진정한 이슬람을 되살린다는 종교적 뜻이 담겨 있었다. 마흐디는 이처럼 무슬림이라면 누구나 공유하는 신앙적 무의식을 현실화하는 방법으로 대중을 옭아매는 재능을 보여주었다.

* 622년 7월 15일, 히즈라 당시 예언자 무함마드와 함께 메카에서 메디나로 이주한 70명은 '히즈라를 함께한 이들[聖門遷士]'이라는 뜻인 '무하지룬al-Muhējirūn' 또는 '무함마드의 추종자[聖門徒伴]'라는 뜻인 '사하바al-Ṣaḥābah'라고 부른다. 안사르(조력자 또는 추종자라는 뜻)는 이들이 메디나에 도착한 뒤 안착하도록 돕고 포교를 지원한 이들로서 이들은 무하지룬에 버금가는 무슬림으로 존경받는다.

또한, 마흐디는 순수했던 원형 그대로의 이슬람을 강조했다. 다른 근본주의자들과 마찬가지로 마흐디 역시 종교적인 이상은 역사적인 조건에 있는 것이 아니라 영원하고 불변하는 진리에 있다고 믿었다. 그러나 진정한 이슬람으로 돌아가는 것은 현실적으로 쉬운 일이 아니었다. 이슬람이 탄생한 서기 600년대는 증기선, 철도, 신문, 총과 전신도 없는 세상이었다. 622년 예언자 무함마드의 히즈라 이후 무슬림으로 이뤄진 군대는 총이 없었다. 따라서 총으로 무장한 무슬림 군대는 원형 그대로의 진정한 이슬람이 아니었다. 불신자가 만들어낸 총을 사용한다는 것은 알라의 영감 없이 만들어진 물건을 알라의 도움으로 만들어진 것보다 더 뛰어나다고 인정하는 꼴이 되었다. 마흐디가 추종자들에게 총기 사용을 허락하는 데 주저했다는 점, 그리고 주력부대 중 총기를 사용하는 부대 대부분이 이교도로 구성된 지하디야 소총병이었다는 점은 이런 문제점을 그가 정확하게 인지했다는 것을 보여준다.

예언자 무함마드의 히즈라를 본떠 제벨 카디르로 이전한 것은 매우 전략적이었다. 마흐디는 추종자들에게 4주의 시간을 주었다. 이는 마흐디의 히즈라가 라마단 기간에 있으리라는 것을 뜻했다. 이슬람 달력으로 9월인 라마단은 성월聖月로 금식 기간이기 때문에 전통적으로 정부도 개점휴업 상태에 들어간다. 1881년 라마단은 우기의 정점과 일치했다.* 무장이 별로 없는 유목민들에게 우기라고 해봐야 별문제가 아니었으나 짐과 포병 때문에 둔중해진 현대식 군대가 우기에 고즈로 이동하는 것은 사실상 불가능했다.

마흐디의 계획대로 되었다면 카르툼에 있는 식민정부가 아무것도 눈치채지 못한 채 모든 일이 진행될 뻔했다. 그러나 스승에서 경쟁자가 된 무함마드 샤리프가 문제였다. 샤리프는 아바 섬에서 벌어지는 반정부 활동을 수단 총독인 라우프 파샤Rauf Pasha에게 알렸다. 이집트인 아버지와 오늘날 에티

* 이슬람력은 29일짜리 달과 30일짜리 달이 교대로 지나 1년이 354일로 이뤄진 음력이다. 태양의 공전과 매년 열하루씩 차이가 있기 때문에 라마단은 매년 이만큼씩 빨라지는 특징이 있다. 이슬람력에는 월령 차를 조절하려고 1일을 늘리는 윤년이 30년에 11번 있다.

오피아에 해당하는 아비시니아 출신 어머니 사이에서 태어난 라우프 파샤는 1880년 찰스 고든의 후임으로 총독에 취임했다. 라우프 파샤는 총독이 되기 전 곤도코로 지사로 근무했는데 당시 발렌타인 베이커 중장의 형인 새뮤얼 베이커가 그의 상관이었다. 베이커는 라우프를 무능하다고 평가했다. 고든이 총독이던 시절에 라우프는 아비시니아의 하라르Harar 지사였다. 고든은 학정과 부패 혐의를 물어 재판 없이 라우프를 해임했지만, 고든이 총독에서 물러나자마자 그는 불사조처럼 되살아났다.

라우프 파샤는 처음에 아바 섬의 소식을 듣고서 샴마니야파 셰이크 사이에 벌어진 암투 정도로 평가절하했지만 그래도 걱정이 되었다. 그는 알-카와al-Kawa에 있는 까디*에 전문을 보내, 이슬람에 정통한 원로 두 명과 함께 무함마드 샤리프를 만나보라고 지시했다. 알-카와는 아바 섬에서 가장 가까운 전신국이 있는 곳이었다. 샤리프를 만나고 돌아온 까디는 그의 주장이 사실이라는 것을 증명하는 문서들을 가져왔다. 그중에는 라우프에게 보내는 서한도 있었는데 내용이 협박 수준이었다. 무함마드 아흐마드는 편지에 "나는 예언된 구세주 마흐디이며, 나의 행동은 예언자 무함마드로부터 직접 교시를 받은 것이다. 나는 알라의 보호를 받으며 누구도 내 앞을 막을 수 없다. 알라께서 부여한 사명을 받아들이지 않는 자는 죽음뿐이다"라고 적었다.

한 줌도 안 되는 소수 광신자가 오스만제국에 도전한 것이 처음에는 분명 우스워 보였을 것이다. 라우프 파샤는 부총독 무함마드 베이 아부 사우드 Muhammad Bey Abu Saud를 사절로 보내 무함마드 아흐마드와 대화해보기로 했다. 이집트 출신으로 전직 노예 상인이었던 아부 사우드는 아까드 회사Aqqad & Co.의 상속자이기도 했는데 공교롭게도 케디브 이스마일과 고든 모두 그를 투옥한 적이 있었다. 고든이 수단을 떠난 뒤, 아부 사우드는 라우프 밑에서

* qādi: 이슬람 판사로서 국가가 정한 법에 따르는 판결인 까다qadā를 내리는데 이 판결은 법적인 구속력이 있다. 이와 달리 무프티muftī는 이슬람 법에 정통한 사람으로 이슬람 법에 따라 법률적 명령을 내리지만 까디와 달리 자신이 속한 이슬람법학파의 견해에 따라 판단하기 때문에 실정법의 지배를 받지는 않는다. 무프티가 내리는 법적 판단은 파트와fatwā라고 부른다.

부총독이 되었지만 속된 말로 동네 강아지조차도 그를 우습게 여겼다. 한마디로 튀르크-이집트 식민 통치의 난맥상을 대표하는 인물이라 할 수 있는 그가 사절로 뽑혀 엄격한 이슬람을 추구한다는 마흐디와 대화하러 가게 된 웃지 못할 상황이 벌어진 것이다. 그는 카르툼에 사는 무함마드 아흐마드의 사촌 몇몇과 함께 길을 나섰다.

1881년 8월 7일, 사절을 태운 증기선이 아바 섬에 닻을 내렸다. 아부 사우드 일행은 무함마드 아흐마드의 근거지에 들어와도 좋다는 허락을 받았다. 아랍 예절에 따라 마흐디와 아브달라히를 비롯한 참모들이 일어나 악수하며 사절을 맞이했다.

무함마드 아흐마드가 권하는 대로, 야자나무 잎으로 짠 깔개 위에 자리를 잡고 앉은 아부 사우드는 비위를 맞추는 목소리로 이야기를 시작했다. 아부 사우드는 "총독이 당신의 선언을 알고 있으며 카르툼에서 직접 당신을 만나고 싶어 한다"고 말했다. 무함마드 아흐마드는 그의 속셈을 알아차렸고 곧바로 이 제안을 거절했다. 아부 사우드는 총독의 소환에 복종해야 한다고 주장했다. 전하는 바로는 무함마드 아흐마드는 "나는 지상에 있는 모든 무슬림 공동체의 지배자이다. 따라서 알라를 제외한 누구의 소환에도 응할 의무가 없다"며 날카롭게 쏘아붙였다고 한다. 또 다른 증언에 따르면 그는 이 말을 하는 순간 칼에 손을 얹고 있었다고도 한다. 다른 이는 그가 벌떡 일어나 아부 사우드의 가슴을 때렸다고 증언했다. 마흐디 신봉자들의 공식 발표에는 마흐디가 아부 사우드가 힘없는 일개 사절에 불과하다는 것을 알고는 너그럽게 대해주었다고 한다.

무함마드 아흐마드를 설득할 수 없다는 생각이 든 아부 사우드는 설득을 포기했다. 대신에 스스로 마흐디라고 주장하는 것을 포기하라고 하면서, 자기는 얼마 되지도 않는 사람들과 정부가 싸우는 것을 원치 않는다고 말했다. 마흐디는 아브달라히를 포함한 추종자들에게 조용히 손짓하더니 필요하다면 당신들부터 처단할 수도 있다고 말했다. 아부 사우드 일행은 도망치듯 나와 증기선으로 향했다.

아부 사우드의 보고를 받은 라우프 파샤는 적잖이 놀랐다. 마흐디가 자기 발로 걸어오지는 않을 것은 분명했다. 며칠 뒤, 마흐디를 체포할 병력이 파견되었다. 8월 12일, 체포 부대가 아바 섬에 도착했을 때 마흐디와 얼마 안 되는 추종자들은 전투 준비를 마쳐놓은 상태였다.

7

아부 사우드는 군 경험이 전혀 없었다. 그런데도 라우프 파샤는 그에게 체포 부대 지휘를 맡겼다. 그러고는 포병 대위인 알리 에펜디Ali Effendi에게 체포 부대 책임을 맡긴다고 이야기해서 혼란을 불러왔다. 재앙은 그렇게 차근차근 준비되었다. 아부 사우드와 알리 에펜디는 증기선에 오르자마자 논쟁을 시작했다. 체포 부대는 이집트 병사 약 200명으로 구성된 2개 중대와 산악포 1문으로 이뤄졌다. 병사들은 증기선 이스마일리야Ismailiyya의 고물에 붙어 끌려가는 철제 평저선平底船에서 숙식했다.

카르툼에서 아바 섬까지는 배로 15시간이 걸렸다. 부대가 배에서 내릴 무렵에는 이미 해가 지고 있었다. 아부 사우드는 마흐디가 사는 마을에서 500미터 정도 떨어진 곳에 배를 정박시켰다. 알리 에펜디는 상륙과 동시에 공격하려 했으나 아부 사우드의 생각은 달랐다. 마흐디가 카르툼에 자기 발로 가도록 하려면 다음 날 해가 뜰 때까지 마흐디에게 항복할 시간을 줘야 하며 무력은 최후의 수단이라는 것이 아부 사우드의 생각이었다. 알리 에펜디는 이를 무시하고 병사들에게 상륙을 명령했다.

그 뒤로 벌어진 상황은 말 그대로 어처구니없으면서 암울했다. 알리 에펜디는 상업에 종사하는 섬 원주민 중에서 안내자를 뽑았다. 알리 에펜디가 이끄는 병력이 마흐디 마을을 향해 진격할 때 비가 억수 같이 퍼붓기 시작했다. 그러나 다행스럽게도 본대는 선발대를 놓치지 않고 잘 따라갔다. 안내자가 마흐디의 오두막을 지목하자 알리 에펜디는 선발대를 이끌고 난폭하게 진입했다. 그는 오두막 안에 사람이 한 명 있는 것을 보더니 큰 목소리로 그가 마흐디인지를 묻고는 그 사람을 총으로 쏴 죽였다. 알리 에펜디가 죽인 사람은 마흐디가 아니라 방문객이었다.

공격이 있을 것이라는 전갈을 미리 받은 무함마드 아흐마드는 심복들과 함께 이미 마을 밖 덤불 속에 몸을 숨긴 뒤였다. 알리 에펜디는 오두막에서 나오면서 임무가 쉽게 끝났다고 생각했다. 그때 마흐디, 아브달라히, 그리고 마흐디 추종자들은 알리 에펜디와 그의 부대를 덮쳤다. 무장이라고는 몽둥이, 돌멩이, 괭이, 야자 칼이 대부분이었고 창과 칼은 얼마 없었다. 그러나 이들은 열정이 넘쳤다. 더구나 비 때문에 진창이 된 바닥은 장화를 신은 군인들보다는 맨발로 돌아다니는 '광신도'에게 훨씬 유리했다. 생각지도 못한 기습에다 수에서도 열세인 선발대는 그 자리에서 전멸했다.

역시 예상치 못한 습격에 엉겁결에 엉겨버린 본대 또한 대형을 갖출 틈도 없이 '광신도'들의 공격을 받았다. 체포 부대원 중 120명이 죽거나 다쳤고, 아홉 명이 포로로 잡혔으며 나머지는 타고 온 증기선 이스마일리야 호로 줄행랑을 쳤다. 마흐디 측도 10여 명이 죽었는데 이들은 마흐디국 최초의 순교자가 되었다.

이 상황을 전해 들은 아부 사우드는 마을을 포격할 생각으로 이스마일리야를 움직이라고 명령했다. 증기선이 마을 앞에 도달하자 마흐디와 추종자들은 강변에 서서 창을 흔들며 용기가 있으면 상륙하라고 야유를 퍼부었다. 이런 도발을 받아들이는 사람은 아무도 없었다. 아부 사우드는 포격을 명했다. 대포는 첫 번째 평저선 뒤에 끌려오는 두 번째 평저선에 실려 있었다. 그는 고래고래 소리를 질러 명령을 내렸다.

포병은 한심하기 짝이 없었다. 어둠 속에서 화약과 포탄을 찾느라 더듬대는 것도 모자라 대포 방렬도 제대로 하지 못했다. 실제로는 얼마 안 되지만 영겁 같은 시간이 지나고 고막을 찢는 소리와 함께 발사된 포탄이 강변에 떨어졌다. 포탄은 표적에서 20미터 정도 빗나갔다. 병사 중 일부는 사격 명령이 없었는데도 사격을 하고 있었다. 심리전이 먹혀들었다는 것을 안 마흐디와 추종자들을 유유히 마을로 돌아갔다. 마을은 포 사거리에서 벗어나 있었다. 전투는 끝났고 승리는 마흐디의 것이었다. 이스마일리야는 생존자들을 구하려고 밤새 닻을 내리고 아침이 오기까지 기다렸으나 생존자는 없었다. 해가 뜨자 증기선은 전신국이 있는 알-카와로 방향을 틀었다. 알-카와에 도착한 아부 사우드는 라우프 파샤에게 패배를 보고했다.

아바 섬 전투는 마흐디국 최초의 신화가 되었다. 따라서 끊임없는 윤색 과정을 거쳤다. 아무튼 '백인의 무기'로 무장한 정부군을 무찌른 멋진 승리였다. 전투에서 마흐디는 오른 어깨에 총알을 맞았다. 마흐디의 위신이 추락할지도 모른다고 생각한 아브달라히는 조심스럽게 상처를 싸매고 부상을 함구하라고 무함마드 아흐마드에게 조언했다. 그러나 마흐디 공식 전기는 아바 섬 전투의 부상이 명백한 다섯 가지 기적 중 하나라고 쓰고 있다.

아바 섬 전투 이후 마흐디는 이 전투를 예언자 무함마드가 거둔 최초의 군사적 승리인 바드르Badr 전투와 비교하는 데 공을 들였다. 그는 이슬람 태동기에 예언자 무함마드를 따른 최초 무슬림의 투쟁을 아바 섬 전투와 넓고 깊게 연관 지으면서 자기 각본을 정교하게 만들었다. 그가 연관 지은 것 중 하나는 전투에 참여한 사람의 수이다. 바드르 전투에서 예언자 무함마드는 안사르 313명의 지원을 받았다. 아바 섬 전투에 참여한 마흐디 측 사람도 겨우 300명을 넘는 수준이었다. 전투가 벌어진 시점 또한 공교롭게도 둘 다 라마단 17일이었다. 예언자 무함마드가 바드르 전투에서 부상당했다는 점 또한 마흐디가 아바 섬 전투에서 부상당한 것과 연결되었다. 배움이 부족했던 아브달라히는 주군에게 부상을 숨기라고 조언했는데 이는 그가 선전전의 가치를 몰랐기 때문이다.

나중에 마흐디는 예언자 무함마드가 직접 자기 앞에 나타나 체포 부대가 들이닥칠 것을 알려줬다고 말했다. 그가 미리 안 것이 단순한 직관 덕인지 아니면 상상력에 도움을 준 어떤 힘 덕분이었는지는 확실치 않다. 그러나 아부 사우드가 마흐디를 도왔던 것만큼은 확실하다. 레지널드 윈게이트 Reginald Wingate는 이렇게 평했다. "마흐디 체포는 실패할 수밖에 없었다. 당시 아부 사우드는 무엇이든 할 수 있었다."[5] 한때 노예상인이었던 그는 마흐디를 도울 만한 이유가 충분했다. 케디브는 그를 투옥했고, 폭군 같은 베이커는 그를 비방했다. 그가 법정에서 패배한 이후 고든은 그를 해임했다. 마흐디의 성공은 아까드 회사의 주 수익원인 노예무역이 부활한다는 것을 뜻했다.

승리의 원인이 무엇이든지 간에 마흐디 추종자들은 아바 섬의 승리는 무함마드 아흐마드가 진정한 마흐디라는 증거라며 환호했다. 이는 마흐디가 구상한 히즈라의 시작을 알리는 신호이기도 했다. 마흐디는 라우프 파샤가 패배를 설욕하려고 대규모 부대를 보내리라는 것을 잘 알고 있었다. 주사위는 이미 던져졌다. 전투 다음 날, 마흐디와 추종자들은 아바 섬을 조용히 빠져나와 선택된 땅, 코르도판의 제벨 카디르를 향해 장정을 시작했다.

누바 산맥에 둘러싸인 이곳에서 마흐디는 세력을 강화해갔다. 호전성 때문에 '수단의 인디언'이라고 불린 바까라족과 나일 계곡 일대에 '대지의 아들awlad al-bilad(아울라드 알-빌라드)'로 불리며 정착 생활을 하던 아랍인들이 아브달라히의 중재 노력으로 동맹을 맺었다. 이는 수단에서 각각 정착 농부와 유목민을 대표하는 가장 강력한 두 집단이 수단 역사에서 처음이자 마지막으로 맺은 동맹이었다. 이 동맹은 마흐디국 탄생의 근간이 되었다.

광신도로 불린 마흐디 추종자들은 군대를 조직했고 무장을 정비했다. 군대의 규모가 커지면서 마흐디군은 정부군 토벌 부대를 모조리 격퇴했다. 1883년 1월, 마흐디군은 코르도판의 주도州都 엘-오베이드를 점령하고 주지사를 처형했다. 아바 섬 전투 이후 2년 동안 마흐디군은 총 1만 6천 명의 이집트 병사들을 죽이거나 포로로 잡았으며, 노획한 장비는 소총 7천 정, 야포 18문, 로켓, 그리고 탄약 50만 발에 달했다. 1883년 11월 5일 샤이칸 숲에서 힉스 원정군에 거둔 대승은 그 정점이었다. 힉스 원정군을 처참하게 무너뜨린 마흐디는 한 주 뒤 당당하게 엘-오베이드에 입성했다.

8

헨리 드 코틀로곤 중령의 걱정과 달리 마흐디는 카르툼을 서둘러 공격할 계획이 없었다. 무엇보다도 그는 힉스 원정군과의 전투에 동원한 대규모 부대를 무한정 유지할 수 없었다. 마흐디를 추종하는 사람은 많았지만 아바 섬에서부터 함께한 순수한 신앙심을 가진 안사르는 극소수였다. 다른 유목민들처럼 바까라족 또한 신앙심은 별로였다. 바까라족이 마흐디를 따르는 까닭은 두 가지였다. 우선은 군대에 합류하면 그들의 장기인 약탈이 가능했다. 다음으로 바까라족은 식민 지배자인 이집트인이 장악한 카르툼 정부를 싫어한 데다 그들이 점점 강해지는 것을 원치 않았다. 바까라족 일부는 샤이칸 전투 이후 마흐디라는 자생적인 식민 세력이 밖에서 들어온 튀르크-이집트 식민통치를 대체한 것에 지나지 않는다는 사실을 깨달았을 것이다.* 많은 바까라 기병은 고즈에 있는 본거지로 돌아가는 동안 타고 가던 말 위에서 죽어갔다.

마흐디국이 가진 또 다른 강점은 마흐디를 지지한 나일강 일대 정주定住 부족들이 마흐디와 정치 경제적 이해관계를 공유했다는 것이다. 이들은 직간접적으로 노예무역과 연관되어 있으면서 케디브가 부여하는 살인적인 세금을 납부하고 있었다. 따라서 노예무역을 되살리고 케디브가 없던 과거 시절로 돌아가기를 진정으로 희망했는데 이런 속마음은 이슬람이라는 가면으로 가리고 있었다.

* 마흐디국에서도 인종차별은 여전히 존재했으며 국민을 안사르와 비非안사르로 양분하면서 안사르만을 관리로 임명했는데 초기에 마흐디에게 협조했던 무슬림 중 상당수가 여기에 불만을 품고 마흐디 운동 후기에는 마흐디 반대 입장으로 돌아선다.

군사적인 문제 말고도 마흐디가 카르툼을 곧장 점령하지 않은 데는 또 다른 이유가 있었다. 바로 다르푸르 때문이었다. 다르푸르는 세 개의 작은 지방으로 구분해야 할 만큼 넓고 강력했을 뿐만 아니라 여전히 정부에 충성하고 있었다. 마흐디는 넓디넓은 다르푸르에 작은 점처럼 흩어져 있는 데다 카르툼과 단절된 정부군 병영을 두려워할 필요가 없다는 것은 알고 있었다. 그러나 꼼꼼하기 그지없는 마흐디는 카르툼을 점령하기 전에 다르푸르를 확실하게 단속하길 원했다.

힉스 원정군의 몰살 소식이 다르푸르 남부 다라Dara에 있는 정부군 기지까지 전해지는 데는 7주가 걸렸다. 1884년 크리스마스 3일 전, 스물일곱 살의 다르푸르 지사 슬라틴은 참모 장교들을 소집해 마지막 희망이 사라졌다고 통보했다. 그 이틀 전, 슬라틴이 마흐디에게 보냈던 이집트인 전령은 마흐디군의 누덕누덕한 집바를 입은 채 놀라운 소식을 들고 엘-오베이드에서 돌아왔다. 이 전령은 샤이칸에서 벌어진 학살에 가까운 힉스 원정군의 패배를 확인해주었다. 슬라틴이 믿지 않을 경우까지 계산에 넣은 마흐디는 《데일리 뉴스》 기자 에드먼드 오도노반과 힉스의 참모장인 아서 파르카하르Arthur Farquahar 소령의 일기장과 함께 노획한 서류 뭉치를 보냈다.

힉스 원정군이 몰살당했다는 소식은 슬라틴에게 그야말로 날벼락이었다. 슬라틴의 요새는 마흐디란 이름이 유명세를 타기도 전인 지난 4년 동안 호전적인 현지 부족들과 힘겨운 전투를 벌여왔다. 슬라틴도 지사로 부임한 이래 최소한 38번의 전투를 치렀다. 그는 부하들의 충성심을 이끌어내려고 이슬람으로 개종했을 뿐만 아니라 이름 또한 아랍식으로 아브드 알-카디르Abd al-Qadir로 바꾸었다. 요새의 이집트군은 510명까지 줄어 있었고 탄약은 개인당 다섯 발에 불과했다. 슬라틴은 부하들에게 항전할 것인지 아니면 항복할 것인지 선택하도록 했다. 그날 저녁 선임 장교 파라즈 에펜디Faraj Effendi는 장교들 모두 항복하는 데 의견을 모았다고 보고했다. 슬라틴은 밤새 생각해 보고 다음 날 아침에 최종 결정을 주겠다고 했다.

슬라틴은 숙소에서 밤새 고민했다. 패배를 인정해야 하는 상황 자체가 이미 최악이었다. 서양인으로서 이슬람을 받아들여 무슬림이 된 순간부터 슬라틴은 이미 자기모순에 빠져 있었다. 그는 명예롭게 자살할까도 생각해봤지만 이내 이 생각은 접었다. 자신은 젊을 뿐만 아니라 극적인 행동을 통해 마흐디국에 일격을 가할 가능성도 여전히 남아 있었다. 그는 일기에 이렇게 썼다. "계속된 전투에서 하느님이 나를 살려놓은 것은 기적이다. 내가 지금껏 충성으로 봉직하려 노력했던 것처럼 앞으로도 계속해 내가 정부를 위해 일할 수 있도록 하느님께서 도와주시리라 믿는다."[6]

루돌프 폰 슬라틴은 1875년 오스트리아 빈 근방에서 부유한 유대인 상인의 아들로 태어났다. 할아버지는 유대교에서 가톨릭으로 개종했지만, 열성적인 신자는 아니었다. 개종했다고 해도 그동안 가문이 받아온 멸시가 없어지지는 않았다. 슬라틴은 빈 상업학교에 다녔지만, 성적이 나빴다. 결국, 열여섯 살에 중퇴하고 카이로에서 서점 판매원으로 일을 시작했다. 서점 판매원도 그만둔 그는 수단까지 여행하면서 누바 산맥에 머물렀다.

누바 산맥은 단번에 그를 사로잡았다. 카르툼으로 돌아온 슬라틴은 독일 출신 의사로 에민 파샤라는 이름으로 하루아침에 유명해진 에두아르드 슈니처*를 만났다. 당시 슈니처는 파쇼다 지사였다. 슈니처는 슬라틴에게 당시

* Eduard Schnitzer(1840~1892): 프로이센의 슐레지엔에서 태어났으며 의학을 공부해 1864년에 의사 자격을 얻었으나 자격을 박탈당하자 독일을 떠나 오스만제국에서 근무했다. 메흐멧 에민Mehmed Emin(아랍어로는 무함마드 아민)이라는 튀르크식 이름으로 불렸고 1876년부터 당시 곤도코로(에콰토리아) 지사인 찰스 고든과 함께 일하다가 1878년에 고든이 떠나자 에콰토리아 지사직을 수행했다. 마흐디의 봉기 이후 카르툼이 함락되고 고든이 살해당한 뒤 슈니처는 마흐디군의 공격을 수차례 받았으나 매번 진지를 바꿔가며 성공적으로 방어했다. 그러나 슈니처는 적지에 고립되고 만다. 슈니처를 구하자는 여론이 유럽에서 일면서 영국 동아프리카회사British East African Company의 회장인 윌리엄 맥키넌 경Sir William Mackinon이 주도하는 위원회가 만들어졌고 2만 파운드의 기금이 모였는데 이 중에는 이집트 정부가 낸 1만 파운드와 왕립지리학회가 낸 1천 파운드가 포함되어 있었다. 1884년 4월, 아프리카 탐험으로 유명세를 떨친 스탠리Henry Morton Stanley가 원정대를 이끌고 어렵게 에민과 합류했고 에민은 1890년 탄자니아의 바가모요Bagamoyo에 무사히 도착했다.

곤도코로 지사였던 고든에게 일자리를 부탁하는 편지를 써보라고 했다. 조언대로 슬라틴은 고든에게 편지를 썼지만, 답장은 없었다. 그는 결국 오스트리아로 돌아와 군에 입대했다. 고든의 답장은 1878년 8월에야 슬라틴에게 도착했는데 이때 그는 루돌프 대공이 지휘하는 제19헝가리보병연대에서 중위로 복무 중이었다. 이듬해, 그는 오스트리아군을 떠나 수단으로 돌아가 총독으로 승진해 있는 고든을 만났다. 고든은 슬라틴을 재무감독관으로 임명했고, 1년 뒤에는 다르푸르 예하 3개 지방 중 하나인 다라 지사로 발령했다. 고든이 떠나고 라우프 파샤가 총독이 된 뒤, 슬라틴은 다르푸르 지방 전체를 담당하는 지사가 되었다.

밤새 고민한 슬라틴은 먼동이 트자 항복밖에는 다른 선택이 없다고 결론을 내렸다. 항복을 결심한 그는 비장해 보였다. "나는 내가 통치했던 이들의 노예가 될 것이다. 또한, 모든 면에서 나보다 못한 이에게 복종도 해야 할 것이다. 무엇보다도 인내심이 많이 필요할 것이다."[7] 그는 자리에서 일어나 정든 군복을 마지막으로 입었다. 밖으로 나간 그는 밤새 모든 지하디야 소총병이 마흐디군 진영으로 도망친 것을 알았다. 이런 상황에서 항복은 더더욱 불가피했다.

그날 저녁, 슬라틴은 시종 몇몇과 소수의 아랍 부족장들 그리고 지방 까디를 대동하고 말에 올라 힐랏 쉬에리야Hillat Shieriyya 마을로 향했다. 슬라틴은 마흐디의 사촌이자 마흐디가 다르푸르 지사로 임명한 무함마드 베이 칼리드Muhammad Bey Khalid에게 항복했다. 자신이 오랫동안 데리고 있던 부하에게, 그것도 바로 밑의 직속부하에게 항복하게 된 슬라틴은 굴욕을 참을 수 없었다. 그러나 감정을 감추는 데 선수인 슬라틴은 끝끝내 속내를 보이지 않았고 항복은 화기애애하게 이뤄졌다. 이미 슬라틴이 무슬림이었기 때문에 마흐디는 그를 사면했고 슬라틴 휘하의 모든 군인과 그들의 가족을 용서해주는 데도 동의했다.

슬라틴이 칼리드와 함께 다라로 돌아왔을 때, 관리들은 이미 마흐디군의 상징과도 같은 누덕누덕한 짐바를 입고 있었다. 그러나 이는 쓸데없는 짓이었다. 칼리드는 모든 주민을 집 밖으로 나오라고 명령하고는 구석구석 뒤져 값나가는 물건을 약탈했다. 그는 물건을 숨겼다고 의심이 드는 사람들을 붙잡아 채찍질하거나 벽 위로 목을 매달았다. 슬라틴이 말리려 했지만 헛일이었다. 마흐디군은 사람들을 남자 노예와 여자 노예로 나눴고 가장 아름다운 소녀들은 마흐디의 개인 하렘으로 보내졌다.

슬라틴이 항복했지만 아-사이드 베이 주마as-Sayyid Bey Juma라는 이집트군 장교가 지휘하는 엘-파셔 요새는 여전히 저항하고 있었다. 그러나 1주일 뒤 그 또한 항복했다. 칼리드는 슬라틴에게 엘-파셔까지 자기를 수행하라고 지시했다. 다르푸르의 수도인 엘-파셔는 풀라Fula 호수의 제방에 면한 도시로, 다르푸르 카이라Khayra 술탄의 전통적인 본거지였다. 또한, 이곳은 여기서 출발하면 이집트까지 40일이 걸린다고 해서 '40일 길'이라고 불리는 대상무역로의 남쪽 종착지였다. 이런 이유로 '40의 집'이라는 뜻의 다르브 알-아르바인Darb al-Arbain으로 불리기도 했다. 이 무역로엔 지구상에서 가장 건조한 사막이 군데군데 자리 잡고 있다.

엘-파셔에 도착한 칼리드는 다라에서 한 행동을 반복했다. 모든 주민이 집 밖으로 나와야 했고 소유물을 포기할 때까지 고통을 당했다. 이집트 장교 하마다 에펜디Hamada Effendi는 돈이 없다고 했지만, 집에서 부리던 여종이 그에게 불리한 증언을 했다. 칼리드는 하마다에게 개 같은 불신자라고 욕했다. 하마다 에펜디는 독실한 무슬림이었고 무슬림에게 개는 부정한 동물이었다. 칼리드는 한때 하마다와 함께 케디브에 충성을 맹세한 동료였다. 이런 맹세를 저버린 칼리드에게 개라는 소리를 듣자 화를 참을 수 없던 하마다는 칼리드에게 저주를 퍼부었다. 칼리드는 하마다를 밖으로 끌어내 채찍질을 시작했다. 이후 3일간 하마다는 매일 약 1천 대씩 채찍질을 당했다. 하마다는 채찍에 맞아 고통이 더할수록 독해졌다. 심지어 자신이 금과 은을 숨겼다고 당당히 소리를 질러 고문하는 이들을 당황스럽게 했다. "그래, 내가 돈을 숨겼다. 하지만 그 돈은 나와 함께 영원히 묻힐 것이다."[8] 사흘 뒤, 칼리드는 채찍질을 멈추고 하마다를 감옥에 넣으라고 명령했다. 감옥에 갇힌 하마다를 보러 간 슬라틴은 그가 고통에 신음하는 것을 보았다. 담당 간수는 하마다가 자백할지도 모른다는 생각에 시도 때도 없이 소금과 후추를 탄 물을 상처에 들이부었다. 슬라틴이 보기에 그 고통은 참기 어려울 정도였지만 하마다는 돈을 감춘 곳을 밝히지 않았다. 슬라틴은 하마드를 보살필 수 있게 해 달라며 칼리드에게 간청했다. 다르푸르 지사가 된 칼리드는 슬라틴에게 자기 발에 입을 맞추라고 한 후에야 이를 허락했다.

슬라틴은 하마다를 자기 집으로 데려갔지만, 그는 이미 회복할 수 없는 상태였다. 그는 슬라틴에게 돈 숨긴 곳을 알려주려 했지만 슬라틴은 이를 제지했고 얼마 지나지 않아 그는 눈을 감았다. 그날 슬라틴은 일기에 이렇게 적었다. "만신창이가 된 하마다의 시신을 쳐다보면서 눈에 눈물이 고였다. 영원한 안식을 얻기 전 대체 얼마나 더 많은 고통을 겪어야 할까?"[9]

하마다가 죽고 얼마 지나지 않아 칼리드는 카이로에서 온 편지 한 통을 슬라틴에게 보여주면서 터져 나오는 웃음을 참지 못했다. 이집트 정부는 마흐디가 다르푸르를 점령한 것을 모른 채 슬라틴에게 다르푸르 안에 있는 모든 병력을 엘-파셔로 집결시킨 뒤 케디브 타우피크가 다르푸르의 새로운 술탄으로 임명한 푸르족 출신 아브드 아쉬-슈쿠르Abd ash-Shukkur를 기다리라는 지시문을 보냈다. 슬라틴이 이 편지를 읽고 있을 무렵, 아쉬-슈쿠르는 고든 소장과 함께 1월 26일 카이로를 출발해 수단 북부 도시인 동골라에 와 있었다.

마지막 열차

1

1884년 1월 24일 저녁, 고든이 탄 기차가 카이로 역에 도착했다. 키치너는 그레이엄을 보좌해 역으로 마중을 나갔지만, 정작 고든이 누구인지는 몰랐다. 그러나 제11경기병연대 출신으로 고든의 비서인 존 스튜어트 중령과 키치너는 터키에서 함께 근무했던 사이로 가까운 친구였다. 고든이 부임할 당시 키치너는 계급이 낮아 고든과 별다른 인연을 맺을 수는 없었다. 그러나 키치너는 고든에게 매우 깊은 인상을 받았고 평생 고든을 영웅으로 존경했다.

167센티미터 키에 호리호리한 몸매, 곱슬머리와 맑게 빛나는 파란 눈을 가진 고든은 사람을 매료시키는 묘한 힘이 있었다. 그는 조용조용히 말했지만 때로는 말로는 다 표현할 수 없다는 듯 과장된 몸짓을 섞기도 했다. 그러다 흥분하면 말이 빨라졌고 심지어 더듬거리기까지 했다. 하지만 고든은 부하들을 군소리 없이 복종하게 하는 힘이 있었다. 이런 그를 두고 그의 아버지는 '화약통' 같다는 표현을 썼다. 말 그대로 고든은 언제라도 폭발할 것 같은 분위기를 풍겼고 실제로 그런 적도 여러 번 있었다. 그는 불같은 성격을 이기지 못하고 하인에게 손찌검을 자주 한 것으로 악명이 높았다. 심지어 웨이터의 손을 포크로 찍어버린 일도 있었다. 그는 골초인 데다가 독주까지 즐기는 술고래이기도 했다. 아마 이 두 습관은 자신의 성마른 성격을 다스리려는 방편이었을 것이다.

고든은 고조할아버지부터 군에 복무한 군인 가문 출신이다. 고든의 아버지 헨리 윌리엄 고든Henry William Gordon은 포병 장교로 중장까지 진급했다. 1833년, 런던 동쪽 울위치에서 태어난 찰스 고든은 아버지 헨리 고든과 어머니 엘리자베스 엔더비Elizabeth Enderby 사이에서 5남 6녀 중 넷째 아들로 태어났다. 어머니는 런던에 근거를 둔 선박 소유주의 딸이었다.

고든의 아버지 헨리는 온화하면서도 유머가 있었지만, 엄격한 잣대로 명예를 중시했고 영국 육군이 세상에서 가장 훌륭한 기관이라고 믿는 사람이었다. 따라서 그는 외교 업무에 발을 들인 장교들을 좋게 보지 않았다. 그런 아버지와 달리 아들인 찰스 고든은 군 경력 중 상당 부분을 외국의 권력자들을 위해 일했는데 흥미롭게도 이는 '아버지 부정否定'이라는 무의식의 욕망 때문이었을 것이다.

고든은 영국 남서부 서머싯Somerset에 있는 톤턴 학교Taunton School를 마치고 열다섯 살에 울위치 육군사관학교에 입학했다. 울위치 육군사관학교는 전투지원병과, 특히 포병과 공병 장교를 길러내는 곳이었다. 사관생도가 된 고든은 다혈질에다가 주변 생도들을 윽박지르는 인물이었다. 그는 사소한 불의도 그냥 보아 넘기지 못한 터라 늘 분란의 중심에 있었다. 한번은 식당에서 사소한 규칙으로 다른 생도와 시비가 붙었다. 고든은 그를 머리로 들이받고는 유리창으로 던져버렸다. 상대방 생도는 유리창을 뚫고 아래층으로 떨어졌다. 이 일로 질타를 받자 그는 자신의 견장을 훈육관 발에다 집어던졌다. 3학년 생도를 머리빗으로 두들겨 팬 것 때문에 징계를 받고서 선임권을 6개월간 박탈당하기도 했다. 고든은 열아홉 살인 1852년에 임관했는데 생도 평가 때문에 포병이 되지 못하고 공병이 되는 데 만족해야 했다.

1854년 크림전쟁에 참전한 고든은 세바스토폴 전투에서 공훈을 세웠고 포화 속에서 보여준 냉정함 덕분에 훈장을 받았다. 그는 오늘날이라면 특수부대에 잘 어울릴 전술에 능숙했다. 그는 적진 가까이 기어가서 적의 진지와 방어 상태를 그림으로 그려오고는 했다. 고든은 때때로 적 바로 코앞에서 벌떡 일어나 적의 사격을 유도했고 이때 발생하는 화약 연기를 보고 진지 위치를 기록했다. 그는 적이 채택할 만한 작전계획을 훤히 내다보았으며 적의 움직임을 정확히 예측하는 범상치 않은 모습을 보였다.

크림전쟁에서 돌아온 뒤 고든은 아르메니아와 베사라비아의 조사 임무를 맡았다. 이 기간에 고든은 이반이라는 이름의 아르메니아 소년과 성경을 함께 읽으며 그에게 많은 열정을 쏟았다. 고든은 평생, 스스로 '왕'으로 모신 소년을 여럿 만나는데 이반은 그중 첫 번째였다.*

1860년, 당시 소령이던 고든은 태평천국운동이 정점에 달한 중국에 배치되었다. 광둥성에 사는 객가客家 출신의 홍수전洪秀全은 서양 선교사들이 중국에 들여온 기독교를 변용해 스스로 예수 그리스도의 동생이라고 칭하면서 상제회를 조직하고 1851년에 태평천국을 건국했다. 스스로 천왕天王 자리에 오른 홍수전은 새 왕조를 선포했고 이는 역사상 가장 유혈이 낭자한 내전으로 발전했다.

홍수전은 기독교를 중심으로 유儒, 불佛, 선仙을 적절히 혼합해 만든 교리를 가지고 수백만 농민군을 일으켰다. 그는 오랑캐인 만주족이 세운 청나라를 무너뜨리고 중국 정통 왕조인 명나라를 복원하겠다고 선포했다. 태평천국운동에 참여한 사람들은 명나라식 복장과 머리 모양을 따랐다. 1853년 3월, 태평천국군은 명나라의 수도였던 난징南京을 함락하고 2만 8천 명을 학살했다. 두 달 뒤, 태평천국군은 베이징으로 진격하던 중 청군에 패했고 이를 계기로 형세가 바뀌기 시작했다. 이 뒤로 1859년까지 태평천국군은 난징에 고립되었다.

이 시점에 청나라는 영국-프랑스 연합 원정군 손에 들어가 있었다. 연합 원정군은 1858년 6월에 체결된 톈진조약을 근거로 중국인에게 아편을 강매했다. 중국인들은 '외국 악마'인 유럽 상인에게 아편을 사야 했다. 고든은 바로 그 원정군의 일원이었다. 고든이 중국에 도착했을 때 중요한 전투는 끝

* 고든이 동성연애자라는 소문이 있었지만, 그의 행적으로 보아 이는 사실이 아닐 가능성이 높다.

나 있었고 그가 첫 번째 한 일은 귀한 보물을 보관하고 있는, 200동 규모의 황제의 여름 별장을 부수는 일이었다.

그 사이 태평천국군의 공세가 다시 시작되었다. 그들은 잃어버린 땅을 곧 되찾았다. 1862년에 고든은 태평천국군의 공세에 맞서 상하이를 지키는 임무를 맡은 찰스 스테이블리* 소장이 지휘하는 영국군에 합류했다. 상하이에는 서양 상인이 많이 살았는데 대다수는 아편 무역과 관련되어 있었다. 이들은 무역으로 번 돈을 모아 별도의 사병私兵으로 이뤄진 군대를 유지했다. 항상 이긴다는 뜻의 상승군常勝軍이라는 이름을 가진 이 부대는 당시 스물아홉 먹은 미국인 프레데릭 워드Frederick Ward가 지휘했다. 부대는 중국인 병사와 외국인 장교로 구성되었는데 대부분은 범죄자나 탈주자였다.

무릎까지 길게 내려오는 프록코트를 입고, 무기도 없이 달랑 지휘봉 하나만을 들고 전투를 지휘한 워드는 솜씨 좋은 게릴라전 전문가였다. 워드가 전사하고 그 자리를 채운 것은 술주정과 불성실로 악명이 높았던 미국인 헨리 버지바인**이었다. 버지바인은 상승군 재무 총책임자인 중국 상인 타이 치Tai Chi의 집을 약탈하다가 해고돼 홧김에 태평천국군에 합류했다. 스테이블리 소장은 다시 공석이 된 상승군 지휘관으로 고든 소령을 추천했다.

---

* Sir Charles William Dunbar Staveley(1817~1896): 윌리엄 스테이블리 중장의 아들로 태어나 에든버러에 있는 스코틀랜드 육군·해군 사관학교에서 공부하고 육군 장교로 임관했다. 아버지가 모리셔스 총독 대리로 재임할 때는 총독 부관으로, 아버지가 홍콩 총독으로 근무할 때는 총독 군사 비서로 근무하는 등 아버지의 후광을 입었다. 크림전쟁을 거쳐 1860년에 준장으로 진급하고 영국-프랑스 연합군이 베이징을 점령할 때 영국 여단을 지휘했다. 1862년에는 중국과 홍콩에 주둔하는 영국군 사령관으로 임명되었다. 그해 12월 리훙장李鴻章의 부탁을 받은 스테이블리는 고든을 추천한 뒤 다음 해인 1863년 3월에 건강이 나빠져 영국으로 돌아갔다.

** Henry Andres Burgevine: 중국식 이름은 백제문白齊文이다. 1836년 미국에서 프랑스인 아버지 밑에서 태어났으며 크림전쟁에서 프랑스군으로 싸워 훈장을 받았다. 버지바인은 상승군 부지휘관으로 복무했으나 프레데릭 워드는 자기 후임으로 버지바인이 아닌 필리핀 출신의 마카나야Macanaya가 적합하다고 생각했다. 청나라는 워드에 이어 버지바인을 상승군 지휘관으로 임명하나 버지바인은 전투에서 패할 뿐 아니라 적에게 합류했다. 미국으로 송환되던 중 청나라로 돌아왔으나 체포되었다. 1865년 상하이로 가던 도중 배가 침몰해 익사했다. 이홍장이 계획적으로 살해했다는 소문도 있다.

고든은 전투병과 장교도 아니고 크림전쟁을 빼면 전투 경험도 별로 없었다. 군사행정은 별로 아는 것도 없을뿐더러 보병전술은 백지 상태였다. 상승군은 무장 증기선으로 구성된 소함대를 이동 수단으로 썼는데 고든은 상륙작전에도 문외한이었다. 점입가경인 것은 고든이 중국어를 한마디도 몰랐다는 것이다. 당시 소령인 가넷 울즐리를 포함해 다른 경쟁자가 여럿 있었지만 스테이블리가 고든을 추천한 명쾌한 이유가 있었다. 스테이블리의 부인이 바로 고든의 누이였다.

고든의 발탁 과정이 정실 인사였는지 아니면 인재 등용이었는지 확인할 길은 없지만 어쨌든 결과는 대성공이었다. 고든은 비정규전에 타고난 재능이 있었다. 상승군 지휘관으로 부임하고 2년에 걸쳐 16번의 전투를 벌이면서 고든은 크림전쟁에서 배운 기술을 사용했다. 그는 적이 주둔하는 마을까지 기어가서 강점과 약점을 파악했고, 밤이 되면 대포를 쏴 진흙을 굳혀 만든 벽에 구멍을 냈다. 구멍이 충분히 커지면 그는 시가를 입에 문 채 지휘봉을 들고 무기도 없이 직접 부하들을 이끌고 성큼성큼 걸어가며 진두지휘했다. 그가 들고 다니는 지휘봉은 워드의 것이 그랬듯이 승리를 가져오는 마법 지팡이로 유명해졌다.

고든 앞에서 태평천국군은 도망가거나 항복하는 것 말고는 다른 길이 없었다. 항복한 이들은 상승군으로 흡수되었다. 이 기간에 고든은 젊고 잘생긴 여섯 명의 중국 소년을 개인 시종으로 뽑았는데 나중에 고든은 수십 명에 달하는 고아 소년들을 모아 먹이고 입혔다.

상승군이 싸우는 이유라곤 약탈뿐이어서 늘 군기를 유지하는 것이 문제였다. 고든은 군기를 세우려고 상승군이 보는 앞에서 반항하는 병사들을 두 번이나 쏴 죽여야 했다. 1863년 12월, 고든의 상승군과 증국번* 장군이 이끄

* 曾國藩(1811~1872): 청나라 말기의 정치가, 군인, 학자로 활동하며 태평천국운동 진압과 중국 근대화 운동인 양무운동을 이끌었다. 태평천국운동 당시 황제로부터 후난湖南을 지키라는 명을 받고, 농민과 병사로 의용군을 편성해 태평천국운동 진압을 주도했다. 1860년 양강총독兩江總督

는 청나라 군대가 비단 산업의 중심지인 쑤저우蘇州를 점령했다. 고든은 태평천국군 장군 몇몇과 만나 그들에게 뇌물을 주면서 성문을 열어놓으면 무사할 것이라고 이야기했다. 그러나 청나라군은 쑤저우에 입성해 태평천국군 장군들을 살해했다. 이 소식을 들은 고든은 약속이 지켜지지 않은 것에 격앙해서는 방에 틀어박혀서 두 달 동안 나오지 않았다.

1864년 5월 11일, 청나라군은 난징을 탈환했고 성 안에 있는 시체 속에서 홍수전의 시신을 발견했다. 그는 첩들과 함께 목을 맸다. 태평천국군을 정리하는 단계에서 고든은 아무런 역할도 하지 않았다. 그 무렵 영국 정부가 자국 장교의 중국군 복무 허락을 철회했기 때문이었다. 그러나 고든의 공을 높이 산 청나라 황제는 그에게 영국군 원수에 상응하는 계급인 제독提督 계급을 하사했다.* 영국으로 돌아온 고든은 겨우 중령으로 진급했을 뿐이었지만 사람들은 그를 '중국의 고든Chinese Gordon'이라고 부르면서 떠받들었다.

그러나 고든은 언론과 대중의 기억에서 금세 사라졌다. 그 뒤 고든이 담당한 일은 본인은 물론 누구도 예상치 못한 것이었다. 그는 6년 동안 템스 강 하구에 있는 그레이브센드Gravesend에서 성채를 쌓는 일을 맡았다. 이 기간에 그는 기독교와 자신이 왕이라고 부른 소년들에게 집중했다. 소년 대부분은 고든이 직접 선착장에서 발견해 데려온 가난한 고아들이었다. 고든은 이들을 위해 자기 집을 학교, 병원, 그리고 교회로 바꾸었으며 일자리와 숙소를 구해주는 등 전적으로 시간과 노력을 할애했다.

고든이 어린 시절부터 신앙심이 깊었던 것은 아니었다. 신앙이 깊어진 것은 드루Drew 대위와 함께 근무할 때 받은 영향 때문이었다. 사람들은 고든을 마흐디에 비유하곤 하지만 그건 제대로 된 평가가 아니다. 그들은 정반대였다. 마흐디가 신비주의자를 가장한 군인에 가까웠다면 고든은 군인으로 가

에 임명된 뒤 고든의 상승군과 함께 난징을 탈환했다.

* 청 황제는 고든에게 과등戈登이라는 중국 이름도 하사했다.

장한 신비주의자였다.

당시 저명인사 중에서 고든을 제대로 이해하는 사람은 거의 없었다. 사람들은 그를 미쳤거나 불안정한 인물이라고 생각했다. 고든은 위험한 미치광이 또는 머리가 이상한 광신자로 보였다. 규칙을 엄밀하게 지켜야 하고, 시종일관 성실해야 하며, 이런 규칙에 따라야 한다는 내적 기준을 갖고 있던 동시대 인물들은 그를 이해할 수 없었다. 주변 동료 대부분은 고든의 개성 넘치는 인품을 놓고 입에 발린 소리를 했지만, 그들은 틀에 박힌 사회에서 철저하게 순응하며 성장한 사람들이었다.

그러나 고든은 순응과는 거리가 먼 사람이었다. 그는 가치관이 다르다는 이유 때문에 사람들이 자기에게 의심의 눈초리를 보낸다는 것을 잘 알았다. 그는 하느님의 힘을 절대적으로 믿었지만 그렇다고 해서 독단적인 교리를 신봉하는 광신자나 급진주의자는 아니었다. 고든은 자기 생각이 유일한 것이라고 주장한 적도 없었다. 그는 어느 교단에도 속하지 않았으며, 어느 성직자에게도 고개를 숙이지 않았고, 하느님과 인간 사이에 어떤 중재자도 믿지 않았다. 그는 심지어 이슬람까지 포함해 모든 종교를 마음 깊이 존중했으며 통제보다는 동의의 가치를 믿었다. 고든은 낭만주의자도 감상주의자도 아니었다. 그는 모든 개인은 하느님의 발현이라고 생각했으며 모든 행동은 오만함이 아닌 겸손함으로 수용해야 한다고 믿었다.

고든은 1872년에 콘스탄티노플을 방문하는 동안 당시 이집트에서 어느 정도 이름이 알려진 정치인인 누바르 파샤를 만난다. 그는 새뮤얼 베이커를 대신해 곤도코로 지방을 맡을 새 지사를 물색 중이었는데 고든이 그 자리에 자원했다.

당시 마흔한 살이던 고든은 케디브 이스마일을 만난 뒤 그를 존경하게 되었다. 고든은 케디브 이스마일이 비범한 능력을 지닌 사람이라고 생각했다. 이후 고든은 마음이 맞는 탐험가들과 함께 습하고 말라리아 유충이 습지에 그득한 곤도코로에서 3주 동안 머물렀다. 탐험가 중에는 이탈리아 출신의 로몰로 게씨Romolo Gessi, 미국인 찰스 샤이-롱*, 프랑스인 리낭 드 벨퐁**, 공병 장교 두 명, 찰스 왓슨Charles Watson과 윌리엄 치펜달William Chippendall, 그리고 감옥에서 출소한 악명 높은 아부 사우드가 있었다.

케디브 이스마일은 고든에게 노예무역을 단속하라고 명령했지만, 고든은 그런 척 흉내 내는 것 외에는 실제 할 수 있는 일이 없다는 것을 알게 되었다. 백나일강을 따라 순찰했지만 이미 노예 상인들이 나일강 대신 주변 지역으로 숨어 들어간 후였다. 규모가 큰 노예 상인들은 사막으로 난 대상무역로를 이용해 노예를 이동시켰다. 가장 큰 문제는 카르툼에서 일하는 케디브 이스마일의 관료 대부분이 노예무역과 연결되어 있다는 것이었다. 당시 수단 총독인 아유브 파샤 역시 예외가 아니었다.

고든은 케디브 이스마일의 지시를 충실하게 이행했지만, 튀르크-이집트 제국의 관리들은 고든이라면 질색을 했다. 고든이 보기에 이들은 부패하고,

---

* Charles Chaillé-Long: 1842년 7월 2일, 미국 메릴랜드에서 태어났다. 남북전쟁 당시 북군에 입대해 게티스버그 전투에도 참여했으며 대위까지 진급했다. 1869년 이집트군 중령으로 임관해 1869년부터 187년까지 고든을 도와 남부 수단에서 근무하며 1874년에는 우간다 일대를 이집트에 복속시키는 조약을 체결하고 빅토리아 호수까지 탐험했으며 쿄가Kyoga 호수를 발견했다. 1875년에는 이집트군을 이끌고 인도양 쪽으로 진출했으나 이집트의 팽창을 못마땅하게 여겨온 영국의 압력으로 1877년 강제 퇴역했다. 미국으로 돌아와 컬럼비아대학교에서 법학을 공부한 뒤 1881년에 다시 이집트로 돌아왔다. 1882년 오라비 파샤의 봉기 당시 벌어진 학살과 영국의 아프리카 정책에 강하게 반대했다. 1887년에는 한성(서울) 주재 미국 총영사이자 공사관 서기관으로 조선에 파견되었으나 1889년 클리블랜드 대통령이 선거에 지자 동반 사퇴하고 파리로 갔다. 1892년부터 1902년까지 파리에 머물며 미국 독립전쟁 중 미국에서 싸운 프랑스군 목록을 작성해 1901년 레종도뇌르 훈장을 받았고 이후 미국으로 돌아가 1917년 3월 24일 사망할 때까지 버지니아에서 살았다. 그는 몇 권의 책을 출간했는데 1884년, 고든을 매우 부정적으로 묘사한 *The Three Prophets*은 나중에 리튼 스트레이치가 *Eminent Victorians*을 쓰면서 인용하기도 했으나 비평가들로부터는 정확성이 부족하다는 비판을 받았다. 1894년에는 조선에서의 경험을 프랑스어로 집필해 『코리아 혹은 조선La Corée ou Tschösen』을 펴냈다.

** Louis Maurice Adolphe Linant de Bellefonds(1799~1883): 프랑스 로리앙Lorient에서 태어난 벨퐁은 해군에 입대해 중동 일대를 탐험하다 1818년 이집트에 매료되어 전역하고 그해부터 1830년까지 이집트, 시나이, 수단 등을 여행했다. 1831년 카이로로 돌아온 그는 이집트 공공 토목사업의 선임 기사로 임명되어 1869년까지 30년 넘게 토목사업을 총괄했으며 수에즈운하 건설에도 참여했다. 1869년에 은퇴한 뒤 방대한 분량의 회고록을 작성했으며 1873년에는 파샤 칭호를 받았다. 카이로에서 사망했다.

명예라고는 전혀 모르며, 위선적이고 탐욕스러운 데다 고집까지 셌다. 게다가 이들은 믿을 수도 없고 융통성도 없으며 심지어 무능하기까지 했다. 수단의 날씨도 고약했지만, 건건이 발목이 잡히는 상황에 지친 데다 현지 관리들의 이중성과 적대감에 넌덜머리가 난 고든은 1876년에 곤도코로 지사직을 사임한다는 의사를 밝혔다. 그러나 케디브 이스마일은 고든의 뜻을 받아들이지 않았다. 그가 보기에 유럽인의 참견으로부터 이집트와 수단을 구해줄 인물은 오직 고든뿐이었다. 결국, 고든은 수단 전체를 통치하는 수단 총독으로 취임한다는 것을 조건으로 사임을 취소했다.

당시 케디브 이스마일은 이러지도 저러지도 못하는 상황이었다. 유럽 출신에다가 무슬림도 아닌 기독교인을 수단 총독에 임명하면 수단 사람뿐만 아니라 이집트군 장교들도 반발할 것이 분명했다. 그러나 카이로 주재 영국 총영사 허시 비비안*은 만일 케디브가 이집트와 이집트 식민지에서 당장 노예무역을 근절하지 않는다면 영국은 모든 재정적, 정치적, 그리고 도덕적 지원을 중단할 것이라는 최후 통첩을 보낸 상태였다.** 더욱이 영국 정부는, 비록 비공식적이지만, 고든의 수단 총독 임명을 지지한다고 알렸다. 런던의 정책 담당자들이 보기에 고든은 노예무역을 뿌리 뽑을 수 있는 사람이었다.

* Hussey Crespigny Vivian(1834~1893): 런던에서 태어났고 이튼칼리지에서 수학했다. 1851년 외무성에 들어가 프랑스, 독일을 방문하며 경력을 쌓았으며 1864년에는 아테네에 파견돼 이오니아 해에 있는 섬들을 그리스로 반환하는 조약 초안을 완성했다. 1873년에는 총영사로 이집트 알렉산드리아에 부임하나 잠시 부쿠레슈티로 전출되었다가 1876년에 다시 이집트로 돌아왔다. 1881년에 스위스 주재 특명전권대사를 지냈고 1892년에 로마 대사로 부임했으나 다음 해인 1893년 폐렴으로 사망했다.

** 1807년 노예무역금지법Slave Trade Act를 통과시킨 영국은 대영제국 내에서 노예무역을 금지했을 뿐만 아니라 다른 나라에도 이런 입장을 강하게 주장했다. 비록 아프리카에서 경쟁국을 따돌리려는 정책 때문이긴 했지만, 1884년과 1885년 베를린에서 열린 회의에서 노예무역 폐지안을 통과시켰다. 마흐디국이 등장하고 노예무역이 다시 성업하면서 노예무역을 금지는 실효성이 없어졌지만, 마흐디국이 멸망하고 1895년 11월 영국과 이집트가 체결한 '노예제도와 노예무역 금지 조약Suppression of Slavery and Slave-Trade'이 1896년 1월에 법제화되면서 1899년부터 수단에서도 노예무역이 전면 금지되었다.

1877년 5월 5일, 결국 고든은 수단 총독으로 부임했다.

총독으로 취임한 고든은 대부분 시간을 낙타를 타고 고즈 초원을 횡단하는 데 투자했다. 한번은 경호도 없이 낙타를 타고 3천 명이나 되는 무장 노예무역상의 소굴까지 들어간 적도 있었다. 1878년 이집트 채무 위기 때, 그는 채권국들이 케디브의 부채를 탕감해줘야 한다며 이스마일 파샤를 지원했다. 이것은 합리적인 해결책이었지만 베링 같은 인물은 고든이 순진한지 멍청한지 알 수 없다면서 분노했다.

고든은 베링이 허세를 부리고 생색을 낸다고 생각했다. 고든은 베링과 자신의 관계를 이렇게 기록했다. "물과 기름이 섞이는 날 우리 사이가 좋아질 것이다."[1] 베링은 수단이 크기만 컸을 뿐 전혀 쓸모없는 땅이니 하루라도 빨리 포기하는 것이 상책이라고 생각했다. 그러나 고든은 '모름지기 정부란 국민이 더 나은 삶을 살도록 도와야 할 의무가 있다'고 생각했다. 이 둘은 이렇게 생각이 달랐지만 놀랍도록 비슷한 점도 있었다. 베링은 이집트를 구하는 것을 자신의 운명으로 여겼고, 고든은 이집트로부터 수단을 구하는 것을 자신의 사명이라고 여겼다.

1879년, 케디브 이스마일이 폐위될 때 고든은 다르푸르에서 노예무역상을 쫓고 있었다. 고든은 이스마일을 줄곧 존경했지만, 이스마일의 뒤를 이어 케디브로 취임한 타우피크와는 곧 사이가 틀어졌다. 고든은 타우피크를 두고 "사기꾼 같은 비열한 놈"이라고 불렀다. 1880년, 고든이 수단 총독에서 사임하자 튀르크-이집트제국의 관리들과 유럽 외교관들은 축배를 들었다.

2

그렇게 수단을 떠난 것이 4년 전이었다. 고든이 수단에 온 것은 이번이 세 번째였고 결과적으로는 마지막이 되었다. 고든과 스튜어트는 수단으로 가는 길에 카이로에 들를 생각이 없었다. 고든과 스튜어트가 탄 페닌슐라오리

엔탈증기회사Peninsular and Oriental Steam Company*의 증기선 탄조레Tanjore가 포트 사이드Port Said에 들어오자 이 둘을 곧바로 수아킨으로 데려갈 영국 군함 캐리스포트Carysfort가 증기를 뿜으며 출발 준비를 알렸다. 캐리스포트로 옮겨 타기 전, 이집트군 총사령관 에벌린 우드와 부관 찰스 왓슨** 중령이 증기 기동선을 타고 탄조레로 왔다. 우드와 왓슨은 고든과 스튜어트를 고물 갑판에서 만났다.

우드와 고든은 위관 장교 시절 크림전쟁에서 본 이후로 30년 만에 만나는 것이었지만 보자마자 서로 알아보았다. 우드는 2년 전 고든이 그랜빌에게 이집트군 총사령관으로 자신을 추천했다는 것을 알고 있었다. 당시 나이 마흔여섯이던 우드는 대머리인 데다가 제멋대로 자란 콧수염과 눈망울이 순해 보여 영웅답진 않았으나 비범한 능력을 지닌 인물이었다. 우드는 열네 살 되던 해에 학교를 그만두고 해군에 입대했다. 그는 해병대 수습 사관으로 크림전쟁에 참전했다. 고든을 처음으로 만난 레단 전투에서 우드는 그 돌격전의 유일한 생존자였다. 그는 팔꿈치가 심하게 다쳤지만 기어서 본대까지 돌아왔다. 우드는 영국으로 후송되었고 해군에서 육군으로 전군轉軍했다. 제17창기병연대에 소속된 우드는 인도에서 일어난 세포이의 항쟁*** 진압에 나섰

* 1837년에 설립된 영국의 해운 회사.

** Sir Charles Moore Watson(1844~1916): 영국 공병 장교로 1874년부터 1875년까지 고든 휘하에서 근무했다. 1896년부터 1902년까지는 측성국 부국장을 역임했다. *The Story of Jerusalem, Fifty years' work in the Holy Land : a record and a summary, 1865-1915* 등의 저서를 남겼다.

*** 1857년 5월 10일부터 1858년 7월까지 인도에서 벌어진 반영反英 항쟁으로 영국의 시각에서는 세포이 반란Sepoy Revolt이라고 부르는데 세포이란 1772년 이후 동인도회사가 모병해 충원한 현지 용병을 부르는 말이다. 세포이는 진급과 복무 조건이 유럽 출신 장교와 비교해 처우가 좋지 않았고, 특히 신분상 특권을 누리는 상위 카스트에 속하는 세포이는 카스트제도와 복무 규정이 충돌하는 데 불만이 많았다. 더욱이 1830년대 이후 인도의 기존 관습(남편이 죽으면 부인을 화장하는 사리 같은 풍습 등)을 금지해온 영국 선교사들이 1857년부터 군대에 공식 배치돼 개종에 나서자 세포이들은 크게 반발했다. 이런 상황에서 1857년 초부터 지급된 신형 엔필드 소총은 쌓인 불만의 뇌관을 건드리고 말았다. 신형 소총의 약협은 쇠기름과 돼지기름을 먹여 방수 처리하였는데 돼지를 부정하게 생각하는 무슬림과 소를 신성시하는 힌두교도들은 이런 약협을 입으로 찢어 장전하는 것을 종교적인 모독으로 받아들였고 세포이들이 사격을 거부하면서 항명

다. 그는 인도에서 힌디어를 배워 유창하게 구사하게 되었고, 반란군 소탕을 지휘했으며, 비정규 기병부대를 창설했다. 강도떼에 둘러싸인 지방 상인을 구한 공로로 빅토리아십자무공훈장을 받기도 했다. 그의 나이 스무 살 되던 해였다.

우드는 고든에게 고든의 이번 여행에서 자신이 맡은 역할을 설명하며 베링과 그레이엄의 편지들을 보여주었다. 상황이 어찌 되든 간에 수아킨에서 베르베르를 거쳐 카르툼으로 이어지는 길은 오스만 디그나가 막아버렸고 고든은 나일 계곡을 이용해 카르툼으로 가야 했다. 그러나 왓슨 중령은 그곳에 있는 어떤 누구보다도 고든을 잘 알고 있었다. 공병 중위이던 1870년대에 그는 곤도코로에서 고든과 함께 근무했다. 우드가 이번 일에 고든이 필요하다며 베링에게 압력을 가한 것도 사실 왓슨이 집요하게 주장했기 때문이었다. 이런 왓슨이 보기에도 고든이 수아킨을 거쳐 수단에 진입한다는 기존 계획을 밀어붙일 것 같았다. 왓슨은 '고든이 수아킨 인근 부족들에 외교적으로 접근해 베이커를 지원할 계획'이었다고 기록했다. 실제 고든은 베자 부족장들에게 두 건의 성명을 전달했다. 성명에는 베자족에게 포위당한 요새에서 병사들이 철수할 수 있도록 허락해달라는 것과 부족장들이 수아킨으로 와 자신과 직접 교섭하자는 내용이 담겨 있었다. 고든은 베이커의 부대가 이미 오스만 디그나와 운명의 결전을 치르고자 에-테브로 출발했다는 것을 모르고 있었다.

고든이 카이로에 들르려 하지 않은 진정한 이유는 다른 데 있었다. 그는 이미 사이가 틀어진 케디브 타우피크와 만나는 것을 피하고 싶었다. 며칠 전 고든은 해군대신이자 베링의 5촌 조카인 노스브룩 경에게 편지를 보냈다.

죄로 투옥되는 일이 이어졌다. 1857년 5월 10일, 델리 근처의 미루트에서 세포이들이 폭동을 일으켜 감옥에 갇힌 동료를 석방하고 유럽인을 살해했고, 무굴제국의 수도였던 델리를 점령하면서 세포이의 항쟁이 본격적으로 막이 올랐으나 이듬해인 1858년 7월 20일 괄리로르 전투를 끝으로 모두 진압되었다. 이를 계기로 영국은 1876년 동인도회사를 해체하고 1877년에 영국령 인도 제국을 선포해 직접 통치에 나섰다.

고든은 편지에 '자기가 두려워하는 것은 마흐디가 아니라 타우피크'라고 적었다. 신문과 가진 인터뷰에서는 케디브를 "비열한 뱀"이라고 부르기도 했다. "정말 타우피크를 만나야 합니까?" 고든이 물었다. "꼭 만나야 합니다." 우드가 대답했다.

결국, 고든과 스튜어트는 우드가 타고 온 증기 기동선을 타고 카이로로 향했다. 이스마일리야로 향하는 다섯 시간 동안 우드는 고든과 스튜어트에게 이집트와 수단에서 벌어진 난항을 상세하게 설명했다. 이스마일리야에 도착한 일행은 역으로 가 베링이 미리 준비한 특별 열차에 올랐다. 열차 안에서 고든은 반갑게도 자신의 옛 비서였던 무함마드 베이 투하미Muhammad Bey Tuhami를 만났지만, 그가 최근 시력을 잃었다는 것을 알고 낙담했다. 고든은 그에게 선물로 100파운드를 건넸다.

특별 열차는 예정보다 30분 앞선 아침 9시에 카이로에 도착했다. 고든은 누바르 파샤의 공식 환영을 피할 수 있게 되었다며 안도했다. 그 시각, 누바르 파샤는 역으로 나오는 길이었다. 고든이 곤도코로 지사로 취임하는 데 누바르 파샤의 도움이 있었던 것은 사실이다. 그러나 고든은 오래지 않아 탐욕스럽고 게으른 데다 나랏돈으로 자기 주머니를 채우는 데 혈안이 된 이 아르메니아인을 혐오하게 되었다.

누바르 파샤는 한때 고든에게 스스로 수단 왕이라 선언하라고 조언했고 고든은 누바르 파샤가 케디브 이스마일에게 불충한 모습을 보였던 이 순간을 잊을 수 없었다. 그 제안을 받는 순간, 고든은 불같이 화를 내며 거부했다. 그는 누바르 파샤를 "표리부동한 악당"이라고 불렀다.[2] 고든은 지금 당장이야 베링을 존중해야 해 어쩔 수 없이 일정을 소화하고 있었지만, 환영식 같은 것은 아무래도 좋았다. 그는 허례를 싫어했다.

대신에 고든은 그레이엄을 다시 만나 무척이나 기뻤다. 전신 부서의 플로이드E. A. Floyd는 이렇게 기록했다. "그것은 정말 대단한 광경이었다. 180센티미터가 넘는 그레이엄이 고든의 양손을 잡고서 '이보게 찰리, 귀여운 친구 같으니. 어떻게 지내는가?'라고 말하자 키 작은 고든은 '제럴드, 이 사람, 자네는 어떤가?'라며 즐거운 목소리로 대답했다."[3] 고든과 스튜어트를 태운 마차가 숙소인 우드의 관저로 들어오자 그레이엄은 이들을 맞았다. 이들이 도착하기 전 이집트인 마부들이 종종걸음으로 길을 정리했다.

고든과 스튜어트는 이탈리아 남부 브린디시Brindisi에서 탄조레 호를 타고 이집트로 항해를 시작했다. 그러나 이들의 실제 여정은 1월 18일, 런던 스트랜드Strand 거리 서쪽 끝에 있는 채링 크로스Charing Cross에서 시작되었다. 전해오는 바로는 그곳에서 기이한 장면이 연출되었다. 고든과 스튜어트가 탈 예정인 저녁 7시 45분 프랑스 칼레행 야간 우편열차가 15분 연착되었다. 그때, 부관감 울즐리 장군은 이륜마차 택시를 타고서 세인트 제임스에 있는 클럽으로 돈을 구하러 가고 있었다. 고든은 바쁜 나머지 돈을 가져오는 것을 까맣게 잊고 있었다.

울즐리는 금화 300파운드를 가지고 돌아와 이 돈을 스튜어트에게 전해주었다. 그러고서 울즐리는 고든의 여행용 가방을 대합실로 옮겨놓았다. 영국 육군 총사령관으로 울즐리의 상관인 케임브리지 공작이 고든과 스튜어트를 위해 마차의 문을 열어주었다. 외무성 장관인 그랜빌이 고든의 표를 샀고, 육군성 장관Secretary of State for War인 하팅턴이 고든에게 성공을 빌어주려고 배웅 나왔다.

정말로 꿈같은 장면이다. 런던 중심부에 있는 평범한 기차역에서 앞으로 세상을 뒤흔들 중요한 드라마 같은 이야기가 시작된 것이다. 대영제국에서 가장 계급이 높은 장군 두 명, 그리고 빅토리아 여왕의 외무성 장관과 육군성 장관, 이 네 명은 당시 세상에서 가장 강력한 권력을 가진 사람들이었다. 이런 네 명이 대영제국을 위기에서 구할 임무를 띠고 땅끝으로 가는 영웅과 영웅의 동료를 배웅한 것이다. 이 장면은 고든의 때 묻지 않은 순수함을 보여준다. 고든은 마치 어린아이 같아서 돈을 맡길 수 없었다. 돈은, 예민하면서도 계산에 밝아 고든이 '유모'라는 별명을 붙인, 스튜어트 중령에게 맡겨야 했다. 아무튼, 이날의 모습은 빅토리아 시대 런던의 아늑한 클럽을 떠올리게 한다. 서로 잘 아는 강력한 권력자들이 외투와 정장을 입고 실크해트silk hat를 쓰고서 대중 속에 파묻혀 있었지만, 이들은 수백만 명의 목숨이 달린 사건을 어떻게든 해결하려 노력하고 있었다. 이 넷은 마치 밤 기차를 타고 프랑스로 출발하는 친구를 배웅하러 나온 유복한 동아리처럼 보였다.

고든과 관련된 많은 일화가 그러하듯 이 또한 일부는 신화로 꾸며진 것이다. 울즐리와 케임브리지 공작이 그날 밤 채링 크로스에 나간 것은 사실이다. 울즐리는 크림전쟁 이후 고든의 오랜 친구였고, 케임브리지 공작은 고든 가족이 코르푸Corfu에서 이웃이 된 때부터 어린 고든을 잘 알고 있었다. 그러나 그랜빌과 하팅턴은 그곳에 없었다. 고든은 울즐리가 돈을 구하러 갔다는 것도 밝히지 않았다.

좌우지간 저녁 8시가 되자 기적이 울리고 기차 문이 큰소리를 내며 닫혔다. 중국의 고든으로 불린 찰스 고든 소장이 탄 야간 우편열차는 기적을 울리며 역을 벗어나 카르툼이라는 운명의 종착역을 향해 달리기 시작했다.

3

수단으로 출발하기 불과 11일 전, 고든은 영국 육군에 전역지원서를 제출했다. 그는 벨기에 왕 레오폴드 2세가 제안한 콩고 총독 자리를 수락한 상태였다. 레오폴드 2세에게 총독직을 제안받기 전 1년 동안, 고든은 조용히 예루살렘에 거주하고 있었다. 그에겐 예수가 십자가 고난을 받고 묻힌 현장을 순례하고 싶다는 오랜 종교적 꿈이 있었다. 예루살렘에서 안식년을 끝낸 고든은 콩고 총독직의 세부 내용을 마무리 지으러 1884년 1월 1일 브뤼셀에 도착했다. 그가 호텔에 짐을 풀고 있을 때, 편지 한 통이 전달되었다. 새뮤얼 베이커가 쓴 편지는 고든이 호텔에 도착하기 전부터 고든을 기다리고 있었다. 새뮤얼 베이커는 수단에 있는 이집트군과 그 가족들을 철수시키는 일을 도와달라고 요청했다. 콩고의 노예무역을 근절하는 데에 이미 관심을 뺏긴 고든은 이 요청을 무시했다.

고든은 자기에게 찾아온 새로운 기회를 잡으려면 영국 육군을 떠나야 한다는 것을 잘 알았다. 그러나 그는 연금을 받지 못할지도 모른다는 걱정이 들어 오랜 친구이자 당시 부관감인 가넷 울즐리에게 편지를 보냈다. 고든은 연금 문제를 잘 처리해달라는 부탁과 함께 며칠 안으로 자신이 런던에 돌아가 사임과 관련된 문제를 정리할 것이라고 썼다. 울즐리는 부관감이라는 높은 위치에 있기도 했지만, 전투와 행정 그리고 정책 등 모든 면에서 당시 손꼽힐 만큼 뛰어난 업적을 남긴 인물이었다. 그는 텔 엘-케비르 전투의 영웅이면서 후기 빅토리아 시대 육군의 표상이라 할 수 있는 『군인 수첩Solider's Pocektbook』의 저자였다. 빅토리아 시대 유명한 오페라 작가인 길버트와 설리번*이 울즐리를 주인공으로 곡을 썼다면 아마 〈현대 육군 장성의 참모습〉이라는 제목을 붙였을 것이다. 고든의 편지를 받은 울즐리는 영국이 인재를 잃을지도 모른다는 생각에 덜컥 겁이 났다. 그는 고든에게 답장을 보냈다. "고든, 난 당신의 콩고 부임을 말리고 싶소. 우리 영국의 인재인 고든이 적도에 사는 검둥이들 사이로 숨다니!"[4] 그는 고든에게 1월 15일에 육군성에 있는 자기 사무실에서 만나 앞일을 상의해보자고 제안했다.

울즐리와 고든은 위관장교 시절 크림전쟁의 세바스토폴 전투에 함께 참가했다. 울즐리는 그때도 고든이 사람을 움직이는 힘이 있다고 느꼈다. 수단 문제 때문에 고든을 다시 만난 이번에도 울즐리는 고든 앞에서 움츠러들었다.[5] 겸손과는 거리가 먼 울즐리였지만, 그는 이렇게 회고했다. "나는 고든의 허리띠를 윤이 나게 닦는 일을 하기에도 부족했다." 이는 마치 세례 요한이 예수를 향해, "나보다 능력 많으신 이가 내 뒤에 오시나니 나는 굽혀 그의

* 작사가 길버트W. S. Gilbert(1836~1919)와 작곡가 설리번Arthur Sullivan(1842~1900)은 1871년부터 1896년까지 오페라 14편을 함께 만들었는데 세계적으로 큰 성공을 거두었으며 오늘날에도 영어권 국가에서는 꾸준히 무대에 오르고 있다.

신발 끈을 풀기도 감당하지 못하겠노라(마가복음 1장 7절)" 고 했던 장면을 떠올리게 한다. 울즐리는 고든을 이 시대의 가장 이상적인 기독교적 영웅으로 생각했다. 그는 이렇게 기록했다.* "고든은 자기가 한 모든 일에서 전적으로 자기를 지웠다. 단지 그는 하느님이 맡긴 소명을 다한 것뿐이었다."6

울즐리는 중국에 있을 때 상승군을 맡아달라는 제안을 받을 뻔했다. 물론 그 제안은 고든에게 갔고, 결과는 앞서 본 것과 같다. 고든이 아니라 울즐리가 상승군을 맡았으면 어떻게 되었을까? 울즐리는 자신이 상승군을 맡았다면 고든만큼 성공하지 못했을 것으로 생각했다. 그는 자서전에 "만일 내가 지휘권을 받았다면 권력의 유혹에 넘어가 스스로 중국 황제에 오르는 것으로 끝났을 것" 이라고 기록했다. 고든과 울즐리는 중국에서 근무한 뒤로 다시 만날 일이 거의 없었다. 그러나 서로 매우 깊은 인상을 받았고, 후로도 상대방의 경력을 관심 있게 주시해왔다. 울즐리는 고든이 기도할 때마다 잘 되기를 빌어주는 사람 중 하나였다.

1882년 연초에 마흐디가 엘-오베이드를 포위하고 공격하자, 영국에서는 수단 문제를 해결할 적임자로 고든이 거론되기 시작했다. 같은 해 12월, 빅토리아 여왕조차도 "고든이나 새뮤얼 베이커 둘 중 한 사람이라면 마흐디 반란을 두 달 안에 진압할 수 있을 것" 이라 했다. 그러나 1년이 지난 1883년 초까지도 영국 정부는 움직이지 않았다. 카이로 주재 영국 정보부 책임자인 찰스 윌슨 중령은 존 스튜어트 중령을 영국에 보내 수단 상황을 보고했다.

고든의 이름이 다시 수면으로 떠오른 것은 힉스 원정군이 학살에 가까운 패배를 당한 뒤였다. 중국 시절부터 고든을 알던 공병 출신의 비번 에드워즈** 대령은 고든을 추천하는 편지를 재무장관 휴 칠더스Hugh Childers에게 보냈

* 울즐리는 진정한 영웅을 단 두 명만 꼽았는데 고든과 미국 남북전쟁에서 남군을 이끌었던 리Lee 장군이었다.

** James Bevan Edwards(1835~1922): 1852년에 공병 장교로 임관해 1853년 크림전쟁, 1857년 세포이의 항쟁 진압에 참전했다. 1882년에 인도군 참모단Indian Staff Corps으로 전속되었고 1885년에는 수아킨 원정부대에서 공병을 지휘하기도 했다. 영국으로 돌아와 공병학교장을 역임

다. 이 편지는 역시 공병 출신으로 당시 축성국장Director of Fortifications이던 육군 소장 앤드루 클라크*에게 전해졌다. 에드워즈 대령은 고든을 단순히 '수단 문제를 다룰 수 있는 사람 중 한 명'으로 지명했다. 그러나 이미 클라크 소장은 고든이 신비한 능력을 갖춘 인물이라 여기고 있었다. "마흐디가 제아무리 예언자라 해도 고든이 수단에 나타나면 상황은 달라질 것이다."[7]

고든이 수단 부족에 끼치는 신비로운 힘은 마흐디의 그것과 대등하거나 더 뛰어났다. 그리고 이 두 인물은 서로 거울을 보는 듯했다. 마흐디가 메시아로 추앙받으며 권력을 잡은 것이나 고든에게 신비한 능력이 있다는 신화가 대중 사이에 퍼진 과정은 똑같았다. 마흐디의 앞날이 어떻게 될지 알 수 없는 상태에서 이성적이고 명석한 사람들은 고든의 마법에 매료되었다.

에드워즈 대령을 거쳐 클라크 소장까지 전달된 이 편지는 결국 그랜빌의 책상에 도달했다. 그리고 불과 이틀 뒤, 수단을 포기해야 한다는 베링의 전문이 그랜빌에게 도착했다. 그랜빌은 고든이 필요하다고 생각했다. 당시 영국 여론은 수단 문제에 말이 아닌 행동을 요구하고 있었다. 글래드스턴도 그랜빌도 수단에 돈을 쓸 생각은 없었다. 그러나 고든이라면 비용이 적게 든다는 큰 장점이 있었다. 그랜빌은 자기도 모르게 글래드스턴 수상에게 고든을 신격화해 추천하고 있었다. "고든은 이집트에서 명성이 자자하오. 국내에서도 인기가 있소. 노예제도의 강력한 반대자이기도 하지요. 그는 너무 집중한 나머지 미쳤소."[8]

글래드스턴 수상은 누구보다도 고든의 매력에 빠지지 않으려고 아등바등했던 사람이었다. 그러나 일주일 뒤, 그는 고든을 승인했다. 글래드스턴의

했고, 1889년에는 중국과 홍콩 주둔 영국군 사령관을 지냈으며, 중장까지 진급했다. 1895년에 국회의원으로 선출되나 1899년에 사임했다.

* Sir Andrew Clarke: 1824년 7월 27일, 서부 오스트레일리아 총독을 지낸 앤드루 클라크 중령의 장남으로 태어났다. 16세에 울위치 육군사관학교에 입학했고, 1844년 공병 장교로 임관했으며 1882년부터 1886년까지 공병감을, 1873년부터 1875년에 싱가포르 총독을 역임했다. 1902년 런던에서 사망했다.

개인비서인 스몰리G. W. Smalley는 글래드스턴이 실제로는 고든을 싫어했다고 전한다. 글래드스턴은 고든에게 본능적으로 가시 돋친 반응을 보였는데 이유는 정확히 알 수 없다. 그러나 글래드스턴은 현실적인 인물이었다. 그는 고든의 머릿속이 복잡하든 말든 그가 1개 보병사단보다 값어치 있는 인물이라는 것을 잘 알고 있었다.

12월 1일, 그랜빌은 베링에게 전문을 보내 고든이 이집트 정부에 조금이라도 도움이 될지 물었다. 베링은 없다고 잘라 말했다. 베링은 마흐디 반란의 뿌리가 이슬람에 있는데 독실한 기독교인을 수단 총독으로 임명한다면 불 난 집에 부채질하는 것과 다름없다고 생각했다.

베링의 답변은 공식적이었지만, 실제 그가 고든을 반대한 데는 다른 까닭이 있었다. 베링은 아직 고든의 매력에 넘어가지 않은 사람이었다. 베링의 기억에 고든은 케디브의 부채를 탕감해줘야 한다고 주장한 이상한 인물이었다. 고든은 명령 계통의 중요성은 안중에도 없고, 중요한 결정을 내리기 전에는 습관적으로 『구약성서』의 「이사야서」를 읽는 그런 사람이었다.

전역지원서를 제출한 다음 날인 1월 8일 밤 11시, 영국으로 돌아온 고든은 여전히 독신으로 지내고 있는 누이 오거스타Augusta의 집으로 갔다. 오거스타의 집은 사우샘프턴의 록스톤 플레이스Rockstone Place에 있었다. 누나는 고든보다 열두 살 위였다. 고든은 누나 집에 와 있는 편지 한 통을 받았다. 당시 맹목적인 애국주의로 인기가 있던 석간신문 《폴 몰 가제트Pall Mall Gazette》의 편집장 윌리엄 스테드*가 보낸 인터뷰 요청 편지였다. 고든은 밤새 생각하다가 다음 날 아침 스테드에게 답을 보냈다. 이제 곧 콩고로 갈 예정이기 때문에 자신의 의견은 별로 중요치 않다는 내용이었다. 고든의 답과

* William Thomas Stead(1849~1912): 영국 언론인으로 탐사 보도라는 영역을 개척했으며 빅토리아 시대에 논란의 중심에 있던 언론인이기도 했다. 고든과 가진 인터뷰는 그때까지 전혀 존재하지 않던 형식의 기사였는데 이로써 스테드는 새로운 형태의 언론 보도 방식을 만들어냈다. 그는 언론이 정부 정책에 얼마나 영향을 줄 수 있는지 알았으며 여성 인권, 시민의 권리 그리고 세계평화를 주창했다. 타이타닉 호에 탑승했다가 침몰과 함께 사망했다.

관계없이 스테드는 고든을 만나러 왔다.

고든은 누이 집 응접실에서 왕실기마근위대 소속의 존 브로클허스트John Brocklehurst 대위를 배석하고 스테드와 만났다. 브로클허스트는 수단 시절부터 알던 친구로 그날 인터뷰의 증인이 되어주었다. 응접실은 골동품과 고든이 외국에서 가져온 기념품으로 가득 차 있었다. 고든이 바닥에 지도를 펼치는 동안 스테드는 표범 가죽 소파에 앉아 차를 마시고 있었다. 고든이 펼친 지도는 수단이 아닌 콩고 지도였다. 고든은 어떻게 콩고에서 노예무역을 뿌리 뽑을 것인가 이야기할 생각이었다. 그러나 그 정도에서 물러설 스테드가 아니었다. 그는 지도를 펼치는 고든을 제지했다. "장군님! 장군님께서는 수단 문제의 영국 내 전문가이십니다. 그리고 지금 수단은 아주 중요합니다."

그제야 고든은 목소리를 가다듬고 말을 시작하더니 두 시간 동안 이야기를 쏟아냈다. 고든은 마흐디 반란이 튀르크-이집트 식민정부의 실정 때문이며 마흐디는 진정한 이슬람 지도자가 아니라고 주장했다. 자신이 수단 총독으로 재임하며 수단 사람에게 더 나은 것을 기대하도록 가르쳤는데 총독직에서 물러나자 과거의 압제가 다시 살아났다고 했다. 아울러 영국 정부가 수단에서 사람들을 철수시키고 수단을 포기하려 하는데 이것은 유감스러운 일이며 이집트 총리 누바르는 수단에서 철수할 것이 아니라 빨리 새로운 총독을 임명해 어려운 상황에 있는 요새들을 구해야 한다고 목소리를 높였다. 여기에 덧붙여 고든은 마흐디 반란이 이슬람 세계 전체로 번져나가기 전에 막아야 하며, 반란을 진압하면 새로운 헌법을 도입하고 이때 튀르크인들은 제외해야 한다고 했다. 어떤 일이 있어도 철수는 안 되며 마흐디 반란이 처리되면 단순 가담자들은 사면해줘야 하고 그때 수단 정부는 약속을 지키는 사람이 맡아야 한다고 했다.

스테드와 대화에서 고든은 마흐디의 영향력을 상당히 과소평가했다. 고든은 튀르크-이집트제국의 속박에 저항해온 수단인의 노력을 이해했기 때문에 반란 진압 후의 사면을 제안한 것이다. 고든 스스로 수단에서의 영향력을 과대평가하기는 했지만, 그가 무함마드 아흐마드를 경멸한 것은 이해할 만한 행동이었다. 마흐디가 수단 사람들에게 제시한 선택은 둘 중 하나였다. 무조건 자기를 받아들이고 순종하든지 아니면 죽음을 택하라는 것이었다. 고든이 보기에 이것은 튀르크-이집트제국 식민정부의 학정을 마흐디의 새로운 학정으로 대체하는 것에 지나지 않았다. 고든의 눈에는 마흐디의 독재가 수단 사람들에게 더 많은 피와 고통을 요구하는 압제로 이어질 구태의연한 퇴보로 보였다.

고든은 길게 그리고 강한 어조로 이야기했지만, 자신이 적임자라는 식의 이야기는 한마디도 내비치지 않았다. 그러나 스테드는 행간을 읽었다. 이 인터뷰는 그날 저녁 「중국의 고든을 수단으로」라는 제목으로 《폴 몰 가제트》에 실렸다. "우리는 카르툼에 연대를 보낼 수는 없다. 그러나 우리는 여러 비슷한 상황에서 대영제국 육군 전체보다 더 값진 모습을 수차례 보여준 남자를 보낼 수 있다. 중국의 고든에게 전권을 부여해 카르툼에 보낸다면? 고든이 절대적인 통제권을 가지고 수단으로 가 마흐디와 교섭해 위기에 처한 요새들을 구해내고 파멸해가는 수단을 구하도록 한다면?"[9]

이 기사는 반향을 불러일으키는 것을 넘어 영국을 흥분의 도가니로 몰아넣었다. 여론이라는 바다에 그동안 잊고 지냈던 고든이라는 배가 나타난 것이다. 어지간한 신문은 《폴 몰 가제트》의 기사를 다시 실었고 이는 《타임스》도 예외는 아니었다. 대중의 관심은 곧 격정으로 바뀌었다. 이 방면의 전문가들이 한 마디씩 거들었는데 여기에는 빅토리아 여왕도 포함되어 있었다. 여왕은 지난 2년 동안 고든이나 새뮤얼 베이커 둘 중 한 명을 카르툼에 보내라고 내각에 줄기차게 요구하고 있었다. 여왕은 고든의 전역지원서를 받고서 여태 아무런 조치도 하지 않고 있던 육군성 장관 하팅턴에게 넌지시 눈치를 줬다.

브뤼셀에서 고든이 돌아오던 날인 1월 8일, 베링은 이집트 총리인 샤리프 파샤가 사임하고 누바르 파샤가 후임자가 되었다는 것을 확인했다. 육군성 장관 하팅턴은 이집트 국내 정치 여건이 변했기 때문에 고든을 대하는 베링의 태도도 누그러질 것으로 기대했다. 그는 그랜빌을 시켜 이집트 정부가 여전히 고든을 쓸 생각이 있는지 다시 한 번 문의하도록 했다. 누구도 고든에게 수단으로 떠날 준비가 되어 있느냐고 직접 물어보지 않았고 그랜빌은 이집트 주재 영국군 정보 책임자 찰스 윌슨을 대체 인물로 생각하고 있었다.

베링은 이번에도 두 사람 모두 어깃장을 놓았다. 누바르 파샤는 수단에 있는 요새들을 구할 후보를 스스로 물색해 아브드 알-카디르 파샤Abd al-Qadir Pasha를 찾아놓은 상태였다. 아브드 알-카디르는 오스트리아에서 교육을 받은 이집트 출신의 토목기사로 1882년 2월까지 수단 총독으로 근무한 경력이 있었다. 그는 1년이란 시간과 낙타 1만 마리가 제공된다면 수단에 있는 부대를 안전하게 수단 밖으로 데리고 올 자신이 있었다. 그러나 그는 영국이 수단을 포기할 의사를 발표할 것이라는 이야기를 듣자마자 자기 발언을 철회했다. 이것은 일대 사건이었다. 영국이 수단을 포기할지도 모른다는 것은 이집트의 국가 위신에 타격을 입혔을 뿐만 아니라 그렇게 돼서도 안 되는 것이었다. 아브드 알-카디르는 영국이 수단을 포기하려 한다는 것이 수단에 널리 알려지면 정치적으로 중립을 지키는 부족들도 당장 마흐디를 선택할 수밖에 없을 것이라 예견할 만큼 신중했다. 상황이 이렇게 펼쳐지면, 전체적으로 이집트에 적대적인 환경이 조성되고, 그런 환경에서 수단에 고립된 이집트군을 철수시키는 것은 불가능해질 것이었다. 아브드 알-카디르의 판단은 정확했다. 나중에 수단 총독으로 파견된 고든조차도 그의 예측대로 이러지도 저러지도 못하는 상황에 놓이게 된다.

1월 15일, 고든은 전역지원서가 이미 잘 처리되었을 것으로 생각하고 울즐리와 만나 연금 이야기나 할 마음으로 화이트홀 거리에 있는 육군성에 나타났다. 동상이몽이란 표현은 바로 이런 때 쓰는 것이다. 울즐리의 머릿속에 연금 같은 것은 없었다. 고든이 육군성으로 오는 동안 울즐리는 수단 정책을 곰곰이 생각하다가 수단 포기 정책을 뒤집을 수 있는 묘안을 떠올렸다. 그의 계획은 결국 영국군을 투입하는 것인데 이는 현 정부가 두 손 두 발 다 들고 결사적으로 반대하는 것이었다. 그러나 계획대로 잘 진행된다면 영국은 수단을 점령할 뿐만 아니라 울즐리 본인과 추종자들에게는 득이 되는 업적 하나를 더 늘릴 수 있었다. 그러나 이 '공작'의 열쇠는 결국 찰스 고든이었다.

울즐리는 전날 그랜빌과 이야기를 나누었다. 둘은 고든에게 질문 하나를 던지기로 했다. 울즐리가 친구인 고든에게 넌즈시 수단 파견을 어떻게 생각하는지 물어보기로 한 것이다. 만일 고든이 갈 수 없다고 하거나 대규모 부대를 대동하지 않고서는 갈 수 없다고 말한다면 이것은 그랜빌이 대중에게 내세울 괜찮은 변명이 되기에 그럭저럭 괜찮은 결과였다. 그러나 반대로, 고든이 수단에 있는 부족들을 상대로 개인적인 영향력을 행사해 카르툼에 있는 병력과 거주민들을 수아킨까지 안전하게 데려올 수 있다고 말한다면 그때는 그랜빌이 베링에게 약간의 압력을 행사할 필요가 있었다. 그랜빌은 이 계획을 요약해 북웨일즈 플린트셔 하든 성Hawarden Castle*에 머물고 있던 글래드스턴 수상에게 편지를 보냈다. 수상은 개인적으로 고든을 지지리도 싫어했지만, 이 계획을 승인했다.

울즐리가 고든을 만나 콩고에서 '썩는 것'에 찬성하지 않는다며 미리 준비한 주제를 에둘러 전달하는 사이, 글래드스턴 내각은 그간 고든에 취해온 입장을 철회했다. 이는 고든이 전역지원을 철회할 수 있다는 것을 뜻했다. 이 문제가 정리되자 울즐리는 고든에게 어떻게 수단 문제를 해결할 것인지 물었다. 고든은 주저하지도 않고 바로 출발해 카이로를 들르지 않고 수아킨까지 배로 이동할 것이라고 대답했다. 수단 내 사정을 조사하러 수아킨으로 가는 것이냐고 울즐리가 다시 물었다. 수단 사정을 파악하기 전에는 수단에서 병력을 철수하는 방안을 권할지 아니면 자기가 수단 총독을 맡을지 이야

* 이 성은 원래 글래드스턴의 부인인 캐서린 글린Catherine Glynne 가문의 소유였다. 글래드스턴은 그녀와 결혼한 이후 죽을 때까지 이 성에 거주했으며 현재도 이 성은 일부 개방된 부분을 제외하면 글래드스턴 가문의 소유로 되어 있다.

기할 수 없다고 고든이 대답했다.

이 대화로 고든이 수단에 갈 의향이 있다는 것을 확인한 울즐리는 이번 임무에 필요한 것이 무엇인지 적어달라고 부탁했다. 고든은 수아킨에 가서 수단 내부의 군사 상황을 살펴보겠으며, 베링의 지시를 받고 그를 통해 본국과 교신한다고 적었다. 또한 고든은 상황을 보고하는 것만이 본인의 의무이며, 영국 정부가 자기 조언을 따를 의무가 없다는 점을 이해한다는 내용을 추가했다.

손수 적은 임무 지시서에 고든이 강조한 것은 정찰이었다. 이것은 고든이 수단 현지 부족들을 부추겨 카르툼에 있는 이집트군을 홍해까지 무사히 데려다줄 것이라던 그랜빌의 생각과는 영 딴판이었다. 이 보고는 외무성, 베링, 그리고 글래드스턴 수상에게 전달되었다.

그 뒤로 벌어진 일은 지금도 의문으로 남아 있다. 고든과 울즐리가 만난 다음 날, 베링은 그랜빌에게 공식 전문을 보내 아브드 알-카디르가 수단으로 간다던 약속을 취소한 사실을 보고했다. 동시에 그는 민사와 군사 분야에서 전권을 가지고 카르툼에서 철수를 지휘할 만큼 잘 훈련된 영국 장교를 카르툼에 파견해달라고 했다.[10] 베링이 고든을 언급하지 않은 이유는 불분명하다. 수아킨으로 가본 뒤 보고하겠다는 고든의 제안서는 그 전날 베링에게 전달되었다. 아마도 베링은 그 제안서를 못 받았든지 아니면 받고서도 무시하기로 했을 것이다. 만일 이런 이유가 아니라면, 베링은 고든을 보내달라는 요청이 공식 기록으로 남는 것을 원치 않았는지도 모른다. 만일 후자가 맞는다면 이는 고든 이야기에 연관된 모든 사람에게 공통으로 나타나는 책임 전가의 첫 사례이다.

같은 날, 베링은 그랜빌에게 두 번째 전문을 보냈다. 이 전문은 사적인 것이었다. 베링은 고든이 온다는 것을 알게 되자 그랜빌에게 즉각 답신을 보냈다. 베링은, 고든이 수단에서 병력을 최대한 신속하게 철수시키는 정책을 수행하겠다고 약속했다면, 그가 수단 문제를 다룰 최적의 사람이라는 데 동의했다. 여기에 베링은 고든이 카이로의 지시, 즉 자신의 지시를 받아들여야 한다고 덧붙였다.

고든을 좋아하지도 않았고 그렇다고 믿지도 않은 베링은 자신의 뜻을 굽힌 것을 두고두고 후회했다. 베링은 나중에 글래드스턴 내각이 수단 문제를 다루는 데 두 가지 중요한 실수를 저질렀다고 기록했다. "첫째는 힉스 원정군을 막지 못한 것이고 둘째는 고든을 카르툼에 파견한 것이다. 한참 시간이 흘러 돌이켜봤을 때 두 가지는 명확하다. 우선 누구도 카르툼에 보내지 말았어야 한다는 것이다. 그래도 만일 누군가를 꼭 보내야 했다면 고든은 아니었다."[11]

4

런던에서 울즐리를 만나고 브뤼셀로 돌아온 고든은 콩고로 갈지 아니면 수단으로 갈지 여전히 확신이 서지 않았다. 그는 칼자루를 쥔 베링이 자기를 내치려는 것을 알고 있었다. 친구인 브로클허스트와 도버 항에서 배에 오르면서, 고든은 울즐리에게 편지를 급히 갈겨썼다. 만일 문제가 불거진다면 본 사안을 '묻어버리라'는 것이었다. "이 문제는 우리 둘밖에 모르네. 나는 일말의 동요도 없고, 상처도 안 받을뿐더러, 그 내용을 절대 발설하지 않을걸세."[12]

그날 오후, 브뤼셀의 벨뷔 호텔Hotel Bellevue에 도착한 고든은 울즐리가 보낸 전문을 받았다. 전문을 받은 즉시 런던으로 돌아와 가능하면 다음 날 아침에 자신의 사무실로 즉각 와달라는 내용이었다. 전문을 읽은 고든은 흥분해서 얼굴이 붉어졌다. 카르툼으로 가게 된 것을 느끼는 순간, 그는 인생의 큰 분수령을 넘고 있다는 것을 알 수 있었다.

고든은 자기를 고용하기로 했던 벨기에의 국왕 레오폴드 2세에게 사과했는데 예상대로 왕은 격노했다. 고든과 브로클허스트는 야간에 배를 타고 다음 날인 1월 18일 새벽, 다시 영국으로 돌아왔다. 런던에 도착한 고든은 버킹엄 궁 서쪽의 나이츠브리지Knightbridge 왕실근위대Household Cavalry로 가서 매무시를 단정히 했다. 그리고 마차를 타고 버킹엄 궁 동쪽 화이트홀 거리에 있는 왕실기마근위대 건물의 울즐리 사무실로 갔다. 울즐리는 베링이 고든을 받아들였다고 말했다. 이제 고든이 수단으로 가는 데 방해가 되는 것은 아무것도 없었다.

울즐리는 오후 3시에 각료 회의에 참석해야 한다고 고든에게 이야기했다. 밤새 여행으로 피곤했지만 사기가 오른 고든은 왕실근위대로 돌아와 쉬었다. 낮 12시 30분, 울즐리는 고든을 데리러 왔고 둘은 마차를 타고 육군성으로 갔다. 밖에야 찬바람이 씽씽 불었지만, 가구 광약 냄새가 진동하고 절간처럼 조용한 유서 깊은 육군성 건물 안은 따뜻했다. 울즐리는 고든에게 하팅턴의 사무실에 들를 동안 대기실에서 잠시 기다려달라고 부탁했다. 고든은 석탄이 타고 있는 난로 앞으로 다가갔다. 그는 갑자기 하팅턴의 비서를 향해 몸을 돌리더니 질문을 던졌다. "거짓말을 해본 적이 있소?" 질문을 받은 비서는 놀라서 눈을 말똥말똥하게 뜨고 그를 쳐다보았다. 그 순간 울즐리가 사무실에서 나와 고든을 불렀다.

울즐리가 고든에게 말했다. "영국 정부가 수단에서 철수하기로 정부가 결정했다는 점을 자네가 이해해주었으면 하네. 앞으로 수단에 정부가 있으리라 보장도 못 한다네. 수단에 가서 이 일을 해주겠는가?"

"그러지!" 고든이 대답했다.

울즐리는 몸짓으로 하팅턴 사무실 문을 가리켰다. "들어가세!"

하팅턴의 사무실에는 외무장관 그랜빌 경, 스펜서 캐번디시, 그리고 토마스 베링이 고든을 기다리고 있었다. 그랜빌 경의 본명은 그랜빌 조지 레버슨 가워Granville George Leveson Gower로 그는 이튼 학교와 옥스퍼드대학을 졸업했다. 당시 나이 예순아홉이던 그랜빌은 식민성 장관Secretary of State for the Colonies을 거쳐 벌써 외무성 장관을 두 번이나 수행하고 있었다. 그랜빌의 동료이자 부하인 캐번디시*는 하팅턴 후작Marquess of Hartington이라는 직함을 가졌으며 액스민스터 학교와 케임브리지대학을 졸업했고, 당시 쉰 살로 이미 인도성 장관Secretary of state for India을 역임했으며 나중에 제8대 데번셔 공작Duke of Devonshire이 된다. 노스브룩 경이라는 직함을 가진 쉰여덟의 토마스 조지 베링은 육군성 차관과 인도 총독을 모두 역임했으며 당시 해군성 장관이었다. 원래 참석이 예정되어 있었으나 늦게 나타난 인물은 마흔셋의 젊은 찰스 딜크Charles Dilke였는데 그는 당시 잉글랜드와 웨일스의 지방정부를 담당하는 지방정부위원회 위원장이었다. 법률가이자 여행가이고 작가인 딜크는 신문사를 물려받았을 뿐만 아니라 부유층이 많은 첼시Chelsea 출신 하원 의원이기도 했다.

이 회의는 공식 회의록이 존재하지 않는다. 그러나 서로 다른 진술을 하는 판본이 두 개 있다. 회의에 참석한 장관 네 명이 전하는 바로는, 고든은 수단에 단지 고문 자격으로 파견된 것이었다. 회의가 끝나고 그랜빌은 베링에게 전문을 보냈다. 고든이 수단 주둔 병력을 철수시키러 파견되는 것이라는 언급은 없었다. 이 전문에는 그가 단지 군사 상황을 보고하기 위해 파견되는 것이라고 했다. 그러나 그랜빌은 고든이 베링의 지휘 아래 있으며 베링이 위임하는 다른 임무를 수행할 수 있다고 덧붙였다.

베링의 5촌 조카인 노스브룩 또한 같은 날 그랜빌 전문의 내용을 편지에 적었다. "고든이 수단 주둔 병력을 철수시키고 수단의 안정화 방법을 보고

* Spencer Compton Cavendish(1833~1908): 1834~1858년에는 캐번디시 경Lord Cavendish of Keighley으로 불렸고, 1858~1891년에는 하팅턴 후작Marquess of Hartington으로 불렸다. 그는 자유당Liberal Party 소속으로 한 번, 연합파 자유당Unionist Liberal Party(자유당 소속이나 아일랜드 독립에 반대하는 의원들이 결성한 자유당 내 분파)에서 한 번 등 모두 세 번에 걸쳐 당수를 역임했을 뿐만 아니라 수상이 될 수 있었으나 상황이 여의치 않아 수상직을 세 번 모두 거절한 독특한 경력이 있다. 1880~1882년에 인도성 장관, 1882~1885년에는 육군성 장관을 지냈다. 1891년에는 제8대 데번셔 공작Duke of Devonshire이 되어 상원에 들어갔고, 1895년에는 추밀원 의장이 되었으나 1903년에 조셉 체임벌린이 주도한 보호주의 무역 정책인 관세개혁이 통과되자 사임했다.

하러 오늘 밤 우편선을 타고 수아킨으로 떠납니다. 그리고 이집트 정부는 당신(베링)을 통해 고든에게 여타 임부를 위임할 수도 있을 것입니다."[13] 노스브룩은 고든이 '마흐디의 권위를 믿지 않으며 수단 부족들이 마흐디를 지지하더라도 원래 부족 영역을 떠나지 않을 것'으로 생각했다고 밝혔다. 고든은 철수가 그리 어렵지 않다고 생각했다. "고든은 수단을 계속 유지해야 한다는 식으로 안달하지 않았다. 그리고 철수 정책에 진심으로 동의했다."[14]

불과 9일 전, 《폴 몰 가제트》 편집장 윌리엄 스테드와 인터뷰에서 고든이 말한 내용을 상기해보면 이런 증언은 분명 의심스러운 면이 있다. 인터뷰에서 고든은 수단에서 철수하는 것이 통탄할 일이며, 주둔군을 구원해야지 철수시켜서는 안 된다고 말했다. 울즐리는 고든이 "수단을 포기하는 정책은 유약하고 바보 같은 것"이라고 분명히 말했다고 밝혔다. 하팅턴은 1월 15일 고든과 울즐리 간 대화의 핵심을 요약해 그 사본을 글래드스턴 수상에게 보냈다. 이 보고서는 고든이 수단에 가서 상황을 파악하고 영국에 돌아와 보고하는 것으로 되어 있다. 따라서 막상 나중에 일이 터지자 글래드스턴은 자기가 아는 범위에서 수단에 파견된 고든에게 상황 보고 외에 다른 임무는 없었다고 공식적으로 주장할 수 있었다.

그랜빌은 고든에게 수단 유지가 선택 사항이 아니라는 점을 강조했다. 회의에 늦어 대화 초반부를 놓친 딜크에게 그랜빌은 편지로 내용을 요약해주었다. "1월 15일 화요일, 고든이 울즐리와 나눈 대화에서 고든은 두 가지 방안을 제시했다. 우리는 고든에게 수단을 유지하는 방안은 생각하지 않고 있다고 이야기했다. 그러자 고든은 단지 철수를 도우러 가는 것뿐이고 자신은 준비되어 있다고 분명히 말했다……. 이 대화에서 고든은 유별나게 꼬장꼬장하지는 않았지만, 울즐리가 귀띔해주었던 것보다는 훨씬 심했다."[15] 회의에 참석했던 네 명의 장관은 '고든이 영국이 어떤 형태로든 수단에 군대를 보내지 않는다는 점을 명확히 이해하고 자리를 떴다'고 입을 맞추었다.

그러나 고든의 시각은 전혀 달랐다. 장관들과 만나기 며칠 전, 울즐리와 독대한 고든은 자기가 수아킨에 가서 상황을 살피고 영국 정부에 대책을 조언하는 안을 내놓았다. 그러면서도 영국 정부가 이 조언에 따라야 할 의무는 없다는 점을 분명히 했다. 그러나 장관들과의 회의에서 고든의 임무는 집행권이 있는 역할로 바뀌었다. 이 점은 회의 직후 그가 쓴 개인적인 편지 두 통에 언급되어 있다. 장관들은 단지 상황 보고가 아니라 직접 수단에 가서 병력을 철수시켜달라고 부탁했다.

위에 나온 두 가지 설명 중 하나가 옳다면 그랜빌의 "철수를 도와"라는 표현과 노스브룩의 "수단을 안정"이란 문구는 전문에 완전히 드러나지 않은 숨겨진 행간을 이해하는 데 결정적인 열쇠가 된다. 공식 회의록이 없는 것도 아마 우연이 아닐 것이다. 울즐리는 여전히 확신할 수 없는 사람이었던 고든을 내각에 강력하게 요구했다. 만일 고든이 성공한다면 글래드스턴 내각은 이를 공적으로 자랑할 수 있었고 설령 잘못되더라도 이는 고든이 명령을 무시했기 때문이거나 혹은 카이로에 있는 베링이 정부의 지시를 왜곡했기 때문이라고 주장하면 그만이었다. 장관 회의의 공식 회의록이 없는 상태에서 이들 장관의 일치된 증언은 고든이 실패하면 책임을 회피하겠다는 숨은 의도의 정확한 반증이다. 그리고 이런 책임 회피는 며칠 전 고든이 자진해서 한 발표를 베링이 무시했을 때 시작된 것이었다. 내각은 고든이 수단에서 병력을 철수해주길 원한 것이 분명하지만, 고든 파견을 결정한 장관 네 명 중 누구도, 특히 글래드스턴 수상이 이 사실을 인정하려 하지 않았다.

5

울즐리는 수단 문제를 잘 해결해서 대중으로부터 인정받고 싶어 했는데 여기에는 그럴 만한 충분한 까닭이 있었다. 얄미울 만큼 머리도 좋고, 야심도 있으며, 속물적인 데다가 이기적이기까지 한 울즐리는 당대 영국에서 제일가는 유능한 군인이었다. 울즐리 자신도 이런 사실을 잘 알고 있었다. 자신의 능력으로 고위직에 오른 극소수 장교 중 한 명인 울즐리는 열네 살이라는 어린 나이에 당시 총사령관인 웰링턴 공작*에게 직접 호소해서 매관 제도를 비껴갈 수 있었다.

키치너와 마찬가지로 울즐리도 아일랜드 출신이다. 그는 더블린에서 4남 3녀 중 장남으로 태어났다. 오래된 앵글로색슨 귀족의 후손인 울즐리의 아버지는 29년 동안 제25보병연대King's Own Borderers에서 복무하다 소령으로 전역했다. 울즐리가 일곱 살 되던 해, 아버지가 사망하면서 가세가 기울었다. 울즐리는 돈이 없었기 때문에 기숙학교 대신 통학하는 학교에 다녔지만, 열네 살이 되면서 더는 학교에 다닐 수 없게 되자 더블린에 있는 측량 사무소에 취직했다.

울즐리의 어머니는 웰링턴 공작에게 울즐리의 임관을 요청하는 청원을 여러 번 넣었고 결국 1852년에 웰링턴 공작은 울즐리 아버지의 복무 기록을 근거로 울즐리에게 매관 없는 임관을 승인했다. 임관 승인은 받았지만 이게 끝은 아니었다. 울즐리에게는 샌드허스트에 있는 육군사관학교에 입학해야 하는 어려운 관문이 남아 있었다. 입학하려면 시험을 통과해야 했는데 대수학, 역사, 지리, 축성, 그리고 외국어가 입학시험 과목이었다. 그는 측량사로

* Duke of Wellington(1796~1852): 본명은 아서 웰즐리Arthur Wellesley이다. 스페인과 포르투갈이 일으킨 반도전쟁Peninsular War에 참전해 승리하고 1814년에 나폴레옹이 엘바 섬으로 유배되자 나폴레옹전쟁에서 세운 공을 인정받아 웰링턴 공작이 되었다. 1815년 6월 18일에 워털루 전투에서 연합군 사령관으로 다시 한 번 나폴레옹을 물리친다. 1827년에는 영국 육군 총사령관으로 임명되나 다음해인 1828년에 수상이 되어 1830년까지 수상직에 있었고 1834년에도 잠시이긴 하지만 수상직을 맡았다. 웰링턴 공작은 사망할 때까지 영국 육군 총사령관직을 유지했다. 나폴레옹에 대항해 승리를 거둔 전공 덕분에 웰링턴 공작은 영국에서 영웅 대접을 받았지만, 역설적이게도 이런 영향력 때문에 나폴레옹전쟁이 끝나고도 그가 죽을 때까지 거의 40년 동안 영국 육군은 아무런 개혁 없이 나폴레옹전쟁 당시의 편제와 제복, 장비 등을 그대로 사용했다. 특히 웰링턴 공작은 매관 제도를 옹호했으며 사관학교의 전문적인 장교 양성 교육이 군의 질을 떨어뜨리고 장교단의 단결을 해친다며 반대했다. 또한 그는 군대를 사회보다 '더 저급한 사회'라고 표현하거나 병사들을 '골칫덩어리' 또는 '쓰레기'라고 평가절하하는 당시 사회 분위기를 그대로 수용했을 뿐만 아니라 이런 병사들을 다루려면 태형이 유지돼야 한다고 주장한 인물이기도 하다. 태형은 결국 1881년에 가서야 폐지된다.

일하면서 말 그대로 주경야독으로 시험공부를 했다. 결국, 열여섯에 입학한 그는 졸업 후 제12보병연대에 소위로 임관했다. 그는 임관과 동시에 제80보병연대, 즉 사우스스태포드셔연대South Staffordshire Regiment로 전출을 요구했는데 이는 제80보병연대가 참전 부대였기 때문이다. 당시 매관 진급을 할 만한 돈이 없던 울즐리는 남보다 앞서 나갈 수 있는 유일한 방법이란 가능한 모든 기회에 목숨을 거는 것이라는 것을 금세 깨달았다.

그가 참전한 첫 전쟁터는 오늘날 미얀마로 불리는 버마였다. 버마전쟁은 마치 20세기에 미국이 베트남에서 겪은 상황과 비슷했다. 차이점이라면 헬리콥터, 의무 지원, 그리고 정글 전투 장비가 없었다는 것뿐이었다. 영국군은 강도들을 상대로 싸워야 했다. 문제는 그 강도들이 무장은 빈약했지만, 지역을 아주 잘 알았다는 것이다. 울즐리가 소속된 연대는 기록적인 열기와 습도 속에서 이라와디 강*을 따라 아주 힘들게 행군을 해야 했다. 엎친 데 덮친 격으로 콜레라 때문에 병사들이 무작위로 죽어나갔다. 울즐리가 이런 전역에서 살아남았다는 것은 기적과도 같은 일이었다. 그는 강도 두목 미앗툰Myat Toon의 은거지 공격을 지휘했다. 돌격과 동시에 그는 대나무를 뾰족하게 깎아 빽빽하게 박아놓은 정글 함정에 빠졌다. 기적적으로 다친 데 없이 함정에서 기어 올라온 그는 2차 돌격을 감행하다가 이번에는 징겔포**에서 발사된 자두만 한 크기의 총알을 허벅지에 맞아 정맥이 끊어졌다. 함께 참전한 테일러G. C. Taylor 중위는 이 총알에 맞아 과다 출혈로 전사했지만, 울즐리는 제때 지혈한 의무병 덕에 목숨을 건졌다. 배에 실려 후송된 뒤에도 그는 콜레라에 걸렸지만 놀랍게도 회복했다.

버마전쟁은 말 그대로 지옥에서의 행군이었다. 울즐리는 이런 생지옥을

---

* Irrawaddy River: 미얀마 북부 산맥에 있는 빙하지대에서 발원해 남쪽으로 흘러 안다만 해까지 1천992킬로미터를 흐르는 강으로 상용商用 수로로 중요한 역할을 한다.

** 수레에 장착해 발사하는 화승총으로 19세기 인도와 중국에서 사용되었다. 조선에서는 청나라의 징겔포를 모방해 1725년 천보총千步銃을 개발하고 1737년에 대량 생산에 들어갔다. 신미양요 당시 미군은 "다수의 징겔포를 노획해 바다에 버렸다"고 기록했다.

경험한 뒤 인생관이 바뀌었다. 그는 전쟁을 두려워하지 않게 되었다. 한쪽 눈을 잃게 되는 크림전쟁에서 돌격부대를 이끌 때 그는 전투공병 한 명이 머리통이 터져나가면서 날아간 턱뼈가 다른 병사의 얼굴 위에 걸리는 광경도 목격했다. 울즐리는 피가 튈만큼 가까운 거리에 있었지만 무감각하게 지켜볼 뿐이었다.

그는 동기생에 비해 무려 20년이나 빨리 장군으로 진급했다. 그리고 그는 자기가 대영제국 최고의 해결사라고 생각했다. 빅토리아 여왕은 울즐리를 독선적인 이기주의자라고 생각했지만, 그는 내각과 대중 모두에게 인기가 있었고, 언론은 그를 "우리의 유일한 장군"이라며 추켜세웠다. 개혁가이자 동시에 광신적 애국주의자인 울즐리는 말 그대로 기인奇人이었다. 하원에서 군 개혁을 대변할 사람이 필요했던 글래드스턴 수상은 울즐리를 귀족의 반열에 올려주었다. 그러나 울즐리는 글래드스턴의 외교 정책을 혐오했다. 그는 글래드스턴이 조국의 명예보다 정권의 안위를 더 중요하게 생각하는 배신자라며 경멸했다. 울즐리의 소망은 보수당이 글래드스턴을 불명예 퇴진시키는 것이었다. 그가 생각하기에 보수당이라면 보다 애국적으로 외교 문제를 처리할 것 같았다.[16] 울즐리의 혐오가 얼마나 심했던지 글래드스턴의 이름만 대면 자신의 개가 짖도록 훈련해놓았다는 소문까지 있었다.

울즐리는 수단 포기 정책이 글래드스턴의 무식하고 겁 많은 바보짓 중에서도 최악이라고 생각했다. 울즐리는 제 밥그릇만 지키며 눈치만 보는 정치인들을 극도로 싫어했다. 그러나 당파심에 사로잡힌 정치인이 아니라 애국자로 존경하는 육군성 장관 하팅턴은 달랐다. 울즐리는 그에게 영향력을 행사할 수 있었다. 하팅턴은 사안이 있을 때마다 매일같이 울즐리와 상담했다. 하팅턴을 내세워 울즐리는 정부를 조종할 수 있었고, 명목상의 상관, 즉 영국군 총사령관인 케임브리지 공작 또한 따돌릴 수 있었다.

케임브리지 공작은 울즐리를 싫어했다. 울즐리도 케임브리지 공작을 싫어하기는 마찬가지였다. 울즐리는 케임브리지 공작의 전쟁관이 유치하기

짝이 없다고 평가했다. "케임브리지 공작은 크림전쟁 당시 알마Alma와 인케르만Inkerman에 있었다. 그러나 그는 그 두 곳에서 분별력을 잃고 말았다……. 인케르만 이후 그는 머리가 완전히 이상해졌고 결국 군을 떠났다……. 전쟁에서 겪어야 할 불타오르는 열정을 멀리한 채."17 둘 사이의 적대감은 그 몇 해 전 울즐리가 인도 주둔 영국군 총사령관으로 취임하려 할 때 다시 고개를 들었다. 케임브리지 공작이 울즐리를 특히 더 혐오했던 것은 울즐리가 비공식적인 참모본부 기능을 수행한 '아샨티회'*라는 사조직을 운영했기 때문이다. 아샨티회는 특수 임무를 맡은 장교들이 구성한 비밀 조직이다. 구성원 중 많은 수가 오늘날 가나와 코트디부아르에 해당하는 아샨티국에서 펼친 작전에 함께 참여한 경험이 있어 이런 이름이 붙었다. 아샨티회 장교들은 빅토리아 여왕이 아니라 울즐리에게 충성했다. 자연히 '구식' 장교들은 아샨티회를 자기들이 누리는 현 지위를 위협하는 불길한 조직으로 여겼다. 실제로 울즐리는 '구식' 장교들을 '노땅'이라고까지 불렀다. 당시 이들 노땅들은 토지 소유 귀족 사이의 혈연에 기반을 두고 군 내의 보장된 지위를 누리고 있었다.

케임브리지 공작은 울즐리를 본토에서 먼 인도에 떼어놓기로 했다. 병참감으로 임명해 야전이 아닌 사무실에 박아놓고서 아샨티회의 힘을 빼기 시작했다. 지휘관을 잃은 아샨티회는 아주 힘들어졌다. 아샨티회에서 가장 유능한 전략가였던 조지 콜리 소장**은 부실한 작전계획 때문에 제1차 보어전

* Ashanti Ring: 아샨티회는 울즐리가 1870년 캐나다 레드리버작전 때 알게 된 존 카스테어즈 맥닐John Carstairs McNeill, 윌리엄 버틀러, 리버스 불러 그리고 휴 맥칼몬트Hugh McCalmont를 1873년 아샨티 원정에 다시 선발하면서 구성된 영국군 내 사조직으로 울즐리의 이름을 따서 울즐리회Wolseley Ring 또는 가넷회Garnet Ring로도 불린다. 위 인물들 외에도 헨리 브랙켄베리, 존 프레데릭 모리스John Frederick Maurice, 조지 콜리, 베이커 크리드 러셀Baker Creed Russel, 에벌린 우드, 존 카 글린John Carr Glyn 등이 이 조직에 속해 있었다.

** Sir George Pomeroy Colley(1835~1881): 아일랜드에서 태어나 1852년 샌드허스트 육군사관학교를 마치고 임관해 남아프리카에서 근무했으며 1854년부터 1860년까지는 중국 원정에 참여했다. 1862년에는 육군대학을 우수한 성적으로 졸업했고 1870년에는 육군성에 들어가 카드웰 개혁에 참여했다. 1873년 황금해안 원정에서 수송 업무를 맡아 울즐리와 함께 일한 뒤로 인

쟁 중 마주바 힐*에서 패해 전사했다. 지휘권을 이어받은 에벌린 우드는 굴욕적인 항복을 받아들일 수밖에 없었다. 이 참패의 책임은 결국 울즐리에게 돌아갔다. 보어인을 과소평가한 울즐리는 그들이 싸우려 하지 않으리라 예측했다. 엎친 데 덮친 격으로 아샨티회는 인도를 중심으로 쑥쑥 커가는 경쟁자를 만났다. 바로 프레데릭 로버츠 소장**을 중심으로 하는 조직이었다. 로버츠 소장은 귀족으로 빅토리아십자무공훈장 수훈자이며 동시에 칸다하르 전투의 영웅이었다. 울즐리가 키가 크고 날카롭게 생긴 데 반해, 키가 작고 귀여운 외모로 밥스Bobs라는 애칭으로 불린 로버츠 소장은 병사와 장교단의 전통주의자들로부터 모두 사랑을 받았다.

자신의 지위를 지키려는 울즐리의 투쟁은 맹렬했다. 텔 엘-케비르에서 거둔 승리로 다시 앞서나갈 수 있었지만 그에게는 여전히 적이 많았다. 적 중에는 빅토리아 여왕도 있었다. 지금 그에게 필요한 것은 한 번 더 자기 이름을 뚜렷이 부각시키면서 아샨티회의 영광을 되살리고 동시에 후기 빅토리아 시대의 위대한 장군으로 확실한 명성을 가져다 줄 결정적인 작전이었다. 고

연을 이어갔다. 남아프리카 나탈 사령관 겸 총독을 역임했고 남동 아프리카 판무관을 지냈다. 1881년 2월 27일 마주바 힐 전투에서 전사했다.

* The Battle of Majuba Hill: 1881년 제1차 보어전쟁 중 2월 27일에 마주바 힐에서 벌어진 전투로 보어인과 영국군 모두 병력은 400여 명 정도로 비슷했으나 전투 결과 영국군은 참패해 92명이 전사하고 134명이 부상당했으며 59명이 포로로 잡혔다. 보어인은 사망자 한 명에 부상자 다섯 명뿐이었다. 영국군을 지휘한 콜리 장군은 전투 중 전사했다. 이 전투에서 패한 영국은 신생 남아프리카공화국과 평화 협정인 프레토리아 협정을 체결했다. 마주바 힐 전투는 전술적으로, 당시로는 최초 개념이라 할 수 있는, 사격과 기동이 적용된 최초의 전투였다. 보어인에게 세 번 연속해 패하면서 영국 사람들은 보어인의 위력을 인정할 수밖에 없었으며 훗날 제2차 보어전쟁이 벌어졌을 때 영국군의 구호는 '마주바를 기억하라!'였다.

** Frederick Sleigh Roberts, 1st Earl Roberts(1832~1914): 인도에서 태어나 1851년에 동인도회사 군대에 포병 소위로 임관했다. 1879년 세포이의 항쟁을 진압하고 아프가니스탄 원정에 참여해 카불을 점령하고 칸다하르 전투에서 승리해 의회로부터 감사장을 받았다. 1885년부터 1893년까지 인도군 사령관을 역임하고, 1895년에 원수로 승진했으며, 1899년에는 제2차 보어전쟁에 참전해 승리했다. 전공을 인정받아 백작Earl Roberts이 되었고 1900년부터 1904년까지는 울즐리의 뒤를 이어 육군 총사령관을 지냈는데 로버츠를 끝으로 육군 총사령관직은 폐지된다. 1914년 11월 14일 프랑스에서 폐렴으로 사망했다.

든에게 '성실'은 여왕이나 조국을 향한 맹목적인 충성이 아니라 자기 신념의 결과물이었다. 고든의 이런 생각을 이해할 수 있는 사람이 거의 없었는데 울즐리는 이것을 이해한 몇 안 되는 인물이었다. 울즐리는 《폴 몰 가제트》에 실린 고든 기사에서 수단을 바라보는 고든의 진심을 읽을 수 있었다. 공교롭게도 고든의 생각은 울즐리의 생각과 정확히 일치했다.

울즐리는 영국군이 투입되지 않고서는 고든이 수단 주둔군을 철수시킬 수 없다는 것을 알았다. 이것은 고든이 카르툼에 도착하기도 전인 2월 8일에 울즐리가 하팅턴에게 보낸 보고서에 명확하게 드러난다. 울즐리는 고든이 카르툼에 자리를 잡고 나면 외부의 지원이 끊긴 채 포위될 것이라 예상했다. 상황이 여기까지 이르면 영국에서는 고든이 처한 상황을 놓고 글래드스턴 정부를 향한 강력한 항의가 터져나올 것이고, 이쯤 되면 글래드스턴은 원군을 보내 수단을 인수하는 것 말고는 다른 대안이 없게 될 것이었다. 바로 이것이 울즐리의 계산이었다. 그러면 수단은 튀르크-이집트제국의 식민지가 아니라 위대하고 자비로운 대영제국의 일원이 되는 것이다. 울즐리는 어디까지나 대영제국의 이상을 믿고 있었다.

고든이 연관되는 모든 작전에는 반드시 빅토리아 여왕과 대중의 동의가 필요했다. 더군다나 수단 중부에서 펼쳐질 군사행동은 울즐리의 책임이 될 것이 거의 분명했다. 어떤 면에서 고든의 수단 파견은 울즐리가 짠 음모나 마찬가지였다. 그렇다고는 해도 고든이 울즐리의 계획에 공모한 것 같지는 않다. 리튼 스트레이치*가 1918년에 출간한 전기인 『빅토리아 시대의 유명 인사Eminent Victorians』에 고든의 일대기가 포함된 이후, 사람들은 고든을 야

* Giles Lytton Strachey(1880~1932): 영국의 작가이자 비평가. 빅토리아 시대의 전기 기술이 등장인물을 미화하는 데 중점을 둔 반면 그는 작가가 가진 심리적 통찰력을 바탕으로 인물을 서술(때로는 비평을 포함)하는 전기 서술법으로 명성을 얻었다. 1918년에 출간해 전기 작가로 명성을 얻게 해준 *Eminent Victorians*는 매닝 추기경(현대 가톨릭 교회의 방향을 설정하는 데 많은 영향을 끼친 인물), 플로렌스 나이팅게일, 토마스 아놀드(사립학교 제도를 설립한 교육자) 그리고 고든 장군 등 넷을 다루고 있다. 그는 제1차 세계대전 동안에 반전운동과 반징병운동을 하기도 했다.

심 많은 허풍쟁이로 비난하기 시작했다. 고든 본인도 생전에 야망이 때때로 자신을 궁지로 몰아갔다는 것을 부인하지 않았다. 그는 야망의 힘을 알았기 때문에 항상 균형을 잡으려고 노력했다. 예를 들어, 중국에서 명성을 얻고 돌아왔을 때, 그는 대대적인 환영식과 행사를 거부했을 뿐만 아니라, 태평천국군 진압 때 쓴 일기도 허영심으로 비칠 것을 경계해 모두 없애버릴 정도였다. 고든은 절대 허풍쟁이가 아니었다. 압제받는 이들을 돕고 세상을 바꾸겠다는 그의 열망은 순수한 것이었다. 그는 어떤 고통이든 공감했고 그를 아는 많은 이들은 고든이 보여준 사랑과 공감을 이해했다. 고든은 무대 위의 신비주의자나 이중인격자가 아니었으며 당대에 유행한 완벽한 이상에 부응할 필요성도 느끼지 않았다. 그는 자기만의 열망이 있었고, 휴식도 취했으며, 우울증과 해학도 있었다. 에벌린 우드가 젊은 시절 살상을 즐긴 반면, 훨씬 더 능력이 뛰어난 고든은 전쟁을 이렇게 정의했다. "전쟁이란 여자, 어린이, 그리고 노인처럼 일반적인 약자를 주된 희생자로 삼는 살인과 약탈 그리고 잔인함이 불명예스럽게 계속되는 일이다." 글래드스턴을 포함해 많은 이들은 이름만 영웅인 사람들 속에서 오히려 고든이 진짜 영웅이라는 것을 무의식적으로 깨달았기 때문에 고든을 경멸했던 것이다.

고든은 수단 사람들이 지난 60년 동안 받아온 잘못된 통치에서 해방될 자격이 있다고 믿었다. 인터뷰 당시 스테드에게 말했듯이, 고든은 총독으로 재직하면서 정의, 정직, 충성, 공감, 그리고 진정한 공동체 정신의 발전 같은 새로운 생각을 수단에 전파할 생각이었다. 그는 튀르크-이집트 식민 통치의 압제를 겪지 않고도 수단 사람들이 정직하고 고귀한 삶을 사는 것이 충분히 가능하다는 것을 증명했다.

고든은 스테드에게 마흐디 반란이 일어나게 된 것은 자기가 사임했기 때문이라는 말도 남겼다. 고든의 이러한 자기중심적인 암시는 그가 수단에 근무하는 동안 현지 문화를 자신의 시각으로 이해한 결과였다. 전통적인 수단 사회는 물질적인 부보다는 명성을 중시하는 풍조가 있었다. 그런 환경에서 고든 같은 인물은 자신을 스스로 전설의 반열에 올려놓을 확률이 매우 높다. 6년 동안 수단에 근무하면서 고든은 자신이야말로 수단 사람들이 갈망하던 진정한 구세주라고 확신했다. 고든은 수단에 도착하면 최상의 방책을 찾아낼 것이라고 울즐리에게 말했다. 그러나 글래드스턴 내각은 수단을 포기하는 것 외에는 어떠한 것도 용납하지 않겠다는 점을 분명히 했다. 고든은 일단 내각의 입장을 수용했다. 그러나 수단 내 상황이라는 것이 매우 복잡하고 유동적이기 때문에 멀고 먼 런던의 일개 부서에서 쉽게 만든 명령서가 적합지 않다는 것 또한 알고 있었다. 그렇다고 그가 의식적으로 명령을 무시하겠다고 생각했다는 뜻은 아니다. 오히려 고든은 지시를 이행하려고 무척 노력했다. 전쟁처럼 유동적인 상황에서 원칙만 고수하는 경직성은 죽음을 뜻한다는 것을 고든은 잘 알고 있었다. 고든은 융통성 없는 원칙의 노예가 되지 않을 만큼 현명한 사람이었다. 그에게 성실이란 그저 아무 생각 없이 대영제국의 위계질서에 머리를 조아리는 것이 아니라 마음속 깊은 곳에서 우러나오는 책임과 직관을 따르는 것이었다.

울즐리가 진정으로 고든을 존경했다는 것은 의심의 여지가 없다. 울즐리는 고든을 이렇게 평가했다. "고든은 정부 내의 누구보다도 월등한 인물이다. 그는 애국자이며 동시에 고결한 명예를 지녔다. 나는 영국인들이 당파심에 사로잡힌 쓰레기 같은 정치인과 순수한 원석인 고든을 구별하기를 희망한다."[18] 윌프레드 블런트*는 울즐리와 고든이 공모해 원래 상황 보고로 한정되어 있던 임무를 군사적 정복 임무로 바꾸어놓았다고 믿는 사람 중 하나이다. 그러나 이것은 공모가 아니라 울즐리의 독자적인 공작일 가능성이 훨씬 높다. 그는 단지 고든에게 문을 열어주었을 뿐이고 그 뒤로는 불가피한

* Wilfrid Scawen Blunt(1840~1922): 영국 서식스Sussex의 펫워스Petworth에서 태어난 영국의 시인이자 작가이며 1858년부터 1869년까지는 외무성에서 근무했다. 1881년 이집트에서 오라비 파샤를 만나 오라비 파샤의 애국운동에 관해 이야기를 나누었다. 오라비 파샤와 블런트는 서로를 존중했다. 블런트는 오라비 파샤가 설명한 내용을 영국에 전달해 영국 정부의 이집트 정책에 영향을 주었다.

일들이 알아서 전개된 셈이었다.

4인 장관 회의를 마친 뒤, 울즐리는 누구를 보좌관으로 데려가고 싶은지 고든에게 물었다. 고든은 존 스튜어트 중령을 지명했다. 고든은 스튜어트가 1883년에 작성한 수단 보고서를 읽은 적이 있었다. 그날 오후 스튜어트는 육군성으로 불려 와 고든을 만났다. 그는 이런 임무를 전혀 예상치 못해 군복도 가져오지 않았지만, 그 자리에서 고든의 제안을 받아들였다. 베링이 묘사한 대로 스튜어트는 고집 센 상관인 고든의 충동적인 성격을 어느 정도 바로잡아줄 수 있는 기민하고 상식적인 인물이었다.[19]

고든이 만나는 사람마다 "마흐디의 위협이 과대평가되었으며 문제없이 임무를 완수할 것"이라고 장담하고 있는 동안 스튜어트 중령은 현실을 직시했다. "나는 이 임무가 매우 위험하다는 사실을 굳이 숨기지 않겠다……. 만일 우리가 실패해도 대의명분은 설 것 같다."[20]

6

카이로에 도착한 다음 날 아침, 고든은 정복을 입고 베링과 함께 당당하게 케디브 타우피크가 있는 이스마일리야 궁으로 걸어갔다. 사실 고든은 케디브 타우피크를 정말로 만나고 싶지 않았다. 그러나 이를 악물고 타우피크 앞에 나섰다. 타르부쉬 모자에 스탐불 코트와 조끼, 그리고 가는 넥타이를 차려입은 케디브 타우피크는 땅딸막한 키에 짙은 턱수염을 길렀으나 젊은 나이에 비해 활기가 없어 보였다. 방 안의 모습은 낯설지 않았다. 그곳은 7년 전 타우피크의 아버지인 케디브 이스마일이 고든을 수단 총독으로 임명한 장소이기도 했다. 고든은 케디브 타우피크에게 《폴 몰 가제트》와의 인터뷰 당시 '비열한 뱀'이라고 부른 것을 공식적으로 사과했다. 1877년 아버지 이스마일이 앉았던 바로 그 의자에 앉아 타우피크는 미소를 지으며 사과를 받아들였다. 그리고는 고든에게 수단 총독 임명장을 전달했다.

접견실에서 둘이 만나는 동안 고든의 임무 범위에 관한 언급은 전혀 없었다. 고든의 임무가 한정적이라는 이야기는 사라져버렸다. 이집트에 도착한 지 24시간 만에 고든은 다시 한 번 수단 최고 권위자로 인정받았다. 그러나 베링은 수단으로 향하는 고든을 일부러 따로 불러 원래 임무를 왜곡했다는 이유로 훗날 영국 언론, 대중, 그리고 정부로부터 호된 비판을 받게 된다. 의미심장하게도 가장 목청 높게 비난한 사람은 다름 아닌 울즐리였다. "베링이 고든을 카이로로 불러들여 수단 총독으로 임명한 것은 영국에서 승인한 파견 조건을 명백하게 벗어난 것이며 이는 이후 발생하는 모든 문제는 출발점이 될 수 있다."21

이것은 위선일 뿐만 아니라 전혀 사실이 아니기도 하다. 고든은 1월 18일, 영국해협을 건너기 전 그랜빌에게 급하게 편지를 보냈다. "수단 주둔 병력을 철수시키는 데 필요한 시간을 벌려면 케디브 타우피크가 나를 수단 총독으로 임명해야 한다."22 그랜빌은 이 요구를 승인했고 4일 뒤 베링에게 이를 전달했다. 전문을 받은 다음 날, 베링은 고든에게 "궁극적으로 수단의 지배권은 1820년에 무함마드 알리가 수단을 침공하기 전 상태로 돌아가 셰이크와 술탄에게 환원되어야 한다"는 장광설을 들어야 했다.

훗날 베링은 고든의 임무를 바꾼 장본인으로 비난을 받자 정신적으로 크게 충격을 받았다. 고든이 쓴 여러 통의 편지가 증명하듯, 영국 정부는 고든에게 수단에서 병력을 철수시키라는 임무를 주었다. 수단 총독이라는 자리는 고든 스스로 만든 것이다. 베링은 "현장을 파악하고 상황을 보고하는 것이 자신의 임무"라는 고든의 말을 전혀 믿지 않았다. "고든을 조금이라도 아는 사람이라면 그가 단순히 보고만을 하러 그곳에 갈 사람이 아니라는 것을 잘 알 것이다."23

베링이 고든의 임무를 변질시켰다는 울즐리의 비난은 단순한 눈속임이었다. 고든은 시작할 때부터 스스로 수단 총독이 되리라 생각했다. 베링의 논평대로 고든은 명령 따위에 신경 쓰는 인물이 아니었기에 그가 고든에게 어떤 지시를 했는지는 전혀 중요치 않았다.[24] 고든은 타우피크를 만난 자리에서, 과거 다르푸르 술탄의 아들 중 한 명을 함께 데려가 다르푸르의 새로운 지도자로 임명하겠다고 했고 타우피크는 이를 승인했다. 이것은 무함마드 알리가 수단을 정복하기 전 수단에 존재한 전통적인 통치 질서를 복원시켜야 한다는 고든의 평소 생각에서 비롯된 것이었다. 고든이 데려가려 한 인물은 아브드 아쉬-슈쿠르였는데 이는 고든이 자기 생각을 실천에 옮긴 첫 번째 사례였다. 그러나 고든과 만난 아쉬-슈쿠르는 냉담했다. 고든이 불시에 다시 찾아오자 아쉬-슈쿠르는 가족을 모을 시간이 며칠 필요하다고 말했다. 고든이 대답했다. "이보게! 당신은 왕관을 원하지. 왕관이 먼저고 가족은 그 다음이라네."[25]

케디브 타우피크를 알현한 뒤 베링의 집에서는 베링, 고든, 스튜어트 중령, 이집트군 사령관 우드 중장, 누바르 파샤가 모여 회의를 열었다. 고든의 임무에 10만 이집트 파운드가 승인되었다. 고든은 이집트 주둔 영국군 사령관인 스티븐슨 중장과 최근에 총리직에서 면직된 샤리프 파샤를 방문해 경의를 표했다. 고든은 샤리프 파샤의 집 응접실에서 수단 전통 의상인 흰 잘라비야를 입은 키 큰 수단 사람을 보았다. 그는 피부가 검었고 마치 악마가 죽은 사람의 머리를 잡고 있는 것처럼 강렬한 인상을 지녔다. 그에게서는 감히 도전할 수 없는 엄숙함이 느껴졌다. 고든은 샤리프 파샤에게 그가 누구인지 물었고 샤리프 파샤는 그가 바로 주바이르 파샤라고 대답했다.

고든은 주바이르 파샤에게 한눈에 매혹되었다. 고든은 눈이 마주친 불과 몇 초 동안에 주바이르의 모든 것을 파악했으며 수단을 통치할 운명을 지니고 태어난 자라는 것을 느낄 수 있었다. 마치 10여 년 전에 아브달라히가 주바이르를 마흐디라고 생각했던 것처럼 고든 역시 직관적으로 주바이르의 탁월함을 느낄 수 있었다. 둘은 몇 마디 말을 나눴고 고든은 주바이르와 더 많은 이야기를 나눠야겠다고 생각했다.

그러나 여기엔 예기치 못한 장애물이 하나 있었다. 주바이르는 고든을 만난 적이 없었던 데다 자신의 아들 술라이만Sulayman의 죽음이 고든 탓이라고 생각하고 있었다. 고든이 총독으로 재직할 때 주바이르는 이집트에 망명해 있었다. 당시 공식적으로 이집트 정부의 '베이Bey', 즉 지사였던 술라이만은 다르푸르에서 노예무역상 반란에 가담했다. 술라이만은 바흐드 알-가잘 지방에서 약 200명의 지하디야 소총병이 주둔하는 요새 한 곳을 공격해 쓸어버렸다. 당시 다른 곳에 있었던 고든은 보좌관 로몰로 게씨*를 파견해 진압에 나섰다. 게씨는 이탈리아 출신인데 사납기로 유명했다. 예상대로 게씨는 술라이만을 생포해 재판하고 유죄를 선고해 총살까지 집행했다. 고든은 주바이르가 술라이만을 부추겨 반란을 일으켰다고 의심했고 수단에 있는 주바이르의 재산을 압류했다.

고든은 주바이르가 아들의 죽음을 따져 물을 것으로 생각했다. 고든은 카이로에 오면서 수없이 많은 전문을 베링에게 보냈다. 그중에는 주바이르를 안전한 키프로스로 망명시켜야 한다는 제안도 있었다. 베링은 고든의 제안을 거부했다. 키프로스는 여전히 오스만제국의 영토였으며 영국은 주바이르가 키프로스에 머물도록 강제할 권한도 없었다.

고든이 주바이르의 진면목을 알아본 것은 적절했다. 수단의 통치권을 놓고 마흐디에게 도전할 수 있는 사람이라면 주바이르 파샤밖에 없었다. 10년 전, 페키였던 아브달라히 또한 이러한 위엄을 느꼈다. 주바이르는 케디브 휘하에 있는 누구보다도 장군으로서 그리고 행정가로서 압도적인 인물이었다. 더군다나 그는 튀르크-러시아전쟁 당시 오스만제국을 위해 용감하게 싸웠고 세 번이나 부상당한 영웅이었다. 고든이 주바이르를 만난 건 우연이었다. 그러나 고든은 이 만남이 운명처럼 예정된 것이었다고 확신했다.

* Romolo Gessi(1831~1881): 이탈리아 출신의 군인이며 탐험가. 1859년부터 1860년까지 가리발디의 자원병 부대에서 군사 경험을 쌓았고 크림전쟁에도 참전했다. 크림전쟁 당시 고든을 만난 것이 인연이 되어 고든이 수단 총독이던 시절 그 밑에서 근무하면서 현재 우간다에 있는 앨버트 호수 주변을 최초로 일주하고 1876년에 지도를 제작했다. 남부 수단에서 노예 무역상들의 반란을 진압하면서 케디브로부터 파샤 칭호를 받았다.

우드의 관저로 돌아오자마자 고든은 "주바이르 파샤가 반드시 자기와 함께 수단에 가야 하는 이유"를 장황하게 담은 전문을 작성했다. 마흐디 휘하의 지도자 중 다수가 주바이르 밑에서 일한 경력이 있으며 그중 상당수는 여전히 주바이르에게 충성했다. 고든은 수단 사람 대다수가 주바이르를 받아들일 것이며 한 달 남짓이면 마흐디를 끝내버릴 수 있을 것이라 확신했다. 모든 것이 예상보다 빠르게 척척 들어맞는 것 같았다. "나는 주바이르 파샤를 데리고 가려 한다. 베링이나 누바르 파샤가 그와 면담을 해본다면 내가 믿는 그 느낌을 그리고 오늘 밤 샤리프 파샤의 저택에서 주바이르를 만났을 때 내가 느낀 신비한 느낌을 받을 것이다……. 내가 주바이르 파샤를 왜 그렇게 느꼈는지 정확하게 설명할 수는 없지만, 그와 함께라면 수단 문제를 정리할 것이라고 확신한다."[26] 고든의 전문은 이렇게 끝이 났는데 베링 같은 사람은 이상하다고 느꼈을 법하다.

이들이 다음 날 베링의 관저에서 점심을 든 뒤 다시 만난 것은 확실하지만, 그 모임에서 무슨 일이 있었는지는 명확하지 않다. 주바이르 파샤는 잔뜩 찌푸린 얼굴로 성큼성큼 걸어왔고 고든이 악수하려 손을 내밀자 그는 손을 등 뒤로 숨겼다. 이 광경을 본 사람의 말에 따르면 고든의 얼굴에 순간 분노가 스쳤다고 한다. 고든과 주바이르는 통역을 사이에 둔 채 각자 소파에 마주 보고 앉았다. 베링, 우드, 누바르 파샤, 왓슨, 스튜어트, 그리고 기글러 파샤*가 이 둘의 대화를 흥미롭게 지켜보았다. 연한 갈색 수염을 기른 기글

* Giegler Christian Pasha(1844~1921): 독일 슈바인푸르트Schweinfurt에서 9대째 제본업에 종사하는 가문에서 태어나 시계제작공인 삼촌 밑에서 도제 수업을 받았다. 1866년에 지멘스 형제의 전신망 건설 사업에 합류해 영국에서 일하다가 1873년에 수단 전신망의 건설 책임자를 찾는 이집트 정부의 제안으로 수단에 왔다. 수단에 근무하는 동안 베르베르에서는 후사인을, 카르툼에서는 탐험에서 돌아오는 새뮤얼 베이커 부부 일행을 만나는 등 역사적 현장을 직접 목격했으며, 1877년부터 1879년까지 고든과 함께 일했다. 고든은 처음엔 기글러를 전신국장으로 임명했으나 1879년에 부총독으로 발령했다. 기글러는 고든이 떠난 뒤에도 1883년까지 다른 두 명의 총독 밑에서 부총독으로 근무했다. 비록 고든이 발탁하긴 했지만 기글러는 고든을 맹목적으로 존경하지는 않았다. 가장 가까이에서 고든의 행정을 관찰할 수 있었던 그는 "고든이 카르툼을 벗어날 때마다 카르툼은 조용해졌다"라는 논평을 남겼다. 고든의 후임 총독 자리를 기대했던

러 파샤는 고든이 수단 총독이던 시절 부총독이었다. 그는 당시 카이로에 살고 있었다. 증언에 따르면 그곳에는 부관도 두 명이 있었다. 한 명은 소총연대 소속으로 우드의 비서인 스튜어트-워틀리* 중위였고, 다른 한 명은 포병 출신으로 아랍어에 능통한 레지널드 윈게이트 대위였다. 영국인 비서 새뮤얼 데이비스Samuel Davies는 속기로 회의록을 작성했다.

주바이르 파샤에게 무엇이 불만인지 묻는 고든의 질문으로 대화가 시작되었다. 주바이르는 대뜸 1879년에 왜 자기 재산을 몰수했는지 물어보았다. 고든은 술라이만의 소지품에서 그가 노예무역상 반란에 연루된 것을 암시하는 편지가 발견되었기 때문이라고 대답했다. 주바이르는 그런 편지는 존재하지 않는다며 고든의 대답을 부인했다. 곧 이 둘은 격노해 서로 험한 말을 주고받았다.

주바이르가 아들을 잃어 크게 상심했다는 것이 분명해졌다. 그는 당시 나이 열여섯에 불과한 술라이만이 수단 총독인 고든의 보호 아래 이집트의 베이로 복무하고 있었다고 주장했다. "고든 장군! 그 아이는 당신의 아들이나 마찬가지였소. 하지만 당신은 내가 당신에게 맡긴 아이를 죽인 거요!"[27]

고든은 이미 답을 한 것이나 마찬가지였다. "그렇다면 내가 내 아들을 죽인 것이오. 그런 정도로 끝냅시다."[28]

기글러는 일이 뜻대로 되지 않자 크게 실망했다. 그는 자신이 임명되었더라면 마흐디 운동이 일어나지 않았을 것이라는 기록을 남기기도 했다. 1881년 8월에 수단 총독 라우프 파샤가 마흐디에 관한 전문을 받은 이후로 1883년 봄에 이집트로 떠날 때까지 마흐디의 위협이 커지는 것을 관심 있게 바라보았으며 힉스 원정군이 파견된 이후 게지라에서 마흐디군에 대항한 전투를 이끌기도 했다. 카이로로 돌아온 그는 다르푸르와 코르도판을 마흐디에게 넘겨줄 것을 주장하기도 했다. 기글러는 훗날 자녀들이 읽기를 바라는 마음으로 수단에서 만난 사람들은 물론 수단의 정치와 역사를 기록한 회고록을 남겼으나 출간은 거부했다. 이 책은 튀르크-이집트제국의 식민지 수단의 모습을 보여주는 데 매우 소중한 1차 자료로 사용되고 있으나 당시 부총독으로 마흐디 운동을 진압하는 데 실패한 책임을 피하려 했다는 평가를 받고 있다.

* Edward James Montagu-Stuart-Wortley(1857~1934): 훗날 키치너가 이끄는 수단 원정군에서 활약하는 스튜어트-워틀리는 소장까지 진급하지만 제1차 세계대전 당시 솜Somme 전투에서 제일 먼저 해임된 장군으로 더 유명해졌다.

주바이르는 술라이만이 반란에 연루되었다는 내용을 담은 편지를 제시하라고 계속해서 고든을 압박했다. 스튜어트-워틀리(윈게이트가 쓴 글에서는 윈게이트라고 되어 있다)는 법원 기록을 찾으려고 정부 문서보관소로 갔다. 그러나 편지를 찾을 수 없었다. 그 뒤로도 편지는 영영 나오지 않았다. 뒤에 베링은 편지 사본을 보았다고 했지만 자기가 본 것이 진본인지 확신하지 못했다. 이 '편지'는 고든의 죄책감을 덜려는 변명거리에 불과했을 것이며 존재하지 않았을 가능성이 매우 높다.

공식 대화록엔 이 이야기는 결론 없이 끝났다고 되어 있다. 그러나 레지널드 윈게이트의 일기는 조금 다르다. 윈게이트는 문서보관소에서 편지가 발견되지 않자 고든이 주바이르에게 사과했다고 한다. 그러자 주바이르는 고든과 악수하더니 "나는 앞으로 영원히 당신의 노예요!"라고 말했다는 것이다. 베링이 기록한 참석자 명단에는 윈게이트가 빠져 있지만, 이 기록은 신빙성이 있어 보인다. 리버풀 태생의 상인으로 이집트 세관 총감독까지 오른 드 쿠셀* 남작은 이 모임이 있고 며칠 뒤 주바이르와 이야기를 나눴는데, 이때 주바이르는 "이제 고든은 술라이만의 죽음에 책임이 없다"고 말했다고 한다.

대화가 끝나자 주바이르가 자리를 떴다. 참석자 중 고든과 베링만이 주바이르를 수단에 보내는 데 찬성했다. 냉정한 현실주의자인 베링은 고든이 수단에서 병력을 성공적으로 빼내려면 어느 정도의 권위가 필요하다고 생각했다. 그런 권위는 주바이르처럼 강한 남자만이 가질 수 있었다.

* Samuel Selig Kusel: 1848년 6월 12일 영국 리버풀에서 태어났다. 생의 절반을 이집트와 이탈리아 등에서 생활하며 이집트 세관 총감독Controller-General으로 근무했고 1882년 5월에는 오라비 봉기 진압으로 공을 인정받아 케디브로부터 베이로 임명되었다. 1890년 10월에는 이탈리아의 국왕 에마뉴엘 3세로부터 남작 작위를 수여받았고 1893년 2월에는 빅토리아 여왕으로부터 영국에서도 이 작위를 쓸 수 있는 윤허를 받았다. 1915년에는 *An Englishman's Recollection of Egypt 1863 to 1887*이라는 책을 출간하는데 당시 《뉴욕타임스》는 그해 10월 24일 "그는 이집트의 중요 인물을 거의 모두 아는 듯하고 이집트에서 일어난 모든 일을 즉석에서 친밀하게 설명한다"라는 서평을 실었다.

고든의 필기사인 투하미Tuhami는 맹인이었다. 그는 만일 고든과 주바이르가 함께 수단으로 떠난다면 살아서 카르툼에 도착하는 것은 둘 중 한 명뿐일 것이라고 우드와 왓슨에게 경고했다. 피는 피로 복수한다는 전통인 타르thar는 수단 사람에게 신성한 것이며 주바이르는 고든을 죽여 술라이만의 죽음을 갚아야 할 의무가 있다는 것이 투하미의 설명이었다. 주바이르는 고든이 술라이만의 죽음에 어느 정도까지 책임져야 한다고 여겼을까? 이는 여전히 의문이다. 공식 대화록에서 보더라도, 그는 대화 내내 보호를 받아야 했을 술라이만을 고든이 죽도록 내버려뒀다고 비난했다. 한 가지 확실한 사실은 술라이만의 죽음에 직접적인 책임이 있는 사람은 고든이라기보다는 로몰로 게씨라는 점이다.

노예제도 반대론자들은 발렌타인 베이커와 주바이르를 싫어했고, 베링에겐 이 점이 짐이 되었다. 주바이르를 고든과 함께 수단에 보내는 것을 그랜빌이 허락할지도 의문이었다. 베링은 며칠 전만 해도 주바이르를 키프로스로 추방해야 한다고 주장했던 고든이 죄책감 때문에 이런 결정을 내렸다는 느낌을 지울 수 없었다.

베링은 현실주의자였다. 따라서 신비로운 느낌 같은 것은 믿지 않았다. 고든이 직관에 의존한 사람이라면 베링은 상상력을 배제한 채 논리를 따르는 사람이었다. 베링이 보기에 고든은 무모하고 격렬한 충동에 따라 행동하는 기질이 있는 사람이었다. 주바이르를 기용할 가능성을 완전히 배제하지는 않았지만, 베링은 고든의 머릿속을 정리할 필요가 있다고 생각했다. 그는 고든에게 주바이르 파샤를 기용하는 데 반대한다고 말했다. 이 말을 들은 고든은 불같이 화를 냈다. 그날 저녁, 우드 장군이 주관한 환송 만찬은 정적과 냉담함이 지배했다. 만찬이 끝난 뒤, 우드의 비서인 스튜어트-워틀리 중위가 짐을 싸는 고든을 도왔다. 짐이랄 것도 거의 없었다. 그러나 스튜어트-워틀리는 짐 속에 고든이 케디브 타우피크를 만날 때 입었던 정복이 들어 있는 것을 보고는 깜짝 놀랐다.

"장군님! 정복을 카르툼에 꼭 가져가셔야겠습니까?"

"이보게, 에디! 영국군이 나를 구하러 카르툼에 도착할 때 나는 제대로 된 복장으로 그들을 맞이하고 싶다네."[29]

고든과 스튜어트는 나일강에 있는 불라크 역까지 배웅을 받았다. 그곳에는 다르푸르의 술탄 아쉬-슈쿠르가 기다리고 있었다. 그는 철이 없었다. 아쉬-슈쿠르에게 부관 두엇 정도만 데려오라고 미리 부탁했는데도 그는 부인 여러 명, 친척, 그리고 몸종을 포함한 23명의 일행에다 산더미 같은 짐을 가져왔다. 스튜어트는 그가 23명의 부인을 대동했다고 했는데 무슬림이 최대 네 명까지 부인을 둘 수 있는 것을 고려하면 이는 잘못된 기록일 것이다. 고든은 이들 때문에 특별 열차에 객차를 더 달아야 했다. 출발 직전 철부지 술탄이 또 문제를 일으켰다. 아쉬-슈쿠르는 다르푸르로 영광스럽게 귀환하는 자신에게 케디브가 특별히 하사한 금수錦繡 예복을 잃어버렸다. 그의 예복은 현존하는 것 중 가장 큰 훈장으로 장식되어 있었다. 잃어버린 예복을 찾기까지 한바탕 소동이 벌어졌다. 밤 10시 정각, 드디어 특별 열차가 어둠 속으로 움직이기 시작했다. 열차에는 고든, 스튜어트, 그리고 아쉬-슈쿠르뿐만 아니라 그레이엄 소장도 함께 타고 있었다. 그는 이집트-수단 국경에서 북쪽으로 약 60킬로미터 떨어진 코로스코Korosko까지 동행할 예정이었다.

열차가 출발하는 것을 본 베링은 관저로 돌아와 그랜빌에게 고든이 수단을 향해 안전하게 출발했다는 전문을 보냈다. 베링은 지난 며칠 동안 목이 부어 고생했는데 그 때문에 판단력이 흔들렸다고 생각했던 모양이다. 고든의 전략이야 충분히 건전했지만 아주 가까이에서 고든을 관찰한 베링은 자기가 기억하는 것보다 고든이 훨씬 더 유별나다는 것을 알았다. "그러나 주사위는 던져졌다. 범상치 않은 혜성이 수단 상공에 나타난 것이다. 일이 어떻게 진행될지 예측하는 것은 어려웠다. 그 당시 내게 남은 일이란 고든 장군을 돕는 데 최선을 다하고 기민하고 상식적인 스튜어트 중령이 그를 잘 보좌하기를 믿는 것뿐이었다."[30]

다음 날 아침, 고든의 특별 열차는 토마스 쿡Thomas Cook 사에서 운영하는 나일 증기선이 기다리는 아시우트Asyut에 도착했다. 문제의 화려한 예복으로 갈아입고 열차에서 내린 아쉬-슈쿠르는 배에 오르자마자 주갑판에 있는 가장 좋은 방을 잡았지만 결국 고든에게 방을 내주어야 했다. 고든은 이제 총독이었다. 상심한 아쉬-슈쿠르는 술독에 빠지고 말았다. 만취한 그는 아스완Aswan에서 말 그대로 배에서 쫓겨났다. 술에 취한 그는 고든과 동행하지 않을 것이라고 소리를 질러댔다. 이 일로 고든 일행은 큰 짐을 덜었다. 아쉬-슈쿠르는 끝내 다르푸르에 가지 못했다. 그는 북부 수단에 있는 동골라까지 간 뒤 그곳에서 몇 달을 보내다가 카이로로 영원히 돌아가버렸다.

2월 1일, 배는 코로스코에 도착했다. 그곳에는 고든 일행을 누비아 사막 너머 아부 하메드까지 데려갈 아바브다Ababda 낙타꾼들이 대기하고 있었다. 이 행렬을 이끄는 것은 베르베르 지사인 후사인 칼리파Hussain Khalifa의 두 아들이었다. 이 둘은 총열이 둘인 수석燧石 권총과 베자족의 칼, 그리고 코끼리 가죽으로 만든 방패로 무장했다.

출발 전, 고든은 그레이엄 소장에게 쿠르바쉬kurbash를 선물했다. 쿠르바쉬는 하마 가죽에 은판을 두른 채찍으로 바쉬-바주크가 애용했다. 선물을 건네면서 고든은 수단에서 쿠르바쉬가 사라지는 것을 기념하는 것이라는 말을 덧붙였다. 고든은 아무 무기도 가져가지 않았지만, 그레이엄이 선물로 준 하얀 우산만은 가져갔다. 그레이엄은 근처 능선에 올라 고든 일행이 점점 멀어져가며 결국에는 사막의 한 점으로 사라질 때까지 쌍안경을 통해 이들을 지켜봤다. 그 뒤로 그레이엄은 오랜 친구인 고든을 다시 볼 수 없었다.

7

고든 일행이 사막의 점으로 사라지고 두 주 뒤, 증기선을 타고 여유롭게 카이로로 돌아오던 그레이엄은 전문을 한 통 받았다. 발렌타인 베이커의 부대가 에-테브에서 오스만 디그나가 이끄는 베자족에게 참패해 신카트는 이미 베자족 손에 넘어갔고 이제는 수아킨도 위험하다는 것이었다. 그레이엄은 동부 수단에 있는 토카르를 구할 영국 원정군 사령관으로 임명되었다.

베이커의 패배로 영국이 들끓기 시작했다. 당시 야당인 보수당은 동부 수단의 패배를 빌미로 글래드스턴의 자유당 내각을 공격했다. 육군성에서는 울즐리와 케임브리지 공작 모두 원정군을 파견해 보복해야 한다고 강하게 요구했다. 언론의 선동에 힘입어 딜크와 하팅턴은 자신들이 요구를 의제로 삼아야 한다고 주장했다. 구석에 몰린 글래드스턴은 영국군 파견은 영국의 수단 정책을 전적으로 바꾸는 것이라며 그럴 수 없다고 버텼다. 베링은 수상이 대처할 수 있는 이상의 책임을 영국 여론이 요구할까 봐 걱정했다. 그는 수아킨에 군대를 보내는 것에 전적으로 반대한다는 전문을 그랜빌에게 보냈다. "런던을 휩쓸고 있을 공황이 어떨지 짐작은 됩니다만 여왕 폐하의 정부가 기존 정책의 핵심을 바꾸지 않으리라 믿습니다."[31]

그러나 이번에는 베링이 전적으로 열세였다. 2월 12일, 빅토리아 여왕도 글래드스턴 수상에게 행동을 요구하면서 공세에 가담했다. 여왕의 의견은 명료했다. "나는 정부가 울즐리 경의 계획을 검토할 것으로 믿으며, 우리 스스로 영국의 전체적인 입장을 사려 깊게 고려하길 바랍니다. 영국은 수단이라고 하는 훌륭하고 비옥한 국가와 그곳에 사는 주민이 살인과 강탈 그리고 극단적인 혼란의 먹잇감이 되도록 내버려둬서는 안 됩니다. 이는 대영제국의 불명예이며 영국은 이를 절대 좌시하지 않을 것입니다."[32]

같은 날, 신카트가 무너지고 포위망을 뚫는 과정에서 영웅적으로 싸운 타우피크 베이의 사망 소식이 전해지자 영국민의 분노는 하늘을 찔렀다. 여론의 향방을 주시하던 그랜빌은 베링의 소극적인 의견을 언급하지 않는 편이 낫겠다고 생각했다. 치열한 토론 끝에 운명을 가를 결정이 나왔다. 여론에 밀린 글래드스턴 수상은 결국 영국군의 수단 파병을 승인했다. 빅토리아 여왕은 영국이 드디어 기상을 보여주었다며 기뻐했다. 그랜빌은 의기소침해져서 이 소식을 베링에게 알려주었다. "영국민의 앞선 감정 때문에 일 잘하고 있는 노새에 재갈을 물린 꼴이 되고 말았소이다."[33]

여왕은 글래드스턴 수상에게 편지를 썼다. "이 결정으로 늦지 않게 다른 목숨을 구하길 바랄 뿐이오. 신카트가 함락된 것은 끔찍한 일이오."[34]

당시 나이 예순셋의 이집트 점령 영국군 사령관 프레데릭 스티븐슨 중장에게 원정군 파병 명령이 떨어졌다. 그는 카이로 주둔 병력 7천 명 중 선발 편성한 부대를 보내 토카르를 구원하기로 했다. 휴잇 해군 소장의 지휘 아래 여전히 수아킨을 지키고 있는 소수 해병과 해군에 낭보가 날아들었다. 보병여단 2개, 기병여단 1개로 구성된 부대가 일주일 안에 도착할 예정이었고 여기에 추가로 영국 본토, 아덴, 그리고 인도에서 출발한 지원 부대가 수단을 향해 오는 중이었다.

제럴드 그레이엄이 고든을 배웅하고 2월 15일에 카이로로 돌아오자 스티븐슨 중장은 이미 선봉으로 파병될 부대로 '검은 파수꾼The Black Watch'이라는 별명이 붙은 하일랜드연대The Royal Highland Regiment 1대대를 준비시키고 있었다. 바로 그 뒤를 따르는 부대는 고든하일랜드연대Gordon Highlanders 1대대, 국왕소총부대King's Royal Rifles 3대대, 제19경기병연대19th Hussars, 기마보병*, 제26야전공병중대26th Field Company 그리고 낙타견인포대였다.

영국군 원정부대는 부관감인 울즐리가 동원할 수 있는 모든 효율성으로 체계화되었다. 그레이엄 본인이 원정군 지휘관으로 임명되었다는 소식을 듣기도 전에 울즐리의 비밀동원위원회Confidential Mobilization Committee가 런던에서 소집되었다.

---

* Mounted Infantry: 이동 속도를 높이려고 말과 같은 동물을 이용하지만, 전투 시에는 보병 전술을 적용해 싸우는 부대. 프랑스 육군 용기병Dragoon이 시초라 할 수 있으며, 17세기 후반부터 18세기 초반까지 대부분의 유럽 국가로 퍼져나갔다. 19세기에 접어들어 총의 성능이 월등히 발전하면서 사격이 정확하고 빨라지자 기병의 취약성이 더욱 커졌다. 이런 상황에서 기마보병의 필요성과 비중이 더 늘었고 이와 함께 기마보병과 기병의 구분 또한 매우 모호해졌다. 영국 육군은 소규모 교전이나 정찰에 기마보병을 운용했다. 1930년대에 들어오면서 사라지기 시작했지만 제2차 세계대전 중에도 물자와 병력 수송 목적으로 여러 나라에서 운용했다.

위원회는 탄약, 보급품, 장비, 군복, 군화, 천막, 포병, 낙타, 말, 그리고 야전병원을 운영할 의무부대를 보낼 계획을 세웠다. 석 달 동안 6천 명을 먹일 전투식량이 준비되었는데 여기에는 81톤에 달하는 저장육이 포함되어 있었다. 해군은 식수 공급선 두 척을 홍해에 배정했다.

제럴드 그레이엄은 2월 22일 수아킨에 상륙해 젯다의 영사 대리 오거스터스 와일드Augustus Wylde의 영접을 받았다. 와일드는 그레이엄에게 너무 늦게 도착했다고 말했다. 토카르는 이미 오스만 디그나의 손에 떨어졌는데 이는 상당한 타격이었다. 원정부대는 그레이엄보다 먼저 도착해 군수지원을 받으며 트린키타트에 상륙하기로 되어 있었다. 토카르 함락을 카이로에 알렸던 휴잇 해군 소장은 결정적인 승리를 거둬야 베자족이 잠잠해질 것이라며 원래 계획대로 진격해야 한다고 제안했다. 이에 동의한 스티븐슨 사령관은 전투 명령을 내려달라는 전문을 하팅턴에게 보냈다. 여기에 동의하지 않는 사람은 베링이 유일했다. 베링은 쓸데없이 피를 흘리는 일을 멈춰야 한다고 그랜빌에게 전문을 띄웠다. 이 사안에 의견을 내라는 요청을 받은 고든은 토카르에 아무런 군사행동도 취하지 않는 것이 자기에게 유리할 것이라고 답했다. 고든의 목표는 수단을 전통적인 현지 지도자들에게 넘겨주는 것이었다. 수단에서 이미 충분히 많은 목숨이 희생되었는데 또 다른 살상으로 얻을 수 있는 것은 아무것도 없었다.

개인적으로 그레이엄은 진격하고 싶어 좀이 쑤셨다. 베링이 승인하지는 않았지만, 그레이엄은 현 상황에 담겨 있는 정치적 문제를 이해했다. "트린키타트에 병력이 상륙했는 데에도 아무것도 얻지 못한 채 돌아가면 정부는 우습게 되고 의회는 정부를 더 몰아붙일 것이 뻔했다."[35] 그레이엄이 남긴 기록이다. 1884년 2월 26일 아침 9시 35분, 제럴드 그레이엄은 3천970명의 육군과 해군을 트린키타트 교두보에 집결시켰다. 이들은 역사상 수단에 상륙한 최초의 영국군 전투부대였다.

8

그레이엄과 참모들은 트린키타트를 상륙지점으로 택했다. 이것은 정략적이기도 했지만, 영국군의 명예에 관한 것이기도 했다. 3주 전, 이곳에서 몰살당한 병력은 이집트군이었지만 이들을 지휘한 것은 영국 장교들이었다. 힉스와 베이커의 원정군 모두 영국인이 이끌었고 이것이 지닌 의미를 누구보다 빅토리아 여왕은 잘 알고 있었다. 글래드스턴 수상에게 전달한 여왕의 요구는 간결하면서도 확실했다. "한 방 먹여야 해요. 우리는 광신도들에게 그들이 영국을 물리친 것이 아니라는 것을 확실히 깨닫게 해줘야 합니다."[36]

그레이엄은 자신이야말로 여왕이 원하는 '한 방'을 날리는 데 꼭 맞는 인물이라고 믿었다. 쉰세 살에 금발인 그레이엄은 키가 180센티미터가 넘고 어깨가 넓었으며 체격이 좋았다. 그레이엄을 본 사람이라면 빅토리아 시대의 이상적인 군인의 표상으로 그를 꼽는 데 주저하지 않았을 것이다. 그는 체격이 좋고 용감했지만, 상상력은 없었다. 잉글랜드 북서쪽 끝의 스코틀랜드와 접하고 있는 컴벌랜드Cumberland에서 의사의 아들로 태어난 그레이엄은 과부(원래 목사의 부인이었다)와 결혼해 자녀 여섯을 두었다. 빅토리아십자무공훈장을 받았지만, 울즐리의 부름을 받아 텔 엘-테비르에 있는 제1사단의 제2보병여단을 이끌고 이스마일리야에서 진격하기 전까지 그는 사실상 실업자였다.

그레이엄은 오라비와의 전투에서 두 번 두각을 나타냈다. 첫 번째는 이집트군 병력보다 다섯 배나 많은 병력으로 승리를 거두었을 때였다. 두 번째는 텔 엘-케비르에서 불길을 뚫고 진격해 오라비의 진지를 탈취할 때였다. 여러 번 보낸 급보에서 그의 이름이 다섯 번 언급되자 그는 기사 작위를 받았고 상원과 하원 모두 공식적인 사의謝意를 표했다. 울즐리는 체구도 당당한 그레이엄이 사자의 심장과 어린 소녀의 조심성을 지녔다고 말해 동료에게 웃음을 주었다.

발렌타인 베이커는 그레이엄 쪽 사람이라는 것이 명백했다. 베링은 베이커를 카이로로 돌려보내는 데 찬성했지만 버나비가 끼어들었다. 베이커의 패배는 단지 운이 나빴기 때문이라는 것이 버나비의 주장이었다. "우리 모두 베이커를 정말 좋아했다. 그리고 가엽게 생각했다." 버나비의 편지를 받은 베링은 감정이 누그러져서 베이커를 그레이엄 부대의 정보장교로 임명했다.

원정군 기병부대 중에 자기가 근무한 제10경기병연대가 있는 것을 본 베이커는 울음을 터뜨렸다. 원래 제10경기병연대는 스티븐슨의 지휘를 받는 이집트 점령 영국군의 일원은 아니었으나 인도에서 본국으로 귀환하던 중 수단 원정에 투입되었다. 부대원의 수는 300명에 불과했다. 이들은 수아킨에서 베이커 헌병군이 쓰던 말을 인수했다. 베이커는 제10경기병연대 지휘관인 에드워드 우드Edward Wood 중령에게 편지를 보내 이들이 작전에서 활약하는 것을 가까이서 보고 싶다는 뜻을 전했다. 여전히 산탄총을 들고 주머니에 탄알을 한가득 넣고 다니던 버나비 또한 기마보병과 함께 말을 타고 움직였다.

2월 26일 아침, 원정군을 수송하는 배들이 트린키타트 앞바다에 무리지어 있었다. 헤클라Hecla 호, 드라이어드Dryad 호, 브리턴Briton 호, 휴잇의 기함인 유리앨러스Euryalus 호, 오론테스Orontes 호, 테딩턴Teddington 호, 주마Jumma 호, 그리고 고속 포함 스핑크스Sphinx 호였다. 토르Tor 호와 텝 알-바흐르Teb al-Bahr 호는 증류로 하루에 식수를 4만 5천 리터 이상 생산했다. 육군 병사들은 팔을 걷어붙이고 끝도 없이 보급품을 하역하는 수병들을 도왔다. 검은 파수꾼이라는 별명의 하일랜드연대와 아일랜드퓨질리어연대Royal Irish Fusiliers는 제19경기병연대와 낙타견인포대가 포트 베이커를 재정비하는 동안 이들을 호위했다. 포트 베이커는 철조망과 크루프 대포로 다시 방비가 강화된 상태였다.

영국에서 파견된 아샨티회 소속 장교 두 명이 증기선 다마나워Damanhour 호를 타고 2월 27일에 트린키타트에 도착했다. 한 명은 국왕소총부대King's Royal Rifle Corps 소속의 리버스 불러 준장Sir Redvers Buller이고, 다른 한 명은 제

3용기병근위대3rd Dragoon Guards 소속의 허버트 스튜어트 준장* 이었다. 마흔 다섯의 불러 준장은 목이 보이지 않을 만큼 뚱뚱했고 잔인한 성질을 숨기는 무심한 인물이었다. 불러는 어려서 어머니가 기차역 승차장에서 갑작스럽게 쓰러진 사건으로 심각한 트라우마가 있었다. 그의 어머니는 많은 피를 쏟았지만, 어디로도 후송되지 못했다. 불러는 꼬박 이틀 동안 역사 의자에서 어머니를 보살폈으나 어머니는 끝내 그의 품에서 숨을 거두었다.

통제가 안 되는 성격 탓에 그는 이튼 학교에서 퇴학당했고 해로우 학교에서도 거의 퇴학까지 이르렀다. 그 뒤로 그는 화를 숨기면서 무표정한 얼굴을 유지하는 방법을 익혔다. 그 능력이 얼마나 뛰어난지 화가 나도 얼굴에 거의 드러나지 않았다. 그러나 전장에서는 '야만인'을 죽이는 광포한 욕구가 불같이 일어났다. 그는 전투를 치른 뒤 부인에게 보낸 편지에서 전투를 통해 수치심을 해결했다고 말했다. 1861년에 캐나다에서 펼쳐진 레드리버작전 Red River Campaign** 기간 중 울즐리의 눈에 든 불러는 육군참모대학을 거쳐 아샨티전쟁*** 기간에는 울즐리의 정보장교로 근무했다. 그는 1879년에 남아프리카에서 벌어진 카피르전쟁Kaffir war에서 빅토리아십자무공훈장을 받았다.

---

* Sir Herbert Stewart(1843~1885): 햄프셔에서 목사의 아들로 태어났다. 1863년에 육군에 입대해 인도에서 복무했고 영국으로 돌아와서는 제37용기병연대로 소속을 옮겼다. 1884년 그레이엄 원정대에서 활약했고 고든 구원군에 참여하나 1885년 1월 19일, 아부 크루에서 부상당해 코르티로 돌아오는 길에 사망했다. 이 책에는 여러 명의 스튜어트가 나오기 때문에 허버트 스튜어트는 허버트를 함께 쓰는 것으로 구분한다.

** 당시 대령이던 울즐리가 지휘해 '울즐리 원정Wolseley Expedition'이라고도 불린다. 캐나다 정부에 반란을 일으킨 정치인 루이스 릴Louis Riel(1844~1885)을 진압하는 군사작전이었다. 당시 미국은 캐나다군이 미국 땅에 들어오는 것을 거부했고 별다른 통로가 없는 상태에서 서쪽으로 이동하는 것이 불가능한 상황이었다. 전쟁사학자들은 이 작전을 가장 대담한 것 중 하나로 꼽는다. 1천 명이 넘는 병력이 보급품과 대포를 포함한 무기를 운반해 군데군데 도로를 만들어가며 수백 킬로미터가 넘는 황무지를 가로질렀다. 더구나 무더위와 해충이 들끓는 한여름 두 달 사이에 진행되었다. 반란은 진압되었고 루이스 릴은 1885년 11월 16일 교수형을 당했다.

*** 오늘날 가나 지역에 존재했던 아샨티제국이 1824년부터 1901년 사이에 영국과 네 차례에 걸쳐 치른 전쟁. 아샨티제국은 몇 번에 걸쳐 영국군에게 패배를 안겼으나 결국에는 영국의 보호령이 되었다. 울즐리가 활약한 것은 1873~1874년에 걸친 제3차 전쟁이다.

불러는 힘을 앞세워 부대를 지휘했다. 그러나 불러는 삼촌같이 친근한 지휘관 아래에서만 최상의 상태를 보여주었는데 그런 대표적인 지휘관이 바로 울즐리였다. 불러는 단독 지휘 임무를 부여받으면 우유부단해지면서 스스로 무너졌다. 그는 전략 이해가 부족했고 군수와 행정에도 무능력했다. 더구나 그는 알코올중독자이기까지 했다. 풍성한 음식과 그 유명한 뵈브 클리코 샴페인*을 끝도 없이 좋아한 불러는 결국 허풍쟁이였다. 그는 유능한 부사관은 될 수 있었겠지만, 결코 상급 지휘관이 되면 안 되는 인물이었다. 그레이엄 원정군에서 불러는 자기가 영국에서 데려온 제1보병여단을 맡았을 뿐만 아니라 그레이엄 유고 시에는 그를 대리할 2인자였다.

불러는 언제나 허버트 스튜어트를 질투했는데 스튜어트는 여러 면에서 불러와 대조되는 인물이었다. 그런 불러를 두고 울즐리는 이런 평가를 남겼다. "불러가 군사적인 탁월성을 조금 더 갖추기는 했지만 모든 면에서 스튜어트가 더 낫다. 불러는 스튜어트의 능력을 깎아내리거나 실수를 들춰내려는 데 늘 혈안이었다."[37] 울즐리는 카피르전쟁 중 전장에서 허버트 스튜어트를 만났는데 그것은 우연이었다. 허버트 스튜어트의 인품에 반한 울즐리는 그를 자신의 비서로 임명했다. 햄프셔에서 목사의 아들로 태어나 윈체스터대학에서 공부한 허버트 스튜어트는 1863년 인도에 있는 제37보병연대37th Foot의 장교로 군 생활을 시작했다. 10년 동안 복무한 뒤 영국으로 돌아온 그는 육군참모대학에 입교했고 이후에 기병으로 전과했다. 그는 제3용기병근위대Dragoon Gurads 소속으로 줄루전쟁에 참전했으며, 나중에는 울즐리가 총애한 조지 콜리 소장의 참모장으로 제1차 보어전쟁에 참전했다. 1882년, 이집트에서 벌어진 오라비의 봉기 당시엔 기병사단의 참모였으며 카이로로 진격

* Veuve Clicquot(1777~1866): 바르브-니콜 퐁사르댕Barbe-Nicole Ponsardin이 남편 프랑소와 클리코François Clicquot가 남긴 샴페인 양조장을 물려받아 발전시킨 뒤 자신의 이름을 상표로 붙여 팔기 시작한 샴페인으로 세계적인 명성을 얻었다. 뵈브 클리코는 '과부 클리코'라는 뜻이다. 1816년 그녀는 샴페인 속의 찌꺼기를 제거해 맑고 투명한 샴페인을 즐길 수 있도록 해준 '르뮈아주Remuage' 기술을 개발했고 이는 오늘날에도 모든 샴페인 제작에 표준 기술로 사용된다.

할 때는 직접 전투지휘에 나서기도 했다. 카이로 도심과 성채를 탈취할 때 보여준 훌륭한 공훈을 인정받아 배스 훈장CB: Companion of the order of the Bath을 받았고, 대령으로 명예 진급했으며, 빅토리아 여왕의 부관으로 임명되었다. 울즐리는 허버트 스튜어트를 이렇게 평했다. "이런 훌륭한 사람하고 함께 일하는 것은 행복하지. 그는 언제나 쾌활하고, 어려운 일이라도 항상 맡을 준비가 되어 있다네. 불쌍한 콜리 소장이 죽은 이후 내 주변 사람 중 최고의 참모장교라네."[38] 허버트 스튜어트는 그레이엄 원정군의 기병 여단장으로 임명되었고 여단 구성원 중 대부분은 영국에서 허버트 스튜어트와 함께 수단에 도착했다.

그레이엄은 수아킨으로 이동하는 동안 계획을 완성했다. 스티븐슨은 그레이엄에게 트린키타트에 집중하고 토카르로 진격하라고 지시했다. 그레이엄은 토카르 요새에서 병력을 구출해 수아킨까지 안전하게 데리고 나올 계획이었다. 고든의 요청에 따라 그레이엄은 오스만 디그나에게 자발적으로 병력을 해산할 기회를 주고, 베자족 쉐이크들에게 카르툼에서 고든과 협의하라는 선언서를 준비했다. 선언서와 백기를 들고 오스만 디그나에게 전하러 간 장교는 베자족의 총격을 받았고 선언서는 포트 베이커 밖의 기둥에 내걸렸다.

그레이엄은 방진 대형을 유지하기로 했다. 기관총과 속사가 가능한 소총이 등장해 화력이 강화된 마당에 방진은 시대에 뒤떨어진 전술이었지만 여전히 이 전법을 옹호하는 사람들이 있었다. 그레이엄은 상대적으로 적은 병력으로 많은 장비를 보호하면서 전진하려면 방진이 유용하다고 생각했다. 베자족의 심리전을 무력화하는 데 방진은 가장 좋은 대형이었다.

그레이엄의 병사들은 꽁무니를 빼기 바쁜 이집트 징집병이 아니라 정예 영국군이었다. 베링은 이들을 두고 "달려나가지 못해 안달이 난 그레이하운드 같다"고 했다.[39] 영국군 병사는 세계에서 가장 강인하고 결연한 전투원이었으며 이들이 보여준 사기와 전문성 덕분에 아마추어 같은 무능력한 지휘관도 장교로서 명성을 누릴 수 있었다. 워털루 전투가 끝나고 나폴레옹은 영국군 병사를 "양이 이끄는 사자 무리"라고 표현했다. 그러나 윌프레드 블런트가 남긴 평가는 당대 영국 상류층이 자국 병사들을 어떻게 깎아내렸는지 잘 보여준다.* "그들은 누구인가? 화이트채플Whitechapel 빈민가**와 세븐 오크스Seven Oaks에서 온 도둑 같은 인간쓰레기 잡종들이다……. 이들은 오직 진급과 재미 보는 것을 빼면 신앙도, 전통도, 기강도 없다."[40]

이런 평가는 부당할 뿐만 아니라 부정확하기까지 하다. 비록 병사 중 일부가 문맹이고 많은 수가 미성년이었지만 영국군 병사 중 탈영하거나 중죄를 선고받은 이는 없었다. 성격이 나쁜 병사는 군에서 배제되었다. 병사들은 대부분이 특별한 기술이 없는 노동계급 출신으로 큰 도시에서 왔고 미혼이었다. 병사 중 80퍼센트는 일자리를 찾지 못해 마지막 방법으로 군을 택한 이들이었다. 이 외에는 잘못된 결혼에서 도망친 사람이나 단조롭고 고된 육체노동으로부터 도망친 이들이었다. 소수이기는 했지만, 군에 매력을 느껴 모험심으로 군을 선택한 이도 있었다. 병사 중 젠트리gentry 계층은 극소수였다. 젠트리 출신으로 군에 온 이들은 경력에 약간에 문제가 있었기에 군에 투신한 이들이었다. 그렇다고 군이 마구잡이로 지원병을 받아들인 것도 아니다. 지원자 중 최대 50퍼센트에 달하는 인원은 군에 입대하지 못하고 고배를 마셨다. 대중이 가진 믿음과는 반대로 병사의 대부분은 잉글랜드 출신이었으며 아일랜드 출신은 13퍼센트 그리고 스코틀랜드 출신은 8퍼센트에 지나지 않았다.

---

* 18, 19세기 유럽에서 이런 평가는 영국에만 한정되지 않았다. 귀족 출신 장교들은 병사를 신뢰할 수 없는 부류로 여겼는데, 1775년부터 1777년까지 프랑스 육군성 장관을 역임한 생제르맹 백작은 "병사들은 인간쓰레기며 사회에 무용지물인 자들"이라 묘사했고, 프로이센의 프리드리히 대왕은 "병사들이 전장에서 경험하는 어떤 위험보다도 상관인 장교를 더 두려워하게 해야 한다"라고까지 주장했다.

** 1840년대 찰스 디킨스의 소설에 나오는 묘사처럼 빈곤과 인구 집중에 따른 문제(도둑, 매춘, 폭행, 살인 등)가 많은 곳이었으며 1880년대 후반에는 '토막 연쇄 살인범 잭Jack the Ripper'이라는 신원 미상 범죄자가 매춘부 다섯 명 이상을 성폭행한 뒤 살해한 곳으로 유명하다.

일간지 《데일리 텔레그래프The Daily Telegraph》 특파원 베넷 벌리*는 미국 남북전쟁 동안 남군 편에서 싸운 경험이 있지만, 비열한 모습을 경험한 적은 없었다. 그는, 영국 병사에 대해 대중이 가진 인식에 동의하지 않는, 지각이 있는 사람이었다. "빅토리아 시대에 중위 이하 계급의 군인은 사회적인 존경을 거의 받지 못했다. 그러나 이들은 일하고 전투에 임할 때 기강과 자부심이 있었다. 이들에게 돌아오는 보상이란 죽음과 낯선 땅에 세워지는 무명 묘비가 전부였다……. 우리는 수단을 떠나기 전 적잖이 많은 무명 묘비를 세워야 했다."[41]

더구나 블런트의 평가는 장교들의 공감을 얻지 못했다. 영국군 장교들이 전술 교육을 제대로 받지 못했을 수도 있지만 많은 장교는 부하로부터 사랑받았다. 장교와 병사 사이에 형성된 애착 관계는 서로 자신의 목숨을 내어놓는 전우애를 보여주었고 이는 수단에서 벌어진 여러 전투에서 극명하게 드러났다.

잉글랜드, 스코틀랜드, 그리고 아일랜드에서 입대한 병사는 최소 12주의 신병교육과 훈련을 거쳤다. 신병 양성 과정에는 기초군사훈련, 체력단련, 8일짜리 사격훈련이 포함되어 있었다. 특히 사격훈련에서 신병은 침착하고 신속한 일제사격과 개인 사격을 연습했다. 보병 전술, 공격과 방어, 정찰과 수색, 총검술, 25킬로미터짜리 전투대형 행군 또한 양성 과정에서 이수해야 하는 과목이었다

베이커의 이집트 헌병군이 그 기종에서는 최고라 할 수 있는 미국산 레밍턴 소총으로 무장한 데 반해 영국군 보병은 당시 최첨단 기술이라 할 수 있

* Bennet Burleigh: 스코틀랜드 글래스고에서 태어났으나 출생 일자는 확실치 않다. 남북전쟁에 남군 소속으로 참전해 두 번 포로가 되었으나 탈옥한 경험이 있다. 1882년 《데일리 텔레그래프》에 입사해 사망할 때까지 전쟁만 전문적으로 취재해 명성을 얻었다. 그는 1882년 영국의 이집트 원정, 고든 구원군 원정과 키치너 원정을 모두 취재했으며 이외에도 프랑스의 마다가스카르 합병, 아샨티전쟁, 보어전쟁, 그리스-터키전쟁, 러일전쟁 등을 취재했다. 1915년 7월 15일 사망했다.

는 후장식breech-loader 기술이 적용된 마티니-헨리 소총Martini-Henry을 지급받았다. 이 총은 알렉산더 헨리Alexander Henry가 일곱 개의 강선을 가진 총열에 폰 마티니Von Martini가 고안한 노리쇠를 결합해 제작한 것으로 총기 역사에서 기념비적인 작품이다. 그렇게 무겁다고 할 수 없는 3.96킬로그램의 마티니-헨리 소총은 유효 사거리가 900미터에 달했고 착검하면 약 1.8미터가 넘는 치명적인 창으로 사용할 수 있었다. 이 총의 단점이라면 사격 시 연기가 자욱하게 난다는 것, 반동이 심하다는 것, 그리고 먼지가 많은 환경에서는 탄이 걸리거나 기계장치가 작동하지 않아 사격이 안 될 수 있다는 것이었다. 이 총은 장약이 황동 탄피 속에 들어 있는 0.45구경 탄약을 사용했다. 사수가 격발하고 방아쇠울 겸 장전 손잡이인 레버를 밑으로 내리면 폐쇄기가 아래로 내려가 약실이 열리면서 탄피가 추출되었을 뿐만 아니라 다음 격발을 위해 공이가 뒤로 밀렸다. 그 사이 사수는 열려 있는 약실에 손으로 새로운 탄약을 밀어넣으면 사격 준비가 끝났다. 영국 보병은 5초마다 한 발씩 사격이 가능했으며 그레이엄의 병사들은 한 사람당 탄약을 100발씩 휴대했다. 베자 전사들이 구사하는 공포 유발 전술을 인식한 영국군은 탄두 끝을 줄로 째서 덤덤탄dum-dum round을 만들었다. 덤덤탄은 표적에 맞는 순간 째진 부분이 납작해지면서 치명상을 입힐 수 있었다.* 덤덤탄을 사용하는 것은 잔

* 탄자가 표적에 맞는 순간 뭉개지면서 원래 구경보다 더 커져 명중 부위에 큰 피해를 입히는 특징을 가진 탄을 팽창탄Expanding bullet이라 부른다. 1896년에 영국이 덤덤 병기창Dum Dum Arsenal에서 최초로 개발한 연성첨두탄軟性尖頭彈: soft-pointed bullet을 여러 식민지 전쟁에서 사용하면서 덤덤탄이라는 별명이 널리 쓰이게 된다. 1895년, 인도 북서부 치트랄Chitral에서 발생한 반란을 진압하던 영국군은 돌격하는 반란군을 근거리 사격으로 저지했는데, 탄자의 변형 없이 신체를 그대로 관통해버리는 Mark II 탄이 적절치 못하다는 것이 증명되자 사거리에 영향을 미치지 않으면서 저지력을 높인 탄을 개발하기로 결정한다. 당시 인도 서벵갈West Bengal 덤덤 시에 있는 병기창 책임자였던 네빌 스네이드 버티-클레이Neville Sneyd Bertie-Clay 중령은 표적에 충돌하는 탄두 부분을 납으로 처리한 새로운 탄을 개발했다. 이 탄은 표적에 명중하면 첨두에 있는 납이 마치 버섯 모양으로 뭉개지면서 접촉 면적이 늘어나 관통력이 떨어지는 대신 저지력이 기존 Mark II 탄보다 커진다. 톱니바퀴처럼 날카롭고 불규칙하게 뭉개진 탄자가 살을 파고들며 상처를 크게 만들 뿐만 아니라 납이 상처 안으로 흘러 들어가면서 상처가 쉽게 썩거나, 치료를 받더라도 상처 부위에 남은 파편을 제거하기 어렵게 만드는 부수적인 효과가 있다. 연성첨두

인한 일이지만, 총에 맞아도 돌격을 멈추지 않는 용맹한 적에겐 유용한 대응 수단이었다.

기병의 신병훈련은 보병의 그것보다 훨씬 오래 걸렸다. 6개월 동안 신병은 약 120시간 이상 말타기 훈련을 해야 했다. 이때 신임 장교도 신병과 함께 훈련을 받았다. 안장을 얹지 않은 말에 올라타고 내리기, 속보와 완보, 등자와 심지어 안장도 없는 상태에서 장애물 넘기, 손을 등 뒤로 하고 손뼉 치며 장애물 넘기, 말 가죽을 무릎 사이에 끼고 빠른 속도로 달리기 같은 훈련 때문에 크고 작은 사고들이 끊이지 않았다. 말 타는 것이 끝이 아니었다. 기병은 마사馬舍 일, 짐 싸기, 안장 놓기, 펜싱, 그리고 당연히 말 위에서 무기를 능숙하게 다루는 훈련도 받았다. 기병은 보병과 똑같은 사격훈련을 받았지만, 합격 기준은 보병보다 훨씬 낮았다.

영국군에서 전문성을 자랑한 병과는 포병이었다. 포병 신병은 야포로 최소한 150시간 이상 훈련했는데 여기에는 탄약 다루기, 포를 포가砲架에 올리고 내리기, 방렬하기, 조준, 포진 만들기 등이 포함되었다. 야포 한 대를 운용하려면 부사관 두 명과 병사 여덟 명이 필요했고, 선임 부사관이 이들을 지휘했다. 어디까지나 포병의 1차 목표는 적의 야포를 무력화하는 것이었다. 보병 지원은 그 뒤의 일이었다. 포병에게는 마티니-헨리 소총과 기능이 같지만, 총열이 짧은 카빈총이 지급되었다. 야포를 보호하면 되는 포병은 200미터 정도의 거리에서 적과 교전하는 수준의 소총 사격술이면 충분했다. 에-테브 전투에서, 포병 중 일부는 이보다 훨씬 더 가까운 거리에서 성능이 훨씬 떨어지는 소총으로 교전하는 상황에 처하기도 했다.

탄과 효과는 비슷하나 원리는 조금 다른 것이 중공첨두탄中空尖頭彈: hollow-point으로 탄두 끝이 분화구처럼 중앙이 움푹하게 패여 표적에 명중하면 탄자 끝이 갈라지며 접촉면이 넓어진다. 이 탄은 이미 19세기 초반부터 사냥에 쓰이고 있었다. 덤덤탄은 탄이 가진 잔인한 효과에 비난 여론이 강해지면서 1899년 헤이그 조약The Hague Convention에서 사용이 금지되었다. 원 저자는 위에서 덤덤탄이라는 표현을 썼지만, 영국군 병사들이 개별적인 수작업으로 형상을 바꾼 탄은 엄밀하게 말해 중공첨두탄으로 봐야 한다.

스코틀랜드 포병을 지휘하는 프랭크 로이드Frank Lloyd 소령에게 베이커의 이집트군이 사용하던 크루프 대포를 인수하라는 명령이 떨어졌다. 그러나 로이드 소령은 크루프 대포 대신에 해군의 7파운드 포* 8문을 간절히 요구했다. 이 포는 7파운드, 즉 3.17킬로그램 정도의 고폭탄을 2천700미터 정도 날려 보낼 수 있었다.

그레이엄 원정군에는 개틀링 기관총과 가드너 기관총이 3정씩 있었다. 이 기관총들은 휴잇 해군 소장이 지휘하는 수병들이 사용했다. 로마 시대 황제 근위대가 자기 창에 무한한 경의를 보인 것처럼 영국 수병도 기관총을 그렇게 대했다. 《데일리 텔레그래프》 특파원 베넷 벌리는 이런 모습을 잘 기록했다. "수병들은 기관총이 마치 살아 있는 생물이라도 되는 것처럼 두드리고 귀여워해준다."[42] 가드너 기관총은 총신, 약실, 그리고 노리쇠가 각각 두 개씩 있으며 손으로 크랭크 핸들을 돌려 일제사격을 하는 총이었다. 총 위에 장착된 호퍼hopper라고 불리는 급탄통에서 0.45구경 탄이 중력 낙하 방식으로 송탄되었다. 가드너 기관총의 큰 단점은 고정된 운반차에 탑재되어 있다는 점 그리고 횡사橫射가 쉽지 않다는 것이었다. 이 총의 사거리는 1천800미터에서 2천700미터 정도였으나 견고한 황동으로 제조되어 총의 무게가 360킬로그램이나 나갔다. 더군다나 수단처럼 높은 기온에서는 쉽게 과열되고 탄이 끼이기 쉬웠다. 개틀링 기관총은 크랭크 핸들을 돌려 사격하고 같은 구경의 탄을 쓴다는 점까지는 가드너 기관총과 같았다. 그러나 개틀링 기관총은 작동 원리가 달랐다. 이 기관총에는 약실과 노리쇠가 각각 하나씩만 있고 이를 중심으로 여러 개의 총열이 차례대로 돌아가는 방식이었다. 그러나 개틀링 기관총 역시 덥고 먼지가 많은 환경에 취약했다. 이 기관총은 노새나 낙타가 필요 없었다. 기관총을 분해해 둘러메고는 이동해 다시 조립하는 것

---

* 7-pounder Mk IV "Steel Gun": 포구장전식 강선포로 포탄 직경은 3인치(76.2mm)이다. 1864년에 구경 2.5인치 6파운드 포를 대체할 목적으로 개발되었다. '7파운드 포'라는 이름은 포탄의 대략적인 무게를 따라 붙여졌다. 7파운드 포는 강철로 포신을 제작해 '강철포'라는 별명도 있다. 이 포는 1879년에 후속으로 개발된 2.5인치 산악포로 대체된다.

은 전적으로 수병의 몫이었다.

2월 28일 밤, 그레이엄 원정군은 포트 베이커에서 야영했다. 밤 8시경, 야영하던 부대는 쿵쿵거리는 발소리 때문에 잠에서 깨 요크랭커스터연대York & Lancaster Regiment 1대대가 도착하는 것을 목격했다. 이 부대는 지난 13년 동안 인도에 주둔한 뒤 영국으로 돌아가는 길에 아덴에 잠시 들렀다가 수단에 파병돼 트린키타트로 방향을 전환했다. 이들은 인도에서 출발했기 때문에 여전히 열대용 카키색 군복을 입었으며, 인도 육군의 흰색 구식 배낭을 메고, 침낭은 어깨에 걸치고 있었다. 이들이 행군해 들어오자 원정군이 환호하며 소리 질렀다.

그레이엄은 오스만 디그나에게 동이 트기 전까지 병력을 해산하라는 통지를 전달했다. 그러나 베자족은 에-테브에 흩어져 있는 여러 우물과 샘에 보루를 만들고 그 속에 몸을 숨긴 채 해산하지 않았다. 베자족은 원정군의 공격을 이미 두 번이나 물리친 경험이 있었다. 세 번째가 될 이번 전투가 앞의 두 번과 다를 것으로 생각할 까닭도 없었다. 베자족에게는 레밍턴 소총 3천 정이 있었고 베이커 원정군을 몰살시키면서 크루프 대포와 노르덴펠트 기관총도 노획했다.

원정군의 야영은 그다지 좋지 못했다. 희미하게 초승달이 뜬 하늘은 구름으로 덮여 있었다. 밤새 간간이 이슬비가 뿌리더니 동이 틀 무렵에는 억수 같은 장대비가 쏟아졌다. 새벽 5시, 기상나팔이 울리자 영국군은 기다렸다는 듯이 일어났다.

9

1884년 2월 29일 오전 9시, 베자족 정찰병들은 남쪽의 아침 해무 사이로 튼튼하게 만들어진 그레이엄의 방진을 보고 있었다. 방진은 마치 눈앞에서 흔들리는 신기루처럼 보였다. 방진의 정면과 양 측면에서 빠른 움직임이 보였다. 이들은 제10경기병연대와 제19경기병연대 소속으로 전초 임무를 수행하는 병사들이었다. 아직 느슨한 본진 사이로 손쉽게 말을 타고 오가는 이들 때문에 뿌연 먼지가 일었다.

베자족은 레밍턴 소총으로 사격을 시작했지만, 영국군은 여전히 사거리 밖에 있었다. 베자족이 멀리서 보기에 이 새로운 '튀르크인'은 이전에 쫓아낸 사람들과 별로 달라 보이는 것이 없었다. 그간 전투에서 보여준 것처럼 새로 도착한 외지인들 역시 베자족의 사나운 공격에 저항하지 못할 것 같았다. 그러나 좀 더 거리가 가까워지자 이전 군인들과는 복장이 다르다는 것을 알게 되었다. 그 이전의 병사들은 흰색 재킷에 바지를 입고 빨간 타르부쉬 모자를 썼지만, 방진 정면에 있는 이번 병사들은 녹색 치마, 회색 재킷 그리고 양동이처럼 생긴 흰 헬멧을 쓰고 있었다. 또한, 이들은 착검한 소총을 어깨에 올리고는 이전에는 들어보지 못한 날카로운 백파이프 소리에 맞춰 전진하면서 의기양양하고 유연하게 움직였다. 베자족이 본 것은 고든하일랜드연대 제1대대 병력이었다. 베자족이 영국군 보병을 본 것은 이번이 처음이었다.

오전 9시 30분, 트린키타트 항구에 정박 중인 포함 스핑크스에서 포가 불을 뿜으며 초탄 네 발을 발사했다. 포탄은 공기를 가르며 '쿵' 소리와 함께 베자 진지에서 1.6킬로미터 정도 못 미치는 곳에 떨어졌다. 포탄이 떨어진 곳이 아군의 기병 전초병과 너무 가까워서 사격 중지 명령이 내려졌다. 베자 정찰병은 후퇴해서 기병 전위부대와 약 1천100미터 정도 거리를 유지했다. 그런데 방진 뒤쪽에 있던 기마보병이 갑자기 베자족을 향해 돌진하기 시작했다. 겁을 줘 베자 전사들을 쫓아버리려는 시도였는데* 여기에는 프레드

* 말의 속도를 이용한 밀집 돌격은 전통적으로 기병의 전술이었을 뿐만 아니라 기병의 자존심을 보여주는 상징적인 행동이다. 이상적인 돌격은 적과 직접 충돌하는 것이 아니라 적을 심리적으로 강하게 압박해 충돌 직전에 적이 도주하도록 하는 것이다. 전투 능력과 상관없이 돌격에 참여했다는 것 자체가 영국군 장교로서는, 특히 빅토리아 시대 장교들에게는 대단한 영광이었다. 이러한 영향은 단지 기병에게만 국한된 것이 아니라 개인화기를 소지하고 하마전투下馬戰鬪를

버나비도 끼어 있었다. 그러나 이것은 별다른 효과가 없었다. 베자족은 진지에서 꼼짝도 않고 서서 투지를 내비쳤다. 기마보병은 물러났고 방진에서 약 800미터 뒤에 떨어져 허버트 스튜어트의 지휘를 받는 기병여단에 합류했다.

경기병은 방진 앞에서 정찰을 계속했다. 정찰은 경기병의 특기였다. 이들은 적의 사격을 솜씨 좋게 피하면서 정찰 임무를 수행하는 훈련을 받았다. 에-테브에 있는 베자족 진지까지 말을 타고 다가간 제10경기병연대의 댄비 Danby 하사와 경기병 세 명은 무장한 베자족과 크루프 대포를 발견했다. 댄비는 당시의 상황을 이렇게 기억했다. "적은 우리 정찰조에 집중사격을 시작했지만, 우리를 맞출 만큼 능숙하지는 않았다. 우리는 적보다 훨씬 날랬다. 곧 지원조가 도착해 합류했고 우리는 응사할 생각 없이 총탄을 무릅쓰고 다시 앞으로 나아갔다. 아군이 방진을 유지하며 전진하는 동안 우리는 적진 우측의 포구 바로 아래에 도착했다."[43]

발렌타인 베이커는 관목으로 뒤덮이거나 베자족 매복조가 숨어 있을지도 모르는 패인 땅을 피해가며 방진을 전진시키는 그레이엄을 돕고 있었다. 또 다른 전초병과 함께하던 《데일리 텔레그래프》의 벌리 특파원은 지난번 전투가 남긴 소름 돋는 광경과 마주했다.

"에-테브로 가는 길에는 송장이 널려 있었다. 많은 수가 손을 타지 않은 채 죽은 모습 그대로였고 썩는 냄새가 진동했다. 송장을 뜯어 먹던 새떼는 우리가 접근하자 귀찮다는 듯이 느릿느릿 하늘로 날아올랐다."[44]

"희생자 대부분은 등 뒤에서 창에 찔리거나 칼에 베인 듯 얼굴을 땅에 박은 채 쓰러져 있었다……. 일부 송장은 대부분 해골이 드러난 채였지만 신체의 다른 부분은 독수리나 야수들의 공격을 받지 않고 그대로 남아 있었다……. 무자비한 살해자들이 남긴 모욕이 고스란히 죽은 이들에게 남아 있

수행해야 하는 기마보병에까지 미쳤으며 소총 기술의 진화에 따라 기병의 역할을 개혁하려던 영국군 수뇌부의 노력에 제동을 건 중요한 문화적인 저항 요인이었다. 결국, 영국 기병은 제1차 세계대전까지 이러한 돌격 전술을 고수하다 역사의 뒤안길로 사라진다.

트린키타트에 상륙하는 그레이엄 원정군, 1884년 2월 28일

에-테브로 진격하는 그레이엄 원정군, 1884년 2월 29일

The Graphic, 1884년 3월 22일

제19경기병연대

The Graphic, 1884년 3월 22일

제10경기병연대

었고 그 광경은 글로 다 쓸 수 없을 만큼 참혹했다."[45]

이미 베이커와 몬크리프 모두 트린키타트에서 에-테브까지 난 주 접근로로 진격했었다. 오스만 디그나는 이번 침략자도 똑같은 방법으로 이동할 것이라 예상했다. 베자족은 노획한 크루프 대포를 주 접근로를 향해 배치했다. 또한, 말발굽 모양으로 구덩이를 파고 우물 주변으로 흉벽을 쌓았다. 이 기다란 구덩이는 버려진 설탕 공장과 진흙 벽돌로 쌓은 보루를 감싸 안으면서 뒤편의 야자나무 섬유로 짠 오두막 10여 채를 보호했다. 이번 방어전에는 베자족 6천 명이 참여했는데 이들은 하사나브Hassanab, 아르테이가Arteiga, 제밀라브Jemilab, 헨다와Hendawa, 하덴도와Haddendowa, 아슈라브Ashrab, 데밀라브Demilab의 베자족 예하 7개 부족에서 왔다.

아마 베이커가 조언했을 것이고 그레이엄은 그 조언에 따라 적진 측면으로 허를 찌르고 후방에서 공격하기로 했다. 영국군은 베자족을 불시에 덮쳤다. 댄비 하사가 이끄는 정찰조로부터 약 700미터 떨어진 곳에 있던 벌리 특파원은 베자족이 만든 보루에서 대포 2문이 경기병 정찰조에게 수차례 포격하는 것을 똑똑히 볼 수 있었다.

그레이엄은 방진에 정지 명령을 내렸다. 경기병 정찰조는 적진의 위치를 정확하게 찍어내면서 임무를 완벽히 수행했다. 전진하던 방진이 정지하자 병사들은 수백 미터 앞에 있는 베자족에 무관심한 듯 자리에 앉았다. 잠시 숨을 돌린 뒤 나팔수들이 나팔을 불어 '차려' 신호를 전달했다. 병사들은 일어나 다시 북쪽으로 움직이기 시작했다. 벌리 특파원은 당시 상황을 이렇게 기록했다. "적은 우리가 움직이는 것을 보자마자 크루프 대포를 발사해 전투를 시작했다……. 초탄은 방진에서 많이 벗어났다. 그러나 둘째 탄, 셋째 탄으로 갈수록 조준이 점점 더 정교해지면서 포탄이 우리 병사들 가까이에서 터졌고 몇 명이 부상당했다. 야만인들의 사격술은 놀랍도록 정확했다."[46]

방진은 시끄러운 백파이프 소리에 맞춰 대형을 유지하며 나아갔다. 모자를 약간 비뚜름하게 쓰고 방진 전면에 선 고든하일랜드연대 병력은 보조를 맞춰 전진했지만 마치 일요일 행진을 하는 것처럼 여전히 소총은 어깨 위에 걸치고 있었다. 해군 여단의 기관총 사수들은 방진 전면 양쪽 끝에 박혀 있었다. 요크랭커스터연대와 해병은 왼쪽에, 아일랜드퓨질리어연대와 왕실소총부대 예하 4개 중대는 오른쪽에 섰다. '검은 파수꾼' 하일랜드연대가 방진의 뒤를 맡았다. 방진 중앙에는 그레이엄과 참모들이 자리했고 식수, 탄약, 짐을 나르는 낙타와 노새, 전투공병, 낙타견인포대, 의무 요원, 그리고 소총부대와 해병부대가 있었다.

레밍턴 소총 사거리 안으로 방진이 들어가자 베자족이 쏜 총알이 휙휙 소리를 내며 스쳐 지나갔다. 벌리 특파원 오른편에 있는 고든하일랜드연대 병사 한 명이 갑자기 심한 상처를 입고 쓰러졌다. 뒤이어 하나둘씩 쓰러지는 인원이 속출했다. 베자족이 쏜 포탄 한 발이 방진 안에서 터지자 먼지와 파편이 온 사방으로 튀었다. 발렌타인 베이커는 얼굴에 금속 파편을 맞고 주저앉았다. 군의관 에드먼드 맥도웰Edmund McDowell이 상처를 치료하러 달려왔다. 의무병과 들것 운반병은 부상병을 보살피러 동분서주했다. 시간이 갈수록 사상자가 늘어났다.

그러나 마치 하나의 유기체 같은 방진은 속도를 늦추지 않고 계속 움직였다. 백파이프 연주가 멈추자 기관총 차대가 덜컹거리는 소리, 딱딱한 땅 위를 디디는 군화 소리를 제외하곤 정적이 흘렀다. 그때까지 보병은 응사하지 않고 약 900미터를 앞으로 나아갔다. 심지어 그레이엄도 보병이 하기 어려운 기동을 성공적으로 수행했다고 인정했다. "방진이 사격을 받는 동안, 어린 병사들은 힘든 시간을 견뎌야 했다. 그때 우리는 측면으로 이동하고 있었는데 어려운 기동이었으며 특히 비좁은 대형에서는 더 그랬다."[47] 영국군은 오스만 디그나의 병사들이 만든 참호 북쪽 면 바로 건너편을 통과해 베자족의 마지막 보루를 따라 이동했다. 그곳에는 1.8미터가 넘는 대포용 토대 위에 크루프 대포 2문과 베자 소총병 여럿이 참호에 틀어박혀 있었다.

갑자기 그레이엄이 정지 명령을 내렸다. 그러자 방진 왼쪽에 있던 요크랭커스터연대와 해병은 베자족과 가장 가까이 마주하게 되었다. 이들은 제10 경기병연대 정찰병들이 베자족의 사격을 피해 질풍같이 말을 달려 방진으로 돌아오는 것을 보았다. 맹렬하게 달리는 말발굽을 따라 먼지가 생생하게 피어올랐다.

해가 중천에 솟은 탓에 햇살이 머리 위로 떨어졌고 그늘도 없었다. 공기는 더할 나위 없이 신선했고 화약 연기는 해풍을 따라 가볍게 떠다녔다. 영국군은 베자족이 자리 잡은 진지를 분명히 볼 수 있었다. 스코틀랜드 포병대의 프랭크 로이드 소령은 7파운드 포 3문을 조립하라고 명령했다. 포수들은 낙타 무릎을 꿇리고 부품을 부리더니 마치 기계처럼 정확하게 포를 조립했다. 휴잇 해군 소장이 직접 지휘하는 수병들은 방진 앞으로 기관총 3정을 끌고 나왔다. 기관총을 실은 수레의 바퀴 자국 위로 가볍게 먼지가 일었다. 숨 막히는 몇 분 동안 영국군은 사격이 시작되기만을 기다리고 있었다. 이는 마치 런던 다우닝가 화이트홀 기마근위대 연병장에서 왕실근위여단이 일사불란한 모습으로 국왕 사열을 기다리는 순간처럼 보였다. 현장에 있던 해군 포수는 당시 상황을 이렇게 묘사했다. "순간 정적이 흘렀다……. 행동으로 옮길 순간이 드디어 다가온 것이다. 모두 명령이 떨어지기만을 숨죽여 기다렸다. 저 멀리 검은 얼굴과 반짝이는 창과 칼이 보였다."[48]

지휘소 깃발 뒤에서 사격 명령이 떨어졌다. 가드너 기관총과 개틀링 기관총은 맹렬하게 불을 뿜었고, 굉음과 함께 7파운드 포에서 발사된 탄은 공기를 가르며 베자 진지에 떨어졌다. 베자족이 설치해둔 크루프 대포는 바로 무력화됐다. 이어서 영국군 보병이 사격을 시작했다.

영국군 보병이 매우 빠르고 효율적으로 일제사격을 이어갔기 때문에 토대에 설치된 대포는 거의 사격을 중단했다. 그레이엄 전진 명령을 내렸고 나팔 소리로 병사들에게 전달되었다. 자리에 앉아 있던 보병이 일어났고 방진은 다시 절도 있게 안정적으로 전진했다. 방진 속의 병사들은 전진하면서 사격을 계속했다.

그러나 이렇게 주저앉아 있을 베자족이 아니었다. 방진 전면의 요크랭커스터연대와 해병이 200미터도 못 미치는 거리까지 접근하자 까치집처럼 부스스한 머리를 한 베자족이 참호 위로 뛰어오르며 돌격을 시작했다. 해군 포수의 기록은 다음과 같이 계속된다. "그들은 거의 벌거벗은 상태였으며 무시무시한 괴성을 질렀다……. 베자족 대부분은 키가 컸고 가슴이 넓었으며 검은 눈동자는 야수 같은 사나운 눈빛을 뿜어냈다."[49]

방진이 멈췄다. 방진 전면의 병사들에게 무릎을 꿇으라는 지시가 떨어졌다. 놀랍게도 이 새로 온 '튀르크인(실제로는 영국군)'들은 도망갈 기미가 없었다. 오히려 무표정한 얼굴로 공격에 맞서고 있었다. 영국군은 다시 사격을 시작했다.

베자족은 약간은 느슨한 대형을 유지한 채 창과 칼을 사납게 휘두르면서 마치 흑표범과 같은 기세로 앞으로 뛰어나왔다. 이들이 보여준 공격의 기세는 실로 믿기 어려운 것이었다. 벌리 특파원은 이 광경을 이렇게 기록했다. "적은 죽음을 아랑곳하지 않고 계속 다가왔다……. 총에 맞아 사방에 쓰러지고 있었지만 살아남은 자 심지어 부상당한 자들까지 계속해서 돌진해왔다."[50] 베자족 한 명은 무릎을 꿇은 방진 선두 병력을 뛰어넘었지만, 뒤에 있던 요크랭커스터연대 이등병의 총검에 찔려 목숨을 잃었다. 이등병은 지휘 장교에게 물었다. "어땠습니까?" 대답이 돌아왔다. "어, 잘 잡았어!"

다른 베자 전사들은 영국군 대포와 포수가 있는 곳까지 간신히 접근했다. 포수 아이잭 핍스Isaac Phipps는 빈손이었는데 꽂을대를 낚아채 베자족 한 명을 때려눕혔다. 이미 마티니 총탄에 맞은 베자 전사들은 일어나려고 애를 썼지만, 하일랜드연대 병사들은 가슴에 총검을 내리꽂아 이들을 끝장냈다. 다른 포수인 지미 애든Jimmy Adan은 7파운드 포탄을 얼굴에 던져 베자 전사를 쓰러뜨렸다. 스코틀랜드 포병 소속인 트레드웰Treadwell 하사는 권총을 쏴 적을 쓰러뜨렸다.

그 와중에 보병은 정면을 정리하고 함성을 지르며 적진으로 돌진했다. 베자족 참호는 정면이 약간 틀어진 사선이었다. 따라서 선두에서 진격하는 영국군 보병이 방향을 틀면서 요크랭커스터연대 일부가 해병을 앞질러 나갔다. 그 때문에 예기치 못하게 방진 정면이 무너지면서 순식간에 40미터 가량 틈이 벌어졌다. 바로 그때, 다른 베자 전사들이 그 틈으로 사납게 돌진했다. 요크랭커스터연대는 뒤로 물러났고 이 간극을 메우려고 해병이 신속히 달려왔다.

홀로 떨어진 영국군 병사가 베자 창잡이와 마주쳤다. 그는 10미터도 안 되는 거리에서 총을 쏘았지만, 총알은 창잡이를 빗나갔다. 그것은 치명적인 실수였다. 총검으로 공격할 것인지 전우들이 있는 곳으로 후퇴할 것인지를 놓고 우물쭈물하는 사이 금쪽같은 시간이 그대로 흘러갔다. 벌리 특파원은 이 모습을 목격했다. "(그는) 피하듯이 어깨 너머로 돌아보다가 가슴을 찔려 구멍이 생겼고 한두 걸음 뒤로 주춤댔다. 그 사이 멈추지 않고 달려들던 창잡이는 병사 위로 뛰어올라 결국 그의 목에 창날을 깊숙이 박아 넣었다. 베자 창잡이는 영국 병사가 땅에 쓰러지기도 전에 연거푸 또 찔렀다."[51] 그러나 이 창잡이도 죽은 병사의 전우 두 명이 쏜 총에 맞고 총검에 찔려 목숨을 잃었다.

그즈음 방진의 간극이 메워졌고 방진 정면의 영국군은 적진에 도달했다. 뒤이어 영국군과 베자족 사이에 백병전이 벌어졌다. 총과 총 그리고 총검과 창이 맞부딪치는 치열한 전투였다. 벌리 특파원은 아주 가까운 거리에서 쏜 총알이 빗나가 적이 휘두르는 칼에 맞아 죽는 병사들을 서넛 보았다. 그러나 다른 병사들은 필사적인 각오로 정확하게 표적을 맞혔다. 요크랭커스터연대와 해병 중에는 실전 경험이 많은 노련한 병사들이 있었다. 이들은 베자 전사들이 찌르고 휘두르는 창과 칼을 여유롭게 받아넘기면서 총검으로 반격했다. 찌르는 과정에서 총검은 종종 뼈에 부딪혀 휘기도 했고 아니면 베자족이 느낄 수도 없을 정도의 사소한 상처만을 입히기도 했다. 그러나 부드러운 살을 깊이 베면서 제대로 박힌 총검은 쉽게 빠지지 않았다. 베자 전사 중 몇몇은 갑작스럽게 맨손으로 총검을 붙잡고서 옆으로 제치려 하기도 했다. 일부는 총을 잡아 빼앗으려 했다.

베자족이 쓰는 칼과 창은 날카롭기가 면도날 같으면서도 날이 휘어지지 않고 근육, 심지어 뼈까지 벨 수 있었다.[52] 이와 대조적으로 영국군 장교의 칼은 이보다 질이 훨씬 떨어졌다. 요크랭커스터연대의 리틀데일Littledale 대위는 베자 전사 한 명을 칼로 베려고 머리를 내리쳤으나 칼날이 거의 반으로 접혔다. 리볼버 권총을 쐈지만 이 또한 빗나갔다. 공격을 받은 베자 전사는 리틀데일 대위와 몸싸움을 벌여 그를 쓰러뜨리고는 칼을 휘둘러 팔을 잘라냈다. 이 베자 전사는 이등병 한 명이 총검을 손잡이까지 등에 깊이 찔러 넣은 뒤에야 리틀데일로부터 떨어졌다. 또 다른 영국군 병사는 이 베자 전사에게 0.45구경 덤덤탄을 발사해, 말 그대로 머리통을 날려버렸다.

방진 왼쪽에 있는 휴잇 해군 소장은 칼을 뽑아들었다. 전투에서 해군이 뒤에 처져서는 안 된다는 의지로 무장한 그는 수병들에게 착검하고 돌격하라고 명령했다. 기관총을 담당한 수병들은 앞으로 나아가면서 개틀링 기관총을 함께 밀고 나갔다. 기관총 사수 한 명은 당시 상황을 이렇게 기억했다. "수병들은 크게 환호하며 장군을 따랐다. 반군 중 일부는 방어진지 중 약한 곳에 자리를 잡고 크고 무거운 칼을 휘두르다가 총에 맞거나 총검에 찔려 죽을 때까지 무시무시하게 저항했다……."[53]

그레이엄과 불러는 방진 중앙에서 작전을 지휘했다. 그레이엄은 심하게 부상당한 베이커에게 기지로 돌아가라고 설득했으나 말이 먹히지 않았다. 지난 패배를 되갚을 이번 전투를 지켜보기로 마음을 먹은 베이커는 전장을 떠나길 거부했다. 프레드 버나비는 말에서 내려 요크랭커스터연대와 함께 걸어서 돌진했다. 재킷과 조끼를 벗어 던진 그의 하얀 셔츠는 눈에 아주 잘 띄었다. 버나비는 장탄한 쌍열 산탄총을 들고 마침내 생각해온 복수를 다짐하고 있었다. 그는 둔덕에 올라 주변을 둘러보다가 참호 안에 크루프 대포 2문이 방렬돼 있는 것을 보았다. 포수들은 이미 도망간 뒤였지만 더 많은 베

베자족을 향해 돌진하는 고든하일랜드연대와 요크랭카스터연대, 1884년 2월 29일

The Illustrated London News, 1884년 3월 22일

자 전사들이 대포 뒤에 몸을 숨기고 있었다. 버나비는 둔덕에서 달리듯 내려가서 산탄총을 갈겨댔다. 그는 다시 두 발을 장전했다. 베자 전사 서너 명이 소리를 지르며 버나비에게 달려들었다. 그는 다시 두 발을 쏴 두 명에게 심한 상처를 입혀 땅에 쓰러뜨렸다. 나머지 두 명이 너무 가까이 달려들자 그는 산탄총을 재장전하기 위해 참호 경사면을 미끄러져 내려가야 했다. 요크랭커스터연대 병사들은 참호 위로 고개를 쳐드는 베자족에게 닥치는 대로 총을 쏘았다. 버나비는 힘겹게 토루를 딛고 일어섰지만 이내 베자족 대여섯 명에게 둘러싸인 것을 알았다. 그는 산탄총을 쏘고 개머리판으로 공격했지만, 너비가 무려 15센티미터나 되는 창날이 왼팔에 박히자 비틀거렸다. 그때 고든하일랜드연대 병사들이 도착해 버나비를 공격하던 베자족을 총검으로 처치하지 않았다면 분명 그는 전사했을 것이다. 버나비는 심하게 다쳐 기절해 뻗어버렸다. 그는 23발을 사격했고 적어도 13명을 쓰러뜨렸다.

요크랭커스터연대, 해병, 그리고 수병은 참호를 넘어 베자 진지로 쏟아져 들어갔다. 건초더미 머리 모양을 해 마치 어두운 유령 같은 인상을 주는 베자 전사들이 연결된 참호 사이에서 나와 영국군에게 맞섰다. 해군 여단 수병들이 가드너 기관총을 오른편 둔덕으로 끌어올리는 동안, 베자 전사 한 무리가 앞으로 돌진했다. 헤클라 호의 함장 아서 윌슨Arthur Wilson 해군 대령은 수병들을 보호하러 둔덕으로 뛰어올라갔다. 그는 미친 듯이 사방으로 칼을 휘둘러 베자 전사들을 떼어놓았다. 베자 전사 한 명이 옆에서 창으로 그를 찔렀다. 그러나 기골이 장대하고 수염을 기른 윌슨 대령은 그 정도에 겁먹지 않았다. 그는 창을 찌른 베자 전사의 머리를 칼로 내리쳤고 칼은 산산조각이 나버렸다. 베자 전사는 윌슨의 머리를 향해 창을 휘두르며 반격했다. 윌슨은 손잡이만 남은 칼로 겨우 공격을 막아내더니 손잡이를 내던지고 주먹으로 싸우기 시작했다. 요크랭커스터연대 병사 한 명이 그 베자 전사의 배에 총검을 박아 넣고서야 윌슨은 권투를 멈출 수 있었다. 단독으로 적에 맞서 부하들을 지킨 공로를 인정받은 윌슨은 빅토리아십자무공훈장을 받았다.

왼쪽에는 해병 경보병 소속의 프레데릭 화이트Frederick White 중위가 베자족 두 명으로부터 동시에 공격을 받고 있었다. 그가 한 명을 칼로 찌르는 사이 존 버트휘슬John Birtwhistle 이등병도 같은 베자 전사의 배를 총검으로 찔렀다. 너무 힘줘 찌른 나머지 총검 날이 부러졌다. 그는 개머리판으로 베자 전사를 때려 쓰러뜨렸다. 버트휘슬 이등병의 전우인 프랭크 여베리Frank Yerbury 이등병은 또 다른 베자 전사의 머리채를 잡고 빙글빙글 돌려댔다. 선임부사관인 존 허스트John Hurst는 베자 전사가 창을 찌르기 전에 바로 앞에서 총을 쏴 사살했다.

한 치의 땅을 두고 치열하게 싸우던 베자족이 사방에 시신을 남기고 마침내 물러나기 시작했다. 시체에서 흘러나온 피로 땅이 흥건하게 젖었다. 낮 12시 20분이었다. 돌격 나팔이 울린 지 겨우 20분이 지났을 뿐이었다.

해병 포병이자 소령으로 명예 진급한 터커Tucker는 부하들을 시켜 베이커 부대가 베자족에게 탈취당했던 크루프 대포를 확보한 뒤 포신 방향을 돌리게 했다. 몇 분 뒤, 확보된 대포들의 방렬이 끝났고 터커 소령은 사격 명령을 내렸다. 귀를 찢는 소리와 함께 크루프 대포에서 발사된 포탄은 베자족 진지로 쓰이는 설탕 공장을 타격했다. 포와 공장의 거리는 수백 미터에 불과했다. 진흙 벽돌로 만든 건물 안에는 베자족이 빽빽하게 들어차 있었는데 포격과 동시에 대부분이 즉사했다. 그럼에도 건물 외부 참호에 배치돼 살아남은 베자족은 물러서지 않았다. 영국군은 무자비하게 진격했다. 영국군이 진격하는 동안에도 개인호에서 뛰어나온 베자족은 부상당해 죽어가면서도 영국군에게 창을 들고 달려들었다. 벌리 특파원은 고든하일랜드연대 병사 하나가 등을 찔리는 것을 보았다. "야만인들은 격렬한 고통 속에 죽어가면서도 날카로운 단검, 창 또는 칼로 영국군을 찌르거나 베려고 애썼다. 영국군은 앞으로 나아가면서 숨이 붙어 있건 말건 모든 적을 총으로 쏘거나 총검으로 찔러야 했다. 적은 부상당해 쓰러졌어도 벌떡 일어나 우리 병사들을 죽이거나 치명적인 상처를 입혔기 때문이다. 들고 있는 무기로 우리 병사를 찌를 때마다 그들의 얼굴에는 냉혹한 기쁨이 스쳤다."[54]

벌리 특파원은 열두 살쯤 되어 보이는 베자 소년이 총에 맞아 죽을 때까지 이를 갈며 싸우는 모습도 보았다. 소년은 참호로 떨어지는 순간에도 창을 쥐고 있었다. 나중에 열 살 정도 되어 보이는 베자 소년 여럿이 시신 속에서 발견되었다. 베자 여인들이 부상당한 영국군을 자귀로 해치우는 모습도 목격되었다.

제2선 진지에 있는 오스만 디그나의 부대를 격퇴하는 데 다시 40여 분이 걸렸다. 오후 1시경이 돼서야 베자족이 후퇴하기 시작했다. 이들이 참호에서 뛰쳐나오기 무섭게 영국군 기관총이 이들을 쓰러뜨렸다. 고든하일랜드 연대 소속의 2개 중대가 비어 있는 진지를 처음으로 점령했고, 2월 초에 베이커의 헌병군이 탈취당했던 크루프 대포 2문, 견인포 2문, 개틀링 기관총 1정, 그리고 로켓발사관 2정을 확보했다. 베자 전사들의 송장이 산을 이루고 있었다. 그러나 죽은 척하고 있다가 갑자기 일어나 손쓸 틈을 주지 않고 칼로 찌르거나 베는 일이 종종 있기 때문에 영국군은 매우 조심하며 접근했다.

영국군은 에-테브 우물까지 적을 압박해 몰아갔다. 쫓기던 베자족은 이곳에서 마지막으로 항전하려고 영국군을 향해 방향을 돌렸다. 몇몇은 자살 공격을 감행했지만, 영국군을 찌르기 전에 마티니-헨리 소총에서 발사된 탄에 맞아 쓰러졌다. 베링은 전투 보고서에 오스만 디그나 병사들의 마지막 저항 모습을 상세히 기록했다. "그들이 자비를 구할 생각은 아예 없었다. 후퇴할 곳이 막혔다는 것을 안 베자족은 우리 보병의 전진에도 아랑곳하지 않고 혼자서 또는 무리를 지어 창을 던지며 공격하다가 총탄에 맞아 벌집이 되면서 쓰러져 죽었다."[55] 그날 오후 2시경 영국군은 에-테브 마을을 점령했다. 마을엔 오두막마다 송장이 가득했다.

기병여단과 함께한 허버트 스튜어트는 보병 방진이 진격하기를 기다리면서 남아 있다가 베자 전사 무리가 에-테브에서 토카르로 철수하는 것을 보았다. 이들은 먼지를 자욱하게 날리면서 빠르게 이동했다. 그레이엄은 적이 완전히 진압되고 공포에 질려 후퇴하는 것이 아니라면 선부르게 공격하지 말라고 허버트 스튜어트에게 엄격하게 지시한 상태였다. 허버트 스튜어트는 마을을 빠져나오는 베자족이 와해됐다고 판단했다. 그러나 그들은 약 4천 명에 달하는 베자족 예비대로서 실질적인 교전을 벌인 적이 없었다.

허버트 스튜어트는 이들을 공격하라고 명령했다. 칼을 뽑아든 기병대는 3개의 돌격조를 구성해 함성과 함께 앞으로 달려나갔다. 제10경기병연대가 선두에 섰고, 아서 웹스터Arthur Webster 중령이 지휘하는 제19경기병연대 1제대가 그 뒤를 따랐으며, 퍼시 배로Percy Barrow 중령의 지휘를 받는 제19경기병연대 2제대가 맨 뒤에 있었다. 경기병 3개 돌격조가 맹렬하게 치고 나가면 상대 보병들은 대부분 공포감을 느꼈겠지만, 베자족은 달랐다. 베자 기병이 즉각 대응에 나섰다. 베자 기병은 영국군 경기병과 마주하기 직전, 말의 배 밑으로 들어가 몸을 숨기고는 다가오는 영국군 경기병이 통과할 때 칼로 치는 전법을 구사했다. 제10경기병연대와 19경기병연대가 베자족 사이를 뚫고 지나갈 때, 베자 전사들이 앞으로 몸을 숙였기 때문에 경기병의 칼은 조준한 표적에 닿지 못했다. 경기병이 탄 말이 속도를 줄이는 순간, 몸을 숙이고 있던 베자 전사들이 벌떡 일어나면서 날이 넓은 칼을 거세게 휘두르며 경기병의 등을 공격했다. 이들은 부메랑을 닮은 창을 정확하게 던져 영국군 경기병들을 말안장에서 떨어뜨렸다. 공격을 받는 것은 사람만이 아니었다. 베자족은 말의 무릎 관절이나 오금을 겨냥해 칼을 휘둘렀다. 그 와중에 베자족 무리를 뚫고 지나가지 못한 경기병도 있었다. 제10경기병연대인 헤이즈Hayes 이병은 베자 창잡이에게 공격을 당했다. 그는 칼로 상대하려 했으나 말이 극도로 흥분한 상태라는 것을 알았다. 결국, 그는 말에서 내릴 수밖에 없었고 그 순간을 노린 창잡이는 그를 창으로 찔렀다. 그러나 헤이즈는 자기를 향해 날아오는 창을 받아넘기면서 창잡이를 칼로 베어 숨을 끊어놓았다. 전투가 끝난 뒤, 헤이즈가 무기를 내려놓고 주먹으로 베자족과 한 판 붙었다는 이야기가 돌았다.

베자족을 향해 돌진하는 영국군 경기병, 1884년 2월 29일

The Illustrated London News, 1884년 3월 22일

배로 중령은 창에 왼팔과 배를 찔렸다. 말은 쓰러졌고 배로는 베자 전사들에게 둘러싸였다. 그는 자기가 지휘하는 경기병이 마치 꿈처럼 적을 헤치고 다가오는 것을 보았다. 더벅머리를 한 베자족은 주위에서 계속 움직이고 있었다. 그는 자신이 죽어간다는 것을 알았다. 그는 오른팔을 뻗어 도움을 청했지만 허사였다. 그 순간, 기적과도 같이 강력한 손이 그의 오른손을 쥐었고 그는 자신이 벌떡 일어나는 것을 느꼈다. 그를 구한 것은 병참 부사관인 빌 마셜Bill Marshall이었다. 그는 상관인 배로 중령을 보호하려고 말에서 내렸던 것이다. 배로의 인생에서 부하 부사관이 이처럼 반가운 순간은 없었다. 배로는 피를 많이 흘려 서 있는 것조차도 어려웠다. 마셜은 한 손으로는 배로를 잡고 다른 손으로 칼을 휘둘러 베자족을 헤치고 길을 냈다. 자신을 향해 공격해오는 창과 칼을 제치는 그의 모습은 마치 미치광이 같았다. 초인적인 힘을 발휘해 적을 떼어낸 그는 배로를 안전한 곳으로 옮기는 데 성공했다. 마셜은 일생 동안 빅토리아십자무공훈장을 두 번 받았는데, 그중 한 번이 바로 이 에-테브 전투의 공적 때문이었다.

베자족과 멀찍이 떨어진 곳에서 재정렬한 경기병은 전우를 구하려고 다시 공격을 시작했다. 처음과 달리 제19경기병연대가 선두에 서고 제10경기병연대가 그 뒤를 따랐다. 베자족 사이를 강하게 뚫고 지나가면서 이들은 미친 듯이 칼을 휘두르며 적을 베었다. 이번 충돌은 대혼란으로 변해버렸다. 제1차 교전보다 더 많은 경기병이 말에서 떨어져 창에 찔리거나 칼에 맞아 전사했다. 기병대는 다시 철수했고 말에서 내리라는 명령을 받았다. 말에서 내린 경기병은 마티니-헨리 카빈총으로 베자족에게 사격을 시작했다. 사격을 받은 베자족은 관목숲으로 사라졌다. 두 번의 돌격에서 20명이 전사하고 48명이 부상당했다.

에-테브의 두 번째 전투가 끝나고서야 발렌타인 베이커는 분을 풀 수 있었다. 그날 밤, 그레이엄 원정군은 우물 근처에서 야영했다. 다음 날, 검은 파수꾼이라 불리는 하일랜드연대는 사망자를 매장하라는 임무를 받았다.

두 번의 전투로 영국군 30명이 전사했고, 150명이 부상당했다. 하일랜드연대가 센 베자족 전사자는 825명이었다. 나중 일이지만 오스만 디그나는 두 번의 전투에서 모두 1천500명을 잃었다고 털어놓았다. 1천500명 가운데 전사자를 빼고는 철수하는 와중에 사라진 셈이었다. 시신을 매장하던 중 베이커 원정군의 전사자 시신도 발견되었다. 이렇게 발견된 시신 중에는 의무장교 아만드 레슬리와 전직 해안경비대장 제임스 모리스도 있었다. 이들은 간단한 장례식과 함께 안장되었다. 이 둘과 개인적으로 알던 벌리 특파원은 경례를 올렸다. 당시 나이 마흔넷이던 벌리는 피를 흘리며 급작스럽게 죽는 모습을 보는 것이 생소하지 않았다. 그는 미국 남북전쟁 동안 두 차례나 생포되었고 미 연방정부로부터 두 번이나 사형 언도를 받아본 사람이었다.

영국군은 많은 인종의 '야만인'들과 싸워봤지만 야만인이 영국군보다 더 용감한 적은 없었다. 제60소총연대 소속의 퍼시 말링Percy Marling 중위는 당시 경험을 이렇게 말했다. "나는 지금까지 수많은 전투를 치렀다. 그러나 이번 전투는 그중에서도 가장 치열했다. 누구보다 베자족이 가장 대담하다는 것은 인정해야 한다."[56] 말링 중위가 종교적인 열정이라고 표현한 것은 쉽게 말해 투혼이었다. 베자족은 결코 종교적인 광신도가 아니었다. 베자족의 시체를 살펴본 벌리 특파원은 그들이 자기와 아주 흡사한 모습을 한 사람이라는 것을 알고 몹시 놀랐다. "베자족은 사나운 야만인이나 피에 굶주린 사람이라기보다는 열성적인 사람의 바로 그 모습이었다."[57]

이날의 맞상대로 영국군이나 오스만 디그나의 베자족이나 똑같이 놀랐다. 그러나 이 둘은 전투 기질이 달랐다. 영국군 장군들이 부하들에게 해줄 수 있는 가장 큰 칭찬은 '규율이 선 상태에서 견고했다'는 것이었다. 영국군의 전투 방식은 맹렬하게 돌격하는 것이 아니라 총알세례를 받으면서도 기계적인 정확성을 보이는 것이었다. 허버트 스튜어트가 기병여단에 섣불리 공격 명령을 내린 것도 그레이엄에게는 만족스럽지 못했다. 제10경기병연대 그리고 19경기병연대 사상자 중 많은 수가 공격 중에 발생했다. 또한, 그

제2차 에-테브 전투를 치르는 그레이엄 원정군, 1884년 2월 29일. 왼쪽 상단에는 베자족이 진지로 사용한 설탕공장이,

The Graphic, 1884년 3월 22일

그림의 오른쪽에는 방진을 형성한 채 전투에 임하는 요크랭카스터연대와 고든하일랜드연대 병사들이 보인다.

레이엄은 고든하일랜드연대가 베자족 저격수들이 포진한 집에 사격하려고 방진을 무너뜨린 점도 지적했다. 그는 고든하일랜드연대가 상당 부분 통제 밖에 있었다고 말했는데 이는 영국의 기준에서 볼 때 수치스러운 평가였다.

베자족이 보여준 과감하다 못해 무모해 보이는 돌격은 영국군이 이전에 경험하지 못한 것이었다. 심지어 불러처럼 남아프리카에서 줄루족과 싸운 경험이 있는 사람도 이런 형태의 돌격은 본 적이 없었다. 줄루족은 커다란 무리를 이뤄 공격했기 때문에 잘 훈련된 소총수들이 일제사격을 가하고 신속하게 재장전할 수 있으면 제압할 수 있는 표적에 불과했다. 그러나 가혹한 사막에서 성장해 깡마르고 팔다리가 긴 베자족은 느슨한 대형으로 무리를 지어 믿을 수 없는 속도로 달려들며 공격했기 때문에 사격으로 제압하기가 훨씬 어려웠다.

이러한 베자족의 용맹함은 훗날 영국 민담에서 되살아났다. 나중에 러디어드 키플링이 쓴 시 「퍼지-워지Fuzzy-Wuzzy」에 '1급 전사first-class fighting man'와 같은 구절로까지 등장한다.* 에-테브 전투 이후, 베자족이 300미터 안으로 접근해 이들을 막을 확신이 들기 전에는 사격하지 말라는 지시가 영국군에 떨어졌다. 베자족은 보병이 아니라 '명예 기병'으로 취급될 정도였다. 베자족을 상대할 때는 마치 말 탄 사람을 상대하는 것처럼 넓게 열린 곳에서 확실한 방진을 구성해야 했다.

베자족이 영국군에게 깊은 인상을 준 것처럼 베자족 또한 영국군으로부터 깊은 인상을 받았다. 예기치 못하게 패했다는 것이 베자족에게는 큰 충격이었다. 이들은 과거 6천 년 동안 싸워온 전통이 있었고 '야만인'에게 진다는 것은 익숙한 경험이 아니었다. 이들은 으레 그렇듯 이번에 온 '튀르크인' 또한 쉽게 쫓아낼 것으로 생각했다. 그러나 이번에는 달랐다. 불을 쓰는 악마

---

* 러디어드 키플링Rudyard Kipling은 나중에 벌어지는 타마이 전투와 아부 클레아 전투를 기초로 1892년에 *Fuzzy-Wuzzy*라는 시를 발표한다. 이 시에서 키플링은 베자족의 용기를 칭찬한다. 『정글북』의 저자인 키플링은 영국인 최초의 노벨 문학상 수상자이다.

들은 예전처럼 총을 내던지고 도망가거나 공포에 질려 비명을 지르지도 않았다. 이들은 오히려 자기들을 압도하고 패배시켰다. 이 새로운 '튀르크인'은 잔인하기로 유명한 베자식 공격에 맞서 고도의 극기력을 보이며 방진을 유지했다.

생각지 못한 패배 이후, 시간이 가면서 베자족은 투혼이 떨어졌다. 다음 날 영국군 경기병이 토카르에서 1.5킬로미터 떨어진 곳에 나타났을 때, 베자족은 마지못해 총을 몇 발 쐈을 뿐이며 얼마 지나지 않아 400명이 썰물처럼 마을을 빠져나와 후퇴하는 것이 관측되었다. 그리고 한 시간 반 뒤, 그레이엄은 토카르 요새를 총 한 방 쏘지 않고 점령했다.

"토카르 원정이 가장 성공적이다." 휴잇 해군 소장은 다음 날 해군성에 성공을 알리는 전문을 보냈다. 카이로를 관통하는 나일강을 굽어보는 사무실에 앉아 전문 사본을 읽던 베링은 성공은 상대적인 표현이라며 냉소적인 웃음을 보였다. 휴잇과 그레이엄 모두 전투에 참여했고 승리로 얼굴이 상기되었다. 그러나 현장에 있지 않던 베링은 상대적으로 침착성을 유지했다. "훈련이 잘된 소수의 영국군이 용감한 야만인 무리를 물리칠 수 있다는 것이 증명되기는 했지만, 이것이 역사상 처음 있는 일은 아니다. 그러나 중요한 목표 중 달성된 것은 하나도 없다."[58]

3월 5일, 그레이엄과 원정군은 수아킨으로 돌아왔다. 돌아오는 길에는 토카르에 있던 민간인 약 1천 명을 함께 데려왔는데 이 속에는 이집트 병사 129명과 그들의 가족이 포함되어 있었다. 이들을 데려오자마자 토카르 요새가 오스만 디그나에게 항복한 과정이 이슈로 떠올랐다. 내용인즉, 이집트 병사들이 항복하기로 의견을 모았고, 목숨을 살려주는 대가로 마흐디를 예언자 무함마드의 후계자로 인정하기로 했다는 것이었다. 벌리 특파원은 이 소문이 가짜라고 생각했다. 그레이엄을 포함한 여러 장교는 최소한 이집트군 중 일부가 에-테브에서 오스만 디그나 편에서 함께 싸웠다고 확신했다. 특히 크루프 대포에서 발사된 탄이 정확하게 표적에 명중했다는 것은 이집트군 포병이 아니고서는 보일 수 없는 솜씨였다. 진상이 모두 드러나지는 않았다. 그러나 이집트 병사들이 자기와 가족의 목숨을 보장받는 대가로 오스만 디그나에게 합류하는 악마의 약속을 맺었을 것이라는 점, 그리고 위험을 감수하고 자신들을 구하러 온 영국군에 총알을 퍼부었으리라는 것이 일반적인 추측이었다.

그레이엄의 첩보원들은 오스만 디그나가 신카트 근처 타마이Tamaai에 진을 치고 있다고 보고했다. 그곳은 수아킨에서 불과 12킬로미터 떨어져 있었다. 만일 영국군이 바로 철수한다면 수아킨을 베자족에게 넘겨주는 것이나 마찬가지였다. 그러나 군대를 동원해 오스만 디그나에게 결정적인 피해를 준다면 이는 수아킨을 안전하게 만들 뿐만 아니라 수아킨에서 베르베르로 이어지는 대상로를 다시 개통할 수 있다는 뜻이었다. 이것은 발렌타인 베이커가 원래 수단에 파견된 목적이기도 했다.

수아킨과 베르베르 사이의 거리는 약 500킬로미터이다. 이 길이 다시 뚫린다면 허버트 스튜어트가 이끄는 기병대가 빠르게 달려 카르툼까지 닿을 수 있고, 그러면 친구인 고든이 계획대로 카르툼에서 철수하는 것을 도울 수 있었다. 그레이엄은 수아킨에 도착하자마자 타마이로 진격하는 것을 허락해달라는 전문을 육군성에 보냈다. 그의 예상대로 작전이 승인되었다. 며칠 뒤, 그레이엄의 부대는 오스만 디그나와의 마지막 결전을 위해 수아킨을 출발했다.

세상의 끝

1

고든과 스튜어트가 낙타를 타고 누비아 사막을 횡단하는 데 8일이 걸렸다. 마치 시간이 멈춘 것 같았고 어제와 똑같은 오늘이 8일간 이어졌다. 땅과 하늘이 맞닿는 곳에 자리 잡은 지평선은 아무리 걸어도 가까워질 줄 모른 채 언제나 같은 곳에서 그들을 기다리고 있었다. 바람결에 따라 매번 달라지는 사막 모래의 물결 속에서 고든 일행은 마치 대양에 떠 있는 누가르 돛단배처럼 보였다. 해가 솟아 열기가 높아지면 저 멀리 지면은 신기루 때문에 춤추듯 가물거렸다. 그 사이 지평선은 하늘과 땅의 경계를 지우며 피어오르는 아지랑이 사이로 사라져버려 대체 어디가 끝인지도 알 수 없었다.

누비아 사막은 아부 하메드 북부의 나일강 동쪽을 모두 뒤덮는 넓은 사막이다. 사막의 서쪽 끝은 나일강이고 사막의 동쪽 끝은 홍해와 나란히 솟은 구릉이다. 북으로 흐르는 나일강이 갑작스럽고 크게 방향을 바꾸는 지점에 자리 잡은 아부 하메드는 1880년대 누비아 사막을 횡단하는 대상무역의 종점이었다. 이집트 남부 코로스코에서 남쪽으로 400킬로미터 떨어진 아부 하메드에 오려면 마치 거인의 덧니처럼 열을 지어 빽빽하게 솟아오른 검정 봉우리들과 사방 어느 곳으로도 끝이 보이지 않게 펼쳐진 호박색 모래밭을 통과해야 한다. 그 와중에 초록색 식물이나 나무를 찾겠다고 눈을 돌려보는 것은 부질없는 짓이다. 1884년에 누비아 사막에서 물을 구할 수 있는 곳은 무라트Murrat와 갑가바Gabgaba 오직 두 곳뿐이었다.

누비아 사막은 황량함에서라면 지구상에서 둘째가라면 서러운 곳이다. 그래서 이곳에는 유목민조차 살지 못한다. 유일하게 사막을 잘 아는 부족은 아바브다족인데 이들이야말로 진정한 개척자였다. 이들은 이집트와 수단 국경을 사이에 두고 절반은 이집트 쪽에, 나머지 절반은 수단 쪽에 거주하며 낙타를 키웠다. 스스로 순수 아랍 부족인 카와흘라Kawahla의 후손이라고 주장하는 아바브다족이었지만 외모로는 베자족과 거의 구별되지 않았으며, 말 또한 아랍어보다는 베자어인 투-베다위어를 사용했다. 고든 일행의 사막 횡단을 안내한 인물은 후사인 칼리파Hussain Khalifa의 큰아들 살라Salah였다. 후사인 칼리파는 아바브다족의 주요 셰이크 중 한 명이며 북부 수단의 중심인 동골라-베르베르 연합 지방의 지사이기도 했다.

고든 일행의 하루 일정은 낙타 발걸음에 달려 있었다. 고든은 예전에 고즈에서 속보로 낙타를 몰았다. 그러나 진짜 사막인 이곳에서는 우아한 걸음걸이 수준 이상의 속도로는 절대 이동하지 않으면서 때로는 하루에 16시간을 걷기도 했다. 사막을 건너는 일행의 하루는 이랬다. 일단 해가 뜨기 전에 일어나 조금 걸으면서 뼛속까지 차 있는 냉기를 털어냈다. 태양이 올라가 조금 더워지면 낙타에 올라타 정오가 될 때까지 이동했다. 여전히 추운 계절이었기 때문에 한낮에도 오래 머물며 쉬지 않았고, 짧은 휴식 뒤에는 오후 내내 길을 재촉했으며 때로는 해가 진 뒤에도 추워서 낙타가 더 걷지 못할 때까지 걷곤 했다. 이동 중에 이야기를 나누려 해도 길게 이어지지 못했다. 광대한 누비아 사막은 장엄했고 고든 일행은 압도된 채 이 장엄함 속으로 빠져들었다. 밤이면 깊고 깊은 청명한 밤하늘에서 별들이 쏟아져내렸다.

횡단 8일째 되는 날, 고든 일행은 야자나무 숲을 만났다. 그곳은 모그랏Moghrat이라는 좁다란 섬으로 아부 하메드에서도 꽤 먼 곳이었다. 진흙 벽돌로 지은 집 몇 채만 섬을 지키고 있어 사실상 마을이라 하기에도 그랬다. 그러나 그곳엔 사막과 달리 문명이 있었다. 마을 사람들은 고든 일행을 환영했다. 베르베르에서 온 전령 일행도 고든을 기다리고 있었다. 영민해 보이는 젊은이들은 고든에게 취업을 부탁했다. 잘라비야와 이마스immas를 입은 마을 사람들이 고든 주변에 모여 손에 입을 맞췄다. 무지갯빛의 토브tob를 입은 아낙네들은 크게 노래하며 환영했다. 사막의 끝없는 침묵은 소란스러운 마을과 기묘하면서도 완벽하게 대조를 이뤘다.

사막을 통과하는 동안 고든 일행은 간혹 이집트 정부에 충성하는 아바브다족 대상隊商을 만난 것을 빼면 아무도 만나지 못했다. 고든은 여행 내내 나일강 일대에 사는 사람들과의 첫 대면을 염려했다. 그러나 고든은 마을에서 뜻밖의 따뜻한 환대를 받자 자신감이 생겼다. 그는 베링에게 보내는 편지에 "수단은 조금도 걱정할 필요가 없으며 한 달이면 질서를 회복하고 여섯 달이면 모든 것이 안정을 찾을 것"이라고 썼다. 고든이 보기에 수단은 드 코틀로곤 중령이 보고한 것보다 훨씬 덜 혼란스러웠다.

카이로부터 코로스코까지 남쪽으로 800킬로미터를 특별 열차와 증기선으로 주파하는 동안 고든은 직관에 따라 떠오른 생각을 정리하지 않은 채 마치 포격하듯 베링에게 보냈다. 베링도 그랜빌도 앞뒤로 꽉 막힌 성격이라 마치 화려한 불꽃놀이처럼 끝도 없이 눈앞에 펼쳐지는 고든의 전문을 이해하지 못했다. 스튜어트 중령이 기록한 대로, 고든은 생각이 떠오르면 정리하거나 숙고하는 일 없이 그대로 밖으로 뱉어냈다. 스튜어트는 이집트를 떠나기 전 베링에게 "고든의 전문을 받으면 즉각 행동으로 옮기지 말고 그저 이야기 주제가 도착했다는 정도로 생각하라"는 충고를 해두었다.

고든의 기본적인 생각은 무함마드 알리가 수단을 침공하기 전에 수단을 통치하던 술탄과 부족장들에게 다시 수단을 넘겨주는 것이었다. 그러나 모그랏 섬 주민의 환대에서 충성심을 확인한 고든은 이집트가 수단 종주권을 유지해야 한다고 확신했다. 그러나 우선은 교활하기 짝이 없는 튀르크-이집트제국의 지배계급을 제거하고 수단 출신의 행정 관료를 자리에 앉혀야 한다고 생각했다. 이대로 수단을 포기하면 무정부상태로 치달아 결국 엄청난 유혈 사태가 일어날 것이 뻔했고, 그렇게 되면 이집트의 안정도 위험해질 것이었다. 고든은 아부 하메드에 도착해 베링에게 편지를 보냈다. 그는 편지에 '카르툼에서 이집트군을 철수하되, 수단을 포기하지 않는' 방향으로 자신의 생각이 바뀌었음을 분명히 밝혔다. 이런 변화는 이번이 처음도 그렇다고 마지막도 아니었다. 공교롭게도 베링 또한 샤리프 파샤와 그의 내각에 사임을 강요할 때 입장을 여러 번 바꾼 전력이 있었다.

이런 식으로 일관성을 잃어버린 것이 베링의 약점이었다. 반면 고든은 일관성에 속박받지 않는 천재성을 지니고 있었다. "합리적인 사람은 상황에 적응한다. 그러나 합리적이지 않은 사람은 상황을 바꾸려 노력한다. 따라서 모든 변화는 합리적이지 않은 사람들에게서 나온다." 극작가 버나드 쇼 Bernard Shaw가 한 말 그대로 고든은 그런 사람이었다.

고든은 모든 관심을 마흐디에게 집중했다. 고든은 마흐디를 부인하거나 공격해서는 안 되며 오히려 마흐디 세력을 흩어지게 해야 한다는 것을 직감적으로 알고 있었다. 아부 하메드에서 나일강을 따라 상류로 이동한 지 이틀 뒤, 고든은 "코르도판의 술탄 무함마드 아흐마드에게"라 시작하는 편지를 써 내려가기 시작했다. 고든은 이 편지에 "나는 아무런 병력도 데려오지 않았으며 나와 당신 사이에 전쟁은 필요 없다"고 썼다. 또한, 마흐디가 포로로 잡은 유럽인들을 풀어주고, 엘-오베이드까지 전신을 복구하며, 카르툼과 교역을 증진하는 데 애써줄 것을 제안했다. 고든은 편지가 베르베르를 거쳐 마흐디에게 전달될 수 있도록 부치면서 술탄이라는 칭호에 걸맞은 주홍색 예복과 빨간 타르부쉬를 선물로 함께 보냈다.

아부 하메드를 출발한 지 닷새째 되는 날, 고든은 베르베르에 도착했다. 베르베르는 우기에 형성되는 물길을 따라 약 10킬로미터 이상 펼쳐지는 정착지였다. 이곳 사람들은 진흙으로 집을 짓고 지붕에는 야자잎 또는 아카시아나무를 얹었다. 우기에 강물이 불면 물길이 잠기지만, 나일강은 경작할 수 있는 비옥한 땅을 남겨주었기에 이들은 농사를 지어 삶을 꾸려갈 수 있었다. 베르베르가 특별히 부유한 곳은 아니지만 전략적으로는 매우 중요했다. 베르베르는 나일강과 카르툼 이북의 유일한 지류인 아트바라 와디Atbara Wadi(우기에만 흐르는 강)가 합류하는 지점에 있었다. 이뿐만 아니라 동쪽으로는 수아킨으로 이어지는 대상무역로 그리고 북쪽으로는 누비아 사막을 통해 이집트의 코로스코까지 이어지는 대상무역로가 만나는 곳이었다. 당시 베르베르의 인구는 1만 2천 명 정도였다.

고든과 스튜어트는 베르베르의 지사 후사인 칼리파로부터 환영을 받았다. 후사인의 아들 살라는 코로스코에서부터 누비아 사막을 관통해 이곳까지 고든 일행을 안내했다. 당시 예순넷이던 후사인은 아바브다족에서 저명인사일 뿐만 아니라 1870년대 북부 수단의 지사를 역임한 노련한 행정가이기도 했다. 지사로 임명되기 전, 후사인은 정부로부터 누비아 사막을 가로지르는 낙타 수송로의 독점권을 인정받았다. 그는 10년의 공백을 깨고 1883년에 베르베르-동골라 연합 지방의 지사로 다시 공직에 복귀했다. 그가 공직을 받아들였다는 사실이 고든을 고무시켰다. 고든이 보기에 후사인은 마흐디 봉기에 겁을 먹고 공직을 떠날 수도 있던 사람이었다. 특히 후사인은 이집트 남부에 광대한 땅을 가지고 있었으므로 그냥 공직을 포기하고 안전하게 그곳에서 생활할 수도 있던 사람이었다.

고든은 카이로를 떠난 뒤부터 카르툼에서 이집트군을 철수시킨다는 내용의 전문을 마치 소나기처럼 계속해 후사인에게 보냈다. 진흙으로 지은 관저에서 고든과 마주한 후사인은 케디브의 이집트군 철수 결정 때문에 혼란스럽다고 말했다. 그는 수단 내 모든 공직이 튀르크-이집트제국 출신에서 수단인으로 바뀌어야 한다는 고든의 주장을 듣고서 적지 않게 놀랐다. 고든은 이듬해인 1883년도엔 수단의 세금이 절반으로 줄 것이며 코르도판 술탄에 마흐디가 임명될 것이라 선언했다. 일평생 케디브에 충성을 바쳐온 후사인은 고든이 미쳤다고 생각했다. 고든은 밤새 고민한 뒤 새벽 5시에 스튜어트를 깨웠다. 고든은 자신의 비밀 안건을 후사인에게 밝히겠다고 말했다.

아침이 되어 후사인이 이슬람 판사와 함께 고든의 집무실로 찾아왔다. 고든은 이들에게 케디브 타우피크로부터 받은 비밀 칙령을 보여주었다. 칙령의 내용은 수단을 포기한다는 것이었다. 후사인은 깜짝 놀랐다. 다음 날 고든은 세금 감면과 함께 베르베르 지방이 이집트로부터 독립되었고, 1877년에 체결된 영국-이집트 조약*에 따라 금지된 노예무역이 앞으로는 허용될 것이라는 성명을 발표했다. 그날 저녁 고든은 지역 지도자들을 만난 자리에서 아침에 보여주었던 비밀 칙령을 다시 보여주었다.

그러나 얼마 지나지 않아 고든과 스튜어트는 이것이 엄청난 실수임을 깨닫게 되었다. 그리고 그 실수를 확인해준 것은 아마도 후사인일 것이다. 고든 일행이 도착하기 전부터도 수단 내엔 이집트가 수단을 포기한다는 소문이 돌고 있었다. 그러나 누구도 이를 믿지는 않았다. 이제 고든으로부터 이 사실이 확인되자 삽시간에 불안이 번져나갔다. 고든의 계획은 마흐디에게 약점을 간파당하기 전에 카르툼에서 이집트군을 철수시키는 것이었다. 고든이 대안이 아니라면 나일강 연안 부족들 즉, 자알리인Ja'aliyyin, 마나시르Manasir, 루바타브Rubatab, 다나글라, 샤이기야 부족은 마흐디에게 돌아설 것이 분명했다. 고든은 칙령을 발표하면서 지지 기반을 잃어버린 셈이었다. 자기를 버릴 것이 뻔한 정부에 계속 충성할 부족은 없었다. 고든은 일생일대의 정치적 실수를 범한 것이다.

어떻게 고든이 그런 기초적인 실수를 저지르게 되었을까. 여기엔 추측이

* 이집트와 수단에 존재하던 노예제도에 제동을 건 것은 유럽 국가들인데 영국이 주도적인 역할을 했다. 이에 따라 이집트의 무함마드 알리는 카르툼에 있는 노예 시장을 폐쇄했다. 1864년 6월에는 나일강에 노예무역을 단속하는 순찰선이 등장해 성과를 올리기도 했으나 상당수의 노예무역상들은 단속을 피하거나 적발되더라도 뇌물을 주고 해결했다. 1877년 8월 4일에 체결된 '영국-이집트 노예무역 조약Anglo-Egyptian Slave Trade Convention'은 노예무역 금지를 명시한 최초의 조약으로 특히 수단의 노예무역이 중점 대상이었다. 조약은 1880년부터 수단 내 노예 매매 금지를 명시하고 있다. 고든이 1877년에 수단 총독으로 임명된 것은 이러한 움직임과 관련이 있다. 마흐디국 기간 동안 노예무역이 다시 성업하면서 이 조항은 사실상 무효화되었으나 마흐디 운동이 완전히 진압되고 1895년 11월에 영국과 이집트가 체결한 '노예제도와 노예무역 금지 조약Suppression of Slavery and Slave-Trade'으로 노예무역 위반자 처벌 규정은 더욱 강화되었다. 수단에서 완전히 노예무역이 중지된 것은 1899년에 이르러서였다. 그러나 20세기 후반까지도 수단에서 노예제도는 완전히 청산되지 않았다.

무성하다. 고든은 수단에서 6년을 보내면서 수단을 운영하는 튀르크-이집트제국 출신 관료들을 적대시했다. 고든은 이들 엘리트 지배 계층이 타락했고 옹졸하다고 생각한 반면, 수단 사람은 우아하고 품위가 있다며 존경했다. 튀르크-이집트제국 출신 관료는 부패했고 비겁했으며 명예를 몰랐다. 이들은 권력과 이권을 놓고 진흙탕 싸움을 벌였고 유럽의 방법을 천박하게 따라하기까지 했다. 반면 고든은 수단인의 품성을 높이 샀다. 따라서 고든은 케디브의 비밀 칙령을 공개하면 수단 사람 스스로 마흐디에 대항하는 통치 조직을 세울 것이라 믿었을지도 모른다. 고든은 마흐디가 튀르크-이집트 지배계급의 실정에 대항해 봉기했다고 생각했다. 따라서 지배계급을 몽땅 제거하면 마흐디도 명분을 잃고 제풀에 흐지부지될 것이라 믿은 것이다.

특히 고든은 일이 이 지경이 된 책임을 1880년에 후임 총독이 된 라우프 파샤에게 돌렸다. "수단에서 모든 악을 행한 사람은 바로 라우프이다. 나는 그를 에콰토리아 지방과 하라르Harrar 지방에서 추방했고 그가 그곳에 자리를 잡은 것을 공개적으로 비난했다. 그러나 라우프와 마흐디 덕에 수단은 독립하게 되었다."[1] 평소 명석하고 통찰력이 있는 고든이었지만, 그는 당시 상황을 전혀 이해하지 못했다. 부족 지도자들은 자신을 보호해줄 군대가 떠나버리면 자칫 마흐디군에 죽을 수도 있는데 이런 상황에서 부족 지도자들이 나서서 고양이 목에 방울을 달 이유가 전혀 없었다. 또한, 고든은 자기 명성을 과신했다. 그는 동요하는 부족들 사이에 고든이라는 이름만 있으며 신뢰를 불러일으키기에 충분하다고 생각했다.

고든은 증기선 타우피키야Tewfiqiyya를 타고 베르베르를 떠나 나일강을 거슬러 카르툼으로 올라갔다. 고든이 떠난 뒤 그가 얼마나 중대한 실수를 저질렀는지 분명해졌다. 수단 부족들이 그를 환대한 까닭은 간단했다. 그가 노예무역 금지를 해제했기 때문이었다. 카르툼에서 병력을 철수시키고 수단을 포기한다는 것이 고든의 역할이라는 것이 널리 알려지자 수단 부족들은 마흐디에게 합류했다. 병력 철수를 위한 길도 막히고, 전신도 끊기고 고든은 카르툼에 고립되게 생겼다. 고든 스스로 판도라의 상자를 열어젖힌 것이다.

자기 명성이 통할 것이라는 고든의 믿음은 이미 무너지고 있었다. 그는 주요 부족들을 통제하지 못했다. 이런 부족들이 마흐디와 손잡지 못하도록 할 유일한 방법은 마흐디를 대체할 수 있는 수단 출신 지도자를 카르툼에 세우는 것이었다. 그리고 고든의 머릿속에 그러한 힘과 권위를 가지고 이런 일을 해낼 수 있을 것이라 떠오른 유일한 사람은 과거 노예 무역상이던 주바이르 파샤였다.

2

1884년 2월 18일 월요일 아침, 《타임스》 특파원 프랭크 파워는 히킴다르 궁 밖으로 뻗어 있는 잔교棧橋에서 드 코틀로곤 중령 그리고 튀르크-이집트 제국의 관리들을 만났다. 이들은 고든이 탄 증기선을 기다리고 있었다. 날씨는 선선했고 청나일강의 수위는 낮았다. 나일강은 지저분한 갈색이었고 햇볕에 말라붙은 진흙이 마치 초콜릿 덩어리처럼 강둑에 드러나 있었다.

9시, 고든이 탄 증기선 타우피키야는 청나일강과 백나일강이 만나는 지점에 있는 투티 섬Tuti을 돌아 잔교에 멈춰 섰다. 선착장에는 고급 잘라비야를 입고 터번을 두른 사람들로 북적였다. 화려한 예복을 입고 주홍색 타르부쉬를 쓴 고든이 배에서 내리는 순간 군악대가 연주를 시작했고 제1수단여단의 지하디야 소총중대가 받들어 총을 했다. 고든은 의장대를 사열하고 환호하는 군중을 향해 손을 흔들었다. 그는 마중 나온 관리들과 악수했다. 이렇게 나온 사람 중에는 드 코틀로곤 중령, 파워 특파원, 그리고 금실 견장이 달린 환상적인 제복을 입고 나온 마틴 한잘 오스트리아 영사가 있었다.

고든은 히킴다르 궁 맞은편에 있는 무데리야에 제일 먼저 들렀다. 커피와 샤르밧*을 든 뒤, 고든과 스튜어트는 붉은색 우단으로 덮인 큰 탁자 옆에서

* Sharbaat: 과일과 설탕을 섞어 만든 음료로 아랍권뿐만 아니라 이란, 파키스탄, 인도, 방글라데

환영 인사를 받았다. 여전히 사복 차림이던 스튜어트 중령은 주변 시선을 약간은 의식했다. 하산 알-마즈드라는 이름을 가진 울라마가 고든을 수단 총독으로 임명한다는 케디브의 칙령을 큰 소리로 낭독했다. 고든은 인사말 몇 마디를 전했는데 그중에는 스튜어트를 자기 형제이자 대리인이라고 선언하는 내용도 들어 있었다. 그는 스튜어트가 급하게 영국을 떠났기 때문에 제복 없이 수단에 왔다고 설명했다. 고든은 4년 전 수단을 떠난 뒤로 이런 비참한 상황까지 오게 된 과정을 비난하는 내용으로 연설을 시작했다. 그는 하느님의 이름을 빌려 스스로 구세주라고 소개했다. "나는 이곳에 어떤 부대도 대동하지 않은 채 혼자 왔습니다. 그리고 누구도 수단을 보살피지 못한다면 알라께서 수단을 보살펴주시기를 기원해야 합니다."[2] 고든이 무데리야부터 히킴다르 궁까지 짧은 공간을 이동하는 동안 1천 명도 넘는 사람이 몰려들었다. 여자들은 고든이 아이들을 만지기만 해도 병에서 낫게 해줄 것이라는 기대로 아이들을 데려왔다. 사람들은 마흐디와 마찬가지로 고든에게도 신비한 힘, 즉 '바라카'가 있다고 믿었다.

히킴다르 궁 2층으로 올라간 고든은 마치 고향 집에 온 것 같았다. 테라스에서 바라본 풍경은 편안하리만큼 친숙했다. 날이 맑았기 때문에 그는 청나일강 건너편에 있는 굽바* 건물들을 볼 수 있었다. 강 건너편은 넓은 평지에 야자수가 자라고 있었고 그 뒤로는 초원이 펼쳐져 있었다. 눈을 가린 소가 돌리는 사기야 수차는 일정한 간격으로 덜컹거리면서 움직였는데 그 소리가 매혹적이었다. 누가르 돛단배는 조용히 닻을 내리고 있었다. 거의 벌거벗다시피 한 검은 피부의 아이들은 북쪽 강변 아래 진흙 바닥에서 놀고 있었고 수많은 연은 하늘 높이 솟구치거나 수면을 스치듯 이리저리 날면서 여러 형상을 만들어냈다.

프랭크 파워가 고용한 딩카족 요리사가 아침으로 칠면조, 라거 맥주와 바

시에서도 즐겨 마신다.

* Gubba: 아랍어로 무덤이라는 뜻인데 지붕이 돔처럼 둥근 건물을 뜻하기도 한다.

스 맥주를 내왔다. 아침을 들고난 뒤 고든은 2층 집무실에서 업무를 시작했다. 그가 가장 먼저 한 일은 카이로에 전문을 보내는 것이었다. 고든은 베링에게 만일 자신이 이집트군을 철수시키는 데 성공하더라도 이후엔 불행하고 잔인한 무정부상태가 찾아올 것이라고 썼다. 그는 영국 정부가 자기 뒤를 이어 총독을 맡을 인물을 임명해야 하며 그 총독은 돈이나 영국의 군사력으로 권한을 행사하는 것이 아니라 당시 아프가니스탄의 지배자가 누린 것처럼 영국의 도덕적 지원을 받아야 한다고 강력하게 제안했다. 그러한 사람으로 추천할 수 있는 인물은 오직 한 명뿐인데 그가 바로 주바이르 파샤라고 주장했다. "주바이르 파샤는 혼자서 수단을 통치할 수 있으며 수단이 보편적으로 받아들일 수 있는 인물이다."[3]

고든은 수단을 포기한다는 소식이 누비아 전체에 퍼지는 것이 기정사실이라고 생각했다. 고든은 자신의 개인적인 카리스마로 북부 수단 부족들이 마흐디에 합류하는 것을 막을 수 없다고 생각했지만, 주바이르 파샤는 그렇게 할 수 있다고 믿었다. 카르툼 북쪽에 있는 부족 중 가장 강력한 부족인 자알리인족의 유명 인사인 주바이르 파샤가 등장하면 마음을 못 정하고 갈팡질팡하는 사람들에게 영향력을 발휘할 것이라는 데에는 의심의 여지가 없었다. 고든은 주바이르라는 대안을 생각하면 할수록 직접적인 군사 개입을 제외하면 주바이르 파샤가 유일한 해결책이라는 확신을 갖게 되었다. 주바이르 파샤야말로 수단을 유지하면서 철수에 필요한 충분한 시간을 벌어줄 수 있는 인물이었다.

이런 확신이 들자, 고든은 수단을 포기한다는 케디브의 칙령을 조심스럽게 숨겼다. 베링에게 전문을 보낸 뒤, 고든은 마치 짧은 휴일을 보내고 다시 일을 시작한 사람처럼 쌓인 서류를 살펴보고 청원을 듣기 시작했다. 이런 모습은 파워에게 깊은 인상을 남겼다. 그는 집에 보내는 편지에 고든에게 받은 인상을 적었다. "그는 매우 매력적인 인물이다. 말이 없고, 부드럽고, 정중하며 강하다. 거기에다가 겸손하기까지 하다. 그가 말할 때 어깨를 두드리며

'어이, 이보게 친구! 이번에는 무슨 조언을 또 주려고?'라고 말하는 것을 들으면 분명 그를 좋아하게 된다."[4] 파워는 카르툼에서 고든을 맞이했다는 행복감 때문에 고든이 예언자라는 전설을 사실로 받아들였다.

파워는 고든이 카르툼에 온 이상 마흐디의 영향력이 단번에 그리고 영영 사라질 것으로 생각했다. 그는 베링에게 보낸 전문에서 고든 환영식은 환상적이었다고 썼다. "고든의 도착으로 이곳 카르툼이 신속하게 진정될 것이라는 희망이 생겼습니다."[5] 묵묵하면서 겸손한 고든의 영향력은 파워에게 희망을 주었다. "그는 분명 현세에 가장 위대하면서 뛰어난 사람이다."

그날 오후, 고든은 바쉬-바주크가 사용한 고문 도구인 하마 가죽 채찍과 세금 대장을 무데리야 광장에서 태워 없앴다. 그리고 스튜어트를 감옥에 보내 살인자를 제외한 죄수를 석방하도록 했다. 스튜어트는 당시 느낌을 이렇게 기록했다. "이 불쌍한 사람들을 놓아준다는 것이 얼마나 기쁘던지 말로 설명할 수 없다. 이것만 해도 우리가 수단에 온 가치는 충분했다."[6] 그날 밤 시장에는 깃발과 색등이 걸리고 집집마다 장식을 했으며 하늘에는 불꽃놀이가 펼쳐졌다. 카르툼은 축제 분위기로 달아올랐고 사람들은 고든을 구세주 그리고 수단의 아버지라며 소리 높여 외쳤다.

2월 20일, 고든은 정부 창고들을 살펴보다가 비축 식량이 매우 많은 것을 발견했다. 그중에는 7만 500부셸, 즉 1천790톤 정도의 수수와 9만 파운드, 즉 약 40톤 정도의 인도 쌀, 그리고 비스킷 약 850톤이 있었다. 고든은 이 정도 식량이면 최소한 6개월은 버틸 수 있다고 판단했다. 작년 11월에 드 코틀로곤이 올린 보고서는 카르툼과 센나에는 식량이 두 달치밖에 없다고 했는데 그에 비하면 무척 많은 양이었다.

파워와 달리 드 코틀로곤은 수단 내 부족들에 영향력을 미친다는 고든의 능력이 실상은 아무것도 아니라는 것을 간파했다. 이러한 불신은 상호적이었다. 고든은 드 코틀로곤에게 카이로로 돌아가도 좋다고 허락하면서 그를 깎아내리는 편지를 함께 보냈다. 고든은 드 코틀로곤이 카르툼에서 군 관련

업무에 근무하는 것은 낭비이며 카르툼에는 위험이 발생할 가능성이 조금도 없다고 편지에 적었다. 이 편지로 지난 몇 달 동안 파국을 예언해온 드 코틀로곤은 뒤통수를 얻어맞고 말았다. 특히 고든은 드 코틀로곤에게 카이로에 도착하면 베링을 포함한 관리들에게 카르툼이 런던의 켄싱턴 공원만큼 안전하다고 전하라는 지시를 내렸다.

드 코틀로곤이 배짱이 부족한 인물이었을 수도 있다. 그러나 그는 모든 비난은 결국 자신이 아니라 고든에게 갈 것이라 믿었다. 그는 곧장 떠나기로 결심하고 친구인 파워에게 함께 카이로로 돌아가자고 설득했다. 드 코틀로곤이 보기에 고든은 모든 사람을 죽게 만들 위험한 미치광이였다. 그러나 고든의 위세에 이미 마음을 빼앗긴 파워는 화를 내면서 함께 가기를 거부했다. 당시 카르툼 주재 영국 영사라는 직분을 가진 파워는 고든과 이곳에 함께 남아 결말을 보겠다고 말했다.

2월 22일, 드 코틀로곤은 수행 참모들, 일부 정부 관리들, 그리고 몸이 아픈 이집트 병사 1진과 그 식솔들을 배에 태우고 나일강을 따라 이집트로 향했다. 고든은 이들이 탄 증기선 타우피키야 호가 청나일강 위에 놓인 잔교에서 닻을 올리고 출발하는 모습을 히킴다르 궁 옥상에서 망원경으로 조용히 지켜보았다. 드 코틀로곤은 자기 무덤이 될 것이라 걱정했던 카르툼을 마지막으로 한 번 바라보고는 등을 돌려 배에 올랐다. 이후 그는 고든도 파워도 다시 볼 수 없었다.

고든은 드 코틀로곤을 그리워하지 않았다. 대신 고든은 부리 요새부터 서쪽으로 백나일강까지 약 6킬로미터가 되는 카르툼 외곽 성벽을 걸으며 전문가의 눈으로 살펴보았다. 성벽이라고 해야 그저 해자가 있고 흙을 쌓아올렸으며 몇 군데 망루가 있는 것이 전부였다. 드 코틀로곤은 자신이 할 수 있는 수준에서 성벽을 개선해놓았고, 총 세 곳의 성문 중 두 곳은 폐쇄했다. 세 번째 문인 마살라미야Masallamiyya는 열려 있었는데 경찰이 발행한 출입증이 없으면 통과할 수 없었다. 고든은 성문 세 곳을 모두 열고 낮에는 자유롭게 통행할 수 있다는 총독령을 발표했다. 그러자 카르툼 외부에서 과일, 채소, 그리고 가축이 카르툼 시장으로 모여들었다. 시장세가 폐지되고 음식값이 반으로 뚝 떨어졌다. 파쇼다 요새에서 증기선 1척과 평저선 30척을 타고 출발한 병력이 12월 말에 카르툼에 도착하면서 카르툼 주둔군의 병력 규모가 두 배로 늘었다. 그 이후에도 게지라 지방의 에-두엠과 카나Qana에서 병력 2천 명이 추가로 도착했다. 고든은 임시 막사에서 이들을 사열하고 진지에 배치할 병력의 숫자를 조정했다. 제1수단여단에는 최소한의 경계병만 남긴 채 휴식하라는 명령이 떨어졌고, 포병은 고든의 지시에 따라 대부분의 대포를 병기고에 넣어놓았다. 고든은 철수의 준비 단계로 지하디야 소총병과 백인 병사들을 떼어놓아야 했다. 그는 이집트 병사와 바쉬-바주크를 백나일강 서편 옴두르만 요새에 배치했다.

고든과 스튜어트는 엄청난 임무에 직면했다. 카르툼에는 이집트군 약 6천 명과 정부 관리, 이들의 부인과 가족이 있었다. 고든은 이들 모두를 안전하게 이집트로 돌려보내야 했다. 이 중에는 극소수이지만 대부분 기독교인인 유럽인도 포함되어 있었다. 고든은 민간인 철수엔 책임이 없었다. 그러나 도덕적인 의무감 때문에 함께 가기를 원하는 사람이라면 철수를 도와야 한다고 생각했다. 이 때문에 철수 인원은 대략 2만 명에 이르렀다. 베르베르와 수아킨을 연결하는 도로는 여전히 차단된 상태였다. 고든은 증기선을 이용해 카르툼에서 아부 하메드까지 이동하는 계획을 세웠다. 아부 하메드에서부터는 아바브다족의 보호 아래 낙타로 누비아 사막을 건널 생각이었다.

고든이 쓸 수 있는 증기선은 10척이었다. 7척은 카르툼에, 2척은 베르베르에, 그리고 나머지 하나는 센나에 있었다. 백나일강과 청나일강이 만나는 곳에 있는 모그란Moghran 조선소에서 추가로 2척을 조립 중이었지만 철수 시기까지 건조하기엔 무리가 있었다. 증기선 말고도 1척당 60명 정도 실어 나를 수 있는 누가르 돛단배 120척이 있었다. 증기선 1척은 누가르 돛단배 2척을 끌 수 있었다. 따라서 2만 명을 모두 철수시키려면 12번 왕복이 필요했다. 카르툼과 아부 하메드를 왕복하는 데는 15일이 걸리기 때문에 순조롭게 모든 일이 진행된다고 해도 철수를 끝내려면 적어도 6개월이 필요했다.

3

마흐디는 여전히 엘-오베이드에 머물고 있었다. 하지만 하루하루가 갈수록 그곳에 머무는 것이 편치 않았다. 엘-오베이드에 있는 우물로는 1만 2천 명에 달하는 부대원의 식수도 충분히 공급할 수 없었을뿐더러 우물을 놓고 싸움이 자주 일어나면서 사기까지 깎아 먹고 있었다. 마흐디는 엘-오베이드에서 하루 거리 정도 떨어져 있고 물이 마르지 않는 호수를 낀 에-라하드로 옮기기로 했다.

엘-오베이드 외곽의 마흐디 숙영지는 이엉을 엮어 만든 오두막과 천막들이 가득했다. 마흐디는 진영 한가운데 하얀색 대형 천막을 세우고 거기에서 지냈다. 마흐디군 숙영지는 끊임없이 북적거렸다. 당나귀와 말이 울어대는 소리, 북 치는 소리, 수천 명이 고함을 지르거나 놀려대는 소리가 끊이지 않았다. 사람들은 과일, 채소, 고기를 가져왔고 잎사귀처럼 날이 넓은 샬랑가이 창을 기둥 삼아 천으로 차양을 친 노점들이 들어섰다. 밥을 짓느라 피운 불이 꺼지면 밤이 찾아왔고 밤하늘엔 은하수가 끝도 없이 길게 펼쳐졌다.

마흐디는 샤이칸의 승리가 자신의 신성성을 보여주는 것이라고 주장하며 모든 무슬림은 오스만제국의 튀르크인에게 대항해 들고 일어나라고 요구했다. 마흐디는 이제 일개 수단만의 지도자가 아니었다. 그는 스스로 이슬람 세계의 보편적인 지하드를 이끄는 위대한 지도자라 생각했다. 이는 무슬림이라면 누구나 자신의 영적인 지위를 인정해야 한다는 뜻이기도 했다. 마흐디는 게지라 지방 사람들에게도 편지를 보냈다. 편지에서, 그는 만일 게지라 사람들이 합류하지 않으면 무력을 쓸 수밖에 없다고 위협했다. 마흐디는 카르툼에 사는 사람들에게도 편지를 보내 봉기에 합류하라고 촉구했다.

마흐디는 1월이 되어 슬라틴이 항복했다는 소식을 듣고는 서서히 카르툼 진격을 도모하기 시작했다. 그는 아부 지르자Abu Jirja가 지휘하는 병력을 파견해 카르툼을 포위하고자 했다. 전직 뱃사공이던 아부 지르자는 샤이칸 전투에서 기병대를 지휘했다. 그가 이끄는 부대는 병력이 많지 않았다. 그러나 카르툼으로 이동하는 동안 많은 지원병이 합류할 것이라 믿었다.

2월 중순, 마흐디가 운영하는 정보원들은 고든이 아부 하메드에 도착했다는 소식을 가져왔다. 마흐디는 고든이 독실한 기독교인이고, 전직 수단 총독이며, 총독 재임 동안 노예무역을 공격적으로 금지했다는 것을 잘 알고 있었다. 엘-오베이드 감옥에 갇혀 있던 오스트리아 출신의 요세프 오르발더 신부는 당시 상황을 이렇게 전했다. "수단을 장악했다고 믿었던 마흐디는 고든이 돌아왔다는 소식을 듣고 극도로 혼란스러워했다. 마흐디는 고든이 영국 군대를 대동하고 돌아왔을 것이라 믿었다."[7] 마흐디는 고든이 가져온 패를 확인할 때까지 카르툼 원정을 중지할 것도 심각하게 고려했다.

고든의 도착 소식은 오르발더 신부와 동료 수감자들에게 한 줄기 희망이었다. 수녀들이 포함된 수감자들은 1882년 9월 누바 산맥에 있는 딜링Dilling 근처의 델렌Delen이 마흐디군에 함락되면서 수감 생활을 시작했다. 마흐디는 이들을 끌어내 이슬람으로 개종시키고자 했다. 시간을 낭비한다는 생각이 든 마흐디는 자기보다 훨씬 모진 아브달라히에게 이들을 넘겼다. 페키였던 아브달라히는 이슬람을 받아들이지 않으면 처형할 것이라고 말했다. 수감자들은 순교를 각오했다. 기도로 밤을 새운 다음 날 아침 일찍 이들은 예기치 못한 장면을 목격했다. 황금색 꼬리를 가진 눈부신 혜성이 하늘을 가르고 지나간 것이다. 마흐디군 병사들은 이를 두고 마흐디의 별이라고 불렀다.

해가 떠오르고 사슬에 묶인 선교사들이 마흐디군 앞에 끌려 나와 무릎을 꿇었다. "우리는 고개를 숙이고 칼을 맞으라는 명령을 받았다. 한순간의 망설임도 없이 우리는 고개를 숙였다. 그러나 처형은 이뤄지지 않았다. 우리는 눈부시게 흰 낙타를 타고 있는 마흐디 앞으로 불려 나갔다. 우리가 앞으로 나가는 동안 그는 우리 주변을 돌면서 '신께서 당신들을 진리의 길로 이끄시기를!'이라고 말하더니 계속해서 낙타를 타고 움직였다."[8]

이들은 다시 오두막에 감금되었다. 그곳에서 수녀 두 명과 이탈리아 출신 목수 한 명이 고열로 사망했다. 송장 세 구가 생존자들 옆에서 썩어갔지만, 마흐디군 중 누구도 이들을 매장해주지 않았다. 시리아 출신의 조르주 스탕불리George Stambouli가 선교사들을 일꾼으로 쓰겠다고 나섰다. 그는 기독교도였지만 엘-오베이드에서 사업을 하면서 이슬람으로 개종했고 마흐디는 이런 그를 매우 총애했다. 스탕불리의 도움을 받은 선교사들은 힉스 원정군 시체에서 마흐디 병사들이 벗겨온 군복으로 마흐디군이 입을 집바를 만들었고 그 대가로 약간의 음식을 받았다. 오르발더 신부는 당시의 기억을 이렇게 적었다. "군복 대부분은 피투성이였다. 핏물을 없애려면 군복을 빨아야 했는데 이것은 몹시 괴로운 일이었다."[9]

선교사들이 잘라낸 방수 외투 한 벌은 《데일리 뉴스》의 에드먼드 오도노반 기자의 것이었다. 그 옷의 주인을 알아본 것은 탈영병으로 마흐디군에 투항한 구스타프 클루츠였다. 그러나 이런 혜택도 얼마 못 가 끝나고 말았다. 아브달라히가 스탕불리의 집을 급습했고 스탕불리의 어린 딸은 십자가에 달린 예수상을 목에 걸고 있었다. 스탕불리는 목숨을 살려달라고 손이 발이 되도록 빌었다.

아브달라히는 다르푸르에서 소를 치던 유목민이었다. 그러나 마흐디를 따르기로 한 뒤, 그는 마흐디국에서 마흐디 다음가는 지위와 권력을 누렸다. 그는 '마흐디의 공식 후계자', 즉 '칼리파* 알-마흐디'로 통했으며 마흐디군의 총사령관이기도 했다. 마흐디는 예언자 무함마드 이후 초기 이슬람의 전통을 답습해 후계자 세 명을 지명했다. 그러나 마흐디는 아브달라히 다음으로 서열이 높은 무함마드 아쉬-샤리프, 즉 자기 사위를 후계자에서 제외

* Khalifa: 후계자라는 뜻의 아랍어.

해 친척들을 화나게 했다.

마흐디군 예하에는 깃발 색으로 구분하는 사단 규모의 부대가 세 개 있었다. 아브달라히는 이 중 흑기黑旗사단을 지휘했다. 흑기사단은 세 개 사단 중 규모가 가장 컸고 병력 대부분은 다르푸르에서 온 바까라족이었다. 마흐디의 사위인 아쉬-샤리프가 지휘한 적기赤旗사단은 나일 계곡 출신들로 구성되었으며 여기에는 마흐디의 방계 혈족과 원래부터 마흐디를 지지해 안사르 칭호를 받은 이들이 포함되었다. 규모가 가장 작은 녹기綠旗사단은 디그하임 출신의 칼리파 알리 와드 헬루Ali wad Helu가 지휘했고 디그하임, 케나나, 코르도판과 백나일강 출신 유목민들로 구성되었다.

사단마다 독특한 음색을 내는 북이 있었는데 수단 부족에게 북은 부족 최고 지도자의 지휘권을 상징했다. 또한, 흑기사단에는 다른 두 부대에 없는 독특한 상징물이 있었는데 움 바야Umm Baya라 부르는 코끼리 상아로 만든 나팔이었다.

고든이 아부 하메드에 도착했다는 소식이 전해진 지 며칠 뒤, 고든이 베르베르에서 보낸 편지가 예복과 함께 마흐디에게 도착했다. 편지가 도착하자 마흐디 진영은 흥분으로 들끓었다. 그러나 막상 내용을 읽고 난 마흐디는 웃음을 터뜨렸다. 고든이 편지에 보장한 코르도판 술탄 자리는 이미 자신이 차지하고 있었다. 더구나 고든이 어떤 병력도 데려오지 않았다는 점에 주목한 마흐디는 봉기 초부터 걱정했던 불안감을 누그러뜨렸다. 이제 카르툼은 자기 것이나 마찬가지였다. 오르발더 신부는 당시 마흐디가 이렇게 말했다고 한다. "고든은 이제 내 손안에 있는 것이나 마찬가지다."[10]

4

고든도 위험한 상황에 놓였음을 감지했다. 드 코틀로곤이 떠난 날, 고든은 아부 지르자의 카르툼 공세가 취소되었다는 소식을 엘-오베이드에서 온 여행자에게 들었다. 이는 마흐디가 평화로운 해결책에 관심이 있어서가 아니라 영국군의 상황을 파악할 때까지 진격을 멈춘 것에 불과했다. 또한, 이는 고든이 사용하려던 정치적인 방법이 실패할 것이라는 불길한 징후였다. 마흐디군이 카르툼으로 진격하는 도상에는 영국군이 전혀 없을뿐더러 고든은 2월 11일에 베르베르에서 마흐디에게 보낸 편지로 이 사실을 직접 확인해주기까지 했다.

그제야 고든은 마흐디를 지나치게 과소평가했으며 잘못 이해하고 있었음을 깨달았다. 그는 사우샘프턴에 사는 누나 오거스타에게 편지를 썼다. "내가 나를 구덩이에 밀어 넣다니? 대체 왜 그랬을까? 머릿속이 여러 생각으로 뒤죽박죽이야. 야망이 나를 이곳까지 오게 했다고 생각하지만, 주님의 허락이 없이는 참새 같은 미물마저도 방귀조차 뀔 수 없다는 사실을 여전히 믿고 있어."[11]

고든은 성문을 모두 열고 자유롭게 통행하도록 한 것도 후회했다. 성문을 개방한 것은 마흐디의 첩자가 성 안으로 들어와 보다 쉽게 폭동을 조장하도록 도와준 것이나 마찬가지였다. 그는 카르툼 인구의 3분의 2는 정부에 충성하지만, 마흐디를 지지하는 나머지 3분의 1이 이들을 협박하고 있다고 추정했다. 엄밀히 말해, 고든의 원래 임무란 이집트군만 카르툼에서 철수시키고 정부에 충성하는 대다수 거주민은 저버리는 것이었다. 카르툼에서 폭동이 일어날 수도 있다는 생각이 든 고든은 옴두르만에 배치한 이집트군을 카르툼으로 복귀시켰다.

2월 22일, 그랜빌이 베링을 거쳐 보낸 전문이 고든에게 도착했다. 주바이르 파샤를 후임자로 임명해달라고 요청했던 지난 전문에 대한 답이었다. 그랜빌은 후임 총독을 임명할 권한을 고든에게 줄 수 없다고 이야기하면서 본국 여론이 결코 주바이르 파샤를 총독으로 임명하는 것을 용납하지 않을 것이라고 했다. 고든은 망연자실했다. 그는 우울해져 베링에게 전문을 보냈다. "그랜빌이 선택 가능한 대안은 주바이르 파샤 아니면 마흐디이다. 주바이르를 선택하는 것은 분명 위험이 따르지만, 이는 감수할 수 있는 위험이다. 반면 마흐디는 예측 불가능한 광신자이다." 베링은 주바이르를 반대하는 결정이 완전히 내려졌다고 생각하지 않았다. 실제로 그랜빌은 베링에게 보낸 편지에 주바이르를 수단 총독으로 임명하는 안을 놓고 내각에서 여전히 비밀리에 토론 중이라고 썼다. 그러나 고든은 끝이라고 느꼈다. 그가 보기에 주바이르는 나일강 유역 부족들이 마흐디에게 합류하는 것을 막을 수 있는 마지막 대안이었다. 주바이르 없이 철수는 불가능했다.

며칠 전, 제1수단여단과 바쉬-바주크 지휘관들이 이집트군을 철수시켜서는 안 된다고 고든에게 제안했을 때 고든은 이들을 욕했다. 주바이르 파샤가 수단에 올 수 없다는 것이 명확해진 지금 고든은 자기가 틀렸다는 것을 알았다. 주바이르 파샤 없이 이집트군을 철수시키는 것은 치명적이었다. 이집트군이 철수하면 며칠 지나지 않아 카르툼 주민이 마흐디를 불러들일 것이 뻔했다. 마흐디를 원해서가 아니라 지켜줄 군대가 없는 상황에서 마흐디 외에는 다른 방도가 없기 때문이었다.

카르툼에는 이미 반란의 기미가 곳곳에서 감지되었다. 고든은 인도군 몇 개 중대를 수단과 이집트의 국경인 와디 할파까지 보내달라고 베링에게 간청했다. 또한, 그는 영국군 장교 한 명을 동골라에 보내 대규모 병력이 묵을 수 있는 숙소를 찾아보게 해달라고 했다. 고든은 마흐디가 파견한 정보원이 이런 움직임을 감지해 마흐디 진영에 보고하길 바랐다. 고든은 마흐디가 영국군이 고든을 도우러 올 것이라고 믿길 바랐다. 마흐디가 주춤하는 사이 환자, 부상자, 그리고 민간인을 내보낼 기회를 잡을 수도 있을 것이었다.

동시에 고든은 전문에 마흐디를 확실하게 '뭉개버릴' 필요가 있으며 그러기에는 지금이 적기라고 썼다. "만일 마흐디가 카르툼을 점령할 때까지 기다린다면 나중엔 훨씬 더 큰 대가를 치를 것이다." 고든은 주바이르 파샤가 수단에 오지 않는다면 카르툼 함락은 시간문제라고 생각했다. 이런 고든의 생각은 마치 예언과도 같이 시간이 흐르면서 모든 일이 그대로 일어났다.

고든이 카르툼에 모습을 드러냈을 때 사람들이 보여준 기쁨은 사라져버렸다. 2월 27일, 고든이 카르툼에 도착해 구세주라고 칭송받은 지 불과 9일 뒤, 그는 극단적인 보복을 언급하면서 수단 사람들을 협박해야 했고 영국군이 수단으로 오는 중이라는 거짓말을 해야 하는 상황에 처했다.

그 시기, 글래드스턴 내각은 수단 문제를 해결하는 과정에 나타난 갑작스러운 변화에 겁을 먹었다. 글래드스턴은 고든이 상황을 보고할 임무를 띠고 수단에 파견된 것이라고 여전히 주장하고 있었다. 그런 고든이 마흐디를 뭉개버려야 한다고 주장한 것이다. 내각은 고든이 수단에 가기만 하면 혼자서 문제를 해결할 수 있다고 믿었다. 그러나 내각이 보기에 고든은 점점 정도와 범위가 커지는 군사 개입이라는 절벽으로 영국을 끌고 들어가는 정신병자 같았다. 내각은 유동적일 수밖에 없는 수단 상황이 어떤지 정확히 알지 못했을뿐더러 고든의 제안이 어떤 과정에서 나왔는지도 파악할 수 없었다.

3월 초, 스튜어트와 파워는 엿새 동안 백나일강 정찰을 마치고 돌아왔다. 이들이 가져온 소식은 좋지 않았다. 이들은 증기선을 타고 상류로 올라가면서 야자나무 숲 사이에 진흙 벽돌과 이엉으로 지은 집들이 평온하게 늘어선 마을들을 관찰했다. 가는 곳마다 강둑에 나온 사람들은 누더기를 기워 만든 집바와 늘어지는 바지를 입고 있었으며 배에 대고 욕을 퍼붓거나 말하지 않아도 느낄 수 있는 적대감을 표출했다. 이들은 이미 마흐디 편이었다. 스튜어트는 카르툼에서 남쪽으로 최대 25킬로미터 떨어진 곳까지 이미 적대 세력이 진출해 점령했다는 결론을 내렸다. 만일 강둑에 배를 댔더라면 총알세례를 받았을지도 몰랐다.

카르툼으로 돌아온 스튜어트는 마흐디군이 카르툼을 공격할 태세를 취하고 있다는 전문을 베링에게 직접 보냈다. 고든은 자신이 이미 내린 결론, 즉 마흐디는 영국군이 고든을 지원할 것인지 확인할 때까지만 잠시 공격을 보류하고 있을 뿐이라는 점을 다시 확인시켜주었다. 영국군이 파병되지 않는다면 마흐디는 곧바로 카르툼을 공격할 것이었다. 그레이엄이 이끄는 원정군이 동부 수단에서 베자족과 싸움을 계속하고 있다는 것을 아는 스튜어트는 그가 오스만 디그나를 처리한 뒤 수아킨-베르베르 구간을 뚫어주기만 바랄 뿐이었다.

5

3월 13일 오전 6시 정각, 홍해를 따라 나란히 솟아오른 구릉 위로 여명이 밝았다. 희미한 바다 안개를 뚫고 햇살이 환하게 퍼졌다. 아울립Aulib의 봉우리와 산마루는 어둠이 사라지자 마치 웅크린 거인처럼 모습을 서서히 드러냈다. 수평선 위로 해가 떠오르자 새벽안개는 이내 자취를 감췄고 타마이에 맑고 밝은 아침이 찾아왔다.

그레이엄의 지휘를 받는 2개 보병여단 병력 중 대부분은 아카시아 가시로 만든 자리바 목책 안쪽에서 뜬눈으로 밤을 지새우다시피 했다. 그도 그럴 것이 밤엔 끔찍하게 추운 사막에서 대부분 병사가 담요 한 장 없이 버텨야 했다. 다른 이유도 있었다. 오스만 디그나의 병력은 소리 없이 300미터 전방까지 기어와 밤새 레밍턴 소총을 쏴댔다. 요크랭커스터연대의 셸던Sheldon 이병은 누워서 잠을 자다가 머리에 총알을 맞았다. 베자족은 큰 포장으로 덮여 맞추기 쉬운 표적이 되어버린 병원 마차에 대고 사격하길 좋아했다. 의무병 중 상당수는 가까스로 위기를 모면했다. 사격이 잠잠해지면 욕설과 조롱이 섞인 기괴한 목소리가 이어졌다. 자정에는 2개 여단 모두 야간공격을 예상해 전투태세를 유지했다. 다행히도 베자족은 야간공격을 좋아하지 않았다.

새벽 5시 30분, 기상나팔이 울렸다. 일어나기만을 기다렸던 병사들은 외투를 치우고 불을 피웠다. 커피와 차를 마시면서 건빵으로 아침을 대신했다. 사격할 수 있을 만큼 날이 밝자 수병들은 가드너 기관총과 개틀링 기관총을 갈겨댔다. 스타카토처럼 울리는 기관총 소리는 마치 칼로 공기를 가르는 것 같은 소리를 내면서 날아갔다. 그레이엄 부대에 새로 합류한 M-포대가 곧

타마이 전투 전날 밤 자리바 목책에서 밤을 지새우는 영국군, 1884년 3월 13일

The Graphic, 1884년 4월 26일

이어 육중한 파열음을 내며 9파운드 대포를 발사했다. M-포대는 에드먼드 홀리Edmund Holley 소령이 지휘했다. 기관총과 대포의 집중사격을 이기지 못한 베자 전사들은 주진지인 타마이 우물 근처로 후퇴했다.

30분 뒤에 허버트 스튜어트는 경기병연대와 기마보병의 선두에 도착해 지휘를 시작했다. 이들 부대는 말을 타고 종대로 이동했다. 이들은 가까이 있는 목책에서 밤을 보냈다. 이 목책은 지난 1월 말, 적을 유인해 공격할 때 베이커가 만들어놓은 것이었다. 여단에서 분리된 기병중대들이 적진을 정찰하러 나갔고, 폭풍처럼 질주하는 말들의 말발굽은 자갈에 부딪혀 요란한 소리를 냈다.

오스만 디그나가 지휘소로 쓰는 타마이 마을은 영국군의 남쪽으로 1천800미터도 안 되는 곳에 있었지만, 땅이 울퉁불퉁하고 바위가 많았으며 결정적으로 언덕에 둘러싸여 있었다. 그 뒤로는 날카롭게 우뚝 선 테셀라 힐Tesela Hill이 버티고 있었다. 오른쪽 정면은 고지대였고 그 앞으로 아카시아 관목이 늘어선 얕은 구렁이 이어졌다. 그 뒤에는 코르 그웝Khor Gwob, 즉 바위가 많은 협곡이 있었다. 협곡의 깊이는 6미터에서 18미터 정도 되었다. 좌우 절벽에서 떨어진 암석은 수천 년에 걸쳐 닳아 둥근 자갈과 모래가 되어 협곡 바닥을 덮고 있었다. 그레이엄은 생포한 베자 포로를 통해 오스만 디그나의 주 병력이 코르 그웝 안에 모여 있다는 것을 알았다. 병력 규모는 최소한 영국군의 세 배 이상이었다. 게다가 베자족은 협곡이라는 좋은 엄폐물에 가려 있었다. 그레이엄은 와디 외곽까지 병력을 전진시킨 뒤 협곡에 모든 화력을 집중한다는 계획을 세웠다. 영국군이 그 지점까지 무사히 도착한다면 이 작전은 마치 연못에 있는 물고기에게 총을 쏘는 것과 같을 것이었다.

그레이엄은 두 개 보병여단으로 각각 하나씩의 방진을 만들었다. 7시 30분이 되자 허버트 스튜어트가 내보냈던 기병 척후대들이 돌아와 베자족 다수가 구릉으로 후퇴한다고 보고했다. 그레이엄은 즉각 부대를 정렬하라고 지시했다. 8시경, 인도 육군에서 복무했으며 당시 쉰두 살이던 존 데이비스

John Davis 소장이 지휘하는 제2여단은 방진을 형성한 채 대기하고 있었다. 방진 정면은 하일랜드연대와 요크랭커스터연대에서 각각 차출된 3개 중대로 구성되었다. 나머지 하일랜드연대 병력은 왼쪽을 그리고 나머지 요크랭커스터연대 병력은 오른쪽을 맡았다. 뒷면은 해병이 담당했다. M-포대의 9파운드 대포는 오른쪽에 그리고 에드워드 롤프Edward Rolfe 해군 중령이 지휘하는 기관총 3정은 왼쪽에 배치됐다. 포병과 기관총 모두 방진 정면 바로 뒤에 있었다. 그레이엄은 데이비스와 함께 말을 타고 방진 중앙에 자리 잡았다.

제2여단이 전진하기 시작했지만, 리버스 불러가 지휘하는 제1여단은 아직 준비되지 않았다. 그러나 제1여단은 곧 따라붙으며 제2여단 약 550미터 뒤에서 약간 오른쪽으로 치우쳐 움직였다. 불러의 방진은 국왕소총부대, 고든하일랜드연대, 아일랜드퓨질리어연대, 프랭크 로이드 소령이 지휘하는 스코틀랜드 포대, 그리고 해병으로 구성되어 있었다. 허버트 스튜어트가 지휘하는 주력 기병은 후미를 맡았다.

데이비스의 제2여단은 구렁을 건넜다. 그레이엄은 홀리 소령에게 9파운드 포를 방진 오른쪽으로 빼라고 명령했다. 방진은 코르 그웝의 끝머리까지 진격했다. 해무는 사라진 지 오래였다. 구름 한 점 없이 파란 하늘에 높이 솟은 태양은 열기를 뿜어냈다. 햇볕이 얼마나 강렬한지 모든 것이 크게 보였고 혹처럼 불룩 솟은 검붉은 구릉 꼭대기들이 몽환적인 분위기를 연출했다. 제2여단 병력은 방진 전방과 오른쪽에 베자족 수천 명이 마치 유령처럼 늘어선 것을 보았다. 파란 하늘과 강렬한 태양을 배경으로 서 있는 베자족은 마치 검은 동상처럼 윤곽만 뚜렷이 보였다. 이들은 맨발에 허리춤만 가리는 하얀 옷을 입었으며 가죽끈으로 머리를 묶고 깃털 장식을 달았다. 이들 대부분은 영국군과 1.5킬로미터 이상 떨어져 있었지만, 그보다 가까이 있는 이들도 있었다. 베자 전초병들은 코르 그웝 가장자리에 무성하게 자란 가시덤불에 몸을 숨기고 있었는데 영국군과의 거리는 1천 걸음을 갓 넘는 정도였다.

군화가 자갈에 부딪히는 소리와 대포 바퀴가 굴러가는 소리를 빼면 무거운 침묵이 흘렀다. 갑자기 기마보병이 방진을 통과하더니 박차를 가해 덤불 속에 숨은 베자 전초병들 쪽으로 달려나갔다. 적에게 다가간 기마보병은 말에서 내려 카빈총을 쏘며 교전을 시작했다. 마치 벌집을 건드린 것 같았다. 협곡 위로 베자 전초병 수백 명이 순식간에 나타나더니 사격을 시작했다.

퍼시 말링 중위가 지휘하는 기마보병 분대는 오른쪽에 있다가 집중사격을 받았다. 웨일즈연대Welsh Regiment 소속으로 정보 업무를 총괄한 험프리스 Humphreys 대위는 도드 손턴F. Dodd Thornton 중위와 기마보병 분대 하나를 함께 보내 말링 중위를 지원하도록 했다. 새로 투입된 기마보병 분대는 대부분 서식스연대Sussex Regiment 병력으로 구성되어 있었다. 손턴은 당시를 이렇게 회상했다. "나는 적의 사격이 맹렬하다는 것을 알았다……. 적의 사격은 점점 더 맹렬해졌다. 그 무렵 방진은 약 180미터 떨어진, 가까운 곳에 있었다. 말링 중위가 부하들에게 '모두 말에 타!'라고 소리쳤다."[12]

베자족은 협곡에서 쏟아져나왔고 말링은 장전된 탄알이 다 떨어질 때까지 적을 향해 리볼버 권총을 쏘았다. 서식스연대의 몰리Morley 이병은 총알을 맞고 쓰러졌다. 베자족은 총을 허리춤에 들고 사격하면서 천천히 다가왔다. 몰리 이병은 아직 살아 있었지만 움직일 수 없었다. 전우인 조셉 클리프트 Joseph Clift 이병이 달려가 그의 곁에 웅크렸다. 베자족이 쏘는 총알이 어찌나 많은지 하늘을 까맣게 가릴 정도였고 클리프트 주변으로 쉭쉭 소리를 내며 스쳤다. 몰리가 쓰러진 것을 본 말링은 말머리를 돌려 그에게 달려갔다. 소총부대 소속의 조지 헌터George Hunter 이병 역시 말에 올라 말링을 뒤따랐다. 베자족이 아슬아슬하게 가까이 접근하고 있었지만 얼마 되지 않는 기관총 사수들은 여전히 조용했다. 클리프트는 당시를 이렇게 회상했다. "말에서 내린 헌터가 몰리를 말에 태웠다. 그러나 몰리는 말에 태우자마자 미끄러져 땅으로 떨어졌다. 말링 중위가 말에서 내려 자기 말에 몰리를 얹었다. 말링 중위와 나는 몰리가 떨어지지 않도록 잡았고 헌터 이병이 말을 이끌었다."[13] 총알이 바닥에 튀면서 소리가 요란했지만, 이 셋은 부상당한 몰리를 침착하게 데리고 돌아왔다.

그 순간 베자족 한 무리가 협곡 위로 뛰어올랐다. 이들은 마치 포효하는 호랑이처럼 소리를 지르며 방진 정면으로 달려들었다. 방진 정면은 이제 막 협곡 끝에 다다르기 직전이었다. 이미 베자식 공격을 경험해본 영국군은 무슨 일이 벌어질지 예상할 수 있었다. 방진 정면 선두에 있던 하일랜드연대 병사들은 멈춰 서서 탄막을 형성하는 대신에 갑자기 대응사격을 시작했다. 누가 그런 명령을 내렸는지는 지금도 확실치 않다. 흰 헬멧을 반짝이면서 킬트를 휘날리는 하일랜드연대 병사들은 착검한 상태로 베자족을 향해 돌진했다. 제임스 호프James Hope 이병은 처절했던 당시 상황을 이렇게 묘사했다. "우리는 돌격했다. 그것은 죽으러 간 거나 마찬가지였다. 아군의 대포에서 나오는 연기와 오른쪽에서 사격하며 발생하는 연기 때문에 3미터 앞도 볼 수 없던 우리는 맹인이나 마찬가지였다. 적은 마치 토끼처럼 살금살금 기어와서 우리를 베고 있었다."[14]

나중에 이 공격을 두고서 여러 말이 쏟아졌다. 그레이엄이 공격을 명령했다는 이야기도 있었고 하일랜드연대를 지휘한 빌 그린Bill Green 중령이 공격을 허락해달라고 그레이엄에게 요청했다는 이야기도 나왔다. 에-테브 전투 이후, 전통과 존경의 대상인 하일랜드연대의 명예를 그레이엄이 깎아내리자 이 때문에 화가 난 병사들이 자발적으로 공격을 시작했다는 말도 있었다. 아마 앞으로도 무엇이 진실인지는 가려지지 않을 것이다.

예기치 않게 하일랜드연대 병력이 튀어나가자 방진이 무너졌다. 요크랭커스터연대 병력은 공격하라는 명령을 받지도 못한 상태로 뒤에 남겨져 방진이 무너지는 상황을 지켜만 보고 있었다. 베자족이 기다린 순간이 온 것이다. 무너진 방진 틈으로 한 무리의 베자 전사들이 회오리바람 몰아치듯 빠르게 치고 들어왔다. 특이한 고수머리에 최소한의 천 쪼가리만 걸친 이들은 거의 알몸이나 다름없었다. 베자족은 한데 뭉쳐 마치 하나의 거대한 검은 점처럼 움직였다. 코끼리 가죽으로 만든 방패, 휘어진 장대, 그리고 면도날처럼 날카로운 칼과 창으로 무장한 베자족이 방진에 남아 있는 하일랜드연대 그리고 요크랭커스터연대 병사들에게 달려들었다. 상상할 수 없던 일이 벌어졌다. 영국군 방진이 야만인에게 뚫린 것이다.

《데일리 텔레그래프》 특파원 벌리는 당시 말에 오른 상태로 그린 중령 옆에 있었다. 벌리는 갑자기 방진 오른쪽이 무너지는 것을 보았다. 그는 어떤 상황인지를 더 잘 보려고 말머리를 그곳으로 향했다. "베자족은 방진 오른쪽 모퉁이에 잔뜩 몰려 있었다. 수백 명이 코르 그웝에서 마치 사슴처럼 뛰어올라 짙은 연기를 뚫고 우리를 향해 달려왔다. 비쭉 선 머리카락과 빛나는 눈, 하얀 이빨을 드러낸 이들은 사람이라기보다는 마치 분노한 악마 같았다. 전장의 연기를 뚫고 갑자기 튀어나와 우리 병사들 앞에 선 적은 마치 무언극에 등장한 그림자 배우처럼 보였다."[15]

베자 전사들은 왼손에 방패와 칼과 창 같은 무기를 쥐고 오른손에 긴 창을 들고 나타났다. 방진 약 10미터 앞까지 다가온 이들은 영국군을 향해 창을 던졌고 왼손에 들었던 무기를 오른손에 옮겨 쥐면서 방진으로 달려들었다. 불과 수 분 만에 대열이 무너진 영국군은 작은 덩어리들로 쪼개졌다. 영국군의 운명은 균형에 달려 있었다. 힉스 원정군이 몰살당한 장면이 반복되는 듯했다. 하일랜드연대를 지휘하는 그린 중령은 도탄에 오른쪽 귀를 맞았고 베자 전사가 찌른 창은 그의 권총집을 뚫었다. 포드Ford 대위와 요크랭커스터연대의 병사 15명이 위치를 지켰지만, 전광석화 같은 베자 전사들은 순식간에 이들을 창으로 찌르거나 칼로 베어 쓰러뜨렸다. 이렇게 쓰러져가는 병사들 바로 뒤에 있던 그레이엄은 베자족에게 둘러싸였다. 그를 둘러싼 베자 전사 한 명이 그레이엄이 탄 말을 창으로 찔렀다. 영국군 잔여 병력은 혼란 속에서 모든 것을 내던지고 방진의 뒷면을 담당하는 해병이 있는 곳까지 후퇴했다. 벌리 특파원은 이 장면을 기록했다. "모두 혼란 속에서 뒤로 물러났다. 사람과 부대 모두 꼼짝달싹할 수 없게 뒤엉켰다."[16]

베자족을 향해 돌격한 하일랜드연대 병력은 본대와 연결이 끊어지면서 포위되었다. "적은 순식간에 우리 앞에 나타났다. 총을 딱 한 발 쏘고 나자 바로 육박전이 벌어졌다. 내 오른쪽에 있던 병사가 죽었고, 내 왼쪽에 있는 병사는 창에 찔렸는데 그를 찌른 적병은 키가 180센티미터가 넘었다. 나는 앞에 있던 그 키 큰 적을 향해 있는 힘껏 총검을 찔렀다. 총검을 뽑으려는 순간 그의 몸이 내 쪽으로 쓰러지면서 나를 덮쳐 쓰러뜨렸다. 그러면서 나는 돌에 머리를 부딪쳤고 정신을 잃었다. 얼마나 오래 그런 상태로 있었는지 모른다. 정신이 돌아왔을 때, 나는 무엇인가 나를 짓누르고 있다는 것을 느꼈다. 그것은 내가 찌른 그 베자 전사와 내 전우의 시체였다. 적의 시체는 내 가슴에 그리고 내 전우의 시체는 내 다리와 배에 올라와 있었다. 혼비백산한 나는 팔꿈치를 딛고 일어났다. 주변을 살펴보니 부대원은 전부 퇴각하고 있었다. 퇴각하는 부대원과 나 사이에는 수백 명의 적이 있었다."[17]

하일랜드연대의 제임스 호프는 퇴각하던 중 베자족과 마주했지만, 불행하게도 해병의 발에 걸려 큰 대자를 그리며 넘어졌다. "다섯 명의 적이 나를 지나쳐 달려갔다. 나는 털끝 하나도 다치지 않았지만, 그들은 내가 죽었다고 생각했다. 내가 벌떡 일어나자 그중 두 명이 나를 향해 달려왔다. 나는 하나는 총알로, 다른 하나는 총검으로 처리하고 방진으로 돌아갔다."[18]

협곡 끝에 있던 하일랜드연대 B-중대 예하 소대 하나는 병사 세 명을 제외하고 전멸했다. 그나마 살아남은 셋도 부상이 심각했다. 소총 사격을 피하려고 손과 무릎을 이용해 마치 원숭이처럼 뛰던 베자족은 칼로 부상병들의 맨 무릎을 내리쳤으며 창으로 손을 찔러서 총을 떨어뜨리게 했다. 그러고는 최후의 일격을 위해 달려들었다. 일부는 병사들의 킬트를 찢어 벗겼다. 장교들은 코등이 대신 바구니처럼 생긴 철물이 칼자루를 둘러싸서 칼을 잡은 손을 보호하게 되어 있는 칼, 즉 클레이모어*로 적을 상대했는데 이 칼은 잉글랜드 출신 부대에 보급된 칼보다 훨씬 유효하다는 것이 증명되었다. 멀리서

* 원래 스코틀랜드식 칼은 코등이가 칼날과 예각을 이루며 꺾여 있는 모양의 칼로서 이런 칼을 클레이모어claymore라고 부른다. 미군이 개발한 수평비산형 지뢰의 애칭이 바로 클레이모어이다.

지켜보던 벌리는 이 두 장교가 철물이 적의 몸에 닿을 만큼 깊숙이 여러 번 찌르는 것을 보았다.

베자족에게 둘러싸인 에이킨Aitken 소령은 있는 힘을 다해 적을 물리쳤지만 오래 못 가 창에 찔려 전사했다. 에이킨을 구하러 협곡 가장자리를 넘어 달려온 도널드 프레이저Donald Fraser 하사와 퍼시 핀리Percy Finlay 일병은 소총을 재장전할 시간도 없었다. 결국, 두 사람은 총검과 개머리를 사용해 달려드는 10여 명의 베자족을 쓰러뜨렸다. 둘은 총을 떨어뜨린 뒤에도 주먹을 휘두르며 싸웠다. 그러나 두 사람 모두 땅에 쓰러진 뒤 창에 찔리고 칼에 맞아 전사했다.

같은 분대 소속인 조지 드러먼드George Drummond 이병은 그간 보이지 않았던 베자 기병과 맞닥뜨렸다. 그가 마주한 인물은 오스만 디그나의 사촌이자 야전사령관 역할을 하던 무함마드 무사Muhammad Musa였다. 무사가 칼로 드러먼드의 머리를 내리쳤지만 하얀 헬멧이 목숨을 살려주었다. 놀란 드러먼드 이병은 정신을 차리고 총검으로 무사의 몸을 힘껏 찔렀다. 무사가 총검을 빼려고 발버둥치는 사이 무사의 시종이 창을 들고 달려왔지만, 그는 드러먼드의 동료인 켈리Kelly 이병이 쏜 총에 맞아 죽고 말았다. 그러나 켈리도 곧바로 창에 찔렸다. 드러먼드는 세 번이나 창에 찔려 피를 흘리면서도 간신히 그곳을 벗어날 수 있었다.

말링 중위가 지휘하는 기마보병 분대는 어렵사리 몰리 이병을 본대로 후송하는 데 성공했다. 총알이 빗발치는 상황에서 보여준 침착성을 인정받아 말링은 빅토리아십자무공훈장을 받았다. 그는 훈장을 받아 기쁘기보다는 자기와 마찬가지로 몰리를 구하려고 목숨을 걸고 나선 클리프트 이병과 헌터 이병이 합당한 예우를 받지 못했다며 분통해했고 그것을 일기에 남겼다. 몰리를 구하고 다시 전투에 뛰어든 말링은 하일랜드연대 소속 부사관 한 명이 얼굴이 피범벅이 되어 앞을 보지 못한 채 기어 도망치는 것을 보았다. 그를 쫓는 베자 전사도 부상당하긴 마찬가지였으나 손과 무릎에 의지한 채 부사관의 다리를 창으로 찌르려고 달려들었다. 베자 전사는 방향을 바꿔 부사관의 앞을 가로막았다. 부사관은 본능적으로 적의 얼굴에 총을 발사했다.

영국군은 베자족과 마주한 상태에서 사격하고 총검으로 찌르면서 후퇴하고 있었다. "해병과 하일랜드연대 병력은 달려드는 적에게 계속해서 총을 쏘면서 여기저기서 서서히 후퇴했다. 적은 마치 볼링 핀처럼 쓰러졌지만 계속해서 다른 인원으로 대체되면서 줄어들 줄을 몰랐다."[19]

영국군이 예기치 못하게 갑작스럽게 후퇴하자 기관총 사수들은 막막한 상황에 빠졌다. 얼마 지나지 않아 들이닥친 베자족은 기관총 사수들을 잔인하게 베고 찔러 도륙하듯 살해했다. 수병들은 이런 상황이 벌어지기 전에 간신히 가늠자를 제거하고 기관총을 잠글 수 있었다. 드라이어드 호 소속의 휴스턴 스튜어트Houston Stewart 해군 대위와 유리앨러스 호 소속의 빌 몽트레소Bill Montresor 해군 대위는 칼에 찔려 전사했다. 브리턴 호 소속의 월터 알맥Walter Almack 해군 대위는 20년을 복무했지만 지상 전투를 경험한 적이 한 번도 없었다. 제4기관총을 담당한 그는 수병 한 명과 함께 산사태처럼 몰려오는 베자족에 맞섰다. 하일랜드연대 소속으로 포대 노새병 임무를 받고 전투에 참가한 톰 에드워즈Tom Edwards 이병은 노새 두 마리를 부려 탄약을 운반하던 중이었다. 베자족이 순식간에 그를 둘러쌌지만 그는 이들을 뚫고서 기관총을 지키고 있는 알맥 대위에게 탄약을 인계했다.

에드워즈 옆에 있던 수병은 창에 배를 찔리더니 피를 쏟으며 쓰러졌다. 알맥은 칼과 리볼버 권총을 들고 미친 사람처럼 싸우며 베자족을 떼어내려고 노력했다. 알맥은 베자족이 휘두른 칼에 맞아 한쪽 팔이 간당거렸다. 그는 결국 앞으로 고꾸라졌다. 이를 본 에드워즈는 알맥을 보호하려고 앞으로 뛰어갔다. 베자 전사 세 명이 알맥을 둘러싸고는 난도질을 해댔고 결국 알맥은 숨을 거두었다. 격노한 에드워즈는 몸을 날려 이들에게 덤벼들었다. 그는 말 그대로 총검을 베자족의 몸통에 박아 넣었다. 총검을 빼내자마자 옆에 있던 또 다른 병사를 공격했다. 그러나 남아 있던 세 번째 베자 전사가 창으로 에드워즈를 찔렀다. 에드워즈는 맨손으로 창날을 움켜쥐었고 그 때문에 손가락이 거의 떨어져나갈 지경이 되었다. 손에서는 피가 철철 흘렀지만, 그는 노새 고삐를 쥔 채 본진으로 철수했다. 수송 임무를 맡은 밸러드Ballard 중위가 에드워즈에게 후송을 명령했다. 그러나 에드워즈는 부상을 견디며 그곳을 떠나지 않았다. 그는 타마이 전투로 빅토리아십자무공훈장을 받은 두 번째 영국군이 되었다.

수병 열 명이 전사하고 일곱 명이 부상당했다. 기관총을 공격한 베자족은 결국 기관총을 포획했다. 벌리 특파원은 기관총을 놓고 벌인 이 싸움의 결과를 이렇게 기록했다. “기관총을 포획하는 데 성공한 적들은 기뻐서 어쩔 줄을 몰랐다. 기쁨에 겨운 나머지 기골이 건장한 적 한 명이 기관총 위로 뛰어올라가더니 그 위에서 껑충거리며 뛰고 야단법석을 떨었다. 그와 우리 사이의 거리는 30미터도 채 안 되었다. 잠시 뒤, 마치 쏟아지는 우박을 맞은 식물처럼 그는 갑작스럽게 휘청하더니 땅으로 곤두박질쳤다.”[20] 기관총을 탈취한 베자족이 총부리를 후퇴하는 영국군에게 돌렸지만 어떻게 다루는지 몰라 총알은 발사되지 않았다.

방진 중앙에 있던 그레이엄은 방진 정면으로 말을 타고 달려가서 병사들에게 간격을 좁히면서 사격을 지속하라고 소리쳤다. 기자라는 사실을 잠시 잊은 벌리는 요크랭커스터연대 병력 사이를 종횡무진 누비면서 조심해서 조준하고 사격하라고 고래고래 소리를 질렀다. 그러던 중 그는 친구인 요크랭커스터연대의 러더퍼드Rutherford 대위가 헬멧도 없이 거의 혼자서 베자족과 대치하는 것을 보았다. 러더퍼드 대위의 부하들은 전사자를 남겨두고 후퇴하고 있었다. 대위는 적을 향해 칼을 휘두르며 거의 쉰 목소리로 소리쳤다. “65연대! 간격을 좁혀 방진을 유지하라!”

벌리는 하일랜드연대 병사 한 명이 키가 정말 큰 베자 전사를 상대하는 것을 보았다. 베자 전사는 좌우로 거침없이 창을 휘둘렀다. 병사는 있는 힘을 다해 총검으로 베자 전사의 배를 찔렀고 그렇게 박힌 총검은 잡아당겨도 빠지지 않았다. 병사는 결국 베자 전사의 시체를 얼마간 질질 끌고 다닌 뒤에야 배에서 총검을 뺄 수 있었다.

벌리는 당시를 이렇게 기록했다. "그 순간, 군에서 볼 수 있는 질서정연한 오와 열은 없었다. 그러나 그것은 패주가 아닌 후퇴였다. 병사들은 계속해서 장전과 사격을 반복했다. 방진 서쪽은 소속 부대를 구분할 수 없을 정도로 뒤엉켜 후퇴하고 있었지만, 그들은 다음 행동이 준비되어 있었다."[21]

이제 해군 수병, 요크랭커스터연대 병력, 하일랜드연대 병력, 그리고 해병이 모두 한데 뒤엉켰다. 전장을 감싼 뿌연 먼지와 화약 연기가 눈을 찔렀다. 그곳은 전장에서 날 수 있는 모든 소리가 뒤엉킨 현장이기도 했다. 9파운드포가 발사되어 터지는 소리, 말이 우는 소리, 총알이 발사되는 소리, 마티니 소총이 장전되는 소리, 부상당해 죽어가는 병사들의 신음, 베자족이 지르는 함성, 칼과 칼이 맞부딪히는 소리에 병사들은 멍해지거나 혹은 더 흥분했다. 영국군 중에서 도망병도 일부 있었지만, 대다수는 어깨를 맞대고 나란히 서서 달려드는 베자족을 잇달아 물리쳤다.

베자족이 계속해서 쓰러지자 영국군은 웃으며 환호했다. 벌리 특파원은 당시 느낌을 이렇게 기록했다. "이것을 기록하는 사람은 부끄러워해야겠지만 진실을 말한다는 것은 이를 넘어서는 것이다." 베자 전사들이 계속해 쓰러지는 모습을 보면서 영국군은 기뻐하며 소리를 질렀다. "그래! 바로 이거야! 저놈들에게 제대로 한 방 먹이라고!" 그러나 베자족은 증오심 때문에 광적으로 흥분한 채 계속해서 밀려들었다. 벌리의 기억은 이렇게 계속된다. "적의 얼굴에는 잔인한 빛이 어려 있었다. 적은 우리에게 최후의 일격을 가하려고 모든 힘을 짜내고 있었고 이들의 표정에는 대담함, 무자비함, 증오가 모두 담겨 있었다."[22]

애써 준비한 덤덤탄도 베자족의 가공할 만한 돌격에 별다른 효과가 없어 보였다. 효과를 보려면 다리를 맞춰 뼈를 으스러뜨리거나 심장이나 머리를 정확히 맞춰야 했다. 벌리의 기억은 무척이나 생생하다. "적은 계속해서 달려들었다. 우리가 쏜 총알이 몸을 관통하면서 적이 땅에 쓰러졌다. 숨이 끊어지지 않은 적은 심장이 뛸 때마다 피가 뿜어져나왔다. 그러고도 우리를 향해 계속 다가왔다. 그중 일부는 총알을 두 발 혹은 세 발이나 맞아, 마치 술 취한 사람이나 분노에 제정신을 잃은 사람처럼 비틀대는 모습이었지만 그러면서도 우리를 향해 몸을 던지듯 다가왔다. 이들은 우리가 최후의 일격으로 가하는 총검을 받아넘길 생각도 없이 그대로 우리 앞에 쓰러졌다."[23]

영국군 앞에 도달하기 전에 총에 맞아 쓰러진 베자족은 죽어가는 순간에도 영국군을 향해 칼, 막대, 그리고 창과 같은 무기를 던졌다. 이렇게 쓰러진 이들은 결국 피를 흘리며 죽어갔다. 말을 타고 지휘하던 베자 지휘관 중 한 명은 후퇴하는 대열에서 마치 미친 사람처럼 우레 같은 소리를 지르면서 튀어 나간 요크랭커스터연대 병사의 총검에 찔려 전사했다.

제2여단이 빨리 철수할수록 영국군과 베자족 사이의 공간이 더 넓어졌다. 그렇게 안정적인 사거리가 확보되어갈수록 베자족은 점점 불리해졌다. 9파운드 포를 운용하는 M-포대는 보병의 지원 없이 방진 우측에 노출된 채 남아 있었다. 그렇지만 포대원들은 의연함을 잃지 않고 장전, 조준, 격발을 기계적으로 반복했다. 베자족이 포대에 난입했으나 포대원들은 이를 바로 격퇴했다. M-포대원들은 계속해서 9파운드 포를 발사했고 날아간 포탄은 정확히 베자족 머리 위에 떨어지면서 터졌다. 포대원들은 카빈총, 칼, 리볼버권총, 그리고 심지어 포탄을 재는 꽂을대 등 손에 잡히는 것이라면 무엇이든 들고 베자족과 싸웠다. 포진 주변에선 살육전이 벌어졌지만 홀리 소령이 지휘하는 M-포대는 결코 사격을 멈추지 않았다.

베자족은 셀 수도 없이 많은 사상자를 내면서도 돌격을 멈추지 않았다. 땅에 쓰러진 영국군은 죽음을 맞이했다. 베자족은 목숨이 실낱만큼이라도 붙어 있는 영국군을 발견하는 족족 칼로 찔러 죽여버렸다. 이미 전사한 전우 두 명의 시체 아래에 깔려 목숨을 구한 하일랜드연대 소속 이등병은 이렇게 기록했다. "나를 둘러싼 적 10여 명은 부상당한 아군을 발견하는 족족 창으로 찔러 죽였다. 이 상황에서 빠져나갈 수 있는 유일한 방법은 죽은 척하는 것이라는 생각이 떠올랐다. 당시 적은 불쌍한 내 전우를 찔러 죽이는 중이었다. 그들이 내가 살아 있다는 것을 알았다면 나도 같은 운명을 맞았을 것이다. 그래서 나는 죽은 것처럼 조용히 누워 있었다. 아! 당시 내가 겪은 상황과 고통은 말로 표현이 불가능하다. 그 순간 나는 조용히 마음속으로 기도를 올렸다. 내 인생에 그렇게 간절한 기도는 처음이었다. 적들은 두세 차례 내 위로 지나갔다. 그러던 중 내가 머리를 모래밭에 대고 있는 상태에서 누군가 발로 내 뺨을 밟았다." 24

후퇴하는 와중에도 영국군은 신속함과 규율을 모두 유지했다. 무기를 내던지고 도망치던 이집트 헌병군과는 달랐다. 베자족도 이런 모습은 처음이었다. 영국군은 700미터 정도 뒤로 밀려나 전열을 재정비했다. 오른쪽에 있는 불러의 제1여단도 공격을 받았지만 베자족을 격퇴하면서 신속하게 이동했다. 제1여단은 교전 중에도 완전한 방진을 유지한 채 안정적이고 지속적인 일제사격으로 우군을 엄호했다. 기마보병이 방진 왼쪽으로 달려왔다. 이들은 일제히 말에서 내려 믿음직한 마티니 소총으로 위력적인 사격을 시작했다. 허버트 스튜어트는 약 800미터 후방에 있는 경기병대대 하나를 앞으로 전진시켰다. 명령을 받고 앞으로 나온 경기병 역시 말에서 내려 사격을 시작했다. 기마보병의 화력이 보강되었다.

제1여단은 방진을 유지한 상태에서 베자족이 탈취한 기관총 진지에서 약 600미터 정도 떨어진 곳에 멈춰 섰다. 데이비스 소장의 제2여단은 잔여 병력을 정렬시켰다. 요크랭커스터연대 병력은 중앙에, 하일랜드연대 병력은 오른쪽에, 해병은 왼쪽에 자리를 잡았고 정렬이 완료되자 일제히 전진하기 시작했다. 베자족은 기세를 상실했다. 하일랜드연대 병력이 돌격한 순간부터 모든 작전이 끝나기까지는 5분이 채 걸리지 않았다.

총검의 숫자가 1천500개나 된 제2여단은 사격을 하면서 오른쪽 앞으로 나아갔다. 방진을 구성한 육군, 해군, 해병 병사들은 조금도 흐트러지지 않고 전진했다. 굳은살이 박인 손가락으로 계속해서 약실에 총알을 밀어 넣고 기계적인 리듬을 타면서 방아쇠를 당겼다. 일사불란한 사격으로 만들어진 탄막을 통과할 적은 없었다. 베자족은 이처럼 정교하고 신속한 사격을 경험해본 적이 없었다. 일부는 영국군을 향해 돌격했지만 이내 총알 밥이 되었다. 결국, 베자족은 뒤로 물러났다. 이 모습을 본 제2여단은 환호하며 사격 속도를 더욱 높였다. 하일랜드연대의 제임스 호프는 당시 상황을 이렇게 기억했다. "우리는 사격 속도를 안정적으로 유지했고 적의 시체는 마치 함박눈이 땅에 쌓이듯 두텁게 쌓였다."[25]

빼앗겼던 기관총 진지에 대열이 접근하자 다시 함성이 일었다. 한순간의 돌격으로 제2여단은 기관총 진지를 탈환했다. "우리는 기관총을 향해 달려갔다. 그때 함성은 상상할 수 없을 정도로 컸다. 기관총 진지를 탈환하면서 터져나온 함성에 적은 혼비백산했다. 우리는 협곡 아래로 후퇴하는 적을 향해 계속 사격했다. 협곡 아래에는 적 수천 명이 있었다."[26]

롤프 해군 중령과 그레이엄Graham 해군 대위는 신속하게 기관총을 살펴보았다. 기관총은 무사했고 수병들은 곧 기관총 조작에 들어갔다. 이들은 쓰러져간 전우들을 생각하면서, 후퇴하는 베자족을 향해 분노가 가득한 총탄을 쏟아냈다. 전장은 포탄 터지는 소리, 기관총 소리, 함성으로 아수라장이 되었다. 협곡 아래로 떨어진 기관총 한 정은 수병들이 온 힘을 다해 끌어 올렸다.

베자족은 후퇴를 거듭했고 타마이 전투는 이렇게 끝났다. 벌리 특파원은 방진 오른쪽 정면 구석이 있던 곳을 중심으로 반경 약 50미터 안에 베자족 시신 1천여 구와 영국군 주검 100여 구가 쌓여 있는 것을 보았다. 시체에서 흘러나온 피 때문에 모래는 붉게 물들었다. 부상당해 쓰러져 있는 영국군은 없었다.

부상당한 베자족에게 접근할 때, 영국군은 신중에 신중을 기했다. 베자족은 죽은 듯이 조용히 누워 있다가 기회가 생기면 언제든지 달려들며 영국군을 공격했다. 벌리는 이렇게 회상했다. "마치 다친 독사들 사이를 걷는 것 같았다."[27] 무릎이 박살 난 채 창을 쥐고 씩씩거리는 베자 전사에게 영국군이 접근했다. 부상당한 적에게 총을 쏘는 것은 금지되었기 때문에 병사 하나가 그 베자 전사를 뒤에서 돌로 쳐 기절시켰다. 그 틈을 타 다른 수병 하나가 베자 전사의 배를 단검으로 찔렀다. 어찌나 세게 찔렀는지 칼날이 휘어버렸다. 의무병이 상처에 붕대를 감아준 키 작은 베자 소년은 곧바로 붕대를 풀어버리더니 영국군 총검을 집으러 달려갔다. 결국, 소년을 묶어놓을 수밖에 없었다. 나중에 군목이 물을 주자 소년은 입에 머금은 물은 군목 얼굴에 뱉어버렸다. 곧이어 몸을 격렬하게 움직여 줄을 풀더니 창을 잡았다. 그러나 소년은 영국군이 휘두른 개머리판에 맞아 정신을 잃었다. 그날 저녁, 소년은 과다 출혈로 사망하는 순간까지도 영국군을 저주했다.

데이비스가 지휘한 제2여단은 협곡 가장자리에 멈춰서 제1여단이 협곡을 내려가는 동안 엄호했다. 베자족은 어딘가 부자연스럽게 언덕을 향해 후퇴하고 있었다. 일부는 사거리를 벗어난 산등성이에서 영국군이 밀려드는 협곡을 바라보고 있었다. 제1여단 최선두에 서 있는 고든하일랜드연대 병력은 쉬지 않고 사격을 이어갔다. 그러나 베자족은 거의 응사하지 않았다. 이들은 협곡을 내려가 바위가 많은 반대편 언덕을 향해 조심스럽게 이동했다. 베자족 중 일부는 언덕에 나 있는 움푹 팬 곳에 숨을 수 있었다. 고든하일랜드연대 병사들은 조금이라도 고개를 쳐드는 베자족이 눈에 보이면 총을 쏴 쓰러뜨렸다. 마침내 영국군은 코르 그웝을 내려다볼 수 있는 산등성이에 도달했다. 약 50미터 아래 움푹한 지형에 오두막과 천막이 서 있는 타마이 마을이 보였다.

11시 40분, 그레이엄이 말을 타고 타마이로 들어왔다. 마을에는 수많은 염소와 당나귀 그리고 몇 마리 낙타만 남아 있었고, 베자족이 이집트군 원정대를 수차례 학살하다시피 패배시키고 노획한 레밍턴 소총, 탄알 주머니, 그리고 허리띠가 널려 있었다. 그뿐만이 아니었다. 가죽으로 만든 물 부대, 안장, 칼, 작은 칼, 그리고 창 촉이 흩어져 있었는데 서둘러 버리고 간 것이 분명했다. 사람이라곤 베자족 창에 어깨를 찔린 여자 노예 한 명이 전부였다. 벌리 특파원은 오두막 대들보에 몸을 기댄 채 피를 흘리고 있는 그녀를 발견하고 물을 주었다. 이 베자 여인은 오스만 디그나가 전투가 시작되기도 전에 승리 기도를 올리러 간다며 산속으로 몸을 피했다고 증언했다.

벌리는 그레이엄을 찾아가 계속 전진할 생각이 있는지를 물었다. 그레이엄은 계획한 목표를 달성했다고 답하고는 아군 피해 보고서를 작성해 벌리에게 주면서 전문을 카이로로 보내달라고 부탁했다. 수아킨을 향해 말머리를 돌린 벌리는 거대한 먼지를 뚫고 홍해를 향해 달리기 시작했다.

6

영국군 주력부대는 지난밤을 보낸 자리바 목책까지 물러났다. 지금까지는 베자족이 도망치는 이집트군을 향해 사격을 퍼붓고 야유를 했겠지만, 이번엔 그러지 못했다. 과부가 된 베자족 여인들만이 남편의 시신을 찾으려고 치열한 혈전이 벌어진 전장 이곳저곳을 울부짖으며 돌아다니고 있었다. 다음 날 아침, 그레이엄은 기병을 타마이 마을로 불러들였다. 기병은 마을에서 코르 그웝까지 이어지는 길에서 발견한 총과 탄약을 마을로 운반해 쌓아놓고 태워버렸다. 수아킨으로 돌아가기 전, 마지막으로 마을의 오두막과 천막을 모두 불태워 없앴다.

영국군은 수아킨으로 돌아왔다. 수아킨에선 작은 사건이 개선한 영국군을 기다리고 있었다. 전투 초기에 제2여단이 후퇴하기 시작하자 수송대 소속의 이집트 낙타꾼 16명이 항구로 도망쳤다. 도망만 쳤다면 그저 그렇게 끝났을 텐데 이들은 영국군이 패배했다는 잘못된 이야기를 전했다. 휴잇 제독은 이 16명이 전장을 이탈했을 뿐 아니라 유언비어를 퍼뜨려 수아킨에 주둔한 이집트군 수백 명을 동요시킨 것에 책임을 물어 사형을 선고했다. 게다가 포로를 지키라는 명령을 받은 이집트 병사들은 명령을 거부하고 카이로로 돌려보내달라고 요구했다. 그중 38명이 반란죄로 체포되어 한 사람당 채찍질 24대와 1년간 옥살이를 선고받았다. 휴잇 제독은 이집트군 지휘관에게 반란죄가 밝혀지면 총살할 것이라고 말했다. 그레이엄은 낙타꾼 16명이 받은 사형 선고를 채찍질로 낮췄다. 이들은 마차 바퀴에 묶여 해군 헌병이 휘두르는 굵은 밧줄로 채찍질을 당했다. 채찍질을 당하는 동안, 이들은 울부짖고 몸부림을 치면서 자비를 베풀어달라고 애걸했다. 벌리가 지적한 것과 같이 이 낙타꾼들은 원정군에 포함해달라고 애원하다시피 한 지원자들이었다.

타마이 전투에서 영국군 인명 손실은 전사 109명과 부상 112명이었다. 하일랜드연대는 69명 그리고 요크랭커스터연대는 30명이 전사했다. 훗날 오스만 디그나는 이 전투에서 무려 2천 명의 베자족이 사망하고 거의 같은 수가 부상했다고 인정했다. 그는 회복할 수 없는 패배를 두 번 겪었을 뿐만 아니라 4천 명에 달하는 최고 전사들을 모두 잃었다. 그러나 그가 완전히 진압된 것은 아니었다. 베자족은 지난 6천 년 동안 그래왔던 것처럼 구릉 지대로 후퇴해서 적이 떠나기만을 기다렸다.

타마이 전투에서 승리하자 그레이엄은 베르베르로 진격해야 한다고 주장했다. 그는 허버트 스튜어트가 지휘하는 기병을 기동대로 투입하자고 제안했다. 그러나 당시 그레이엄의 상관으로 카이로 주둔 영국군 책임자였던 스티븐슨 중장은 소규모 부대 투입이 위험하다고 생각했다. 게다가 수아킨과 베르베르를 잇는 사막에선 식수 문제 때문에 대규모 병력을 섣불리 움직일 수도 없었다. 영국 내각도 스티븐슨의 생각에 동의했다. 내각은 이미 고든이 통제를 벗어났으며 그가 서부와 중부 수단에서 영국을 전쟁으로 끌어들이려 한다고 보았다. 글래드스턴 수상은 고든이 만든 길에 결코 발을 디디지 않겠다고 생각했다. 그랜빌은 홍해를 따라 솟아 있는 봉우리들 너머에서 군사작전을 하지 않을 것이라는 전문을 그레이엄에게 보냈다. 이후 그레이엄의 부대는 몇 차례 소규모 전투와 정찰 임무를 수행한 뒤 짐을 꾸려 4월 7일에 수아킨에서 철수했다.

그레이엄은 베자족, 더 정확하게는 마흐디군과 두 번 싸워 모두 승리했지만, 아무것도 얻지 못했다. 그는 오스만 디그나를 생포하지도, 토카르를 해방시키지도, 그리고 수아킨과 베르베르를 잇는 길도 개통하지 못했다. 무엇보다 그레이엄은 고든을 구하지 못했다. 모두 합쳐 1만 명에 달하는 영국인과 수단인이 허무하게 죽었다. 그레이엄의 성공을 두고 베링은 이렇게 논평했다. "그레이엄이 군사적으로 성공했다고 해서 훗날 이를 자랑스럽거나 만족스럽게 회상할 사람은 아무도 없었다. 엄청난 수의 사람이 야만적으로 학살당했다. 그러나 그 희생에 상응하는 정치적, 군사적 결과는 아무것도 없었다."[28]

베자족은 파라오가 이집트를 통치하기 전부터 이곳 홍해 연안 언덕에 터를 잡고 살아온 사람들이었다. 영국인이 한 번 승리했을지 모르지만, 이들 역시 그저 밤에 잠시 나타났다 사라지는 귀신 같은 존재에 불과했다.

7

타마이 전투가 끝나고 사흘 뒤, 존 스튜어트 중령은 증기선을 타고 카르툼에서 북쪽으로 13킬로미터 떨어진 할파야Halfaya에 도착했다. 스튜어트는 그곳에서 이집트 병사와 바쉬-바주크 200명의 시신을 확인했다. 대부분 등 뒤에서 칼에 찔린 병사들은 시체가 되어 전장 곳곳에 널브러져 있었다. 간신히 목숨을 건진 20여 명의 병사는 피투성이가 되어 '동부 궁전'이라 불리는 요새에 아무런 치료도 받지 못한 채 버려져 있었다. 목숨을 건졌다고는 해도 이들은 칼에 베이고 창에 찔린 상처투성이였다. 스튜어트는 이들을 증기선에 싣고 카르툼에 있는 병원으로 데려갔다.

나흘 전, 영향력 있는 종교 지도자인 셰이크 엘-오베이드 와드 바드르Sheikh el-Obeid wad Badr에게 충성하는 부족민들이 카르툼과 베르베르 사이의 전신선을 절단했다. 같은 날 고든은 마흐디군 5천 명이 나일강을 향해 전진

한다는 소식을 들었다. 이들은 할파야를 공격해 샤이기야 부족의 비정규 기병대 800명을 격퇴하고 포로로 잡았다. 마흐디군 중 일부는 카르툼 맞은편에 있는 굽바까지 진격해 히킴다르 궁에까지 사격을 가했다. 그날 밤, 마흐디군은 청나일강 강변을 따라 순찰 중인 지하디야 소총병 300명을 매복 공격해 100명을 죽였다. 마흐디군은 굽바 북쪽에 진지를 세우고 정기적으로 히킴다르 궁을 향해 사격했다. 고든은 총알이 날아와도 무시한 채 보통 때와 같이 창문에 서 있었다.

고든은 히킴다르 궁으로 날아오는 총알보다는 마흐디군이 할파야를 주둔기지로 삼을 것 같은 느낌 때문에 더 심란했다. 이 마을은 나일강을 통제하는 중요한 곳이었다. 마흐디가 할파야를 장악하면 나일강을 타고 북으로 향하거나 북에서 내려오는 모든 배는 마흐디군의 총알 세례를 피할 수 없었다. 전신이 끊어진 상태에서 증기선은 고든이 외부 세계와 접촉할 수 있는 유일한 방법이었을 뿐만 아니라 자신이 수단에 온 가장 큰 이유인 카르툼 철수에 반드시 필요한 운송 수단이었다.

올가미는 점점 옥죄여 왔다. 전신이 끊어지던 날, 카르툼에 살던 페타이하브Fetayhab 부족과 자무이야Jammuiyya 부족 2천 명이 마흐디에게 합류했다. 이 두 부족은 마흐디의 출신 부족인 다나글라족의 일부와 합류했다.

부족원 대부분이 레밍턴 소총으로 무장한 다나글라족은 옴두르만 남쪽에 자리를 잡았다. 거기에는 할파야 맞은편인 코르 샴밧Khor Shambat에 자리 잡은 세이크 엘-오베이드에게 충성을 바치는 2천 명도 함께 있었다. 카르툼의 남쪽 방벽 바로 바깥에 있는 칼라칼라Kalakala 마을 남쪽에도 3천 명에 달하는 병력이 포진했다. 이렇게 카르툼을 포위한 채 마흐디군을 지휘하는 수장들은 고든에게 항복하라는 편지를 보냈다. 이에 고든은 절대 항복하지 않겠다고 답장했다.

단숨에 답장을 쓴 고든은 제1수단여단을 호출했다. 그는 말을 타고 카르툼 요새를 한 번 더 점검한 뒤 병사마다 100발씩 탄알을 지급하라는 명령을 내렸다. 그는 제1수단여단을 지휘하는 파라즈 파샤Faraj Pasha와 바쉬-바주크를 지휘하는 사이드 파샤Said Pasha에게 몇 개 중대를 할파야에 보내라고 명령했다. 이들은 산악포 1문을 함께 가져가 마흐디군을 쓸어버릴 생각이었다. 히킴다르 궁 옥상에 앉아 망원경으로 교전을 지켜보던 고든과 파워는 뭔가 잘못되었다는 것을 알았지만, 정확히 무슨 일이 벌어지는지를 파악하기에는 할파야가 너무 멀리 있었다. 고든은 스튜어트를 보냈다.

스튜어트는 동부 궁전에서 고든에게 전문을 보냈다. 튀르크-이집트제국의 장군 하산 파샤Hassan Pasha와 사이드 파샤가 병사들을 배신했고 목격자들이 스튜어트에게 전한 말에 따르면, 이 둘은 병사들과 관계를 끊고 심지어 병사들을 살해하기까지 했다는 내용이었다. 이집트 병사들과 바쉬-바주크는 복수와 처벌을 요구했다.

다음 날, 고든은 지하디야 지휘관인 파라즈 파샤에게 군법회의를 주관하라고 명령했다. 재판은 길고도 지루했으나 결과는 예견된 것이었다. 사이드와 하산은 반역과 살인으로 유죄를 선고받고 밖으로 끌려나가 총살당했다. 고든은 나중에 이 둘을 처형한 것을 후회했다. 이들이 정말 모반했는지도 확신할 수 없었던 데다가 이 사건을 계기로 카르툼에 사는 사람들 사이에 절망감이 퍼져나갔기 때문이다. 카르툼 주민 사이에는 '자기들을 지켜주는 군대의 장군을 신뢰할 수 없다면 누구를 믿어야 하는가?'라는 질문이 커져갔다. 병사들 사이에 폭동 조짐이 일었고 많은 거주민이 고든을 버리고 마흐디에게 합류했다. 고든은 병사들을 시켜 밤낮으로 거리를 순찰하게 했으며 야간 통행금지령도 다시 내렸다. 해가 지고 두 시간 뒤 밖에서 얼쩡거리는 사람은 현장에서 사살되었고 재산은 몰수되었다.

며칠 뒤 증기선 타우피키야가 베르베르에서 돌아오면서 할파야가 마흐디군 손에 넘어갔다는 것이 명백해졌다. 마흐디군은 나일강 양쪽에 요새를 세웠고 카르툼으로 돌아오던 타우피키야는 마흐디군의 요새 앞을 지나면서 공격을 받아 방향키가 부서졌다. 히킴다르 궁 옥상에서 이 광경을 지켜보던 고든은 증기선 압바스를 비롯해 총 세 척의 배를 투입해 타우피키야를 구출하라고 지시했다. 구출된 타우피키야는 히킴다르 궁 아래 있는 선창에 닻을 내렸고 고든은 편지를 수령했다. 편지를 읽은 고든은 자신이 올린 모든 요구가 승인되었다고 발표했다. "원병이 곧 도착할 것이다. 용기를 내라!" 그러나 이것은 고든의 연극이었다. 전신선이 잘리기 하루 전, 고든은 그랜빌이 베링을 통해 보낸 전문을 받았다. 전문의 내용은 고든이 요청한 주바이르 파샤의 파견은 불가하다는 것과 어떤 경우에도 영국은 수단에 파병하지 않으리라는 것이었다. 수아킨에 파병된 그레이엄 원정군은 단지 홍해에 있는 항구 확보가 목적이었고 이미 본국으로 철수한 뒤였다.

고든은 이런 사실을 누구에게도 알리지 않았지만, 고든의 옆방을 쓰던 파워는 상황이 좋지 않음을 짐작했다. 파워의 일기는 당시 고든이 어떤 상태였는지를 보여준다. "고든은 지독하게 사기가 저하해 고통스러워 했다. 밤새 고든이 방안에서 왔다 갔다 하는 것이 들린다."[29] 고든에게는 그럴 만한 이유가 충분히 있었다. 수단에 파견된 근본적인 목적이 실패한 데다 카르툼은 마흐디군에게 포위당했다. 이런 카르툼을 방어해야 하는 지휘관 두 명은 병사들을 배반했다. 무엇보다도 카르툼은 외부 세계로부터 완전히 고립되고 말았다.

8

사이드 파샤와 하산 파샤가 할파야에서 병사들을 배신한 그날, 윈스턴 처칠의 아버지이자 보수당 소속인 랜돌프 처칠은 하원에서 그레이엄 원정군이 약 4천 명에 달하는 마흐디군을 처치하고도 수아킨-베르베르 구간을 개통하지 못한 것을 강력하게 비난하고 있었다. "우리는 고든 장군이 호전적인 수단 부족들에게 포위되었을 뿐만 아니라 카르툼과 카이로 사이의 전신선이 끊어진 것도 알고 있습니다. 하원은 여왕의 정부가 그를 구출하려고 어떤 일을 할 것인지 물어볼 권리가 있습니다. 내각은 이러지도 저러지도 못하던 어려운 문제를 해결해줄 것으로 판단해 임무를 맡긴 인물에게 이런 운명이 닥쳤는데도 아무 노력도 안 하고 계속 무관심하게 있을 겁니까?" 30

카르툼 문제는 보수당이 지닌 좋은 패였다. 글래드스턴 내각이 당면한 정치적인 난제는 '프랜차이즈 빌Franchise Bill' 법안인데 이는 유권자의 범위를 훨씬 더 늘리는 내용을 담고 있었다.* 보수당은 이 법안에 반대했다. 그러나 보수당에 투표할 수 있는 잠재적인 유권자들을 적으로 만드는 정치적인 자살이 될 수도 있다는 것을 알았기에 대놓고 반대할 수는 없었다. 이런 상황에서 카르툼 문제는 아주 적절한 대안이었다. 프랜차이즈 빌을 슬쩍 감추고 글래드스턴 내각을 깎아내리는 데 카르툼 문제만 한 것이 없었다.

카르툼 문제를 회피하는 듯한 글래드스턴의 대답은 대중의 화를 돋우기에 충분했다. 글래드스턴은 여론의 뭇매를 맞았다. 신문사에는 글래드스턴을 비난하는 편지가 날아들었고, 논설은 글래드스턴의 불성실함을 비난하는 독설로 채워졌으며, 고든의 구출을 요구하는 무모한 주장이 난무했다. 고든의 친구인 버뎃-쿠츠 남작부인**은 사자를 잡으러 수천 킬로미터를 가는 사냥

* 이 시기 선거는 개인의 권리라기보다는 투표권을 가진 공동체 지도자가 투표권이 없는 이들, 즉 공동체 전체의 이해관계를 대표한다는 의미가 더 컸는데 예를 들자면 토지소유계급은 자신의 토지에서 일하는 소작인들의 이익을 대표하는 의무감을 갖는다는 식이다. 보수당의 솔즈베리는 기득권과 유산계층을 중심으로 하는 귀족적 질서를 옹호한 반면, 같은 당의 랜돌프 처칠은 대중에게 더 많이 다가가야 한다고 주장했다. 그러나 1884년 당시 선거권 확대는 이미 기정사실이나 마찬가지였다. 선거권이 확대되면 매수 등 선거 부정이 증가할 것이라 걱정하는 목소리가 힘을 얻으면서 1883년에는 부패방지법the Corrupt and Illegal Practices Prevention Act of 1883이 통과되었고 결국 1884년에는 국민대표법Representation of the People Act 1884이 통과되어 '10파운드 이상의 자산을 보유하거나 연간 10파운드 이상 지대를 내는 사람'은 선거권을 갖게 되었다. 이로써 영국의 유권자 수는 550만 명으로 늘었다.

** Angela Georgina Burdett-Coutts(1814~1906): 영국의 자선사업가로 1837년에 조부의 유산 300만 파운드를 물려받아 영국에서 가장 부유한 여성이 되었다. 빅토리아 여왕의 윤허를 받아 아버지의 성, 버뎃Burdett과 외할아버지의 성, 쿠츠Coutts를 함께 쓰면서 안젤라 조지나 버뎃-쿠츠가 되었다. 버뎃-쿠츠는 작가 찰스 디킨즈와 친분이 깊었고, 여러 자선사업에 많은 돈을 기부했으며, 아프리카 원주민의 생활을 개선한다는 생각으로 제국주의의 확장을 지지했다. 예순일곱 살 되던 해 당시 스물아홉의 윌리엄 레만 바틀렛William Lehman Bartlett과 결혼해 영국 사회

꾼들의 모임처럼 '원정 신사 연맹' 같은 원정단을 모집하고 기부금을 모아 카르툼에서 고든을 구출해오자는 내용의 글을 《타임스》에 기고했다. 컬리 녹스Curly Knox라는 이름의 사냥꾼을 마흐디군으로 변장시켜 카르툼에 보내 마흐디 코앞에서 고든을 빼 오자는 제안도 있었다. 이름이 널리 알려진 아랍 연구가인 윌프레드 블런트는 자기가 마흐디와 협상하러 코르도판에 가겠다고 했다. 고든보다 블런트가 훨씬 더 미쳤다고 생각한 그랜빌은 이 제안을 거절했다. 5월 초에 세인트제임스홀*에서 정부에 항의하는 모임이 열렸고 하이드 파크Hyde Park와 맨체스터Manchester에서는 대규모 시위가 벌어졌다. 어떤 성공회 교구 목사는 모든 성공회 교회에서 고든의 송환을 위해 기도해야 한다고 제안했다.

그러나 이런 상황에서도 글래드스턴은 꿋꿋이 자기 생각을 지켰다. 글래드스턴이 볼 때 현 상황은 고든과 자신의 문제였고 이것이 지나치게 밖으로 확대되는 양상이었다. 문제의 핵심은 자칭 기독교인의 영웅인 고든이 영국인이 선출한 지도자인 자신을 조종하려 한다는 것이었다. 이 둘 사이의 지리적 거리는 4천800킬로미터나 되었지만, 글래드스턴은 고든이 상황을 이용해 허세를 부린다고 느꼈다. 글래드스턴이 보기에 울즐리와 고든 모두 이미 자기를 속였다. 한 장관은 이렇게 말했다. "고든은 하지 않겠다고 말한 것은 모두 했고 내각이 하라고 한 것은 하나도 하지 않았다."[31] 글래드스턴이 보기에 고든은 런던에 있을 때는 마치 양순하고 온화한 공무원인 척하더니 채링 크로스 역에서 기차에 오르는 순간 본색을 드러낸 것이었다.

1884년 여름 내내, 글래드스턴은 야당과 언론의 공세에 시달렸다. 하원에서는 매일 같이 수단 문제를 들고 나왔다. 글래드스턴이 피하는 모습을 보일

를 깜짝 놀라게 하기도 했다. 그녀가 죽기 전까지 기부한 돈은 300만 파운드가 넘으며 고든 구원군의 정보장교였던 찰스 윌슨이 1864년 예루살렘의 급수 시설 개선 사업을 추진할 때 이를 지원한 것도 그녀였다.

* St. James's Hall: 2천 명을 수용하는 공연장으로 1858년 3월 25일 개장했다. 당대 주요한 연주와 공연이 열린 곳으로 피카딜리 근처에 있다.

때마다 정적들은 더욱 강하게 그를 공격했다. '위대한 원로The Grand Old Man' 라는 별명으로 불린 글래드스턴은 정략적인 목적으로 보수당이 주도한 정치 공세에 완전히 휩쓸려버렸다. 그리고 이러한 정치 공세는 당시 영국이 세계의 주인이라고 믿는 영국 국민의 자존심에 불을 붙이고 말았다.

부활절 휴가가 끝나고 의회가 개원하자 보수당은 내각 불신임안을 발의했다. 불신임안을 주도한 것은 마이클 힉스-비치* 경으로 보수당에서 재무장관 1순위로 꼽히는 인물이었다. 불신임안에는 글래드스턴 내각이 고든의 임무 수행에 필요한 도움도 주지 않았으며 심지어는 개인적인 안전을 보장하는 데 필요한 조치를 지연시키기까지 했다는 주장이 담겨 있었다. 길고도 신랄한 토론에 이어 표결이 진행되었다. 이 안건은 28표 차이로 부결되었다. 글래드스턴의 얼굴에서는 속마음을 읽을 수 없었다. 그러나 5월 둘째 주가 되자 그에게도 허점이 나타났다. 그는 적절한 시기가 되면 고든 문제를 다루겠다고 찰스 딜크에게 이야기했다.

그 뒤로도 몇 주가 지나갔지만 적절한 시기는 오지 않았다. 결국, 7월 31일, 육군성 장관인 하팅턴은 신중을 기하는 데도 정도가 있다면서 고든 문제에 글래드스턴이 지금껏 보여준 무능함을 더 용납할 수 없다는 편지를 그랜빌 외무성 장관에게 보냈다. "그랜빌, 노스브룩, 그리고 저까지 셋은 고든을 수단에 보낸 결정에 내각의 다른 누구보다도 더 큰 책임이 있습니다. 그 셋 중에서도 저의 책임이 가장 크다고 생각합니다." 그랜빌에게 이 편지를 받은 글래드스턴은 하팅턴이 간접적으로 사퇴를 언급하면서 자신을 압박한다는 것을 한눈에 알아보았다. 하팅턴은 자유당에서도 귀족적인 전통을 지키는 휘그 계열의 수장이었을 뿐만 아니라 강직한 사람으로도 명성이 높았다. 만일 하팅턴이 사퇴한다면 현 자유당 정부는 무너질 가능성이 높았다.

* Sir Michael Edward Hicks-Beach(1837~1916): 보수당 소속 정치인으로 1885~1886년에 그리고 1895~1902년에 각각 재무장관을 역임했는데 두 번째 재무장관 시절 키치너가 이끄는 수단 원정이 있었다. 뒤에 제1대 알드윈 백작1st Earl St Aldwyn에 봉해진다.

그러나 글래드스턴의 답장은 여전히 모호했다. 그는 고든이 처한 상황이 군사 개입을 정당화할 만큼은 아니라고 답했다. 더불어 그는 비용이 수반되는 특정한 준비를 할 수는 있지만 그렇다고 정책이 바뀌는 것을 아니라는 설명을 덧붙였다.32

그러자 이번에는 하팅턴이 가만있지 않았다. 하팅턴과 함께 내무성 장관 셀버른 경*까지 아무 조치가 취해지지 않으면 자진해서 사퇴하겠다고 나섰다. 결국, 정치인의 체면치레용 타협이 이뤄졌다. 즉각 파견되는 구원군은 없는 대신 정부는 '고든 구원 작전이 필요해질 때'를 조건으로 총 30만 파운드의 예산을 의회에 요청하기로 했다.

* Sir Selbourne: 본명은 런델 파머Roundell Palmer(1812~1895). 제1대 셀버른 백작1st Earl of Selborne이며 영국 상원의장-대법관Lord Chancellor을 두 번(1872~1874, 1880~1885) 역임했다. 보통 'Lord Chancellor'를 대법관으로 번역하지만, Lord Chancellor는 상원의장과 대법관을 겸직했다. 2005년 법 개정에 따라 현재 Lord Chancellor는 상원의장과 법무부 장관을 겸직한다.

무너진 방진

1

1884년 4월 중순, 마흐디는 모든 부대를 에-라하드로 이동시켰다. 이곳은 눈 닿는 곳마다 투쿨이 들어차 마치 투쿨의 바다를 보는 듯했다. 라마단 기간이 끝나자 마흐디는 곧 카르툼으로 진격할 것이라고 공식 발표했다.

밖에서 보기에 마흐디군은 하나로 뭉친 것처럼 보였다. 그러나 마흐디국은 여러 부족이 결합한 조직이었을 뿐만 아니라 구성도 자주 바뀌었다. 따라서 마흐디는 예전에 사용한 억압적인 방법으로 기강 유지에 나섰다. 전통적으로 수단에서는 무슬림조차도 술을 마셨다. 그러나 마흐디국에서 음주는 채찍질 8대에 해당하는 처벌 항목이었다. 흡연은 음주보다 더 사악한 행동이어서 무려 채찍질 100대에 해당했다. 전통적으로 바까라족 여자는 옷을 얼마 입지 않아 가리는 부분이 많지 않았다. 허리와 엉덩이 정도만 가리기도 했고 정착 생활을 하는 여자에 비해 상대적으로 옷차림이 자유로웠다. 마흐디는 방탕함을 막기 위해서라며 모든 여성은 반드시 머리를 가려야 한다는 칙령을 선포했다. 여기에는 5살 이상의 계집아이가 머리를 가리지 않으면 그 부모를 채찍질한다는 조항도 포함되었다. 여자는 시장에 갈 수 없었으며 가족이 아닌 다른 여자와 이야기, 심지어 인사를 나누는 남자에게도 채찍 100대의 처벌이 가해졌다. 장례식에서 여자가 곡하는 것, 혼인예식에 돈을 많이 쓰는 것 또한 금지되었다. 채찍질은 일상적인 처벌 방법으로 자리를 잡았으며 심지어 여러 유목 부족 젊은이들은 하마 가죽 채찍으로 서로 때리면서 누가 더 오래 견디는지를 견줘 용기의 척도로 삼기도 했다. 이 관습은 수단 내 일부 부족에 오늘날까지 이어지고 있다.

8월 22일, 마흐디군은 북을 치고 코끼리 상아로 만든 움 바야 나팔을 불며 에-라하드를 출발했다. 오르발더 신부의 기록에 따르면 마흐디군은 20만 명도 더 되었다. 창·칼·방패로 무장한 전사, 지하디야 소총병, 바까라 기병, 낙타꾼, 포병과 같은 전투병에, 이들의 가족, 마흐디군을 따라다니며 장사를 하는 사람들, 바까라족 무리, 당나귀와 양을 비롯한 온갖 가축까지 그 수와 규모는 상상을 초월했다. 규모가 이렇게 크다 보니 마흐디는 식수 부족을 피하려고 군대를 셋으로 나눠 이동시켰다. 낙타를 타는 부족들은 북쪽으로 갔고, 말을 타는 바까라족은 남쪽으로 그리고 마흐디 본인과 마흐디를 대리하는 칼리파들 그리고 마흐디의 최측근이라 할 수 있는 안사르들은 에-두엠으로 이어지는 중앙 이동로를 이용했다. 마흐디와 동행한 사람으로는 총사령관인 아브달라히와, 칼리드Khalid라는 이름을 사용하면서 마흐디군처럼 집바를 입고 터번을 두른 루돌프 카를 폰 슬라틴이 있었다.

아브달라히가 마흐디군의 총사령관이기는 했지만, 카르툼 포위 계획을 세우고 시행한 실질적인 인물은 아부 지르자, 함단 아부 안자Hamdan Abu Anja, 그리고 와드 안-네주미wad an-Nejumi 등 세 사람이었다. 이들은 마흐디군이 보유한 재능 있는 군사 지휘관들이었다. 마흐디가 봉기하기 전 아부 지르자는 그저 배 만드는 기술자였고 함단 아부 안자는 하층 계급 출신이었다. 함단 아부 안자는 만달라 부족* 출신으로 아브달라히 가문의 일꾼이었다. 다르푸르에 거주하는 만달라 부족은 칼리파 아브달하리 가문이 속한 타이샤

* Mandala: 만달라 부족의 기원은 알려진 것은 거의 없다. 만달라 부족은 자유를 얻은 대가 그리고 다시 노예가 되지 않도록 보호해주는 대가로 기존 주인이나 주인 가문에 답례할 의무가 있었다. 마흐디가 적으로부터 노획한 모든 총을 등록하기로 결정하고 이 일을 아브달라히에게 맡겼는데 아브달라히는 이를 함단 아부 안자에게 일임한다. 함단 아부 안자는 아랍인과 비아랍인 모두로부터 존경을 받았지만 그의 출신 배경은 그를 따라다니며 계속 괴롭혔다. 심지어 아브달라히의 친척들도 함단 아부 안자를 노예라고 놀렸다.

부족의 노예였다가 해방된 사람들이 주축을 이루고 있었다. 그의 아버지는 타이샤 부족 출신이고 어머니는 만달라 부족 여자였기 때문에 함단 아부 안자도 절반은 노예나 마찬가지였다. 1870년대에 그는 주바이르 파샤가 이끄는 바징거군에서 소총병으로 복무했고 이런 경력으로 마흐디군 내에서 군사 훈련을 받은 몇 안 되는 지휘관 중 한 명이었다. 어려서 기린과 코끼리 사냥으로 이름을 날렸던 함단 아부 안자는 이제 마흐디의 지하디야 소총병을 지휘하고 있었다.

와드 안-네주미는 마흐디군에서 가장 명석한 군인이었다. 카르툼 북쪽에 있는 나일 계곡 부족 중 하나인 자알리인 출신인 그는 스스로 예언자 무함마드의 삼촌인 압바스의 직계 후손이라고 주장했다. 아브달라히와 마찬가지로 안-네주미도 마흐디 봉기 이전에는 페키였으며 마흐디가 엘-오베이드에 자리를 잡은 초기에 합류했다. 그는 가혹하리만치 엄격하게 이슬람 원칙을 지킨 것으로 유명했는데 그가 계획한 샤이칸 전투가 대승으로 끝나자 명성은 더 높아졌다. 그는 엄격했지만 부하들에게는 공정했으며 특히 정직하면서 절제된 성격의 인물로 인기가 높았다.

마흐디군은 백나일강에 인접한 에-두엠에서 병력을 모집했다. 공교롭게도 이곳은 1년 전 힉스 원정군이 마흐디군을 칠 준비를 했던 곳이기도 했다. 마흐디는 전체 부대를 사열하고 이어서 진격 방향을 북쪽으로 틀었다. 게지라와 나일 계곡에서부터 마흐디를 따르겠다는 사람들이 몰려들면서 마흐디군의 규모는 나날이 커졌다. 그리고 마흐디는 카르툼을 향한 포위망을 서서히 좁혀갔다.

2

마흐디군이 에-라하드를 출발한 다음 날, 울즐리는 런던에 있는 자택에서 아침을 들고 있었다. 식사 도중 육군성 장관 하팅턴이 보낸 전보가 도착했다. 전보에는 글래드스턴 수상이 고든을 구할 원정군 사령관으로 울즐리를 임명한다고 적혀 있었다. 울즐리는 놀라서 눈살을 찌푸렸다. 그는 글래드스턴이 언젠가는 자신을 수단에 보낼 것이라고 예상했지만 이렇게 일찍 결정을 내리리라고는 전혀 상상하지 못했다. 글래드스턴은 고든 구원군의 필요성을 공식적으로 인정하지도 않은 상태였다. 다음 날인 화요일, 빅토리아 여왕이 마지못해 글래드스턴에게 동의할 때까지 고든 구원군 사령관에 울즐리가 임명되었다는 것은 비밀에 부쳐졌다. 울즐리가 이 소식을 들었을 때 케임브리지 공작이자 영국군 총사령관인 조지 왕자는 통풍을 앓고 있었다.

울즐리는 자신의 계획이 마침내 궤도에 오르게 되어 기뻤지만, 기회가 너무 늦게 찾아온 것이 마음에 걸렸다. 그는 고든 구원 계획을 이미 4월에 완성한 상태였다. 그러나 그 사이 전략적인 환경에 중요한 변화가 생겼다. 5월 27일, 마흐디군이 베르베르를 탈취하고 수아킨과 베르베르를 잇는 도로를 봉쇄한 것이다. 고든 구원 작전은 넉 달 전에 했어도 어렵고 위험한 일이었는데 이제는 그때와는 비교할 수 없이 엄청난 일이 될 것이었다.

수단 땅은 광대한 데다 지형도 만만치 않았다. 울즐리는 이 점을 가장 크게 걱정했다. 북부 수단은 거의 사막이었고 나머지도 사막에 버금가는 황무지였다. 나일강은 이러한 황량한 땅을 마치 거대한 뱀처럼 구불구불 흐르는 유일한 식수 공급원이었다. 카르툼까지는 모두 일곱 개의 접근로가 있다고 알려졌지만, 막상 사용할 수 있는 길은 두 개밖에 없었다. 이미 알려진 대로 수아킨에서 출발, 동부 사막을 통과해 베르베르까지 가서는 거기서 배로 카르툼으로 들어가는 길과, 카이로에서 출발해 국경에 있는 와디 할파를 거쳐 배로 뱀처럼 굽이치는 나일강을 따라 카르툼까지 가는 길이었다. 이 두 길 중 전자가 훨씬 짧았는데 수아킨에서 베르베르까지 거리는 400킬로미터인 반면 카이로에서 나일강을 거슬러 올라가는 길은 1천700킬로미터였다.

울즐리는 예전부터 나일강 경로를 선호했다. 그것은 이 길이 쉬워서가 아니라 1870년 캐나다에 펼친 레드리버작전의 경험 때문이었다. 레드리버작전은 울즐리가 젊은 시절 거둔 큰 성공 중 하나였다. 이집트 주둔 영국군 총사령관 스티븐슨 중장은 울즐리의 계획이 바보 같다고 비난하면서 강력하게 반대했다. 스티븐슨 중장은 비록 지난 2월 그레이엄이 수아킨-베르베르 구간을 확보하겠다며 진격을 승인해달라고 했을 때 반대하긴 했지만, 누구보다 이 구간의 중요성을 잘 알고 있었다.

그러나 베르베르가 마흐디군 손에 떨어지면서 수아킨-베르베르 구간은 머릿속에서 지워야 했다. 때문에 나일강을 이용하려는 울즐리의 제안이 유일한 대안이었다. 이 안에 정색을 보인 스티븐슨은 작전을 성공적으로 이끌 성싶지 않았고 자연스럽게 고든 구원군의 지휘권은 마치 잘 익은 과일이 나무에서 떨어지는 것처럼 울즐리 손에 들어갔다. 울즐리의 계획은 개념적으로 대담하면서도 독창적이었다. 그는 나일강에 증기선이 아니라 노와 돛을 사용하는 나룻배를 띄울 생각이었다. 북부 수단을 관통하는 나일강엔 악명 높은 폭포가 여러 개 있었는데 울즐리는 사람이 운반할 정도로 작은 배로 이 난관을 극복하고자 했다. 필요한 배는 600척이었다. 여기엔 험한 여울에서 배를 끌어당길 수 있는 낙타도 필요했다. 사용할 나룻배의 상세 제원은 아샨티회 소속의 윌리엄 버틀러* 소장이 몇 주 전에 작성해놓은 상태였다. 배의 모습은 울즐리와 버틀러가 레드리버작전 당시 북미에 있는 슈피리어 호Lake Superior에서 위니펙 호Lake Winnipeg까지 병력을 이동시킬 때 사용한 것과 비슷했다. 당시 영국군은 하루에 26킬로미터씩 진격했는데 버틀러 소장은 북미의 환경이 나일강의 그것보다 훨씬 열악했다고 주장했다.[1]

계획이 순조롭게 진행되면 영국군은 나룻배로 코르티Korti까지 이동할 예

* Sir William Francis Butler(1838~1910): 아일랜드 출신으로 1858년에 제69보병연대에 입대해 1870년 레드리버작전과 1873년 아샨티전쟁에서 두각을 나타냈다. 줄루전쟁과 텔-엘 케비르 전투 등에 참전했고 1900년에는 중장까지 진급했다. 버틀러는 빅토리아 시대에 보기 드문 학구적인 장교로 시와 수필을 즐겼고, 퇴임 후에는 대학 강의 등 교육에 힘썼으며, 조지 콜리 장군의 전기를 집필했다. 그의 부인은 당대 역사화를 그려 유명해진 엘리자베스 톰슨Elizabeth Thompson으로 톰슨의 그림은 오늘날에도 버킹엄 궁, 윈저 성, 리즈미술관, 빅토리아국립미술관 등에 전시되고 있다.

정이었다. 코르티는 에-뎁바와 제4폭포 사이에 있는 곳으로 나일강이 크게 물음표를 그리며 굽이치기 시작하는 지점이다. 울즐리는 코르티를 원정군의 전진기지로 사용할 생각이었다. 이곳에서 원정군은 둘로 나뉜다. 제1진은 낙타를 타고 나일강이 감싸고 있는 바유다Bayuda 사막을 가로질러 셴디Shendi 맞은 편인 메템마Metemma에서 다시 나일강과 만나, 증기선을 이용해 카르툼으로 들어갈 예정이었다. 이 증기선은 고든이 보내주기로 되어 있었다. 제1진이 이렇게 이동하는 동안 제2진은 계속 나룻배를 이용해 나일강을 크게 거슬러 올라 아부 하메드와 베르베르를 탈환하고 제1진과 합류해 카르툼을 공격한다는 작전이었다. 사막으로 이동하는 제1진에는 사막부대Desert Column 그리고 나일강을 타고 오르는 제2진에는 나일부대Nile Column라는 이름이 붙었다.

사막부대를 구상한 것은 일대 혁신이었다. 영국군은 단 한 번도 낙타를 이용해본 적이 없었을 뿐만 아니라 낙타 전문가도 없었다. 울즐리는 사막부대를 어떤 부대로 구성할지 오랫동안 힘들여 고민했다. 육체적으로는 아주 건강하고 새로운 환경에 잘 적응할 수 있는 병사들이어야 했고 거기에다 전투 경험이 있으면 금상첨화였다. 사막부대는 우선 험난한 지형을 극복해야 하고, 다음엔 사기가 높은 '광신도'를 상대해야 했다. 험난한 지형은 원정군보다 마흐디군에게 유리한 조건이었다. 따라서 한 번만 실수해도 힉스 원정군의 뒤를 따르게 될 것이었다.

문제는 이런 자질을 갖춘 병사들을 어디에서 구하느냐는 것이었다. 울즐리는 이런 병력을 단일 부대에서 충원하기 어렵다고 판단했다. 당시 정예부대라 할 수 있는 왕실기마근위대와 경기병은 최상위 사회 계층에서 장교를 선발해 충원했다. 그러나 이 방법은 중세에나 어울리는 사치에 불과했다. 울즐리가 지휘해야 할 부대는 비록 비정규군이지만 명사수이거나 타고난 전사로 이뤄진 대규모 적군과 대결해야 했다. 결국, 울즐리는 영국 내 모든 부대에서 가장 우수한 병사들을 조금씩 선발하기로 했다. 이밖에 다른 해결책은 없었다. 특수부대라는 개념은 이렇게 태어났다.

이런 방법으로 새로운 부대를 창설한다는 개념은 1884년 당시에는 혁명 같은 것이었다. 이는, 나중에 '아라비아의 로렌스'라고 불린, 로렌스T. E. Lawrence가 현대적인 게릴라전*을 발전시킨 것보다 32년이나 빨랐을 뿐만 아니라 특수부대가 실제로 그 진가를 발휘한 1940년대보다도 60년이나 앞선 것이었다. 이 결정을 들은 군대의 '노땅'들은 연대의 전통과 소속감을 들먹이며 열변을 토했고 발작에 가까운 반응을 보였다. 통풍을 앓고 있던 케임브리지 공작은 울즐리의 생각을 터무니없다고 비난했다. 그러나 울즐리의 생각은 달랐다. "케임브리지 공작이 어린 시절에 품었던 꿈을 포기하고 그저 오래된 전통만을 고수하는 한, 그는 우리의 성공에 방해만 될 뿐이다."[2] 울즐리는 당시 영국군 장성이라면 누구라도 그랬듯이 케임브리지 공작과 맞서는 일이 모든 작전의 첫 과제라 생각했다.

울즐리가 공개하지 않은 한 가지가 있었는데 그것은 고든 구원군의 진짜 목적이었다. 원정군은 고든 구원군Gordon Relief Expedition이라는 이름이 붙었다. 울즐리가 받은 지시는 고든 한 사람을 카르툼 밖으로 빼내는 것뿐이었다. 울즐리는 이 일이 불가능하다는 것은 알고 있었다. 울즐리는 책임감이 강한 고든이 혼자서는 절대 카르툼을 떠나지 않을 것이라 믿었다. 고든이 떠나지 않는다면, 울즐리의 영국군도 카르툼에 자리를 잡아야 할 것이었다. 그렇게 되면 영국의 수단 점령은 기정사실이 된다.

8월 27일, 울즐리는 부인 루이자Louisa에게 다섯 달 안에 카르툼에서 고든과 악수하겠노라고 말하고는 환호하는 군중을 뒤로하고 영국을 떠났다.

---

* 스페인어에서 유래한 '게릴라guerrilla'는 스페인을 침공한 나폴레옹 군대에 맞서 현지인들이 싸운 방식을 부르는 명칭이었다. 당시로는 새로운 전쟁 방식이었지만 일반화되기까지는 상당한 시간이 걸렸다.

3

9월 9일, 울즐리는 카이로에 도착하자마자 장교들을 소집하고 부대를 사열했다. 핵심 참모진은 역시 아샨티회 장교들이 주축을 이뤘고 여기에는 사활이 걸린 병참선을 통제할 에벌린 우드 소장도 있었다. 이제는 스튜어트 경이 된 허버트 스튜어트 준장은 사막부대를 지휘하게 되었으며 레드버스 불러 준장은 참모장을 맡았다. 울즐리의 총애를 받는 윌리엄 버틀러 소장과 헨리 브랙켄베리* 소장은 나일부대에 소속되었다. 울즐리는 정보참모로 발렌타인 베이커를 지명했다.

베이커는 여전히 셰퍼즈 호텔 스위트룸에서 생활하고 있었다. 베이커는 아내인 패니의 간호 덕분에 건강을 회복했고 두 딸인 헤르미온Hermione과 시빌Sybil도 함께 지냈다. 꽃다운 열일곱의 큰딸 헤르미온은 냉담하지만 미남인 허버트 키치너 소령과 사랑에 빠져 있었다. 키치너는 베이커가 발칸 반도에서 무관으로 근무할 당시부터 안면을 쌓았다. 키치너는 가끔 베이커와 그 가족을 보러 호텔에 들렀다. 평판이 좋지 않은 베이커 집안의 딸과 결혼하는 것이 경력에 이로워 보이지는 않았지만, 키치너는 헤르미온의 헌신적인 사랑에 화답했다. 베이커와 부인 패니는 조만간 둘이 결혼할 것이라 믿었다.

베이커는 반드시 명성을 회복하고 싶었다. 정보참모 자리는 둘도 없는 기회였다. 그러나 육군성 장관 하팅턴이 이 인사에 어깃장을 놓았다. 베이커에겐 에-테브에서 치른 두 번째 전투를 마지막으로 더는 기회가 돌아오지 않았다. 대신 하팅턴은 베링의 군사보좌관을 역임한 찰스 윌리엄 윌슨Charles William Wilson 중령을 추천했다. 윌슨은 공병 장교였으며 당시 마흔아홉 살로

* Sir Henry Brackenbury(1837~1914): 링컨셔에서 출생했다. 이튼 학교를 거쳐 울위치 육군사관학교를 졸업하고 1856년에 임관했다. 1857년 인도에서 참전했고 참관인 자격으로 1870년에는 보불전쟁에 참가했으며 군사軍史와 회고록 등을 저술했다. 1873년 아샨티전쟁 이후 아샨티회에 가입했으며 1879년 줄루전쟁 때는 울즐리의 비서로 활동했다. 울즐리는 브랙켄베리의 능력을 높이 평가했으나 동료들과 특히 울즐리 부인에게는 별로 인기가 없었다고 전해진다. 인도 총독 비서, 주 프랑스 대사관 무관 등을 거쳐 소장으로 승진한 뒤 1886년에는 군사정보국장이 되었다. 1899년에는 병기감이 되고 1901년에는 대장으로 진급했다. 1904년 군에서 은퇴했다.

고든 대신 카르툼 철수 임무를 맡을 뻔한 인물이었다.

리버풀 출신의 퀘이커교도 집안에서 태어난 윌슨은 전투 경험도 전혀 없고 야전 지휘관도 해본 적이 없는 백면서생 군인이었다. 훗날 영국군 지리정보의 기초를 놓게 된 그는 유능한 측량기사인 동시에 지도 제작자이기도 했다. 그가 보여준 분석적인 사고는 정보 업무에 매우 적합했다. 그는 고든을 포함해 당시 야전에 있는 누구보다도 마흐디의 진정한 위력을 예리하게 파악했다. 그러나 윌슨은 상류사회에 섞여 어울리기보다는 고고학 유적지를 더 편하게 여긴 지식인이었고 따라서 울즐리의 취향에 맞는 인물은 아니었다. 그러나 아샨티회 회원인 하팅턴이 추천한 인물이니 받아들일 수밖에 없었다. 윌슨 밑에는 정보참모차장보Deputy Assistant Adjutant General of Intelligence라는 거추장스럽고 긴 직함을 단 키치너 소령이 임명되었다. 이 당시 키치너는 사막에 거주하는 부족들의 동향을 수집해 우드에게 보고하는 첩보 임무를 수행하고 있었다.

키치너는 사막 생활을 정말 좋아했다. 그는 아바브다 국경부대Ababda Frontier Froce라 불리는 500명 정도로 구성된 작은 부대를 운영했다. 이 부대의 2인자는 고든 일행이 수단에 들어갈 때 사막 통과를 도와준 살라 후사인이었다. 살라의 아버지인 후사인 칼리파는 베르베르 지사를 역임했으며 당시 마흐디에게 포로로 잡혀 있었다.

키치너는 아랍 의상을 입고 턱수염을 길게 길렀다. 그는 튼튼한 낙타를 타는 유목민 20명쯤을 경호원으로 데리고 다녔다. 이들은 이슬람 성직자가 주관한 피의 맹세로 충성을 약속했다. 마흐디군에 잡힌 포로가 맞아 죽는 것을 본 키치너는 혹시 생포될 때를 대비해 터번에 청산가리 병을 숨기고 다녔다. 무더운 여름 내내 그는 아바브다 국경부대를 이끌고 이집트-수단 국경 일대를 쉬지 않고 돌아다녔다. 그는 아바브다족 사람들처럼 보잘것없는 사막 음식을 먹고 염소 가죽으로 만든 물자루에 담긴 더러운 물을 마셨으며, 뜨거운 사막 위에 양탄자 한 장을 깔고 자면서 가뿐하고 빠르게 사막을 여행하는 법을 배웠다. 이것이야말로 1882년 이집트에 들어와 적진 너머에서 임무를 수행했던 때부터 키치너가 꿈꿔온 삶이었다. 그리고 이 모든 것은 혼자 있기를 좋아하고 다른 것에 무관심한 그의 성격에 꼭 맞았다.

7월에 키치너는 나일강 동쪽을 따라 동골라까지 낙타를 타고 내려왔다. 길은 제방을 따라 마치 목걸이에 구슬을 꿴 것처럼 야자나무 숲과 바위가 많은 시골을 관통해 구불구불하게 나 있었다. 키치너 일행은 아카샤Akasha에서 누가르 돛단배를 타고 나일강을 건넜다. 나일강 서쪽에 있는 동골라는 진흙을 구워 만든 벽돌로 지은 집들이 무질서하게 늘어서 있었다. 이곳에서 키치너는 체르케스 출신인 무스타파 야와르Mustafa Yawar를 만났다. 지사인 무스타파 야와르의 충성심에는 의문점이 많았다. 키가 작고 매부리코에 사람을 꿰뚫는 듯한 검은 눈동자를 가진 야와르는 키치너를 집무실에서 맞이했다. 관청 건물은 하얗게 회칠이 되어 있었다. 그는 스탐불 코트에 알파카 털로 만든 흰 바지를 입고 양모로 짠 모자를 쓴 채 굽은 나무로 만든 의자에 앉아 있었다. 야와르는 이집트에서 노예로 태어났다. 그는 하마 가죽으로 만든 채찍인 쿠르바쉬와 바쉬-바주크를 내세운 통치 방법을 열성적으로 옹호한, 고든이 혐오했던 관료의 조건을 모두 갖춘 인물이었다. 실제로 고든은 2월에 수단에 도착했을 때 야와르를 해고했다. 그러나 이집트 정부는 그가 마흐디군이 이집트로 진격하지 못하도록 막을 수 있는 중요한 인물이라며 그를 복권했다. 카이로에서는 그가 독립된 지방 통치자로 인정받아야 한다는 주장까지 나왔다. 그러나 당시 키치너는 야와르가 광신적 무슬림이고 음모를 꾸미는 사람이며 거짓말쟁이라고 조언했다. 키치너가 보기에 야와르는 영국 사람을 이용해 주머니를 채우는 데만 관심을 둔 인물이었다. 그러나 키치너의 조언은 거부당했다.

우드나 스티븐슨 모두 키치너가 보여준 기지와 원기 그리고 직책 수행에 강한 인상을 받았다. 스티븐슨은 영국군과 이집트군을 통틀어 키치너만큼 정찰 임무를 잘 수행한 장교가 없었다면서 울즐리에게 키치너를 진급시킬 것을 권유했다.[3] 그러나 울즐리는 이런 말을 듣고도 확신이 서지 않았다. 울즐리는 키프로스에서 고등 판무관으로 근무하던 시절 키치너와 언쟁을 벌인 적이 있었다. 그때 키치너는 외무성이 군에 맡긴 조사를 수행하던 중이었다. 울즐리가 투박한 일을 원한 데 비해 키치너는 정교하고 과학적인 일을 원했다. 키치너가 계속해서 반항하자 울즐리는 노발대발했다. 울즐리는 키치너에게 자기가 상관이며 명령은 이행되어야 한다는 점을 상기시켰다. 울즐리는 키치너를 용서하지 않았다. 런던을 떠나 카이로로 향하기 전, 그는 키치너의 진급을 거부했다. 나중에 키치너가 독보적인 임무를 수행하고 있다는 것을 깨달으면서 조금 누그러지기는 했지만, 증기선을 타고 나일강을 항해하면서 쓴 일기에는 "나는 결코 키치너의 보고서를 신뢰하지 않았다"며 상당히 원한 섞인 기록을 남겼다.[4]

동골라에서 다시 남쪽으로 길을 떠난 키치너 일행은 나일강이 북동쪽으로 꺾어지기 시작하는 곳에 있는 작은 마을인 에-뎁바ed-Debba에 도착했다. 이곳은 바쉬-바주크가 점령하고 있었다. 그들은 여전히 토끼 우리에 들어간 족제비 같은 짓을 하면서 동네 사람들을 공포로 몰아넣고 있었다. 에-뎁바는 사막에서 서쪽으로 향하는 유목민들에게는 매우 중요한 시장 마을이었다. 또한, 북쪽으로는 나일강을 따라 난 길과 남쪽으로는 바유다 사막을 가로지르는 길이 만나는 대상무역로의 교차점이기도 했으며 북쪽에서 내려온 전신선이 끝나는 곳이기도 했다.

키치너의 첫 임무는 에-뎁바와 카르툼 사이에 이용 가능한 길이 있는지를 조사하는 것이었다. 조사하려면 적진으로 들어가야 했는데 이것은 매우 위험했다. 우드는 키치너가 직접 조사를 수행하지 않아도 좋다는 내용의 편지를 보내기도 했다. 그러나 언제나 그랬듯이 위험이라는 것을 웃어넘긴 키치너는 아랍인으로 위장하고는 아바브다족과 함께 낙타를 타고 바유다 사막을 가로질러 카르툼까지 사흘 안에 도착했다. 무사히 에-뎁바로 돌아온 그는 바유다 사막이 고든 구원군이 이용할 수 있는 가장 적합한 경로로 보인다는 내용의 전문을 우드에게 보냈다. 실제로 중간에 물을 구할 수 있는 우물이 표시된 정확한 지도가 이미 여럿 존재했다. 케디브 이스마일은 이 경로에 철도 부설이 가능하다고 제안한 적이 있었으며 당시 케디브를 위해 일한 영국 기술자는 키치너보다 13년 일찍 이 길을 조사했다.

두 번째 임무는 언제라도 고든과 연락이 닿게 만드는 것이었다. 키치너는 편지와 전문이 사막과 나일강을 통해 이미 포위된 카르툼까지 전해질 수 있도록 연락책을 운용했다. 그중 일부는 성공했고 일부는 실패했다. 돌아온 이들은 유창한 아랍어로 키치너에게 첩보 내용을 면밀하게 보고했다. 비록 느리기는 했으나 키치너는 이런 방법으로 카르툼의 상황을 점점 자세하게 파악해 세밀한 그림을 그려나갔다. 동시에 키치너는 점점 더 고든을 존경하게 되었다. 8월 말, 우드는 고든을 구원하는 데 무엇보다 시간이 큰 문제라는 전문을 키치너에게 보냈다. 동시에 우드는 키치너에게 카르툼에 도달하는 가장 신속한 접근로로 어디가 좋은지 물었다. 키치너가 대답했다. "제 생각은 단호합니다. 병력을 보내주십시오."[5]

9월에 동골라 지사 야와르는 에-뎁바에 있는 바쉬-바주크를 나일강 상류 쪽의 코르티에 전개했는데 가까이에는 폐허가 된 암비콜Ambikol이라는 마을이 있었다. 이곳에서 바쉬-바주크는 조우한 마흐디군을 궤멸시켰다. 마흐디군은 야와르를 내쫓고 마흐디가 지명한 인물을 지사로 앉히러 오던 길이었다. 평소 야와르의 본심을 걱정하던 키치너였지만 교전 결과에 감명을 받았다. 키치너는 야와르의 병력을 데리고 베르베르로 진격하게 해달라고 울즐리에게 요청했다. 그러나 울즐리는 키치너가 에-뎁바에 남아 고든과 구원군 사이를 이어주는 역할을 해야 하며 영국군이 그곳에 도착할 때까지, 특히 키치너의 상관인 찰스 윌슨이 동골라에 도착할 때까지 머물러 있으라고 지시했다. 9월 21일, 키치너는 카르툼에 있는 자신의 친구인 존 스튜어트 중령에게 인편을 보내 구원군이 확실히 오고 있다고 알렸다.

키치너가 보낸 편지와는 상관없이 고든이 키치너에게 보낸 편지가 다음 날 아침 도착했다. 스튜어트 중령이 카르툼에 없다는 것이었다. 이미 9월 10일, 스튜어트와 파워 특파원은 동골라에 도착할 수 있다는 희망을 품고 증기선을 타고 카르툼을 떠났다. 배에는 고든이 작성한 모든 문서와 편지가 실려 있었다. 키치너는 깜짝 놀랐다. 그는 베르베르까지 이동해 스튜어트 일행을 인도해 데려올 수 있도록 허락해달라는 전문을 상부에 보냈지만 거부당했다. 그러자 키치너는 이집트군과 증기선을 한 척이라도 보내 스튜어트를 도와야 한다는 전문을 수도 없이 사령부에 보냈다. 그러나 모두 헛일이었다. 결국, 키치너는 스튜어트가 탄 증기선이 베르베르에 도착하기 전에 이 배를 중간에서 차단해야 한다는 개인적인 해결책을 생각해냈다. 그러고는 가장 믿을 만한 전령을 보냈다. 그는 스튜어트에게 '전문을 보는 즉시 배를 버리고 무슨 일이 있어도 절대 아부 하메드 일대를 통과하지 말고 대신 낙타를 타고 동골라로 오라'고 했다. 아부 하메드에 있는 루바타브Rubatab 부족과 마나시르Manasir 부족은 영국에 적대적일 뿐만 아니라 구원군이 오고 있다는 것을 알고 있었다. 그러나 키치너의 이 조치는 너무 늦었다. 키치너의 전령이 베르베르에 도착했을 때 스튜어트 일행이 탄 배는 이곳을 통과한 지 오래였고 이미 동골라로 향하고 있었다.

4

존 스튜어트 중령은 프랭크 파워 특파원과 신임 프랑스 영사인 앙리 에르뱅Henri Herbin과 함께 증기선 압바스를 타고 한밤중에 카르툼을 출발했다. 이들은 어둠을 틈타 마흐디군이 장악한 할파야를 몰래 통과하려 했다. 그러나 공교롭게도 할파야 앞에서 증기선이 고장 나 마흐디군 진지가 빤히 보이는 곳에서 수리해야 하는 상황이 벌어졌다. 그러나 다음 날 증기선은 그곳을 빠져나왔다.

그 시기 카르툼의 사기는 최악으로 떨어졌다. 대포로 무장한 마흐디군이 마침내 카르툼 외곽에 도착했다. 11일 전, 이집트군과 바쉬-바주크 1천 명이 청나일강 동쪽에 있는 움 두반* 마을 가까이서 힉스 원정군과 같은 운명을 맞이했다. 이 일로 고든이 생각한 카르툼 방어 작전에 구멍이 났다. 원래는 증기선 세 척에 병력을 실어 보내 마흐디군이 움 두반에 집결하는 것을 막을 계획이었다. 그러나 마흐디군은 이들을 숲으로 유인해 미리 준비한 매복 공격으로 몰살시켜버렸다.

스튜어트와 파워 그리고 에르뱅이 증기선을 타고 카르툼을 벗어났다는 사실은 고든의 일기에 나와 있다. 움 두반에서 카르툼 수비군이 몰살당한 뒤, 고든은 이 셋이 상황을 절망적으로 인식하고 있다고 일기에 적었다. 이들의 생각에 동의한 고든은 카르툼 관련 일기, 서류와 기록을 모두 증기선에 실어 이집트로 보낸다는 결정을 내렸다. 맨 처음에는 에르뱅, 그다음에는 파워, 마지막으로 스튜어트가 가겠다고 요청했다. 이들은 저마다 고든에게 함께 떠나자고 설득했다. 그러나 고든은 그럴 수 없으며 카르툼에서 죽을 생각이라며 이들의 요구를 고집스럽게 거부했다. 셋은 고든이 함께 가지 않으면 자기들도 떠나지 않겠다고 했다. 이에 고든은 이들에게 떠나지 않고 남아 있으면 분명 포로가 될 것이지만 탈출에 성공하면 자신에게 오히려 큰 도움이 된다며 떠나라고 말했다.

이 이야기가 얼마나 진실에 가까운지는 알 수 없다. 고든이 이야기를 이렇게 꾸며 나중에 벌어질 사태의 책임을 면하려 했을 수도 있다. 그러나 이 일화엔 당시 고든이 카르툼에 닥칠 최후의 순간을 이미 잘 알고 있었고 그런 카르툼을 지키다 죽기를 각오했다는, 변하지 않는 진실이 들어 있다.

또 한 가지 확실한 것은 움 두반에서 패배하기 전부터 고든은 스튜어트를 밖으로 내보내고 싶어 했다는 것이다. 고든은 공식적으로 부관인 스튜어트를 용감하고 공정하며 강직한 사람이라 평가했다. 심지어 그해 초에 보낸 전

* Umm Dubban: 카르툼에서 동남쪽으로 약 30킬로미터 떨어진 곳이다.

문에서 그는 스튜어트에게 기사 작위를 추천하기도 했다. 그러나 고든의 사적인 평가는 조금 달랐다. 그가 보기에 스튜어트는 수단에 진정으로 마음을 두지 않았다. 공식 명령은 무조건 준수해야 한다는 스튜어트는 사사건건 고든과 충돌했다. 고든은 명령을 기본 지침쯤으로 생각했다. 구체적인 일의 토론과 결정, 이행은 현장의 몫이었다. 고든이 가장 견딜 수 없었던 것은 스튜어트의 평상시 태도였다. "그는 수단 사람들과 그들의 용기를 극도로 경멸했다. 나는 결코 여기에 동의할 수 없다."[6] 스튜어트는 고든이 지휘하는 수단 군인을 겁쟁이라고 불렀다. 수단 사람들을 마치 자식처럼 생각한 고든 또한 이들이 영웅은 아니라는 점은 인정했다. 그러나 고든은 이들에게도 적절한 기회만 주어지면 충분히 잘 싸울 수 있다고 믿었다. 이는 예전에 중국에 있을 때도 마찬가지였다.

카르툼에서 빠져나온 것은 두고두고 스튜어트의 명예에 흠이 될 수 있는 행동이었다. 따라서 그는 카르툼에서 도망친 것이 아니라는 고든의 증명이 필요했다. 스튜어트는 고든의 철수 명령서를 원했지만, 고든은 거부했다. 고든은 스튜어트가 카르툼을 떠난 것은 본인 의지에 따른 것임을 명확히 하고 싶어 했다.

고든은 파워 또한 스튜어트와 비슷한 인물이라 생각했다. 파워는 의협심 있고 용감하며 정직했지만, 비관적이었다. 아일랜드 출신인 파워는 결정적인 순간이 오면 병사들이 항복할 것이라 내다봤다. 마지막으로 전임자인 마르케를 대신해 프랑스 영사로 취임했을 뿐만 아니라 카이로에서 매일 발간되는 《보스포르 에집시앵Bosphore Egyptien》의 특파원도 겸한 에르뱅이 있었다. 고든은 이렇게 기록에 남겼다. "에르뱅은 나를 매우 명석한 사람으로 여겼으며 인간적으로 좋아했다."

고든은 떠나는 스튜어트와 파워에게 공식 서한을 쥐여주었다. "증기선 압바스가 나일강을 따라 내려가네. 증기선이 자네를 데려다 줄 걸세. 내가 자네의 승선을 명예로운 것이라 말하면 자네는 명예롭게 떠날 수 있다네. 특별

히 이곳에서 자네가 할 수 있는 일도 없으니 자네가 가거든 나를 위해 내 생각들을 전해주게." 7

스튜어트와 파워 그리고 에르뱅이 카르툼에 남기보다 이집트로 가는 것이 고든에게 더 이롭다는 것은 사실이었다. 파워가 《타임스》에 싣는 수단 상황은 여론의 지지를 불러일으키는 데 도움이 되었을 것이고, 《보스포르 에집시앵》에 실릴 에르뱅의 글 또한 이집트 내 여론을 움직일 수 있었다. 스튜어트는 고든의 거듭한 요청을 받아들이지 않는 영국 정부를 상대로 생생한 현장 상황을 매우 세밀하게 설명하면서 정부가 무엇인가 하도록 할 수 있었을 것이다. 스튜어트 일행이 떠나기 전날 밤, 고든은 스튜어트를 불러 정부가 스튜어트에게 물어볼 만한 질문 목록을 받아 적도록 했고 빈칸에 직접 답을 달기도 했다.

고든은 스튜어트 편에 새로운 전신 암호 체계도 딸려 보냈다. 이 말은 스튜어트가 잘못되면 설령 앞으로 전신이 복구되더라도 저쪽에서 해독할 수 없다는 것을 뜻했다. 고든이 왜 그렇게 했는지는 지금까지도 풀리지 않는 의문으로 남아 있다. 울즐리는 이를 두고 이해할 수 없는 행동이라고 했다. 추측건대 아무런 조치도 취하지 않는 영국 정부의 태도에 자기가 희생양이 되었다는 것을 보여주는 간접적인 항의였던 것 같다. 물론 이런 행동을 할 당시, 고든은 구원군에 관한 것은 아무것도 모르는 상태였다. 8월 31일, 키치너는 구원군 파병 소식을 고든에게 보냈지만, 스튜어트가 카르툼을 떠나고도 한참이 지나도록 이 편지는 고든에게 들어가지 않았다.

반면 고든은 증기선 압바스가 나일강을 항해해 이집트에 무사히 도착할 것으로 철석같이 믿었다. 압바스는 고든이 보유한 증기선 중에서도 가장 작았을 뿐만 아니라 흘수가 가장 낮았기 때문에 나일강에 있는 폭포 5개를 충분히 극복할 수 있었다. 수많은 격전을 치르면서 압바스에는 최소한 970개의 총알구멍이 있었지만, 카르툼을 출발할 당시에는 이미 단단한 나무와 보일러 판으로 만들어진 방탄판을 덧댄 상태였다. 이물과 고물에 설치한 포탑

그리고 돛대 꼭대기에 자리 잡은 망대는 모두 방탄판으로 보강되었다. 강 속에 있는 바위에 부딪혀 구멍이 생기는 것을 막으려고 배 바닥에는 발목 깊이 정도의 완충 공간이 있었다. 압바스에는 산악포 1문이 실렸고 승조원 50명이 탑승했다. 압바스는 누가르 돛단배 2척을 끌었는데 이 2척에는 무장한 그리스인 19명이 타고 있었다. 돈을 주고 이들을 고용한 고든은 만일 승조원들이 반란이라도 일으킬 기미가 보이면 스튜어트를 지원하라고 지시했다. 고든은 자신을 보좌하는 통역관 중에서 가장 능력이 뛰어난 하산 베이 하사나인Hassan Bey Hassanayn을 스튜어트에게 붙여주었다. 이집트 출신인 하사나인은 1883년에 전신 사무원으로 카르툼에 왔으나 고든이 중령까지 승진시킨 인물이었다. 하사나인은 모국어인 아랍어와 영어는 물론 프랑스어까지 구사했다.

압바스의 선장인 무함마드 아-동골라위Muhammad ad-Dongolawi에게 항해와 관련된 내용을 설명할 때 고든은 무척 많은 신경을 썼다. 고든은 선장에게 강 중앙에만 닻을 내리고 안전한 장소가 아니면 목재를 구하러 나가지 말라고 지시했다. 압바스가 위험 지역을 통과할 때는 증기선 사피아Safia와 만수라Mansoura의 호위를 받게 되어 있었다. 이 두 척은 제5폭포에서 이틀 거리에 있는 주나이네타Junaynetta까지 호위해 압바스가 베르베르에 무사히 도착할 수 있도록 도와줄 예정이었다. 고든은 압바스가 사람이 별로 살지 않는 아부하메드 일대의 직선 구간에 일단 들어서면 이집트까지 무사히 들어갈 것으로 생각했다. 고든은 이런 생각을 글로 남겼다. "압바스가 나포되는 일은 일어나지 않을 것이다."[8]

비록 평년보다 수위가 낮기는 했지만, 이 절기는 나일강이 범람하는 때였다. 카르툼의 잔교를 출발한 압바스는 진흙이 섞인 탁한 강물을 부드럽게 헤치고 강 한가운데서 항로를 유지한 채 하류로 나아갔다. 장엄한 대추야자 숲이 강둑을 따라 나타나면서 황량한 사막 풍경이 점차 사라졌다. 고운 진흙이 만든 넓은 대지 위에 진흙 벽돌로 지은 집들도 간간이 눈에 보였다. 아카시아와 능수버들이 자라는 야생 숲에는 이국적인 모습의 새와 야생 염소 떼만 이 살고 있었다. 때때로 스튜어트 일행은 검은빛을 띠는 기름진 토양 지대도 지나갔다. 이곳은 수로로 쓰이는 도랑과 밭을 구분한 이랑이 있어 마치 한 장씩 분리하기 전의 우표처럼 보였다. 농지 위에는 소가 있었다. 소털 색깔은 흰 깃을 자랑하는 나일 왜가리와 대조를 이뤘다. 강둑을 따라 자리 잡은 농지에서 샤이기야 부족 수십 명이 쌍을 이룬 소를 몰며 일하고 있었다. 소의 힘을 빌려 수차로 퍼 담아 올린 강물이 물방울을 튀기며 도랑으로 흘러들어 갔다. 전통적인 흰옷을 입은 농부들이 힘들여 일하는 모습은 멀리서도 쉽게 알아볼 수 있었지만 정작 그들은 이쪽으로 눈길도 주지 않았다.

스튜어트 일행은 제6폭포인 사발루카 협곡Sabaluka Gorge을 통과해 순조롭게 항해를 계속하던 중 센디에서 예기치 못한 총격을 받았다. 스튜어트는 산악포로 대응했고 곧이어 소총수들이 일제사격을 개시했다. 압바스는 근처 마을은 얼씬도 않고 통과했다. 아트바라 강이 나일강에 합류하는 에-다메르ed-Damer에는 마흐디군이 포진하고 있었다. 스튜어트는 병력을 상륙시켜 적을 공격하고 50명을 사살했다. 베르베르를 통과한 스튜어트 일행은 강 양쪽에 나타난 마흐디군의 간헐적인 집중사격에 계속 시달렸다. 스튜어트는 그 때마다 응사했고 압바스를 포함한 증기선 세 척 모두 무사했다. 베르베르를 통과하자 스튜어트는 사피아와 만수라를 카르툼으로 돌려보냈다.

베르베르 주둔 마흐디군 지휘관인 무함마드 알-카이르Muhammad al-Khayr는 사피아와 만수라가 방향을 돌려 카르툼으로 올라간다는 보고를 받았다. 압바스는 이제 혼자였다. 이는 압바스가 동골라까지 홀로 항해한다는 뜻이었다. 동골라는 여전히 이집트 정부가 장악한 지역이었다. 알-카이르는 키치너가 에-뎁바에서 정찰과 연락 임무를 수행하고 있으며 영국군이 남쪽으로 오고 있다는 사실을 알고 있었다. 압바스에 무엇이 실려 있는지 알 수 없었지만, 알-카이르는 이 배를 막기로 결정했다.

그는 증기선 엘-파셔el-Fasher를 투입해 압바스를 추격했다. 이 증기선은 지난 5월 베르베르를 공격해 탈취한 것이다. 엘-파셔는 압바스보다 더 크고 속도도 더 빨랐기에 주나이네타에서 압바스를 따라잡았다. 교전이 벌어졌지만 압바스가 속도를 내 제5폭포에 먼저 도착했다. 압바스를 선택한 고든의 생각은 옳았다. 작은 압바스는 제5폭포를 통과할 수 있었지만 엘-파셔는 너무 커서 폭포에 진입할 수 없었다. 그러나 폭포를 통과하는 과정에서 불행하게도 스튜어트는 압바스가 이제껏 끌고 오던 누가르 돛단배 두 척을 떼어버려야 했다. 그리스인들이 탄 누가르 돛단배는 엘-파셔에 나포되었고 이들은 모두 포로로 붙잡혔다.

9월 18일 새벽 동이 트기 직전, 압바스는 움 드웨르맛Umm Dwermat 섬에 접근하고 있었다. 이 섬은 나일강을 둘로 나누는 중요한 지점이었다. 두 강줄기 중 어느 쪽을 택할 것인가를 놓고 선장인 아-동골라위와 조수인 알리 알-비쉬틸리Ali al-Bishtili 사이에 언쟁이 벌어졌다. 별빛에 의지해 바깥을 살펴본 스튜어트는 왼쪽 강줄기의 물살이 더 빠른 것처럼 보였다. 그러나 그는 오른쪽을 택해야 한다는 선장의 주장에 동의했고 최고 속도로 항진하라고 지시했다. 압바스가 오른쪽 강줄기로 진입하려는 순간, 압바스는 75도 휙 돌면서 섬에 충돌했다. 충격 때문에 배 전체가 흔들리더니 수차가 멈췄다.

선원들이 선체를 살폈다. 배는 물속에 잠긴 거대한 암초에 부딪힌 상태였고 배 밑에는 심각한 구멍이 뚫렸다. 압바스를 구하고자 필사적으로 노력했으나 소용이 없자 스튜어트는 배를 포기하기로 했다. 선원들은 증기선 옆에 실려 있던 작은 배 한 척을 강에 내려 수화물을 가까운 움 드웨르맛 섬으로 옮기기 시작했다. 스튜어트는 산악포를 불능 상태로 만들어 탄약 상자들과 함께 강물에 던져버렸다.

동이 트자 무슨 일이 벌어졌는지 궁금해하는 마나시르 부족이 강둑에 몰려나왔다. 이들은 가까이 있는 아-살라마니야as-Salamaniyya 마을의 사람들이었다. 사람들 사이로 백기를 든 남자들이 나타났다. 마나시르 부족장이자 지방 행정관인 술라이만 나이만Sulayman Na'iman이 튀르크-이집트제국 관리의 공식 복장인 스탐불 코트와 바지를 입고 나타났다. 스튜어트는 통역관인 하사나인과 다른 이집트인 두 명에게 술라이만 나이만과 상의해보라고 지시했다. 이들은 뭍에 오르면 사람들이 죽일지 모른다며 지시를 거부했다. 그러자 스튜어트는 리볼버 권총을 겨누고는 복종하지 않으면 쏘겠다며 위협했다.

스튜어트의 협박에 질린 셋은 작은 배에 옮겨 타고 강가로 나가 술라이만 나이만과 이야기를 시작했다. 나이만은 자기가 여전히 케디브에게 충성을 다한다며 이들을 안심시켰다. 그는 스튜어트 일행이 메로웨Merowe에 닿을 수 있도록 낙타를 제공하겠다고 제안했다. 메로웨는 여전히 정부가 장악하고 있는 곳으로 이 마을에서 가장 가까운 도시였다. 나이만은 이들을 위로하면서 자기 아버지와 할아버지 모두 튀르크-이집트제국에서 근무했다는 점을 강조했다. 그리고 개인적으로 메로웨까지 안내해주겠다면서 여행에 쓸 낙타가 준비되는 동안 뭍으로 나와 쉬라고 했다.

압바스로 돌아온 하사나인이 나이만의 말을 전하는 동안 스튜어트는 신중한 입장을 보였다. 그는 파워와 에르뱅을 불러 이 상황을 논의했다. 고든이 이미 변절의 가능성을 경고하기는 했지만 배가 좌초된 지금, 육로로 가는 데 필요한 것은 낙타였다. 그리고 이들이 알고 있는 한 마나시르 부족은 아직 정부 편이었다. 이들은 나이만을 믿고 기회를 잡기로 했다. 그러나 이는 최악의 결정이었다.

스튜어트 일행은 하사나인과 함께 작은 배를 타고 강둑으로 건너왔다. 기다리고 있던 나이만은 이들을 정중히 맞이했다. 스튜어트는 나이만과 낙타 사용료를 협상했고 선금으로 절반을 내고 메로웨에 도착하면 나머지 절반을 주는 것으로 이야기를 마무리 지었다. 강변에는 잘라비야와 흰 터번을 두른 부족 사람들로 북적였지만, 적대적인 분위기는 없었다. 마흐디군이 입는 집바가 보이지 않았던 터라 스튜어트는 훨씬 더 안도했다.

반면 압바스에 남아 있던 병사들은 작은 배를 이용해 짐을 뭍으로 옮기고 있었다. 준비된 낙타가 도착하자 낙타 등에 짐을 싣기 시작했다. 그러는 사이 술라이만 나이만은 증기선 선장인 아-동골라위를 대동하고 어디론가 사라졌다. 짐을 싣는 일이 한참 진행되는 동안 스튜어트는 선금을 내려고 나이만을 찾았다. 그러나 나이만은 사람을 시켜 자기가 근처 집에 있으니 그곳으로 와달라고 전했다. 이 집은 아트만 파크리Atman Fakri라는 맹인의 소유였는데 그는 부족의 페키였다. 스튜어트는 까맣게 몰랐지만 파크리는 열성적인 마흐디 지지자였으며 동시에 이 마을의 실세이기도 했다.

에르뱅과 파워, 하사나인, 그리고 경호부대를 대동하고 파크리의 집으로 향하던 중 스튜어트는 또 다른 전령과 마주쳤다. 그는 무기나 군인을 대동하면 마을사람들이 겁을 먹을 수 있으니 비무장으로 와주었으면 한다는 술라이만 나이만의 뜻을 전했다. 그때까지도 아무런 이상 징후를 감지하지 못한 스튜어트는 그러겠노라고 했다. 경호부대는 그 자리에 남았고 리볼버 권총 한 자루만 찬 스튜어트와 나머지 셋은 아무 무기도 없이 이 집으로 향했다.

여느 집과 마찬가지로 파크리의 집도 진흙 벽돌로 지은 것이었다. 집에 들어선 스튜어트 일행은 환대를 받았다. 이들이 문 가까이 있는 앙가렙에 앉자 커피와 말린 대추야자가 나왔다. 접대 준비를 마치자 나이만은 구리로 만든 물주전자를 들더니 밖에 나가 물을 가져오겠다며 파크리와 스튜어트 일행을 남겨놓고 건물을 나갔다. 잠시 뒤 고함이 들리더니 마나시르 부족 남자 50여 명이 칼, 도끼, 창을 들고 방안으로 들이닥쳤다. “불신자여! 무슬림이 되면 목숨을 구할 수 있다!” 무리가 외쳤다. 스튜어트는 벌떡 일어나 리볼버 권총을 뽑았다. 그러나 그는 이미 구석에 몰려 있었다. 그는 저항을 포기하고 앞에 있는 남자에게 권총을 넘겨주었다. 권총이 그의 손을 떠나자마자 남자들은 스튜어트의 눈앞에서 에르뱅과 파워의 머리를 도끼로 부숴버렸다. 머리가 깨지면서 벽과 바닥에는 피가 튀었다. 이 광경을 본 스튜어트는 분노에 휩싸여 소리를 지르며 주먹을 휘두르며 앞에 있는 남자를 공격했으나 허사였다. 하사나인은 팔과 배를 찔려 의식을 잃고 쓰러졌다. 하사나인이 정신을 차리고 주변을 둘러볼 때는 스튜어트, 파워, 그리고 에르뱅의 시신이 방 밖으로 질질 끌려나가고 있었다. 나이만은 하사나인의 숨을 끊어버리려 했다. 그러나 나이만의 동생은 하사나인이 배신과 흘린 피로 이미 모욕을 당했다며 그를 살려달라고 형에게 간청했다. 추측건대 아마도 하사나인이 무슬림이었기 때문에 목숨을 구했던 것 같다.

마나시르 부족 남자들이 이 넷을 처치하고 마을에서 강변으로 요란하게 달려오는 동안에도 강변에 있는 군인들은 무슨 일이 일어났는지 전혀 눈치채지 못한 채 그저 낙타에 계속해서 짐을 싣고 있었다. 군인들은 서 있는 상태에서 완전한 습격을 당했다. 당황한 나머지 일부는 강에 뛰어들었다. 다른 일부는 배에 오르려 했는데 너무 많은 사람이 한꺼번에 배로 몰리면서 배가 뒤집어졌다. 강둑에 선 마나시르 부족은 마치 오리를 사냥하듯이 총을 쏴 죽이거나 물 위로 올라오려 애쓰는 이들을 창으로 찔러 죽였다. 불과 몇 분도 지나지 않아 모든 군인이 죽었고 지하디야 소총병과 수단 출신 선원들은 모두 포로로 잡혔다. 마나시르 부족이 압바스에 올라타 발견한 것이라고는 그리스인 세 명과 그 중 한 명의 부인이었다. 그리스인 세 명은 총에 맞아서 그리고 부인은 창에 찔려 죽었다. 마나시르 부족은 파워, 에르뱅, 그리고 스튜어트의 시체를 여자 시체와 함께 나일강에 던져버렸다. 배에 실려 있던 고든의 일기와 서류, 편지, 도장, 그리고 암호 해독에 필요한 암호체계는 상자에 담겨 베르베르로 이송되었다.

간신히 목숨을 구한 하사나인은 이후 몇 주 동안 양치기로 일하다가 역시 베르베르로 이송되어 무함마드 알-카이르 지사의 지시로 투옥되었다. 넉 달 동안 감옥에 있던 하사나인은 옴두르만으로 다시 이송되었다. 그는 나중에 압바스의 선장인 알-동골라위와 조수인 알-비쉬틸리가 결탁해 함정을 판 것이라고 주장했다. 스튜어트는 압바스가 좌초된 뒤 이 둘에게 책임을 물어 총으로 쏴버리겠다고 위협했다. 그러나 마흐디에게 포로로 잡혀 있던 오르발더 신부는 하사나인이 이 모든 일을 꾸몄다고 증언했다. 살아남은 사람이라고는 하사나인밖에 없었고 오늘날 우리가 알 수 있는 것은 그가 부상당했다는 것뿐이다. 그러나 오르발더 신부는 하사나인이 베르베르에 도착한 뒤 무함마드 알-카이르 지사에게 '스튜어트 중령을 확실하게 처리하도록 해준' 보상을 요구했다고 한다.[9] 스튜어트, 파워, 그리고 에르뱅의 죽음은 무엇으로 보나 불명예였다. 특히 손님을 신성시하기까지 하는 수단 전통에서 볼 때 무엇으로도 변명이 되지 않는 불명예이다.

스튜어트 일행이 몰살당했다는 소식을 들은 키치너는 망치로 머리를 맞은 것처럼 큰 충격에 빠졌다. 처음에 그는 친구가 죽었다는 소식을 받아들이려 하지 않았다. 그는 차라리 스튜어트 일행이 포로로 잡혔기를 기도했다. 며칠 동안 그는 너무도 가슴이 아파 잠을 이룰 수 없었다. 매일 아침 눈을 뜨기가 무섭게 생존자 수색을 허락해달라는 전문을 보냈다. 그는 바쉬-바주크와 함께 가게 해달라고 요청했고 만일 자신이 자리를 비우게 되면 그동안 대리 임무를 수행할 영국군 장교도 보내달라고 요청했다. 그러고는 마나시르 부족을 기습하면서 동시에 외교적 수단과 뇌물을 쓸 것을 함께 제안했다. 이 많은 제안과 청원은 받아들여지지 않았다.

키치너의 상관인 불러는 키치너가 보낸 전문이 마치 어미 잃은 새의 우는 소리 같다며 불만을 드러냈다. 불러가 보기에 키치너는 개인적인 전쟁을 벌이려 하고 있었다. 그러나 키치너의 직속상관인 찰스 윌슨은 생각이 달랐다. 윌슨은 키치너가 군인정신이 투철해 이런 요구를 했다며 지금까지 보낸 모든 전문을 요약해 보내라고 지시했다. 키치너는 윌슨에게 요약본을 보내며 자기가 주둔하는 에-뎁바에는 이 문제를 논의할 동료 장교가 아무도 없다는 것 그리고 친구인 스튜어트를 돕고 싶다는 인간적인 변명을 덧붙였다. "저는 양심에 따라 최선을 다했으며 10월 2일부터 10일까지 9일은 아무리 많은 돈을 준다고 해도 다시는 경험하고 싶지 않은 그런 시간이었습니다."[10]

울즐리는 스튜어트가 죽었다는 전문을 보고 충격을 받았다. "불쌍한 스튜어트 같으니! 그가 죽었다는 것은 국가적인 손실이다. 훌륭하고 기사도에 충실한 친구가 살인자의 손에 죽다니! 그 살인자는 내 손에 죽을 것이다."[11]

그러나 울즐리의 다짐과 달리 술라이만 나이만은 울즐리의 손에 떨어지지 않았다. 대신 스튜어트를 살해한 지 2년 뒤, 그는 키치너가 이끄는 아바브다 국경군의 대장인 살라 후사인의 손에 목숨을 잃었다. 살라는 고든 일행이 누비아 사막을 건너 카르툼으로 들어가는 8일간 수행했기 때문에 스튜어트를 잘 알았다.

5

스튜어트 일행이 몰살당했다는 소식을 들은 울즐리는 나일강을 타고 카르툼까지 가는 것이 예상보다 훨씬 더 힘들어질 것으로 생각했다. 마나시르 부족이 이미 마흐디에게 합류했다면 나일부대는 전력으로 제5폭포를 통과해야 하고 이렇게 되면 전체 작전이 훨씬 더 긴박해질 것이었다.

9월 27일, 울즐리는 증기선을 타고 카이로에서 출발해 나일강을 거슬러 오르기 시작했다. 울즐리의 부대가 스튜어트 일행의 몰살 소식을 들은 것은 수단과 이집트의 국경 마을인 와디 할파였는데 군인들 사이에서 이 마을은 '빌어먹을 중간 지점'으로 악명이 높았다. 11월 4일, 고든이 보낸 편지가 키치너를 거쳐 울즐리 손에 들어왔다. 편지에는 마흐디가 나일강을 경계로 카르툼 서편에 있는 옴두르만 근처까지 진격했다고 적혀 있었다. 사막부대가 바유다 사막을 신속하게 가로질러 남진해야 할 필요성이 더욱 높아졌다. 울즐리는 소수라도 영국군이 카르툼에 도착만 한다면 주민의 동요를 진정시킬 것이라는 고든의 제안을 실행하려고 노력하는 중이었다. 그렇게 된다면 구원군 본대가 도착할 때까지 마흐디군이 카르툼에 접근하는 것을 막을 수도 있었다.

코르티에 세운 전방 작전 본부는 에-뎁바에서 조금 상류로 올라간 암비콜 마을에서 6킬로미터 떨어진 곳에 세워졌다. 마을은 대부분 폐허였다. 이곳을 지휘소로 택한 것은 사막부대의 목표인 메템마에서 정북 방향이었기 때문이었다. 암비콜에서 메템마는 283킬로미터 떨어져 있었고 그 사이에는 자갈과 바위로 이뤄진 사막이 가로막고 있었다. 사막을 가로질러 메템마로 향하는 길에는 중요한 우물이 여럿 있었는데 그중 가장 중요한 곳은, 영국인들은 아부 클레아Abu Klea라고 부른 아부 툴라이Abu Tulayh와 작둘Jakdul* 이었다. 사막을 가로지르는 데 물은 필수 요소였다. 사막부대의 가장 중요한 임무는 이 우물들을 확보하는 것이었다.

12월 16일, 울즐리는 코르티에 도착했다. 카이로에서 출발해 이곳까지 오는 데 79일이 걸린 셈이다. 낙타를 이용하는 근위부대와 제19경기병연대 예하 대대를 이끄는 허버트 스튜어트 준장은 울즐리보다 사흘 먼저 코르티에 도착했다. 허버트 스튜어트는 나일강 강변에서 약 900미터 떨어진 경작지에 담요와 홑이불로 숙소를 만들고 주둔지를 설치했다. 경작지는 강둑에 듬성듬성 들어선 야자나무 숲까지 이어졌지만 그리 넓지 않았다. 샤이기야 부족이 불길하게 읊조리는 불평은 오두막에 자리를 잡은 울즐리의 귀에까지 들려왔다.

장교들은 울즐리를 맞으러 강변에 모여 있었다. 울즐리는 장교들 가운데 키치너가 있는지 알고 싶었다. 키치너는 그동안 입던 아랍 복장과 그 속에 넣어 다니던 청산가리 병은 잠시 치워놓고 기르던 턱수염도 깨끗이 깎은 채 영국군 군복으로 갈아입고 장교들과 도열해 있었다. 울즐리는 키치너를 배로 호출했다. 키프로스에서 안 좋게 헤어진 뒤로 키치너를 처음 보는 울즐리는 악수를 청하며 근황을 물었다. 키치너는 울즐리에게 모든 것을 설명했다. 그는 고든과 연락을 유지하고 있을 뿐만 아니라, 필요한 물자와 낙타를 모았고, 지역 내 부족들의 정보도 수집했다. 성실히 조사한 덕으로 필요한 지도를 완성했으며 기반 기지로 사용할 수 있는 장소와 야전병원을 운영할 장소도 점찍어두었다. 다른 이의 도움 없이 혼자 첩보 활동을 펼친 키치너가 고

* 수단 아랍어의 특성에 따라 작둘은 각둘Gakdul로도 불린다.

든 구원군의 눈이 되었다는 것은 두말할 나위도 없었다. 키치너의 보고를 들으며 울즐리는 키치너가 펼친 뛰어난 활약을 인정했다. 키치너의 노력과 성과가 없었다면 고든 구원군의 행보는 말 그대로 무모한 짓이 될 뻔했다.

키치너는 바유다 사막을 건너는 선봉부대에 끼어 앞장서고 싶어 했다. 그러나 울즐리는 이미 몇 주 전에 이를 금지하는 명령을 내렸다. 이 명령을 들은 키치너는 울즐리가 여전히 키프로스에서 있었던 일로 해묵은 감정을 가졌다고 생각했다. 그러나 울즐리를 직접 만난 키치너는 그가 과거와 달리 많이 겸손해졌다는 것을 느낄 수 있었다. 울즐리는 키치너가 매우 남다른 업적을 이룩했다는 점을 치하하며 사막부대와 함께 가도 좋다고 허락했다. 사막을 가로지르는 사막부대는 낙타를 이용했기 때문에 낙타 군단이라고도 불렸다. 심지어 울즐리는 다음 날 저녁, 키치너를 식사에 초대하기까지 했다.

울즐리가 도착한 시점은 절기상으로 겨울이었고 사막에서 작전하는 데 적기였다. 한낮에야 여전히 더웠지만 신선한 바람이 공기를 식혀주었다. 불행하게도 바람이 남풍인지라 울즐리가 작전에 투입한 400척의 나룻배가 나일강의 상류로 전진하는 것은 더뎌질 것이 분명했다. 포경선이라는 별명을 얻은 나룻배는 여전히 나일강을 거슬러 올라갔지만 강은 벌써 수위가 낮아지고 있었다. 전진 속도를 높일 목적으로 울즐리는 맨 먼저 도착하는 배에게 100파운드의 상금을 내걸었다. 그는 사막과 강을 통해 카르툼으로 향하는 모든 부대가 크리스마스 전에 코르티에 집결하기를 바랐다.

울즐리는 고든 구원군이야말로 자신의 야전 경력의 마지막 기회라고 생각했다. 그는 이곳에 올 때부터 몸소 낙타를 타고 바유다 사막을 가로질러 일선 지휘에 나서고자 했다. 나일부대는 케임브리지 공작의 총애를 받는 윌리엄 얼* 소장이 지휘했다. 그는 이집트 알렉산드리아 요새 함락 작전을 지휘

* William Earle(1833~1885): 상인인 하드만 얼Sir Hardman Earle 경의 아들로 리버풀에서 태어났다. 1851년 제49보병연대에서 임관했고, 크림전쟁과 오라비 봉기 진압에 참전했으며, 소장까지 진급했다. 고든 구원군이 벌인 키르크베칸 전투에서 전사했다. 1887년에 고향 리버풀에 기념 동상이 세워졌다.

한 경험이 있었다. 울즐리는 얼을 좋아하긴 했으나 그가 경험이 부족하고 부하들의 분발을 이끌어내기에는 부족하다고 여겼다. 그렇지만 그는 아샨티회의 최선임 장교인 얼을 어떻게 할 수도 없었다.

낙타를 타고 선봉부대와 함께 움직이겠다는 울즐리의 희망은 코르티에서 하팅턴으로부터 받은 전문 한 장으로 물거품이 되었다. 울즐리가 선봉부대와 함께 가는 것을 금한다는 내용이었다. 대신에 선봉부대 지휘권은 울즐리의 후배인 허버트 스튜어트에게 주어졌다. 허버트 스튜어트는 매사에 자신감이 있고 시원시원한 장교였다. 에-테브 전투에서 보여준 성과는 완벽하지 못했지만, 울즐리는 여전히 휘하 장교들 가운데 가장 뛰어난 장교로 허버트 스튜어트를 꼽았다.

울즐리의 참모장이자 아샨티회 회원인 불러는 여전히 눈엣가시 같은 존재였다. 그는 그 와중에도 술에 빠져 지냈다. 불러는 영국 귀족들이 즐겨 찾는 포트넘&메이슨*의 식료품과 프랑스제 최고급 샴페인 뵈브 클리코를 이곳 최전방까지 실어 나르느라 낙타 46마리를 개인적으로 썼다. 울즐리는 불러를 두고 혼자만 똑똑한 줄 아는 독불장군이라 평했지만 어쩔 도리가 없었다. 그저 다시는 불러를 기용하지 않을 것이라는 다짐과 함께 이미 기용해버린 결정을 후회할 뿐이었다. 불러는 부하들과도 끊임없이 언쟁을 벌였는데 언쟁의 상대 중에는 키치너도 있었다. 친구인 스튜어트 일행의 몰살 사건을 조사하게 해달라는 키치너의 간청을 불러는 쓰레기통에 던져버렸다.

허버트 스튜어트의 사고 시 지휘권을 누가 대리할 것인가를 놓고 울즐리가 얼마나 심사숙고했는지는 알려진 바가 없다. 불러는 솜씨 좋은 싸움꾼이고 실전 경험도 풍부했다. 그러나 그는 아무리 생각해도 부지휘관의 자질밖에 없는 사람이었다. 결정적으로 그는 결단력이 부족했다. 에-테브 전투에서 당한 부상에서 회복한 프레드 버나비 대령은 감언이설로 참모직 하나를

---

* Fortnum & Mason: 1707년에 식료품과 양초 가게로 시작한 뒤 영국 왕실에 납품해오고 있으며 현재도 영국에서 유명한 사치 식품, 외식 업체로 이름이 높다.

꿰차기는 했다. 울즐리는 버나비를 좋아하기는 했지만 그 이유란 것이 엉뚱했다. 바로 케임브리지 공작이 버나비를 아주 싫어했기 때문이다. 버나비는 승부사 기질이 있는 모험가이자 앞뒤 가리지 않는 무모한 인물로 유명했지만 실제 전장에서 지휘해본 경험이 전혀 없는 데다가 어디로 튈지도 모르는 위태로운 인물이었다.

허버트 스튜어트와 동행한 다른 영관장교는 정보장교인 찰스 윌슨 중령인데 그 또한 실전 경험이 없었다. 해군 여단장인 찰스 베레스포드* 대령도 윌슨 중령도 야전 지휘를 감당할 깜냥은 못되는 인물들이었다. 사막부대의 선임 대령은 콜드스트림근위대Coldstream Guards의 에드워드 보스카웬Edward Boscawen인데 그의 능력은 알려진 바가 전혀 없었다. 울즐리는 모든 일이 잘 풀릴 것이라 낙관했지만, 지휘관인 허버트 스튜어트가 죽거나 다칠지도 모른다는 걱정도 있었다. "혹시라도 있을 상황에 대비해 허버트 스튜어트 대신 선봉부대를 지휘할 인물을 고르는 것이 극도로 어렵다." 울즐리는 이렇게 기록했다.

울즐리는 12월 28일에 낙타부대를 바유다 사막을 가로질러 보낼 생각이었다. 사막부대에는 낙타견인포대가 포함됐는데, 이 포대는 7파운드 탄을 사용하는 2.5인치 조립식 포를 운용했다. 해군 여단 소속으로 가드너 기관총을 운용하는 수병, 서식스연대 소속의 보병대대 절반 그리고 제19경기병연대 예하 대대 등이 선봉부대에 포함되었다. 전투부대와 함께 공병, 야전병원 운용 인력이 동행했고 이들을 수송하는 데 아덴, 소말리아, 그리고 이집트에서 모아 온 낙타꾼이 수송부대와 함께 투입되었다. 이들 병력·물자·보

* Charles William de la Poer Beresford(1846~1917): 귀족 집안에서 태어났다. 열세 살에 해군에 입대했으며 1874년에는 보수당 소속으로 출마해 1880년까지 하원의원으로 활동하면서 해군과 국회의원 경력을 동시에 쌓았다. 1875부터 1876년까지 왕세자(에드워드 7세) 부관으로 활동했으며 1882년에는 콘도르HMS Condor 함장으로 알렉산드리아 포격에 참여해 대중적인 명성을 얻었다. 1884년에는 고든 구원군에 참여했고, 1885년에는 다시 의회에 진출해 해군 예산을 늘려야 한다는 주장을 이어갔으며, 1898년에 해군 준장으로 진급해 또 의회에 진출했다. 이후 해군에서는 1911년에 전역했지만, 국회의원직은 베레스포드 남작이 되는 1916년까지 이어갔다.

급품 운반에 3천 마리는 족히 되는 낙타가 투입되었다. 경기병은 말을 타고 정찰대로 활동할 예정이었다.

선봉부대는 메템마 가까이에 있는 나일강 강변에 도착해 마을을 점령하고 전방기지를 설치한 뒤, 고든의 증기선과 합류할 계획이었다. 공병인 찰스 윌슨 중령, 소총연대의 에디 스튜어트-워틀리 중위, 그리고 용기병 소속의 딕슨Dickson 소령은 규모가 작은 서식스연대를 지휘하는 장교로 선발되었다. 이 부대의 임무는 카르툼까지 최대한 신속하게 도착하는 것이었다. 선봉부대는 얼 소장의 지휘를 받는 나일부대로부터 증원을 받을 예정이었다. 계획대로라면 증원이 이뤄질 무렵 나일부대는 나일강 일대에 있는 마흐디군을 모두 해치우고 아부 하메드와 베르베르를 탈취해야 했다. 불러가 지휘하는 사막부대의 제2제대 또한 선봉부대를 지원하게 되어 있었다.

울즐리의 계획은 대담했지만 사용할 수 있는 낙타가 충분치 않다는 것이 흠이었다. 공격에 투입될 낙타는 3천500마리에 불과했는데 이는 병력 2천 명과 그들의 장비, 식량을 운반하는 정도에도 못 미쳤다. 고든 구원군에 동행한 《데일리 뉴스》 특파원 알렉스 맥도널드Alex MacDonald는 이를 두고 이렇게 적었다. "사막 통과 거리가 283킬로미터라고 할 때, 낙타가 한 번에 얼마만큼 싣고 모두 몇 번 횡단해야 할지를 계산하면 되는 것이었기 때문에 이 문제는 풀기 쉽다."[12] 불러는 참모장으로 군수 책임자였지만 이런 계산은 하지 못했다. 그는 뵈브-클리코 샴페인을 나를 낙타는 충분히 확보했지만 실상 원정군에 필요한 것이 무엇인지는 관심이 없었다.

코르티에 도착한 울즐리가 중압감을 느낀다는 것은 주변 사람들도 알 수 있었다. 키치너와 이야기한 뒤 울즐리는 결막염 때문에 배에 머물며 꼬박 하루를 쉬었다. 그러는 며칠 동안 원정군 숙영지는 나날이 커졌다. 누가르 돛단배에 실려 천막이 도착했고 칼같이 정렬된 기지의 위용이 순식간에 황무지를 압도했다. 반면 병력은 크기와 어울리지 않게 포경선이라 불린 원정용 나룻배를 타고 찔끔찔끔 도착했다. 이렇게 도착한 병력은 검은 파수꾼으로 불리는 하일랜드연대, 고든하일랜드연대, 에섹스연대, 사우스스태포드서연대, 그리고 콘월공작경보병연대Duke of Cornwall's Light Infantry 출신의 자원병이었다. 말 대신 낙타를 이용하는 낙타보병연대Mounted Infantry Camel Regiment도 이들과 함께했다. 중重낙타연대와 경輕낙타연대는 새로 구한 낙타를 타고 성큼성큼 기지 안으로 들어왔다. 제19경기병연대 예하 기병대대도 도착했다. 병참부대, 수송부대, 의무와 공병 물자가 기지로 들어왔다. 12월 26일, 휴잇 제독이 지휘하는 해병은 새로 보급되어 윤이 나는 헬멧을 쓰고 단정하게 벨트를 찬 모습으로 도착했다. 울즐리는 정예 낙타부대를 새롭게 구성해 원정에 포함시켰고 수아킨에서 철수한 해병은 근위낙타연대Guards Camel Regiment라는 이름으로 사막부대의 네 번째 예하 부대가 되었다.

사막부대 예하에는 네 개의 연대가 있었고 총병력은 1천100명 정도였다. 중낙타연대는 중重기병 출신 병사들로 구성되었는데 구체적으로는 블루스앤로열스용기병The Blues and Royals과 용기병근위대, 창기병, 퀸즈베이Queen's Bays, 그리고 로열스캇그레이Royal Scots Greys 출신들이었다. 경낙타연대는 경기병 9개 연대 병력으로만 구성되었다. 근위낙타연대는 콜드스트림근위연대, 근위보병1연대Grenadier와 스코트근위연대Scots Guards, 그리고 해병으로 구성되었다. 기마보병낙타연대는 일반 보병대대에서 선발해 구성했다. 울즐리는 낙타 군단이라고도 불리는 사막부대가 영국군 최정예라고 판단했다. 맥도널드 특파원은 그중에서도 낙타보병이 꽃이라고 보았다.

특수부대라는, 이전에 존재하지 않던 새로운 부대를 창설한 울즐리의 생각은 혁신적이었다. 그러나 이런 혁신적인 개념을 시행에 옮기는 데에는 나름의 약점이 있었다. 가장 중요한 문제는 시간이었다. 시간은 제아무리 울즐리라 해도 어떻게 할 수 없었다. 울즐리의 낙타 군단은 서로 다른 출신과 배경을 가진 다양한 부대에서 병력을 차출했기 때문에 언론은 이 부대를 '샐러드'라고 불렀다. 이질감을 줄이고 소속감을 갖는 부대로 탈바꿈하는 데 쓸 수 있는 시간은 6주밖에 없었다. 물자 보급도 문제였다. 일부이기는 했지만 낙타보병 중 일부는 아직 자기가 탈 낙타를 구경도 못해본 상태였다. 이들은 낙타라는 동물을 어떻게 다뤄야 하는지 전혀 알지도 못했다. 낙타는 영국군이 전통적으로 사용한 전투 동물이 아니었기 때문에 인종주의 관점에서 일명 '위원회에서 만든 말'이라는 이름으로 불리는 형편이었다.

영국군 중에는 장교든 병사든 계급에 상관없이 낙타를 잘 아는 사람이 드물었다. 낙타의 부드러운 발바닥이 모래 위를 걷는 데 적합하다는 것을 알리 없던 영국군은 말발굽을 관리하는 장제사를 여럿 파견했다. 영국과 전혀 다른 사막이라는 환경에 완벽하게 적응한 이 놀라운 동물의 가치를 알아볼 수 있는 눈을 가진 인물이 영국군에는 없었다. 영국군은 낙타의 능력도 한계도 몰랐다. 심지어 낙타를 뜻하는 카멜camel이 아랍어로 아름다움을 뜻하는 자말jamaal에서 유래한 것도 몰랐다. 설령 이를 알았다 해도 비웃음을 샀을 것이다. 영국군치고 낙타를 아름답게 여긴 사람은 없었다. 그보다는 어이없어 보인다고 생각했다.

낙타 군단 병사들은 엄격하게 선발되었지만 이들을 지휘하는 장교들이 문제였다. 낙타 군단 장교단에는 상원의원 아들이 여섯 명 있었다. 간단히 말해 이들은 세습 귀족이었다. 이들 중 최소한 네 명은 경卿의 아들, 한 명은 백작의 아들이었다. 아버지의 친구와 친척이 고위직에 있는 이들은 셀 수 없이 많았다. 이 중 가장 눈에 띈 장교는 케임브리지 공작의 셋째 아들로 제11경기병연대의 어거스터스 피츠조지Augustus Fitzgeorge 소령이었다. 울즐리는 피츠조지를 두고 케임브리지 공작의 '병든 자식'이라고 불렀다. 케임브리지 공작이 내려보낸 또 다른 인물은 스탠리 드 아스텔 클라크Stanley de Astel Clarke 중령이었는데 그는 경낙타연대의 지휘를 맡았다. 이는 울즐리의 계획과 전혀 다른 것이었다. 에드워드 왕세자의 시종무관인 클라크는 멋쟁이기는 했지만, 실전 경험은 단 한 번도 없었다. 울즐리는 클라크가 쓸모없는 인물이며 궁전 모임의 늙은 여인 중 아무나 데려와도 그만큼은 할 거라고 평가했다.

더구나 이들은 하나같이 용감하기만 했다. 숱한 전투를 경험해본 울즐리가 생각하기에 용기란 전쟁에 별다른 변화를 주지 못했다. 전장의 긴박함과 열기 속에서 침착하게 임무를 완수할 수 있는 능력은 매우 보기 드문 자질이었다. 군인으로 살아온 울즐리는 평생 이 문제와 씨름했다. 그러나 그렇게 많이 노력했지만 풀어야 할 문제는 여전히 많았다. 결과적으로 특수부대라는 새로운 개념은 실전에서 고급장교를 전적으로 배제하고서야 난관에서 빠져나오게 된다. 그리고 이 혁신적인 생각이 결실을 보는 데는 거의 한 세기가 더 필요했다. 그러나 당시 울즐리의 낙타 군단은 특권 집단과 친밀했으며 상류사회에 있는 누구라도 이 부대에 발을 담그길 원하면 그저 받아들여야 했다.

낙타 군단 예하 부대는 11월 초에 이집트와 수단 국경 근처 마을인 와디할파에서 낙타를 처음 보았다. 병사들은 안장과 장비를 받은 채 각양각색의 낙타 수천 마리 가운데 마음에 드는 낙타를 고르라는 지시를 받았다. 이집트에서는 낙타를 거의 키우지 않았기 때문에 와디 할파에 모인 낙타는 아라비아 반도에서 온 소수를 제외하면 대부분 북부 수단에서 구한 것이었다. 아라비아 반도에서 온 것들은 속도도 빠르고 믿을 만하다는 평가를 받았다. 낙타를 고르려고 병사들이 낙타에 접근하자 문제가 하나둘씩 터져나왔다. 병사들이 마음에 드는 낙타를 골라 다가가면 흥분한 낙타는 고약한 냄새가 나는 소화물을 뱉어냈다. 침을 뱉는다고 알려진 것과 달리 낙타는 약이 오르면 되새김위에 들어 있는 내용물을 주변에 있는 사물이나 동물에게 뱉어버린다. 성이 난 낙타는 고삐를 잡으려는 사람에게 이를 갈며 달려들면서 물어버리기도 한다. 낙타의 포효는 마치 사자의 그것 같은데 이때는 꼬리를 수직으로 세우고 주변에 공처럼 생긴 배설물을 뿌려댄다. 낙타의 눈은 앞뿐만 아니라 뒤도 볼 수 있다. 뒤에서 접근하면 모를 것이란 생각으로 낙타에게 달려들다간 느닷없이 차일 것을 각오해야 하는데 발에 차이면 최소한 다리는 부러진다고 봐야 한다.

병사들이 낙타에 오르려 하면 할수록 나가떨어지는 사례가 속출했다. 병사들은 등자가 포함된 영국식 안장을 낙타 등에 얹으려 했다. 이는 아랍인들이 사용하지 않는 형태의 안장이었다. 어느 낙타나 등자의 무게를 느끼자마자 벌떡 일어나더니 등 위에 오른 병사들을 모래 위로 멀찍이 떨궜다. 영국군은 한참 실패를 거듭한 뒤에야 아랍인들이 하는 것처럼 등자를 사용하지 않고 안장 아래로 다리를 자연스럽게 떨어뜨리는 것이 최선이라는 것을 깨달았다. 이렇게 한 고비를 넘겼지만 등자를 쓰지 않아 겪는 문제가 또 있었다. 영국군은 안장에 걸어 사용하는 나마쿠아 소총집*을 지급받았다. 소총이 통에 들어가면 낙타에 오르려 할 때마다 소총이 걸렸다. 따라서 영국군은 말을 탈 때와 마찬가지로 왼손 팔목에 소총을 걸어 늘어뜨렸고 일단 낙타에 오르고 나서 소총을 통에 집어넣는 방법으로 문제를 해결했다.

낙타가 울부짖고 머리를 빙글빙글 돌려대고 발로 차는 동안 온 사방이 먼지에 덮여갔다. 부사관들은 질서를 지키라고 고함을 쳤지만 그러지 못하기는 자신도 마찬가지였다. 그나마 낙타에 올라탄 병사들도 안장 앞머리에 매달려 필사적으로 고삐를 쥐고 있었다. 말과 달리 낙타가 고개를 좌우로 돌려 등 위에 탄 사람의 무릎을 물 수 있다는 것을 깨닫는 데는 그리 오랜 시간이 걸리지 않았다. 심지어 낙타는 타고 있는 사람을 뒷머리로 받을 수도 있고 앉은 사람의 종아리를 뒷다리로 걷어차거나 굴레 끈을 능숙하게 빠져나가기도 했다. 그것도 통하지 않으면 사람을 태운 채로 바닥에 뒹굴기도 한다. 어린 낙타는 아래턱에만 이빨이 있기 때문에 물 수 없지만 다 자란 수컷은 상어 이빨 크기의 송곳니가 있어 사람의 팔을 물어 부러뜨릴 정도였다. 근위낙

* Namaqua rifle-bucket: 원래 남아프리카 케이프 콜로니Cape Colony의 부족 이름을 딴 소총집으로 갈톤Galton이라는 사람이 최초 생각한 것으로 알려져 있다. 영국 육군성은 1863년에 출간한 *Manual of drill for mounted rifle Volunteers or Volunteer irregular cavalry*라는 책 73~74쪽에 Mamaqua Bucket Drill이라는 장을 두고 이 소총집의 사용법 설명을 담고 있는데 개머리와 격발장치 부분이 완전히 소총집 안으로 들어가는 18인치(46cm) 깊이의 집이 있고 그 위로 6인치(15cm) 길이의 덮개가 있어 총이 집에서 빠지지 않도록 해주며 덮개를 덮으면 총신만 밖으로 나온다고 기술했다.

타연대 소속의 빌 버지Bill Burge 이병은 당시를 이렇게 기억했다. "낙타는 가장 다루기 어렵고 성질이 나쁜 동물이다. 한번 타보면 그 느낌을 결코 잊지 못한다. 낙타에게 물려보면 다시는 그 옆에 가지 않을 것이다."[13]

간신히 낙타에 올라탔으나 낙타를 몰고 달리면서 떨어지는 일이 속출했다. 낙타는 달리는 동안 등을 흔든다. 달리려고 시도한 병사들은 하나같이 모랫바닥에 처박히는 것으로 끝을 보았다. 끈질기게 낙타 등에 매달려 있던 병사들도 삭아버린 뱃대끈이 툭 하고 끊어지면서 안장과 함께 땅바닥에 내동댕이쳐졌다. 온 사방에서 "쿵" 소리가 들려왔다. 땅에 떨어진 병사들은 욕을 퍼부으면서 몸을 추스르고 낙타를 다시 잡으려고 꽁무니를 따라 이리저리 미친 듯이 뛰어다녔다.

낙타에게 걷기 빼고는 다른 어떤 것도 시키지 말라는 명령이 떨어졌다. 낙타라는 짐승은 어떤 상황에서도 160킬로그램 정도를 져 나를 수 있는데 여기에는 탑승자, 소총과 탄약, 20리터가량의 물과 꼴, 식량, 그리고 전투장구와 안장이 포함된다. 따라서 낙타를 빨리 몰면 낙타가 금방 지치는 것이 당연했다.

낙타 군단은 영국군 역사에 새 지평을 열었다. 영국군에는 낙타 조련 교범이 없었다. 기마보병 한 명이 말 네 필을 잡고 있는 동안 말에서 내린 다른 세 명이 교전을 벌이는 훈련 방법은 낙타 군단에서 통하지 않았다. 낙타 군단의 장교들은 별로 환영도 받지 못하는 조언을 늘어놓았지만 그나마 도움이 되는 것도 거의 없었다. 키치너처럼 낙타를 전문적으로 다룰 줄 아는 장교도 거의 없었지만, 언제나 그랬듯 이들이 낸 의견은 설 자리가 없었다.

11월 말경 허버트 스튜어트는 낙타를 다루는 방법을 생각해냈다. 낙타 군단의 목표는 보병과 마찬가지로 낙타로 실어 나르는 물품을 보호하면서 동시에 행동의 자유를 확보하는 것이었다. 전투 시 낙타에서 내리려면 제대 전체가 낙타 무릎을 굽혀야 했고 서로 다른 방향을 향해 방어대형을 만들어야 했다. 낙타와 조금 멀리 떨어져 작전해야 하는 상황이면 낙타를 보호할 후위

後衛를 세우고 보병처럼 싸워야 했다. 낙타부대는 전방 기지로 가는 길에 있는 샤바두드Shabadud에서 완벽하다는 생각이 들 때까지 꼬박 아흐레 동안 이 기술을 훈련했다. 위관 장교 한 명은 당시 훈련 수준을 다음과 같이 표현했다. "우리는 우리가 기대했던 수준에 거의 완벽하게 도달한 상태였다."[14]

코르티에 도착한 낙타 군단은 익숙해진 기술을 완벽하게 다듬어갔다. 부대는 나일강 강변에서 약 2킬로미터 정도 떨어진 딱딱한 자갈과 평평한 사막이 섞여 있는 장소에서 쉬지 않고 훈련했다. 당시 근위보병1연대 출신으로 근위낙타연대에서 근무한 스물한 살의 앨버트 글라이센*은 훈련의 결과가 어떠했는가를 기록으로 남겼다. "우리는 완벽한 상태까지 이르렀다. 밀집 대형에서 전진 준비까지 1분 30초면 충분했다."[15] 훈련 상황에서 제19경기병연대가 낙타 무리를 향해 돌격했다. 훈련 평가는 글라이센의 일기에 잘 기록되어 있다. "모두가 기병이 돌진하면 낙타들이 줄을 끊고 사막 위로 이리저리 날뛰며 내달릴 것이라 예상했다. 그러나 막상 경기병이 돌격했을 때, 낙타 한 마리가 일어서려 애쓰다가 주변을 둘러보고는 다시 앉은 것이 전부였고 나머지는 눈 하나 까딱하지 않았다."[16]

낙타 훈련은 그럭저럭 끝이 났지만, 낙타 군단의 목표가 무엇인지 아는 부대원은 없었다. 존 스튜어트 중령 일행의 죽음을 복수하러 마나시르 부족을 상대하는 데 낙타 군단이 투입될 것이라는 소문이 돌았다. 시간이 흐르는 사이 크리스마스가 지나갔다. 부대원들은 자두 푸딩을 만들고, 거대한 모닥불

---

* Lord Albert "Edward" Wilfred Gleichen(1863~1937): 빅토리아 여왕의 조카뻘인 빅터 공Prince Victor의 아들로 태어난 글라이센은 1881년에 근위보병에 입대해 고든 구원군과 키치너 원정군에서 활약했으며 제2차 보어전쟁에도 참전했다. 1903년부터 1906년까지 주독 영국 국방무관으로 베를린에서 근무했으나 독일 황제 빌헬름 2세와 사이가 틀어져 1906년에 주미 국방무관으로 자리를 옮겼다. 제1차 세계대전 때는 제15여단과 제37사단을 지휘했으며 정보국장을 지냈다. 1888년에는 고든 구원군 경험을 담은 *With the Camel Corps up the Nile*, 1898년에는 아비시니아를 다룬 *With the mission to Menelik*, 1917년에는 세계대전 참전 경험을 담은 *The doings of the Fifteenth Infantry Brigade, August 1914 to March 1915*을 출간한 것 외에도 *London's open air statuary*(1928), *A Guardsman's Memories*(1932) 등의 저작이 있으며 1911년 브리태니카 백과사전 제11판 아비시니아 편을 저술했다.

두 개를 피워놓고 포장 상자 위에서 연주회도 열었다. 크리스마스 연주회가 끝날 무렵 지휘관과 장교들을 향한 건배가 있었는데 맨 처음 대상은 울즐리, 그다음은 허버트 스튜어트, 그리고 마지막으로 키치너였다. 당시 부대 내에 유일한 명예 진급 소령이었던 키치너는 예상치 못하게 건배 대상이 된 것이 놀랍고도 기뻤다. 그는 지금껏 받은 영예 중에 이것을 가장 큰 것으로 받아들였다. 그러나 참모장인 불러 준장보다 키치너가 먼저 건배 대상이 되었다는 사실을 눈치채지 못한 사람은 아무도 없었다. 크리스마스가 지나고도 명령이 떨어질 기미는 보이지 않았다. 울즐리는 움직이고 싶어 안달이 났지만, 포병이 준비되지 않았다. 12월 27일, 드디어 명령이 떨어졌다. 바로 다음 날, 울즐리는 선봉부대에 이틀 안으로 움직이라는 명령을 내렸다.

허버트 스튜어트와 찰스 윌슨은 최종 명령을 받으려고 울즐리의 지휘소 천막으로 갔다. 울즐리는 스튜어트에게 병력의 절반을 이끌고 남쪽으로 160킬로미터를 전진해 작둘 우물을 확보하라고 지시했다. 원래 울즐리는 한 번에 모든 병력을 이끌고 메템마로 이동하기를 원했지만 가용 낙타가 부족해 그럴 수 없었다. 작둘에 물을 얼마나 있는지는 알 수 없었다. 작둘에 있는 우물은 대수층까지 땅을 파 솟아나는 물을 긷는 자분정自噴井이 아니라 빗물을 모아두는 수조형 우물로 아랍어로는 겔타스geltas라 부른다. 겔타스는 큰비가 내린 뒤 약 2년 동안 물을 담아둘 수 있지만, 대수층이 없어 물이 보충되지는 않는다. 따라서 겔타스의 수량은 기온과 최근에 물을 마시고 간 동물의 수에 따라 달라지기 마련이었다. 작둘에 도착한 뒤, 허버트 스튜어트와 공병대장은 수량을 계산해볼 계획이었다. 수량이 사막부대 전체를 먹이기에 부족하다면 선봉부대는 쉬지 않고 계속 전진해서 아부 툴라이와 메템마까지 곧장 가라는 명령을 받았다. 반면 수량이 충분하다면 코르티로 돌아와 고든 구원군 잔여 병력을 모두 작둘까지 데려오는 것으로 계획이 세워졌다.

근위낙타연대와 낙타보병연대가 제1제대로 출발하기로 했다. 경낙타연대와 중낙타연대는 제1제대의 장비를 운반해 보급품을 작둘에 내려놓을 예정이었다. 근위낙타연대가 작둘에 남아 우물을 지키는 동안 코르티에서 기다리는 중낙타연대 병력을 데리러 낙타를 돌려보내게 되어 있었다. 경낙타연대는 예비대로 운영되었다. 모든 부대가 작둘에 집결한 뒤 아부 틀라이를 거쳐 메템마로 이동하는 것이 차후 계획이었다. 중간에 마흐디군과 조우할지는 아직 알 수 없었지만 울즐리는 허버트 스튜어트가 지휘하는 선봉부대가 총 한 발 쏘지 않고 메템마까지 접근로를 확보해주길 바랐다. 메템마는 반드시 확보해야 하는 요지였다. 허버트 스튜어트는 "마흐디군을 500명 정도만 없애면 이 일을 처리할 수 있을 것이다"라고 예상했다.[17] 훗날 글라이센이 책에 적은 것처럼 허버트 스튜어트는 너무 자만했다.

메템마에 도착해서 제일 먼저 할 일은 바유다 사막을 가로지르는 통신망을 개통하는 것이었다. 통신망을 개통하고 허버트 스튜어트가 사막부대를 지휘하는 동안 찰스 윌슨은 장교 두 명과 서식스연대 보병 20명 정도를 대동해 증기선으로 카르툼으로 향할 계획이었다. 계획대로 카르툼에 도착하면 영국 육군의 상징인 빨강 재킷을 입은 서식스연대 보병이 도로를 행진하고 윌슨은 고든을 만날 예정이었다. 윌슨이 증기선을 타고 다시 메템마로 돌아오는 동안 딕슨과 스튜어트 워틀리는 고든 구원군이 카르툼에 도착할 때까지 그곳에 남아 고든을 도와준다는 것이 계획의 마지막이었다. 해군 여단을 지휘하는 찰스 베레스포드 대령이 브리핑에 참석하지 않았지만 해군의 임무는 메템마에 있는 고든의 증기선을 인수해 윌슨 일행을 카르툼에 보내는 것으로 정리되었다.

12월 30일 오후, 선봉부대는 낙타에게 물을 먹이고 안장을 채운 뒤 짐을 실었다. 평소와 다른 분위기를 감지한 낙타들이 특유의 울음을 터뜨리고 되새김질하던 풀을 뱉어내거나 심지어 등에 실은 짐을 떨어뜨리려고 날뛰면서 출발 직전까지 부대는 더욱 소란스러워졌다. 점점 흥분한 낙타들이 꼬리를 빳빳이 세우고 배설물을 사방에 흩뿌렸다. 낙타 배설물을 뒤집어쓴 병사들은 목이 쉬게 소리를 지르거나 심한 저주를 퍼부으면서 채찍질을 해댔다. 병사들은 낙타 등에 올린 안장을 고정하면서 뱃대끈을 바짝 조였다. 안장에는 캔버스 천과 가죽으로 만든 가방 두 개가 달렸는데 한쪽에는 야영에 쓰이는 침낭이 있었고 다른 한쪽에는 천막이 들어 있었다. 안장 앞머리에는 소총통, 물자루, 낙타 먹이를 담은 자루가 달렸다. 마지막으로 안장에 얹는 담요가 놓였다. 이것 외에 다른 물건은 인가되지 않았다. 개인이 소지할 수 있는 물자와 장비의 무게는 소총과 탄약을 제외하고 약 20킬로그램이었다. 안장에 달린 가방에는 개인 소지 잡낭이 있었는데 그 속에는 여벌의 재킷, 셔츠, 군화, 양말, 선글라스, 사막의 모래와 태양을 막기 위한 안면 덮개, 반짇고리, 세면도구와 세탁도구, 그리고 기도서가 들어 있었다. 전투식량은 소고기 통조림 몇 개, 비스킷과 차였고 이것들은 식량주머니 안에 들어 있었다.

낙타부대는 점퍼jumper라는 이름의 갈색 가죽 상하의를 입었는데 안장이 닿는 엉덩이 부분은 연한 갈색을 띠는 코르덴 기지가 덧대 있었다. 이들은 무릎 아래로는 각반을 착용하고 발목 높이까지 오는 갈색 군화를 신었다. 가장 필수적인 장비는 바로 '울즐리 헬멧'이라는 별명으로 유명한 전투모였는데 헬멧의 챙이 넓고 고가 높은 것이 특징이다. 원래 이 헬멧은 하얀색이지만 원정군은 아카시아 나무껍질을 끓인 물과 진흙을 섞어 만든 염료를 사용해 갈색으로 물들였다. 헬멧은 가운데를 중심으로 퍼거리*라는 이름의 긴 천을 둘러 감아 장식했는데 이 천 또한 물을 들인 것이었다. 허버트 스튜어트는 철제 근위기병 헬멧을 썼지만 오렌지색 퍼거리를 달아 병사들이 자기를 쉽게 알아보도록 했다. 비록 작은 장식이지만 위험하기 짝이 없는 허영의 표시였다. 장교들도 병사들과 동일한 장구와 복장을 착용했지만 각반 대신 무릎까지 오는 긴 전투화를 신었다는 점에서 차이가 있었다. 콜레라를 비롯한 여러 질병을 막아줄 것이라는 미신에 기대 '콜레라 벨트'라는 별명을 붙

* pugaree: 산스크리트어 parikara에서 기원한 힌디어 파그리pagri가 어원으로 puggree, pugree, puggaree 등으로 표기한다. 힌디어로 터번을 뜻하며 영어에서는 모자나 헬멧을 감싸는, 주름이 들어간 천을 뜻한다.

인, 폭이 넓은 허리띠가 병사들에게 지급되었다. 이런 미신은 마흐디군이 칼과 총을 막아준다고 믿은 헤잡과 같은 종류의 미신이었다.

모든 병사는 표준형 마티니-헨리 소총과 실탄 120발로 무장했다. 병사들은 가죽 탄띠를 왼쪽 어깨에 두르고 총검은 가죽 허리띠에 달린 칼집에 넣어 다녔다. 무삭Mussak이라는 이집트식 가죽 물자루와 나무로 만든 물병도 함께 휴대했다. 장교들은 칼과 함께 웨블리 권총*을 휴대했다. 근위낙타연대의 빌 버지 이병이 남긴 기록에 따르면 복장 자체가 숨을 막히게 만드는 것은 아니었다. "시간이 갈수록 더 무거워지고 더 빡빡하게 조여오는 것은 바로 어깨에 걸친 탄띠였다. 뜨거운 열기를 뿜는 사막을 오랫동안 행군하다 보면 이 탄띠가 계속 가슴과 어깨를 압박했다."[18]

병사들은 한 명씩 차례로 낙타 안장에 올랐다. 낙타는 콧바람을 몰아쉬면서 한 번 울더니 안장에 앉아 고삐를 쥔 병사와 기싸움을 시작했다. 병사들은 낙타를 몰고 언덕 위의 집결 장소로 향했다. 집결 장소는 먼지로 자욱했다. 오후 3시에 울즐리는 출발 준비를 마친 선봉부대를 사열했다. 그는 낙타에 올라탄 1천 명도 넘는 영국군이 만들어낸 장엄한 광경을 모두 살펴보며 매우 집중력 있게 움직였다. 그는 허버트 스튜어트에게 예의를 표시하고 행운을 빌었다. 허버트 스튜어트는 답례한 뒤 출발 명령을 내렸다. 영국 원정군으로는 최초로 낙타를 이용한 '울즐리 특공대'는 40명씩 한 줄을 만들며 선회하더니 쾌활한 모습으로 사막을 향해 출발했다. 이들은 죽을힘을 다해 고든을 구하겠다는 각오로 무장하고 있었다.

울즐리는 그 자리에 서서 선봉부대가 떠나는 모습을 물끄러미 바라보았다. 그날 그는 일기에 이렇게 적었다. "선봉부대가 출발했다. 이제 카르툼에

* 영국의 총기 회사인 웨블리앤스콧Webley and Scott에서 생산한 리볼버 권총으로 1870년대에 생산된 것으로는 웨블리-그린Webley Green과 웨블리-프라이스Webley-Pryse 등이 있다. 1887년 11월 8일, 영국군은 당시 별로 만족스럽지 못한 엔필드 리볼버 권총을 대체할 권총으로 당시 이미 많은 장교가 사용하던 웨블리 Mk I을 채택, 1만 정 공급 계약을 체결했고 이후 1963년까지 모두 여섯 차례 개선을 거쳐 영국과 영연방 군대에서 제식 권총으로 사용했다.

서 펼쳐지는 대하극 마지막 막 1장이 시작되었다. 신이시여, 저희 원정대를 축복하소서! 그리고 모든 면에서 완전한 성공을 허락하소서!"[19] 지구상에서 가장 험한 나라, 그중에서도 가장 황폐한 2천250킬로미터를 통과하는 여정이야말로, 두둑한 배짱으로 지금까지 추진한 이번 원정의 정점이라는 사실을 울즐리도 잘 알았다. "선봉부대로 출발한 병사들은 이제껏 단 한 번도 시도된 적 없는 새로운 형태의 작전에 참여한다는 영광을 느끼기 시작했으리라 생각한다."[20]

선봉부대가 출발한 바로 다음 날, 6주 만에 고든의 소식을 접한 울즐리는 어제까지 가졌던 낙관을 버렸다. 10월에 카르툼에 보낸 전령은 겨우 우표만큼 작은 쪽지에 쓰인 편지를 들고 돌아왔다. 거기에는 고든의 친필이 적혀 있었다. "카르툼은 이상 없다. 1884년 12월 14일." 전령은 긴 이야기를 두서없이 전하기 시작했다. 그가 전한 요지는 마흐디군이 카르툼을 포위해 공격하고 있었으며 충분한 원정군 병력이 신속히 카르툼에 도착해야 한다는 것이었다. 모든 이야기를 듣고 난 울즐리는 충격에 빠졌다. 그날 밤 그는 옷을 입은 채 밤을 꼬박 새웠다. 고든의 요구로 시작된 이 작전에서 소수의 영국군만으로도 마흐디군을 위협해 쫓아내는 것이 충분하다고 생각한 울즐리였다. 고든이 가장 최근에 작성한 전문은 이러한 계산을 송두리째 바꾸어놓았다. 메템마에서 카르툼으로 가는 것이 문제가 아니라 메템마에 충분한 병력을 집중시키는 것이 우선이었다. 이미 했던 것처럼 코르티에서 주도면밀하게 병력을 준비하는 데에 만도 긴 시간이 걸렸다.

동이 틀 무렵, 울즐리는 자리에서 일어나 불러에게 나일부대를 인도하러 메로웨로 제19경기병연대를 파견하는 것을 취소하라고 지시했다. 대신 제19경기병연대는 바유다 사막을 가로질러 가라는 새로운 명령을 받았다. 울즐리는 메템마에 새로운 전진기지를 하나 더 세워야 했고 보급품은 낙타에 실어 사막 중간 중간에 있는 우물을 거쳐 그곳까지 보내야 했다. 카르툼으로 향하는 윌슨의 부대는 규모가 작아 임시방편에 불과했다. 만일 마흐디가 영국이 파견한 구원군이 온다는 소식을 듣는다면 본대 병력이 카르툼에 올 때까지 공세를 시작하지 않을 수도 있었다. 울즐리는 메템마에 1개 낙타연대를 주둔시키고 나머지 세 개 연대는 경기병, 포병과 함께 카르툼으로 보낼 생각이었다.

이런 복안이 서자 어제 보고를 받고 생각했던 만큼 사정이 나쁜 것은 아니라는 생각이 들었다. 미친 듯이 카르툼으로 달려가기보다는 충분한 병력으로 진격하는 것이 훨씬 안전한 계획이었다. 1885년 새해가 밝으면서 울즐리의 고민도 함께 사라졌다. 그는 1월 말까지는 카르툼에 들어갈 수 있다고 여전히 믿었다.

6

해가 지는 바유다 사막은 무지갯빛으로 빛났다. 자갈이 덮인 평지와 톱니바퀴처럼 깔쭉깔쭉하게 솟은 언덕 위로 쏟아지는 햇빛은 금가루를 뿌려놓은 것처럼 빛났다. 커다란 공처럼 이글대며 서서히 땅으로 내려온 태양은 지평선에 걸리며 일렬로 사막을 걷는 낙타와 사람에게 마지막 햇볕을 토해냈다. 길게 늘어선 행렬이 만들어내는 거대한 그림자는 눈부시게 반짝이는 모래 위에 마치 스멀스멀 거미가 기어가는 듯한 느낌을 자아냈다. 그렇게 많은 낙타가 움직이면서도 소리 하나 나지 않았다. 병사들은 마치 진공 상태 같은 침묵을 메우려는 듯 더 많이 이야기하고 농담을 던졌다. 낙타 군단은 사막이라는 광대한 바다에 떠다니는 섬 같아 보였다. 코르티를 출발할 때는 그토록 커 보였던 부대가 자연의 광대함 앞에서는 한없이 작은 존재로 오그라든 지 오래였다.

바유다 사막은 진정한 사막이 아니라는 말이 있지만, 이는 전혀 사실이 아니다. 물론 바유다 사막은 바람 방향에 따라 모래 언덕이 생겼다 사라지기를 반복하는, 우리 관념에 익숙한 사막은 아니다. 그러나 사하라 사막과 같은 위도상에 있는 바유다 사막은 황량하기로 치면 첫째 손가락에 꼽을 정도이며 사하라 사막이 동쪽으로 뻗어 있다고 해도 될 만한 곳이다. 모래와 돌로 이뤄진 바유다 사막에서 생명의 존재를 느끼게 해주는 것이라고는 이 거친 환경을 이겨낸 채 간간이 띠를 이루며 자라는 가시나무들뿐이다. 바람에 쓸려온 콩알 크기의 잔돌 아래, 갈색으로 말라비틀어진 불모지는 마치 세월에 시달린 가죽처럼 길고 가늘게 주름 져 있다. 날카롭게 솟은 구릉들은 돌 틈에 박힌 채 윤이 나는 석탄처럼 보였다. 이곳은 1년 내내 거의 비가 오지 않는다. 비가 오더라도 언덕을 타고 빠르게 흘러내린 빗물은 와디와 코르를 만들면서 흘러간다. 와디는 우기에만 흐르는 계절성 강이고 코르는 침식으로 만들어진 협곡이다. 점토가 워낙 곱다 보니 웅덩이에 고인 빗물은 며칠 동안 빠지지 않고 모여 있다. 유목민들은 천막을 짊어지고 낙타와 양을 데리고 물이 찬 웅덩이 주변에 모여든다. 바유다 사막 남쪽으로 내려가면 마치 서양 장기판처럼 검은색과 호박색이 섞인 대지가 나타난다. 이곳엔 자갈로 이뤄진 평원 위에 물고기의 비늘처럼 물결치는 듯한 언덕이 자리하고 있다. 평원에는 가시나무가 수백 미터마다 한 그루씩 듬성듬성 자랐다. 조금 더 남쪽으로 내려가면 초목이 무성한 숲이 등장하는데 주변의 황량함 덕분에 이 숲의 풍성함은 더욱 빛을 발한다.

해는 5시에 졌다. 밤이 찾아오고 하늘에는 하현달이 떴다. 사막에서 보는 달은 세상 어느 곳에서 보는 달보다 밝다. 달빛 덕분에 낙타 군단은 행군을 계속하면서도 주변 언덕을 모두 식별할 수 있었다. 환한 달빛 아래 드러난 언덕은 마치 사막에 불쑥 솟아올라 기울어진 피라미드나 비스듬히 박힌 칼날처럼 보였다. 곳곳에 가시나무와 타바스tabas라는 이름의 아프리카수염새가 자랐다. 타바스는 이런 환경에서도 자라는 강인한 식물로 유목민들이 주로 천막이나 깔개 등을 만드는 데 사용했다. 영국군은 이 풀을 사바스savas라고 불렀다.

밤이 깊어 가면서 병사들의 웃음소리도 점차 사라졌다. 많은 병사가 졸다가 낙타에서 떨어졌는데 이는 낙타 행렬이 계속 멈춰 섰기 때문이었다. 실제로 낙타 군단에는 낙타꾼이 부족했다. 이 또한 참모장 불러의 태만이 만든 결과였다. 짐을 나르는 낙타는 세 마리를 한 줄로 세워 앞 낙타 꼬리와 뒤 낙타 머리를 끈으로 연결해 낙타꾼 한 명이 몰고 다녔다. 낙타 중 한 마리가 멈추더라도 나머지 두 마리는 멈추지 않고 계속 가면 낙타를 묶어놓은 고삐 끈이 끊어지거나 풀 수 없게 엉켜버렸다. 그러면 멈춘 낙타는 자리에 주저앉아 구르고 짐을 떨어뜨렸다. 상황이 이쯤 되면 함께 매놓은 나머지 낙타 두 마리를 땅에 앉히고 짐을 다시 실어야 했다. 아무리 사막의 달빛이 밝다고 해도 낮의 해만큼은 아니었다. 달빛 아래 짐을 다시 싣는 것은 힘든 일이었고 설령 싣는다 해도 제대로 실리지 않았다. 게다가 대다수 낙타가 혹에 병을 앓았다. 가다 서기를 반복하는 상황 때문에 허버트 스튜어트는 짜증이 났지만 병사들은 나팔수가 출발 나팔을 불기 전까지 이 틈을 이용해 짬짬이 쉴 수 있었다.

키치너와 아바브다 국경군이 앞장을 섰고 경기병은 약 2킬로미터 전방에서 본대를 보호하는 정찰대로 활동했다. 본대는 허버트 스튜어트의 강요로 합류한 암비콜 출신들을 안내원으로 세우고 이들을 따라갔다. 허버트 스튜어트는 지역 족장들을 모아놓고 돈다발을 보여주었다. 그는 족장들에게 이 돈을 받고 메템마까지 안내해주거나 채찍을 맞고 빈털터리로 도망가거나, 둘 중 하나를 선택하라고 강요했다. 허버트 스튜어트는 전장에서도 신중했다. 경기병은 안내원들 곁에 붙어 다녔고 반란의 기미가 보이면 사살하라는 명령도 받아놓은 상태였다.

사막의 새벽은 마치 기적이 일어나는 것 같았다. 핏빛처럼 선명한 빨간 햇살과 구름의 가장자리에서 빛나는 붉은빛이 어둠을 산산이 부숴버리면서 새벽이 열렸다. 점점 환하게 타오르는 새벽 앞에서 어둠은 슬며시 사라졌다. 이런 장관을 배경으로 기상나팔이 울렸다. 나팔 소리를 들은 병사들은 냉소가 담긴 힘 있는 환호성으로 답했다. 이 모습은 가장 전형적인 영국식, 정확히는 잉글랜드식으로 활력을 보여주는 장면이었다. 병사들은 쩍쩍 갈라진 황량한 점토질 평원을 계속해서 횡단했다. 횡단 중 언덕과 언덕 사이의 와디를 건널 일이 있었다. 와디에는 아카시아 나무가 가득했다. 원정군은 아카시아 숲 속으로 들어갔고 허버트 스튜어트는 원정군 전체에 정지 명령을 내렸다. 정지 명령을 받은 병사들은 기다렸다는 듯이 낙타를 세워 앉히고 다리를 뻗어 휴식에 들어갔다. 휴식하는 동안 병사들은 당시로는 최신식이라 할 수 있는 통조림에 든 절인 소고기를 건빵과 함께 먹고 차를 마셨다. 간단한 식사를 마친 병사들은 초병이 주변을 감시하는 가운데 모기와 파리에 물려 깰 때까지 잠을 청했다.

낙타 군단은 오후 3시에 다시 출발했다. 정찰에 나선 경기병은 멀리 있는 언덕들 사이로 마치 점처럼 작아지면서 사라졌다. 허버트 스튜어트는 앨버트 글라이센에게 제19경기병연대가 경기병의 표본이라고 칭찬했다. 허버트 스튜어트와 함께 경기병을 지휘한 것은 퍼시 배로 중령과 존 덴튼 프렌치* 소령이었다. 배로는 에-테브 전투에서 입은 부상에서 회복한 상태였고 프렌치는 훗날 원수까지 승진한다. 그날 자정, 여전히 앞으로 나아가던 낙타 군단 사이로 새해를 맞이하는 올드 랭 사인Auld Lang Syne이 울려 퍼졌다. 그리고 얼마 지나지 않아 낙타 군단은 우물이 있는 알-하와얏al-Hawayat에 도착했다. 말 한 마리당 물 한 바가지가 제공되었고 병사들은 지친 몸을 추스르며 잠을 청했다. 허버트 스튜어트는 서식스연대 예하 중대 하나를 배치해 우물을 지키게 했다.

시간이 흐르면서 병사들은 사막 행군에 빠르게 적응했다. 며칠 뒤, 병사들

* Sir John Denton Pinkstone French: 1852년 9월 28일 영국 켄트Kent에서 태어났다. 1866년 해군에 입대했고 1874년에 육군으로 전군했다. 키치너 원정군에서 활약한 뒤 제2차 보어전쟁에 참전해 킴벌리 포위전에서 명성을 얻었다. 1907년에 육군 감찰감, 1911년에는 에드워드 7세의 전속부관, 1912년에는 대영제국 참모총장이 되었다. 1913년에는 육군 원수로 진급했고 1914년에는 영국 원정군 사령관으로 제1차 세계대전 초기 전투에 참여했다. 1915년 5월에는 아일랜드 총독 겸 아일랜드 주둔 영국군 총사령관이 되었는데 1921년 4월에 사임할 때까지 암살 기도에 직면하기도 했다. 1922년에는 이프르 남작Earl of Ypres에 봉해졌다.

은 마치 사막에서 태어나 계속 이곳에 살던 사람처럼 완전히 적응해 있었다. 이런 모습을 보고 있노라면 사막 말고 또 다른 세상이 존재하지 않는 것처럼 느껴졌다. 계속 남쪽으로 내려갔지만 마흐디군은 코빼기도 보이지 않았다. 1885년 새해 첫 날, 경기병은 하사니야Hassaniyya 부족 남자 한 명을 생포했다. 하사니야 부족은 바유다 사막에 사는 유목민이다. 허버트 스튜어트가 데려온 암비콜 출신 안내원들은 그가 대상隊商 강도로 악명이 높은 알리 룰라Ali Lulah라는 것을 알아보고는 그를 즉각 처형해야 한다고 요구했다. 그러나 알리 룰라의 가치를 한눈에 알아본 허버트 스튜어트는 그를 살려주면서 그의 아내와 자식까지 낙타 군단에 합류시켰다. 다음 날 밤, 경기병은 먼 거리에서 모닥불을 식별하고 이곳을 기습해 마흐디군에 물자를 보급하는 상인과 상당수 마흐디군을 체포했다. 나머지는 혼비백산해 도망쳤다.

이틀이 지나자 낙타 군단에 보급된 장비가 불량이라는 것이 드러났다. 개인별로 지급된 물자루는 원래 북부 아프리카에서 아주 오랫동안 사용된 물건이었다. 물자루에 물을 담아 놓으면 안에 든 물이 시원해지는데 이것은 자루에 나 있는 미세한 구멍을 통해 물이 스며 나오면서 증발하는 과정에서 열을 가져가기 때문이다. 낙타와 마찬가지로 가죽 물자루 역시 환경에 완벽하게 적응한 산물이었으나 제 기능을 발휘하려면 사용자가 장단점을 모두 잘 알아야 했다. 사막에 거주하는 아랍인은 항상 자신의 물자루를 점검했으며 결코 뜨거운 지면에 내려놓는 법이 없었다. 뜨거운 바닥에 내려놓으면 삼투압 작용으로 물자루 속의 물이 모두 스며 나와 없어져버린다. 아랍인은 물자루가 새면 작은 나뭇가지와 낙타 똥을 이용해 수선하는 전통적인 방법을 사용했고, 뜨개질한 옷감으로 물자루를 싸서 세찬 바람으로부터 보호했으며, 야생 참외 씨를 으깬 진액을 발라 방수 효과를 높였다.

낙타도 생전 처음 본 병사가 대부분인 낙타 군단이 이런 세세한 내용을 알 턱이 없었다. 영국군은 물자루에 새는 곳이 눈에 띄면 모두 바늘로 꿰매고 기름을 여러 번 발랐다. 그러나 여전히 물자루에 담긴 물 중 절반이 사라졌다. 근위낙타연대 소속의 버지 이병은 당시를 이렇게 기억했다. "가장 부족한 것은 물이었다. 병사마다 담아 갈 수 있는 최대한의 양을 담아 갔지만 물을 담은 가죽 자루는 심하게 샜고 피 같은 물이 사라졌다……. 소위 우물이라고 부르는 곳에 도착하자마자 서로 먼저 물을 마시려고 달려가는 모습을 보는 것은 참으로 끔찍했다. 그 물은 냄새 나고 진흙투성이인 데다가 평시 같으면 그저 바라보는 것만도 기분 나쁠 그런 물이었는데도 말이다."[21]

더 큰 문제는 안장이었다. 낙타 군단이 사용한 안장 중 많은 수가 충분히 마르지 않은 나무로 만들어졌다. 따라서 원정 기간을 버틸 만큼 튼튼하지 않았다. 부서지거나 뒤틀린 안장 때문에 낙타 피부에 생채기가 생기고 혹병이 발생했다. 살아 있는 동물 중에 인내심 있게 짐을 나르는 동물로는 낙타가 최고지만 혹병에 걸린 낙타는 사형선고를 받은 것이나 마찬가지다. 아랍인의 안장은 영국식으로 만들어진 짐과 상자를 싣는 데 적합하지 않았다. 사막에 사는 아랍인은 낙타의 등과 배에 부드럽게 밀착하도록 모난 구석이 없는 자루와 가방을 사용했다. 행군 3일째, 작둘에 도착할 즈음엔 영국군이 제대로 다루지 못하고 관리도 소홀해 고통스러워하는 낙타가 많아졌다.

낙타 군단은 아침 일찍 작둘에 도착했다. 멀리 보이는 지평선 맞은편에 조밀하게 자리 잡은 검은색 언덕들 사이로 작둘이 마치 쐐기처럼 끼어 있었다. 비가 많이 내린 터라 물줄기는 마치 계단을 내려오는 것처럼 단을 이루면서 돌이 많은 원형 분지로 쏟아지듯 흘러들고 있었다. 원형 분지는 깎아지른 듯했고 가시나무에서 떨어진 잔가지들이 물 위에 떠 있었다. 우기 내내 이 지역 전체는 홍수가 난 것처럼 온 사방에 물길이 형성되었다. 이렇게 흐르는 물을 시크siq라고 부르는데 시크는 웅덩이와 웅덩이를 이어주는 일시적인 물길을 뜻하고 이 물길이 마르면 듬성듬성 웅덩이들만이 남게 된다. 뜨거운 여름이 지나는 동안 웅덩이에 남은 물은 조금씩 천천히 말라갔고 결국에는 바닥을 드러낸다. 작둘로 들어오는 입구는 가파른 바위 절벽 사이로 난 좁은 길이기 때문에 찾기도 쉽지 않았다. 키치너가 길을 안내하지 않았다면 본대

작둘 우물에 도착한 고든 구원군, 1885년 1월

가 이 길을 찾는 것은 불가능했다. 사막을 건너는 동안 키치너는 울즐리의 허락을 받아 다시 아랍식으로 옷을 입었다. 버지 이병이 기억하는 바로는 키치너는 아랍 사람이라고 해도 통할 정도였다. "나는 키치너가 근처에서 왔다 갔다 하는 것을 자주 보았다. 나는 그가 사막의 아들이라고 믿었다."[22]

낙타 군단이 작둘에 도착했을 때 가득 차 있는 우물은 세 개뿐이었다. 그중에서 가장 큰 것은 시크가 계곡으로 흘러가는 곳의 갈라진 바위틈 아래에 있었다. 우물 양편은 깎아지른 절벽이었다. 부대는 이곳에 숙영지를 세웠다. 또 다른 웅덩이는 급경사면을 힘겹게 기어올라야만 접근할 수 있었다. 나중에 그곳에 기어 올라간 앨버트 글라이센은 주변 광경을 보고 깜짝 놀랐다. 그는 자기가 본 아름다움을 이렇게 묘사했다. "아름답고 거대하고 깊고 푸른 웅덩이는 바닥까지 볼 수 있을 만큼 투명했다. 그늘에는 새빨간 잠자리들이 날아다녔다. 짙은 녹색 이끼로 덮인 바위는 물 밖에서도 보였다. 공기는 서늘하다고 느낄 정도로 차가웠다. 마치 동화에 나오는 동굴에 떨어진 것 같은 느낌이었다."[23] 허버트 스튜어트는 공병대장인 도워드Dorward 소령과 함께 우물들을 면밀히 조사했다. 도워드 소령은 웅덩이 세 개에 있는 총 수량을 190만 리터로 추산했는데 이 양이면 낙타 2만 마리에게 먹이고도 충분한 양이었다. 도워드는 수량을 낮춰 잡았는데 허버트 스튜어트는 이를 논박할 수 없었다. 더 중요한 것은 자신이 코르티로 돌아가 낙타 군단 나머지를 모두 데려와야 한다는 것이었다. 공병은 우물과 웅덩이에 펌프 여섯 대를 설치해 낙타와 말이 먹을 수 있도록 구유까지 물을 댔다.

낙타들은 쉴 틈이 없었다. 싣고 온 짐을 한낮까지 부려야 했고, 해가 진 뒤에는 허버트 스튜어트의 지휘 아래 다시 코르티로 출발했다. 근위낙타연대, 전투공병 그리고 6인조로 구성된 경기병 순찰조가 잔류해 웅덩이를 지켰다. 키치너와 아바브다 국경군도 함께 남았다. 작둘에 남은 키치너는 앞으로 통과해야 할 지점의 정보 수집을 위해 부하들을 둘, 셋씩 짝지어 내보냈다.

허버트 스튜어트가 이끄는 낙타 행렬이 코르티로 출발하자 숙영지에는 묘

1

2

1 작둘 우물에서 물을 긷는 고든 구원군 2 펌프를 설치해 낙타에게 물을 먹이는 고든 구원군

한 정적이 흘렀다. 도워드는 펌프와 호스 그리고 구유를 재배치해 급수의 효율성을 높였고 덕분에 낙타 군단이 다시 작둘에 왔을 때는 최대 80마리의 낙타가 한꺼번에 물을 마실 수 있었다. 근위낙타연대 병사들은 웅덩이로 이어지는 절벽에 방벽을 만들기 시작했고 경기병은 작둘로 들어오는 좁은 입구 위 절벽에서 경계를 섰다. 세 웅덩이 주변에는 감시병이 배치되었고, 혹시라도 이상한 상황이 벌어지면 즉시 알릴 수 있도록 반사경이 작둘로 들어오는 입구 바깥쪽에 설치되었다. 작둘의 아침은 적잖이 추웠다. 영국군은 추위를 잊으려고 쾅쾅거리며 걸었고 차나 커피를 들이켰다. 아침, 점심, 그리고 저녁 식사 모두 소고기 통조림과 비스킷으로 해결했다. 경계병들은 한낮에 평원을 가로지르는 원주민들을 발견하고는 했는데, 키치너와 얼마 안 되는 경기병들은 말을 타고 달려나가 이들을 총으로 쏴 처치했다. 그러는 와중에 대추와 곡식을 메템마로 실어가는 대상을 포로로 잡기도 했다. 겁에 질린 원주민 중 하나는 자신을 풀어달라며 키치너에게 1달러를 내밀기도 했다.

7

고든이 보낸 마지막 전문은 읽은 울즐리는 카르툼과 긴밀하게 연락을 유지해야 할 필요성을 다시 한 번 절감했다. 이 일에는 고든이 생명선처럼 생각하는 키치너가 꼭 필요했다. 실제로 고든은 키치너가 차기 수단 총독이 되어야 한다고까지 일기에 적어놓았다. 시간이 흘러 결과적으로 키치너가 수단 총독으로 부임하지만 이렇게 되기까지는 14년이라는 세월이 더 흘러야 했고 그 과정에서 수만 명이 목숨을 잃었다.

울즐리는 고든의 전문을 읽고서 키치너를 낙타 군단과 함께 보내버린 것을 후회했다. 1월 12일 정오에 허버트 스튜어트는 중낙타연대를 데리고 작둘로 다시 돌아왔다. 글라이센이 '동화 속 동굴'이라고 묘사한 곳에 있던 키치너는 허버트 스튜어트에게 그동안 모은 정보를 설명했다. 메템마는 2천에서 7천 명으로 추정되는 마흐디군이 장악하고 있지만, 그곳으로 향하는 길은 별 이상이 없었다. 키치너는 이미 또 다른 정찰대를 운용 중이었고 이들은 더 최신 정보를 가지고 돌아올 예정이었다.

그러나 키치너가 모르는 것이 있었다. 그때는 이미 고든 구원군이 카르툼을 기습할 가능성이 사라진 상태였다. 허버트 스튜어트가 다시 작둘까지 돌아오는 데는 열흘이 걸렸다. 그 기간, 영국군이 작둘에 도착해 주둔한다는 소식이 사방에 퍼져나갔다. 사막에 사는 아랍인들은 관찰력이 뛰어날 뿐만 아니라 세부적인 것까지도 상세하게 기억하는 능력이 있다. 이들 역시 매우 효율적인 비밀 정보망이 있었다. 이런 정보망에 영국군의 존재가 포착된 것이다. 마흐디가 운용하는 간첩들은 첩보를 수집해 메템마에 있는 마흐디의 첩보원인 알리 사아드 파라Ali Saad Farah에게 가져갔다. 영국군이 무엇 때문에 왔는지는 굳이 물어볼 필요도 없었다. 소식을 접한 마흐디군은 잰걸음을 놀리기 시작했다. 나머지 병력을 데리러 작둘에서 코르티로 출발한 허버트 스튜어트가 코르티에 도달하기도 전에 메템마의 마흐디군은 베르베르에 있는 무함마드 알-카이르Muhammad al-Khayr가 지휘하는 병력을 증원받았다. 알-카이르는 증기선 엘-파셔를 보내 카르툼을 탈출한 스튜어트 중령 일행이 탄 증기선 압바스를 뒤쫓게 한 인물이다.

마흐디는 10월부터 고든 구원군의 존재를 알고 있었다. 1월 13일, 마흐디군이 옴두르만을 점령하자 그는 녹기사단 일부를 메템마로 파견했다. 파견부대를 이끄는 지휘관은 무사 와드 헬루Musa wad Helu로서 그는 칼리파 알리 와드 헬루의 동생이다. 부대를 구성한 것은 대부분 케나나와 디그하임 출신 부족, 마흐디와 처음부터 함께했던 바까라족, 그리고 코르도판에서 정착 생활과 유목 생활을 반반씩 하는 하므르* 부족이었다. 메템마 요새와 베르베

* Hamr: 바까라족의 예하 무리인 미시리야misseriya를 이루는 예하 2개 분파 중 하나로 하므르(Hamr 또는 Humr)는 '붉다'는 뜻이다. 하므르는 지리적으로 남부 수단과 접촉이 많았으며 1956년 독립 이후 벌어지는 수단 내전에서 수단 정부의 지원을 받아 남부 흑인들을 학살하는 민병대 역할을 맡는다.

르 요새는 지하디야 소총병을 포함한 마흐디군, 자알리인족 동원 인원, 그리고 자알리인족의 예하 부족으로 사막에 사는 아와디야 부족이 방어하고 있었다.

메템마에 있는 마흐디군 지휘관들은 허버트 스튜어트가 아부 툴라이 말고는 다른 곳에서 물을 구할 수 없다는 것을 알고 있었다. 메템마로 집결한 마흐디군은 1월 12일 아부 툴라이 우물을 점령했다. 마침 이날은 허버트 스튜어트가 추가 병력을 데리고 작둘에 도착한 날이었다. 게다가 닷새 뒤에는 무사 와드 헬루가 지휘하는 녹기사단이 아부 툴라이로 합류할 예정이었다. 메템마 주둔군, 베르베르에서 온 지원군, 녹기사단, 이 세 개 부대의 병력은 최소 1만 2천 명, 최대 1만 4천 명에 이르렀다. 길고 고된 행군으로 갈증에 지쳐 아부 툴라이에 도착할 고든 구원군은 생기 있고 무장도 잘 되어 있으며 수에서도 최소한 여섯 배나 많은 마흐디군과 조우할 운명이었다.

허버트 스튜어트는 정보를 수집해 알려준 키치너에게 고마움을 표하면서 전진기지로 다시 돌아오기를 바란다는 울즐리의 말도 함께 전했다. 허버트 스튜어트는 키치너의 상관인 찰스 윌슨 중령도 함께 데려왔다. 이는 앞으로 키치너가 아니라 윌슨이 구원군 정보 책임자가 된다는 뜻이었다. 키치너는 화가 났으나 내색하지 않았다. 키치너의 정보 수집 임무는 끝났지만, 그동안 보여준 능력으로 신뢰와 평가는 더욱 높아졌다. 고든 구원군을 따라나선 특파원들은 키치너의 이야기를 알게 되었다. 키치너의 이름은 고든 구원군의 '용감무쌍한 영웅'이라는 제목으로 모든 영국 신문의 1면을 장식했다. 6개월 만에 그는 중령으로 명예 진급했고 3년이 지나서는 이집트군의 부관감으로 승진한다.

그 전날, 군수물자와 탄약이 수천 마리가 넘는 낙타 행렬에 실려 도착했다. 이 행렬을 이끈 사람은 스탠리 클라크Stanley Clarke 중령이었는데 그는 울즐리가 가장 덜 좋아하는, 쉬운 말로 가장 안 좋아하는 대대장이었다. 오랜 이동을 마친 낙타들은 몸 상태와 꼴이 말이 아니었다. 앨버트 글라이센은 낙타 혹이 축 처져 있는 것을 한눈에 알아보았다. 많은 수가 불량 안장과 잘못된 적재 때문에 혹병이 생겼고 일부는 짐에 눌려 혹이 처졌다. 작둘로 돌아오는 길에 20마리도 넘는 낙타가 죽었다.

낙타와 사람 모두 작둘과 코르티를 두 번 왕복하느라 꼴이 말이 아니었다. 1월 8일, 날씨가 급변했다. 이런 이상 기후는 북부 수단 사막에서 종종 일어나는 일이었다. 밤에는 지독하게 추웠다가 낮에는 온도가 치솟았다. 코르티에 있는 울즐리도 딱히 어쩔 도리가 없었다. "이런 지독한 열대 더위로 환자 명단이 계속 늘어날 것이다. 이것이야말로 내가 가장 두려워하는 적이다."

코르티에 주둔한 병사들에게는 하루에 물 1리터만 배급되었으며 지정된 시간에만 물을 마실 수 있었다. 차를 끓이거나 음식을 만드는 데 필요한 물이 있는 한 개인 물자루에 손대는 것도 허락되지 않았다. 병사 한 명이 하루에 마시는 물의 양을 모두 합쳐도 최대 2.5리터에 불과했는데 이는 충분치 못했다. 겨울이기는 했지만 신체의 수분을 유지하려면 최소한 4리터의 물이 필요했다. 당시에는 탈수라는 단어가 의학사전에 등재조차 되지 않았고 탈수 증세는 일사병의 여러 증상 중 하나로 기술될 때였다. 소리 없는 수분 손실이 뜨거운 태양보다 더 무서운 적이라는 것이 의학적으로 완전히 파악된 것은 50년 뒤의 일이다. 사람은 수분을 5퍼센트만 잃어도 의식 불명에 빠지거나 심지어 사망할 수 있다. 탈수는 증상 없이 사람을 쓰러뜨리기 때문에 무섭다. 탈수가 일어나면 목마르다고 느끼기도 전에 치명적인 상태에 빠지게 된다.

물이 모자르자 사기가 바닥으로 떨어졌다. 이집트에서 데려온 낙타꾼들은 서로 물을 훔치기 시작했고 심지어 장교의 물에도 손을 댔다. 셈이 밝기로 유명한 아데니Adeni 출신 낙타꾼들은 물 한 병 반을 1달러에 팔기 시작했다. 이처럼 상황이 악화하자 허버트 스튜어트는 에디 스튜어트-워틀리 중위를 먼저 작둘로 보내 물을 가져오라고 지시했다.

낙타에게는 수수가 절반만 지급되었는데 수수 알곡은 낙타를 목마르게 만든다. 목이 마른 상태로 작둘에 도착한 낙타들은 엄청난 양의 물을 들이켰다. 모든 낙타가 물을 마시는 데 한밤이 꼬박 걸렸다. 글라이센은 이 장면을 이렇게 기록했다. "낙타가 물 마시는 소리는 기괴했다. 현지 낙타꾼들은 계속 지껄였고, 낙타들은 우렁찬 소리를 내뱉었으며, 잉글랜드 출신 병사들은 밤새 욕을 해댔다."[24] 새벽 무렵, 웅덩이가 바닥을 드러내면서 물 마시는 것을 중단시켜야 했다. 허버트 스튜어트는 다음 날 계속해서 행군하려 했지만 급수 사정 때문에 계획을 24시간 연기할 수밖에 없었다. 그는 돌아오는 길에 찰스 베레스포드 대령이 지휘하는 해군 여단 절반을 함께 데려왔다. 수병들은 언제나 그랬듯이 가드너 기관총을 넷으로 분해해 낙타에 싣고 왔다. 회색 제복에 짚으로 만든 모자를 쓴 수병과 파란 프록코트를 입고 낙타에 탄 장교를 포함한 해군 58명의 행색을 본 울즐리는 자신의 눈을 의심했다. "이것은 영국군 역사에서 분명 이상한 일임이 틀림없다." 울즐리가 전적으로 신뢰하는 베레스포드 역시 흰 털로 덮인 커다란 누비아 당나귀를 타고 있었다.

수병들은 군함에 바치는 정도의 정성을 사막의 배라 불리는 낙타에게도 쏟았다. 이들은 배의 틈새를 메우는 데 사용하는 타르를 섞은 뱃밥을 가져왔다. 베레스포드는 이 뱃밥을 낙타 혹병에 바를 수 있을지도 모른다고 생각했다. 참모장 불러는 베레스포드를 비웃었지만 놀랍게도 뱃밥은 낙타 혹병에 효과가 있었다. 해군 여단이 탄 낙타는 단 한 마리도 목숨을 잃지 않았다. 수병들은 고무로 물자루를 만들어 쓰는 지혜도 발휘했다. 이렇게 만든 물자루는 육군에 지급된 가죽 물자루보다 뛰어났다. 글라이센은 이것을 보고 불평을 늘어놓았다. "해군이 직접 만들어 쓰는 물자루를 모두에게 지급하는 데 정부가 돈을 썼더라면 좋았겠다. 그랬다면 어마어마한 고통과 물 부족을 겪지 않았을 것이다."[25]

2.5인치 조립식 포를 운영하는 포대 역시 허버트 스튜어트와 함께 도착했다. 운송에 쓸 낙타가 부족해 포 1문당 포탄은 겨우 100발만 가져올 수 있었다. 해군 여단의 탄약 상황은 이보다 훨씬 더 열악해서 기관총에 쓸 0.45구

경 탄을 겨우 1천 발만 가져왔다. 이는 고속으로 사격하면 불과 10분 만에 모두 소진되어버릴 양이었다. 서식스연대 병사 258명은 사막부대가 출발한 뒤 우물 경비를 맡았다.

다음 날, 어김없이 솟아오른 태양은 구름 한 점 없는 하늘에서 사정없이 내리쬐기 시작했다. 이날은 바람도 불지 않았다. 동이 틀 무렵부터 어둠이 깔릴 때까지 영국군은 펌프를 돌리고 양동이로 물을 길어 물통을 채우면서, 용광로처럼 이글거리는 태양 아래 있는 낙타와 말에게 물을 먹이느라 모든 힘을 다 쓰다시피 했다. 신선한 공기 한 모금이 아쉬운 하루였다. 그날 하루가 얼마나 더웠는지 맥도널드 특파원은 다음과 같이 기록했다. "마치 증기선 화구 앞에서 일하는 느낌이었다." 보급된 물자루는 최악이었다. 글라이센은 전체 물자루 중 겨우 20퍼센트만이 제 기능을 발휘하고 있다는 것을 알았다. 나머지는 담아놓은 물이 다 새버렸다. 낙타 한 마리에 두 개를 매달 수 있는 160리터짜리 철제 물통도 있었지만 이것도 여기저기 망가진 상태여서 불량 물자루나 다름없이 새고 있었다.

그날 저녁 무렵, 사막부대는 모든 준비를 마쳤다. 사막부대는 지난해 11월 샤이칸에서 몰살당한 힉스 원정군보다 규모가 훨씬 작았다. 전투 병력은 1천900명, 낙타꾼은 340명이었다. 장비라고 해야 대포 3문과 기관총 1정, 2천880마리의 낙타와 157마리의 말이 전부였다. 사막부대는 중간에 식량으로 쓰려고 소떼를 끌고 갔다.

다음 날 아침, 코르티에서 보낸 곡식이 낙타 100여 마리에 실려 도착했다. 이 수송대를 이끌고 온 사람은 프레드 버나비였다. 언제나 그랬듯이 줄무늬가 들어간 파란색 아스트라칸* 재킷과 헤스 장화를 신은 그의 모습은 범상치가 않았다. 버나비는 동료들로부터 모양새가 안 좋다는 이야기를 들은 뒤

* 러시아 아스트라칸Astrakhan(볼가 강에 접한 지역으로 카스피해 북쪽에 있음) 지역에서 자란 어린 양의 털은 윤기가 흐르며 곱슬곱슬한 특징이 있는데 이를 모방해 곱슬곱슬하게 표면을 처리한 직물을 아스트라칸 모직이라 부른다.

항상 사용하던 산탄총을 버렸다. 대신에 산탄총만큼이나 치명적인 랭커스터 4열 권총을 소지했다. 이 총은 한 번 맞으면 다시 일어설 수 없을 정도로 강력해서 '영국 불독'이라는 별명으로 불렸다. 버나비는 웅덩이 근처에 멈춰 서더니 말에서 내려 담배를 피워 물었다. "내가 제시간에 맞춰 싸우러 온 건가?" 그가 던진 첫 번째 질문이었다.

버나비는 허버트 스튜어트가 코르티를 출발한 뒤에 코르티에 도착했다. 병참선 임무를 훌륭히 수행하고 있다는 보고를 들은 울즐리는 버나비를 사막부대와 함께 보내기로 했다. 허버트 스튜어트와 찰스 윌슨이라고 하는, 사막부대의 주요 장교 두 명이 메템마의 전진기지로 출발했기에 누군가는 이 일을 맡아야 했다. 울즐리는 버나비를 점찍었다. 버나비가 원정군에서 성과를 낸 것은 그저 운이 좋아서가 아니었다. 작둘까지 오는 동안 울즐리는 장교 하나를 잃었다. 코르티에서 버나비와 함께 메템마로 떠난 고든 대위는 전문을 지니고 있었다. 그는 그리스인 시종과 함께 길을 잃고 헤매다가 영원히 돌아오지 못했다.

코르티와 작둘을 두 번 오간 끝에, 그날 오후 사막부대가 드디어 완성되었다. 코르티를 출발할 때 외쳤던 함성과 웃음 그리고 밖으로 드러나는 사기는 온데간데없었다. 앞으로 만날 적의 정보도 부족했다. 고든 구원군의 분위기는 엄숙했고 병사들은 상황이 어렵게 전개되리라는 것을 알고 있었다. 버지 이병은 당시 불안한 마음을 이렇게 말했다. "우리는 적이 어디에 있는지조차 모른다. 적의 부대는 우리 눈에 보이지 않는다. 그러나 적은 저기 어딘가 분명히 있다."[26]

대형을 형성하는 과정에서 엄청난 수의 병력과 낙타가 마치 거대한 파도처럼 움직였다. 맥도널드 특파원은 이런 웅장한 광경을 보고 감탄했다. "사막의 환경이 어렵다는 것을 잘 알지만 병사들이 모습에서, 용기와 불굴의 의지라는, 우리 군 최고의 전통을 볼 수 있었다. 여기 있는 우리 군은 수가 적다. 이들은 예상할 수 있는 혹은 예상할 수 없는 난관과 마주하면서 고통을 당할 것이고 위험에도 빠질 것이다. 그러나 이들은 고든 장군을 구한다는 명령을 완수하겠다는 결연한 의지로 무장하고 있다."[27]

낙타 군단은 자갈로 덮인 평원을 통과했다. 멀리서 보면 평원이지만 직접 통과해야 하는 영국군에겐 망망대해 같았다. 물결이 일다 가라앉기를 반복하는 것처럼 완만한 경사는 끝없이 반복되었고 깔쭉깔쭉하게 솟은 뾰족한 언덕들이 멀리 동쪽으로 몰려가는 사막 안갯속에 마치 귀신처럼 붕 떠 있었다. 작둘에서 그리 멀지 않은 곳에서 프렌치 소령과 경기병은 말 여러 마리가 지나간 흔적을 발견했다. 통과한 지 얼마 안 되는 흔적이었다. 말의 주인이 누구인지를 놓고 의문이 일었지만 근처에서 레밍턴 소총 한 자루를 발견하면서 의문이 사라졌다. 프렌치가 허버트 스튜어트에게 이를 보고하자 스튜어트는 마흐디군이 사막부대를 계속 감시하고 있다고 생각했다. 그러나 그는 작둘부터 메템마까지 행군로에 별문제가 없기를 바랐다. 그날 사막부대는 겨우 16킬로미터를 전진하고는 타바스와 아카시아가 낮게 자라 수풀을 이룬 경사면에 숙영지를 설치했다. 부대는 낙타를 안쪽으로 몰아놓고서 방어에 적합한 형태로 진을 구성했다.

다음 날 아침, 사막부대는 검은 자갈이 덮인 바유다 사막 한가운데 원뿔 모양으로 우뚝 솟은 자발 안-누스Jabal an-Nus 즉, '절반 언덕'이라는 뜻의 지점으로 향했다. 사막부대는 짐을 나르는 낙타들 때문에 가다 서기를 끊임없이 반복했다. 글라이센은 낙타 행렬을 이렇게 묘사했다. "낙타가 힘쓰면서 앞으로 나아가는 방법은 믿기 어려울 만큼 신기하다. 만일 속도가 느려지는 낙타를 발견했다면 다음 장면을 보게 될 것이다. 이 낙타는 바로 앞 낙타의 꼬리를 따라 대열에서 이탈하기 직전까지 따라간다. 그러다가 이 낙타는 잠시 멈춰 크게 한 번 몸을 떨고는 쓰러져 죽는다."[28] 사막부대가 지나간 행군로에는 죽은 낙타들이 발자국처럼 남았다.

고든 구원군은 자발 안-누스를 오후 1시에 통과했고 그날 밤 자발 사르자인Jabal Sarjayn 근처에 숙영지를 마련했다. 1월 16일 새벽 2시경, 허버트 스튜어트는 배로 중령이 지휘하는 경기병을 내보내 아부 툴라이까지 가는 길을 가능한 한 멀리 정찰하고 돌아오라고 명령했다. 새벽 3시, 기상나팔이 울렸다. 동이 트기 전에 출발해 검은 클링커*로 이뤄진 계곡을 통과해 그날 오후에 아부 툴라이에 있는 우물까지 도착한다는 계획이었다. 11시경, 사막부대가 계곡 입구에 도착했다. 이곳부터는 언덕 사이로 좁은 통로가 이어지기 시작했다. 아부 툴라이에 있는 우물은 이 길 끝에 있었고 거리로는 입구에서 약 4.8킬로미터 정도 떨어져 있었다.

갑자기 고함이 들리자마자 사막부대가 멈춰 섰다. 배로가 이끄는 경기병이 말을 타고 죽을힘을 다해 이 위험한 길을 달려오고 있었다. 말을 타고 가쁜 숨을 몰아쉬며 허버트 스튜어트에게 다가와서 경례를 한 배로는 대규모 적을 발견했다고 보고했다. 수천 명의 마흐디군이 우물과 영국군 사이에 자리를 잡고 있었다. 경기병 1개 분대는 마흐디군 정찰병과 조우해 이들을 우물까지 쫓아갔다. 분대를 지휘한 크레이븐 중위Craven는 실제로 마흐디군 한 명을 생포했다. 크레이븐이 생포한 병사를 정보참모에게 데려갈 준비를 하던 중, 높이 자란 풀 뒤에서 마흐디군 창병이 갑자기 떼로 나타나 그에게 달려들었다. 놀란 크레이븐과 부하들은 말에 뛰어올라 도망쳤다.

이 소식은 들불처럼 부대 전체에 퍼졌다. 적을 발견했다는 소식을 들은 병사들은 흥분했다. 글라이센이 말했다. "드디어 우리가 적과 싸우는구나."[29] 이때까지도 이 싸움이 수단에서 영국군이 벌인 여러 전투 중 가장 피비린내 나고 참혹한 것이 될 줄은 아무도 몰랐다.

8

아부 클레아라고도 불리는, 아부 툴라이에 마흐디군이 있다는 소식을 듣

* 석탄이 타고 남아 단단해진 암석.

는 순간 허버트 스튜어트는 가슴이 철렁 내려앉았다. 그는 그곳에서 대규모 마흐디군을 발견하리라고는 전혀 예상치 못했다. 원정군은 물이 부족했다. 다시 사막을 가로질러야 하는 철수는 불가능했다. 물을 구할 유일한 방법은 아부 툴라이의 우물을 장악한 마흐디군을 몰아내는 것뿐이었다.

허버트 스튜어트는 말을 달려 급경사면으로 올라가서는 쌍안경으로 주변 고지를 살펴보았다. 아부 툴라이로 이어지는 길 위의 절벽을 장악한 마흐디군은 무기를 흔들고 있었다. 이들이 입고 있는 흰 의상은 먼 곳에서도 또렷하게 눈에 띄었다. 석공이 사용하는 흙손 크기 정도 되는 창날이 아침 햇살 아래 반짝였다. 그는 약 2천 명 정도가 언덕 위에 있다고 추산했다.

허버트 스튜어트는 가능한 한 빨리 병력을 높은 곳으로 올리고 싶었다. 그는 아부 툴라이로 이어지는 좁은 길로 애써 들어서지 않기로 결심했다. 대신에 그는 병력을 종대縱隊로 만들어 곧장 급경사면으로 올려보냈다. 짐을 운반하는 치중대는 종대 뒤에 배치되었다. 영국군은 아무런 방해도 받지 않고 경사면 꼭대기에 도착했고 돌로 뒤덮인 비탈을 계속해 내려갔다. 비탈을 내려간 뒤 허버트 스튜어트는 정지 명령을 내렸다. 허버트 스튜어트, 찰스 윌슨, 종군 특파원들, 그리고 참모 중 일부가 마흐디군을 찾으러 앞으로 나아갔다.

이들이 말을 타고 고원 끄트머리에 다다라서 마주한 장면은 장엄하기 그지없는 아부 툴라이 계곡이었다. 계곡은 마치 녹색 뱀 한 마리가 검은 사막을 이리저리 빠져나가는 것 같았다. 와디는 폭이 넓고 모래가 많았으며 타바스와 나무로 빽빽했다. 여기에서 자라는 나무는 하얀 가시가 있는 아카시아와 '탈talh'이라 불리는 나무였는데 이곳 지명은 이 나무에서 따온 것이었다. 칙칙한 빛깔의 사막 위에 나무와 풀이 우거진 모습은 마치 베자족의 헝클어진 머리 모양을 연상시켰다. 차이점이라면 그 규모와 색깔뿐이었다. 평원은 남쪽을 제외하곤 모든 방향이 낮은 바위 능선으로 막혀 있었다. 우물 주변에는 녹색 깃발과 흰 깃발 여러 개가 펄럭였다. 허버트 스튜어트는 커다란 천막 한 채를 확인했다. 마흐디군 진영 쪽에서 손으로 두드리는 탐탐북 소리가 희미하게 들렸다. 갈색과 회색이 뒤섞인 채 우물 뒤로 펼쳐진 평원은 나일강을 향해 끝이 어디인지 알 수 없는 곳까지 이어졌다.

허버트 스튜어트는 특파원들에게 즉시 공격하겠다며 지휘봉으로 땅바닥에 대략적인 지형도를 그리고 계획을 설명했다. 치중대와 함께 있던 맥도널드 특파원은 참모들이 모여 있는 모습을 보고는 무슨 일인지 알아보려고 말을 몰아 달려갔다. 그는 이미 말에서 내려 전투대형을 갖춘 병력 곁을 지나갔다. 장교들과 부사관들은 마티니-헨리 소총을 검사하고 있었다. 맥도널드의 눈엔 근접전을 준비하는 것처럼 보였다. 그는 병사들의 사기에 감명을 받았다. "다 함께 노래나 부르며 놀 때보다 야만인을 상대로 생사가 달린 전투를 준비하는 지금이 훨씬 생기가 넘쳐 보였다."[30]

맥도널드는 참모들에게 가는 길에 당나귀를 타고 있는 버나비를 만났다. 그가 보기에 덩치 좋은 버나비는 무엇인가 걱정하는 듯 보였다. 버나비는 일이 잘못 풀리면 누구도 살아서 영국 땅을 밟지 못할 것이라고 말했다. 버나비의 비관적인 어투에 놀란 맥도널드는 당신만 그렇게 비관적인 것 같다며 무슨 뜻이냐고 물었다. 버나비는 어깨를 으쓱하더니 적에게 들키지 않고 통과할 확률이 5퍼센트 정도 될 것이라고 말했다. "버나비가 나를 놀리는 것인지 혹은 시험하는 것인지 모르지만 나는 그렇게 생각하지 않았다."[31]

계곡이 분주해지기 시작했다. 마흐디군 기병 50명이 와디 한 편 능선을 따라 가로질러 왼쪽으로 갔다. 소총으로 무장한 마흐디군 보병은 오른쪽에 있는 원뿔형 언덕을 향해 날쌔게 움직였다. 이들은 사막부대와 약 2킬로미터 떨어져 있었다. 곧바로 마흐디군 진지에서 연기가 피어올랐다. 마흐디군이 사격을 시작한 것이다. 사정거리 밖이었기에 허버트 스튜어트는 대응사격을 하지 않기로 했다. 이때가 오후 3시였다. 버나비는 허버트 스튜어트에게 세 시간 뒤면 해가 진다는 점을 알려주면서 공격을 다음 날로 미루자고 건의했다. 허버트 스튜어트는 버나비의 의견에 동의하면서 본대로 돌아왔다. 그는 돌로 뒤덮인 고원 위의 나대지로 병력을 이동시켰다. 이곳에서는 와디가 보이지 않았다.

경기병 전초병이 명령을 받고 숙영지 왼쪽 언덕을 확보했다. 수병들은 낙타 네 마리가 코르티부터 힘들여 운반해온 가드너 기관총을 부리더니 4분 만에 조립을 마치고는 언덕으로 가지고 올라갔다. 전방에 나가 초병 임무를 수행하는 경기병은 신호 깃발을 흔들면서 여전히 마흐디군이 다가오고 있다고 알려왔다.

평평하게 뻗은 고원 위에서는 서식스연대와 중낙타연대에서 선발된 전초기지 감시병들에게 상세한 감시 임무가 주어졌다. 경계에 투입된 병사들을 제외한 사막부대는 장교와 병사를 가릴 것 없이 모두 무기를 모아놓고 자리바 목책을 만들었다. 바위가 여기저기 널려 있었지만 흉벽으로 쓸 만한 나무는 충분치 않았다. 그래도 영국군은 전력을 다했고 해가 질 무렵에는 60센티미터 높이의 방어벽이 완성되었다. 자리바 목책 왼편에는 치중대가 운반해온 나무상자와 가방, 자루를 이용해 방벽을 세웠다. 이곳이 바로 허버트 스튜어트의 지휘소였다. 방벽 앞엔 지휘소를 상징하는 빨간 깃발이 나부꼈다. 바위로는 세 면만을 막을 수 있었다. 뒤쪽에는 타원형으로 4.5미터 정도 깊이의 구덩이가 여럿 있었는데 영국군은 그곳에 낙타를 빽빽하게 매어놓고 보급품을 부려놓았다. 이쪽에도 방어벽을 갖추지 못한 곳은 가시덤불을 잘라 만든 울타리와 급조된 철조망으로 막아놓았다. 돌을 쌓아 만든 작은 호는 야전병원으로 쓰였다.

오른쪽으로 해가 지고 있었다. 노른자처럼 환하게 빛나는 태양은 푸른빛과 분홍빛이 뒤섞인 사막의 먼지 사이로 녹아 없어졌다. 마흐디군이 두드리는 탐탐북 소리는 마치 소용돌이처럼 울어대며 기괴한 기분을 자아냈다. 그 순간 갑자기 1.6킬로미터도 안 되는 곳에서 총소리가 들리더니 0.43구경 총알 여러 발이 "쌩"하며 공기를 갈랐다. 치중대의 낙타 여러 마리와 낙타꾼 한 명이 날아온 총알에 맞았다. 해가 지기 직전, 허버트 스튜어트와 윌슨은 마흐디군이 오른쪽으로 약 1천100미터 정도 떨어진 언덕까지 살금살금 기어 전진한 것을 보았다. 이들이 약 200미터 높이의 언덕에서 쏘는 총알이 숙영지로 쏟아졌다.

마흐디군 소총병들은 언덕 위에 작은 호를 구축하고 있었다. 지평선을 넘어간 태양이 마지막 빛을 던지며 가물가물해지는 사이, 마흐디군이 마치 개미처럼 돌을 져 언덕 위로 날라 호를 구축하는 모습이 맥도널드 특파원 눈에 들어왔다. 2.5인치 포 2문에서 굉음이 들려왔다. 7파운드 포탄 몇 발이 공기를 가르며 날아가 마흐디군 진지를 강타했다. 이 모습을 지켜본 병사들은 엄지손가락을 치켜세웠다. 진지에 명중한 포탄 한 발에 마흐디군 병사 27명이 폭사했다. 마흐디군의 사격이 멈췄고 그 사이 완전히 어둠이 깔리면서 표적을 식별할 수 없게 되자 포격도 멎었다.

달도 없는 칠흑같이 어두운 밤이었다. 해가 완전히 지자, 마흐디군은 다시 사격을 시작했다. 맥도널드는 마흐디군이 포진한 언덕에서 마치 콩을 볶는 것처럼 작은 불빛들이 계속 반짝이는 것을 보았다. 자리바 목책 안에 자리 잡은 영국군은 물과 라임 주스를 작은 잔에 배급받았다. 그런 뒤 영국군은 방어벽에 병력을 두 줄로 배치했다. 영국군 쪽에서 불빛이 반짝일 때마다 어둠 속에서 숨죽이고 기다리던 마흐디군은 이를 표적 삼아 총알 세례를 퍼부었다. 총알에 맞은 낙타꾼을 수술하던 군의관은 총알이 요란하게 방호벽을 때리는 소리에 황급히 등을 꺼야 했다. 간헐적이지만 집중적인 사격이 밤새 집요하게 계속되었다. 찰스 윌슨은 당시 상황을 이렇게 기록했다. "총알이 머리 위로 쌩쌩 날아다니는 통에 그저 초연한 척할 수는 없었다. 엎친 데 덮친 격으로 가까이 다가오다 멀어지기를 반복하는 탐탐 북소리 때문에 밤새 경계태세를 늦출 수 없었다." 32 글라이센이 생각하기에 탐탐북은 아무리 멀어도 300미터밖에 떨어져 있지 않았다. 그리고 이는 적의 공격이 임박했다는 것을 뜻했다. 그의 심경은 이랬다. "북소리를 듣고 있자니 조마조마했다." 33

영국군은 경계병을 세우고 잠을 청했다. 자기도 모르게 깜빡 잠이 든 글라이센은 악몽을 꾼 병사의 고함에 놀라 잠이 깼다. 밤 9시에 그리고 자정에 보초들이 달려 들어왔고 잠자던 부대원들이 모두 일어났다. 맥도널드 특파원은 쉬지 않고 쌕쌕대며 머리 위로 날아다니는 총알 때문에 잠을 이루지 못했다. "총알은 마치 거대한 모기들이 피를 빨려고 뭉쳐서 날아다니는 것 같은 소리를 냈다." 자정이 지나고 마흐디군의 사격이 소강상태에 접어들었지만, 그때까지 일곱 명의 영국군이 총상을 입었다. 새벽 2시, 맥도널드 특파원은 마흐디군이 있는 능선에 갑작스럽게 불길이 일더니 마흐디군이 격렬하게 춤추는 것을 목격했다.

밤은 몹시도 길었다. 허버트 스튜어트는 태양이 떠오르는 순간 마흐디군이 기습할 것이라 예상했다. 그는 샛별이 모습을 드러내자 모든 병사를 일어나게 한 다음 마흐디군의 공격에 대비하도록 명령했다. 영국군은 허술한 방어선 뒤에 엎드린 채 침묵을 지키며 마흐디군의 공격을 기다렸다. 그러나 마흐디군은 공격하지 않았다. 동편 언덕들 사이에서 붉은 태양이 일렁이며 떠오르자 어둠에 묻혀 있던 지평선이 서서히 드러났다. 아직 하늘 높이 솟지 못한 해는 깔쭉깔쭉한 능선 뒤에 가려 있었다. 해를 등진 능선은 자신의 존재를 과시하듯 평원 위에 기다란 그림자를 드리웠다. 시간이 흐르며 그림자가 점점 작아졌지만 낮은 산자락에 짙게 드리운 그림자는 쉬이 사라질 줄 몰랐다.

그 순간, 언덕 위로 검은 머리 수천 개가 불쑥 솟아올랐다. 밤사이 병력을 증원한 마흐디군이 더 가까이 다가온 것이 분명했다. 마흐디군은 이미 사거리도 측정해놓았다.

시간이 지나면서 햇볕이 강해지자 마흐디군의 사격도 격렬해졌다. 레밍턴 소총에서 쏘아대는 탄알은 마치 비처럼 자리바 목책 위로 쏟아졌다. 생각지도 않게 마흐디군 일부가 영국군 방어진지를 향해 내달렸다. 그러나 이들은 곧바로 영국군 진지를 향해 돌격하지 않았다. 대신 몸을 숨길 곳을 찾아들어가 훨씬 가까워진 영국군을 향해 사격했다. 허버트 스튜어트는 근위연대와 기마보병의 병력을 내보내 이들을 쫓아 보내도록 했다.

엄청난 양의 총알이 빗발쳤다. 총알은 고삐에 묶인 말들 위로 쏟아졌다. 경기병의 말 중 여러 마리가 총에 맞았고 그중 한 마리가 숨졌다. 수단 출신 마부는 경기병 장교가 시킨 대로 말을 가져오려고 고삐를 풀던 중 총알을 맞았다. 총알은 말의 콧구멍을 관통한 뒤 마부의 양 허벅지를 뚫고 지나갔다. 총알은 양다리를 관통하며 동맥을 끊어놓았고 뿜어져 나온 선혈은 돌로 덮인 땅바닥을 흥건하게 적셨다. 의무병이 오기 전까지, 그는 극심한 고통에 시달리다 사망했다.

제14경기병연대 소속으로 기마보병을 지휘하는 조지 고우George Gough 소령은 총알이 헬멧을 뚫고 들어오면서 그 충격 때문에 쓰러졌다. 그렇지만 운좋게도 총알이 방향을 바꿔 큰 피해를 입지 않았다. 고우는 정신을 잃고 한동안 쓰러진 채 있었다. 맥도널드 특파원은 허버트 스튜어트의 계획이 무엇인지 알아보러 지휘소로 달려갔다. 그의 앞에서 달리던 기마보병이 총알에 맞았다. 총알은 가슴에 명중해 등을 뚫고 지나갔다. 피와 함께 기마보병의 등을 뚫고 나온 총알은 맥도널드의 귀를 스쳐 지나갔다. 관통한 부위에서 피가 뿜어져 나오면서 군복이 검게 물들었다. 병사는 뱅그르 돌더니 맥도널드를 뚫어지게 쳐다보며 그의 팔에 쓰러졌다. "특파원 나리! 제대로 맞았어요!" 맥도널드는 조심스럽게 그를 땅에 뉘었다. 총알이 뚫고 지나간 갈색 군복에는 빨갛고 검은 커다란 원이 자리를 잡았다. 의무병들이 자세를 낮춘 상태로 달려왔다. 더 많은 총알이 맥도널드의 머리 위를 스치고 지나갔다. 순간 그는 수많은 군인이 자기를 향해 자세를 낮추라고 소리 지르고 있다는 것을 깨달았다.

그는 의무병들을 따라 야전병원으로 사용하는 호까지 기어갔다. 용기병연대의 딕슨Dickson 소령은 종아리 한쪽이 산산조각 난 채 실려와 있었다. 찰스 윌슨 중령과 함께 정보과에서 일하는 딕슨은 카르툼 공격에서 마지막을 담당하게 되어 있었다. 그는 여전히 웃음을 잃지 않았다. 오히려 부상 때문에 고든을 구할 기회가 없어질까 봐 걱정이었다. 포병 장교 리엘Lyell 중위는 등에 맞은 총알이 허파에 박혔다. 그는 숨을 헐떡이며 실려 왔다. 점점 더 많은 사망자가 실려 오면서 야전병원은 금세 꽉 들어찼다. 밖에 있던 맥도널드는 줄지어 누워 있는 시신 14구를 보았다.

맥도널드는 대체 허버트 스튜어트가 무엇을 기다리고 있는지 궁금했다. 그가 보기에 자리바 목책 안에 언제까지 이런 식으로 처박혀 있을 수는 없었다. "무언가 해야 할 때가 무르익었다." 번쩍이는 창을 들고 흰옷을 휘날리는 바까라 기병들이 방어진지 오른쪽으로 말을 몰아 달려왔다. 그때 생각지도 않게 7파운드 포탄이 공기를 가르며 날아가더니 바까라 기병대 중앙에서 폭발했다. 말들이 놀라 히힝 울면서 뒤로 물러서면서 기병들을 땅바닥에 내동댕이쳤다. 마흐디군 기병은 금세 흩어졌다.

허버트 스튜어트는 지휘소를 떠나 대형을 어떻게 만들 것인지를 지시하고 있었다. 그와 버나비는 말을 타고 있었다. 경사면에서 가드너 기관총을 철수시킨 베레스포드는 이 둘을 보며 말에서 내리라고 소리쳤다. 갑자기 날아온 총알이 버나비가 타고 있는 조랑말 발굽에 맞으면서 말은 절름발이가 되어 버렸다. 말은 동료 장교에게서 빌린 것이었다. "내가 오늘 운이 없군, 찰리!" 버나비가 베레스포드에게 말했다. 허버트 스튜어트는 말에서 내려 소고기 통조림과 비스킷을 쑤셔 넣듯 먹고 있는 장교들과 함께 조용히 앉아 있었다. 장교들이 잔뜩 기대하는 얼굴로 그를 쳐다보자 허버트 스튜어트가 대답했다. "깜둥이들에게 한 번 더 기회를 주려고 기다리는 중일세!" 34

이미 때는 9시가 다 되었다. 영국군은 동트기 두 시간 전부터 지금까지 계속 전투태세를 유지하고 있었다. 마흐디군이 지금 공격하지 않으리라는 것은 분명했다. 허버트 스튜어트는 마흐디군이 영국군을 괴롭히려고 계속 사격을 하기는 하겠지만, 전면 공격의 위험을 감수하지 않을 것이라고 느꼈다. 이 상황에서 시간은 목이 마른 영국군이 아니라 우물을 장악한 마흐디군의 편이었다. 9시 정각, 허버트 스튜어트는 부하들에게 방진을 형성하라고 명령했다.

병사들은 엄폐물에서 나와 태연하게 자리바 목책 앞에서 대형을 형성했다. 병사들이 만드는 방진은 사전에 치밀하게 준비된 것이었다. 방진 정면은 기마보병과 근위낙타연대가 맡았다. 근위연대는 오른쪽도 맡았다. 기마보병과 중낙타연대는 왼쪽을 담당했다. 뒷면을 담당한 것은 중낙타연대, 서식스연대, 그리고 해군 여단이었다. 방진 네 면 모두 병사들이 두 줄로 배치되었다. 교범에 따르면 공격 상황에서는 앞줄 병사들이 무릎을 꿇고 뒷줄 병사들이 앞줄 병사들 머리 위로 사격하게 되어 있었다.

허버트 스튜어트는 2.5인치 조립식 포 3문을 방진 정면 중앙 바로 뒤에, 그리고 1정뿐인 가드너 기관총은 뒷면에 배치했다. 의무병과 들것 운반조는 중앙에 있었다. 이들 뒤로는 물, 탄약, 그리고 부상자들을 운반하는 카콜렛* 가마를 나를 낙타꾼들이 낙타 120마리와 함께 대기했다. 허버트 스튜어트, 프레드 버나비, 찰스 윌슨, 그리고 참모들은 방진 중앙에 의무진과 함께 있었다. 전투에 참여하지 않는 나머지 낙타와 보급품은 자리바 목책 안에 그대로 두었고 이 주변에는 서식스연대 소속 1개 반과 제19경기병연대 소속 1개 분대가 함께 경계를 섰다. 제19경기병연대는 방진 왼쪽 측면으로 접근하는 마흐디군과 교전하라는 명령을 받고 출동한 상태였다.

1885년 1월 17일 10시 정각, 전진 나팔이 울렸다.

9

오늘날 아부 툴라이(아부 클레아)를 방문하는 사람이라면 1885년 1월 17일 아침 자리바 목책 앞에서 허버트 스튜어트 부대의 방진이 움직인 길을 쉽

* cacolet: 의자가 두 개가 대칭되어 있는 가마로 말이나 낙타 등에 지운다.

게 따라갈 수 있다. 영국군이 허겁지겁 달려들었던 우물의 기초는 한 세기도 더 지난 현재까지 여전히 남아 있다. 와디는 여전히 녹색이고 환경에 변화가 있기는 하지만 우물은 그 자리에 그대로 있다. 그러나 탈 나무는 사라지고 없다. 방진이 진행한 길을 따라 걸음짐작으로 거리를 재보면 당시 영국군이 얼마나 힘든 전투를 치렀는지 알 수 있다. 영국군이 숙영했던 고원에서 우물로 이어지는 좁은 통로는 지금도 남아 있는데 마흐디군은 영국군이 분명히 이 길을 따라올 것이라고 예상했을 것이다. 마흐디군은 영국군 선두를 격퇴할 준비가 되자 가슴 높이까지 닿는 흉벽胸壁을 무너뜨렸다. 에-테브에서 베자족과 싸운 제럴드 그레이엄이 어떻게 선수를 빼앗겼는지 똑똑히 기억하는 버나비는 오른쪽의 높은 지역을 가로질러 이동할 것을 제안했다.

바유다 사막은 능선과 골 사이가 최대 2미터 정도 차이 나는 습곡이 길게 이어져 있다. 돌투성이인 이 습곡은 협곡으로 내려가는 행군로와 만난다. 석탄이 타서 생긴 클링커 덩어리로 뒤덮인 이런 둔덕에선 공격보다 방어가 훨씬 쉽다. 마흐디군은 가까이 접근하면서 둔덕을 엄폐물로 삼아 총알을 피할 수 있었다. 그러나 영국군은 둔덕에서 기동이 거의 불가능했다. 지형도 지형이지만 전투 물자를 운반하는 낙타가 문제였다. 울퉁불퉁한 돌밭에서 낙타는 어쩔 줄 몰라 하며 느릿느릿 걸었다. 낙타가 방진과 보조를 맞춰 따라가지 못하거나 제멋대로 대형을 벗어나면서 방진 뒷면은 위험하리만큼 느슨하게 벌어졌다. 방진이란 정확하게 간격을 유지하고 보조를 맞춰 밀집해 움직이는 전투대형이다. 대형이 느슨하게 벌어진 방진은 최악이다.

영국군은 장례식에나 어울릴 느린 속도로 이동했다. 코르도판에서 포로로 붙잡힌 지하디야 소총병들이 주축을 이룬 마흐디군 명사수들은 바위에서 바위로 건너뛰며 영국군을 따라갔다. 전진하는 방진 좌우로 마흐디군이 쏘는 납탄이 마치 우박처럼 날아왔다. 마흐디군 저격수 중 일부는 와디 가장자리에 높게 자란 타바스 사이에 숨어 있었다. 이들과 방진 사이의 거리는 360미터에 불과했다. 날아온 총알에 맞은 영국군 병사들은 비틀거리며 쓰러졌다. 방진 오른쪽에 있는 근위연대의 군기호위부사관Colour-Sergeant인 캑위치Kakwich는 총에 맞아 심하게 부상당했다. 방진 왼쪽에선 경낙타연대의 부관인 세인트 빈센트St Vincent 대위가 저격수 총알에 맞아 쓰러졌다. 영국군은 전진을 멈추고 기를 죽일 만한 사격으로 응수했다. 영국군은 마치 무엇에 단단히 미친 사람들처럼 격발하자마자 탄피를 빼내고 새로운 탄을 재장전해서는 사격했다. 일제사격 때문에 영국군 주변으로 먼지와 연기가 피어올랐다. 수송용 낙타들은 무릎을 굽혀 땅에 앉혔고 그 사이 들것 운반조가 부상병들을 카콜렛 가마에 태웠다. 나팔수들은 다시 전진 나팔을 불었다.

허버트 스튜어트는 마흐디군 저격수들을 진압하려고 국왕소총부대 소속의 조니 캠벨Jonny Campbell 중위가 지휘하는 기마보병의 찰리중대를 전방으로 내보냈다. 찰리중대는 마치 과일 껍질이 벗겨져나가는 것처럼 방진에서 떨어져서는 느긋하게 몸을 숨길 곳으로 움직였다. 찰리중대는 대부분이 국왕소총부대와 소총여단 출신으로 사격 솜씨가 발군인, 선발된 명사수들이었다. 이들이 500에서 700미터 정도 떨어진 곳에 있는 마흐디군 저격수들을 정확하고 신속하게 제거하면서 마흐디군의 사격이 급감했다. 근위낙타연대 소속 군의관인 존 마질John Magill 소령이 총에 맞은 찰리중대원들을 돌보러 달려갔다. 진료 도중 마질 또한 마흐디군이 쏜 총알에 맞아 종아리 근육이 파열되었다. 찰리중대원들은 총탄이 돌에 맞아 튀는 와중에 마질과 부상병을 방진으로 데려왔다.

방진 뒷면 오른쪽에서도 치열한 전투가 벌어졌다. 군기호위부사관 캘리하사는 서식스연대의 척후병을 지휘하던 중 갑작스럽게 마흐디군 창병 10여 명과 맞닥뜨렸다. 마흐디군은 습곡이 많은 지형을 이용해 약 350미터 떨어진 곳에 숨어 있다가 갑자기 튀어나왔고 집중사격을 피할 수 있을 만큼 충분한 거리를 유지하며 달려왔다. 캘리는 훈련 부사관처럼 딱딱 끊어지는 어조로 척후병들에게 무릎을 꿇으라 지시했다. 병사들은 무릎을 꿇은 뒤 마치 한 몸처럼 마티니-헨리 소총을 동시에 발사했다. 총소리가 나면서 일곱 명의 마흐디군이 땅에 쓰러졌다. 정확히 5초 뒤, 마티니-헨리 소총이 다시 일제히 불을 뿜으며 제1차 사격에서 살아남은 다섯 중 셋을 쓰러뜨렸다. 남은 두 명은 숨을 곳을 찾아 꽁지가 빠지게 도망쳤다.

방진 왼쪽에서는 바까라족이 주축이 된 마흐디군 기병이 와디가 제공하는 엄폐를 벗어나 빠른 속도로 달려왔다. 흰옷을 펄럭인 채 먼지를 일으키며 달려오는 모습은 마치 희미한 덩어리 하나가 움직이는 듯했지만, 그 속에서도 바까라족의 창끝은 햇살에 반사돼 날카롭게 빛났다. 허버트 스튜어트는 방진을 정지시켰다. 방진이 멈추자 포병이 2.5인치 조립식 포를 끌고 나와 사격을 시작했다. 달리는 앞쪽에 포탄이 떨어지자 바까라족이 흩어졌다. 그러나 이들이 완전히 흩어지기 전에 두 번째 탄이 기병대 중앙의 오른쪽을 강타하면서 바까라 기병 48명과 말 여러 마리가 즉사했다. 두 발을 쏜 2.5인치 조립식 포는 다시 방진 안으로 들어갔고 방진은 천천히 행진하기 시작했다.

한 시간 이상 계속된 치명적인 사막 행군은 벌써 2킬로미터를 넘어섰다. 당시 전투에 참여한 병사들에게 이처럼 긴 시간은 다시없었을 것이다. 우물은 아직 한참 아래에 있었다. 허버트 스튜어트는 오른쪽에 있는 고지에서 공격이 있을 것이라고 예상하고 있었다. 이 때문에 그는 전투 경험이 가장 적은 보병으로 구성된 중낙타연대를 방진 왼쪽에 배치했다. 허버트 스튜어트는 오른쪽 고원 돌출부에서 초록 깃발과 흰 깃발들이 줄지어 펄럭이는 것을 보았다. 이 깃발들은 어제부터 그 자리에 있었다. 정보참모인 윌슨은 이 깃발들이 마흐디군 지휘소를 뜻하는 것이지 아니면 다른 목적이 있는지 허버트 스튜어트에게 조언할 수 없었다. 장교 한 명은 깃발이 있는 곳이 묘지라고 주장했다. 부상자를 운반하는 낙타들이 뒤에 처졌다는 보고를 들은 허버트 스튜어트는 뒤처진 무리가 방진에 합류할 수 있도록 방진을 정지시켰다.

기마보병으로 구성된 척후병을 지휘하는 캠벨 중위는 깃발에서 350미터 떨어진 곳까지 다가갔다. 그는 허버트 스튜어트에게 연락병을 보내 깃발 탈취를 승인해달라고 요청했다. 그때, 방진 왼쪽에서 약 700미터 떨어져 움푹 파인 채 보이지 않는 곳에서 수십 개의 녹색 깃발과 흰 깃발이 불쑥 나타났다. 윌슨이 이를 발견했고 허버트 스튜어트도 급하게 무슨 일인지 알아보려 했다. 그 순간, 그곳에 있던 영국군에겐 영원히 잊을 수 없는 장면이 시작되었다.

가려진 협곡에서 수천도 넘는 검은 물체가 나타났다. 이들은 대부분 머리를 박박 밀고 두개골 위만 덮는 두개모頭蓋帽를 썼다. 이들은 눈부시게 하얀 천으로 만든 옷을 허리춤에 걸치고 나머지 자락은 어깨 위로 넘겼다. 일부는 집바를 입기도 했다. 이들은 창과 칼로 무장했는데 햇볕 아래에서 날카로운 쇠붙이는 황금처럼 번쩍였다. 영국군 중 누구도 예상하지 못했다. 이들은 마치 땅에서 솟아오른 것 같았다. 방금까지만 해도 죽은 듯 조용했던 방진 왼쪽은 떼로 덤벼드는 말벌에게 쏘이는 듯했다. 이들은 세 갈래로 대형을 이뤄 영국군을 향해 빠르게 다가왔다. 각 대형 선두에는 말을 타고 깃발을 흔드는 지휘관이 있었다. 윌슨은 숨이 막혀 넋을 잃었다. 그럴 순간이 아니라는 것은 알았지만, 눈앞에 펼쳐진 광경은 아름답고 매력적이기까지 했다. 밀집대형으로 돌격하며 이 낭만적인 전사들이 만들어내는 멋진 장면이 마티니-헨리 소총으로 무장한 명사수들의 일제사격으로 살아남지 못할 것이라는 생각이 들자 그는 가엽다는 느낌도 들었다. 그러나 불과 몇 분도 지나지 않아 그의 연민은 사치였다는 것이 드러났다.

방진을 향해 빠르게 달려온 것은 대부분 바까라족과 반유목생활을 하는 코르도판 출신의 흐므르족이었다. 영국군은 바까라족과 전장에서 마주한 적이 없었다. 바까라족의 활약을 들은 영국군은 이들의 용기를 인정하기는 했지만 그것은 단순히 광신적 믿음에서 나오는 것이라고 간단하게 결론을 내렸다. 케나나 부족이나 디그하임 부족은 마흐디 봉기 초기부터 함께했으며 마흐디가 내세운 명분을 지지했지만 순교 열정은 별로 없었다. 다른 부족과 달리 바까라족이나 흐므르족이 영웅적 행적으로 사회적인 지위와 명예를 얻는다는 것을 영국군은 몰랐다. 육체적인 용기는 이들이 최고로 치는 5대

덕목 중 하나로, 명예는 이 다섯 덕목이 충족될 때 달성되는 것이었다. 명예는 바까라 전사들이 창으로 코끼리나 사슴을 사냥할 때 추구하는 것이기도 했다. 바까라 공동체에서 명예를 잃어버린 남자는 아무리 가축이 많아도 사회적으로 죽은 것이나 마찬가지였다. 바까라족이 용기는 있지만 마티니-헨리 소총과 기관총을 향해 돌격하는 것밖에 모르는 무모한 어린아이 같다고 생각한 윌슨의 연민은 식민주의적 사고에서 출발한 것이었다. 오히려 바까라족은 총이란 약자가 의존하는 것이라고 무시했다. 윌슨은 이런 인식을 전혀 이해하지 못했다. 바까라족에게 진정한 전사란 적과 직접 맞서 칼과 창으로 승부를 내는 존재였다. 비슷한 것 같지만 베자족과 달리 바까라족은 방패도 들지 않았다.

마흐디군 소총병 대부분은 이집트군에 지하디야 소총병으로 있다가 포로로 잡힌 이들이었다. 이들은 남부 또는 누바 산맥 출신의 이교도였고 바까라족은 이들을 노예로 취급했기 때문에 명예가 있을 수 없었다. 마흐디는 총은 불신자들이 만든 것이기 때문에 악마의 작품이라고 생각했고 따라서 병사들에게 총을 사용하지 말라는 조언을 했다. 지하디야 소총병들이 총을 사용해 영국군을 약화시키는 데 동원된 것이라면 육박전은 '하얀 무기'라는 뜻의 아슬리하 바이다asliha bayda를 가진 진짜 전사들이 수행하는 것이었다. 따라서 바까라족은 영국군을 향해 앞뒤 돌아보지 않고 돌진했다. 이들은 위험이라고는 전혀 모르는 사람들이며 순교자가 되려고 안달이 난 사람들이었다. 영국군이 사정없이 화력을 쏟아부어도 아랑곳하지 않고 달려든 것은 이들 문화에서 명예로운 남자로 인정받으려면 오직 이 방법대로 싸워야 했기 때문이었다.

허버트 스튜어트는 매우 침착하게 지시를 내렸다. 그는 저지대로 몰리는 것을 원치 않았기 때문에 다음 능선까지 약 30미터를 더 전진하라고 지시했다. 능선까지 전진하는 일은 고역이었다. 그 과정에서 방진 왼쪽과 뒷면이 만나는 구석 부분이 벌어졌다. 이곳에는 중낙타연대 병력이 배치되어 있었다. 부상병을 운반하는 낙타 중 일부가 주저앉더니 꼼짝도 하지 않았다. 겁에 질린 낙타꾼들은 이런 낙타들을 포기하고 허둥지둥 방진으로 들어가버렸다. 이를 본 중낙타연대 병사들은 방진 밖으로 나와 움직이지 않겠다고 꽥꽥대는 낙타들을 강제로 끌고 방진으로 들어갔다.

방진이 겨우 능선에 도착했지만 캠벨 중위가 지휘하는 척후병이 마흐디군과 섞여버렸기 때문에 어디를 겨냥해야 할지 난감한 상태였다. 캠벨과 병사들은 죽을힘을 다해 도망치고 있었다. 기마보병 장교 한 명이 척후병들을 향해 몸을 숙이라고 소리 질렀지만 캠벨은 악착같이 뛰라고 지시했다. 바까라기병과 척후병 사이의 거리는 창 하나에 불과했다. 대부분은 방진으로 살아돌아왔다. 그러나 한 명은 바까라 기병에게 잡히면서 쓰러졌다. 바까라 기병이 쓰러진 병사 위로 뛰어오르더니 쥐고 있던 창을 쓰러진 병사 몸에 거침없이 쑤셔 넣었다.

의도한 것은 아니었지만 이 장면은 사격 개시 신호가 되었다. 기마보병, 근위낙타연대, 그리고 중낙타연대 병사들이 일제히 사격을 시작했다. 근위낙타연대의 버지 이병은 당시를 이렇게 회상했다. "방진의 각 면에서 글자 그대로 불꽃이 튀었다. 적을 향해 날아가는 총알이 어찌나 많은지 해를 가릴 정도였고 사람과 동물의 비명에 귀가 먹을 지경이었다." 영국군은 돌개바람처럼 앞뒤 재지 않고 달려드는 바까라족을 향해 일제사격으로 총알을 쏟아부었다. 방아쇠를 당기고 탄피를 꺼내고 다시 장전하기를 반복하는 모습이 마치 무엇에 홀린 사람들 같았다. 그러나 이런 맹렬한 사격도 바까라족의 돌격 기세를 꺾지 못했다. 애초 예상과 전혀 다른 방향으로 상황이 전개되는 것을 보면서 윌슨은 고개를 떨어뜨렸다. 마흐디군은 점점 더 다가오면서 거리를 70미터까지 좁혀왔다. 그제야 앞서 퍼부었던 일제사격의 효과가 눈에 띄게 나타나기 시작했다. 효과가 나타나기 시작하자 그 이후 상황은 영국군이 원하는 모습으로 신속하게 발전했다. 일제사격으로 많은 마흐디군이 쓰러지면서 쌓인 시체로 벽이 만들어질 정도였다.

잠깐이기는 했지만 월슨은 마흐디군의 공격을 저지했다고 확신했다. 그러나 바까라족이 마치 기동훈련을 하는 것처럼 급하게 오른쪽으로 방향을 트는 것을 보면서 그는 입을 다물지 못했다. 제아무리 훈련을 많이 받은 보병이라 하더라도 이보다 더 정교한 기동을 선보이지 못했을 것이다. 선봉을 맡은 바까라족은 중낙타연대를 향해 곧장 돌진했다. 방진 중앙에서 이 장면을 지켜보던 윌슨은 당시 상황을 이렇게 기억했다. "이럴 수가! 적이 방진으로 돌입하겠군!" **35**

이 순간 이후 영국군은 10분간 만 존재했다. 당시 상황은 나중에 헨리 뉴볼트 경*이 지은 「비타에 람파다」라는 시의 '무너지는 방진the square that broke'이라는 구절로 영국의 모든 학생에게 알려진다. 또한 이 순간은 영국군이 가장 높게 평가하는 투지와 집요함을 논할 때 빠지지 않고 등장하는 선례로 자리를 잡는다. 10분간의 활약은 너무 빨리 전개되었고 혼란스러웠기에 전투를 재현하는 것은 불가능하다. 그러나 당시를 묘사한 버지의 기억을 빌리면 이렇다. "믿을 수 없을 정도로 맹렬한 혼란이 벌어졌다……. 혼란은 마치 평온한 바다에 엄청난 폭풍이 발생한 것처럼 너무도 갑작스럽게 일어났기 때문에 무시무시했다." **36**

짧은 거리이기는 하지만 언덕까지 방진을 전진시킨 결과 방진 뒷면 왼쪽에 틈이 생겼고 이를 발견한 베레스포드는 여덟 명이 운용하는 가드너 기관총 1정을 본대에서 약 30미터 떨어진 곳으로 이동시켜 설치했다. 기관총을 마치 개인화기라도 되는 것처럼 여겼던 베레스포드는 기관총을 독자적으로 운용하기로 한 것이다. 훗날 그는 허버트 스튜어트가 기관총 이동을 승인했다고 주장하지만 사실 여부는 논란거리이다. 허버트 스튜어트는 방진 뒤쪽

* Sir Henry John Newbolt(1862~1938): 영국의 시인으로 1892년에 「비타에 람파다*Vitae Lampada*」를 지은 것으로 유명하다. 이 시의 제목은 로마의 시인이자 철학자인 루크레티우스의 작품에서 따온 것으로 '생명의 횃불'이라는 뜻을 담고 있으며 장차 영국의 군인으로 성장할 학생이 자기희생을 배워가는 것을 노래하고 있다. 시의 두 번째 연은 1885년 1월의 아부 틀라이 전투를 묘사하고 있다. 이 시는 제1차 세계대전 동안 영국군을 독려하는 시로 사용되었다.

으로 버나비를 보내면서 제대로 작전이 진행되고 있는지 감독하라고 지시했다. 그가 원한 것은 지휘가 아닌 감독이었다. 절름발이가 된 말 대신 새 말에 올라타고 방진 뒤로 온 버나비는 베레스포드의 의도를 알아차렸다. 그리고 버나비는 용서받기 어려운 행동을 했다. 그는 중낙타연대 3중대와 4중대를 방진에서 빼서 방향을 바꾸도록 명령했다. 그때까지만 해도 바까라족은 방진에서 약 360미터 떨어져 있었고 추세로 보아 방진 전면 왼쪽 구석에 있는 기마보병을 향해 공격할 것으로 보였다. 그러나 바까라족이 허를 찌르며 방향을 바꾸면서 베레스포드와 버나비 모두 충격에 빠졌다.

바까라족은 베레스포드를 향해 곧장 달려왔다. "적은 마치 풍랑이 이는 바다에서 나는 듯한 함성을 지르며 공격했다. 번쩍이는 창과 긴 칼날을 휘두르는 검은 형체들이 거대한 파도처럼 몰려왔다. 마흐디군은 뛰고 달리면서 신앙고백이자 전쟁의 노래인 '라 일라흐 일랄 라흐 무함마드 라쑬룰 라'를 외쳤다."

바까라족이 방진에 충돌하기 전 몇 초 동안 가드너 기관총이 불을 뿜었다. 철컥거리는 기계음이 바까라족의 함성과 뒤엉켰다. 선두에서 돌격하던 바까라족이 총알에 맞아 볼링 핀처럼 쓰러지는 것을 본 베레스포드는 만족감을 느꼈다. 그는 잠시 사격을 멈추고 가늠자를 낮춘 뒤 다시 사격을 시작했다. 바로 그때였다. 여섯 발이 발사된 순간, 딸각 하는 불길한 기계음과 함께 탄피가 총열에 끼인 채 사격이 중단되었다.

베레스포드와 기관총 사수인 빌 로즈Bill Rhodes가 급탄 장치를 열어 탄피를 제거하기 시작했다. 그 짧은 와중에 바까라 기병이 기관총과 사수들을 둘러쌌다. 배에 창을 맞은 로즈가 떨어뜨린 무거운 급탄 장치가 기관총 밑에 웅크리고 있던 베레스포드에게 떨어졌다. 병기 담당관인 월터 밀러Walter Miller는 창에 찔린 뒤 다시 도끼에 맞았고 그 피가 베레스포드에게 튀었다. 바까라족이 베레스포드를 노리고 도끼를 휘둘렀지만 빗나갔다. 그러자 그는 도낏자루로 베레스포드를 내리쳤다. 또 다른 바까라족이 베레스포드를 창으로 찔렀다. 베레스포드는 손으로 창날을 막고 방향을 틀어 위기를 모면했지만 그 대가로 손을 심하게 베였다. 창을 비틀어 빼내려던 바까라족 병사는 어디선가 날아온 총알을 맞고 쓰러졌다. 베레스포드와 함께 있던 수병 일곱 명이 불과 몇 분 만에 처참한 송장이 되어 나뒹굴었다. 오직 베레스포드만 비틀거리면서 살아남았지만 그 또한 밀물처럼 닥쳐오는 바까라족에게 떠밀려가고 있었다.

방진 정면으로 들이닥친 바까라 기병은 중낙타연대 제4중대를 강타했다. 그 충격은 마치 성문을 부수는 공성 망치가 달려오는 것 같았다. 사람과 짐승이 내지르는 비명과 함성 속에 바까라족은 제4중대를 향해 칼을 휘두르고 3미터나 되는 창으로 계속 찔러댔다. 중낙타연대는 바까라족이 달려들기 전에 총을 마구 쏴댔다. 그러나 덮치듯이 달려든 바까라족과 뒤엉키기 시작하면서 영국군도 마흐디군도 총을 쏠 수 없는 상황이 벌어졌다. 이 옴짝달싹하기 어려운 상황에서 베레스포드는 마흐디군 쪽으로 떠밀렸고 등이 마흐디군 병사 쪽으로 찰싹 달라붙으면서 그는 칼도 권총도 뽑을 수 없었다.

제4중대는 빠르게 다가오는 바까라 기병을 보고 뒤로 물러났다. 이 때문에 중낙타연대 뒤에 있는 서식스연대가 뒤로 밀리면서 대열이 흐트러졌지만 그 뒤에 있는 낙타 치중대가 든든하게 받쳐준 덕분에 다시 대열을 회복할 수 있었다. 서식스연대는 중낙타연대보다 조금 더 높은 위치에 있었기 때문에 이들 머리 위로 사격을 시작할 수 있었다. 일순간 서식스연대가 퍼붓는 일제사격이 수차례 이어지면서 바까라족의 압박이 약해지자 중낙타연대 병사들이 드디어 총을 사용할 수 있게 되었다.

방진 여러 곳에 틈이 생겼던 것은 분명하다. 낙타 치중대 반대편에 있던 윌슨은 마흐디군이 엄청난 소리를 내며 방진을 공격하자 격한 감정이 끓어올라 권총을 뽑았다. 윌슨은 말을 탄 마흐디군 지휘관이 낙타 무리 중앙에 깃발을 꽂으려 하는 것을 보았다. 그는 바로 무사 와드 헬루, 즉 옴두르만부터 이곳까지 마흐디군을 이끈 원정대장이었다. 그는 빗발치는 총알로부터 자신을 지켜주리라 기대하는 사람처럼 코란 구절을 암송하기 시작했다. 잠시 뒤, 그는 소총여단의 예튼Yetton 상병이 쏜 총알에 맞아 꽂아놓은 깃발 위로 쓰러져 사망했다. 거의 동시에 윌슨은 바까라족이 낙타 떼 아래에 있는 그의 시신을 향해 네 발로 기어가는 것을 보았다.

마흐디군이 방진 정면에 나타났다. 기마보병을 지휘하는 말링 중위는 이미 타마이 전투에서 빅토리아십자무공훈장을 받은 전력이 있었다. 그는 침착하게 둘째 오에 있는 병력을 뒤로 돌게 해서 교전에 투입했다. 매우 위험한 시도였으나 그가 결심한 기동은 결정적이었다. 말링이 지휘하는 병사들은 원래 같은 방향을 바라보고 두 줄로 배치되어 있었지만 명령 이후로는 서로 등을 댄 채 각각 다른 방향을 향해 싸웠다. 전방을 바라보는 병사들은 방진 왼쪽을 향해 맹공을 재개한 마흐디군과 총검으로 싸웠고 후방을 바라보는 병사들은 마흐디군을 향해 총을 쏘았다. 이들이 시작한 교차사격은 방진에 있는 영국군과 마흐디군을 가리지 않고 쓰러뜨렸다. 허버트 스튜어트는 타고 있는 말이 피격되면서 땅으로 떨어졌다. 허버트 스튜어트로부터 얼마 안 되는 곳에 있던 나팔수는 총알을 맞는 순간 즉사했다. 허버트 스튜어트 뒤에 있던 윌슨은 웨블리 권총으로 세 발자국 떨어진 곳에 있는 마흐디군을 쓰러뜨렸다. 쓰러진 마흐디군의 가슴 위로 붉은 피가 꽃처럼 피어올랐다. 다른 마흐디군은 말링의 기마보병이 처치했다.

방진 외곽에 있는 기마보병은 총을 쏘고, 마흐디군이 찌르는 창을 받아넘기면서 총검으로 반격했다. 소총 중 절반은 기능 고장을 일으켜 발사가 안 되었다. 윌슨은 병사들이 쓸모가 없어진 총을 넌더리 치며 집어던지고 죽은 병사들이 쓰던 총을 집어 드는 것을 보았다. 장교와 부사관 중 많은 수가 기능 고장 문제를 해결해주느라 정작 본인은 전투에 참가하지 못하는 상황이 벌어졌다. 타마이 전투에서처럼 충격 때문에 총검이 휘는 일도 반복되었다.

2.5인치 조립식 포 중 3번 포는 방진 정면으로 들이닥치는 공격에 노출되어 있었다. 이 포를 지휘하는 거스리Guthrie 중위는 포를 조준하느라 손에 아

무 무기도 쥐고 있지 않았다. 이런 그에게 창을 든 바까라 병사가 달려들었다. 포수 앨버트 스미스Albert Smith가 제때 움직이지 않았다면 아마 거스리는 저세상 사람이 되었을 것이다. 본인 또한 비무장인 스미스는 지렛대를 집어 들고 바까라 병사의 창을 받아넘겼다. 공격한 바까라 병사는 비틀거리며 뒤로 물러섰다. 그 틈을 타 숨을 돌린 거스리가 칼을 뽑아 달려들었다. 바까라 병사는 쓰러지면서 긴 칼로 거스리의 허벅지를 찔렀다. 다시 찌르려는 바까라 병사의 두개골을 스미스가 지렛대로 부숴버리면서 결투가 끝났다. 스미스는 거스리에게 달려가 두 다리로 당당하게 서서는 사납게 달려드는 바까라족을 모두 물리쳤다. 나중에 거스리 중위는 죽지만 스미스는 살아남았고 아부 툴라이 전투에서 유일하게 빅토리아십자무공훈장을 받게 된다.

방진 오른쪽에서 근위중대를 지휘하는 앨버트 글라이센 또한 바까라족의 돌격이 무시무시하다는 것을 느꼈지만 정작 아무것도 눈으로 볼 수 없었다. 그는 병사들에게 자리를 지키라고 지시하고 전투 현장으로 뛰어갔다. 아수라장에서 눈에 들어온 상황은 심각했다. 중낙타연대, 서식스연대, 그리고 낙타 치중대가 근위중대 쪽으로 밀리고 있었다. 그가 지휘하는 근위중대라 해야 해병과 근위병이 단지 두 줄로 서 있는 것에 불과했다. 이곳이 뚫리면 방진 전체가 무너질 수도 있었다. 다행스럽게도 글라이센의 명령을 받은 부하들은 자기 자리를 지켜냈다.

낙타 무리의 다른 편에서 글라이센은 또 다른 광경을 목격했다. "땅 위에 죽은 자와 죽어가는 자들이 문자 그대로 산더미를 이루고 있었다. 마흐디군은 마치 검은 악마와 같이 창과 칼을 휘두르고 찔러대면서 어떻게 하든 우리와 육박전을 벌이려고 소리를 지르며 필사적으로 달려들었다. 기마보병이 오른쪽에서 쏟아 붓듯이 사격했고 깜둥이들이 수백 명씩 쓰러졌다."[37]

카콜렛 가마에 무기력하게 누워 있던 부상병들은 창에 찔려 삶을 마감했다. 이미 부상당한 세인트 빈센트 대위는 타고 있던 낙타가 공격을 받아 죽으면서 땅에 떨어졌다. 땅에 떨어진 빈센트 위로 낙타가 덮치는 바람에 그는 정신을 잃었다. 카콜렛 가마 반대편에 있던 병사는 마치 꼬치처럼 창에 찔려 죽었다. 정보부에서 윌슨 다음 서열로 근무하는 찰스 버너Charles Verner 대위는 부상병들 사이에 있지는 않았지만 공격받은 낙타가 자기 위로 쓰러지자 기절했다. 글라이센은 군의관 브리그스Briggs가 헬멧이 벗겨진 채로 한 손에 칼을 들고서 가까이 있는 병사들을 모으려고 고군분투하는 것을 보았다. 시간이 가면서 영국군의 집중사격이 더욱 격렬해졌다. 총알이 글라이센 머리 위로 스치듯이 날아다녔다. 탄약을 운반하는 낙타 중 몇 마리가 총알에 맞았고 등에 진 짐에 불이 붙더니 탄약이 폭발하기 시작했다. 밀고 당기는 육박전을 벌이는 병사들 사이에서 공포와 고통으로 비명을 지르는 낙타들이 광란하듯 날뛰기 시작했다.

빌린 말을 타고 있는 버나비는 방진 밖에서 옴짝달싹 못한 채, 병사들에게 신속하게 뒤로 물러나라고 소리 질렀다. 버나비 근처에 서 있던 해군 대위 알프레드 피곳Alfred Piggot은 산탄총을 좋아하는 버나비처럼 강력한 효과를 자랑하는 엽총을 사용했다. 베레스포드는 나중에 이 장면을 이렇게 기록했다. "아랍인들은 우리 병사들을 등 뒤에서 찌르려고 다리 사이로 악착같이 기어올랐다. 피곳 대위는 장전과 사격을 반복했고 수병들은 계속해서 그를 불렀다. '대위님, 여기 골치 아픈 놈 하나 추가요!' 쌓인 시체 사이를 뚫고 나온 대머리에 피곳 대위가 총을 쏘자 마치 물뿌리개에서 물이 나오는 것처럼 산탄이 박힌 머리에서 핏물이 솟구쳤다."[38]

그러나 피곳은 곧 마흐디군의 창을 맞고 죽었다. 또 다른 해군 대위 드 리즐de Lisle은 얼굴에 칼을 맞았다. 마치 면도날로 베어낸 것처럼 그의 얼굴에서 살점이 떨어져나갔다. 여전히 말을 타고 있던 버나비는 달려드는 바까라 기병을 총으로 쏴 죽였다. 그와 거의 동시에 마흐디군 한 명이 수건만큼이나 큰 날이 달린 창을 버나비의 목을 향해 디밀었다. 버나비는 고삐를 죄면서 말을 멈추고 자신을 향해 날아오는 창날을 받아넘기려 애썼다. 그러나 그를 노리는 창이 점점 늘어나면서 사방에서 공격을 받았다. 결국 그는 오른쪽 어깨를 찔렀다. 중낙타연대의 라포트Laporte 이병은 버나비를 찌른 적의 배를 총검으로 찔렀다. 버나비는 무사하나 싶었지만 결국 다른 바까라 기병이 버나비의 목을 찔러 상처를 입혔다. 그가 더 버티지 못하고 말에서 떨어지자 바까라족 10여 명이 마치 송장을 찾은 대머리독수리들처럼 버나비를 향해 몰려들었다.

기마근위대 소속의 매킨토시McIntosh 상병은 영웅 버나비를 혼자 죽게 내버려둘 수 없었다. 그는 달려나와서 버나비를 공격하는 마흐디군 중 한 명에게 총검을 박았다. 잠시 뒤 바까라 기병이 목을 베었고 곧이어 또 다른 기병이 창으로 찌르면서 매킨토시는 숨을 거두었다. 큰 몸집이 피투성이가 된 버나비는 숨을 헐떡이면서 간신히 두 발로 움직였다. 그는 칼을 두어 번 휘두르고는 자갈 위에 쓰러졌다.

방진 정면과 오른쪽 면은 안정적으로 잘 버티고 있었다. 방진 가운데에 있던 낙타 치중대는 예상치도 못하게 천금 같은 완충지대 역할을 해내고 있었다. 이 공간 덕분에 마흐디군의 맹렬한 공격 기세가 어느 정도 완화되었다. 방진 뒷면을 구성한 중낙타연대와 서식스연대 역시 방진 안을 향해 사격 방향을 전환했다. 마흐디군은 마치 허방다리에 빠진 것처럼 방진에 갇힌 형국이었다. 믿을 수 없는 속도로 계속된 일제사격이 마흐디군을 쓸어버렸다. 부사관 중 한 명이 말링 중위의 어깨를 지지대로 삼아 사격을 계속했다. 총과 귀의 거리는 5센티미터에 불과했다. 말링은 한쪽 귀가 거의 멀어버릴 것 같았다. 영국군은 근거리에 있는 적을 바늘로 찌르는 것처럼 정확하게 사격을 계속했다. 방진 안으로 들어온 마흐디군 병사 중 살아서 빠져나간 인원은 단 한 명도 없었다.

전세가 불리해지자 방진 밖에 있는 마흐디군은 언덕 아래쪽으로 후퇴하기 시작했다. 기세가 오른 영국군이 도망가는 마흐디군을 향해 집중사격을 가하자 수십 명이 쓰러졌다. 버지 이병은 이렇게 회고했다. "적은 우리를 향해 공격할 때와 마찬가지로 매우 신속하게 후퇴했다. 수천 명이 사막을 가로질러 미친 듯이 달려온 것처럼 사라질 때도 순식간에 사방으로 흩어졌다."[39]

그러나 윌슨은 이렇게 기록했다. "병사들 사이에서 우렁차고 긴 환호가 터져나왔다. 거칠지만 흥분이 담겨 있는, 무엇인가 감당이 되지 않는 것이었다. 흥분한 병사들을 제자리로 돌려보내려면 상당한 시간이 필요했다. 만일 그 순간 적이 다시 공격했다면 우리 중 살아남을 사람은 얼마 없었다."[40]

윌슨은 실제로 도망가지 않고 배회하는 바까라 기병의 모습을 보았다. 이들은 2차 돌격을 감행할 생각이었다. 영국군은 일제사격을 퍼부었고 결국 바까라 기병은 달아났다. 그러나 바까라족은 도망가면서도 등을 돌려 환호성을 지르는 영국군을 향해 주먹을 휘둘렀다. 또 네댓 명이 짝을 이뤄 송장처럼 엎드려 있다가 벌떡 일어나 방진을 공격하기도 했다. 이렇게 달려드는 바까라족은 대부분 총에 맞아 쓰러졌다. 운 좋게 방진 앞까지 도달했어도 영국군의 총검을 피할 수는 없었다.

총소리가 점점 잦아들더니 아까와는 전혀 다른 섬뜩하고도 낯선 고요가 아부 틀라이에 내려앉았다. 전장을 자욱하게 뒤덮은 연기와 먼지가 사라지면서 병사들은 넋이 나간 전우들의 모습을 알아보기 시작했다. 치열하다 못해 상상을 초월한 참혹한 전투에서 살아남은 병사들은 지옥에서 돌아온 사람들 같았다.

영국군 88명이 전사했고 송장이 되어 널브러진 마흐디군이 1천100명이었다. 그 치열한 전투가 어떻게 시작해 어떻게 끝났는지 명확하게 기억하는 사람은 아무도 없었다. 모든 것이 마치 한편의 꿈 같았다.

윌슨은 권총집에 권총을 집어넣고 자신을 돌아봤다. 아찔함이 밀려왔다. 자기가 최소한 한 명 이상 사살했다는 사실이 떠올랐다. 아마 허버트 스튜어트의 목숨도 자신이 구한 것 같았다. 제5창기병연대 소속으로 중낙타연대에 근무 중이던 로렌스 카마이클Lawrence Carmichael 소령은 창에 찔려 목에 큰 상처를 입었고 일제사격 시 얼굴에 총알을 맞아 사망했다. 허버트 스튜어트가 타던 말도 이때 죽었다. 기마근위대 소속으로 중낙타연대에 근무한 윌프레드 고우 소령 또한 우군 사격으로 사망했는데 함께 죽은 이들 중에는 허버트 스튜어트의 나팔수를 포함한 병사 몇이 더 있었다. 윌슨은 자기가 어떻게 살아남았는지 궁금했지만 알 길은 없었다.

허버트 스튜어트는 살육의 현장을 피해 방진을 앞쪽으로 40미터 이동시켰다. 새로운 위치에 방진을 재구성하자 장교와 병사 가릴 것 없이 낙타 치중대로 달려갔다. 낙타 치중대는 탄약과 물을 지키느라 많은 수가 죽었다. 육체적으로나 정신적으로 너무나 격한 전투를 치른 뒤라 영국군은 절대적으로 물이 필요했다. 영국군은 목이 타들어갔다. 입술은 말라서 갈라졌고 이미 오래전에 침이 말라버리면서 허연 가루만 남은 혀는 부어올랐다. 마흐디군의 맹렬한 공격에 맞서 꿋꿋하게 자리를 지켰던 병사들이 탈수 때문에 실신하기 시작했다.

물 배급에 일손을 보태러 몸을 떨면서 치중대로 걸어가던 윌슨은 죽은 척하고 있던 마흐디군 병사가 벌떡 일어나더니 영국군 장교를 향해 창을 찌르는 것을 보았다. 공격을 받은 장교는 왼손으로 창을 움켜쥐더니 오른손으로 칼을 뽑아 적의 배를 깊숙이 찔렀다. "그리고 그렇게 그 둘은 몇 초를 서 있었다. 다른 누군가 달려와 적병을 총으로 쏴 죽일 때까지 그 장교는 칼을 다시 뽑을 수 없었다. 나는 폼페이 벽화에 나오는 로마 시대 검투사들이 실제로 싸우는 것 같은 느낌을 받았다. 이렇게 말하면 이상하겠지만, 그 모습은 전혀 끔찍해 보이지 않았다. 참혹한 전투를 치른 뒤에는 늘 일어나는 일을 보는 듯했다."[41]

윌슨은 방진이 무너진 곳을 면밀하게 살펴보았다. 자갈투성이인 사막은 피로 물들어 반짝였다. 중낙타연대에서 68명이 죽거나 중상을 입었다. 마흐디군 창에 부상당한 병사들은 끔찍한 모습이었다. 피와 모래로 범벅된 이들은 밀랍인형처럼 보였다. 마흐디군 시체는 여기저기 산을 이루며 쌓여 있었다. 아주 가까이에서 총에 맞은 시체에선 연기가 피어오르고 있었다. 창, 칼, 막대기, 단검과 깃발 같은 수백 점의 무기들이 바닥에 뒹굴고 있었다. 윌슨은 방진이 어떻게 뚫렸는지 궁금했다. 그는 보병 임무를 받고 전투에 처음 투입된 중낙타연대 병사들에게는 바늘 하나 꽂을 틈이 없을 만큼 빽빽하게 방진을 유지해야 한다는 개념이 없었을 것으로 추정했다. 윌슨은 중낙타연대 병력의 성향상 적이 강하게 공격하면 싸우면서 뒤로 후퇴하는 것을 당연하게 받아들였을 것으로 생각했다.

윌슨이 시신을 살펴보고 있는 사이, 베레스포드는 가드너 기관총의 효과를 현장에서 확인하고 있었다. 마흐디군의 시신 세 구를 살펴본 그는 마치 푸주한이 쓰는 칼로 저며놓은 것처럼 기관총탄이 이 세 명의 두개골을 깔끔하게 잘라놓은 것을 보고 만족해했다. 유능한 수병이자 베레스포드가 가드너 기관총을 다룰 때 도와주었던 점노Jumno는 적어도 17번이나 등을 찔려 바닥에 엎어져 있었지만 여전히 목숨을 부지하고 있었다. 베레스포드는 그를 일으켜 세운 뒤 자리바 목책으로 후송될 것이라고 말해주었다. 점노가 대답했다. "저를 돌려보내 주십시오! 저는 그 개자식들과 볼일이 아직 다 끝나지 않았습니다."[42]

베레스포드는 점노를 카콜렛 가마에 태웠는데 그 옆에는 마흐디군 한 명이 실려 있었다. 마흐디군은 가마에 탄 점노를 보자마자 점노의 손가락을 물어버렸다. 이 광경을 본 베레스포드는 분노에 차서 그를 가마에서 끄집어서는 총으로 쏴 죽였다. 갑자기 다른 장교가 그에게 소리를 질렀다. "조심해, 찰리!" 베레스포드는 마흐디군 병사가 창을 꼬나들고 자신을 향해 달려오는 것을 흘깃 보았다. 그는 방어 자세를 취하며 창을 받아넘기고는 가까이 다가온 병사에게 칼을 휘둘렀다. 공격한 마흐디군 병사는 아무 대응도 못 하고 그대로 칼에 찔렸다.

방진에서 약 30미터 떨어진 곳에서는 말에서 떨어진 채 10여 명의 적으로부터 공격을 받은 버나비가 쓰러진 곳에 그대로 누워 있었다. 창 한 자루가 그의 몸을 뚫고 지나갔고 누워 있는 곳 주변의 모래는 피로 붉게 물들어 있었다. 근처에는 가드너 기관총을 지키려고 목숨을 바친 수병들과 매킨토시,

라포트, 피곳, 드 리즐, 밀러, 그리고 로즈의 시신이 눈에 들어왔다. 중낙타연대의 우드Wood 일병은 나이가 어렸다. 그가 버나비를 발견했을 때만 해도 버나비는 아직 살아 있었다. 우드는 버나비의 머리를 들어 무릎으로 받친 채 물을 권했다. "난 끝이야! 너나 챙겨!" 괴롭게 마지막 한마디를 토해낸 버나비는 숨이 끊어졌다. 곧이어 근위기병대 소속의 비닝 중위Binning가 도착했다. 우드가 말했다. "중위님! 영국에서 가장 용감한 분이 여기 죽어가고 계신데 아무도 이분을 돕지 않습니다."[43] 비닝은 버나비의 손을 움켜잡았지만 이미 때가 늦었다. 비닝은 당시를 이렇게 기억했다. "버나비는 목에 창을 찔려 치명적인 상처를 입었다. 장도長刀에 맞아 두개골도 함몰되었다."[44] 잠시 뒤 버나비가 절명했다. 버나비는 근위기병연대에서 인기가 많은 장교였다. 그가 죽었다는 소식을 들은 병사 중 일부는 주저앉아 울었다.

방진으로 돌아온 허버트 스튜어트는 경호병들에게 둘러싸여 있었다. 오른쪽 고지에 마흐디군의 흔적은 보이지 않았다. 그러나 그는 언제라도 오른쪽에서 마흐디군이 다시 공격할 것이라고 예상했다. 장교들과 부사관들은 고래고래 소리를 지르며 집합 명령을 전달했다. 바짝 말랐던 입을 축인 병사들은 입술을 핥고는 마티니-헨리 소총을 다시 장전하고 주변을 꼼꼼히 둘러보며 마흐디군을 찾았다.

그러나 또 다른 공격은 없었다. 막상 영국군을 괴롭힌 것은 전면 공격이 아니라 나무나 바위 뒤에 숨어 간헐적으로 총알을 날리는 마흐디군 저격수였다. 근위낙타연대의 오미스턴Ormiston 이병은 앨버트 글라이센 옆에 서서 자신의 물자루를 동료에게 전해주고 있었다. 그 순간 저격수가 쏜 총알이 동료의 손을 뚫고서 오미스턴의 가슴에 박혔다. 글라이센의 기억이다. "그는 내 위로 쓰러졌다. 그의 입에서는 피가 격류처럼 솟구쳤고 1분도 지나지 않아 그는 숨이 끊어졌다."[45] 얼마 뒤, 글라이센은 말을 탄 바까라 기병이 홀로 자신의 중대로 빠르게 다가오는 것을 보았다. 그는 권총을 뽑아 기병을 향해 겨누었다. 총을 쏘기 직전, 해병 한 명이 끼어들었다. 글라이센의 기록이다.

"그 해병은 소총으로 쏴 맞추기에는 터무니없이 가까운 거리에서 끔찍한 방법으로 그 기병을 쓰러뜨렸다."[46]

나중에 아부 틀라이 전투를 전해 들은 울즐리는 중낙타연대 소속 병력의 불안정한 태도에 문제가 있었다면서 방진이 무너진 것을 비난했다. '불안정하다'는 표현은 방진을 구성한 병력이 가장 불명예스럽게 생각하는 표현이었다. 그러나 울즐리의 비난은 전혀 어울리지 않는, 중상모략 같은 것이었다. 정작 비난을 받아야 할 사람은 울즐리가 총애한 두 사람이었다. 프레드 버나비는 영국에서 가장 용감한 인물이었는지는 모르지만 그는 명령 없이 방진을 개방해 그를 영웅시하는 병사들을 위험에 빠뜨렸다. 울즐리가 가장 아끼는 장교 중 한 사람이었던 베레스포드 대령도 가드너 기관총을 들고 방진 밖으로 나갔고, 이는 무모한 행동이었다. 헨리 뉴볼트의 시, 「비타에 람파다」에서 버나비는 전사한 익명의 대령으로 등장한다. 이 시에선 기능 고장을 일으켜 사격을 멈춘 가드너 기관총이 전혀 다른 개틀링 기관총으로 둔갑해 있다. 분명한 사실은 영국군이 수단에 전개한 뒤 두 번씩이나 가드너 기관총이 결정적인 순간에 기능 고장을 일으켰다는 점이다.

아부 틀라이 전투는 규칙을 따르지 않는 무능한 영국군 장교들이 빚어낸 또 다른 참사 가운데 하나였다. 아울러 장교들의 무능과 불명예를 덮은 것은 언제나 그랬던 것처럼 평범하게 징집된 병사들이었다. 부대를 위태롭게 만든 장본인인 베레스포드조차 아부 틀라이 전투는 명령이 필요 없었던 '병사들의 전투'라고 실토할 정도였다. "힘과 결의, 끈기와 꺾이지 않는 용기만이 적의 맹습을 저지할 수 있었다."[47] 아부 틀라이의 용사들에게 헌납한 뉴볼트의 시는 결코 낭만적인 과장이 아니다. 줄루전쟁 당시 가장 기억에 남는 로크스 드리프트* 전투조차도 영국군의 특징이라 할 수 있는 결의와 집요함을 보여주는 데서는 아부 틀라이 전투를 따라갈 수 없었다. 이런 결의와 집요함

* Battle of Rorke's Drift: 1879년 1월 22일부터 이틀 동안 영국군 150여 명이 줄루족 4천 명에 대항해 남아프리카 나탈에 있는 선교 지부인 로크스 드리프트를 방어한 전투.

을 보여준 이들이 바로 블런트가 '잡종 쓰레기'라고 천시했던 하층민 출신 병사들이었다.

버나비를 포함한 영국군 전사자의 시신은 전투가 벌어진 1885년 1월 17일 그날부터 지금까지 그곳에 묻혀 있다. 바유다 사막 한가운데 있는 외로운 언덕 자락에 있는 돌무덤은 그날을 증언하고 있다. 나중에 영국 정부는 버나비를 비롯해 그날 전사한 장교 아홉 명의 이름을 새긴 청동판이 붙은 기념비를 세웠다. 아부 툴라이 전투는 '병사들의 전투'였다. 그러나 함께 전사한 나머지 79명 병사의 이름은 기념비에 적히지 않았다.

10

퍼시 배로 중령이 지휘하는 제19경기병연대가 방진으로 달려왔을 땐 모든 것이 끝나 있었다. 이들은 방진 왼쪽에 있는 마흐디군을 쫓아버리는 산병散兵 임무를 받았지만 중대 규모의 마흐디군과 조우하면서 힘겨운 싸움을 벌여야 했다. 배로는 방진이 무너진 줄도 몰랐다. 허버트 스튜어트는 마흐디군을 추격하라고 명령했지만 배로는 말의 갈증이 너무 심해 추격할 수 없다고 말했다. 실제로 말은 갈증으로 통제 불능 상태에 빠져 있었다. 마흐디군이 아무런 방해도 받지 않은 채 달아났다는 이야기를 들은 버지 이병은 기뻤다. 사실 이것은 누가 들으라고 한 말이 아니라 혼잣말이었다. "바까라족은 용기로는 둘째가라면 서러워할 사람들이었다. 그리고 그들은 공포라는 단어가 무엇인지도 몰랐다. 방진이 무너진 이 마당에 바까라족의 도망가는 등을 보고 기쁘지 않을 병사나 장교가 있었을까!" **48**

허버트 스튜어트는 물 걱정을 떨쳐버렸다. 그는 경기병을 내보내 우물을 찾아보도록 했다. 그러나 안내자 없이 우물을 찾는 것은 불가능했다. 이곳에 있는 우물이란 와디의 강바닥이 빗물에 패여 만들어진 좁은 구멍으로, 그 위에 직접 가 보기 전에는 눈에 띄지 않았다. 배로가 지휘하는 정찰대가 우물

The Graphic, 1885년 2월 14일

아부 툴라이 전투 직후 아부 할파 우물에서 갈증을 푸는 고든 구원군, 1885년 1월 17일

을 찾은 것은 오후 5시였고 그즈음 허버트 스튜어트는 자리바 목책이 있는 곳까지 돌아가는 방안을 고려하고 있었다.

부상자는 모두 106명이었다. 이들을 카콜렛 가마로 옮기기에는 수가 너무 많았다. 전투 중심부에서 벗어나 있었던 탓에 군의관 맥길을 빼고는 전혀 사상자가 없는 근위낙타연대가 부상자를 들것으로 실어 나르기 시작했다. 근위낙타연대는 부상자들을 우물까지 옮겼다. 이들이 물을 마신 뒤, 중대 단위로 물을 마시라는 명령이 떨어졌다. 물은 진흙 때문에 초콜릿을 탄 것 같은 색이었다. 그러나 갈증으로 목이 타들어가는 병사들에게 이 물은 다른 어떤 것과 비할 수 없을 만큼 시원하고 맛있었다. 부대 전체가 물을 마시는 데 여덟 시간이 걸렸다. 물 긷기가 모두 끝날 무렵 밤이 찾아왔다. 밤공기가 면도날처럼 쨍하고 추워지자 그렇게 잔인하던 낮의 열기도 버티지 못하고 사라졌다. 허버트 스튜어트는 높은 곳에서 밤새 우물을 내려다볼 수 있도록 방진을 재편했다.

영국군은 전날 아침을 먹고 지금까지 아무것도 먹지 못했을 뿐만 아니라 이틀째 밥다운 밥을 먹지 못한 상태였다. 허버트 스튜어트는 자원병 300명에게 자리바 목책에 가서 짐과 보급품을 모두 가지고 동이 트기 전까지 돌아오라고 지시했다. 담요도 외투도 없이 방진에 남은 병력은 어둠이 깔리자 추위 때문에 심하게 떨기 시작했다. 설상가상으로 배고파 죽을 지경이었다. 병사들은 온기를 찾아 낙타에게 몸을 밀착하거나 추위를 잊으려고 파이프 담배를 돌려 피웠다. 아무도 잠들 수 없었다. 다음 날 아침 7시, 낙타 치중대가 도착했지만 밤새 추위와 허기에 지친 병사들에게는 환호성을 지를 힘도 남아 있지 않았다.

아침이 되어 윌슨은 노획한 문서를 살펴보고 포로를 심문했다. 허버트 스튜어트가 코르티와 작둘을 두 번 왕복하는 동안 마흐디군이 아부 틀라이에 집결할 수 있었다는 결론이 나왔다. 애초 울즐리가 의도했던 대로 사막부대가 단번에 진격했더라면 아마 카르툼까지 가는 길이 뚫렸을지도 모를 일이었다. 우물에서 얼마 떨어지지 않은 곳에는 풀로 지은 숙영지가 있었다. 그곳에 도기 파편이 흩어져 있고 생활 쓰레기가 있는 점으로 보아 마흐디군이 상당 기간 이곳에 머물렀다고 추정할 수 있었다.

허버트 스튜어트는 코르티와 작둘을 두 번 왕복하면서 시간을 지체했기에 아부 틀라이에서 이런 피비린내 나는 접전을 겪게 되었다는 것을 정확히 알고 있었다. 이러한 판단이 나일강까지 단번에 가겠다는 결정을 내리는 데 영향을 준 것으로 보인다. 아부 틀라이에서 나일강까지는 40킬로미터이다. 거리는 상대적으로 짧았다. 그러나 아부 틀라이 전투에서 치열한 전투를 치른 채 추위와 배고픔에 시달렸으며 이틀 동안 잠도 제대로 못 잔 병사들에게는 몹시 괴로운 여정이었다. 더구나 중간에 물이 떨어진 채 교착될 수도 있었다. 이런 공포감은 충분히 설득력이 있었다. 아부 툴라이 전투는 많은 것을 가르쳤고 허버트 스튜어트는 사막 작전에서 물이 얼마나 중요한지를 잘 배웠다. 사막부대가 아부 툴라이의 우물을 확보하지 못했다면 많은 병력이 갈증과 고통 속에서 죽어갔을 것이다. 그는 실수를 반복하고 싶지 않았다.

또 다른 문제는 시간을 지체하면 그 사이 메템마에 마흐디군이 증원된다는 것이었다. 윌슨은 포로 심문으로 옴두르만에서 이미 대규모 증원군이 출발한 사실을 알고 있었다. 아부 툴라이를 출발하면 마흐디 증원군보다 더 일찍 메템마에 도착해야 했다.

허버트 스튜어트는 격식을 갖추지 않은 지휘관 회의를 소집해 자기 계획을 이야기했다. 그는 그날 밤에 메템마가 보이는 곳까지 행군한 뒤 오른쪽으로 돌아 나일강을 약 5킬로미터 거슬러 올라가겠다는 계획을 세웠다. 그는 물을 충분히 확보한 장소, 즉 강을 가까이 끼고서 다음 공격을 진행하기를 원했다. 그러려면 원정군은 동이 트기 전에 강에 도착해야 했다. 만약 이 계획대로 강에 도착한다면 사흘간 제대로 잠을 못 잔 것이 되기 때문에 잠시 쉬며 아침을 들고서 메템마를 공격하기로 했다. 고든 구원군이 특별 선발한 병력이라고는 해도 이 계획을 그대로 시행하기란 어려워 보였다. 그러나 허버트 스튜어트는 마흐디군이 아부 툴라이에서 패해 모두 흩어졌기 때문에 저항이 크지 않을 것이라고 예상했다.

회의에 참석한 장교 하나는 작둘까지 물러나서 불러의 증원군이 오기를 기다리자는 안을 냈다. 허버트 스튜어트는 이 제안에 경멸의 눈초리를 보냈다. 그가 생각하기에 사막부대가 철수하면 마흐디군은 이를 승리라고 받아들일 것이고 그러면 구원군은 끝장이나 마찬가지였다. 아마 그 순간 허버트 스튜어트는 지휘관의 절대 고독을 깊이 느꼈던 것 같다. 이곳까지 전신만 연결되었어도 울즐리와 바로 상담했겠지만 현실은 그렇지 못했다. 출발한 지한 주도 채 지나지 않아 울즐리의 조언을 받을 길은 사라져버렸다. 허버트 스튜어트가 어떤 방책을 생각하든 쉬운 해결책은 하나도 없었다.

윌슨을 포함한 장교들은 행군 구간을 최소한 둘로 나눠 병사들을 쉬게 하자고 건의했지만 허버트 스튜어트는 이를 거부했다. 그는 병사들의 사기가 왕성하기 때문에 행군도 활기차게 할 것으로 생각했다. 그는 다음 날 메템마를 점령하기로 마음을 먹었고 1월 20일까지는 윌슨을 증기선에 태워 카르툼에 보낼 생각이었다. 이곳을 잘 아는 알리 룰라가 몇 가지 어려움을 지적했지만 허버트 스튜어트는 꿈쩍도 하지 않았다. 결국 알리 룰라는 원정군을 나일강까지 안내하기로 했다. 그러나 나일강에서 16킬로미터 떨어진 곳까지는 아카시아 숲이 짙게 형성되어 있으며 어둠 속에서 가시투성이인 숲을 통과하는 것이 무척 어려울 것이라는 점은 분명히 밝혔다.

오후 4시경, 병사들은 행군 대형으로 정렬했다. 부상병들은 자리바 목책으로 후송되었고 후속 제대가 도착할 때까지 그곳에서 휴식을 취하라는 명령을 받았다. 목책과 우물은 서식스연대가 경계했다. 윌슨은 현지인 전령을 코르티에 있는 울즐리에게 보냈다. 그는 전령 편에 각종 긴급 보고서와 개인적인 편지, 그리고 맥도널드 특파원의 기사도 함께 보냈다. 행군에 앞서 제19경기병연대가 전위를 맡아 전방으로 투입되었다.

4시 30분경, 병사들이 낙타에 오르고 행군이 시작되었다. 이번 행군은 전술 행군이었다. 마흐디군에게 들키지 않으려고 신호용 나팔은 사용하지 않은 채 모든 명령은 귓속말로 전달되었다. 그러나 이 사소한 변화가 결정적인 결과, 그것도 최악의 결과로 이어지리라고 예상한 사람은 아무도 없었다. 행군 대형은 500미터도 넘게 늘어졌고 선두와 후미는 서로 너무 멀리 떨어졌다. 속삭이듯 말하는 명령 전달법은 특히 야간에 효과적이지 못했다.

출발한 지 얼마 지나지 않을 때까지 행군은 별문제가 없었다. 행군로는 평평하고 걸리는 것이 없었다. 그러나 오래지 않아 영국군은 멀리서 보면 평원이지만 가까이에서 보면 파도처럼 기복이 있는 땅을 가로지르기 시작했다.

발 아래엔 녹슨 것처럼 붉은빛을 띠는 바위와 바람에 닳은 돌조각이 잔뜩 널려 있었고 심지어 딱딱하기 그지없었다. 회색과 녹색이 뒤섞인 땅은 나아갈수록 점점 회색이 짙어졌다. 열기와 함께 피어오르는 아지랑이 때문에 지평선이 아른거렸다. 땅의 열기가 급속하게 타올라 사라지면서 사막부대 위로는 파란빛이 떠돌았지만, 마치 황금이 녹아내리듯 사방에 쏟아지는 석양에 그 기세가 꺾였다. 지평선 위로 먼지가 일자 이에 화답이라도 하듯 노을은 더 반짝였다. 감청색과 연어의 속살처럼 선명한 분홍색이 하늘 위에서 교차했다.

땅거미가 내리면 노숙할 것이라고 기대한 병사들은 적절한 숙영지를 찾아 앞으로 나섰다. 낙타가 계속해서 터벅터벅 걸었지만 정지 명령은 없었다. 해가 질 무렵, 윌슨은 버너 대위와 알리 룰라를 포함하는 안내자들을 대동하고 허버트 스튜어트와 함께 행군 대형 선두까지 나왔다. 버너가 메템마로 향하는 방위각을 측정하고 지도에 현재 위치를 표정標定하는 동안 알리 룰라는 선두에서 행군 대형을 이끌었다.

밤이 되면서 피로에 지친 병사들이 꾸벅꾸벅 졸기 시작했다. 졸면서 어떤 병사들은 전날 벌어졌던 참혹한 전투를 다시 겪는 악몽을 꾸기도 했다. 행군 대형에서 들리는 소리라고는 낙타가 내는 소리, 안장이 삐걱대는 소리, 그리고 물자루의 물이 출렁이는 소리뿐이었다. 본격적으로 시작된 어둠은 마치 무거운 외투처럼 행군 대형을 뒤덮었다. 어제에 이어 오늘도 기온이 곤두박질쳤다. 달은 없었지만 별빛만으로도 메템마로 가는 길을 볼 수 있었다. 이 길은 마치 화살처럼 나일강으로 곧게 뻗어 있었다. 지금까지 행군로는 평탄하고 안정적이었다. 윌슨은 허버트 스튜어트의 계획이 나쁘지 않았다고 생각했다.

어둠이 내리고 두 시간 동안 행군은 문제없이 이뤄졌다. 그러다가 갑자기 지형이 바뀌었다. 지금껏 걸어온 평탄한 땅 대신 바위투성이 땅이 나타났다. 낙타들은 발을 헛디디기 시작했다. 아부 틀라이를 출발한 뒤로 듬성듬성 보이던 타바스가 갑자기 빽빽해졌다. 배가 고픈 낙타들은 긴 목을 빼 한입 가득 푸른 풀을 뜯어 먹었다. 한두 입 먹는 것으로는 부족했는지 몇몇 낙타는 아예 멈춰 서서 포식을 즐기기 시작했다. 점점 더 많은 낙타가 멈춰 서면서 행군 대형은 엉망이 되었다. 낙타와 병사들이 대열에서 이탈하자 행군은 가다 서기를 반복했다. 정지 명령과 대형 유지 명령이 내려왔지만, 귓속말로 전달해야 하는 탓에 앞에서 전달한 명령은 중간 어디에선가 사라져버리기 일쑤였고 결국 장교가 일일이 명령을 전달해야 했다. 행군 대형은 마치 긴 동굴처럼 행군 대형이 보였다가 보이지 않았다가를 반복했고 대열은 이미 조각난 상태였다. 타바스는 어느새 살람sallam, 툰두브tundub, 그리고 시얄siyal 같은 잡목에 자리를 내주었다. 조금 더 가자 알리 룰라가 허버트 스튜어트에게 경고했던 갈색 아카시아 숲이 나타났다.

어둠 속에서 아카시아 나무는 회색 해골처럼 보였다. 가시가 달린 아카시아 가지는 무엇인가 움켜쥐려는 독수리 발톱 같았다. 행군 대형은 부대 단위로 쪼개져 결국은 엉망으로 뒤섞였다. 병사들은 꾸벅거리며 졸았고 낙타를 제대로 부리지 못해 이리저리 흩어지기 일쑤였다. 그러는 동안 마치 숲이 삼켜버리기라도 한 것처럼 병사 두 명이 묘하게 사라졌다. 기마보병을 지휘하는 말링 중위는 밀려드는 잠을 쫓으려 애썼지만 헛일이었다. 그의 중대는 두 번이나 대형을 이탈했다. 대열 뒤에서 낙타를 타고 따라오는 낙타꾼들 또한 잠에 빠지는 바람에 낙타들은 방향을 잃고 이리저리 헤맸다. 낙타꾼은 낙타 세 마리 중 두 마리를 느슨하게 풀어놓아 쉽게 잘 수 있었다. 낙타 치중대를 호위하라는 임무를 받은 근위낙타연대는 호위 대상인 낙타와 뒤엉켜버렸다. 글라이센이 표현한 대로 끔찍한 혼란이었다. "낙타 주인을 찾아봐야 헛일이었다. 의료용품, 군장, 수병, 깜둥이, 그리고 병참 인원 모두 어디가 어디인지 알 수 없게 엉켜버렸다."[49]

짐을 운반하는 낙타들은 아카시아 숲에 갇힌 채 빠져나오려 애를 썼지만 등에 실은 짐만 떨어질 뿐이었다. 애초에 짐은 허술하게 실렸다. 어둠 속에서 낙타 수백 마리가 길을 잃어버렸다. 병사들은 귓속말로 전하라는 명령을 잊은 지 오래였다. 서로 고함이 오갔고 앵글로색슨식 욕설이 밤을 지배했다. 그 소란함에 낙타가 지르는 괴성이 뒤섞였다. 윌슨은 그제야 알리 룰라가 말한 아카시아 숲의 어려움이 무엇인지 이해했다. 낮이었어도 극복하기 쉽지 않은 장애물을 만난 것이다.

버너는 메템마를 목표로 제시한 방위각에서 벗어나 나일강에 도달할 다른 방법을 생각하고 있었고, 그 순간 허버트 스튜어트는 정지 명령을 내렸다. 버너의 계산대로라면 영국군은 거의 26킬로미터를 왔기 때문에 16킬로미터만 더 가면 강에 도달할 수 있었다. 허버트 스튜어트와 긴 대화를 나눈 윌슨은 현 위치에 자리바 목책을 세우자고 제안했다. 목책을 세워 휴식을 취하면서 뒤처진 부대가 모일 시간을 벌겠다는 계산이었다. 한편으론 목책에 군장을 부려놓고 메템마까지 곧장 진격할 수도 있었다. 윌슨의 제안은 상식적이었다. 그러나 허버트 스튜어트는 계속 앞으로 나가 나일강에 도착해 물을 확보해야 한다는 생각을 굽히지 않았다.

윌슨은 동트기 전에 강에 도달할 가능성이 거의 없다고 생각했다. 아카시아 숲을 빠져나와 다시 자갈 덮인 평원에 다다를 무렵 샛별은 지평선 위에 걸려 있었다. 영국군은 이미 응집력을 잃어버렸다. 낙타 치중대는 양 측면으로 벗어나 있었고 낙타 군단은 사방에 흩어진 채 뒤죽박죽이었다. 글라이센의 지적대로 행군 대형은 제자리걸음을 하면서 심지어 선두 부대가 대열 후미에 출몰하는 사태까지 벌어졌다. 행렬은 남남서 방향으로 향했지만 글라이센 앞에 나타난 것은 남십자성이 아니라 북극성이었다. 글라이센은 당시 심경을 이렇게 적었다. "이 혼란스러운 밤에 적과 조우하지 않다니 천만다행이다. 공격이라도 받았다면 몰살을 피할 수 없었을 것이다."

숲에서 완전히 벗어나자 허버트 스튜어트는 다시 정지 명령을 내렸다. 이제 동이 트기까지는 30분밖에 남지 않았다. 버너는 나일강이 5킬로미터 앞에 있다고 추정했다. 그러나 알리 룰라는 동의하지 않았다. 그는 강까지 9킬로미터 정도 남았다고 말했다. 행렬은 다시 이동을 시작했다. 마치 진한 검은색 우단 위에 강렬한 줄을 그어놓은 것처럼, 진하고 붉은 광선이 어둠을 뚫고 영국군을 향해 날아왔다. 하늘은 마치 무지개를 층층이 쌓아놓은 양 오렌지, 노랑, 자홍, 남옥, 그리고 옅은 파랑 같은 다양한 색으로 물들었다. 평원 위로 엄청나게 큰 금화가 올라오듯 태양이 떠올랐고 하늘은 장밋빛으로 변해갔다. 해가 뜨기 한참 전부터 병사들은 태양이 보내주는 온기를 느끼고 있었다. 밤새 뼛속까지 파고드는 냉기에 지친 병사들은 따사로움이 그렇게 고마울 수 없었다. 주위가 환해지면서 병사들은 강의 흔적이 보일까 목을 빼고 쳐다보았지만, 회색 평원만이 계속될 뿐이었다. 3킬로미터 정도를 더 행군한 뒤, 허버트 스튜어트는 버너에게 강을 찾으라며 경기병을 붙여 내보냈다.

30분 뒤, 자갈 밟는 소리를 내면서 정찰대가 돌아왔다. 버너는 말에서 내리자마자 허버트 스튜어트에게 달려갔다. 정찰대는 강이 아니라 마흐디군 척후병과 조우해 총격을 받았다. 메템마는 마치 막 쑤셔놓은 말벌집 같았다. 탐탐북이 울리면서 마흐디군 수천 명이 영국군을 향해 쏟아져 나왔다. 이제 허버트 스튜어트에게는 나일강을 향해 싸우면서 앞으로 나아가는 것 말고는 다른 대안이 없었다.

11

무슨 수를 써서라도 나일강에 도착하겠다는 계획은 실패로 돌아갔다. 허버트 스튜어트는 애꿎은 낙타를 탓했다. 그러나 아카시아 숲이 만만치 않을 것이라고 경고한 알리 룰라의 충고를 무시한 자신도 책임에서 벗어날 수 없었다. 영국군은 사방이 훤하게 뚫린 평야에서 오도 가도 못하는 신세가 된 채 대규모 마흐디군과 조우했다. 게다가 병사와 낙타는 탈진했고 물도 거의 없었다. 허버트 스튜어트가 그토록 피하고 싶었던 상황이 현실이 된 것이다. 알리 룰라의 경고는 다른 점에서도 옳다는 것이 증명되었다. 나일강은 버너가 계산한 것보다 훨씬 더 멀리 있었다. 버너의 정찰로 나일강까지는 여전히 6킬로미터가 떨어져 있다는 것이 확인되었다.

허버트 스튜어트는 배로 중령에게 경기병을 이끌고 마흐디군의 시선을 돌릴 수 있도록 메템마로 양동陽動*하라고 지시했다. 그러나 완전히 녹초가 되어버린 병력이 얼마나 효과적으로 양동할 수 있을지는 의문이었다. 조금 더 나아가자 왼편에 메템마가 눈에 들어왔다. 바유다 사막을 건너 장기간 행군한 병사들의 눈에는 아침 햇살에 빛나는 메템마가 마치 야자나무와 우거진 수풀 사이에 솟아오른 크고 위압적인 중세 성채처럼 보였다. 메템마 양쪽으로 나일강을 따라 자리 잡은 초지는 구름 한 점 없이 검푸른 하늘의 기세에 눌려 그저 그런 녹회색을 띠고 있었다.

길게 늘어진 관목 덤불은 자갈이 덮인 평원까지 이어졌다. 마흐디군 저격수들은 포복으로 벌써 이 덤불을 통과하고 있었다. 관목 덤불은 그다지 종심이 깊지는 않았지만 영국군의 관측을 피할 수 있을 만큼 울창했다. 적막을 깨는 총소리가 일제히 울렸다. 주변을 둘러본 스튜어트는 300미터쯤 떨어진 곳에 있는 낮은 둔덕 하나를 보았다. 둔덕은 덤불도 없고 현 지점에서 가장 가까이에 있었다. 허버트 스튜어트가 참모들에게 말했다. "내가 저 위치를 점령하겠다. 병사들이 뭐든 빨리 먹으면 그때 적을 공격할 생각이다."**50** 현 지점은 온 사방이 트여도 너무 트여 있었다. 병사들은 지형의 생김새가 마음에 들지 않았다. 병사들은 이렇게 멀리까지 왔는데도 강가에 이르지 못했다며 불평했다. 나일강을 따라 언뜻 비치는 녹색 선이 매우 신비롭고 매혹적으로 보였다.

선두 부대가 둔덕에 도착해 낙타를 앉히고는 비스킷 상자, 안장, 그리고 낙타 치중대에서 가져온 도구를 이용해 방어진지를 구축하기 시작했다. 전투공병은 덤불 속으로 들어가 가시 돋친 가지를 잘랐다. 이렇게 언덕 위에

* 적을 속이는 기만 작전의 하나로 적과 직접 접촉하지 않은 채 무력시위를 하는 것이다.

만들어진 진지는 요새라기보다는 엉성한 자리바 목책이었다. 곧이어 정찰을 마치고 돌아온 경기병들이 말을 묶었다. 베레스포드는 수병들과 함께 도착했고 뒤이어 포병, 기마보병, 근위병, 중낙타연대, 그리고 마지막으로 서식스연대가 도착했다.

아침 8시경, 마흐디군 저격수들이 덤불 경계까지 기어 와 가까운 사거리를 확보한 뒤 레밍턴 소총으로 총탄을 퍼붓기 시작했다. 자리바 목책 안에서 있던 많은 영국군은 손쉬운 표적이 되었다. 총알이 날아오기는 했지만, 총구의 연기만 보일 뿐 저격수의 모습은 보이지 않았다. 기마보병을 지휘하는 말링이 하워드 일병에게 명령을 내리는 순간, 하워드 일병의 가슴에 검은 구멍이 뚫리면서 입에서 피가 터져 나왔다. 말링은 부하들에게 자세를 낮추라고 소리쳤다. 말링 앞에 서 있던 병사 두 명이 방어물로 삼은 상자와 짐 사이로 쓰러졌다. 마흐디군이 날리는 레밍턴 소총탄이 급조된 진지 여기저기를 윙윙대며 날아다녔다. 그중 상당수의 총알이 어떻게 할 도리가 없는 낙타들 옆구리에 명중했다. 중낙타연대 병사 몇몇은 종군기자인 맥도널드에게 주려고 주전자에 물을 채우고 있었는데 총알이 그대로 관통하면서 주전자가 새기 시작했다. 중낙타연대의 창기병이 주전자를 잡고 새는 곳을 막으려는 순간, 총알이 그의 머리를 관통하면서 피와 회색 물질이 터져 나왔다.

8시 30분경 허버트 스튜어트는 로즈 소령을 시켜 병사들에게 간단하게 아침을 들게 하라고 지시했다. 허버트 스튜어트가 10미터쯤 움직였을 때, 그는 총에 맞았다. 장교들은 여기저기 흩어져 있었다. 허버트 스튜어트는 소리 없이 쓰러졌다. 총알이 지나간 배에서는 피가 폭포처럼 쏟아져 나왔다. 그는 의무대로 후송되었지만 부상이 매우 심했다. 총알은 척추에 박혀버렸다. 울즐리가 가장 걱정한 상황이 발생한 것이다.

훗날 누가 지휘권을 승계했어야 했는지를 두고 논란이 많았지만 막상 현장에서는 논의할 시간이 별로 없었다. 군대에서 서열을 두는 것은 바로 이런 때를 대비한 것이다. 일반적으로 부대 내 서열 2위가 지휘권을 인수하는데,

지금 상황에선 그가 바로 찰스 윌슨이었다. 나중 이야기지만 윌슨의 전투지휘는 아주 호평을 받는다. 윌슨이 이런 어려운 자리를 맡게 되리라고는 누구도 생각하지 않았지만 달리 뾰족한 수도 없었다. 이런 상황에서 지휘권을 거부하는 것은 책임 회피며 이는 군법 회부 감이었다. 윌슨은 원정을 출발하기 전 울즐리를 찾아가 참모장교가 아닌 민정담당관으로 임명해달라고 부탁했다. 그는 체질상 전투가 잘 맞지 않다는 것을 알고 있었다. 이집트에서도 영국에서도 그를 싫어하는 사람이 많았다. 오직 키치너 같은 소수의 장교만이 그의 지성과 충성심을 제대로 알아볼 뿐이었다. 그는 당시 수단에 있던 장교 중 지적으로 가장 우수했다. 문제는 바로 거기에 있었다.

빅토리아 시대 영국군 안팎에서 윌슨 같은 부류는 항상 의심의 눈초리를 받았다. 지성적인 장교란 여자 같은 유약함을 넘어 '영국답지 못한' 경멸의 대상이었다. 당시 인기 있는 장교 상은 버나비, 불러, 그리고 그레이엄 같은 인물이었다. 이들은 공통으로 체구가 크고 우람하며 원기 왕성한 데다 '하면 된다'는 정신으로 무장한, 너무 똑똑하지 않은 인물이었다. 위 세 사람은 영국에서 가장 용감한 사람으로 불렸으며 이들의 용모와 태도는 빅토리아 시대의 이상적인 장교 상이었다. 반면 윌슨 같은 인물은 왕립 학술원 같은 데나 속해서 별이나 뚫어져라 쳐다보고, 고고학을 연구한답시고 땅이나 파대며, 고전에 나오는 문구나 인용하는, 한마디로 샌님이었다.

허버트 스튜어트는 매우 인기 있는 장교였다. 그는 무엇보다 결단력이 있었다. 그러나 메템마를 앞에 두고 방어진지를 구축한 예처럼 언제나 임무를 뛰어나게 수행한 것은 아니었다. 윌슨이 제안한 대로 아카시아 숲에 목책을 만들었다면 훨씬 더 좋을 뻔했다. 아카시아 숲이 야간 행군에 큰 방해가 될 것이라는 알리 룰라의 경고를 무시한 것도 역시 허버트 스튜어트였다. 방어진지의 위치도 독단적으로 선정했다. 그는 헬멧을 오렌지색 퍼거리로 장식해 다른 이들이 자기를 알아보기 쉽게 했다. 이런 허영심은 결국 치명적인 총상을 불러왔다.

월슨과 에드워드 보스카웬 중령은 의무대에 누워 있는 허버트 스튜어트를 보러 갔다. 보스카웬은 낙타 군단의 선임 장교였다. 허버트 스튜어트의 의식은 또렷했다. 월슨은 허버트 스튜어트에게 곧 나아지기를 바란다고 말했지만 허버트 스튜어트는 허리 아래가 마비된 상태였다. 그는 군인으로서 삶이 끝났다고 대답했다. 이 말은 자포자기로 들렸다. 월슨은 허버트 스튜어트가 부상당하기 전에 생각했던 것을 물었다. 허버트 스튜어트는 월슨에게 메템마를 점령하든지 나일강에 도달하든지 둘 중 하나를 반드시 달성해야 한다고 대답했다. 월슨은 가능한 한 빨리 마흐디군과 싸울 것이며 상황이 허락한다면 메템마를 점령하겠다고 대답했다. 월슨이 떠난 뒤 허버트 스튜어트는 원정대를 따라온 자신의 비서이자 《모닝 포스트Morning Post》의 특파원으로 활동하는 레저 허버트Leger Herbert를 시켜 자기 말을 받아 적도록 했다. 얼마 뒤 레저 허버트는 물통을 가지러 갔다가 머리에 총을 맞고 사망했다.

월슨은 세심한 인물이었다. 그는 공격에 앞서 꼼꼼한 준비를 시작했다. 그가 가장 중시한 것은 보루 방어였다. 이에 따라 보루 보강 공사가 이뤄졌다. 그는 기마보병으로 구성된 중대 병력을 전투정찰대로 내보내 약 45미터 전방의 낮은 능선을 점령한 뒤 마흐디군이 머리를 쳐들지 못하도록 사격하라고 지시했다. 전투정찰대는 총을 쏘면서 휑하게 뚫린 공간을 가로질러 목적지에 도착했다. 0.43구경 레밍턴 소총탄이 날아다니고 돌에 맞아 깨지는 소리를 내는 가운데 이들은 납작 엎드려 능선까지 기어갔다. 자리를 잡은 전투정찰대가 표적으로 삼을 수 있는 것은 사격 직후 총구에서 나는 한 줄기 연기와 덤불에서 덤불로 빠르게 움직이는 검은 그림자뿐이었다.

글라이센은 근위병 전투정찰대를 이끄는 장교들 속에 함께 있었다. 근위병 전투정찰대는 오른쪽으로 약 40미터 떨어진 또 다른 능선으로 향했다. 이들은 능선에 소형 요새를 구축하는 임무를 받았다. 이들은 영국군과 마흐디군 사이에, 아무도 점령하지 않은 땅을 힘겹게 점령하고 안장과 상자를 이용해 임시 요새를 만들어야 했다. 요새를 만드는 동안 마흐디군 저격수들은 차례대로 이들을 쓰러뜨렸다. 총알이 머리 위로 스치듯 날아다니더니 넌더리 나게 살에 박히면서 두 명이 사망했다. 살아남은 병사들은 바닥에 납작 엎드려 움직이는 것을 향해 무차별하게 총을 쐈다.

글라이센은 살을 에는 듯한 통증을 느꼈다. 그는 배에 총을 맞았지만 쌍안경을 놓지 않았다. 그는 비틀거리며 일어섰다가 앞으로 쓰러졌다. 전투정찰대를 지휘하는 에드워드 크래브Edward Crabbe 대위는 병사 두 명을 급히 보내 그를 자리바 목책 안으로 데려오게 했다. 목책 안으로 들어온 글라이센은 비로소 자신이 기적적으로 살아난 것을 알게 되었다. 마흐디군이 쏜 총알이 군복의 금속 단추에 맞아 살을 뚫지는 못한 것이다. 결국 엄청난 통증을 느낀 것으로 목숨을 구한 셈이었다.

시간이 갈수록 마흐디군의 숫자가 늘어났다. 반면 글라이센의 기록에 따르면 영국군 사상자는 하염없이 들것에 실려 후송되었다. 영국군은 너무도 기력을 소진해 총알이 휙휙 날아다니는 그 상황에서도 아침 식사 대신 잠을 택했다. 허버트 스튜어트를 문병하고 돌아온 말링 중위는 낙타 뒤에 누워 한 시간 동안 잠을 잤다. 글라이센도 자보려 노력했지만 그를 둘러싼 낙타 두 마리가 계속해서 자세를 바꾸는 통에 실패했다. 낙타 수십 마리가 총에 맞았지만, 비명 한 번 지르지 않았다. 이날 아침, 《스탠다드Standard》 지의 특파원인 존 캐머런John Cameron은 시종으로부터 정어리 통조림 하나를 건네받다가 총에 맞아 숨을 거두었다.

해군 여단의 베레스포드는 일찌감치 가드너 기관총을 운용하기 시작했지만 숨어 있는 저격수에게는 쓸모가 없었다. 오히려 마흐디군 저격수가 기관총의 바퀴살을 맞춰 골칫거리를 만들었다. 아부 틀라이에서도 문제를 일으켰던 가드너 기관총은 이번에도 맥을 쓰지 못했다. 저격수가 쏜 총알에 잠을 자던 수병 두 명이 목숨을 잃었고 또 다른 수병은 배에 심한 상처를 입어 몸부림치다가 의무병이 준 진통제를 먹고서야 잠잠해졌다. 베레스포드는 당시를 이렇게 회고했다. "타는 듯한 태양 아래 우리는 무기력했다. 총성이 사방에서 들렸고 적이 쏜 총알은 고음을 내면서 머리 위로 날아다니거나 둔탁한 소리를 내면서 몸에 박혔다. 이렇게 총알을 맞은 병사들은 갑자기 소리를 크게 지르거나 고통스러운 신음을 토해냈다. 총알을 맞은 낙타는 앉은 채로 피를 흘리고 있었다."[51]

정오가 지나자 베레스포드는 더 버티지 못하고 윌슨에게 본대 돌격을 촉구하는 전문을 보냈다. 그러나 전령은 윌슨에게 가는 도중 총에 맞아 사망했다. 베레스포드는 다시 에드워드 먼로Edward Munro 중위를 시켜 전문을 전하게 했다. 먼로는 전문을 들고 윌슨에게 가는 도중 무려 일곱 번이나 부상당했다. 베레스포드가 전문을 보낸 행동은 마치 아부 틀라이에서 기관총을 독단적으로 운용해 방진이 무너지도록 했던 것처럼 불필요했다.

윌슨은 행동이 필요하다는 것을 누구보다 정확하게 알고 있었다. 그러나 성격이 꼼꼼한 윌슨은 자리바 목책이 완성되기를 기다렸다. 오후 2시경, 목책이 완성되자 그는 방진을 형성하라고 지시했다. 허버트 스튜어트는 윌슨에게 아부 틀라이에서처럼 부상자와 짐, 낙타 대부분을 자리바 목책 안에 남기고 중낙타연대에서 가장 우수한 부대인 제19경기병연대와 해군 여단, 포병이 방호하도록 하라고 했다. 자리바 목책을 지키는 임무는 배로 중령이 맡았다.

방진은 나일강까지 곧바로 전진할 예정이었다. 근위낙타연대가 방진 전방과 오른쪽을 맡고 기마보병이 왼쪽을 맡았다. 서식스연대와 중낙타연대 일부가 후방을 담당했다. 급작스러운 돌격에 대비해 공병과 제19경기병연대가 각 모서리에 추가로 배치되었다. 방진 안에는 카콜렛 가마, 탄약, 그리고 식수 수송 낙타 20마리가 자리를 잡았다. 지휘를 맡은 윌슨은 에드워드 보스카웬 중령에게 '행정 지휘'를 위임했다. 근위 장교인 보스카웬 역시 전투 경험이 없기로는 윌슨보다 나을 것이 없었다. 윌슨이 지휘권 일부를 이양한 것은 짐작건대 그가 보병 훈련을 받은 적이 없기 때문일 것이다. 버너는 다시 한 번 방향 유지 임무를 맡았다. 글라이센은 방진의 전투력을 900명 정도로 추산했다. 방진이 전투 준비를 마친 것은 대략 오후 3시였고 보루에서 나온 방진은 남쪽으로 움직이기 시작했다.

사흘 사이에 물을 차지하려고 마흐디군과 싸우는 것이 벌써 두 번째였다. 영국군은 죽기 아니면 살기로 해야 한다는 것을 잘 알았다. 작둘을 떠난 뒤 영국군은 고작 16시간만 잘 수 있었고 하루 평균 1.5리터의 물로 버텼다. 더 안 좋은 것은 지난 며칠 동안 제대로 된 밥을 거의 먹지 못했다는 것이다. 데려온 낙타는 물 없이 8일을, 음식 없이 4일을 지냈으며 말 또한 56시간 동안 물을 먹지 못했다. 글라이센은 전투 직전 상황을 이렇게 묘사했다. "위험할 수도 있다는 정도가 아니라 확실히 위험했다. 반으로 나뉜 병사들은 이제 서로 다시 볼 수 없을지도 모른다. 그러나 이 방법 말고 다른 길은 없었다."[52] 말링은 당시 전투를 앞두고 아무도 살아 돌아오지 못하리라 생각했다. 베레스포드도 그의 생각에 동의했다. "죽을 것이 확실한 사지로 걸어 들어가는 부대가 있다면 바로 이 빈약한 영국군 보병 방진이었다."[53]

윌슨은 상황이 얼마나 심각한지 잘 알고 있었지만 병사들의 얼굴을 보고는 자부심을 느꼈다. "병사들은 결연했다. 그들은 오로지 임무 완수만을 생각했다. 나는 병사들이 그날 밤에 나일강 물을 먹겠다는 각오를 충분히 느낄 수 있었다."[54] 이런 모습이야말로 기꺼이 목숨을 바칠 준비가 되어 있는 완고한 영국 군인의 전형이었다.

영국군이 일어서자마자 마흐디군의 사격이 빗발쳤다. 최초의 사상자는 보스카웬의 부관인 스코트근위연대 소속의 찰스 크럿츨리Charles Crutchley 중위였다. 그는 참호 파는 장비를 요청한 전투공병 장교에게 쪽지를 전해주던 중이었다. 영국군은 낙타가 따라올 수 있도록 천천히 행군했다. 그 과정에서 마흐디군의 총알을 맞고 쓰러진 병사들은 중낙타연대가 와서 후송해줄 때까지 자갈밭에 방치되었다. 글라이센의 부하인 우즈 이병이 가진 무기라고는 삽뿐이었다. 그는 삽으로 얼굴을 가리고서 훌륭한 방패라고 동료와 농담을 주고받다가 손에 탄을 맞았다. 또 다른 병사는 총알이 탄띠에 맞으면서 정신을 잃고 땅 위에 뻗어버렸다. 글라이센 옆에 있는 에드워드 크레브 대위는 총알이 자신의 턱수염을 스치고 어깨를 맞추자 놀라서 펄쩍 뛰었다. 사우스 스태포드연대South Stafford의 찰스 호어Charles Hore 중위와 방진 왼쪽 모서리에서 전진하던 말링은 총알이 둘 사이를 윙윙대고 날아다니더니 결국 앞에서 있던 해병의 머리통을 부숴놓는 것을 보았다. 머리가 터지면서 피와 골이 말링과 호어의 얼굴로 튀었다.

마흐디군의 사격은 점점 더 치열해졌다. 총알은 영국군 머리 위로 기분 나쁜 소리를 내며 날아다녔고 병사들은 총알이 살에 박히면서 내는 둔탁한 소리에 점점 익숙해졌다. 전진 속도는 시속 3킬로미터를 넘지 않았고 해가 낮아졌는데도 영국군은 자리바 목책에서 550미터밖에 전진하지 못했다. 그러는 와중에 병사 일곱 명이 총에 맞아 한꺼번에 사망했다. 이제는 병력 전체가 전멸할 것처럼 보였다. 그 순간 윌슨이 철수 명령을 내릴 것으로 생각한 장교들도 여럿 있었다. 윌슨은 철수야말로 대재앙이 될 것이라는 점을 알고 있었기에 이를 악물고 마음을 다잡았다. 영국군에게는 전진해서 마흐디군을 무찌르거나 싸우다 죽는 것 말고는 다른 대안이 없었다. 그는 밀집대형을 유지하라고 지시했고 영국군은 마흐디군의 집중사격에도 꾸준히 앞으로 나아갔다.

보스카웬은 자갈 밭에서도 방진을 좌우로 잘 통제했다. 어려운 지면을 만날 때마다 방진은 멈췄고 병사들은 바닥에 바짝 엎드려 사격을 퍼부었다. 이 사격이 얼마나 엄청났는지 마흐디군은 사격을 멈춰야 했다. 영국군은 결단력 있게 다시 일어나 앞으로 나갔다. 윌슨은 그런 모습을 나중에 이렇게 기록했다. "병사들은 차분하고 침착하게 움직였다."[55]

낮의 열기는 이미 사라졌다. 평원은 핏빛으로 바뀌었고 등 뒤에서 햇살을 받은 병사들의 그림자는 기괴하리만큼 길게 늘어졌다. 깃발과 함께 마흐디군이 전면에 대규모로 집결하는 것이 윌슨의 눈에 띄었다. 마흐디군을 본 윌슨은 가슴이 뛰었다. 영국군이 자랑하는 덕목 중 하나인 끈기가 마침내 성과를 낸 것이다. 인내심 싸움에서 마흐디군이 진 것이었다. 이 광경을 본 영국군 사이에서 안도의 한숨이 여기저기서 터져 나왔다. 글라이센은 자신도 모르게 중얼거렸다. "하느님 감사합니다. 적이 공격하려 합니다."[56]

윌슨은 방진에 정지 명령을 내렸다. 영국군은 숨을 죽였다. 방진 정면에 있는 병사들은 무릎을 굽히고 어깨에 총을 올려 사격 자세를 취했다. 이것이야말로 모든 영국군이 마침내 기다려온 일격의 순간이었다. 병사들의 얼굴에는 결연한 의지가 깃들었다. 영국군은 전방에 있는 마흐디군을 주시했다. 윌슨은 병사들이 흔들리지 않고 자리를 지킬 것이며 총알이 떨어지는 순간까지 싸우리란 것을 잘 알고 있었다.

마흐디군이 사격을 멈췄다. 영국군은 금속성 소음을 들었다. 매우 낮은 소리로 시작된 소음은 점점 더 커지더니 마치 폭발하는 소리처럼 커졌고 그에 맞춰 마흐디군 병사들이 돌개바람처럼 언덕을 내달렸다. 마흐디군이 걸친 하얀 옷은 검은 얼굴과 대조를 이뤘고 이들이 든 무기는 저녁 해에 빛났다. 아부 툴라이 전투에서 그랬던 것처럼 마흐디군은 날카롭게 괴성을 지르며 세 방향에서 돌진해왔다.

막상 마흐디군을 본 영국군은 힘이 솟았다. 한 장교는 전투를 앞둔 영국군의 심정을 이렇게 기록했다. "우리는 적이 다가오지 않고 등을 돌려 도망갈까 걱정했다."[57] 영국군은 일제사격을 시작했다. 아부 툴라이 전투에서 그랬듯이 처음에는 일제사격이 별다른 효과를 내지 못하는 것처럼 보였다. 아부 툴라이 전투의 교훈을 기억하는 윌슨은 나팔수를 시켜 사격 중지 신호를 내렸다. 달려드는 마흐디군을 눈앞에 두고 사격을 멈추려면 대단한 절제력이 필요했다. 그러나 윌슨은 병사들이 명령에 잘 따르는 것을 보고 놀랐다. 사격을 멈춘 병사들은 새로운 탄알을 약실에 밀어 넣었다. 미친 듯이 소리를 지르고 점점 더 가까이 다가오는 마흐디군을 기다리는 것은 순간이었지만, 고통스러웠다. 그러나 그 짧은 순간에도 영국군은 조금도 위축되지 않고 기다렸다. 드디어 윌슨의 입에서 명령이 떨어졌다. "연속 사격!"

연속 사격을 알리는 나팔 소리가 방진 안에 울려 퍼졌다. 연속 사격으로 총열이 뜨거워졌고 연기와 화염으로 막이 만들어질 정도였다. 합창하듯 탄환을 뿜어내는 수백 정의 마티니-헨리 소총의 사격 음이 지속해서 울리면서 포효처럼 커졌다. 마흐디군은 한 번에 수십 명씩 쓰러졌다. 방진 한참 뒤에 있는 자리바 목책에서 2.5인치 조립식 포가 불을 뿜었고 발사된 포탄은 공기를 가르고 적진에 떨어졌다. 앞에서 돌진하던 마흐디군은 마치 낫에 베인 풀처럼 쓰러졌다. 살아남은 마흐디군이 계속 다가왔지만 방진 약 30미터 앞까지가 다였다. 마흐디군은 영국군의 사격을 피할 수 없었다. 앞줄에 있던 한 장교는 "달려드는 마흐디군과 방진 사이에 보이지 않는 죽음의 지대가 있는 것 같았다"고 회고했다. 죽음의 지대는 방진에서 약 180미터 떨어진 곳까지 하나의 띠처럼 형성되었으며 마흐디군은 이곳을 통과할 수 없었다. 실제로 이곳에 들어왔다가 살아 나간 마흐디군의 숫자는 대여섯 명을 넘지 않았다. 이렇게 살아 나간 마흐디군과 이곳까지 이르지 않았던 나머지 인원들은 메템마를 향해 빠르게 후퇴했다. 후퇴한 언덕 경사면에는 마흐디군 시체 300여 구가 널려 있었다. 5분 만에 영국인이 아부 크루Abu Kru 전투로 기억하는 전투가 끝이 났다. 고든 구원군은 나일강을 확보했다.

승리를 확인한 고든 구원군은 세 차례에 걸쳐 성공을 자축하는 엄청난 환호성을 올렸다. 보스카웬은 윌슨에게 경례하면서 직접 지휘한 첫 군사작전에서 성공을 거둔 것을 축하했다. 윌슨 또한 방진을 잘 운영해준 보스카웬의 업적을 치하했다. 두 사람 모두 실제 작전은 두 번째였지만 괄목할 만한 성공을 거두었다. "내가 보기에 이렇게 방진을 잘 운영한 적도 없다." 참전 경험이 많았던 맥도널드 특파원의 평가였다.

전투에 승리했지만 윌슨은 사방에서 쏟아지는 조언에 파묻혔다. 보스카웬은 방진 전면에 있는 병사들만 나일강으로 보내고 나머지 세 면에 있는 병사들은 자리바 목책으로 돌려보낼 것을 제의했다. 윌슨은 이 제안을 받아들였다. 기마보병 지휘관인 고우 소령이 방진 전면에 있는 병사들을 지휘해

100미터쯤 전진하다가 윌슨에게 되돌아왔다. 아부 틀라이 전투 도중 머리에 상처를 입어 기절했던 그는 전투에 다시 투입될 정도로 회복한 상태였다. 그는 항명죄로 처벌될 것을 각오하고서 자신의 생각을 말하기 시작했다. 그는 보스카웬의 생각은 터무니없으며 병사들을 모두 죽게 할 것이라고 말했다. 윌슨은 그의 말이 맞는다고 보았다. 그는 방진을 다시 형성하라고 지시했다.

고든 구원군은 방진을 다시 형성하고 행군을 시작해 나일강으로 나아갔다. 그러나 이미 날이 어두워졌다. 초승달이 비치는 강물은 은빛 띠처럼 보였다. 모두 목이 타들어갔지만, 군기는 절대로 무너지지 않았다. 방진 1면씩 강가에서 헬멧에 물을 담아 마시고 물통을 채우는 동안 3면의 병사들이 엄호했다. 여러 곳에 경계병이 배치되었다. 마음껏 물을 마시고 갈증을 푼 병사들은 그 자리에서 쓰러지더니 바로 잠에 빠졌다.

12

1885년 1월 21일 아침 9시, 산자크 무함마드 카쉼 알-무스 베이Sanjaq Muhammad Khashm al-Mus Bey는 메템마 방향에서 들려오는 포성을 확인했다. 그는 증기선 보르댕Bordain을 타고 강 아래로 조금 내려가 있었다. 그가 이끈 선단은 보르댕을 포함해 탈라하위야Talahawiyya, 사피아Safia 그리고 타우피키야 등 모두 4척이었다. 증기선 4척에는 이집트군, 지하디야 소총병, 그리고 산악포가 실려 있었다. 고든은 한 달 전인 12월 14일 카르툼에서 보르댕을 출발시켰다. 나머지 3척은 울즐리의 구원군이 나타나기를 기다리면서 10월 이후로 나일강 순찰 활동을 강화하고 있었다.

키는 작았지만 힘이 좋았으며 위엄이 있는 카쉼 알-무스는 당시 쉰세 살 정도였다. 무성한 턱수염과, 양 뺨에 수평으로 나 있는 흉터 세 줄은 그가 나일 계곡에 거주하며 아랍어를 쓰는 샤이기야족 출신이라는 것을 알려주었다. 튀르크-이집트제국이 수단을 침공한 시절부터 사나운 기병으로 알려진 샤이기야족은 최초에는 침공에 저항했지만 이내 튀르크인과 손을 잡았다. 샤이기야족 중 많은 수는 정부에 충성하는 사람들이었다. 카쉼 알-무스는 젊어서부터 샤이기야 기병으로 이름을 떨쳤고 페다시Fedasi에 있는 국경 주둔군 지휘관으로 복무했다. 최근 사이드 파샤와 하산 파샤가 병사들을 배신할 때 그는 할파야에 있었다. 카쉼 알-무스는 병력을 규합하려고 필사적으로 노력한 사람 중 한 명이었다. 그 이후로 그는 고든이 가장 신뢰하는 장교가 되었다.

아침 9시 30분경, 나일강 강변을 따라 형성된 평야에서 자라는 드후라 줄기 위로 이집트 국기가 휘날리는 증기선 보르댕의 돛대가 나타났다. 그 순간 고든 구원군은 방진을 형성하고 메템마 외곽에서 천천히 이동하고 있었다. 윌슨과 보스카웬은 메템마를 어떻게 공격할 것인가를 놓고 연구 중이었다. 마흐디군은 벽에 난 구멍을 이용해 산발적으로 사격을 계속했고 영국군 쪽에서는 중대 규모의 산병이 이에 응사하고 있었지만 별다른 효과는 없었다. 윌슨은 포를 사용하기로 하고 2.5인치 조립식 포를 발사하라고 명령했다. 그러나 포탄은 부드러운 벽에 그대로 박혀버릴 뿐 폭발하지 않았다. 이 포성은 멀리 보르댕에서도 들을 수 있었다.

고든 구원군은 자리바 목책에 남겨둔 부상병과 낙타 치중대를 메템마에서 남쪽으로 3킬로미터 떨어진 굽밧 알-크루맛Gubbat al-Kurmat 마을로 옮기는데 꼬박 하루를 다 썼다. 이송된 부상병들은 이곳에 와서야 나일강 물을 처음으로 마실 수 있었다. 영국군은 이 마을을 아부 크루 또는 굽밧Gubbat이라고 불렀다. 윌슨은 새벽 4시에 병력을 집결시켜 메템마로 진격했다. 메템마로 가는 길에 조우한 얼마 안 되는 마흐디군은 황급하게 메템마로 도망쳤다. 동이 트자 영국군과 마흐디군은 교착상태에 놓였다.

"고든의 증기선이다!" 누군가가 외쳤다. 영국군은 웅성거리기 시작했다. 윌슨은 적이 쏜 총알이 공기를 휙휙 가르며 날아다니는 소리를 듣던 중 무엇인가 등 뒤를 쿵 하고 치는 느낌을 받았다. 돌아보니 마흐디군이 크루프 대포를 이용해 발사한 달걀 크기의 돌덩이가 방진 가까이에 박혀 있었다. 곧이어 세 발이 연속해서 날아왔다. 그중 한 발은 대포를 운반하는 낙타의 아래턱을 부숴놓았고 또 다른 한 발은 낙타 한 마리를 죽이고 병사에게 상처를 입혔다. 윌슨은 방진을 풀어 종대로 대형을 변경한 뒤 마흐디군의 대포 사거리 밖으로 벗어나도록 지시했다.

보르댕에 타고 있는 카쉼 알-무스는 200명의 지하디야 소총병들에게 9파운드 산악포 2문을 강가에 상륙시키라고 명령했다. 지하디야 소총병들은 동맹군을 돕기 위해 신속하게 움직였다. 이들은 타르부쉬를 쓰고 셔츠를 입었으며 허리띠를 매고 어깨에는 탄띠를 둘렀다. 이들은 레밍턴 소총, 칼, 그리고 창으로 무장했다. 글라이센은 지하디야 소총병들을 이렇게 평가했다. "이들은 모두 정예 병사들이었다. 이런 거친 자원들을 훌륭한 병사로 키워낸 고든의 천재성이 놀라웠다."[58]

명령을 받은 지 3분 만에 지하디야 소총병들은 산악포의 초탄을 발사했다. 나머지 소총병들이 사격 위치로 전개하더니 벽에 대고 총알을 쏟아부었다. 수단 정부가 보낸 지원군을 보면서 고든 구원군은 안도했고 사기가 치솟았다. 영국군 방진은 능선 뒤쪽으로 이동했다. 대포로 메템마를 한 시간 동안 두들겼지만 성과는 없었다. 근위낙타연대는 포병을 엄호하라는 명령을 받았다. 해병을 지휘하는 포W. H. Poe 소령이 허벅지에 적탄을 맞으면서 포병에는 사상자가 한 명 발생했다. 포 소령은 회색 재킷이 적의 눈에 띄지 않기 때문에 빨강 재킷을 계속 입겠다고 고집을 피운 인물이다. 더욱이 그는 마흐디군 저격병이 환히 보는 곳에 서서 명령을 내렸다. 그와 반대로 부하들은 바닥에 납작 엎드려 있었다. 그가 노래를 부르거나 춤이라도 췄으면 더할 나위 없이 좋은 표적이 되었을 것이다.

오후 3시경, 카쉼 알-무스를 만난 윌슨은 고든의 편지를 전해 받았다. "카르툼은 괜찮다. 몇 년이라도 버틸 수 있다." 편지는 고든의 봉인이 찍혀 있었고 12월 29일에 작성된 것이었다. 편지에 적힌 소식은 안심되는 것이었지만 카쉼 알-무스가 가진 정보는 달랐다. 그는 옴두르만에서 출발한 마흐디군 증원 병력을 지나쳐 왔다. 윌슨 또한 아부 툴라이에서 잡은 포로들로부터 이 병력의 존재를 들어 잘 알고 있었다. 카쉼 알-무스는 증원 병력의 규모를 3천 명으로 추정했고 굽밧까지 이틀 안에 도착할 것이라 예상했다. 더 나쁜 것은 베르베르에서 출발하는 두 번째 증원 병력이 사얄Sayal에 도착했다는 것이었다. 사얄은 메템마보다 하류에 있는 마을이다. 이는 낙타 군단이 곧 양 방향에서 마흐디군의 협공에 걸리리라는 것을 뜻했다.

윌슨은 군이 메템마를 확보할 필요가 없다는 결론을 내렸다. 안 그래도 모자란 병력이 얼마나 희생될지 알 수 없었다. 더구나 탄약도 충분하지 않았다. 대신 그는 굽밧에 전진기지를 세우기로 했다. 그는 낙타 군단에게 즉시 굽밧까지 물러나도록 지시했다. 여전히 정신은 말짱한 허버트 스튜어트는 버티기에는 굽밧이 더 나은 곳이라는 데 동의했다. 그날 아침 실시한 작전이 쓸데없는 것이었다고 불평이 터져 나왔다. 말링 중위는 레드버스 불러가 있었다면 좋았겠다고 일기에 적었다. 그가 보기에 불러라면 메템마를 탈취했을 것 같았다.

그러나 윌슨의 결정이 옳았다. 군사 이론에서 방어에 들어간 진지를 공격하려면 병력이 최소한 두 배는 되어야 한다. 낙타 군단이 메템마를 탈취할 수는 있었겠지만 그 과정에서 심각한 사상자가 발생하는 것은 피할 수 없었을 것이다. 몇 주 뒤에 불러가 도착해 상황을 둘러보고 울즐리에게 보고서를 보냈다. "탈취할 가치가 없습니다." 불러나 윌슨이나 생각은 같았다.

당시 영국군은 위태로운 상태였다. 병력도 적은 데에다 보급품을 받으러 낙타 치중대와 경계 병력을 함께 작둘로 돌려보내면 병력 규모가 더 작아질 판이었다. 윌슨의 부하들은 3주 내내 빈약한 전투식량과 부족한 물 때문에 고생하며 힘들게 걸어서 사막을 통과했다. 정신적으로나 육체적으로 완전히 지쳐 있었다. 영국군은 그간 쌓아온 전투 기술과 용기를 모두 동원해야 했던 피비린내 나는 전투를 두 번이나 치렀다. 그 과정에서 111명이 전사했고 193명이 부상당했다. 부상자 중 많은 수가 생명이 위독했다. 애초에 울즐리는 사막부대가 아무 사상자 없이 메템마에 도착할 것으로 생각했지만, 현실은 너무도 달랐다. 게다가 허버트 스튜어트는 부상으로 임무를 수행할 수 없었다. 증기선을 운용할 것이라고 예상해 파견한 해군 장교들은 거의 전사했고 해군 장교 중 최선임인 베레스포드 대령은 엉덩이에 종기가 크게 나 걷는 것조차 힘든 지경이었다.

사정이 이러니 윌슨은 최소한 세 사람 몫을 해야 했다. 그는 허버트 스튜어트를 대신해 지휘했고 본업인 정보참모 일도 해야 했으며 고든을 구하러 카르툼에 보낼 증기선도 책임져야 했다. 계획대로라면 메템마에서 윌슨이 증기선을 타고 카르툼으로 떠나면 프레드 버나비가 윌슨의 자리를 이어받을 예정이었다. 그러나 버나비는 아부 툴라이에 세운 무덤 속에 있었다. 더구나 증기선에는 이집트 병사들과 그들의 식솔이 모두 타고 있었다. 고든이 보낸 비밀 전문엔 "어떤 경우라도 이들을 카르툼으로 되돌려 보내지 말 것"이라고 쓰여 있었다. 그렇지 않아도 바쁜 윌슨은 증기선에서 이집트군과 그들의 식솔을 하선시켜야 하는 예기치 않은 임무까지 도맡아야 했다. 윌리엄 얼 소장이 지휘하는 나일부대는, 계획대로라면 메템마에서 사막부대와 만나야 했지만 코르티 상류에서 그리 멀지 않은 아므리 폭포Amri Cataract도 통과하지 못한 상태였다.

나일부대는 3월이나 돼야 도착할 것 같았다. 최악은 남쪽과 북쪽에서 대규모의 마흐디군이 다가오고 있다는 것이었다. 야전 지휘 경험이 없는 윌슨이 이 모든 도전을 솜씨 좋게 해결한다는 것은 너무도 어려워 보였다. 그는 결단력, 용기, 그리고 조직을 활용해 이런 상황을 그럭저럭 타개해나가고 있었지만 애석하게도 단 한 가지도 그 공적을 인정받지 못했다. 울즐리는 일기장에다 윌슨이 메템마에서 내린 결정이 멍청했고 아부 툴라이 이후 그가 용기를 잃어버렸다며 그의 인격을 헐뜯는 글을 남겼다. 그러나 울즐리는 아부 크루에서 윌슨이 방진을 지휘할 때 보여준 결단력을 제대로 평가할 수 없었다. 더욱이 울즐리는 마흐디군이 어떻게 싸우는 군대인지 한 번도 본 적이 없었다. 울즐리는 늘 이렇게 이야기하곤 했다. "아무리 마흐디군이 많고 아무리 우리가 적어도 그들은 우리를 당해내지 못한다." 그러나 그의 주장은 헛소리에 불과했다.

윌슨은 진지 구축을 최우선으로 생각했다. 나일강에서 약 1.6킬로미터 떨어진 굽밧은 이슬람 성인을 기리는 성지로 오두막과 진흙집이 모여 있었고 자갈로 덮인 능선이 그 주위를 감싸고 있었다. 능선의 높이는 기껏해야 15미터지만 지역 전체를 감당할 수 있는 거의 유일한 위치였다. 윌슨은 부대를 둘로 나누었다. 하나는 능선을 담당하고 다른 하나는 낙타 안장과 상자로 급조한 자리바 목책에 의지해 강둑을 방어하도록 했다. 진흙집을 부숴 그 잔해로 자갈 능선에 요새 하나를 급조했다. 근위낙타연대가 이 요새를 담당하고 나머지 다른 부대들은 자리바 목책이 있는 강둑에 배치되었다. 언제나 그랬듯이 자리바 목책에는 의무대와 부상병들을 남겨두었다.

굽밧에 진지가 구축되는 동안 윌슨은 카쉼 알-무스가 가져온 고든의 보고서를 정독했다. 그 속에는 고든이 마지막으로 쓴 일기가 들어 있었는데 이것은 고든이 그리스 출신 상인에게 안전하게 맡긴 것이었다. 마지막으로 기록된 것은 12월 14일이었다. 그날의 기록은 불길했다. "이것을 기록하라! 만일 구원군이 열흘 안에 도착하지 못하면 카르툼은 적에게 함락될 것이다. 나는 조국의 명예를 지키고자 최선을 다했다. 부디!"

윌슨이 일기를 읽은 시점은 고든이 말한 열흘보다도 거의 한 달이 지난 시점이었다. 카르툼은 몇 달이고 버텨낼 수 있다고 12월 29일에 기록한 전문과 놀랄 만큼 달랐다. 고든은 카르툼이 마흐디군의 손에 들어갈 것으로 확신하고는 역설적으로 12월 29일 전문을 적은 것 같았다. 윌슨은 카쉼 알-무스와 증기선 선장에게 주의 깊게 질문을 던졌다. 윌슨은 이들의 답변을 토대로 고든이 아직 버티고 있을 것이라 결론 내렸다.

이제 윌슨은 어려운 과제와 씨름해야 했다. "참사를 막을 수 있다는 희망을 품고 지금 당장 카르툼으로 출발할 것인가?" 아니면 "굽밧의 기지를 보강할 것인가?" 굽밧에 나일부대와 사막부대 제2제대를 준비해 안정된 상태에서 카르툼으로 고든 구원군을 출발시키려면 적어도 3월까지는 기다려야 했다. 월슨은 카르툼으로 간다는 정보를 밖으로 흘렸다. 이 선전전에 마흐디군이 일단 넘어가길 바랐다.

그러나 월슨은 우선 굽밧을 보강하는 것으로 마음을 굳혔다. 자신이 카르툼으로 떠난 동안 굽밧에 있는 병력이 전멸하기라도 하는 날에는 울즐리의 모든 계획이 완전히 망가질 수 있었다. 그렇게 되면 나일부대의 전진기지는 물론이거니와 바유다 사막을 이리저리 가로질러 다닐 낙타 치중대가 임시 군수물자 하역장으로 쓸 곳도 없어지는 셈이었다. 고든이 카르툼에서 버티든지 못 버티든지 굽밧이 무너지면 영국군이 카르툼에 도착하더라도 또다시 고립되는 형국이었다.

월슨은 울즐리로부터 카르툼까지 증기선 운용을 담당하라는 명령을 받은 베레스포드와 의견을 나눴다. 몸이 성치 않던 베레스포드는 카르툼으로 출발하기 전에 남쪽과 북쪽으로 정찰대를 운영하자는 의견을 냈다. 그는 며칠 안으로 엉덩이에 난 종기가 수그러들면 몸 상태가 좋아지리라고 기대했던 모양이다. 그리고 그렇게 되면 고든을 구출할 역할을 맡을 수 있을 것으로 생각했던 것 같다.

증기선의 연료는 거의 다 떨어졌다. 연료로 쓸 목재를 찾아야 했기에 어쨌든 그날과 다음 날은 떠날 수 없었다. 더군다나 몇 차례에 걸쳐 마흐디군과 조우하면서 받은 타격 때문에 증기선은 전면 보수가 필요했다. 이 상태로 카르툼으로 향하는 것은 매우 위험했다. 나일강을 거슬러 카르툼까지 가는 동안 증기선이 강 양편을 장악한 마흐디군과 조우할 것은 분명했다. 증기선이 고장 나든지 연료가 떨어지면 구원군에게는 재앙이었다. 꼼꼼하기로 이름난 월슨은 자기 생에서 가장 중요한 순간을 무작정한 희망에 의지해 결단할 사람이 아니었다.

당장 증기선 선장들이 윌슨의 조심성에 반대했다. 선장들은 12일 안에 임무를 완료하지 못하면 수심이 증기선 운항이 어려울 만큼 낮아져서 제6폭포를 통과할 수 없다고 했다. 특히 가족과 재산을 모두 카르툼에 두고 온 카쉼 알-무스는 즉시 움직이는 데 찬성했다. 윌슨은 고든이 현재까지 버티고 있다면 이틀 늦게 출발한다 해도 큰 차이가 없다고 했다. 그의 추론은 건전한 것이었지만 결과적으로는 잘못된 결정이 되고 말았다.

다음 날, 윌슨은 탈라하위야를 타고 보르댕과 사피아를 대동해 상류로 올라가면서 베르베르에서 파견된 마흐디군 증원 병력의 전진 상태를 정찰했다. 이동 중 메템마와 강 건너편 셴디에 있는 마흐디군으로부터 포격을 받았지만 산악포 2문으로 20발을 응사했다. 셴디를 지나서 탈라하위야는 카쉼 알-무스가 심어놓은 정보원을 배에 태웠다. 그는 베르베르에서 오는 증원군이 아부 툴라이 전투의 생존자들을 만난 뒤 전진하는 것을 단념한 상태라고 보고했다. 모처럼 좋은 소식을 들은 윌슨은 해질 무렵 굽밧으로 돌아왔다.

나일강 강변을 따라 경기병을 이끌고 남쪽으로 정찰을 나섰던 배로 중령은 남쪽에는 적의 움직임이 전혀 없다고 보고했다. 두 곳의 정찰로 영국군에게 바로 위협이 될 만한 것은 없어 보였다. 윌슨은 23일 점심 무렵 카르툼을 향해 출발한다고 발표하고 증기선 두 척을 선발했다. 한 척은 카쉼 알-무스에게 선장을 맡긴 탈라하위야였고 다른 한 척은 카쉼 알-무스의 사촌인 아브드 알-하미드 베이에게 선장을 맡긴 보르댕이었다. 이 둘은 증기선 네 척 중 가장 컸다. 그러나 대양을 운행하는 증기선에 익숙한 윌슨에게 이 둘은 템즈 강에서 운행하는 꼬마 증기선처럼 보였다. 그렇지만 강물이 빠르게 흘러 떨어지는 폭포를 여럿 빠져나가려면 이 둘은 너무나 컸다. 만일 카르툼까지 가는 데 성공하더라도 돌아올 때는 고든이 가진 배 중 가장 작은 증기선을 써야 할 지경이었다.

원래 대동할 장교 둘을 뽑았지만 윌슨은 스튜어트-워틀리 한 명만 데려가기로 했다. 아부 툴라이 전투에서 다리가 산산이 조각난 딕슨의 자리는 동부 수단에서 경험이 있던 기마근위대 소속의 프레드 개스코인Fred Gascoigne 대위에게 맡겼다. 이 둘 모두 카르툼에 도착하면 고든과 함께 남을 예정이었다. 베레스포드는 종기 때문에 통증이 심해 병원으로 후송되어 수술을 기다리고 있었다. 그가 증기선에 탈 가능성은 전혀 없었다. 증기선에 오른 영국군 전투병은 리오넬 트레포드Lionel Trafford 대위와 그가 이끄는 서식스연대 병력 21명이 전부였다. 이와 함께 지하디야 소총병 110명과 바쉬-바주크 몇 명 그리고 선원 몇 명이 함께했다.

배에 오른 서식스연대 병력은 영국 육군의 전통적인 복장인 붉은 코트 차림으로 카르툼에 도착할 예정이었다. 이로써 영국군이 정말 왔다는 것을 널리 알리고자 했다. 그러나 코트는 야간 행군 때 통째로 잃어버린 짐 뭉치 속에 있었다. 낙타 군단은 회색 군복 대신 빨간색 점퍼를 가져왔다. 중낙타연대는 그럭저럭 빨강 점퍼를 모아 이 21명의 복장을 챙겨주었다. 이 모습을 지켜본 서식스연대 병력 21명은 바보짓이라 생각했다. 병사 한 명이 투덜거렸다. "이제껏 회색 옷을 입고 깜둥이들을 뭉개버린 것 아니었어? 지금 이 붉은 코트를 입는 것이 대체 무슨 소용이지? 그놈들은 우리를 보고도 아부클레아에서 자신들을 깨뜨린 바로 그 군대라고 생각하지 않을 텐데!"[59]

다음 날 해가 뜨자마자 병사들은 항해 준비에 나섰다. 근처에는 마땅히 나무를 구할 곳이 없었다. 윌슨은 낙타 군단 전체에 명령을 내려 강둑을 따라 설치된 사기야 수차를 분해해 오라고 시켰다. 수차를 분해하는 조는 반드시 엄호를 받아야 했다. 그 때문에 수차를 분해하는 것 자체가 엄청난 일이었다. 수차에 사용된 목재는 덩어리도 크고 딱딱한 데다 불이 붙으면 너무 빨리 타버려서 연료로 적합하지 않았다.

해군 기술병들은 항해에 나설 탈라하위야와 보르댕이 총탄을 견뎌낼 수 있도록 장갑을 보강하고 엔진을 완전히 분해해 정비하는 데 최선을 다했다. 배에 탄 이집트 병사들과 그 가족들을 내리게 하고 탄약을 적재하는 것도 일이었다. 정오가 지나 시간이 계속 흘러갔지만 증기선은 준비가 끝나지 않았

굽밧에서 카르툼으로 떠날 준비를 하는 월슨, 1885년 1월 23일

The Illustrated London News, 1885년 3월 11일

다. 깔끔하게 준비가 끝날 무렵, 해가 졌다. 윌슨은 다음 날 동이 틀 때로 출발을 연기했다.

윌슨은 카르툼에서 살아 돌아오기 어렵다는 것을 알고 있었다. 카르툼으로 향하는 내내 마흐디군의 포격을 받을 것이 뻔했고 제6폭포인 사발루카 협곡에 숨어 있을 저격수 또한 치명적인 위협이었다. 땔감은 하루치도 비축하지 못했다. 따라서 카르툼으로 향하는 내내 해체조와 엄호조가 뭍에 올라 사기야 수차를 뜯어내야 했다. 그 과정을 다 거쳐도 할파야와 옴두르만에 있는 마흐디군 포대의 집중포화가 마지막 관문으로 남아 있었다. 제대로 조준된 포탄 한 발이면 배 두 척 중 한 척은 강바닥에 가라앉을 수도 있었다. 윌슨은 고든이 망원경으로 테라스에서 모든 것을 관찰하고 있다고 믿었다. 그는 카르툼에서 25~30킬로미터 떨어진 거리에서 고든이 증기선을 발견하고 곧장 마흐디군의 관심을 다른 곳으로 돌려주기를 바랐다. 윌슨은 배에 실린 9파운드 포와 소구경 화기를 마흐디군 포대에 쏟아부으며 전속력으로 카르툼으로 들어갈 생각이었다.

다음 날 아침 8시, 보르댕과 탈라하위야는 밧줄을 풀고 항해에 나섰다. 배에는 영국 육군의 빨강 코트를 입은 영국군 21명이 타고 있었다. 이들은 죽음을 무릅쓰고라도 고든과 카르툼을 구원하겠다는 결의로 차 있었다.

13

1월 20일, 백나일강 서편의 옴두르만 요새 남쪽에 자리 잡은 마흐디군 진영에 낙타꾼들이 도착했다. 낙타꾼들은 메템마에서 옴두르만까지 쉬지 않고 달려와 몰골이 말이 아니었지만 곧장 마흐디에게 안내되었다. 낙타꾼들은 나쁜 소식만 가져왔다. 고든을 구하려고 수단에 들어온 영국군이 아부 틀라이 전투에서 승리한 데 이어 다시 굽밧에서도 이겼을 뿐만 아니라 고든이 보낸 증기선단과 만나 곧 카르툼으로 출발할 예정이라는 소식이었다.

이 소식이 전해지면서 마흐디 진영에는 날벼락이 떨어졌다. 전장으로 떠나보낸 남편이 죽었다는 소식에 졸지에 과부가 된 아내와, 아버지가 전사했다는 소식을 들은 아이들이 서로 부둥켜안고 온종일 날카로운 비명을 토해내며 통곡했다. 아브달라히의 신임을 잃고 쇠사슬에 묶인 슬라틴은 다르푸르를 떠난 이후 이런 비명은 처음이었다. 마흐디가 전사자를 위한 곡哭을 금지했지만 사람들이 이를 공개적으로 무시하는 것을 보면서 슬라틴은 무엇인가 엄청난 일이 일어났다고 생각했다. 간수에게 사건의 전모를 전해 들은 슬라틴은 흥분으로 얼굴이 붉어졌다. 훗날 슬라틴은 당시 소감을 이렇게 기록했다. "정말 대단한 소식이었다. 말 그대로 심장이 두근댔다."[60]

가장의 전사 소식을 들은 가족들이 격하게 동요하자 마흐디는 깜짝 놀랐다. 그는 즉각 아브달라히와 함께 유가족들이 대놓고 곡하는 것을 막으려 애를 썼다. 슬라틴의 기록에 따르면 이런 노력에도 과부들과 아이들이 울부짖는 소리는 몇 시간 더 계속되었다고 한다. 울음소리가 들리지 않도록 마흐디는 마치 큰 승리를 축하라도 하듯 예포를 쏘게 했다.

히킴다르 궁에서 낮잠을 자던 고든은 옴두르만 방향으로 약 6킬로미터 떨어진 곳에서 들리는 대포 소리에 잠을 깼다. 마치 예포처럼 들렸다. 고든은 흰 정복을 입으면서 몇 발이나 발사되는지 주의 깊게 셌다. 타르부쉬까지 쓴 고든은 밖으로 난 복도를 가로질러 문을 열고 테라스로 나갔다. 카르툼을 지키는 병사들은 거의 굶고 있었다. 식량 배급은 형편없었다. 이런 상황에서 고든이 유일하게 마음껏 즐길 수 있는 것은 담배뿐이었다. 고든은 마치 사형선고를 받은 사람처럼 담배를 피워대며 위안을 삼았다.

테라스에 선 고든은 망원경으로 백나일강 건너편을 바라보았다. 눈에 들어온 광경은 축하와는 거리가 멀어 보였다. 마흐디 진영에서는 여자들이 통곡하며 머리를 쥐어뜯고 있었다. 그날 밤, 고든이 총애한 샤이기야 출신의 여자 간첩이 강을 건너와서는 마흐디군이 영국군에게 수차례 패배했다는 소식을 알려 주었다. 고든은 예포 소동이 마흐디의 책략이라는 것을 알았다.

고든은 단박에 이 소식을 성 안에 전파했다. 포위된 카르툼에는 사기를 올릴 무엇인가가 절실했다. 옴두르만 요새는 2주 전에 마흐디군에게 항복했다. 당시 옴두르만 요새는 수단 출신의 파라잘라 파샤Farajallah Pasha라는 장교가 지휘했다. 파라잘라 파샤는 영웅적으로 항거했지만, 꼼짝없이 갇힌 채 오랫동안 굶주리자 항복하는 것 말고는 다른 수가 없었다. 물자를 보급할 여력이 없는 고든은 항복을 허락했다. 파라잘라 파샤는 지하디야 소총병과 함께 옴두르만 요새 밖으로 걸어나가 마흐디에게 충성을 맹세하고는 마흐디군 장교가 되었다.

옴두르만이 마흐디 손에 떨어진 다음 날, 카르툼 주민 수천 명이 마흐디 편으로 돌아섰다. 고든도 어쩔 수 없었다. 고든은 이들을 먹여달라고 부탁하는 편지를 마흐디에게 달려가는 사람들 편에 함께 보냈다. 카르툼에 남은 병사 9천 명과 주민 2만 명은 비참하게 굶주렸다. 마흐디군은 세 방향에서 둘러싸고 카르툼으로 들어오는 모든 물자를 차단했다. 비축 식량은 12월 말에 이미 바닥을 드러냈다. 고든은 백나일강과 청나일강이 만나는 곳에 있는 투티 섬에서 농작물을 수확하라고 지시했다. 일꾼들이 농작물을 수확하는 동안 투티 섬의 요새에선 마흐디군을 향해 엄호사격을 가해야 했다. 이렇게 수확한 곡식 200아르뎁*과 카르툼에 남은 마지막 비스킷이 병사들에게 배급되었다.

이렇게 나눠준 식량은 한 주도 못 가 떨어졌다. 다시 먹을 것이 떨어지자 고든은 그리스 영사 니콜라오스 레온티데스와 상인 보르데이니 베이Bordeini Bey에게 반 개 중대를 붙여 카르툼을 샅샅이 뒤져 숨겨놓은 물자가 있는지 찾아보게 했다. 땅에 묻힌 곡식 몇 자루 그리고 가게 몇 곳에 남은 곡식을 발견했지만, 이걸로는 며칠 넘기기도 어려웠다. 군인과 민간인 가릴 것 없이 사람들은 당나귀, 노새, 말을 잡아먹었다. 나중에는 거리에 돌아다니는 개와

* 아르뎁ardeb은 5.62부셸로 대략 198리터이다.

심지어 쥐까지 먹어 치웠다. 고든은 카르툼에 남은 가축을 모두 한곳에 모으라고 지시했다. 이렇게 모인 가축이라야 28마리에 지나지 않았고 상태도 부실했지만 이렇게라도 모은 가축을 한 마리씩 잡아 사흘에 한 번씩 군인들에게 고기를 배급했다.

민간인들은 아라비아고무, 동물 가죽, 그리고 야자나무 잎사귀와 속살에 이르기까지 눈에 띄는 것이라면 닥치는 대로 먹었지만, 굶주림을 이기지 못해 죽어나가기 시작했다. 고든은 시내 구획마다 일정 수의 경계병을 배치해 시체를 매장하라는 특별 지시를 내렸다. 그러나 이렇게 배치된 경계병들도 배가 고파 기운이 없었다. 시체를 매장하면 2달러를 준다는 포상 제안도 효력이 없었다. 마흐디군의 공격에 대비해 성곽에 병사들이 배치되었지만, 오랫동안 먹지 못해 마치 성곽에 널린 시체처럼 보였다. 오직 먹은 것이라고는 아라비아고무와 물뿐인 탓에 병사들의 팔다리는 기괴하게 부어 있었다.

마흐디의 예포가 속임수라는 것을 깨달았을 때 고든은 미소를 지었을 것이다. 고든은 지난 9월 구원군이 메템마에 도착한 것처럼 마흐디를 속이려 했다. 지금 마흐디는 그 방법을 그대로 베껴 쓰고 있었다. 당시 고든 구원군은 메템마는커녕 카이로에서조차 출발하지 않았다. 고든은 마흐디의 심리전에 맞서 초인적인 노력을 계속했다. 고든은 일정 시점마다 병력을 집합시켜 열병과 분열을 하면서 주민에게 깊은 인상을 남겼다. 또한, 고든은 거의 2주마다 영국, 인도, 튀르크 군인들이 카살라, 베르베르 또는 동골라를 거쳐 카르툼으로 오고 있다는 벽보를 붙였다. 심지어 고든은 벽보에 승리로 상기된 다양한 국적의 얼굴을 그려 넣었다. 고든은 영국군이 무장 증기선 800척을 타고 나일강을 거슬러 오고 있으며 증기선마다 10명의 병사가 타고 있다고 큰소리쳤다.

큰소리가 그럴듯해 보이도록 고든은 청나일강 강변에 있는 모든 빈집을 영국군 장교 숙소로 임대하기까지 했다. 임대한 집에는 가구를 놓고, 정부 소속의 도공들은 물항아리를 만들었다. 고든은 요리사와 시종을 고용하고,

푸주한, 제빵사들과 식료품 공급 계약을 맺었으며, 심지어 땔나무와 채소를 실어 올 증기선을 지정하기까지 했다. 이런 위장이 더욱 완벽해 보이도록 고든은 장교 숙소를 사열하고 더 많은 가구가 필요하다고 요구했으며 2만 피아스터piastre의 추가 지출을 승인했다. 고든은 재무 관리에게 언제라도 쓸 수 있게 숙소가 준비돼 있어야 한다고 강조했다.

10월 24일, 마흐디가 옴두르만 외곽에 도착한 이래로 카르툼에서 포격은 밤낮을 가리지 않는 일상이 되었다. 고든은 밤이면 히킴다르 궁 서쪽 부속 건물의 창에 불빛을 등지고 차분하게 앉아 마흐디군 저격수와 포수를 향해 상스러운 주먹을 날렸다. 고든은 일촉즉발의 상황도 꼼꼼하게 일기에 기록했다. 12월 12일 일기에는 앉아 있는 창문을 겨냥해 날아오던 포탄이 나일강에 떨어졌다고 적혀 있다. 고든은 마흐디군이 카르툼을 향해 최소한 포탄 2천 발을 날렸다고 추정했다. 이렇게 포탄이 많이 날아왔지만, 포격 때문에 죽은 사람은 세 명뿐이었다. 고든은 소년 나팔수들을 테라스에 올려보내 마흐디군을 향해 나팔을 불거나 마흐디군을 혼란스럽게 하는 나팔 신호를 보내도록 했다. 나팔수 중 일부는 의자에 올라서야만 난간 너머를 볼 수 있을 만큼 키가 작았다.

백나일강 건너편에 진을 친 마흐디는 고든에게 항복하라는 편지를 적어도 아홉 통은 보냈다. 고든이 튀르크식 복장을 보낸 것을 본떠 마흐디는 맨 처음 편지에 마흐디군 복장 한 벌을 함께 보냈다. 장난기가 서려 있지만, 고든을 비웃는 앙갚음이었다. 여기저기 덧댄 집바와 헐렁한 서월 바지, 샌들, 모자, 그리고 허리띠까지 포함돼 완전한 한 벌을 이루는 마흐디군 옷을 본 고든은 그저 웃어넘길 수 없었다. 고든은 마흐디를 과소평가했다고 자책하면서 옷을 발로 차버렸다.

10월 22일, 마흐디가 보낸 편지를 본 고든은 증기선 압바스를 타고 카르툼을 떠난 스튜어트, 파워, 그리고 에르뱅이 모두 살해되었다는 것을 알았다. 마흐디는 증거로 증기선에서 입수한 문서 몇 점을 동봉했다. 고든은 이 문서가 압바스에 실린 것이 아니며, 자기가 보낸 전령 중 하나로부터 빼앗은 것이라며 이를 믿지 않으려 했다. 결국 11월 3일, 마흐디의 주장을 증명하는 키치너의 편지가 도착한 뒤에야 고든은 스튜어트 일행의 죽음을 받아들였다. 이후로 며칠 동안 고든은 일기에 죄책감을 놓고서 양심과 한판 씨름을 벌였다. 11월 5일 일기에는 이런 기록이 있다. "머릿속에서 압바스의 참사를 지울 수 없다……. 예측할 수 있는 범위 내에서 가능한 조치를 다했다. 내가 왜 그들을 가도록 했지? 아무 까닭 없이 이것은 인정한다……. 그들이 떠난 뒤 한시도 마음이 편한 적이 없었다……. 매우 슬프지만, 이것은 운명이다. 운명을 불평해서는 안 된다."[61] 고든은 하산 파샤와 사이드 파샤가 정말 죄를 지었는지 완전히 확신하지 못한다는 어투와 함께 스튜어트 일행이 죽은 것은 이 둘을 처형한 데에 따른 천벌인 것 같다는 내용도 일기에 함께 남겼다.

마흐디는 마지막 편지에서 고든의 안전 통행을 제안했다. 고든이 마흐디가 어떤 사람인지 완전히 알지 못한 것처럼 마흐디 또한 고든이 어떤 인물인지 파악하지 못했다는 것이 편지에 드러났다. 고든은 언제라도 마음만 먹는다면 원할 때 카르툼을 떠날 수 있었다. 그러나 카르툼을 떠나는 것은 자기가 보호하기로 맹세한 사람들을 배신한다는 것을 뜻했다. 만일 고든이 카르툼에 부임하지 않았다면 카르툼 주민은 진작에 마흐디에게 항복하고 자비를 기대할 수도 있었을 것이다. 이런 사실을 잘 아는 고든은 마음이 편치 못했다. 카르툼 주민이 끝이 보이지 않는 고난을 버티는 것은 고든이 있기 때문이었다. 또한, 수천 명의 병력이 이들을 지키려고 이미 목숨을 버렸다. 이를 뻔히 아는 고든은 영국 정부가 카르툼을 포기했든 아니든 주민과 운명을 함께하는 것이 의무라고 생각했다. 11월 9일, 고든은 일기에 이렇게 적었다. "내 책임을 완전히 덜어줄 정부가 카르툼에 수립되지 않는 한, 카르툼을 떠나겠다는 사람들이 모두 안전하게 떠날 때까지, 나는 수단을 포기하지 않겠다고 분명히 선언한다." 특사가 카르툼을 떠나라고 고든에게 명령했지만,

고든은 “그 명령은 따르지 않는다. 나는 이곳에 남아 카르툼과 함께 전사한다”라고 힘주어 말했다.62

마흐디가 예포를 발사한 날 밤, 고든은 지하디야 소총병을 지휘하는 파라즈 파샤의 집에서 회의를 소집했다. 고든은 직접 참석하는 대신 선임 서기 기리아기스 베이Giriagis Bey를 카르툼 운영위원회에 보냈다. 총독을 대리해 나온 기리아기스 베이는 영국군이 곧 카르툼에 도착할 것이지만, 고든은 여전히 카르툼에 남아 병사들과 운명을 함께할 것이라는 점을 명확하게 전달했다. 회의에 참석했던 보르데이니 베이에 따르면 영국군이 곧 도착할 것이라는 소식을 듣자 예전과 비교할 수 없을 정도로 사기가 올라갔다고 한다.

옴두르만의 마흐디도 회의를 소집했다. 그는 수단 북쪽에서 고든 구원군이 승리했다는 소식에 불안했다. 참모 대부분도 코르도판으로 철수하자고 했다. 마흐디의 삼촌인 무함마드 아브드 알-카림Muhammad Abd al-Karim만 다른 의견을 제시했다. 고든 때문에도 걱정이 이리 많은데 만일 영국인들이 군대를 이끌고 무리 지어 카르툼으로 들어오면 문제가 어마어마해진다는 것이 그의 논지였다. 알-카림은 고든이 항복하기를 기다리기보다는 구원군이 카르툼에 도착 못 한 지금, 고든을 공격해야 한다고 주장했다. 그의 주장은 시의 적절했다. 카르툼에서 탈영한 병사들은 카르툼 성내에 보급이 사실상 끊어졌으며 외부 공격에 저항할 수 없을 정도로 사기가 떨어졌다는 점을 확인해주었다.

얼마 뒤, 카르툼 남쪽 방어선에 심각한 문제가 있다는 정보가 다른 탈영병의 입에서 나왔다. 카르툼 쪽 백나일강 강변과 칼라클라* 마을의 북쪽에서 나일강의 강폭이 줄면서 900미터 정도 되는 땅이 드러났다. 이렇게 드러난 땅은 방어가 취약했다. 우기에 강물이 붇기 전, 이곳에는 배수로와 강둑이 있었지만, 강이 범람하면서 배수로와 강둑이 부분적으로 무너졌다. 이를 안

* Kalakla: 백나일강 동편에 있으며 히킴다르 궁에서는 남쪽으로 약 15킬로미터 떨어져 있다.

고든은 몇 개 대대 병력을 보내 배수로를 개선하도록 했으나 강 건너편에서 마흐디군이 쏘아대는 대포와 총알 때문에 겁먹은 병사들은 감히 보수공사에 나서지 못했다. 배수로의 깊이는 기껏해야 1.8미터여서 마흐디군이 마음먹고 공격하면 막을 수 없었다. 서쪽에는 홍수 때문에 토사가 쓸려 내려가면서 평지가 만들어졌다. 이곳의 수심은 발목 높이에 불과했다. 배수로는 진흙으로 가득 찼지만, 방어 병력은 배치되지 않았다. 고든은 평저선 두 척에 각각 소대 병력을 태워 간격이 발생한 곳 가까이에 배치했다.

14

곧 온다는 구원군 증기선은 코빼기도 비치지 않은 채 며칠이 지나갔다. 그러면서 카르툼을 지키는 병력의 사기도 다시 곤두박질쳤다. 보르데이니 베이는 당시를 이렇게 회상했다. "고든 장군은 매일같이 이렇게 이야기하곤 했다. '내일이면 구원군이 반드시 올 것이다.' 그러나 구원군은 오지 않았다. 그러자 카르툼 사람들은 구원군이 마흐디군에게 패했을지도 모른다고 생각하기 시작했다." 고든은 비축 탄약을 강변의 성당 쪽으로 옮겼다. 이곳은 돌로 만든 두꺼운 벽이 있어 더 안전했다. 그는 성당에 지뢰 매설하고 뇌관은 히킴다르 궁과 연결했다. 필요하면 멀리서도 폭파하겠다는 것이었다. 이미 오래전에 고든은 히킴다르 궁의 지하에 엄청난 폭발력을 가진 지뢰 두 발을 매설했다. 마흐디군이 설령 카르툼으로 들어오더라도 생포되기 전에 자폭할 준비를 마친 것이다. 자신은 그렇게 죽더라도 영사들을 포함한 주요 인사들은 탈출할 수 있도록 소형 증기선 무함마드 알리Mohammad Ali를 히킴다르 궁 부두에 정박시키고 출항 준비 상태를 유지하게 했다.

1월 25일 일요일, 해가 떴지만 햇살은 약했고 하늘은 흐렸다. 1월 아침답게 날이 추웠다. 건기 중간 무렵이라 나일강은 1년 중 수위가 가장 낮았다. 진흙을 쌓아 만든 제방과 진흙이 말라붙은 강변 갓길은 마치 오래된 가죽처럼 금이 가 갈라졌고 흙탕물이 제방과 갓길 사이로 천천히 흘렀다. 고든은 해가 뜨자마자 망원경을 들고 테라스로 나가 마흐디군 진지를 살폈다. 카르툼 남서쪽의, 백나일강과 가까운 칼라클라에 있는 와드 안-네주미 진영은 수천 명이 진지를 비운 채 낙타를 땅에 앉히고 짐을 싣고 있었다. 고든은 부관 칼릴 아가 오르팔리Khalil Agha Orfali를 1층 전신 사무실에 보내 병사들을 배치하라고 지시했다. 시리아 출신인 오르팔리는 예전에는 바쉬-바주크였지만, 지금은 고든의 부관으로 일하고 있었다. 고든은 마흐디가 공격할 것이라고 예상했다. 다음 날 아침 8시면 구원군이 도착한다고 장담한 고든은 장교들에게 그때까지 진지를 점령한 채 방어 태세를 유지하라고 지시했다.

고든은 선임 서기관 기리아기스를 불러 히킴다르 궁 집무실에서 회의를 소집하도록 했다. 고든은 이번에도 회의에 참여하지 않았다. 지난번처럼 고든을 대리한 기리아기스는 카르툼에 거주하는 18살 이상 모든 남자를 소집해 방어진지에 배치하라는 고든의 지시를 전달했다.

회의를 끝낸 보르데이니가 고든을 찾아갔을 때 고든은 탁자 옆에 놓인 긴 의자에 앉아 있었다. 탁자에는 담배가 가득 찬 상자 2개가 있었다. 고든은 늘 담배를 즐겼다. 보르데이니가 방에 들어서자 고든은 타르부쉬를 벗어 말없이 벽에 걸었다. 보르데이니가 말을 꺼냈다. "제가 더 드릴 말씀이 없습니다. 이제 사람들은 저를 믿지 않을 겁니다. 구원군이 도착할 것이라고 여러 번 말했지만, 결국 아무도 오지 않았습니다. 카르툼 사람들은 제가 계속 거짓말을 한다고 생각할 겁니다. 회의 때 한 약속이 지켜지지 않는다면 저는 이제 사람들 앞에 설 수 없습니다. 장군께서 직접 나가셔서 사람들을 모아 준비하셔야 합니다."[63]

보르데이니는 고든이 동요하고 있다는 것을 알았다. 실제로 고든은 너무 속이 상해 회의에 참석할 수 없었다. 회의에 기리아기스를 대신 내보낸 것도 이 때문이었다. 마음고생이 심한 탓인지 고든은 밤새 머리가 하얗게 변한 것 같았다. 고든은 마흐디가 공격해서 자신이 찾을 때까지 집에 있으라고 보르데이니에게 말했다. "이제 내가 담배 좀 피우게 내버려두게!" 이것은 기록으로 남은 고든의 마지막 말이 되었다.

해가 진 뒤, 마틴 한잘 영사, 니콜라오스 레온티데스 영사, 그리고 그리스인 의사 등 세 명이 고든을 방문했고 이들은 자정까지 고든과 함께 있었다. 이들이 돌아가고도 고든은 한 시간 동안 줄담배를 피우면서 글을 쓰고 가끔 방 안을 서성였다. 새벽 1시에 고든이 오르팔리를 불렀다. 고든은 그에게 방어진지에서 특별한 소식이 들어왔는지 전신을 확인해보라고 했다. 몇 분 뒤 돌아온 오르팔리는 방어진지는 모두 조용하다고 보고했다.

보고를 받은 지 30분 뒤, 고든은 남쪽 성벽에서 대포 소리를 들었다. 오르팔리는 부리 요새에 소규모 공격이 있었지만, 격퇴했다고 보고했다. 그제야 고든은 잠자리로 향했다. 복도를 따라 난 문을 모두 닫은 뒤 오르팔리는 당직 근무자에게 무슨 전문이라도 접수되면 자신에게 즉각 알리라고 말하며 내려가서는 방으로 돌아갔다.

새벽 3시경, 오르팔리는 깊이 잠든 고든을 깨운 뒤 마흐디가 백나일강 쪽에서 공격을 개시했다고 보고했다. 고든은 서둘러 가운을 걸치고는 여기에 대처할 준비를 했다. 그러나 이어 들어온 보고에 따르면 마흐디의 공격이 중단된 것 같았다. 얼마 지나지 않아 고든과 오르팔리는 총소리를 들었다. 테라스로 달려간 병사들은 마흐디군이 밀물처럼 카르툼 성 안으로 밀려들고 있다고 말했다.

마흐디와 아브달라히는 해가 지자마자 배를 타고 백나일강을 건넜다. 이 둘은 와드 안-네주미가 지휘하는 무리와 칼라클라 마을 근처에서 합류했다. 고든이 한잘 영사와 레온티데스 영사에게 작별인사를 한 자정 무렵, 마흐디는 와드 안-네주미에게 공격 명령을 내렸다. 카르툼 성벽을 방어하는 병력은 훨씬 동쪽에 집중해 배치되었고 마흐디군이 소리 없이 취약 지점으로 다가갔기 때문에 아무 소리도 들리지 않았다. 카르툼 수비 병력은 마흐디군이 방어선을 넘기 몇 분 전까지도 공격이 진행되는 것을 몰랐다. 카르툼 수비대는 서쪽에 취약 지점이 있는 것은 알았지만, 이곳이 너무 진창이라 공격에 적합하지 않다고 생각했다. 만일 마흐디가 공격한다면 서쪽에서 부리 요새 쪽으로 들어올 것이라고 예상하고 있었다.

어둠 속에서 마흐디군이 불쑥 나타났다. 이들은 낡은 앙가렙을 이용해 진흙탕을 통과했다. 몇몇은 허리까지 오는 진흙 구덩이에 들어가 뒤에 오는 동료에게 기꺼이 디딤돌이 되었다. 얼마 지나지 않아 마흐디군이 카르툼 시내로 들어왔다. 초병들은 어둠 속에서 마구잡이로 총을 발사했다. 못 먹어 굶주림에 허덕이며 졸다 깬 수비병들의 눈에 "불신자에게 죽음을!"이라고 외치며 흉벽을 기어오르는 마흐디군 수천 명의 모습이 들어왔다.

하산 베이 알-바흐나씨Hasan Bey al-Bahnassi 대령이 지휘하는 제5이집트연대는 마흐디군이 경쟁하듯 달려오는 것을 보았다. 제4대대 소속의 위관 장교 시드 아흐마드 아브드 알-라작Sid Ahmad Abd al-Razak은 당시를 이렇게 기억했다. "적은 함성을 지르며 달려왔다. 적은 백나일강 근처에서 카르툼으로 돌입했고 우리는 이 방향으로 사격했다. 적이 뒤쪽에서 나타나자 제3중대와 제4중대는 방진을 형성했고 부대는 방진이 무너질 때까지 사격을 계속했다. 그러고는 몇몇씩 무리를 지어 제1연대 쪽으로 물러났다. 적이 방진으로 계속해 뚫고 들어오면서 아수라장이 되었다. 일부는 포로로 잡혔고 일부는 전사했다."[64]

자하디야 소총병은 훨씬 더 길게 성벽에 배치돼 있었다. 밀집해 돌격하는 마흐디군 부대가 공격하는 순간 지하디야 소총병도 함께 공격을 받았다. 마흐디군은 히킴다르 궁 서쪽에 있는 부리 문과 남쪽의 마살라미야 문을 때려 부쉈다. 곳곳에서 수단 병사들은 완강하게 저항했다. 전투에서 살아남은 아브달라 아들란Abdallah Adlan 대위는 전투 현장을 이렇게 묘사했다. "총열이 너무 뜨거워져 손으로 쥘 수 없을 정도가 될 때까지 사격을 계속했다. 결국 엄청나게 많은 마흐디군이 성벽을 넘어 쏟아져 들어오면서 서 있던 사람은 신분에 상관없이 살해되었다. 우리 몇몇은 목숨을 부지하고자 시체와 부상자 사이에 몸을 숨겼고 그 사이 마흐디군은 우리를 지나쳐 카르툼으로 몰려 갔다."[65]

마흐디군이 공격을 시작하던 순간, 수비대 사령관인 파라즈 파샤는 부리 요새에 있었다. 그는 버티라고 소리치면서 말을 타고 방어진지의 병사들을 몰아쳤다. 그러면서 마살라미야 문에 다다랐을 때 파라즈 파샤는 마흐디군이 이미 성 안으로 들어온 것을 알았다. 싸움은 끝난 것이나 마찬가지였다. 증언에 따르면 파라즈 파샤는 입고 있던 군복 위에 서둘러 민간 복장을 걸치고는 보초에게 성문을 열라고 명령했다. 그러고는 사격 중지를 명령한 뒤 마흐디군에게 항복했다고 한다.

마흐디군은 차오르는 밀물처럼 카르툼 성내 곳곳을 잠식했고 청나일강 쪽 공터로 돌진했다. 함성에 놀라 잠에서 깨 집 밖으로 나온 카르툼 주민은 거리 곳곳을 가득 채운 마흐디군을 보았다. 주민 중 많은 수가 갑자기 들이닥친 마흐디군이 휘두르는 칼에 그 자리에서 목숨을 잃었다. 승리를 확신하며 더욱 난폭해진 마흐디군은 민가로 침입해 살육하고 강간하고 약탈했다. 목격자들의 증언에 기초해 공식 보고서를 작성한 누쉬 파샤Nushi Pasha는 당시 상황을 이렇게 기록했다. "카르툼 성내에는 주민의 비명과 승리감에 도취된 마흐디군이 질러대는 함성으로 가득했다. 마흐디군은 눈에 띄는 사람은 모두 죽였고, 집마다 뒤져 주민을 학살했다."[66] 다른 목격자들은 마흐디군이 피부색이 조금이라도 흰 여자들을 조직적으로 강간했는데 특히 이집트 여자들이 주 대상이었으며 자알리인 부족과 샤이기야 부족 여자들도 강간했다고 보고했다. 상황이 이렇게 되자 일부 장교들은 차라리 아내와 아이들 직접 쏴 죽이고 자살했다. 재무 총책임자 무함마드 파샤 후사인Muhammad Pasha Hussain은 딸과 사위가 눈앞에서 살해되자 성을 빠져나가 도망치자는 친구들의 제안을 거부했다. 그는 달려드는 마흐디군이 모두 듣도록 큰 소리로 마흐디에게 저주를 퍼붓다가 죽었다.

마흐디군은 그리스 영사 리콜라오스 레온티데스를 관저에서 생포해 양 손목을 절단한 뒤 목을 베어 죽였다. 이후 이들은 근처에 사는 그리스인의 집으로 몰려가 가장의 머리에 총을 쏘고 열두 살 먹은 아들은 도끼로 이마를 찍어 살해했다. 도끼에 찍힌 아들의 두개골이 쪼개지면서 골수와 피가 튀었고 그 중 일부는 임신 중인 어머니에게 떨어졌다. 와드 안-네주미는 눈앞에서 남편과 아들 모두를 끔찍하게 잃은 이 여인을 첩으로 잡아갔다. 카르툼 성내에 사는 이집트 콥트교도들도 대부분 살해되었다. 이렇게 죽은 이들 중에는 콥트교도이자 미국 영사인 아서Aser가 있었다. 그는 마흐디군이 자기 형의 머리를 베어 살해하는 장면을 목격하고 충격을 받아 심장마비로 죽었다.

주민 중 많은 수는 과거 노예로 부리던 사람들과 하인들에게 배신당했다. 오스트리아 영사인 마르틴 한잘의 하인은 집으로 마흐디군을 인도했다. 침입자들은 관저 마당에서 한잘의 목수인 물랏테 스칸더Mulatte Skander를 발견하고는 목을 베어 살해했다. 비무장으로 아래층에 내려온 한잘은 머리와 몸통으로 나뉜 스칸더의 시신에서 흘러나온 피가 흥건하게 피바다를 만든 것을 보았다. 한잘 역시 스칸더와 같은 운명을 맞이하는 데 그리 오랜 시간이 걸리지 않았다. 살인으로 더욱 광분한 침입자들은 한잘의 애완견과 앵무새까지 칼로 찔러 죽인 뒤 한잘과 애완견 그리고 앵무새의 시체를 집 밖으로 끄집어내서는 알코올을 뿌리고 불을 질렀다. 침입자들은 결국 불타는 시체를 청나일강에 던져버렸다.

헝가리 출신 유대인으로 가톨릭으로 개종한 프란츠 클라인Franz Klein은 수단에 부임했던 총독들의 공식 재단사였다. 그는 집에서 마흐디군에게 붙잡혔다. 마흐디군은 이탈리아 출신 아내와 다섯 명의 아이들이 보는 앞에서 귀와 귀를 잇는 선을 따라 클라인의 얼굴을 칼로 베어버렸다. 18살짜리 아들은 창에 찔려 죽었고 딸은 강간당했다.

청나일강 강변 성당에선 가톨릭 선교회 도메니코 폴리나리Domenico Polinari 신부가 교구를 책임지고 남아 있었다. 신부가 '끼익' 소리와 함께 성당 문을 열자 문밖에는 난도질당해 시체가 된 경계병들과 기쁨에 겨워 시체를 밟고

서서는 피 묻은 창과 칼을 휘두르며 고함을 질러대는 마흐디군이 보였다. 폴리나리 신부는 황급히 문을 닫았다. 그는 흑인 일꾼들과 함께 잘 가꿔진 정원 한편에 있는 헛간으로 도망쳤다. 얼마 뒤, 검은 형상들이 문을 부수고 높은 담을 기어올랐다. 불안에 떨던 일꾼들은 평정심을 잃고 숨은 곳에서 도망쳤지만, 이들을 기다린 것은 잔인한 마흐디군뿐이었다. 폴리나리 신부는 숨죽여 숨어 있었지만, 생지옥에서 들려오는 비명이 사정없이 귀로 파고들었다. 한 무리가 헛간으로 들어오더니 창으로 건초더미를 쑤셔댔다. 신의 은총이었을까? 놀랍게도 창끝이 모두 폴리나리 신부를 비켜갔다.

옴두르만 쪽에는 이미 동이 트고 있었다. 태양은 밤에 벌어진 사건을 증언하듯 하늘을 핏빛으로 물들이며 남은 어둠을 밀어냈다. 나일강 둑을 따라 마흐디군 깃발 수백 개가 히킴다르 궁 주변에서 펄럭였고 마흐디군 수십 명이 궁 주변에 무리 지어 모여 있었다. 당시 증언에 따르면 이들은 궁 안으로 들어가길 주저했다고 한다. 예전에 궁에서 시종으로 일했던 이들이 궁에 지뢰가 묻혀 있다고 마흐디군에게 말했기 때문이다. 그러나 고든은 이전과 달리 자폭하겠다는 생각을 버렸다. 자폭이란 자살인데 고든에게 자살이란 신념을 저버리는 비겁한 행동이었다.

카르툼이 함락되던 그날, 고든이 어떻게 최후를 맞이했는지는 여전히 의문이다. 대영제국 시절의 기록화엔 정복을 차려입고, 허리에는 칼을 찬 채 히킴다르 궁 계단에 우뚝 선 고든과 그 계단 아래에서 창을 든 마흐디군 병사들이 고든을 올려다보는 장면이 인상적으로 그려져 있다. 조지 윌리엄 조이George William Joy가 그린 〈고든의 죽음The Death of Gordon〉은 구세주처럼 보이는 고든이 순교하는 듯한 모습이 담겨 있다. 이 그림들처럼 고든의 최후는 빅토리아 시대의 이상에 걸맞게 각색되었다. 『고든 장군의 최후The End of General Gordon』라는 제목으로 전기를 쓴 리튼 스트레이치는 고든과 그를 잡으러 들이닥친 마흐디군 병사들이 서로 응시하며 한순간 시간이 멈춘 듯한 장면을 묘사했는데 이 또한 고든의 최후를 더욱 신화적으로 만들었다. 1966

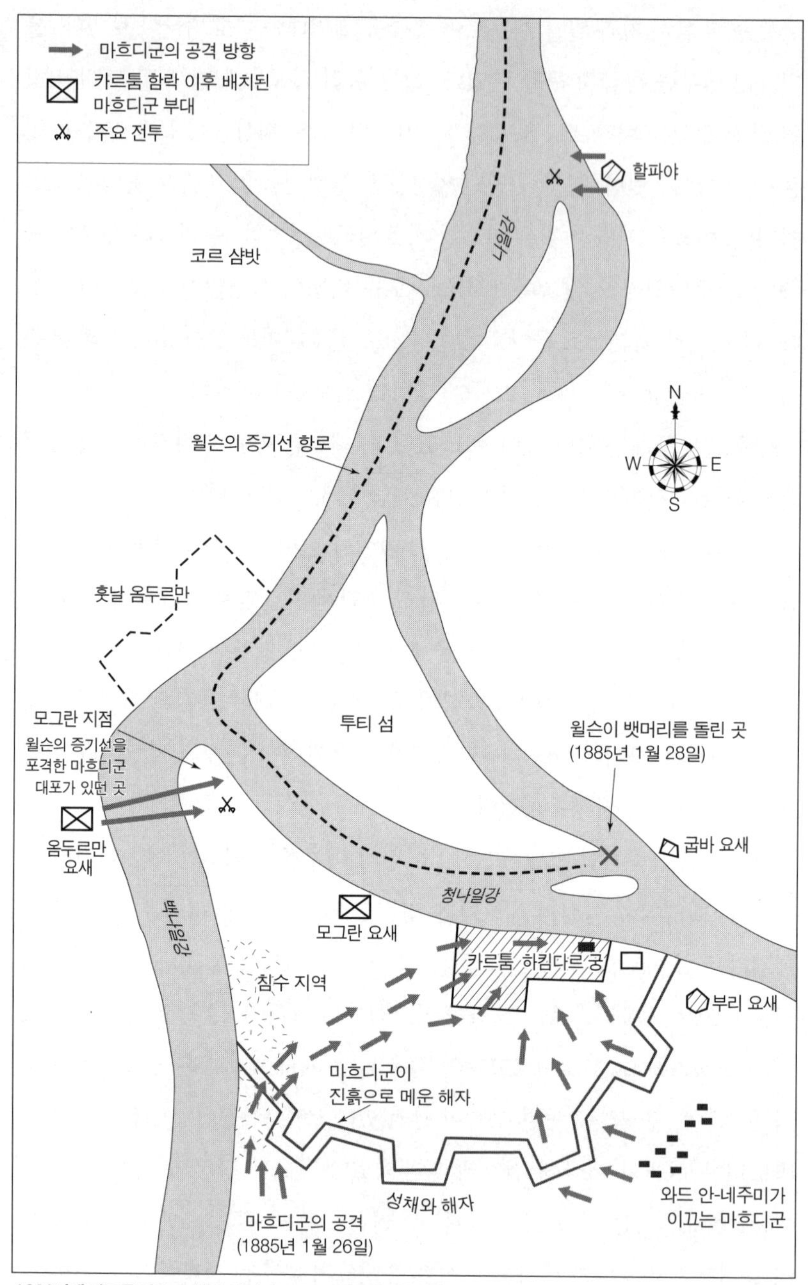

1880년대 카르툼 약도와 함락 당시의 요도, 1885년 1월 26일~28일

년, 당대 최고의 배우로 평가받는 찰턴 헤스턴Charlton Heston이 고든 역을 맡은 영화 〈카르툼Khartoum〉에는 고든이 나타나자 마흐디군이 뒤로 물러서는 장면이 등장한다.

그러나 이런 모습은 보르데이니의 증언에 따른 것으로 실제로는 사실이 아닐 가능성이 매우 높다. 보르데이니가 고든을 마지막으로 본 것은 히킴다르 궁이 함락되기 몇 시간 전이었다. 그는 고든이 목욕 가운을 입은 채 동이 틀 때까지 옥상 테라스에 있다가 방으로 내려와 군복을 입었다고 했다. 그러고는 집무실 문밖에 나가 서 있었다고 한다. 문밖의 돌계단을 내려가면 곧장 히킴다르 궁으로 길이 연결되어 있었다. 잠시 뒤, 네 명의 마흐디군이 계단으로 올라왔다. 그중 최소한 한 명은 궁에서 시종으로 일했었기에 궁 내부를 잘 알았다. 다른 증언에 따르면, 이때 고든은 이들에게 "너희 두목 마흐디는 어디에 있느냐?"라고 물었다고 한다. 다나글라 부족 출신으로 타하 샤힌Taha Shahin이라는 병사는 고든의 질문을 무시하고 고함을 질렀다. "이 저주받은 존재! 드디어 심판의 날이 왔도다!" 타하 샤힌은 창으로 고든을 찔렀다. 창에 찔린 고든은 비틀거리면서도 경멸의 눈빛을 거두지 않았다. 고든이 뒤돌아서자 타하 샤힌은 어깨뼈 사이를 한 번 더 찔렀다. 상처 부위에서 피가 솟구치면서 고든이 쓰러졌다. 타하 샤힌과 함께 온 다른 세 명이 쓰러진 고든에게 달려들어 사정없이 난도질하자 고든은 숨을 거두었다는 이야기이다.

순교를 기다리면서 2층 계단 위에 담담하게 서 있었다고 하는 편이 여러모로 더 좋았을지 모르겠다. 그러나 고든의 부관인 오르팔리는 전혀 다르게 고든의 최후를 기록했다. 고든이 싸우다가 최후를 맞았다는 것이 오르팔리의 증언이다. 보르데이니와 달리 오르팔리는 마흐디군이 히킴다르 궁에 들어왔을 때 현장에 있었고, 그의 증언엔 다른 증언에선 부족한, 설득력 있는 상세한 묘사가 들어 있기에 신빙성이 매우 높다.

오르팔리에 따르면 고든은 마흐디군의 공격을 감지한 후 5분도 되지 않아 마흐디군이 카르툼에 들어온 것을 직감했다고 한다. 고든은 히킴다르 궁 방어를 지시했다. 50명이 넘는 병력과 시종들을 창과 1층 출입문 그리고 옥상 테라스에 배치했다. 이렇게 배치된 병력은 레밍턴 소총과 탄알 120발로 무장했다. 마흐디군이 정원으로 몰려오자 창과 옥상에 배치된 병사들이 사격을 시작했고 마흐디군 70여 명이 죽거나 다쳤다. 그러나 마흐디군은 계속 몰려왔다. 마흐디군은 담을 타 넘거나 포도 덩굴이 자라도록 설치한 격자를 타고 기어올랐다. "이들 또한 총알 밥이 되었다. 그러나 더 많은 병력이 빠르게 충원되었다. 몇몇은 출입문으로 다가와 경계병을 죽이고 문을 열었다. 열린 문으로 나머지 마흐디군이 몰려들었고 이들은 전신 담당 당직자들을 살해했다."[67]

마흐디군 중 몇몇이 재빨리 오른편에 있는 계단으로 뛰어올라 옥상 테라스에 있는 병력을 해치우는 동안 다른 몇몇은 도끼를 들고 문을 부쉈다. 한 손에는 장전된 웨블리 리볼버 권총을 들고 또 다른 한 손에는 칼을 든 고든이 굳은 표정으로 이들을 기다렸다. 문을 박차고 들어간 마흐디군은 순간 비틀댔다. 고든은 권총 대여섯 발을 쏴 두 명을 쓰러뜨렸다. 칼을 휘둘러 한 명을 벤 고든은 권총을 재장전했다. 그러나 그 순간, 복도 다른 끝으로 들어온 마흐디군 몇 명이 고든이 서 있는 뒤쪽 방문을 부수고 들어왔다. 고든 옆에 서 있는 오르팔리가 이들을 막아서자 마흐디군 창잡이가 오르팔리의 얼굴을 찔렀다. 이를 본 고든이 오르팔리를 도우려고 나섰지만, 날아온 창에 왼쪽 어깨를 스쳤다. 고든은 상처에 아랑곳하지 않고 권총을 쐈다. 창에 찔려 철철 흐르는 피 때문에 앞을 잘 볼 수 없게 된 오르팔리는 손을 뻗으면 닿을 거리에서 총을 쏴댔다. 총에 맞아 마흐디군 세 명이 바닥에 나뒹굴자 나머지는 물러났고 물러나는 중 몇몇은 피를 흘렸다.

고든은 스쳐 맞은 창 때문에 생긴 상처에서 피가 조금 흘렀다. 오르팔리의 얼굴은 피투성이였지만 상처는 보이는 것만큼 심하지는 않았다. 고든과 오르팔리는 고든의 방으로 후퇴해 권총을 재장전했다. 계속된 급속 사격 때문에 고든의 왼손은 벌써 화약흔으로 검게 변했다. 잠시 뒤, 고든과 오르팔리는 마흐디군이 쿵쾅거리면서 계단 위로 올라오는 소리를 들었다. 마흐디군은 이 둘을 찾으려고 여기저기 뛰어다녔다. 올라온 마흐디군 중 한 명이 집무실 문으로 상체를 굽혀 내밀더니 고든의 왼쪽 어깨 뒤쪽으로 창을 쑤셔 넣었다. 이를 본 오르팔리는 창잡이의 손을 칼로 내리쳤다. 칼에 맞는 창잡이는 손이 거의 떨어져나갔고 그대로 복도를 가로질러 계단으로 내려가다 창을 위로 세워 계단을 급히 오르던 동료의 창에 찔렸다. 이와 거의 동시에 2층으로 올라오던 마흐디군 한 명이 칼로 오르팔리의 다리를 베었다.

이들 뒤로 더 많은 마흐디군이 복도로 몰려왔다. 고든과 오르팔리는 복도에 고립된 신세였다. 마흐디군 한 명이 오르팔리의 왼손을 베었다. 고든은 오르팔리를 공격한 적을 칼로 베고 발로 머리를 걷어찼다. 키가 크고 피부가 검은 병사 하나가 복도에서 방으로 들어가는 작은 통로에 숨어 있다 갑자기 튀어나와 고든을 향해 리볼버 권총을 쏘았다. 고든은 가슴을 맞고 비틀거렸다. 고든은 권총을 집어 들더니 응사해 자신에게 총을 쏜 병사를 바닥에 쓰러뜨렸다.

고든의 총에 맞은 마흐디군 병사가 바닥에 쓰러지기도 전에 10명도 더 되는 마흐디군이 복도를 가로질러 고든에게 달려왔다. 고든과 오르팔리는 마지막 총알까지 써버렸고 칼을 휘두르며 계단 아래로 내려가려 했다. 둘은 어깨를 나란히 한 채 베기와 찌르기를 반복하며 조금씩 길을 개척했고 마침내 1층 바닥에 닿았다. 이미 피를 너무 많이 흘린 고든은 서 있기조차 어려웠다. 마흐디군 창잡이 하나가 창으로 고든의 오른쪽 엉덩이를 꿰뚫자 고든은 계단 아래 깔개에 무너지듯 쓰러졌다. 오르팔리는 근처에 있는 재무관을 도와주려 하다가 곤봉에 맞아 정신을 잃고 쓰러졌다. 그는 그렇게 쓰러진 채 오후까지 시체 사이에 파묻혀 있었다. 다시 정신을 차렸을 때, 오르팔리는 머리가 사라진 고든의 시신이 피범벅이 된 채 파리떼에 뒤덮여 있는 것을 보았다.

고든의 죽음을 다룬 진술 중 오르팔리의 것이 가장 상세하기는 하지만, 이 또한 정확하진 않다. 또 다른 목격자는 기리아기스 베이의 시종이다. 그는 고든이 히킴다르 궁에서 살해되지 않았다고 주장한다. 기리아기스의 시종은 고든이 병사들과 시종들로 이뤄진 무리를 이끌고 한잘 영사의 집으로 이동하던 중 거리에서 총에 맞아 사망했다고 주장했다. 그러나 마흐디 측 목격자로 예전에 히킴다르 궁에서 사환으로 일한 엘-오베이드 출신의 이브라힘 사비르Ibrahim Sabir는 고든이 계단 맨 위에 서 있다가 무르산 하무다Mursal Hammuda라는 이름의 기수가 쏜 총에 맞아 우연히 사망했다고 주장한다. 시신이 계단 아래로 굴러떨어진 뒤 사람들이 그가 고든이라는 것을 알아봤다는 것이다. 분대장이나 소대장이라 할 수 있는 바비크르 코코Babikr Koko라는 지휘관이 말을 타고 와서 칼로 고든의 머리를 베어 가죽 부대에 넣고는 다시 말을 몰고 사라졌다.

목이 잘린 고든의 시체가 어떻게 되었는지도 분명치 않다. 아마 마흐디군이 청나일강에 버렸을 것이다. 여러 번 수단을 오간 고든에게 청나일강은 영원한 안식처가 되었다.

카르툼 성 안에서 시작된 살인과 강간, 고문과 약탈은 마흐디가 금지 명령을 내린 오후 5시까지 계속되었다. 그때까지 남자, 여자, 그리고 아이들을 합해 1만 명이 학살되었다.

옴두르만에 있는 마흐디군 진영에서 여전히 사슬에 묶여 있던 슬라틴은 뜬 눈으로 밤을 지새웠다. 그는 무슨 일이 일어난 것을 알았지만, 마흐디군이 진격했다는 소식은 듣지 못했다. 새벽에야 간신히 잠이 든 슬라틴은 나일강 건너편에서 천둥처럼 울리는 대포 소리와 콩 볶는 듯한 총소리에 잠에서 깼다. 슬라틴은 마흐디가 공세를 시작했다는 것을 깨달았다. "흥분되고 불안했다. 극도로 초조하게 결과를 기다렸다. 곧 승리의 환호와 함성이 멀리서 들렸다. 감시하던 간수들이 무슨 일인지 알아보려고 나를 놓고 달려나갔다. 몇 분 뒤, 이들은 흥분에 겨워 카르툼을 어떻게 강습해 탈취했는지를 들려주었다. 카르툼은 이제 마흐디의 손아귀에 떨어졌다."[68]

고든의 잘린 머리를 슬라틴에게 보여주는 마흐디군

슬라틴은 믿고 싶지 않았다. 그러나 천막에서 기어나간 슬라틴은 마흐디와 아브달라히가 머무는 천막 앞에 마흐디군이 몰려 있고 기뻐 어쩔 줄 모르는 병사들로 진영이 가득 찬 것을 보았다. 순간 슬라틴은 소리 지르는 무리에 섞여 자기 앞으로 노예 한 명이 다가오는 것을 보았다. 그는 남부 수단 출신으로 아브달라히의 부하인 샤타Shatta였다. 샤타는 피가 묻은 옷으로 싼 무엇인가를 들고 있었다. 샤타는 슬라틴 앞에 멈춰서 슬라틴을 모욕하는 자세를 취했다. 그러고는 옷을 펼쳤다. 옷에 싸여 있는 것은 잘린 고든의 머리였다. "이것이 네 삼촌 대가리 아닌가, 불신자 양반!" 음흉한 웃음소리는 마치 뱀처럼 슬라틴을 휘감았다.

고든의 머리를 본 슬라틴은 비틀거렸다. 심장이 멎은 듯했다. 곧 마음을 가다듬은 슬라틴은 눈을 똑바로 뜨고 낯익은 고든의 특징을 살펴본 뒤 조용히 입을 열었다. "그래서 어쨌다는 거지? 자기 자리에서 최후를 맞은 용감한 군인 아닌가! 그는 그렇게 최후를 맞아 행복했을 것이다. 그리고 이제 그의 고통은 끝났다!"[69]

15

1885년 1월 28일 정오, 증기선 보르댕이 탈라하위야의 뒤를 바싹 좇으며 투티 섬을 맴돌았다. 두 증기선 모두 최고 속도로 움직였다. 보르댕 중앙부에 있는 포탑에서 찰스 윌슨 중령과 프레드 개스코인 대위는 생전 처음 보는 히킴다르 궁을 바라보고 있었다. 쌍안경이 없이도 히킴다르 궁이 만신창이가 된 것은 쉽게 알 수 있었다. 함께 있는 카쉼 알-무스는 고든이 항상 옥상에 게양한 이집트 기를 찾으려 초조하게 살피고 있었다. 윌슨은 당시를 이렇게 회상했다. "개스코인도 나도 이집트 기를 흔적조차 찾을 수 없었다."[70]

약 한 시간 전, 할파야 근처의 마흐디군 망루에 발각된 보르댕과 탈라하위야는 포화에 휩싸였다. 마흐디군은 나일강 동편에 있는 사기야 수차 구덩이에 대포 4문을 숨겨놓았다. 이 대포들이 포격을 시작하면서 배 위로 포탄이 날아다녔고 그중 빗나간 포탄은 강에 처박히며 물기둥을 일으켰다. 700미터쯤 떨어진 곳에서 마흐디군 수십 명이 레밍턴 소총을 쏘기 시작했고 날아온 총알은 배 옆면에 마치 우박처럼 후드득 소리를 내면서 떨어졌다. 윌슨은 수단 포수들에게 전장에서 믿음직한 모습을 보여준 9파운드 산악포로 응사하라고 명령했다. 갑판에 방렬된 9파운드 산악포가 불을 뿜었고 허리춤만 간신히 가린 검은 피부의 수단 포수들은 갑판에 깔린 연기에 휩싸였다. 영국군의 상징이라 할 수 있는 빨강 재킷을 입은 서식스연대 병사들도 마티니-헨리 소총으로 일제사격을 계속했다. 그러나 참호 속에 숨은 마흐디군에게 9파운드 포탄도 소총탄도 별다른 피해를 주지는 못했다.

쌍안경으로 강안을 살피던 윌슨은 할파야가 버려진 것 같다는 생각이 들었고 그곳에 커다란 배 몇 척이 놓여 있는 것도 보았다. 마흐디에게 배가 없다는 것을 아는 윌슨은 궁금증이 생겼다. 마흐디군이 맹렬하게 사격하는 것으로 판단컨대 고든의 병력이 할파야에 없다는 생각이 들었다. 증기선이 투티 섬의 수심이 낮은 쪽을 따라 움직이자 마흐디군이 사격을 멈췄고 연기도 사라졌다. 윌슨과 개스코인은 나무 위로 솟은 히킴다르 궁을 또렷이 볼 수 있었다.

카쉼 알-무스의 얼굴에는 근심이 서렸다. 그가 윌슨에게 말했다. "무슨 일이 일어난 것이 틀림없습니다!" 윌슨이 보기에도 마흐디가 카르툼을 탈취한 것이 틀림없었다. 그렇지 않다면 이집트 기가 휘날려야 했고 할파야에도 배가 없어야 했다. 윌슨은 그 느낌을 이렇게 기록했다. "믿을 수 없었다. 어쨌든 모든 것이 끝났다는 확신이 들 때까지 우리는 멈출 수 없었다."[71]

얼마 뒤, 보르댕과 탈라하위야가 청나일강과 백나일강이 합류하는 모그란 지점에 접근하자 강 서편 코르 샴밧에 방렬된 마흐디군 대포 2문이 연기를 뿜었다. 포탄이 강물에 떨어지면서 일어난 물결이 배를 때렸다. 소총 사격도 다시 시작되었다. 실망스럽게도 윌슨은 양쪽 강둑에 심은 식물들 사이에서 연기가 피어오르는 것을 보았다. 윌슨의 눈에는 아무도 보이지 않았고 강 양쪽에서 사격하는 것이 증기선을 향한 것인지 아니면 양쪽 강둑이 서로 겨냥해 쏘는 것인지도 알 수 없었다.

윌슨은 이 문제에 답을 얻으려고 선장에게 투티 섬 가까이 배를 몰라고 지시하고 포탑에서 나왔다. 뱃머리에 기댄 채 윌슨은 소리를 질러가며 고든의 소식을 물었다. 그러나 레밍턴 소총탄만이 파리떼처럼 새까맣게 날아올 뿐이었다. 윌슨은 허둥지둥 포탑으로 돌아갔다. 마흐디군이 투티 섬을 점령한 것은 분명해 보였다. 그는 절박한 심정으로 고든이 아직 카르툼을 지키고 있기만을 바랐다. 진행 방향의 오른쪽 1.2킬로미터 떨어진 곳에서 포격 소리가 들렸다. 윌슨은 옴두르만 요새의 포대가 증기선단을 사거리에 두고 있다는 것을 깨달았다. 윌슨은 산악포로 응사하라고 명령했다. 쌍안경으로 포격을 지켜보던 윌슨은 누가르 돛단배와 병력 운반선 여러 척이 요새 가까이에 정박해 있는 것을 깨달았다. 고든은 평소 이 배들이 카르툼에 있는 대포의 사정거리 안에 항상 놓여 있다고 말하곤 했다. 카쉼 알-무스는 이 점을 윌슨에게 이야기했다. 이런 사실을 감안할 때 지금 눈앞에 벌어지는 장면은 분명 당황스러웠다.

모그란 지점에서 청나일강으로 접어드는 동안 배의 우현으로 카르툼의 전경이 나타나기 시작했다. 윌슨은 그 순간 카르툼이 함락되었다는 것을 알았다. "우리는 백나일강과 청나일강이 만나는 지점으로 갔다. 마흐디군 수백 명이 모래사장에서 깃발을 흔들며 상륙에 맞설 준비가 되어 있는 반면 이집트 기가 전혀 보이지 않는 순간, 카르툼이 마흐디의 손에 떨어졌다는 것이 분명해졌다."[72]

윌슨은 카르툼에 정박한 포함을 향해 산악포를 발사했다. 윌슨은 혹시나 포위 상태에 있는 카르툼 안에서 화답하는 총소리라도 있을까 봐 귀를 기울였지만 아무 소리도 들리지 않았다. 이집트 기가 없다는 것 그리고 고든이 지휘하는 증기선이 단 한 척도 도우러 오지 않는다는 점은 카르툼이 함락되었다는 결정적인 증거였다. 구원군이 너무 늦게 도착한 것이었다. 그러나 이런 비통한 사실을 곱씹고 있을 여유도 없었다. 마흐디군이 쏘는 탄이 사방에서 날아들고 있었다.

윌슨은 보르댕의 선수를 돌려 최고 속도로 마흐디군의 집중사격을 벗어나라고 지시했다. 숨 막히는 연기, 포탄이 폭발하며 귀가 멍해지는 소음, 그리고 이물 쪽으로 쌩쌩 날아오는 총알 때문에 두 척의 증기선은 생지옥이 되었다. 당시 윌슨도 이 긴박한 상황에서 빠져나갈 자신이 없었던 듯하다. "우리가 안전하게 벗어나는 것은 거의 불가능해 보였다."[73] 갑자기 포탄 한 발이 큰 소리와 함께 갑판에 떨어졌다. 선실로 굴러간 포탄은 쨍그랑 소리를 내며 무기고에 부딪혔다. 배가 매우 심하게 요동쳤지만, 천만다행으로 포탄은 폭발하지 않았다. 연기가 걷힌 뒤 윌슨은 앞서 가던 탈라하위야가 좌초한 것을 보고 깜짝 놀랐다.

엎친 데 덮친 격으로 지하디야 소총병들은 이미 오래전에 사격을 멈췄다.

카쉼 알-무스가 양탄자로 몸을 감싸고 배 한구석에 처박혀 있는 모습은 애절하기까지 했다. 병사들과 마찬가지로 그 또한 카르툼이 함락되면서 아내와 아이들이 마흐디의 노예나 첩으로 전락했다는 것을 직감했다. 윌슨은 카쉼 알-무스와 수단 병사들이 반란을 일으킬 수도 있겠다는 생각이 들었다. 그러나 당시 카쉼 알-무스는 너무도 큰 충격을 받아 아무것도 할 수 없었다. 윌슨은 일단 위기에서 벗어날 때까지 다른 생각은 하지 않기로 결심했다.

이런 난관에서도 서식스연대 병사들은 냉정하게 전투를 계속했다. 이들은 표적을 골라 사격한 뒤 다시 장전하고 사격하기를 반복했다. 윌슨은 나팔 소리가 계속되는 가운데 마흐디군 10여 명이 총에 맞아 쓰러지는 것을 보았다.

보르댕은 속도를 높여 탈라하위야를 앞질러 나갔다. 잠시 뒤 탈라하위야가 다시 물에 뜨면서 보르댕을 따라왔지만, 모그란 지점에서 포탄에 맞아 구멍이 났다. 그러나 탈라하위야는 계속 전진해 투티 섬에 있는 마흐디군 저격수들을 따돌렸다. 이 모든 과정은 마치 악몽 같았다. 이후로도 두 시간 동안 보르댕과 탈라하위야는 마흐디군의 포격과 소총 사격을 견뎌냈다. 이 둘이 할파야를 완전히 벗어났을 때, 윌슨은 그 자체가 기적이라고 생각했다. 보르댕과 탈라하위야가 꼬박 네 시간 동안 마흐디군의 공격을 견뎌내는 사이 두 척 모두 한 방이라도 제대로 맞았다면 침몰하고 말았을 것이다.

불과 2주 사이에 죽을 고비를 두 번이나 넘긴 윌슨은 쌍안경을 내려놓고 갑판에 주저앉았다. 가까스로 목숨은 건졌지만, 고든을 구하지 못했다는 생각에 그는 상상할 수 없을 만큼 엄청난 중압감을 느꼈다. "이번 일은 참담했다. 카르툼이 함락되고 고든이 죽었다. 고든이 마흐디에게 산 채로 잡히리라고는 단 한 번도 상상해보지 않았다. 고된 노력도, 위험했던 고든의 진취성도 모두 이렇게 끝났다. 지난 몇 달 동안 나는 고든을 다시 만나기를 학수고대했다……. 이제 모든 것이 끝났다. 이게 현실이지만 받아들이기에는 너무도 잔인하다."[74]

마흐디군의 공격을 받으며 카르툼으로 향하는 윌슨의 증기선. 왼쪽 상단에 투티 섬 강변에서 사격하는 마흐디군이 보인다.

The Illustrated London News, 1885년 3월 11일

16

어둠이 내리자 윌슨은 보르댕과 탈라하위야를 사발루카 협곡 남쪽 섬에 정박하라고 지시했다. 윌슨은 정확한 정보를 얻고자 카르툼으로 척후조를 파견했다. 그날 밤 돌아온 척후조는 카르툼이 1월 26일에 함락되었으며 고든이 살해되었다고 보고했다. 다음 날 아침 동이 트자마자 윌슨 일행은 이 소식을 들고 굽밧으로 출발했다.

지난 며칠 동안 나일강 수위는 매일 90센티미터씩 낮아졌다. 보르댕과 탈라하위야 모두 나일강 하류에 있는 폭포를 통과하는 데 사용되는 증기선들보다는 훨씬 컸다. 원래 카르툼으로 출발할 때 세운 계획대로라면 고든을 구출한 뒤에는 카르툼에 있는 작은 증기선을 타고 돌아가게 되어 있었다. 12시 30분에 보르댕과 탈라하위야는 사발루카 협곡에 도착했다. 그때까지만 해도 모든 일이 잘 돌아가는 것 같았다. 태양은 나일 협곡 위를 지나 사막 너머로 졌다. 갑자기 탈라하위야에서 귀를 찢는 듯한 날카로운 금속성 소음이 발생했다. 암초에 부딪힌 탈라하위야는 흘수선 아래에 큰 구멍이 생겼다. 기술병들이 물속으로 들어가 선체를 살펴보았지만, 배를 살릴 수 없었다. 구멍으로 들어온 물 때문에 탈라하위야는 벌써 손쓸 수 없을 정도로 기울었고 불과 몇 분 사이에 침몰했다. 타고 있던 병사들은 탈라하위야를 버리고 끌고 온 작은 배에 옮겨 탔다. 서식스연대의 트래포드 대위와 정보부의 에디 스튜어트-워틀리 중위가 간신히 산악포 2문을 건졌지만, 포탄은 모두 잃어버렸다.

이제 남은 것은 보르댕뿐이었다. 밤이 깊어지자 윌슨은 보르댕을 정박시키라고 지시했다. 어둠이 내리자 마흐디가 보낸 사신이라면서 남자 하나가 배로 다가왔다. 윌슨은 배에 오르도록 허락했다. 그는 윌슨에게 마흐디가 직접 쓴, 항복을 권하는 편지를 건넸다. 윌슨은 편지를 무시해버렸다. 그러나 사신이 떠난 뒤 카쉼 알-무스는 시간을 벌 필요가 있다고 주장했다. 카쉼 알-무스는 나일강 상에서 안전 통행을 보장한다면 하류에 있는 와디 하베쉬 Wadi Habeshi에서 영국인들을 넘겨주겠다는 내용의 편지를 마흐디에게 보냈다. 윌슨은 썩 내켜하지 않으면서도 이를 받아들였지만, 자신은 어떤 약속도 할 수 없다고 했다. 이 책략을 생각해낸 카쉼 알-무스도 보르댕이 요새와 대포가 있는 와디 하베쉬를 통과할 때까지 마흐디군이 추격하지 않기만 바랄 뿐이었다. 윌슨은 보르댕에 실린 무기를 총동원해 전속력으로 와디 하베쉬를 통과할 생각이었다.

다음 날, 보르댕은 문제없이 사발루카 협곡을 통과했다. 보르댕의 항해에는 아무 문제도 없었지만, 윌슨은 마음이 편치 않았다. 샤이기야 출신의 바쉬-바주크들이 반란을 일으킬 것이라는 소문과 의심 때문이었다. 윌슨의 마음을 더욱 심란하게 한 것은 카쉼 알-무스의 편지였다. 시간을 벌기 위해서라며 쓴 편지가 사실일지도 모른다는 불안과 의심이 사라지지 않았다. 그러나 수많은 걱정과 달리 그날도 평화롭게 지나갔고 다음 날 아침 윌슨은 굽밧으로 돌아갈 수 있다는 느낌이 들기 시작했다. 그날 오후, 보르댕이 전속력으로 항해하던 중 '우지끈' 소리가 들렸다. 갑판에 있던 사람들은 공중으로 붕 떴고 수차가 갑자기 멈췄다. 선체가 파손되었다고 보고를 들을 필요도 없이 윌슨은 무슨 일인지 직감했다. 탈라하위야가 그랬듯이 보르댕에도 매우 빠르게 물이 들어차고 있었다. 윌슨은 선장이 일부러 배를 좌초시켰다고 의심했지만, 지금은 비난이나 의심을 할 여유도 없었다. 즉각 배를 포기해야 할 상황이 닥친 것이다.

윌슨은 보르댕에서 내려 가까이 있는 메르낫* 섬으로 상륙하라고 명령했다. 이제 윌슨 일행은 수송 수단도 없이 굽밧에서 약 65킬로미터 떨어진 곳에 발이 묶여버렸다. 이런 상황에서 윌슨은 무엇을 할지 신속하게 생각했다. 그는 스튜어트-워틀리 중위를 작은 배에 태워 굽밧으로 보내 보스카웬에게 상황을 알리기로 했다. 소식을 들은 보스카웬은 즉시 증기선 한 척을 급파할 것이었다. 또한 윌슨은 개스코인 대위에게 환자들을 누가르 돛단배에 태워

* Mernat: 카르툼에서 나일강을 따라 북으로 100킬로미터쯤 떨어져 있다.

출발하도록 지시했다. 초기 조치를 마친 윌슨은 트래포드와 함께 서식스연대 병력, 지하디야 소총병, 바쉬-바주크와 보르댕을 운전한 수병들을 이끌고 강 서편으로 옮겨 거기서 영국군을 기다리려고 했다. 그런데 윌슨의 계획에 문제가 하나 생겼다. 지하디야 소총병이 이동을 거부한 것이다. 이는 군사 반란이지만 윌슨은 여기 대응할 아무 방법도 없었다. 이동을 거부한 지하디야 소총병이 마흐디군에 항복할 수도 있었다. 상황이 이렇게 되자 윌슨은 스튜어트-워틀리를 서둘러 출발시키기로 했다. 새로운 증기선이 도착할 때까지 지하디야 소총병이 아무 문제도 일으키지 않기만을 바라는 것 빼고는 다른 방법이 없었다.

해가 지자마자 스튜어트-워틀리는 서식스연대 병사 네 명, 수단 사람 여덟 명과 함께 누가르 돛단배에 올랐다. 유일한 장애물은 와디 하베쉬에 있는 마흐디군 초소였다. 스튜어트-워틀리는 어둠을 틈타 와디 하베쉬를 무사히 통과하기만 기도했다. 그는 보르댕의 좌초가 계략 때문일 수 있다는 의심을 품었던 터라 선장에게 만일 배가 좌초하면 주저하지 않고 죽여버리겠다고 말했다. 배는 빠르게 이동했다. 와디 하베쉬에 있는 마흐디군 초소가 어둠 속에서 서서히 모습을 드러냈다. 배가 접근하는 동안 선장이 키를 잡았고 병사들은 담요를 덮어쓴 채 갑판에 누웠으며 스튜어트-워틀리는 총을 뽑아들고는 선장의 머리를 겨눴다.

점점 더 적진에 다가가는 찰나, 강 동쪽으로 커다란 달이 불쑥 솟아올랐다. 선장은 수로에서 수심이 가장 깊은 곳을 이용하려고 배를 가능한 둑 가까이에 붙였다. 하늘로 떠오른 달을 배경으로 돛단배의 윤곽이 뚜렷하게 드러났다. 뱃전으로 바깥쪽을 빼꼼 내다본 스튜어트-워틀리는 건너편 강변에서 저녁을 준비하는 모닥불을 보았다. 모닥불 주변으로 마흐디군이 무리지어 앉아 있는 모습도 보였다. 놀랍게도 마흐디군 중 아무도 스튜어트-워틀리 일행이 탄 배를 보지 못했다. 배가 적의 코앞을 완전히 통과하면서도 발각되지 않았다는 것은 실로 믿을 수 없을 만큼 놀라운 일이었다. 그러던 중 스튜어트-워틀리는 마흐디군 한 명이 위를 올려다보다 달빛 때문에 눈두덩에 그림자가 지는 것을 보았다. "그는 흥분해서 벌떡 일어나더니 '풀루카 잉글레지(영국 돛단배라는 뜻의 아랍어)'라고 외쳤다. 그러자 적 수백 명이 나타나 우리를 향해 집중사격을 시작했다."[75]

스튜어트-워틀리는 배에 탄 병사들에게 살려면 노를 잡으라고 소리쳤다. 어둠 속에서 날아온 레밍턴 소총탄이 뱃전을 두드렸고 일부는 노에 맞아 튀어나갔지만, 놀랍게도 아무도 다치지 않았다. 몇 분 지나지 않아 물살을 탄 배는 마흐디군의 소총 사거리에서 벗어났다. 병사들은 용맹스럽게 노를 저었다. 와디 하베쉬는 뒤로 멀어졌고 강물은 아무 일 없다는 듯 조용히 흘렀다. 그 뒤로는 아무 일도 일어나지 않았다. 스튜어트-워틀리 일행은 새벽 4시에 굽밧에 도착해 배를 물가로 끌어올렸다.

굽밧에 도착한 스튜어트-워틀리는 제일 먼저 지휘소를 찾았다. 보스카웬은 말라리아에 걸려 나가떨어진 상태였다. 보스카웬을 대신한 장교는 스코트근위연대 소속의 윌슨M. Wilson이었다. 고든의 사망 소식을 울즐리에게 전해줄 전령이 코르티로 급파되었다. 오후가 되자 윌슨 일행을 구출할 증기선 사피아 호가 출항 준비를 끝냈다. 윌슨을 구출하는 임무는 종기에서 회복한 베레스포드 대령이 맡았다. 베레스포드는 대서사시의 마지막을 담당하게 되었다며 기뻐했다.

굽밧에서 구출 준비가 한창일 때 메르낫 섬의 윌슨 일행은 방어진지를 구축했다. 윌슨은 수단 병사들의 충성심을 걱정했다. 다음 날 아침, 윌슨이 걱정한 최악의 상황이 벌어졌다. 탈라하위야를 지휘한 아브드 알-하미드가 샤이기야 출신의 바쉬-바주크 중대를 이끌고 마흐디군에 투항했다. 그러나 막상 의심했던 카쉼 알-무스는 알-하미드에게 합류하는 것을 거부했고 윌슨은 많이 놀랐다.

2월 3일, 윌슨은 하류에서 천둥처럼 울리는 대포 소리를 들었다. 트래포드는 무슨 일인지 알아보려고 정찰 병력과 함께 강가로 달려갔다. 트래포드는

카르툼 함락 소식을 듣고 굽밧에 도착한 스튜어트-워틀리

돌아와서 사피아가 와디 하베쉬에 있는 마흐디군과 포격전을 벌이고 있다고 보고했다. 보고를 받은 윌슨은 병력을 배에 태워 강의 동편으로 이동시킨 뒤 북쪽으로 이동해 사피아와 접선하라고 명령했다. 그날 아침 도착한 마흐디군은 강을 건너는 윌슨 일행에게 집중사격을 가했다. 그러나 윌슨 일행은 단 한 명의 부상자도 없이 무사히 강을 건넜다.

강을 건넌 윌슨 일행은 북쪽으로 이동해 와디 하베쉬 맞은편에 도달했다. 윌슨은 사피아가 강 중간에서 표류하는 것을 보았다. 사피아와 마흐디군 포대 사이의 거리는 300미터도 채 되지 않았다. 잠시 뒤 사피아에서 베레스포드가 보낸 작은 배가 윌슨에게 안 좋은 소식을 가져왔다. 마흐디군의 포격에 사피아의 보일러가 터졌고 지금 수리 중이라는 것이었다. 윌슨을 구하러 온 베레스포드가 오히려 윌슨의 도움이 필요한 상황이 되어버렸다.

베레스포드는 포를 쏘면서 전속력으로 항해해 마흐디군 포대를 통과하려고 했다. 그 과정에서 한 명이 전사하고 한 명은 다리가 부상당했다. 포대를 통과했다는 생각이 든 순간, 보일러실에 포탄이 떨어졌다. 보일러를 운용하는 기술병 두 명이 피부가 갈기갈기 찢어져 뼈가 드러나도록 심한 화상을 입고 배 위로 들려 올라왔고 화부 한 명은 화상으로 즉사했다. 선임 기관장 헨리 벤바우Henry Benbow는 보일러 내부를 비우고 화재를 진압한 뒤 새로운 보일러 판을 망치로 두들겨 만들기 시작했다. 새로운 보일러 판은 크기가 꼭 맞아야 하는 데다 안쪽에서 볼트를 조여야 했다. 보일러를 비운 지 몇 시간이 지났지만 남은 열기가 너무 뜨거워 작업이 불가능했다. 결국 수단 소년병을 안으로 들여보냈다. 벤바우는 보일러를 식히려고 두 번이나 찬물을 채웠다 비웠다를 반복했다. 보일러 안으로 들어간 소년은 수건으로 몸을 감싸고 안으로 들어갔지만, 사람이 감당 못할 만큼 열기가 뜨거웠던 터라 1분도 못 버티고 나왔다. 잠시 뒤, 다시 보일러 안으로 들어간 소년은 판을 대고 볼트로 완전히 조인 뒤 아무 탈 없이 나왔다.

윌슨에게는 보르댕이 침몰할 때 안간힘을 다해 인양해 둔 산악포가 있었다. 윌슨은 사피아의 보일러가 수리되는 동안 9파운드 산악포로 쉬지 않고 강 건너편의 마흐디군 참호와 진지를 사정없이 강타했다. 윌슨은 또 지하디야 소총병과 서식스연대 병사들에게 일제사격을 명령했다. 명령을 받은 병사들은 몇 시간 동안 의연하게 사격을 지속했다. 와디 하베쉬의 마흐디군은 총알 맞을 각오를 하지 않고서는 머리를 들 수 없었다. 여기에 화답하듯 사피아 갑판에서는 가드너 기관총 1정과 4파운드 산악포 1문이 일정한 간격으로 장단을 맞추며 불을 뿜었다. 이 둘의 조합은 매우 효과적이었다. 더구나 윌슨의 포격 때문에 와디 하베쉬의 마흐디군 포수들은 이후로 단 한 발도 사피아에 명중시키지 못했다. 그러나 마흐디군 저격수들은 윌슨의 병력 중 두 명을 사살하고 25명에게 상처를 입혔다. 어둠이 내리자 사피아는 시야에서 사라졌고 윌슨은 온종일 전투로 지친 병사들을 하류 방향으로 약 3킬로미터 이동시켰다. 그곳에는 선발대가 이미 구축해놓은 방어진지가 있었다.

베레스포드의 사피아 호를 엄호하는 월슨의 병사들, 1885년 2월 3일

사피아 호를 공격하는 와디 하베쉬의 마흐디군

9파운드 산악포로 마흐디군에게 포격하는 수단 병사들

저녁 7시가 되자 사피아의 보일러에 생긴 구멍이 수리되었다. 수리를 마친 보일러에 불이 들어가자마자 베레스포드는 굽밧 쪽으로 선수를 돌려 마흐디군의 집중사격을 뚫고 항해를 시작했다. 돌아오는 중에 베레스포드는 개스코인을 사피아에 태웠다. 개스코인은 타고 있던 누가르 돛단배가 모래톱에 좌초되면서 부상당한 채 누워 있었다. 그대로 더 내려간 베레스포드는 윌슨 일행도 배에 태웠다. 2월 4일 동이 트기 직전, 모두를 태운 사피아가 굽밧에 도착했다. 다음 날인 2월 5일, 동이 틀 무렵, 윌슨은 카르툼 함락 소식을 듣고 근위낙타연대의 호위를 받으며 울즐리가 있는 코르티로 출발했다.

17

울즐리는 평생 이처럼 불안한 한 주를 보낸 적이 없었다. 그는 당시의 심리적 압박과 긴장을 이렇게 기록했다. "내가 돌격부대를 여러 차례 이끌기는 했지만 지난 며칠 동안의 긴장과 비교할 때 그런 경험들은 애들 장난 같은 것이었다. 나는 일주일째 상황이 어떻게 돌아가는지 아무런 소식도 받지 못했다……. 몸 구석구석에서 느끼는 긴장은 거의 참을 수 없는 지경에 이르렀다."[76] 2월 4일, 천막 식당으로 저녁을 들러 가던 울즐리에게 마치 폭탄이 떨어진 것처럼 경악할 소식이 전달되었다. 굽밧에서 보낸 전령은 카르툼이 마흐디군에게 함락되었고 고든이 죽은 것 같다고 보고했다. 울즐리는 원정에 실패한 것이다.

이후로 나흘 동안 울즐리는 물속에서 지푸라기라도 잡는 심정으로 지냈다. 2월 9일, 가까스로 탈출에 성공한 윌슨이 코르티에 도착하자 총사령관 울즐리는 윌슨에게 강박증에 가까울 정도로 질문을 쏟아냈다. 윌슨이 몰고 간 보르댕과 탈라하위야가 카르툼에서 도착했지만, 단 한 발의 지원사격도 없었다는 말을 들은 울즐리는 런던에 있는 하팅턴에게 전문을 보냈다. "윌슨이 착각했을 수도 있습니다." 울즐리는 고든이 여전히 카르툼에 있는 성당에서 혹은 다른 곳에서 저항하고 있을지 모른다고 생각했다. 원주민 사이에서는 카르툼 함락을 둘러싼 아무런 소문도 없었다. 울즐리는 마흐디가 1월 26일에 카르툼을 점령하기란 불가능하다는 동골라 지사의 주장도 함께 전했다. 울즐리는 두 눈으로 똑똑히 현장을 본 윌슨이 전해준 불편한 진실보다는 지사의 근거 없는 주장을 더 믿고 싶었다.

울즐리는 계속해 자기 믿음을 고집했다. "윌슨은 겁이 많고 약하며 운도 따르지 않는 사람이다."[77] 울즐리의 비난은 여기서 그치지 않았다. "윌슨은 아부 툴라이 전투에서 용기를 잃었다. 그는 증기선을 타고 카르툼을 향해 출발하기 전에도 이틀을 지연했다. 만일 그가 20일에 출발만 했어도 25일에는 카르툼에 도착할 수 있었을 것이다. 카르툼이 함락되기 바로 전날 말이다. 그랬으면 고든을 구할 수 있었을 것이다. 심지어 윌슨은 급전을 보내 고든이 겪은 심리적 압박을 조금이나마 덜어주지도 못했다."

시간이 가면서 윌슨의 보고가 옳다는 것이 서서히 드러나자 일기에 남긴 비난은 독설로 바뀌었다. 고든은 죽었고 울즐리는 영원한 영예를 누릴 뻔한 기회를 놓쳐버렸다. 이는 카르툼 강변을 바라보며 영국 국기 아래에서 고든과 역사적인 악수를 나눌 가능성은 물론, 삽화와 함께 신문에 대서특필될 가능성, 그리고 마치 탐험가 리빙스턴처럼 울즐리란 이름을 학교에서 가르치는 역사로 기록될 가능성도 모두 사라졌다는 것을 뜻했다. 울즐리는 "잘될 것"이라고 또는 "전지전능한 신께서 역사하는지 의문스럽다"고 일기에 두서없이 적었지만, 결국 희생양이 필요했는데 희생양으로 낙점된 이가 바로 윌슨이었다.

만일 울즐리가 실망감을 극복했더라면 윌슨을 향한 신랄한 독설이 부당하다는 것, 그리고 그 비방이 근거 없다는 것을 깨달았을 것이다. 정말로 윌슨이 용기를 잃은 장교였다면 아부 크루 전투에서 보여준 것 같은 결연한 모습은 보여줄 수도 없었다. 총알이 빗발치는 전장에서 방진을 앞으로 나가게 만든 것은 영웅적인 능력이었다. 아부 크루 전투는 산전수전 다 겪은 노장들조차도 살아서 빠져나오기 어려운 전쟁터였다. 카르툼으로 증기선을 파견해 고든을 구하려 한 것은 누가 봐도 자살이나 다름없는 임무였다. 이렇듯 가능성이 희박한 임무를 수행하러 증기선에 오른 윌슨의 자세는 맥도널드 특파원이 평했듯이 마치 '사자 같은 대담함' 그 자체였다.

울즐리는 자신이 총애하는 허버트 스튜어트가 다치지 않았다면 고든은 살 수 있었다고 주장했다. 울즐리는 윌슨이 아부 크루 전투를 마친 다음 날인 1월 20일에 보르댕과 탈라하위야를 타고 카르툼으로 출발했으면 25일에는 카르툼에 도착했을 것이고 카르툼이 마흐디 손에 들어가는 것을 막을 수 있었을 것이라는 주장을 지겨울 정도로 반복했다. 울즐리에게 재고란 없었다. 울즐리가 한 번만 더 생각했어도 윌슨이 1월 20일에 증기선을 타고 출발하는 것이 불가능했다는 것을 깨달았을 것이다. 1월 20일에는 증기선이 메템마에 도착하지도 않은 상태였다. 증기선이 메템마에 모습을 드러낸 것은 1월 21일 아침 9시 30분이 되어서였다. 그러고도 윌슨은 바로 출발할 수 없었다. 카르툼을 탈출해온 이집트군 병사들과 그 가족들을 배에서 내려야 했기 때문이다. 게다가 연료 보충과 정비도 해야 했다. 모든 준비가 끝났다고 베레스포드가 말하기 전까지는 떠나지 말라고 윌슨에게 지시한 것은 정작 울즐리 자신이었다.

설령 윌슨이 증기선이 도착하자마자 출발했다고 가정하더라도 실제 여정보다 더 빠르게 카르툼에 도착하는 것은 불가능했을 것이다. "인정하기 싫지만 만일 내가 1월 22일에 출발했다고 가정해도 카르툼에는 아마 1월 26일 정오 무렵에 도착했을 것이다. 그러나 고든은 1월 26일 새벽에 전사했다. 나일강 수위가 너무 낮아 폭포를 극복하는 데 엄청난 어려움이 따랐다."[78] 윌슨이 출발할 수 있는 가장 빠른 날짜를 1월 22일로 가정하더라도 윌슨 스스로 지적했듯이 그는 남쪽과 북쪽 양 방향에서 마흐디군이 사막부대를 향해 진격해 온다고 믿을 만한 충분한 이유가 있었다. 원했든 원치 않았든 윌슨은 지휘관으로서 공격이 예상되는 곳에 부대를 남겨둘 수 없었다.

물론 영국군이 카르툼에 접근했다면 마흐디가 카르툼을 치지 못했을 수도 있다는 가정은 가능하다. 그러나 이것은 어디까지나 가정일 뿐이다. 마흐디군 병력이 최소한 6천 명 이상이고 크루프 대포와 노르덴펠트 기관총으로 무장했다는 점을 고려할 때 마흐디가 윌슨과 영국군 21명을 보고 간담이 서늘해졌을 리는 만무하다. 더욱이 아부 틀라이의 패배 이후 마흐디는 무슨 일이 있어도 카르툼을 공격하기로 결심을 굳힌 상태였다. 설령 윌슨이 하루 일찍 출발했다고 가정하더라도 오히려 이것은 카르툼을 공격하겠다는 마흐디의 결심을 더 굳게 만들었을 것이었다. 전체적인 맥락이 이러한 데도 울즐리는 마흐디가 카르툼을 1월 26일에 공격한 것이 몇 달 전에 세운 엄밀한 계획의 일부인 것처럼 해석했다. 사실 마흐디는 영국군이 도착하기 전에 카르툼을 점령해야 한다는 강박관념 때문에 서둘러 이런 결정을 내렸다. '우리의 유일한 장군'이라는 별명으로 명성이 자자한 울즐리가 무명의 수피 성직자가 꾸민 전술에 속수무책으로 당한 셈이다.

울즐리는 윌슨에게 서면 답변을 지시했다. "굽밧에서 카르툼으로 출발하는 데 왜 이틀을 지체했는가?" 울즐리는 윌슨의 답변을 하팅턴에게 보냈다. 그러나 울즐리는 본인이 직접 허버트 스튜어트에게 내린 지시 때문에 구원군이 메템마에 늦게 도착했다는 사실을 전혀 언급하지 않았다. 이 지시는 구원군이 실패한 가장 주된 이유였다. 여기서 다른 가정을 해보면 완전히 다른 상황이 벌어졌을 수도 있다. 만일 허버트 스튜어트의 선발대가 작둘에서 열흘간 지체하지 않고 바로 메템마로 이동했더라면 마흐디군을 기습하는 것도 가능했을 것이고 그러면 낙타 군단은 1월 5일에는 메템마에 도착했을 것이다. 이는 영국군 역시 큰 피해를 본 아부 틀라이 전투와 아부 크루 전투를 피할 수 있었다는 것을 뜻한다. 상황이 이렇게 전개되었더라면 윌슨은 1월 10일에 카르툼에 도착했을 것이다. "허버트 스튜어트가 사막을 곧장 가로질렀다면 별다른 저항을 받지 않고 횡단하는 것이 가능했을 것으로 보이는데 이는 거의 정확한 가정이다. 물론 메템마에서 가볍게나마 저항을 받았을 것이다……. 그리고 카르툼과 고든을 구했을 것이다……. 낙타 1천 마리 때문에 고든은 죽고 말았다."[79]

리버스 불러가 낙타를 충분히 준비하지 못해 울즐리의 명성에 흠집이 난 것은 확실하다. 그러나 낙타가 부족해서 허버트 스튜어트가 한달음에 메템마에 도착하지 못한 것은 아니다. 무식하게도 울즐리는 영국군이 걸어서 사막을 횡단할 수 없다고 생각했고 모든 병사가 낙타를 가져야 한다고 믿었다. 코르티에서 메템마까지는 280킬로미터이다. 더욱이 이 길에서는 물 구하기가 쉬웠다. 낙타가 장비와 물자를 져 나르는 조건이라면 영국군 보병은 이 정도 거리는 쉽게 이동할 수 있었다. 이것은 나중에 아일랜드라이플연대 Royal Irish Rifles가 코르티에서 굽밧까지 행군한 것으로, 그리고 근위낙타연대가 굽밧에서 동골라까지 낙타 없이 이동한 사례로 확실하게 증명된다. 더욱이 둘 다 한창 더운 때 행군이 이뤄졌으며 두 부대 모두 행군에서 단 한 명도 목숨을 잃지 않았다.

영국의 모든 부대에서 필요한 인원을 조금씩 차출한다는 울즐리의 생각은 상상을 뛰어넘을 정도로 혁신적인 방법이었지만 실제로는 시간 낭비에 불과했다. 고든 구원군에 정작 필요한 것은 잘 훈련된 보병이었지 특수부대가 아니었다. 막상 울즐리는 부대를 구성할 때 평소 자기가 경멸하던 관습을 받아들였다. '정예'라는 수식어가 붙는 여러 기병부대에서 낙타 군단 인원 절반을 선발했는데 이들 기병부대는 평소 그가 경멸해온 대상이었다. 그레이엄이 에-테브 전투와 타마이 전투에 투입했던 것처럼 3개 보병대대만 있었어도 사막부대는 제대로 굴러갈 수 있었다.

지휘권 문제를 해결하지 못한 것도 울즐리 책임이었다. 허버트 스튜어트의 부재 시 지휘권을 맡을 부지휘관을 왜 미리 정하지 않았는지 의문이다. 울즐리는 허버트 스튜어트가 쓰러지면 육군 규정에 따라 윌슨이 지휘권을 인수한다는 것을 잘 알고 있었다. 버나비를 허버트 스튜어트의 부지휘관으로 임명했으면 어땠을까 하는 것은 역사를 볼 때 간간이 끼어드는 "만일?"

놀음에 불과하다. 아부 틀라이 전투에서 보여준 버나비의 능력에 비춰 윌슨 대신 버나비가 카르툼으로 갔다고 가정해본다면, 윌슨은 그나마 살아 돌아와 상황을 보고하기라도 했지만, 버나비는 누구와도 함께 살아 돌아오지 못했을 것이다.

실제 윌슨이 보여준 행동은 지휘관으로서 존경을 자아낼 만한 것이었다. 반면 울즐리는 자기가 저지른 실수에 책임질 줄 몰랐다. 울즐리가 저지른 실수가 여럿이지만 가장 큰 것은 나일강을 접근로로 택한 것이다. 카이로부터 수천 킬로미터를 이동한 것 자체는 매우 훌륭하지만, 이 방법을 채택한 순간부터 울즐리는 임무보다는 개인의 영달을 앞세운 셈이었다. 나일강을 접근로로 택한 것은 작전상 고려보다는 울즐리의 장기인 탁월한 행정력을 과시하려는 의도가 숨어 있었다. 이 작전을 시행하려면 나룻배 400척이 필요했고 그만큼의 뱃사공들을 캐나다와 서아프리카에서 데려와야 했다. 또 선발된 특수부대와 별도의 보급부대, 복잡한 병참선도 필요했다. 울즐리는 이런 준비 자체에 지나치게 공을 들였을 뿐만 아니라, 결국 배가 다 만들어질 때까지 몇 주를 허비하고 말았다.

평범한 병력으로 이뤄진 여단이 낙타 치중대의 지원을 받아 행군했다면 수아킨에서 베르베르까지 열흘이면 도착할 수 있었다. 이 길은 물을 구하기가 쉬울 뿐 아니라 군데군데 사람이 살았고 낙타가 먹을 수풀도 충분했다. 1882년 겨울, 이집트 징집병으로 구성된 힉스 원정군은 이 길을 아무 어려움 없이 행군했다. 이런 전례가 있는데도 왜 울즐리는 이집트군보다 더 잘 훈련된 영국군이 그 일을 못할 것이라 믿었을까? 물론 베르베르가 마흐디 수중에 있었지만, 울즐리가 사막 접근로를 이용하지 못할 이유는 없었다. 실제로 3월 이후로 바유다 사막의 상황은 별로 달라진 것도 없었다. 바유다 사막을 가로지른 것은 메템마를 점령하기 위해서였다. 카이로와 코르티를 잇는 병참선은 길이가 수백 킬로미터에 달해 통제가 어려웠다. 고든 구원군은 이런 복잡한 병참선 대신에 영국 해군이 경비하고 보급까지 해줄, 불과 며칠 거리에 있는 해안 교두보를 확보할 수도 있었다.

웰슨은 울즐리가 자기를 희생양으로 삼으려 한다는 것을 알았지만, 존경할 만한 인격을 갖춘 윌슨은 이를 받아들였다. 윌슨은 울즐리가 무슨 말을 하든지 자기 의무를 다할 줄 아는 인물이었다. 카르툼에서 힘겹게 돌아오는 윌슨을 구한다며 구원군을 이끌었던 베레스포드가 오히려 윌슨에게 도움을 받은 것이 알려지면서 윌슨은 베레스포드보다도 더 큰 명예를 얻었다. 증기선 사피아가 매우 어려운 상황에 있을 때 윌슨이 냉정하고 침착하게 와디 하베쉬 맞은편으로 병력을 전개하지 않았더라면 사피아는 분명 침몰했을 것이고 배에 탄 사람들은 포로가 되거나 물에 빠져 죽었을 것이다. 그러나 울즐리는 와디 하베쉬에서 윌슨이 보여준 영웅적인 행동을 무시해버린 채, 오히려 베레스포드가 훌륭하게 행동했다고 보고했다. 울즐리는 아부 툴라이 전투에서 방진이 무너진 것도 자신의 친구인 베레스포드가 책임질 일이 전혀 없다고 못박았다. 베레스포드는 윌슨에게 방진 붕괴의 책임을 돌리지 않을 수도 있었다. 그러나 베레스포드는 해군 기술병에게 1월 22일 아침에 증기선 두 척이 준비를 마쳤다는 보고를 받았다고 주장하면서 가롯 유다처럼 윌슨을 배신했다. 이 주장은 새빨간 거짓말이다. 굽밧에 함께 있었고, 해군 기술병들이 1월 23일까지 증기선에 손도 대지 않았다는 것을 알고 있는 알렉스 맥도널드 특파원이 분개하자 나중에 베레스포드는 이 주장을 철회할 수밖에 없었다.

18

찰스 윌슨 중령이 굽밧을 떠나 코르티로 향하던 2월 5일 이른 아침, 빅토리아 여왕이 개인 비서인 헨리 폰소비* 경의 집으로 몸소 찾아왔다. 폰소비의

* Sir Henry Frederick Ponsoby(1825~1895): 1870년부터 사망할 때까지 여왕의 개인 비서로 근무했다.

집은 여왕의 땅인 와이트 섬Isle of Wight에 있는 오스본 하우스Osborne House*와 인접해 있었다. 가족과 막 아침 식사를 마친 폰소비는 무엇엔가 충격을 받아 창백한 얼굴로 자기 집 거실에 서 있는 여왕을 보고는 깜짝 놀랐다. 여왕이 낮고 작은 목소리로 힘없이 말했다. "너무 늦었소! 카르툼이 함락되었다오. 고든은 죽고."

빅토리아 여왕은 울즐리도 윌슨도 비난하지 않았다. 대신 여왕은 징그럽게 혐오한 글래드스턴 수상에게 책임을 돌렸다. 그날 오후, 여왕은 암호화도 하지 않은 채, 고칠 생각이 전혀 없다는 확고한 태도로 내각에 전문을 보냈다. "카르툼에서 들어온 소식은 끔찍하오. 막을 수 있는 일을 막지 못했고 조금 더 서둘렀더라면 소중한 생명을 더 많이 구할 수 있었을 것으로 생각하니 이 역시 끔찍하오."

여왕은 할 말이 많았다. 여왕 재임 동안 고든의 사망보다 더 넌더리를 칠 만한 일은 없었다. 빅토리아 여왕은 폰소비에게 글래드스턴이 대영제국의 명예를 업신여긴다고 말했다. 글래드스턴이 수상으로 선출된 날은 여왕에게 심히 유감스러운 날이었다. 여왕은 글래드스턴을 이렇게 평했다. "그는 신문을 읽지 않고 여론을 외면하고 있다. 그는 이해할 수 없는 망상과 환상 속에 파묻혀 있다."

빅토리아 여왕은 영국의 상태를 누구보다 잘 안다고 믿었다. 그리고 이번에는 여왕이 옳았다. 영국은 분노로 들끓었다. 영국 대중은 고든 구원군이 꼭 성공하기를 바라면서 애타는 마음으로 신문에서 눈을 떼지 못했다. 해가 지지 않는 나라 대영제국은 당시 지구상에서 가장 강력한 국가였다. 글래드

* 포츠머스 남쪽에 있는 섬으로 빅토리아 시대 이래도 휴양지로 이름이 높다. 섬 북단에는 빅토리아 여왕과 앨버트 공의 여름 별장인 오스본 하우스가 있다. 이 건물은 앨버트 공이 직접 설계했으며 여왕 부부를 위해 버킹검 궁 전면을 건축한 토마스 쿠빗Thomas Cubitt이 1845년부터 6년 동안 지었다. 빅토리아 여왕은 1901년 1월에 이곳에서 죽음을 맞았으며 현재는 일반에 개방되어 있다.

스턴 정부는 너무 오랫동안 국가 영웅을 방치해왔다. 더구나 여왕의 군대가 고든을 구하러 카르툼에 제때 도착하지도 못했다. 이는 대영제국으로서는 상상할 수 없는 불명예였다. 이런 분위기에서 베링은 고든을 이렇게 논평했다. "고든은 뼛속부터 영웅적인 행동을 실현한 사람 같다. 그리고 이러한 영웅적인 행동이 앵글로색슨 민족에게 감동을 준 것 같다."[80]

빅토리아 여왕에게도, 거리의 대중에게도 일이 이렇게 된 책임이 누구에게 있는지는 말하지 않아도 명백했다. 고든을 구하지 못한 사태를 두고 베링의 논평은 이렇게 이어진다. "고든 구원군을 파견하는 데 너무 오래 지체하면서 중대한, 그리고 용서받을 수 없는 실수를 저질렀다."[81] 신문, 술집, 거리와 음악당 등 사람들은 모이는 곳마다 글래드스턴을 비난하는 성토장이 되었다. 글래드스턴의 별명인 GOM, 즉 '존경받는 위대한 원로Grand Old Man'라는 애칭은 하룻밤 사이에 MOG, '고든 살인자the Murderer of Gordon'로 바뀌어 있었다.

글래드스턴은 상황을 설명하고 방어하려 했지만, 이는 고든의 복수를 주장하는 목소리에 묻혀 사라졌다. 결국 내각은 여론에 항복했다. 2월 6일, 여왕이 고든의 사망 소식을 들은 지 겨우 24시간밖에 지나지 않은 시점에서 울즐리는 육군성으로부터 전문을 받고 소스라치게 놀랐다. 육군성은 울즐리에게 지원군이 합류하는 대로 베르베르로 진격하고 제럴드 그레이엄을 수아킨으로 파견해 오스만 디그나를 토벌하라고 명령했다.

울즐리는 직감적으로 이것이 정치적인 결정이라는 것을 알았다. 그날 울즐리는 이렇게 일기를 적었다. "사실 현 내각은 강공 정책만이 내각을 위기에서 구할 수 있다는 것을 알고 있다. 내가 받은 전문은 그 증거이다."[82] 그러나 울즐리는 카르툼이 함락되면서 상황이 바뀌었다는 것도 알았다. 당장 마흐디는 수단의 수도를 틀어쥐었을 뿐만 아니라 수단에서 가장 강력한 군사력을 갖췄다. 따라서 그동안 방관하던 부족들이 서둘러 마흐디에게 합류할 것이었다. 사정이 이렇다면 증원 병력 없이 카르툼을 탈취하는 것은 불가능했다. 계절로도 이미 2월로 접어들어 여름이 시작되기 때문에 겨울이 돌아오는 10월까지 원정은 불가능했다. 즉, 육군성의 결정은 울줄리가 내리쬐는 태양 아래에서 더위와 싸워가며 무관심과 지루함 속에서 여름을 나야 한다는 뜻이었다.

나흘 뒤, 나일부대가 아부 하메드 하류에 있는 키르크베칸Kirkbekan에서 승리했다. 마흐디군은 이 전투에서 2천 명 이상 목숨을 잃었다. 이 소식은 다음 날 바로 울즐리 귀에 들어갔지만, 나일부대 지휘관인 윌리엄 얼 소장의 죽음으로 빛이 바랬다.* 얼 소장을 대신해 지휘권을 인수한 헨리 브라켄베리Henry Brackenbury 소장 또한 아샨티회 소속이었다. 브라켄베리가 이끄는 나일부대는 2월 24일에 아부 하메드에 도착했다.

그러나 이 무렵 상황이 변했다. 기대를 한몸에 받던 리버스 불러는 굽밧의 전진기지를 계속 유지하기 어렵다고 보고했다. 굽밧에는 5천 명 규모의 마흐디군 선봉부대가 도착할 것이라는 소문이 돌고 있었다. 겁을 먹은 불러는 마지막 남은 증기선 두 척을 침몰시키고 물자를 나일강에 투기한 다음, 기지를 버리고 철수했다. 전년도 12월 30일, 의기양양하게 코르티에서 출발했던 사막부대는 많은 수가 전투화도 신지 못한 오합지졸 모습으로 다시 코르티로 행군을 시작했다. 사막부대는 먹을 것이 거의 없었지만 타고 간 낙타는 챙겨서 돌아왔다. 이제 베르베르를 탈취할 가능성은 완전히 사라졌다. 애석하게도 울즐리는 브라켄베리에게 나일부대를 돌려 돌아오라고 명령했다.

3주 뒤, 울즐리는 아프가니스탄에서 영국이 러시아와 충돌했다는 극비 전문을 하팅턴으로부터 받았다. 영국의 보호 아래 있는 아프가니스탄 펜제Penjeh라는 외딴 마을을 러시아가 공격해 주민이 사망했다. 러시아의 공격은 정당한 근거도 없었으며 국경 설정에 애쓴 경계위원회British boundary commission의 노력을 대놓고 무시하는 행위였다. 영국 의회는 글래드스턴을

* 윌리엄 얼 소장은 키르크베칸에 묻혔다.

아부 크루 전투 후에 가마에 실려 후송되는 허버트 스튜어트

지지하면서 러시아와의 전쟁 예산으로 총 1천100만 파운드를 승인했다. 이런 상황에서 울즐리는 '대영제국의 이익'을 명분으로 수단에서 완전히 철수할 수도 있다는 이야기를 들었다.

울즐리는 미사여구 뒤에 숨은 뜻을 간파하는 능력이 있었다. 울즐리는 글래드스턴이 러시아와 전쟁을 벌일 뜻이 전혀 없다는 것을 직감했다. 노회한 여우 같은 글래드스턴에게 러시아와의 충돌은 영국이 수단에서 완전히 발을 뺄 수 있도록 하늘이 도와준 최고의 기회였다. 울즐리의 예상대로 펜제 위기는 아무 일 없이 잠잠해졌다. 러시아는 뒤로 물러섰고 울즐리와 고든 구원군도 7월 말에 수단에서 철수하게 되었다. 수아킨으로 향한 뒤 이미 베자족과

한 차례 피비린내 나는 전투를 치렀지만 아무 수확이 없던 그레이엄의 부대는 5월에 철수했다. 대영제국 최후의 모험 첫 장은 이렇게 끝났다. 영국은 패배했다.

실패로 돌아간 것은 원정만이 아니었다. 원정 실패의 책임을 월슨에게 떠넘기려 한 울즐리의 계획도 실패했다. 런던으로 돌아온 울즐리는 만나는 사람마다 월슨이 굽밧에서 지체했기 때문에 원정이 실패했다고 변명했다. 게다가 월슨이 지체했다는 날 수는 이틀에서 사흘로 늘어나 있었다. 그러나 하팅턴은 하원 연설에서 월슨이 이끈 특수부대에 영국 정부가 감사와 경의를 표한다고 말했다. 하팅턴은 '이 용맹한 장교'가 '아주 잠시 지체했다는 주장'으로 비판받고 있지만, 이 역시 해결된 것으로 안다면서 찰스 월슨은 완전히 무죄라고 말했다. 월슨의 친구 하나가 월슨에게 편지를 썼다. "만일 그 당시 자네 위치에 자네 아닌 다른 사람이 있었다면 그것이 누구든 그 힘든 전투를 치르고 병력을 잃은 뒤에 분명 주저했겠지. 그리고 나는 울즐리 경이 의도하는 것을 믿지 않는다네. 내가 지금까지 알고 있는 것으로 볼 때 자네는 할 수 있는 모든 일을 다 했네. 그 위험한 원정에 참여했던 자네와 자네 전우들은 가장 큰 찬사를 받을 자격이 있어."[83]

울즐리는 자기가 판 함정에 빠졌다. 아샨티회는 해체되어 다시는 모일 수 없게 되었다. 작둘에서 부상당한 허버트 스튜어트는 코르티로 돌아오던 중 사망했고 코르티에 묻혔다. 그의 무덤은 지금까지 코르티에 남아 있다. 에벌린 우드는 이집트군 총사령관직에서 사임했다. 우드와 불러는 사무실에서 서류와 씨름하는 자리로 좌천되었다. 하지만 둘은 술에 빠져 살면서 안락한 삶을 누렸다. 평판을 잃은 것은 월슨이 아니라 울즐리였다. 그가 월슨을 두고 비공식적으로 퍼부은 저주는 결국 본인에게 되돌아갔다. 울즐리는 그렇게 싫어했던 케임브리지 공작의 후임으로 영국 육군의 원수이자 총사령관까지 승진했지만 다시는 어떤 군사작전에도 참여하지 못했다.

글래드스턴 역시 이 재앙의 여파를 무사히 비껴가지 못했다. 영국 원정군 마지막 부대가 수단을 떠나기 전, 글래드스턴은 수상직을 사임했다.* 6월 9일, 자유당이 이끄는 정부가 무너지고 솔즈베리Salisbury가 이끄는 보수당 정부가 들어섰다.

운명이었을까 아니면 우연이었을까? 마흐디 또한 짧은 생을 마감했다. 마흐디는 글래드스턴이 사임한 지 11일 뒤 사망했다. 전하는 말에 따르면 장티푸스 또는 천연두에 걸려 죽었다고 한다. 또 다른 소문은 방종의 결과라고도 하고 혹자는 내연녀가 투여한 독약 때문이라고 하기도 했다. 마흐디를 승계한 것은 불과 5년 전 알-마살라미야에서 무함마드 아흐마드를 구세주라고 처음 인정했던 아브달라히였다. 다르푸르 출신 유목민에 불과했던 아브달라히는 마흐디의 뒤를 이어 14년 동안 수단의 최고 통치자로 군림했다.

* 고든 구원군이 실패하며 글래드스턴의 인기가 떨어지고 자유당 정부의 붕괴가 빨라졌지만, 글래드스턴이 사임한 근본적인 이유는 자유당 정부가 제출한 재정 법안 수정안이 의회에서 부결되었기 때문이다.

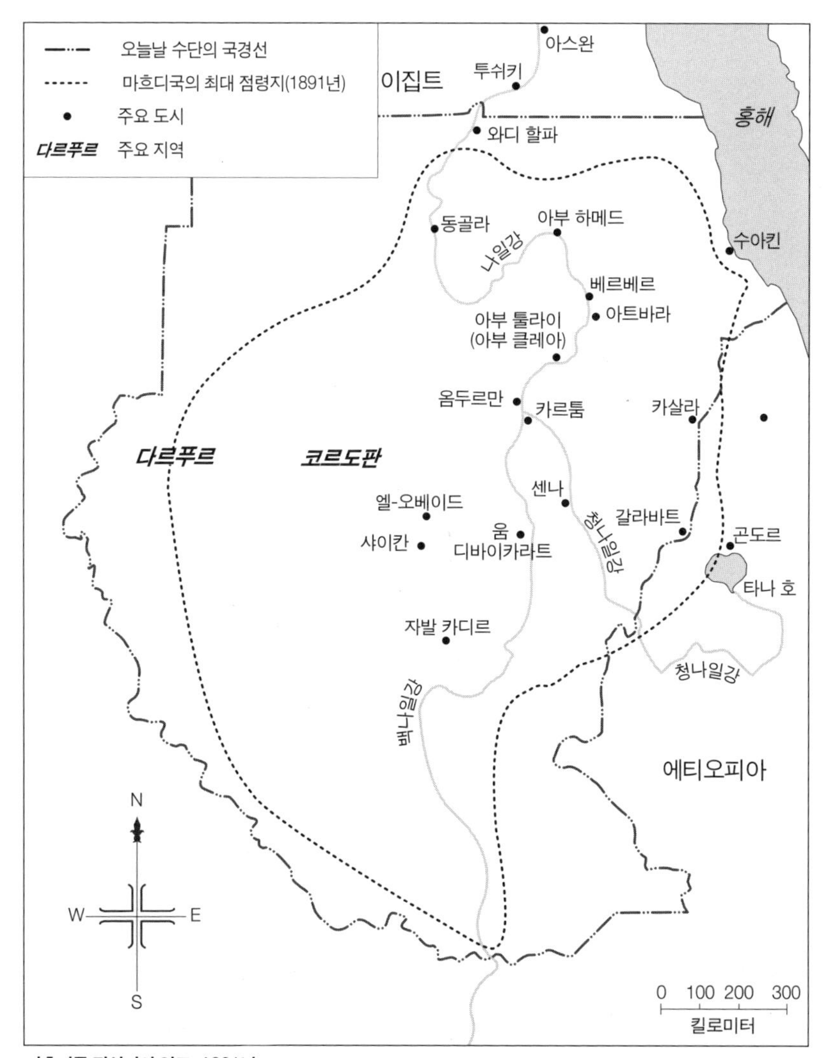

마흐디국 전성기의 영토, 1891년

수단 기계

1

1896년 3월 13일 이른 시각, 카이로 관저에서 잠을 자던 키치너는 유리창을 두드리는 조약돌 소리에 잠을 깼다. 예기치 않게 잠에서 깬 그는 짜증을 내면서 등불을 켰다. 창 아래로 내려다보이는 잔디밭에는 야간 경계병과 부관인 제60소총연대의 제미 왓슨Jemmy Watson 대위가 서 있었다. 왓슨은 종이 한 장을 흔들고 있었다. 키치너는 잠옷 차림으로 아래층으로 내려갔다. 왓슨은 싱긋 웃으며 종이를 키치너에게 건넸다. 육군성에서 보낸 암호 전문을 해독한 편지에는 키치너에게 즉각 동골라로 향하라고 적혀 있었다. 고든이 죽은 지 11년 만에 수단을 재정복하기 위한 원정이 마침내 시작되는 순간이었다. 잠시 뒤 콜드스트림근위연대Coldstream Guards의 애틀럼니Athlumney 대령이 도착하자 키치너는 한 손에는 등을 들고 다른 한 손에 전문을 든 채 왓슨과 함께 기쁨에 겨워 춤을 추었다.

고든 구원군에 참여한 경력으로 일약 유명해진 키치너는 겨우 마흔한 살에 이집트군 총사령관에 올랐다. 울즐리는 자작이 되었을 뿐만 아니라 육군 원수가 되어 영국 육군 총사령관을 맡았고 에벌린 우드 소장은 울즐리의 부관이 되었다. 비슷한 시기에 자유당의 글래드스턴이 두 번 수상을 맡았다가 두 번 모두 솔즈베리가 이끄는 보수당 정부로 바뀌는 상황이 벌어졌다. 솔즈베리는 수상과 외무성 장관을 겸직했다. 랜스다운 경Lord Lansdowne은 솔즈베리 내각의 육군성 장관이었다. 당시 크로머 경Lord Cromer으로 불리게 된 에벌린 베링은 대영제국을 대표하는 총영사로서 이집트에 없어서는 안 될 인물이었다. 특히 케디브 타우피크가 1892년에 마흔 살이라는 이른 나이에 사망하면서 열여덟 살에 불과한 압바스 힐미 2세Abbas Hilmi II가 케디브로 즉위하자 이집트에서 베링의 존재는 절대적이었다.

키치너는 베링 덕분에 이집트군 총사령관에 임명될 수 있었다. 압바스 힐미 2세와 키치너의 동료 대부분은 키치너를 지독하게 싫어했지만, 타고난 은행가인 베링은 키치너가 가진 인색함을 오히려 좋아했다. 한때는 수단을 포기해야 한다고 강력하게 주장하던 베링이지만, 프랑스와 이탈리아가 수단을 식민지로 삼으려 하자 생각이 달라졌다. 1884년에 마사와Massawa 항구를 넘겨받은 이탈리아는 에리트레아를 식민지로 삼으려고 마사와를 주춧돌로 이용했다. 그로부터 6년 뒤, 이탈리아는 수단 국경 지역인 카살라를 병합했다. 1895년 남부 수단에서 프랑스가 움직인다는 소문이 돌자 영국은 엄중하게 경고했다.

베링은 오래전부터 수단을 재점령해야 한다고 믿었다. 그러나 그는 이집트 경제를 회복시키는 데 수년을 보낸 터라 돈 아까운 줄 모르고 펑펑 써댈 인물에게 수단 재점령 임무를 맡길 생각이 눈곱만큼도 없었다. 마침, 키치너는 세밀하게 계획을 세울 뿐 아니라 강박에 가까울 만큼 인색한 것으로 유명했다. 울즐리가 지명해 이집트군 총사령관직을 수행하던 프랜시스 그렌펠 소장은 케디브 타우피크가 죽자 영국으로 소환되었다. 베링은 이 틈을 놓치지 않고 날래게 손을 써 키치너를 이집트군 총사령관에 앉혔다.

키치너의 총사령관 임명은 별 호응을 얻지 못했다. 키치너는 고든 구원군 시절 상관이었던 찰스 윌슨 중령이 겪은 불이익을 다시 겪었다. 당시 윌슨은 울즐리가 퍼뜨리는 유언비어를 충직하게 방어했다. 영국 육군에서 군 생활을 잘하려면 순응과 조화가 필수적이었다. 지략과 무자비함, 그리고 독창성은 아무짝에도 쓸모없는 반면 용기, 예의범절, 겸손, 기사도, 그리고 헌신적인 직무 태도는 높은 평가를 받았다. 이상적인 장교는 외향적으로 적당히 화려하고 동료와 친하며 모든 일을 느긋하게 즐길 줄 아는 사람이어야 했다.

그러나 키치너는 이와는 영 딴판이었다. 그는 군대를 취미로 여기는 사람들을 경멸했다. 키치너는 낯을 가리는 데다가 주변에서 뭐라 하든 초연했고 내성적이기까지 했다. 가끔은 지나치게 무례했고 인정머리도 없었으며 주변 사람들을 힘들게 만들었다. 더욱이 그는 군의 위계질서라는 불가침 영역은 발바닥의 때만큼도 안 여겼다. 그는 빅토리아 시대 육군에서 아무도 필적할 수 없는 철저함과 추진력을 갖춘 개인주의자였으며 천재성이 돋보이는 독창적인 사상가였다. 심지어 조지 커즌* 경은 키치너를 두고 '게걸스럽게 집어삼키는 활동적인 에너지 덩어리'라고까지 불렀다.[1] 키치너는 울즐리만큼 탁월했지만, 울즐리와는 분명 달랐다. 키치너는 자신을 좀먹는 자만심과 옹졸함으로부터 자유로웠다. 그러나 울즐리는 심지어 친구인 허버트 스튜어트나 불러에게까지 끊임없이 비난을 퍼부었다. 울즐리가 영예를 얻으려고 고든을 둘러싼 음모론을 대규모로 유포한 데 반해 키치너는 '누구에게 인정받는다'는 명성 따위는 신경도 안 썼다. 키치너는 다른 사람의 의견에 휘둘리는 인물이 아니었다. 이런 그를 두고 허버트 애스퀴스**경은 이런 평가를 남겼다. "그는 후대에 잘 보이려고 가식을 떨지 않았다. 그는 살아서든 죽어서든 명성을 바라고 노력하는 사람이 아니다."[2]

키치너의 부하들은 그가 무뚝뚝하고 귀족적이며 감당하기 어려운 인물이라고 느꼈다. 그는 누구보다도 정확한 인물이었고 제2차 수단 원정 이후에는 '수단 기계the Sudan Machine'라는 별명으로 불리기까지 했다. 겉 인상은 이랬지만 키치너는 마음 깊이 애정이 있었으며 관대했고 따뜻한 인물이었다. 전우와 부하를 향한 깊은 애정이 겉모습에 가려 보이지 않았다는 것은 친구

* George Nathaniel Curzon(1859~1925): 보수당 정치인으로 인도 총독과 외무성 장관을 역임했다.

** Herbert Henry Asquith(1852~1928): 1908년부터 1916년까지 수상을 지낸 자유당 출신의 정치인. 키치너는 1914년부터 1916년 기뢰 폭발 사고로 사망할 때까지 애스퀴스 수상 밑에서 육군성 장관을 역임했다.

인 존 스튜어트와의 관계를 살펴보면 쉽게 알 수 있다. 한 개인으로 돌아가면, 키치너는 열정적인 정원사이자 도자기 애호가였다.

울즐리는 늘 월슨의 전투 경험 부족을 물고 늘어졌지만, 어떤 사람도 키치너에게 책벌레 샌님이라고 비난할 수 없었다. 베링이 평가한 것처럼, 키치너에겐 샌님이 아니라는 확실한 증거인 '영광의 상처'가 있었다. 이 상처는 1888년, 그가 동부 수단의 총독으로 있던 시절 수아킨에서 북쪽으로 약 25킬로미터 떨어진 한두브Handub에서 진행된 오스만 디그나 생포 작전 때 얻은 전상戰傷이었다.

사실 '한두브 습격'은 성공할 수 있었다. 그러나 베자족이 후위에서 공격하자 바쉬-바주크를 포함한 비정규군들이 도망가면서 실패로 돌아갔다. 키치너는 언덕 위에서 한 줌밖에 안 되는 정규군 병력을 규합해 앞으로 치고 나갔다. 그는 모든 것을 쓸어버릴 것처럼 퍼붓는 마흐디군의 총탄을 병사들이 몸으로 받아낼 것으로 생각하면서 신경도 쓰지 않았다. 병력이 잘 따라오는지 보려고 뒤를 돌아보는 순간 0.43구경 탄알이 마치 면도날처럼 오른쪽 귓불을 잘라내고는 턱뼈를 쪼갰다. 그러고는 총탄에 부서진 뼛조각 하나가 목에 박혔다.

키치너는 이런 부상을 당하고도 기적적으로 안장에서 떨어지지 않았다. 그는 수아킨에 있는 저택으로 안전하게 돌아올 때까지 말에서 내리지 않았다. 저택에 돌아온 그는 주변 사람들의 도움을 받아 말에서 내렸다. 군복은 피범벅이 되었고 고통으로 실신하기 직전이었다. 상처를 살펴본 의무대장 갤브래이스Galbraith는 간발의 차이로 운 좋게 살았다고 말했다. 갤브래이스는 뼛조각이 기도와 편도선을 관통해 심하게 부어오른 키치너의 목에서 총알을 찾았으나 키치너는 총알을 삼킨 것 같다고 했다. 키치너의 부상은 너무 심해 수아킨에서 치료할 수 없었다. 갤브래이스는 키치너를 군함 스탈링HMS Starling에 태워 카이로로 보냈다.

공교롭게도 키치너의 상황은 그 4년 전 똑같은 장소에서 바쉬-바주크가 도주해버린 뒤 발렌타인 베이커가 처한 상황과 똑같았다. 키치너의 장인이 될 뻔했던 베이커는 1887년 나일 삼각주에서 불운하게 생을 마감했다. 베이커의 큰딸로 키치너와 사랑에 빠졌던 헤르미온은 카르툼이 마흐디에게 함락될 무렵 장티푸스로 사망했다. 불운은 여기서 그치지 않았다. 1주일 뒤에는 베이커의 부인이 죽었다. 고든 구원군에서 돌아온 키치너가 다시 베이커의 집을 찾았을 때 그는 헤르미온과 베이커 부인이 모두 죽었다는 것을 알게 되었다. 전해오는 이야기로는 키치너는 이후로 평생 헤르미온의 초상화를 넣은 목걸이를 지니고 다녔다고 한다.

한두브 습격이 있고 12개월 뒤, 키치너는 중령으로 진급해 이집트군 부관감Adjutant General으로 임명되었고, 바스 기사Companion of Bath 작위를 받았으며 케디브로부터 파샤 칭호를 받았다. 또한 그는 빅토리아 여왕의 시종무관이 되었다. 1889년 8월에는 수단 국경 근처에서 벌어진 투쉬키Tushki 전투에서 중요한 역할을 수행했다. 이집트군 총사령관인 프랜시스 그렌펠은 이집트를 침공한 마흐디국의 와드 안-네주미가 이끄는 부대를 물리쳤다. 이 전투에선 전적으로 이집트군이 주축이었다. 키치너가 기병대를 이끌고 위험이 따르는 치고 빠지기 전술을 구사해 마흐디군의 진격을 늦추며 시간을 버는 동안 그렌펠이 이끄는 보병과 포병이 전투를 마무리했다.

베자족으로 구성된 마흐디군은 평소 하던 대로 이집트군을 향해 맹렬하게 돌격했다. 그러나 이번에는 예전과 상황이 달랐다. 이집트군은 베자족의 돌격에 대비가 되어 있었다. 먼저 이집트군은 기강 잡힌 사격으로 마흐디군을 막아낸 뒤 착검한 소총으로 공격했다. 혼란 속에 마흐디군이 무너지자 키치너는 그 순간을 놓치지 않고 이집트군 기병 2개 중대와 제10경기병연대 예하 중대를 이끌고 선두에 서서 마흐디군을 향해 돌격했다. 제10경기병연대는 전투에 참가한 유일한 영국군 부대였다.

키치너가 이끄는 기병은 뒤엉킨 40명의 베자족 무리를 발견했다. 무리 한가운데 자리한 낙타 등에는 조립식 포로 보이는 물체가 실려 있었다. 짧지만 격렬하게 조우한 이집트군 기병은 총과 칼로 마흐디군을 모두 쓰러뜨리고 낙타를 사살했다. 기병이 포를 탈취하려고 낙타로 다가갔지만, 그것은 포가 아니라 사람, 그것도 마흐디군 지휘관인 와드 안-네주미였다. 와드 안-네주미는 치열한 교전 중 날아온 총알에 맞아 치명상을 입었다. 그 옆에는 다섯 살 된 아들이 송장이 되어 놓여 있었다.

투쉬키 전투를 기점으로 이집트군은 드디어 군대처럼 보이기 시작했다. 과거 이집트군은 사기도 낮고 군기가 빠진 징집병 무리에 불과했다. 힉스와 베이커가 지휘한 이집트군은 싸우면 패하는 오합지졸이었지만 이제는 과거의 불명예스러운 모습은 사라졌다. 나일국경군Nile Frontier Force이라는 이름이 붙은 그렌펠의 부대는 잘 훈련되고, 기강이 서 있으며, 장비 또한 제대로

The Graphic, 1889년 8월 14일

투쉬키 전투에서 전사한 와드 안-네주미, 1889년 8월

갖춘, 과거와는 전혀 다른 군대였다. 이집트군은 이집트인으로 구성된 10개 보병대대와 수단인으로 구성된 6개 보병대대 등 모두 16개의 보병대대, 8개의 기병중대, 4개의 이집트 낙타대Camel Corps와 4개의 수단 낙타대로 이뤄졌다. 이 외에도 기마포대와 맥심 기관총 포대가 각각 1개, 야전 포대 2개가 있었다. 지원부대로는 수송대대와 철도대대가 각각 1개씩 구성되어 있었다. 이집트군의 총 병력은 약 1만 5천 명에 달했다.

이집트군 장교단은 영국 육군 장교와 이집트인 장교로 혼합 구성됐다. 영국 육군 장교에겐 2년 계약 조건의 공식적인 외무성 파견 근무지였다. 튀르크-이집트제국 출신의 이집트인 장교들은 배제되었다. 새로 설치된 사관학교에서 임관한 젊은 장교들이 위관 장교단에 활력을 불어넣었다. 보병대대 10개 중 2개는 이집트인 장교가 지휘했다.

샤이칸 전투와 에-테브 전투에서 대패하자 이집트인은 결코 훌륭한 군인이 될 수 없다는 자조 섞인 여론이 널리 퍼졌다. 그러나 영국 장교들은 전혀 가망이 없어 보이는 자원을 훈련시켜 우수한 전투부대로 육성하는 데 명수였다. 영국 장교들은 군대를 구성하는 것은 물리적인 능력이 아니라 자신감이라는 것을 잘 알았다. 이집트인에게 군사적인 재능이 부족하진 않았다. 이집트인은 가끔이기는 했지만, 무척 잘 싸울 때도 있었다. 이집트인은 규율을 준수했고 착실했을 뿐만 아니라 실제로 훈련도 좋아했다. 무엇보다도 이집트인은 믿을 수 없을 정도로 인내심이 강했다.

병사 자질은 문제가 없었다. 그러나 이집트에서 군에 징집된다는 것은 사실상 사형선고와 같았다. 징집된 청년들은 사슬에 묶인 채 울부짖으며 끌려왔다. 이렇게 끌려온 신병 앞에는 힘들고 단조로운 업무와 무자비한 폭력으로 점철된 일상이 기다렸다. 이런 일상에서 아무 탈 없이 집으로 돌아가기란 불가능했다. 규정된 복무 기간도, 휴가도 없었고, 설령 복무하고 집으로 살아 돌아와도 연금은 꿈도 못 꿨다. 군에서 제공하는 식사는 형편없었고, 봉급은 때가 한참 지나 들어왔다. 설령 제때 들어오더라도 있지도 않은 항목으로 공제되거나 장교들이 대규모로 횡령한 뒤라 액수는 쥐꼬리만큼밖에 안 되었다. 징집 가능성이 조금이라도 있는 젊은이가 군 복무를 피하려고 스스로 손가락을 자르거나 한쪽 눈을 찔러 눈을 멀게 하는 것은 놀라운 일도 아니었다.

영국군 장교들은 구습을 버리고 공정한 처우를 도입했다. 병사들에게 봉급을 지급했을 뿐만 아니라 잘 먹이고 잘 입혔다. 당연히 급여를 도둑맞거나 장교에게 떼이지 않는다는 믿음을 주려고 여러모로 노력했다. 무엇보다 영국군 장교들은 이집트 장교들과 병사들 사이에 존경하고 존중하는 문화를 만들려고 노력했는데 영국군은 이 점에서 탁월했다. 사실 영국군 장교들은 전문성이 그리 높지는 않았다. 실제로 울즐리는 고든 구원군에 참여한 영관 장교 중 많은 수가 '직책에 걸맞지 않다', '전술의 기본 원칙이나 군사軍事에 무지하다', '눈에 띄게 무능하다'고 불만을 토로한 적이 있다.[3] 이는 분명 사실이다. 그러나 사회적으로 낮은 계층 사람을 다루는 데 이골이 난 장교들은 어떻게 해야 병사들이 장교를 좋아하고 존경하게 될지 잘 알았다. 낮은 계층에서 충원된 영국군 병사들은 장교들을 좋아했다. 장교들이 이들을 마치 사랑하는 말이나 애완견처럼 잘 대우해줬기 때문이다. 장교와 병사 사이에는 넘을 수 없는 계층 격차가 있었는데 이 때문에 병사들은 장교들이 아주 멋져 보였고 장교가 베푸는 대우를 감사히 받아들였다.

영국군 장교들은 이집트 병사들에게 똑같은 방법을 적용해서 상당한 성공을 거두었다. 샤이칸과 에-테브에서 대패하고 3년 뒤, 이집트군에는 장교와 사병 사이에 신뢰와 애정이 싹텄다. 당시 이집트군을 관찰한 윈스턴 처칠은 이를 이렇게 표현했다. "생전 태어난 곳에서만 살다 군에 징집된 시골뜨기 병사들 눈에 피부가 희고 낯선 영국군 장교는 부유하고, 말투는 날카로우며, 교범에 나온 원칙을 고수할 뿐만 아니라 겁내는 것이 없어 보였다. 그리고 영국군 장교는 어떤 위험에서도 병사들을 도와줄 것 같았다. 실제로 영국군 장교는 절대 병사들을 포기하지 않았다. 자기 안전을 보장할 수 있는 유일한 길은 장교 옆에 있는 것이었다."[4]

장비가 개선된 덕분에 자신감도 생겼다. 구식 레밍턴 소총 대신 속사가 가능한 마티니-헨리 소총이 개인화기로 보급되었다. 항상 결정적인 순간에 탄알이 총신이나 약실에 걸려 문제가 된 가드너 기관총, 개틀링 기관총, 그리고 노르덴펠트 기관총은 신형 맥심Maxim 기관총으로 교체되거나 전면 교체는 못 하더라도 보강되었다. 맥심 기관총은 1885년에 도입되었는데 고든 구원군에는 이 기관총이 없었다. 맥심 기관총은 당시까지 실전에 투입된 기관총 중 가장 혁신적인 성능을 자랑했다. 기존 기관총들과 달리 맥심 기관총은 크랭크 핸들을 돌리는 것이 아니라 방아쇠를 당겨 쏘는 완전 자동식이었다. 맥심 기관총은 사수가 방아쇠를 당기고 있는 한 총알이 계속해서 약실로 공급되고 노리쇠 작용으로 격발 후 탄피까지 자동으로 배출되었다. 기존 기관총과 달리 총신도 하나뿐이기에 무게는 가드너 기관총이나 개틀링 기관총보다 훨씬 가벼운 약 18킬로그램에 불과했으며 자유자재의 횡사橫射도 가능했다.*

새롭게 편성된 낙타대에는 '하자나hajana'라는 이름이 붙었다. 이 부대는 고든 구원군을 편성할 때 울즐리가 만든 기존 낙타연대와는 전혀 달랐다. 고든 구원군 이후로 영국군은 낙타 다루는 방법을 세밀하게 연구했고, 하자나는 오직 최상급 낙타, 즉 아주 옅은 황백색을 띠는 비샤리 종으로 홍해 연안 구릉지에서 베자족이 사육한 낙타만을 사용했다. 이집트 기병 또한 에-테브에서 겁먹고 놀라 달아난 비겁한 모습을 찾아볼 수 없는, 완전히 새로운 부대였다. 이집트 기병은 매년 신병 중 최고 자원을 차출했다. 영국 기병 장교들은 이집트인이 기병으로는 부적절하다고 생각했을 뿐만 아니라 전투가 정점을 찍을 때 용맹스럽게 말을 몰고 나가 적을 쳐 숨통을 끊어버리는 영광스

* 맥심 기관총은 총알이 발사될 때 나오는 폭발 가스로 다음 총알을 장전하는 정교한 자동 장전 장치가 있고, 벨트식 탄환 공급 장치를 이용해 약실에 총알을 정확하게 공급했으며, 냉각수를 담은 철제 덮개를 총신에 부착해 뜨거운 열기로 총신이 녹거나 쪼개지는 현상을 방지했다.

러운 돌격 전통을 이집트 기병에게 기대하기 어렵다고 푸념했다. 그러나 이집트 기병은 한결같다는 평가를 받았는데, 이는 영국군의 기준으로 충분한 칭찬이었다.

수단인으로 구성된 수단대대는 새롭게 태어난 이집트군의 꽃이었다. 이집트 사람보다는 수단 사람을 훈련시키는 것이 훨씬 더 어려웠다. 그러나 수단인은 전투에 대단히 적극적이고 늠름했다. 이집트인이 6년 동안 복무한 반면 수단인은 한번 군에 입대하면 평생을 전문 직업으로 삼아 복무했다. 이렇게 군에 들어온 수단인은 주로 누바 산맥Nuba Mountains 출신의 누바인이거나 남부 수단의 에콰토리아에서 온 흑인이었다. 이들 흑인은 나일강 유역의 쉴룩, 딩카, 누에르족 출신으로 키가 크고 꼬챙이처럼 몸이 가늘었다.* 이들은 늪지대나 초원에서 벌거벗은 채 가축을 키우고 살았다. 수단인도 군인으로 누릴 수 있는 대우를 동등하게 받았다. 봉급과 식사에서 좋은 처우를 받았고 가족 수당도 받았다. 《타임스》 특파원 나이트E. F. Knight는 수단 병사의 모습을 이렇게 남겼다. "나는 수단연대에 소속된 영국 장교들이 왜 수단 병사에 애착을 갖는지 충분히 이해할 수 있다. 수단인은 쾌활하고 친절하며 매우 인간적이다. 겉으로 봐서는 그렇지 않지만, 전투에 임해서는 매우 잔인하고 맹렬하게 싸운다……. 그렇다고 해서 이들이 여자와 아이들까지 죽여버리는 냉혈한 살인자는 아니다. 수단 병사는 부상당하거나 죽은 적에게 어떤 짓도 하지 않았다."[5]

2

투쉬키 전투가 있고 6년이 지난 1895년 3월, 누더기 차림의 남자 두 명이 다리를 저는 낙타 한 마리를 끌고 아스완에 있는 제1폭포 아래로 내려왔다.

* 실제로 지금도 딩카, 누에르, 쉴룩족은 키가 크고 몸이 가는데 그중에도 딩카족이 특히 그렇다.

두 명 모두 머리부터 발끝까지 때 묻은 아랍 옷을 입었지만 한 명만 실제 아랍인이었고, 그는 카바비쉬* 부족 출신의 늙은 하메드 가르고쉬Hamed Gargosh였다. 나머지 한 명은 오스트리아 사람이었다. 루돌프 카를 폰 슬라틴! 다르푸르 지사였으나 마흐디군에게 항복한 뒤 포로 생활을 했고 얼마 전까지 비공식적이기는 하지만 칼리파 아브달라히에게 자문해주던 바로 그 슬라틴이었다. 그는 거의 12년 동안이나 마흐디 치하에서 생활하다가 결국 탈출에 성공했다.

아브달라히는 슬라틴에게 자문을 구했지만, 전적으로 신뢰하지는 않았다. 아브달라히가 슬라틴을 여러 번 감옥에 집어넣었지만, 그때마다 슬라틴은 무너지지 않고 감옥에서 다시 나왔다. 슬라틴은 사람을 끄는 인격과 매력을 가졌으며 그 때문에 신비하게까지 보였다. 아브달라히는 이런 장점을 부인할 수 없었다. 옴두르만 거리를 자유롭게 오갈 수 있게 된 슬라틴은 포병 출신으로 이집트군 정보부장을 맡은 레지널드 윈게이트 소령이 보낸 카바비쉬 부족 첩보원들과 접선했고 1895년 1월 18일, 첩보원들은 슬라틴을 데리고 사라졌다.

1월 18일, 해가 진 뒤 몇 시간 지나지 않아 슬라틴은 머무는 투쿨에서 나와 어둠 속으로 사라져 자키 벨랄Zaki Belal이라는 첩보원을 만났다. 자키 벨랄은 낙타와 당나귀를 이용해 슬라틴을 옴두르만 시내 밖으로 잽싸게 데리고 나왔다. 옴두르만을 벗어난 이들은 사막에서 하미드 와드 후사인Hamid wad Hussain과 접선했다. 낙타 세 마리를 데리고 기다리던 그 또한 카바비쉬 출신이었다. 슬라틴은 아침 기도 때까지 아브달라히가 자기를 찾지 않을 것이기 때문에 두 시간에서 최대 14시간까지 시간을 벌 수 있다고 계산했다.

슬라틴은 국경까지 단번에 가기를 원했지만 가다 보니 낙타가 몹시 부실해 바꿔 타야 했다. 결국 슬라틴과 카바비쉬 안내원들은 부풀린 물자루 여러

* Kababish: 나일강 서안에 거주하는 아랍 부족으로 북으로는 코르티부터 남으로는 엘-오베이드까지 널리 퍼져 있다.

개를 튜브로 사용해 나일강 동쪽으로 건너갔다. 강을 건넌 뒤 슬라틴 일행은 잠시도 쉬지 않고 빽빽하게 늘어선 언덕을 통과했다. 그러다가 마흐디군 정찰병에게 발각될 뻔했으나 아슬아슬하게 비껴갔다. 이런 과정을 거친 뒤 슬라틴은 하메드 가르고쉬에게 인계되었다. 엿새 동안 슬라틴을 이집트로 안내하던 가르고쉬는 병에 걸렸다. 게다가 남은 낙타 한 마리마저 발에 염증이 생겼다. 슬라틴은 다르푸르에 있을 때 낙타꾼들의 어깨너머로 배운 대로 가죽을 바느질해 낙타 신발을 만들어야 했다.

슬라틴은 이런 험난한 과정을 거쳐 이집트로 돌아왔다. 이집트 국경 야전군 식당에 나타난 슬라틴을 본 사람들은 깜짝 놀랐다. 장교들은 이 남루하고 우울해 보이는 인물이 누군지 궁금해했다. 누구냐는 질문을 받은 슬라틴은 속삭이듯 아랍어로 자기가 슬라틴이라고 대답했다. 슬라틴은 오랫동안 아랍어를 썼기 때문에 이름을 말하는 데도 아랍 사람이 말하는 것처럼 들렸다. 나중에 키치너의 전속부관이 되는 제60소총연대의 제미 왓슨 대위는 이 사람이 아랍인인지 아닌지를 알아보려고 맥주 한 잔을 가져오게 했다. 정말 아랍인이라면 맥주를 거절할 것이 분명했다.

당시 국경 야전군은 랭커셔연대Royal Lancashire Regiment 출신으로 서른아홉 살 먹은 아치볼드 헌터 중령Archibald Hunter이 지휘했다. 헌터는 식당에 들어오자마자 슬라틴이 탈출했다는 소식을 듣고는 군악대를 불러 오스트리아-헝가리제국 국가를 준비하라고 지시했다. 인사를 나눈 슬라틴은 목욕을 하고 쉬었다. 저녁 무렵, 장교에게 필요한 물품이 완전하게 준비돼 슬라틴에게 건네졌다. 저녁때 다시 식당에 들어선 슬라틴은 딴 사람으로 변해 있었다. 그는 수염을 깎고 깨끗이 씻은 뒤 군복을 입었다. 무함마드 베이 칼리드에게 항복한 뒤 군복을 다시 입기는 처음이었다. 군악대가 오스트리아-헝가리제국 국가인 〈신이여 황제를 보호하소서〉를 연주하는 동안 슬라틴이 식당으로 들어서자 모든 장교가 부동자세로 서 있었다. 자리에 앉은 슬라틴의 눈에서 굵은 눈물이 흘러내렸다. 어떤 일이 있어도 살아남겠다는 굳은 결심이 드디어 결실을 본 것이다. 슬라틴은 당시를 이렇게 회상했다. "마치 악몽에서 깨어난 것 같았다."6

카이로로 이동한 슬라틴은 레지널드 윈게이트에게 억류 경험을 이야기했다. 정보장교의 전형이라 할 수 있는 윈게이트는 키도 작고 생김새도 불테리어*를 닮았다. 그는 힘이 넘쳤고 궁금한 것이 생기면 절대로 그냥 넘기지 않고 해결될 때까지 질문을 멈추지 않았다. 스코틀랜드 출신으로 대가족 집안에서 태어나 자란 윈게이트는 정중한 예절이 몸에 밴 사람이었으며 예리할 뿐만 아니라 기억력도 뛰어났다. 무엇보다도 윈게이트는 다양한 언어를 자유롭게 구사했다. 에벌린 우드의 전속부관으로 군 생활을 시작한 윈게이트는 나중에 이집트군 총사령관과 수단 총독을 겸직하는 것으로 군 생활을 마감한다.

윈게이트는 정보장교에게 필수라 할 두 가지의 장점이 있었다. 그는 마치 어린아이처럼 호기심이 많았을 뿐만 아니라 인내심에는 끝이 없어 보였다. 고든이 죽으면서 영국군 장교들 사이에서 수단은 잊혔다. 그러나 윈게이트는 오히려 고든이 죽은 뒤 수단에 더 큰 관심을 보였다. 시간이 흐를수록 윈게이트는 수단과 마흐디국의 방대한 정보를 축적했고 동시에 정보장교들로 구성된 참모 기구를 창설했으며 수단 구석구석까지 파고드는 첩보망을 장시간에 걸쳐 꾸준하게 구축했다.

1892년, 윈게이트는 교황청이 파견한 첩보원들과 함께 요세프 오르발더 신부와 수녀 두 명을 탈출시켰다. 윈게이트는 오르발더 신부의 수기, 『마흐디국에 억류된 10년Ten Years' Captivity in the Mahdist Camp』을 편집해 출간했다. 이 책은 마흐디국을 이해하는 정보서로, 한편으론 영국의 선전전宣傳戰의 자극제로 쓰였다. 같은 해, 윈게이트는 『마흐디주의와 이집트 지배하의 수단Mahdism and the Egyptian Sudan』이라는 책을 냈다. 이 책은 당시까지 마흐디 운

* 19세기 영국에서 불도그와 테리어를 교배해 개량종으로 만든 투견으로 머리는 길고 달걀 모양이고 눈은 자그마하며 귀는 작고 뾰족하다. 몸이 크지는 않으나 영리하고 힘이 세다.

동의 모든 것을 망라하는 광범위한 개론서였다.

대부분 장교는 슬라틴이 이슬람으로 개종했고 아브달라히의 조언자 역할을 했다며 경멸했다. 키치너의 전속부관이자 솔즈베리 수상의 아들인 에드워드 세실Lord Edward Cecil 소령은 슬라틴이 생기 있게 행동하고, 출처가 미심쩍어 보이는 정보를 계속해서 언급한다며 아주 싫어했다. 그러나 윈게이트는 슬라틴을 진정한 친구로 생각했다. 이 둘은 친한 친구가 되었고 나중에 슬라틴은 정보부의 부국장으로 임명된다. 윈게이트가 그런 것처럼 슬라틴 또한 경험을 살려 책을 펴냈다. 슬라틴이 원고를 쓰고 윈게이트가 편집해 발간한 『수단의 불과 칼Fire and Sword in the Sudan』은 베스트셀러에 오른다. 그러나 이보다 더 중요한 정보는 슬라틴이 억류된 동안 마흐디국에 관여하면서 훤히 알게 된 아브달라히의 개성, 일하는 방식, 그리고 마흐디국의 내부 구조였다.

슬라틴이 제공한 정보 중 가장 핵심은 마흐디 사후 마흐디국에 불화가 나타났다는 것이었다. 칼리파 아브달라히는 마흐디가 살아 있을 때 그리고 마흐디 임종 때 모두 후계자로 지명되었다. 그러나 귀족이라는 뜻을 가진 아슈라프Ashraf 부족에 속하는 마흐디 가문은 다르푸르 고즈 초원 출신으로 교육도 받지 못한 우악스러운 유목민이 마흐디국을 이끈다는 것을 쉽게 받아들이지 않았다.*

아브달라히는 바까라족을 기반으로 권력을 쥐었지만 바까라족은 양날의 검이나 마찬가지였다. 비록 아브달라히라는 최고 권력자를 배출했지만, 바까라족은 다른 유목민처럼 권위라면 넌더리를 내며 싫어했을 뿐만 아니라 아브달라히가 자기들보다 뛰어난 인물이라고 생각하지도 않았다. 바까라족 사회는 셰이크라 하더라도 부족민의 동의가 있어야만 통치할 수 있었다. 유목민은 우르프urf라 불리는, 세대에서 세대로 구전되는 전통에 따라 통치하

* 이러한 인종차별적인 문화는 마흐디국에 강하게 존재했다. 앞서 등장했던 함단 아부 안자가 대표적인 예이다.

는 관습이 있었다. 셰이크라 하더라도 우르프를 강요하거나 우르프를 어긴 사람을 처벌할 수 없었다. 살인이나 신체적인 상해는 타르tha'r라고 불리는 피의 복수를 규정한 법에 따라 해결했다. 부인이 간통하면 남편이, 결혼하지 않은 여자가 간통하면 아버지나 오빠에게 책임이 있었다. 다른 규범을 위반하면 부족민이 위반자를 내치는 간단한 방법으로 처벌했다. 이 말은 부족과 연이 끊어진다는 것을 뜻한다. 고즈에서 부족과 연이 끊어진 사람은 사형선고를 받은 것이나 마찬가지였다. 부족과 연이 끊어진 사람은 적에게 재산을 강탈당하거나 설령 적의 손에 죽더라도 타르에 따른 해결을 요구할 수 없었다. 아무튼, 무모한 살인과 강탈을 억지하는 힘은 법이 아니라 세대를 이어가며 계속해 복수하겠다는 집단적인 전통에 있었다.

아브달라히가 이끄는 바까라족은 칼리파인 아브달라히에 개인적인 충성심이 조금도 없었다. 바까라족은 약탈로 재물을 얻을 수 있기에 아브달라히를 따랐다. 이들의 지원이 절박한 아브달라히는 바까라족에게 튀르크-이집트제국에서 바쉬-바주크가 해온 몹쓸 짓을 허락했다. 바까라족은 바쉬-바주크 못지않게 잔인하고 탐욕스러웠다. 《타임스》 특파원 나이트는 바까라족의 행동을 이렇게 기록했다. "20명 혹은 30명의 바까라 병사들이 노예를 대동하고 도착했다. 이들은 칼리파의 선언문을 소리 높여 읽더니 땅과 가축을 모두 장악했다. 원주민에겐 간신히 죽지 않고 먹고살 정도의 땅만 주어졌고 나머지는 모두 자기들 소유로 만들어버렸다. 악독했다는 튀르크-이집트 식민정부에서도 이것보다 나쁘지는 않았다."[7]

나일강을 따라 거주하는 부족 중에는 자알리인 부족이 가장 강력했다. 쿠라이쉬 부족의 순수 혈통이라는 자부심*으로 무장한 자알리인 부족은 바까라족을 깔보았고 따라서 바까라족이 행사하는 지배력에 강하게 불만을 토로했다. 자알리인 부족이 마흐디를 지지한 데는 여러 까닭이 있지만 가장 큰

* 이슬람을 창시한 예언자 무함마드가 쿠라이쉬 부족 출신이다.

것은 경제적인 것이었다. 마흐디는 가혹한 세금을 폐지했고 노예무역을 허락했다. 그러나 마흐디가 죽은 이후 자알리인 부족을 지배한 것은 멀리 다르푸르에서 온 무신경하고 원시적인 유목민이었다. 1894년, 메템마의 자알리인 부족 셰이크인 아브달라 와드 사아드Abdallah wad Saad는 영국의 지원을 받아 아브달라히에 반기를 들고 봉기하려 했다. 윈게이트는 아직 때가 무르익지 않았다고 판단해서 이 요청을 거절했지만, 장래를 생각해 이런 정보를 세밀하게 정리했다.

아브달라히는 와드 사아드가 배반한 것을 알았지만 이를 모른 척하고 적당한 시기를 기다리기로 했다. 그러나 아브달라히는 자알리인 부족을 신뢰하지 않았다. 따라서 모든 군 지휘관은 바까라족으로 채워졌고 자알리인 부족으로 구성된 부대에는 전투력 강화를 명분으로 바까라족이 배치되었다.

아슈라프 부족은 언제나 위협적이었다. 아브달라히는 마흐디의 사촌이자 다르푸르 지사를 지낸 무함마드 베이 칼리드를 늪지대인 에콰토리아로 추방했다. 베이 칼리드는 슬라틴에게 항복을 받으면서 발에 입을 맞추게 했고 하마다 소령을 고문해 죽인 인물이다. 아브달라히는 여기서 그치지 않았다. 아브달라히는 마흐디의 선생이던 무함마드 알-카이르를 베르베르 지사에서 물러나게 했다. 알-카이르는 스튜어트 일행이 카르툼을 탈출할 때 증기선 엘-파셔를 보내 추격했고 아부 틀라이에서 고든 구원군과 전투를 벌인 인물이다. 아브달라히는 마흐디의 부인과 자녀들은 주의 깊게 감시했고 샤이칸 전투와 카르툼 전투에서 각각 눈부신 활약을 펼친 와드 안-네주미도 동골라로 추방했다.

마흐디국 초기부터 참여한 인물 중에서 아브달라히가 유일하게 쫓아내지 않은 사람은 오스만 디그나였다. 그도 그럴 것이 오스만 디그나는 나일 계곡을 중심으로 벌어지는 정치에는 전혀 관심을 보이지 않았고 동부 수단의 베자족 세계에서만 살았다. 그는 아브달라히 앞에서는 언제나 나서지 않고 조심스럽게 행동했다.

1891년, 아브달라히 바로 아래 있는 무함마드 아슈-샤리프가 역모를 꾸몄다는 것이 드러나면서 아브달라히와 아슈라프 부족 사이의 긴장이 최고조에 이르렀다. 아브달라히는 복잡한 방법으로 이 음모를 다뤘다. 그는 우선 아슈-샤리프를 용서하는 듯하면서 아슈-샤리프의 지지자를 체포하거나 재산을 몰수해 아슈-샤리프의 신뢰를 떨어뜨렸다. 그런 뒤 아브달라히는 투옥하라는 계시를 들었다면서 아슈-샤리프를 감옥에 집어넣었다. 아브달라히는 주요 공모자 일곱 명을 파쇼다로 보냈다. 만달라 부족 출신으로 아브달라히가 가장 신뢰하는 사형 집행인 자키 타말Zaki Tamal은 이들을 때려죽였는데 그중 한 명은 마흐디의 삼촌이자 카르툼 공세를 앞두고 주저하는 마흐디에게 공세의 필요성을 역설해 밀어붙인 무함마드 아브드 알-카림이었다. 또 다른 이는 아흐마드 술라이만Ahmad Sulayman이었는데 그는 바이트 알-말, 즉 전리품을 모으는 공동저장고의 책임자였다. 역설적이게도 아브달라히에게 충성을 다했던 자키 타말 역시 나중에 배신 죄로 투옥되었다.

아브달라히의 야심은 불신자와 배교자를 향한 지하드로 이어졌다. 이런 지하드의 첫 번째 대상으로 결정된 것은 케디브 타우피크가 통치하는 이집트였다. 1885년, 동골라를 출발해 이집트 원정을 시작한 마흐디군은 기니스Ginnis에서 만난 영국과 이집트 군대에 패배했다. 당시 아브달라히는 다르푸르와 북부 코르도판에서 일어난 반란을 진압해야 했으며, 특히 동부 수단을 전면 침공한 티그레Tigre* 왕 요한 2세가 이끄는 아비시니아 군대에 맞서느라 정신이 산만했다. 그는 이 세 가지 문제를 하나씩 해결해나갔다. 아브달라히는 우선 다르푸르의 반란을 진압했다. 북부 코르도판에서 반란을 이끈 카바비쉬 부족장 살리 와드 파달라Salih wad Fadlallah는 생포해 처형했다. 마지막으로 아브달라히는 갈라바트Gallabat**에서 아비시니아 군대를 궤멸시켰

* 오늘날 에티오피아 북부에 있는 부족으로 에티오피아와는 다른 정체성을 오랫동안 유지해오고 있다.

** Qallabat라고도 쓰며, 수단-에티오피아 국경에 있는 수단 마을로 카르툼에서 동남쪽으로 약 480킬로미터 떨어져 있다.

다. 죽은 고든에게 했던 것과 마찬가지로 아브달라히는 요한 2세의 머리를 베어 옴두르만으로 가져온 뒤 창 끝에 꽂아 모든 사람이 보게 했다.

아브달라히는 세 가지 위기를 모두 넘기고 권력을 유지했다. 그러나 무자비한 모습을 본 사람들이 등을 돌리면서 아브달라히는 동조자를 거의 얻지 못했다. 자알리인 부족은 이미 영국에 손을 내밀었고 봉기의 분위기는 점점 무르익었다. 마흐디군 지하디야 소총병 사이에서도 반란의 분위기가 퍼져나갔다. 지하디야 소총병은 마흐디에 맞서 싸우다 투항한 부대였다. 아부 툴라이 전투를 비롯한 여러 전투에서 마흐디를 위해 잘 싸웠던 지하디야 소총병이 아브달라히를 싫어하고 있으며 기회가 온다면 언제라도 다시 돌아갈 것이라는 소문이 돌기 시작했다.

마흐디군의 무기를 총괄하는 함단 아부 안자가 1889년에 죽자 아브달라히는 지하디야 소총병을 더 이상 믿지 않았다. 아브달라히의 근위대 역할을 하던 지하디야 소총병은 점진적으로 물라지민Mulazimin으로 대체되었다. 물라지민의 절반은 남부 수단에서 온 노예 소총병이고 나머지 절반은 다르푸르와 코르도판에서 온 자유 부족민이었다. 9천 명에 달하는 물라지민을 지휘한 사람은 아브달라히의 아들인 샤이크 아-딘Shaykh ad-Din이었다.

이집트로 진격했던 와드 안-네주미가 투쉬키 전투에서 패한 이후로 아브달라히는 피해망상 징후를 보이기 시작했다. 아브달라히는 사람을 피해 벽이나 경호원 뒤로 숨었다. 그는 옴두르만에 있는 집, 동생이자 흑기사단장인 야굽Yagub의 집, 그리고 물라지민의 숙소를 포함하는 구역을 둘러싸는 새로운 담장을 세웠다. 아브달라히는 마흐디가 만든 전통인 금요일 분열 행사에도 모습을 드러내지 않는 대신에 큰 축제를 열고는 1년에 네 번만 참석했다. 이때에도 아브달라히는 항상 경호원에게 둘러싸여 있었다.

대부분 폭군이 그러하듯 아브달라히 또한 공포정치를 시행했고 결국에는 아무도 믿지 못하는 상태로 치달았다. 이런 모습을 보면서 윈게이트는 아브달라히가 간신히 버티고 있다고 판단했다.

3

1896년 3월 1일, 아비시니아를 침공한 이탈리아군 8천 명이 아비시니아의 아도와Adowa에서 몰살당했다. 아비시니아 군대를 이끈 인물은 메넬리크 Menelik 왕으로 훗날 메넬리크 2세 황제로 즉위한다. 아프리카에서 유럽 군대가 당한 최악의 패배 중 하나인 아도와 전투로 한 세대가 넘게 아비시니아를 식민지로 만들려던 이탈리아의 야망이 꺾여버렸다.* 상황이 이렇게 되자 이탈리아는 카살라에 주둔하는 자국군의 안전을 염려했다. 여전히 아브달라히에게 충성하는 오스만 디그나는 이전부터 카살라의 이탈리아군을 위협하고 있었다.

3월 12일, 주영駐英 이탈리아 대사는 오스만 디그나가 다른 쪽으로 관심을 돌리게끔 영국이 수단에서 행동해달라고 솔즈베리 수상에게 정중하게 부탁했다. 이탈리아의 공식 요청 덕분에 영국이 수단을 침공할 명분이 더욱 분명해졌다. 고든의 죽음과 카르툼 함락이라는 국가적인 굴욕을 잊지 않은 영국 사람들 사이에는 반드시 복수해야 한다는 열망이 들끓었다. 고든이 죽으면서 글래드스턴 내각이 무너지고 그 자리에는 보수당의 솔즈베리가 이끄는 내각이 들어섰다. 그러나 솔즈베리 내각도 이 사안에 무기력한 모습을 보이면서 정권을 잃은 경험이 있었다. 다시 집권한 솔즈베리는 이탈리아의 요청을 받고는 대외적으로는 이탈리아를 돕는다는 명분을 충족하면서 동시에 북부 수단을 점령할 일거양득의 기회라고 생각했다. 지금 침공하면 전면적으로 수단을 재점령할 수 있었다. 마흐디국이 통치하는 동골라 지방은 언제나 이집트의 위험 요소였다. 당면 목표는 중부 수단과 이집트 국경 사이에 완충지대를 확보하는 것이었다.

---

* 메넬리크 2세는 프랑스와 이탈리아에서 연발 사격이 가능한 소총과 대포 그리고 기관총을 구입했다. 아도와 전투에 투입된 이탈리아군 2만 명은 전체 병력 10만 명 중 7만 명이 연발 사격이 가능한 소총으로 무장한 에티오피아군과 대치했다. 전문성과 경험이라고는 전혀 없는 미숙한 징집병으로 구성된 이탈리아군은 병력의 절반을 잃고 도망쳤으며 이탈리아군은 병력의 자질 문제 말고도 정보 · 작전 · 군수는 물론 전투지휘 등 모든 면에서 부족했다.

3월 13일, 아침 식사를 끝내고 소집된 이집트 내각은 수단 침공을 승인했다. 침공이 승인되고 24시간도 되지 않아서 아치볼드 헌터 중령은 수단으로 진격하라는 명령을 받았다. 그는 와디 할파에 주둔하는 나일국경군의 지휘관이었다. 명령을 받은 헌터는 기뻤다. 지난 몇 달 동안 마흐디군은 자라스Sarras에 있는 나일국경군 전초 기지를 여러 차례 습격했다. 와디 할파에서 남쪽으로 56킬로미터 떨어진 이 기지는 나일강을 굽어보는 현무암 바위산에 자리 잡고 있었다. 헌터는 냉정하지만, 호전적인 장교였다. 모기처럼 앵앵거린다고 생각하는 마흐디군을 한번 후려치고 싶은 마음이 굴뚝같던 헌터의 발목을 매번 붙들어 맨 것은 키치너였다. 그러나 이제는 상황이 바뀌었다. 공격 명령에 들뜬 헌터는 동생에게 편지를 보내면서 당시 기분을 이렇게 적었다. "아주 좋아! 이번 전투로 남자다운 모습을 보이든지 아니면 겁쟁이가 되든지 둘 중 하나겠지. 내 인생에 이처럼 기뻤던 적은 없어."[8]

당시 마흔 살이던 헌터는 부유한 글래스고우 상인의 아들로 태어났다. 그는 용감하고, 직설적이며, 전장에서는 인정사정 두지 않는 전사였으며 고든 구원군에도 참여했다. 부하들은 술과 여자라면 거절하는 법이 없는 그를 숭배하다시피 했다. 고든을 구하는 노력이 실패하고 아브달라히가 이집트 국경 쪽으로 군대를 전진시켰을 때 헌터는 처음으로 마흐디군과 교전했다. 이것은 수단으로 진격하라는 공격 명령을 받은 것보다 10년도 더 전의 일이었다. 1885년 12월, 헌터는 제3폭포 근처에 있는 코샤Kosha에서 벌어진 전투에서 매우 심하게 다쳤다. 이 전투가 있고 바로 뒤 영국-이집트 연합군은 기니스에서 마흐디군을 물리쳤다. 헌터는 적과 교전에서 윈체스터 소총으로 마흐디군 여섯을 사살하고 오른팔에 총상을 입었다. 이런 공적으로 그는 수훈장Distinguished Service Order을 받았다. 또한, 1889년에 벌어진 투쉬키 전투에서 아주 뛰어나게 잘 싸웠다.

헌터가 키치너로부터 받은 명령은 소규모 선봉부대를 즉시 이동시켜 나일강 강변에 있는 아카샤Akasha 마을을 확보하라는 것이었다. 키치너는 이 마을은 전진기지로 사용할 생각이었다. 아카샤는 자라스에서 남쪽으로 약 80킬로미터 떨어져 있었다. 키치너는 윈게이트가 올린 정보 보고로 아카샤에 마흐디군이 없다는 것을 알았다. 마흐디군 최전방 부대는 아카샤에서 남쪽으로 26킬로미터 떨어진 피르카Firka에 있었다. 이 부대는, 나일강 서쪽에 마치 톱날을 세워놓은 것처럼 비죽비죽 솟은 산 아래 있는, 누비아 마을에 붙어 있었다.

피르카는 나일강을 따라 북쪽의 자라스와 남쪽의 케르마를 잇는 외딴 경로상에, 깊이 팬 코르(협곡)와 산악 돌출부가 만들어내는 미로 같은 지형 남쪽 끝에 자리 잡고 있으며 바튼 알-하자르Batn al-Hajar, 즉 '딱딱한 돌배'라는 이름으로 알려진 곳이었다. 이름에서 알 수 있듯이 이곳은 북부 수단에서 지형이 가장 나쁜 곳이었다. 와디 할파에서 상류로 20킬로미터 올라간 제2폭포에서 시작되는 구간은 달 폭포Dal Cataract 때문에 생긴 깎인 절벽과 푹 꺼진 둔덕이 있어 마치 달 표면처럼 황량했고 이 사이를 나일강이 뱀처럼 구불구불 흘렀다. 군데군데 바람이 깎아 만든 거대한 언덕이 여럿 있었는데 이런 언덕은 강물 바로 옆에서 중압감을 더했다. 강변의 계곡은 정돈되지 않은 폭 몇 미터짜리 테라스와 조금도 다를 바가 없었다. 이 일대에는 극히 소수만이 살았다. 이곳에 사는 누비아족의 예하 부족인 마하스Mahas 부족과 수코트Sukkot 부족은 나일강이 만들어낸 충적토 위에 작은 밭 몇 뙈기를 부쳐 근근이 먹고 살았다. 진흙 벽돌로 지은 집이 몇 채씩 모인 마을들이 강과 바위산 사이에 어설프게 자리 잡았고 밭에 강물을 대는 사기야 수차 두 대가 나란히 돌아가고 있었다.

나일강 동편에서 피르카로 이어지는 길은 단 하나뿐이었다. 이 길은 평지보다 약 450미터 높은 협곡의 미로 사이로 나 있었다. 들쭉날쭉 솟은 능선 위로는 파라오 시대까지 거슬러 올라가는 고대의 망루, 요새, 그리고 사원의 유적이 여기저기 흩어져 있었다. 동쪽으로는 보일락 말락 한 거리에 깎아지른 듯한 산등성이와 고드름처럼 뾰족한 봉우리들이 섞여 있었다. 언덕 낮은 곳에는 오렌지빛 모래가 여러 웅덩이에 움푹움푹 들어가 있었고 협곡은 마치 거대한 칼로 잘라 놓은 미로처럼 보였다.

피르카에 있는 마흐디군은 하무다 이드리스Hamuda Idris가 지휘했다. 하무다 이드리스는 다르푸르에서 온 바까라족 예하 부족인 하바니야Habbaniyya 부족의 지도자였다. 그의 부하 4천 명은 바까라족이 대부분이었지만 자알리인 부족과 다나글라 부족 출신도 있었다. 보통 칼과 창으로 무장했지만, 일부가 소총으로 무장한 보병은 4개의 루브rub(대대)로 편성되었고, 각 루브에는 세 부족이 각기 다른 비율로 포함되었다. 마흐디군의 네 번째 루브는 지하디야 소총병으로 이들은 유수프 안자르Yusuf Anjar와 두두 와드 바드르Dudu wad Badr가 지휘했다. 이 둘은 아브달라히처럼 타이샤 부족 출신이었다.

키치너는 일단 동골라를 탈취하는 것을 목표로 세웠다. 그 첫걸음은 아카샤를 출발점으로 삼아 하무다 이드리스가 지휘하는 마흐디군 4천 명을 쓸어버리거나 피르카 요새를 점령하는 것이었다. 11년 전, 고든 구원군을 지휘한 울즐리와 달리 키치너는 서둘지 않았다. 케디브 이스마일이 아카샤까지 깐 철도는 울즐리가 재단장해 고든 구원군을 돕는 데 사용한 적이 있었다. 철도는 여전히 자라스까지 운행됐지만 자라스 남쪽으로는 마흐디군 정찰대가 파괴해서 철도가 운행되지 않았다. 키치너는 파괴된 철도를 다시 건설할 생각이었다. 당장이야 자라스와 아카샤 구간을 재건하는 것이지만 키치너는 계속해서 남쪽으로 철도를 놓을 생각이었다. 그는 철도가 완성되기 전에는 평저선平底船을 이용해 카이로로부터 보급 물자를 수송하고 낙타 4천500마리를 이용해 이를 다시 아카샤까지 실어 나를 계획을 세웠다. 또 야간에 수송대를 보호할 경계 초소를 무역로를 따라 여러 개 세울 예정이었다.

키치너가 세운 보급선과 통신선은 매우 복잡했다. 모든 보급 물자는 시점인 카이로에서 기차에 실려 남쪽으로 약 1천300킬로미터 떨어진 남부 이집트의 나일강 강변에 있는 발리아나Balliana로 이동했다. 발리아나부터 아스완까지는 메스르스 쿡 나일Messrs Cook Nile 증기선을 이용했다. 증기선이 아스

와디 할파에서 참모들과 동골라 진격작전을 논의하는 키치너, 1896년 3월

The Illustrated London News, 1896년 5월 16일

완에 도착하면 다시 기차로 옮겨 실은 뒤 제1폭포를 통과해 약 12킬로미터 떨어진 셸랄Shellal*까지 이동해 또다시 배로 옮겨 실었다. 포함, 증기선, 평저선, 그리고 펠루카 돛단배로 구성되는 제2선단은 병력과 물자를 아스완 바로 남쪽인 셸랄에서 와디 할파로 실어 날랐다. 제2선단이 와디 할파에 도착하면 병력과 물자는 다시 기차를 타고 아카샤까지 갔다. 아카샤에 도착해도 끝은 아니었다. 역에서 내린 뒤 전진기지까지는 걸어가야 했다.

헌터가 지휘하는 전위부대는 노스햄턴셔연대Northamptonshire Regiment의 콜린슨J. Collinson 소령이 지휘하는 제13수단대대와 제12창기병연대의 브로드우드R. G. Broadwood 대위가 지휘하는 이집트 기병중대 2개 그리고 낙타대 1개 중대와 노새를 이용해 포를 운반하는 포대로 구성되었다. 3월 15일, 말을 탄 선발대가 와디 할파를 출발해 남쪽으로 향했다. 보병을 이끌고 자라스로 간 헌터는 선발대를 좇아 다시 남쪽으로 행군을 시작했다. 3월 18일이 되자 모든 부대가 바튼 알-하자르를 거쳐 아카샤로 향하고 있었다.

헌터는 가능한 나일강에 바짝 붙어 이동하려 했지만, 강에 바짝 붙는 것이 항상 가능하지는 않았다. 헌터의 부대는 행군 과정에서 수코트 부족이 살다 버리고 떠난 여러 마을을 통과했다. 수코트 부족은 바까라족으로부터 박해를 받아 고향을 버리고 이집트로 집단 이주했다. 헌터는 빈 마을에 마흐디군이 있는지 알아보려고 기병과 낙타대를 먼저 보내 샅샅이 뒤졌지만, 사람이라고는 그림자도 보이지 않았다. 준비를 마치고 나흘 뒤, 헌터의 부대가 아카샤를 향해 행군을 시작했다.

아카샤는 이슬람 성자가 세운 마을이었다. 성자의 무덤이 남아 있는 아카샤는 병을 치료한다는 온천 때문에 유명했다. 타마리스크tamarisk 나무가 자라는 강변에는 자갈이 많았다. 톱니처럼 깔쭉깔쭉 솟은 검은 능선 사이로 흐르는 나일강은 마치 검은 종이에 수은이 흐르는 것처럼 반짝였다. 헌터의 병

* 아스완 댐으로 나세르 호가 생기기 전부터 있던 마을로 지금도 셸랄 기차역이 호수 옆에 있다.

사들은 참호를 파고 사대射臺를 쌓으면서 마을을 요새로 바꿔나갔다. 3월 말에는 또 다른 부대가 낙타 약 600마리로 이뤄진 치중대를 호송해서 아카샤에 도착했다. 제11수단대대와 제12수단대대를 지휘하는 퓨질리어연대 출신의 헥터 맥도널드Hector MacDonald 소령은 당시 마흔네 살로 전투 경험이 많은, 강인한 인물이었다. 그가 속한 소총연대는 1876년에는 영국-아프간전쟁에 참전해 로버츠 장군과 함께 카불로 행군해 칸다하르에서 싸웠으며 1881년에는 남아프리카의 마주바 힐에서 전투를 치렀다. 스코틀랜드에서 가난한 농장주의 아들로 태어난 맥도널드는 사병으로 입대해 9년 동안 군 경력을 쌓으며 병사에서 부사관으로 진급했으며 장교로 임관하기 직전에는 고든하일랜드연대에서 병장으로 복무했다. 맥도널드는 아카샤 전진기지 전체를 지휘하는 임무를 맡았다.

아카샤보다 조금 더 북쪽에서는 예비군이 소집되고 부대가 교대해 이동하면서 훨씬 복잡한 부대 재편과 보강이 진행되고 있었다. 노스스태포드연대North Staffords의 예하 1개 대대가 와디 할파에 전개되면서 원래 이곳에 배치되어 있던 이집트군 6개 대대가 전선으로 이동했다. 또한, 화력 증강 계획에 따라 이집트에 주둔하는 노스스태포드연대와 코노트레인저연대Connaught Rangers에 배치된 맥심 기관총 4정을 차출해 기관총 포대를 창설한 뒤, 아카샤 전진기지로 보냈다. 이집트군 철도대대Egyptian Army Railway Battalion가 아스완에 소집되고 철도 재건에 사용할 침목, 레일, 볼트, 그리고 이음판이 아스완 기차역 승차장에 수북이 쌓이기 시작했다. 이렇게 준비된 자재는 자라스로 운반될 예정이었다.

3월 29일, 키치너는 참모장을 맡은 포병 출신의 레슬리 런들Leslie Rundle 중령을 대동하고 와디 할파에 도착했다. 키치너가 도착하고 이틀 뒤, 카이로와 아카샤 사이 약 1천600킬로미터를 잇는 복잡한 병참선이 가동을 시작했다. 이로써 키치너는 천재적인 능력을 증명해보였다. 윈스턴 처칠은 이를 두고 이렇게 논평했다. "이 병참선은 이집트군 총사령관 키치너의 신속하고 치밀

나일강을 가로질러 전신 선로를 구축하는 보먼-매니폴드 중위

The Graphic, 1898 9월 10일

한 능력을 보여주는 첫 사례이며, 잘 배워둬야 할 사례이기도 하다."[9]

이집트군 철도대대는 영국 공병 장교 스티븐슨Stevenson 중위가 지휘했다. 4월 중순이 되자 철도대대는 자라스 남쪽의 고르지 않은 땅에서 사력을 다했다. 철도 건설에 투입된 인부들도 레밍턴 소총을 지니고 있었지만, 그보다는 경계 임무를 띠고 투입된 제7이집트대대 감시병들이 이들을 보호했다. 인부들은 대부분 철도 건설을 처음 해보는 초짜였다. 때문에 이집트 철도국의 기술자 10여 명은 감독으로 일하는 동시에 이들을 가르치고 훈련해가면서 일을 시켜야 했다. 얼마 지나지 않아 철도대대는 하루에 800미터 정도의 철로를 부설했다. 아카샤를 향해 철길이 길어질수록 낙타 치중대가 움직이는 거리도 줄어들었다. 부설된 철길 위로 기차가 부지런히 건설 자재와 식량, 식수를 실어 날랐다.

철도 부설과 병행해 공병 중위인 보먼-매니폴드M. G. E. Bowman-Manifold 중위는 민간 기술자 16명과 함께 아카샤까지 이어지는 전신선을 부설했다. 울즐리가 지휘하는 고든 구원군이 바유다 사막을 건널 때 저지른 실수를 다시 되풀이할 수는 없었다. 매니폴드는 이집트 전신국에 사정해 전신선을 얻었지만 쓸 만한 통신 장비가 없었다. 그는 와디 할파에서 찾아낸 전화기 두 대와 전신 장비 두 개를 활용해 기발한 방법으로 통신 장비를 만들어냈다.

키치너는 예전에 쓴 사막 이동로를 잊지 않았다. 바시르 베이Bashir Bey가 지휘하는 아바브다족은 키치너의 오랜 전우였다. 이들은 마흐디군 정찰부대가 영국군 선두 부대의 측면을 공격하지 못하도록 누비아 사막의 무라트와 비르 알-하이무르Bir al-Haymur에 있는 우물로 말과 낙타를 몰고 나갔다.

5월 1일, 아침 해가 뜨자 키치너는 용기병 장교 존 번-머독John Burn-Murdoch 소령이 지휘하는 호위대를 대동하고 검열차 아카샤에 도착했다. 번-머독은 위관장교 시절 중낙타연대 소속으로 고든 구원군에 참여했다. 한 시간 뒤, 아바브다족 무리가 낙타를 타고 달려오더니 동쪽으로 6.5킬로미터 떨어진 와디에서 마흐디군 낙타꾼 20명으로부터 공격을 받았다고 보고했다.

공격을 받으면서 한 명이 죽고 한 명은 포로로 잡혀갔다. 얼마 지나지 않아 또 다른 정찰병이 도착해 낙타를 타는 마흐디군 80명이 감시 기지를 통과해 이동하는 것이 포착되었다고 보고했다.

보고를 받은 키치너는 번-머독에게 영국군 장교 넷과 3개 기병중대를 붙여 출동시키면서 마흐디군을 차단하도록 했다. 또한, 고든하일랜드연대의 잭슨G. W. Jackson 소령이 지휘하는 제11수단대대 절반을 보내 번-머독 일행을 뒤따르라고 했다. 번-머독은 기병을 지휘해 남쪽으로 정찰을 나갔다. 피르카 방향으로 약 10킬로미터 떨어진 곳에서 번-머독의 정찰병은 갓 생긴 낙타 발자국을 발견했다. 이곳은 날카로운 산봉우리들로 둘러싸인 긴 계곡으로 바닥에는 모래가 많았다. 번-머독은 마흐디군 낙타꾼이 소수일 것으로 예상하고 계곡 맨 위쪽으로 말을 타고 나아갔지만, 예상과 달리, 기병과 보병으로 이뤄진 1천500명이나 되는 마흐디군과 맞닥뜨렸다.

피르카에 주둔하는 하무다 이드리스는 자라스에서 이어지는 철도를 끊어 놓으려고 대규모 기습 부대를 보냈고 번-머독은 예상치 못하게 이들과 조우했다. 번-머독은 마흐디군을 한 번 쳐다보고는 말머리를 돌린 뒤 부하들에게 철수하라고 소리를 질렀지만, 마흐디군의 공격을 피하기에는 너무 늦었다. 그가 철수 명령을 내리는 순간, 계곡 끝 능선에 있는 바까라 기병이 정찰부대를 향해 돌진했다. 햇볕을 받은 마흐디군의 창끝이 번쩍였다. 바까라 기병 옆에는 낙타와 낙타꾼들이 있었고 그 뒤로는 검은 피부를 드러낸 창병들이 잔뜩 있었다.

바까라 기병이 눈썹이 휘날릴 정도로 빠르게 이집트군 기병을 향해 돌진하면서 바닥에서 노란 먼지가 날아오르자 바위로 둘러싸인 좁은 계곡은 마치 안개가 낀 듯 뿌옇게 변했다. 번-머독은 일렬로 정렬해 바까라 기병의 돌진에 맞서라고 소리를 질렀지만, 기병중대 일부만 그 명령을 들었다. 키치너가 함께 보낸 영국군 장교 넷을 포함해 약 16명이 바까라 기병의 공격 대상이 되었다. 먼지 때문에 시야가 반쯤 가린 상태에서 바까라 기병은 이들을 공격했다. 바까라 기병 일부는 영국군을 완전히 뚫고 지나가기도 했다. 몇 분 동안 이집트군이 창으로 찌르고 칼을 휘두르며 권총을 발사했다. 짧은 저항이었지만 적어도 바까라 기병 10명 이상이 쓰러졌다. 바까라 기병은 저항에 놀라 뒤로 물러났다. 번-머독은 남아 있는 기병중대를 정비하고는 계곡으로 허둥지둥 도망가는 바까라 기병을 추격했다. 영국군과 마흐디군이 한데 뒤엉키면서 엄청난 모래먼지가 일었다. 먼지가 어찌나 심하던지 한 영국군 장교는 한참 달리다 보니 자신이 바까라 기병과 나란히 달리고 있는 것을 알게 되었다. 그러면서도 그 바까라 기병은 자기 옆에 영국군이 함께 달리고 있다는 것을 깨닫지 못했다. 마흐디군 보병이 일제사격을 시작하자 번-머독 일행은 추격을 멈춰야 했다.

추격을 멈추라는 명령을 듣지 못한 나머지 2개 기병중대는 말을 몰아 골짜기로 들어갔다. 그러고는 세 부대 모두 말에서 내렸다. 이들은 골짜기 끝 가까이에 바위가 많은 둔덕 뒤로 몸을 숨긴 뒤 마티니-헨리 소총으로 일제사격을 시작했다. 마흐디군은 총을 쏘면서 이들에게 다가왔다. 총알이 날고 바위에 튕기는 소리가 요란했다. 총격전이 벌어진 때는 정오 무렵으로 하늘은 말 그대로 구름 한 점 없이 파랬다. 햇볕을 받아 달궈진 땅의 열기도 뜨거운데 사방에 널린 바위가 뿜어내는 복사열 때문에 더위가 더 심해졌다. 사람도 말도 극심한 갈증에 고통스러워 했고 병사 한 명은 탈수로 전사했다.

영국군은 집중사격으로 마흐디군을 몰아댔다. 곧이어 브렌트우드 Brentwood 대위가 이끄는 정찰부대와 잭슨 소령이 이끄는 제11수단대대가 아주 적절한 시점에 도착해 번-머독 소령 부대에 합류하자 마흐디군은 후퇴하기 시작했다. 이집트군은 한 명이 전사하고 여덟 명 부상 그리고 한 명이 중상을 입었다. 부상자 중 여섯은 총탄에 맞았고 나머지 셋은 창과 칼에 찔리거나 베었다. 버크셔연대Royal Berkshire Regiment의 피튼H. G. Fitton 대위도 부상당했다. 수단 침공 후 첫 희생자가 나오면서 수단 재정복은 본격적인 막이 올랐다.

4

키치너는 피르카 공격에 나일강의 강변을 이용하는 방안과 사막을 횡단하는 방안을 놓고 저울질을 하고 있었다. 사막 접근로는 달Dal 산의 동쪽으로, 5월 1일 첫 전투가 벌어진 바위투성이 계곡과 골짜기를 통과하는 경로였다. 달 산맥 서쪽에 있는 나일 접근로는 거점 세 곳을 확보해 강변을 따라 이동하는 경로였다. 어렵기는 나일 접근로가 사막 접근로보다 더했다. 나일 접근로에는 높은 절벽이 여럿 있었다. 사르카마토Sarkamatto 마을 바로 북쪽에 있는 강변은 폭이 너무 좁아 병력이 한 줄로 통과해야 했다. 마흐디군이 그곳에 저격수 몇 명만 배치하면 원정군 전체를 잡아둘 수도 있었다. 그러나 키치너는 마흐디군이 이 길을 전혀 예상치 못하리라는 확신이 있었다. 확신이 든 키치너는 보병과 포병 주력부대를 이 길로 이동시키기로 했다. 사막 접근로는 낙타부대와 기마부대가 사용하기로 했다. 두 곳 모두 밤에만 이동하고 동이 트면 사막에서 불쑥 나와 급습하기로 했다.

6월 6일이 되자 암비골Ambigol에 있는 우물까지 철도가 완성되었다. 폭이 좁은 여러 협곡은 마치 원형 극장처럼 생긴 움푹 파인 암비골의 바위로 이어졌고, 바위 주변으로는 돌로 쌓은 방벽이 있었다. 여기까지 철도가 놓이자 낙타 치중대가 담당하는 거리는 반으로 줄었다. 전신은 이미 오래전에 아카샤까지 개통되었다. 아카샤 전진기지에는 이집트군 9천 명으로 구성된 공격부대와 대량의 보급 물자가 모여 있었다.

헌터 중령이 지휘하는 보병은 3개 여단으로 이뤄졌다. 제1여단은 당시 마흔두 살로 체셔연대Cheshire Regiment의 데이비드 타피 루이스David F. 'Taffy' Lewis 소령이*, 제2여단은 헥터 맥도널드 소령이, 그리고 제3여단은 마흔일곱 먹은 하일랜드연대Black Watch의 존 맥스웰** 소령이 각각 지휘했다. 각 여단에는

* 원래 태피Taffy는 웨일즈 출신을 경멸하는 표현이다.

** Sir John Grenfell Maxwell(1859~1929): 1879년 샌드허스트 육군사관학교를 졸업하고 임관한 뒤 옴두르만 전투에 참전했다. 1897년에는 누비아 지사로, 다음해인 1898년에는 옴두르만

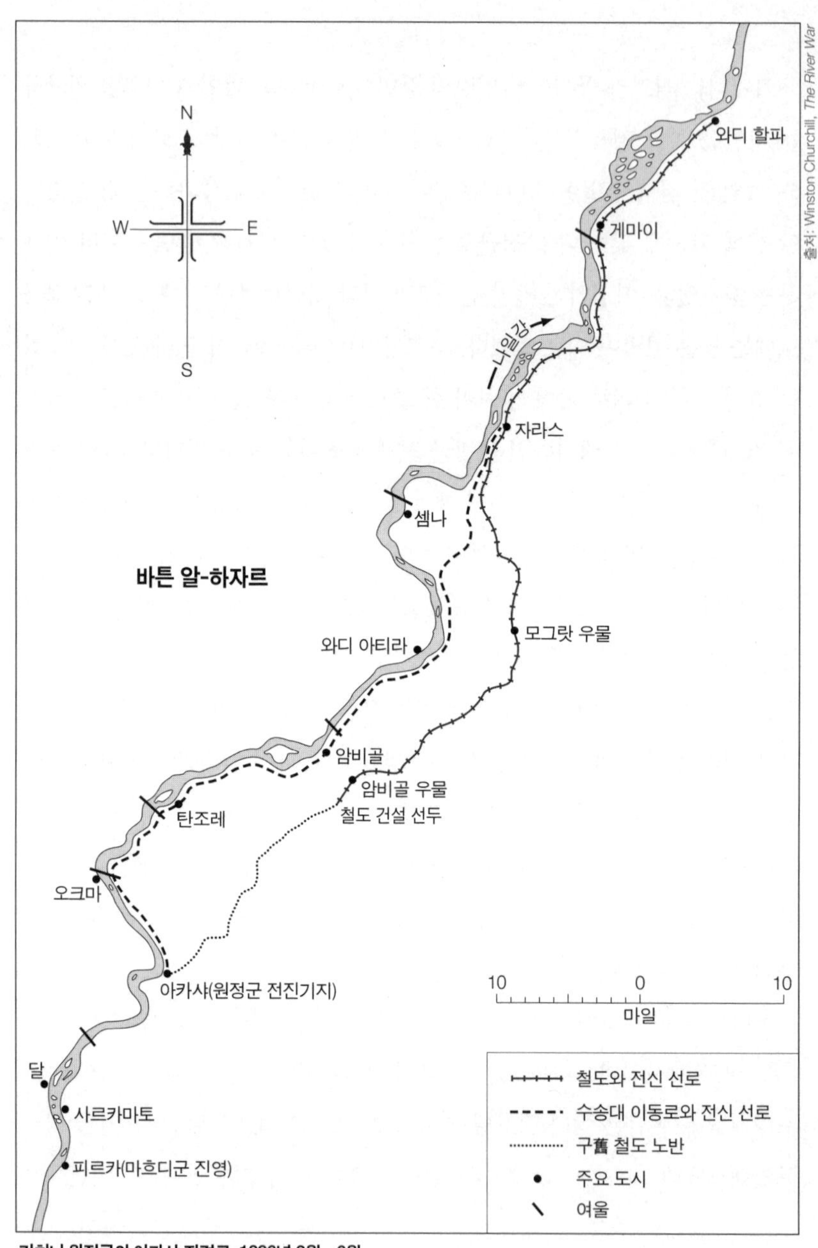

키치너 원정군의 아카샤 진격로, 1896년 3월~6월

대대가 3개씩 있었는데, 맥도널드 소령의 제2여단이 모두 수단대대로만 구성된 반면, 맥스웰 소령의 제3여단은 모두 이집트대대로만 구성되었다. 루이스 소령의 제1여단에는 이집트와 수단 병사가 반씩 섞여 있었다. 인도군 참모단Indian Staff Corps 소속으로 치트랄Chitral 전투의 영웅이자 훗날 알-쿠트al-Kut 포위전의 패장이 되는 찰스 톤젠드* 소령이 지휘하는 제12수단대대는 낙타 치중대의 낙타를 타고 기병, 낙타병과 함께 사막을 건너게 되었다.

번-머독 소령은 사막 접근로로 이동하는 부대를 지휘했다. 번-머독의 부대는 이집트 기병중대 6개, 에섹스연대Essex Regiment의 터드웨이R. J. Tudway 소령이 지휘하는 낙타대, 포병 장교인 영R. E. Young 대위가 지휘하는 기마포병대, 그리고 노스스태포드연대에 속한 맥심 기관총 포대 중 절반으로 이뤄졌다.

코노트레인저연대 병사 30명이 운용하는 나머지 맥심 기관총 2정은 크루프 산악포 6문을 운용하는 2개 포대와 함께 보병을 따라나섰다. 의무부대는 둘로 나뉘어 사막 접근로와 나일 접근로에 각각 투입되었고 각 의무부대는 낙타 100마리씩을 운용해 의료 물자와 예비용 탄약을 운반했다.

정보부장 윈게이트와 그를 보좌하는 슬라틴은 키치너의 참모들과 함께 말을 타고 따라나섰다. 이 둘은 작전 시기를 철저하게 비밀에 부치려 노력했다. 아카샤 주변에는 기병 정찰대가 끊임없이 순찰하면서 호기심 많은 아랍인들의 접근을 막았고 비정규 정찰병과 정보부에서 운용하는 간첩은 이중

지사로 임명된다. 제2차 보어전쟁과 제1차 세계대전에 참전했으며 1916년 아일랜드에서 벌어진 부활절 봉기를 진압하고 반란 지도자들을 처형한 것으로 유명세를 탔다. 1919년에 대장이 되었으며 1922년 군에서 전역했다.

* Sir Charles Vere Ferrers Townshend(1861~1924): 군인 가정에서 출생했으며 샌드허스트 육군사관학교에서 수학했다. 1895년 인도군 장교로 치트랄 요새 포위전에 참여해 바스 훈장을 받았고 이집트군으로 전군해 옴두르만 전투에 참여했다. 1909년 준장, 1911년 소장으로 진급했다. 1915년 인도군 제6사단을 이끌고 바그다드로 진격했으나 알-쿠트al-Kut에서 포위당해 1916년 4월 29일 항복했다. 항복 이후 포로가 되었으나 본인은 이스탄불에서 매우 안락하게 생활한 반면 포로가 된 부하 중 절반 이상은 혹독한 대우를 받고 사망했다. 1920년에 보궐선거로 의원직에 오르지만, 포로 시절의 처신이 문제가 되어 명예가 실추되었으며 1924년 사망했다.

첩자일 가능성을 우려해 사흘 동안 집에 연금했다. 영국-이집트 연합군이 이처럼 노력했지만 피르카에 있는 마흐디군은 무엇인가 낌새를 챘다. 6월 6일 오후, 이집트군이 행군 준비를 마치고 있을 때, 자알리인 낙타꾼과 다나글라 낙타꾼은 언덕을 이용해 몸을 숨기고 조용히 이집트군에 접근했다. 마흐디군 정찰대를 이끄는 것은 오스만 아즈라크Osman Azraq였다. 그는 칼리파 아브달라히에게 광적으로 헌신하는 지지자였을 뿐만 아니라 지난 몇 년 동안 누비아 원주민들을 짐승처럼 취급해 남자는 군대로 끌어오고 여자와 아이들은 노예로 팔아넘겨 평화로운 여러 마을을 황폐하게 만든 장본인이었다. 또한, 와드 안-네주미 휘하에서 투쉬키 전투에 참전했다가 살아서 탈출한 인물이었다. 그로부터 4년 뒤, 오즈만 아즈라크는 누비아 사막에 있는 무라트 우물 일대에 사는 아바브다족을 기습해 아바브다 야전군Ababda Field Force을 이끈 살라 후사인을 죽였다. 살라 후사인은 고든과 스튜어트가 사막을 건너 카르툼으로 갈 때 이들을 안내했고 훗날 카르툼을 탈출한 스튜어트가 아-살라마니야에서 죽자 술라이만 나이만을 죽여 복수한 인물이기도 하다.

오스만 아즈라크는 마흐디국의 동골라 지사 자격으로 피르카에 파견되었다. 칼리파 아브달라히가 속한 타이쉬 부족원인 무함마드 와드 비샤라Muhammad wad Bishara는 수단-이집트 국경에서 영국-이집트군의 활동이 활발해지자 초조해졌다. 와드 비샤라는 오스만 아즈라크에게 하무다 이드리스로부터 피르카 요새의 지휘권을 인수하라고 명령했다. 와드 비샤라가 보기에 하무다 이드리스는 행동이 흐리멍덩했다.

하무다 이드리스는 보병대대, 즉 루브를 지휘하는 것으로 강등되었다. 그가 맡은 병력 대부분은 자신이 속한 하바니야 출신들이었다. 오스만 아즈라크는 보다 적극적인 전략을 구사하기 시작했지만, 때가 너무 늦었고 정찰 나온 그날은 특히 운이 없는 날이었다. 키치너 원정군은 행군 준비로 바빴지만 오즈만 아즈라크의 눈에는 아카샤에서 그저 뿌옇게 피어오르는 먼지 말고는 아무것도 보이지 않았다. 그는 말을 돌려 피르카로 돌아갔고 아무 일 없이 평온하다고 보고했다.

오스만 아즈라크가 돌아가고 잠시 뒤, 원정군 전체가 사막 접근로와 나일 접근로를 이용해 움직이기 시작했다. 기병, 낙타병, 그리고 기마포병이 언덕 사이로 사라졌다. 키치너는 말을 타고 보병과 함께했다. 수단인과 이집트인으로 구성된 보병은 높은 타르부쉬 모자를 쓰고 목에는 스카프를 둘렀으며, 사막에 맞게 카키색 재킷과 반바지를 입고 각반까지 착용했다. 병사들이 길게 늘어선 모습은 마치 커다란 뱀 같았다. 포를 실은 노새들이 바위를 디디자 발굽이 딸각거렸다. 마치 거대한 폭포가 쏟아지는 것처럼 햇살이 눈부셨고 바람도 없었다. 시간이 지나자 어둠에 밀려 해가 사라지며 밤이 찾아왔다. 낮의 햇볕 덕분에 즐거웠던 병사들은 이제 칠흑 같은 어둠 속에서 바닥이 말라버려 바위가 그대로 드러난 강바닥을 힘들게 뚫고 지나가야 했고 된비알도 기어올라야 했다. 달이 뜨지 않아 빛이라고는 전혀 없었지만, 행군 군기는 매우 엄격했다. 말을 해서도 안 되고 담배도 허락되지 않았다. 불빛은 물론 명령을 전달하는 나팔 소리도 없었다. 적과 조우하더라도 총을 쓰는 것이 아니라 총검을 써서 조용히 처치해야 했다. 이 명령을 위반하는 병사는 새벽에 총살형에 처한다고 출발할 때 주지시켰다.

병사들은 비틀거릴 때 자신도 모르게 나오는 욕설을 참으면서 계속 나아갔다. 코르 협곡은 모두 강으로 이어지기 때문에 행군은 코르와 강을 번갈아 가며 이용할 수밖에 없었다. 약 6킬로미터를 이동하는 데 네 시간이 걸렸다. 선두에 선 루이스 소령의 제1여단은 밤 10시에 폐허가 된 사르카마토 마을에서 북쪽으로 약 1.5킬로미터 떨어진 곳까지 내려갔다. 이곳은 폭이 좁지만 평평했고 피르카가 빤히 내려다보이는 곳이었지만 어둠 때문에 원정군은 들키지 않았다. 원정군이 지나는 곳에서 남쪽으로 겨우 4.5킬로미터 떨어진 곳에는 마흐디군의 요새가 있었다.

요기하고 잠시 쉴 수 있도록 한 시간가량 휴식이 주어졌다. 휴식 뒤 다시 시작된 행군은 첫 난관을 만났다. 이 구간은 나일강 위로 이어지는 좁은 통로였는데 곳에 따라서는 길 폭이 채 1.8미터도 되지 않았고 한 번에 한 명만 통과할 수 있어 병목현상이 발생했다. 엎친 데 덮친 격으로 동쪽 하늘에는 벌써 어렴풋이 동이 트려 하고 있었다. 동이 틀 때까지는 진지를 구축해야 했다. 키치너는 여단장들에게 서두르라는 명령을 반복해서 보냈다. 부사관들은 병사들을 재촉하면서 널찍한 바위 위로 뛰게 했다.

원래 이 구간은 지도상에 '통과 불가'라고 찍혀 있었다. 그러나 키치너는 이 구간에서 3개 보병여단 규모의 병력과 말, 산악포 12문과 이를 실은 노새, 그리고 낙타 200마리를 아무 사고 없이 통과시켰다. 더욱 놀라운 것은 빛이라고 하기도 어려운 별빛을 빼곤 전혀 빛이 없는 상황에서 절대 정숙을 유지했다는 것이었다. 이는 대단한 일이었다. 발굽과 발걸음 소리는 발아래서 빠르게 흐르며 달 폭포에서 포효하듯 떨어지는 물소리에 묻혀 들리지 않았다.

남쪽으로 1.6킬로미터 떨어진 피르카 마을에서 희미하지만 갑작스러운 북소리가 들리기 시작했다. 키치너는 행여나 걱정하던 일이 아닐까 하는 마음으로 귀를 기울였다. 만일 마흐디군이 지금 들이닥치기라도 하면 피르카 산과 나일강 사이 좁은 골짜기에 끼인 원정군 보병부대는 저항 한 번 제대로 할 수 없었다. 키치너는 긴장을 풀지 않은 채 초조하게 기다렸지만 아무런 움직임도 없었다. 그는 기도 시간을 알리는 북소리라는 것을 깨달았다. 이는 마흐디군이 다가오는 위협을 전혀 눈치채지 못했다는 것을 뜻했다.

붉은 햇살이 점점 굵어지더니 황량한 피르카 산이 드디어 모습을 드러냈다. 분홍빛 화강암으로 각진 모습의 피르카 산은 이어지는 계단식 밭 때문에 나무가 한 그루도 없었다. 제1여단에게 산자락을 지나는 동안 일렬로 전개하라는 명령이 조용히 전달되었다. 있는 듯 없는 듯 키 작은 아카시아와 능수버들을 지나쳐 강을 따라 높이 자란 야자나무 숲이 나타났다. 제1여단이 공격 준비를 갖추자 맥도널드가 지휘하는 제2여단은 측면 이동을 준비하며 왼쪽으로 산개해 공격대형으로 전환했다. 맥스웰의 제3여단은 예비로 후방

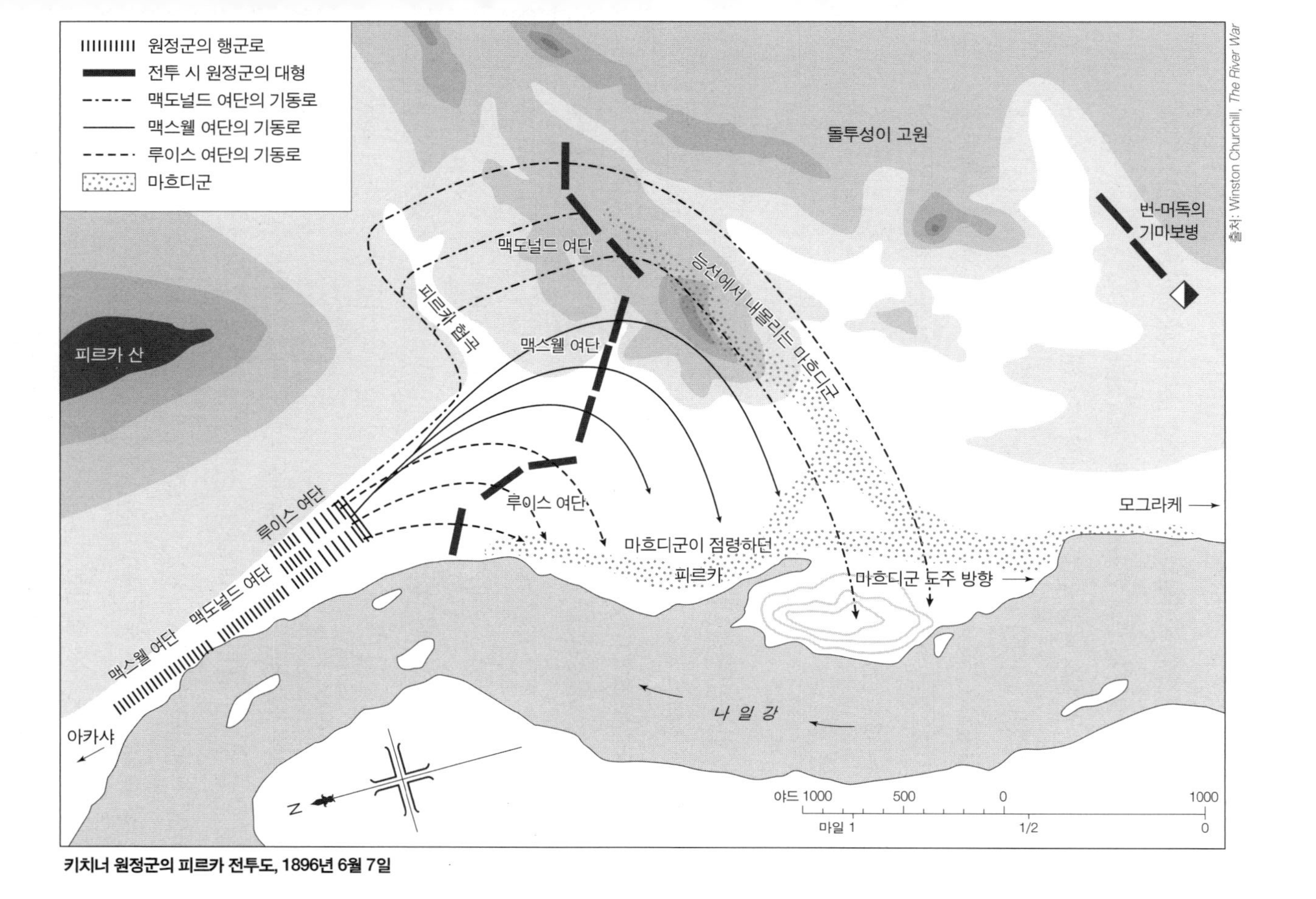

키치너 원정군의 피르카 전투도, 1896년 6월 7일

출처: Winston Churchill, *The River War*

에 남았다. 산악포를 운반하는 노새들은 대열에서 나와 포를 방렬할 곳을 찾아 보다 높은 곳으로 올라갔다. 자리를 잡은 포수들은 기계적으로 포를 내리고 조립했다. 보병은 중대 단위로 대형을 만들었다.

지평선 뒤에 숨어 빨갛게 타오르던 새벽 별은 어느새 사라지고 이미 온 세상이 환해졌다. 그러나 마흐디군 요새는 여전히 낮은 능선에 가려 있었다. 키치너 원정군은 숨을 죽인 채 대기했고 숨죽인 병사들 사이에는 정적이 흘렀다. 오히려 정적 때문에 불길한 느낌이 가시지 않았다. 마흐디군은 6천 명이나 되는 병력 그리고 수백 마리의 낙타와 노새로 이뤄진 원정군이 다가오는 소리를 정말 듣지 못했을까? 그것은 불가능해 보였다.

새벽 5시. 새벽 어스름은 이미 사라지고 온 세상이 환해진 지 오래였다. 키치너는 진격 명령을 내렸다. 바로 그 순간, 원정군을 굽어보는 산 경사면에서 "탕!" 소리와 함께 총탄이 발사되었다. 전통 의상인 하얀 잘라비야를 입은 마흐디군 보초병 다섯 명이 진지를 향해 미친 듯이 뛰어가는 모습이 보였다. 경보가 울린 것이다. 그 순간 맥심 기관총이 "철컥" 소리를 내며 발사되더니 마흐디군 보초들을 하나씩 쓰러뜨렸다. 다섯 명의 보초 중 마지막 두 명이 언덕의 돌출부로 올라서서 응사하는 순간, 언덕 너머 보이지 않는 곳에서 포성이 울렸다. 사막 접근로를 이용한 번-머독이 이끄는 원정대 절반이 제시간에 도착한 것이다. 그가 지휘하는 기마포병은 이미 자리를 잡고 방렬을 마친 뒤였다.

피르카의 마흐디군은 완전히 기습을 당했다. 이들은 아침 기도를 갓 마친 뒤 일일 명령을 듣느라 부대 단위로 강둑에 모여 있었다. 총소리가 울리자 이들은 원정군이 잔뜩 모여 있는 피르카 산의 낮은 쪽 경사면을 바라보았다. 포탄 터지는 소리를 듣고서야 이들은 '적'이 자기들을 향해 사격하고 있다는 것을 알았다. 흰옷을 입은 마흐디군은 레밍턴 소총을 움켜쥐고 몸을 숨길 진지를 찾아 사방으로 뛰기 시작했다. 지하디야 소총병과 하바니야 루브는 동쪽에 있는 언덕을 향해 내달렸다.

제1여단 왼쪽에 있는 제10수단대대는 오르막에 올라선 뒤에야 처음으로 목표를 보았다. 나일강을 따라 거의 1.6킬로미터 정도 남쪽으로 이어지는 누비아 원주민 마을은 대추야자나무 숲 속에 아늑하게 자리 잡고 있었다. 마을 집이 진흙으로 지은 것인 데 반해 마흐디군 요새는 마을 동쪽에 있는 바위투성이 산자락에 짚으로 이은 집과 천막으로 이뤄져 있었다. 마을 정면에는 비바람에 풍화되어 반들반들해진 바위가 만들어낸 능선이 이어져 있었다. 능선은 가슴 높이의 흙벽으로 보강되어 있었고 그 위로는 깃발이 나부꼈다.

제10수단대대는 사격을 시작했다. 마흐디군은 몸을 숨길 곳을 찾아 허둥지둥 내달렸다. 총알이 날아오며 내는 소리와 화약 연기의 흔적으로 마흐디군 일부가 원정군을 향해 사격한다는 것을 알 수 있었다. 현장에 도착하기 전에 상황이 끝날 것으로 생각한 《타임스》의 나이트 특파원은 말을 몰아 맨 앞으로 나아갔다. 그는 수단대대원들이 여전히 소총을 어깨에 멘 채 줄 맞춰 앞으로 나아가는 것을 보았다. 전투 현장은 이미 소음과 연기로 뒤섞여버렸다. 오른쪽에서는 루이스의 제1여단이 귀청을 찢는 일제사격을 시작했고 왼편에는 교전에 돌입하면서 마치 스타카토 같은 사격이 이뤄지고 있었다. 번-머독 소령이 이끄는 기마포병은 다락밭에 방렬하고 포격 중이었으며 보다 가까이에는 산악포가 "우르릉" 소리를 내며 포탄을 쏴붙였다. 이에 화답이라도 하듯 마흐디군의 응사 또한 점점 강해졌다.

제3이집트대대와 제4이집트대대는 피르카 산과 나일강 사이 통로에서 신속하게 빠져나오기 시작했다. 산악포에서 발사된 포탄과 맥심 기관총에서 쏟아져 나오는 총알이 쌕쌕거리면서 머리 위로 날아다녔다. 맥도널드여단은 서둘러 대대 대형으로 도착해서는 정면에 놓인 바위 능선을 마주하고 전개했다. 능선과 약 200미터 떨어진 곳에 검은 말을 타고 흰옷을 입은 바까라 기병 50명이 숨어 있다가 뛰쳐나와 바람에 옷을 휘날리며 원정군 쪽으로 달려왔다. 바까라 기병은 으레 그러듯이 낮게 으르렁대며 칼, 창, 그리고 총을 휘둘렀다. 요새 지휘관 하무다 이드리스와 지하디야 소총병 대장 유수프 안자르가 앞장서서 지휘했다.

땅바닥은 모래 때문에 부드러우면서 돌이 많았고 이 때문에 말발굽 소리가 빠르게 울렸다. 작고 유연하며 염소처럼 뾰족하게 수염을 기르고 머리털을 밀어 머리가 밋밋한 바까라 기병은 단결력이 있었다. 이들의 눈은 마치 사냥에 나선 포식자처럼 침입한 원정군 병력에게 고정되었다. 수단 병사들은 신중하게 목표를 설정하고 독자적으로 판단해 사격했다. 연속 사격이었지만 사격 음은 마치 하나의 폭발음처럼 들렸다. 순간, 예전과는 전혀 다른 상황이 벌어졌다. 말끼리 서로 부딪히면서 먼지가 피어올랐다. 연기와 함성이 뒤섞인 곳에서 다리뼈가 부러지고 몸이 떨어지는 둔탁한 소리가 나면서 걷잡을 수 없는 혼란이 발생했다. 돌격에 나선 바까라 기병 50명 중 단 한 명도 원정군이 정교한 사격으로 만들어낸 저지선을 살아서 뚫지 못했다.

눈앞의 성공을 보며 흥분한 수단 병사들은 흉벽으로 돌진했고 총검이 햇볕에 반짝였다. 무적일 것만 같던 기병이 허무하게 몰살당한 데 충격을 받은 마흐디군 중 일부는 도망쳐 두 번째 능선 뒤로 몸을 숨겼지만, 수단 병사들은 이들을 뒤쫓아 가 총검으로 찌르거나 아주 가까운 거리에서 총으로 쏴 사살했다. 순식간에 생긴 송장 수십 구가 바위 위에 널브러졌다. 마흐디군은 또 다른 능선을 넘어 나일강으로 도망쳤다.

맥도널드여단이 마을을 향해 방향을 틀었다. 루이스여단은 이미 북쪽에서 마을로 진격하고 있었고 맥스웰여단이 두 여단 사이에 난 틈을 메우면서 제1, 제2, 제3여단 모두 하나의 대열로 이어져 마흐디 요새를 효과적으로 포위했다. 오스만 아즈라크를 포함해 마흐디군 수백 명은 남쪽으로 난 비밀 통로로 도주하거나 강에 뛰어들어 헤엄쳐 나일강을 건넜다. 키치너는 원정군 기병과 제12수단대대로 도주하는 마흐디군을 차단하라고 명령할 수 있었지만, 이 포위망이 우군 사거리에 들어올 것이어서 포기하고 말았다. 마흐디군의 초기 방어는 완전히 무너졌다. 맥스웰여단은 섬으로 연결되는 질척질척한 지협地峽을 건너 마흐디군을 추격했다. 루이스여단 병사들은 집마다 일일이 뒤져가며 전진했다. 마흐디군 일부는 오두막에서 뛰쳐나와 칼과 창으로 맞섰다. 이집트 병사들은 이들을 둘러싸고 총검으로 찔러 죽였다. 일부는 집 안에 머물며 창문이나 구멍으로 총을 쏘았다. 이집트 병사들과 수단 병사들은 집중사격으로 응수했다. 마을 한편에는 시신 126구가 쌓여 있었고 정원 한 곳에서는 시신 80구가 발견되었다. 날이 본격적으로 더워지기 직전인 아침 7시 20분, 마을 소탕이 끝났다. 언덕 돌출부에 있던 키치너는 맥심 기관총의 사격을 중지시키고 탄약을 아끼라고 지시했다. 벌판에는 마흐디군 송장 800구가 널려 있었다. 사망자를 빼고도 마흐디군은 부상은 600명, 포로는 500명에 달했다. 키치너 원정군은 20명이 전사하고 23명이 부상당했다.

키치너는 윈게이트, 슬라틴, 그리고 참모들과 함께 말을 타고 마을로 엄숙하게 들어갔다. 키치너는 이번 승리가 단순히 용기 때문이 아니라 세심한 계획 덕분이라는 것을 알았다. 어려운 야간 행군이 멋지게 성공했고 기습도 완벽했지만, 키치너가 주목한 것은 이번 승리가 영국군의 통솔력과 훈련의 우수성 덕분이라는 사실이었다. 에-테브 전투에서는 겁에 질려 도망쳤던 이집트 병사들이었지만, 이번에는 영국군의 조련 덕에 눈부시게 싸웠다. 수단대대 병사 중 많은 수가 실전 경험이 있는 노장인 반면 이집트군에는 실전 경험이 있는 병사가 단 한 명도 없었다. 이날 '바까라 전사'들은 '이집트 농부'들에게 겁을 먹고 도망쳤다. 그리고 예전에 겁쟁이로 무시했던 이집트 군인들로부터 조롱 섞인 야유를 들었다. 영국군 장교들은 이런 이집트군이 자랑스러웠다. 나이트 특파원은 전투 결과를 이렇게 평가했다. "지난 12년 동안 영국군 장교들은 경멸받던 이집트인을 세심하게 훈련해 이런 결과를 낳았다. 이집트 병사들을 무시하는 글이 무척 많았지만, 이제 이들이 대단히 용맹하다고 말할 수 있어 매우 기쁘다."[10]

전투가 끝난 뒤 낯선 장면이 벌어졌다. 수단대대 병사 중 많은 수가 포로로 잡힌 마흐디군 지하디야 소총병 사이에서 옛 전우를 알아보면서 친선 축구 경기를 막 마친 뒤에나 볼 법한 모습이 잠시나마 이어졌다. 이들은 서로

피르카 전투 모습, 1896년 6월 7일

The Graphic, 1896년 7월 11일

껴안고, 친구와 사촌의 안부를 물었다. 승리한 수단 병사들은 담배나 물병을 나눠주었다. 마흐디군 소총병 시체 더미에서 아버지를 발견한 수단 병사는 아버지의 장례를 허락해달라고 요청했다. 방금까지도 이집트군에 대항해 싸우던 마흐디군 지하디야 소총병은 포연이 완전히 가시기도 전에 수단대대에 합류하겠다고 지원했다. 결국 마흐디군 병사 중 100명이 넘는 숫자가 수단대대에 합류했다.

지인을 만난 것은 지하디야 소총병뿐만이 아니었다. 슬라틴은 아는 얼굴이 있을까 봐 전장에 쌓인 마흐디군 송장을 샅샅이 뒤지다 옴두르만에서 만난 적이 있는 하무다 이드리스의 시신을 발견했다. 아침 9시경, 키치너가 원정군 지휘소를 진흙 집이 모여 있는 곳으로 옮기는 동안 슬라틴은 말에서 내렸다. 부상당한 마흐디의 에미르emir 한 명이 당나귀에 실려 왔을 때 슬라틴은 새로 자리 잡은 지휘소 바깥에 서 있었다. 당나귀에 실려 온 사람은 흰 턱수염에 건장하고 튼튼해 보였으며 무엇보다도 호감 가는 인상이었다. 그는 슬라틴을 본 순간 미끄러지듯 안장에서 내려와 슬라틴을 껴안았다. 슬라틴 또한 따뜻한 인사를 나누었다. 그는 자알리인 출신의 셰이크 엘-오베이드Sheik el-Obeid였다. 그가 이끄는 부대는 1884년에 카르툼으로 이어지는 전신선을 잘라 고든을 고립시키고 할파야를 점령했다. 셰이크 엘-오베이드는 옴두르만서 슬라틴을 친절하게 대해주었는데 그런 친절이 보상을 받는 날이 온 것이다. 슬라틴은 셰이크 엘-오베이드를 다시 만난 것을 기뻐했다.

피르카에 사는 누비아인은 마하스 부족이었다. 이들은 키치너 원정군을 해방군으로 환영했다. 점령군 행세를 한 마흐디군은 양과 염소를 포함한 소출을 마음대로 가져가고 부족 남자들을 부역에 강제로 동원하며 오랫동안 못살게 굴었다. 마하스 부족 중 딱 두 가정만 진심으로 마흐디군에 협력했는데 전투가 끝난 다음 날, 이 두 가정은 부족에서 영원히 추방당했다. 이 두 가정을 향한 증오가 어찌나 깊었던지 100년이 넘은 지금까지도 현지인들은 이들의 이름을 기억하고 있다.

5

피르카 전투 이후 다섯 달 동안 키치너는 마흐디군과 교전하지 않았다. 그간 제대로 돌아가는 일이 없었다. 아카샤에 있는 병력은 처음에는 이질에, 그다음에는 콜레라에 시달렸다. 영국군, 이집트군, 그리고 수단군을 가리지 않고 364명이 전염병으로 사망했다. 나일강 수위는 예년에 비해 훨씬 낮아져 증기선을 운행할 수 없었고 계절풍이 불면 누가르 돛단배를 움직일 수 있으리라는 키치너의 기대와 달리 북풍 또한 불지 않았다.

여름은 견디기 어려울 정도로 더웠고 남풍은 뜨겁게 불었다. 맥도널드가 지휘하는 제2여단은 지름길로 사막을 가로질러 새로운 진지를 점령하려 했지만, 탈수 때문에 사상자가 속출했다. 수단 소총병 여덟 명은 첫 우물에 도착하기도 전에 심각한 탈수로 저세상 사람이 되었다. 종군 기자들은 이를 두고 '죽음의 행군'이라는 이름을 붙였다. 헌터는 키치너가 부하들을 죽인다고 남몰래 비난했다.

용광로처럼 뜨거운 남풍은 어느새 끔찍한 폭우로 바뀌었다. 자라스와 아카샤 사이의 철도는 코르 아흐루사Khor Ahrusa의 강바닥을 따라 건설되었는데 폭우 때문에 약 20킬로미터 구간이 침수되면서 자갈과 흙이 쓸려 사라지고 레일과 침목이 공중에 떠버렸다. 이 때문에 원정군은 겨우 닷새치 전투식량만 보유한 채 코샤에 발이 묶여 오도 가도 못하게 되었다.

키치너는 말을 달려 하룻밤 만에 아카샤에 도착해 즉시 보수공사를 지휘했다. 그는 부대를 둘로 나눠 하나는 철로를 지지할 토대를 다시 쌓으라고 상세히 지시했고 다른 하나는 사막을 뒤져 없어진 침목을 찾아오라고 했다. 보수공사가 진행되는 동안 폭우가 한 번 더 내리면서 약 13킬로미터가 추가로 소실되었다. 키치너에게는 24시간 보수공사를 수행할 인부 5천 명이 있었다. 그는 소매를 걷어붙이고 이들과 함께 레일 놓는 일을 도왔다. 극심한 더위로 인부들이 지치자 키치너는 말을 타고 작업 현장을 다니면서 아랍어로 수다를 떨 만큼 특별한 지도력을 보여주었다. 폭우로 소실된 철길은 불과

한 주 만에 복구되었다.

9월 초, 나일강이 범람할 때 또 다른 걸림돌이 나타났다. 이번 원정을 위해 특별히 키치너와 번-머독이 설계한 증기선 자피르Zafir가 해체된 상태로 운반되어 코샤에 도착해 조립되었다. 자피르는 거의 예술품 수준의 포함이었다. 42미터 선체에는 장갑판을 둘렀고 외륜을 선미에 두어 추진력을 얻었으며, 추가 무장을 탑재했을 뿐만 아니라 갑판 병력을 보호하는 장갑판도 있었고 나일강의 폭포와 여울을 극복할 수 있게 흘수선도 낮았다. 키치너는 보병 대대보다 이 배 한 척이 훨씬 더 가치 있다고 말했다. 그러나 처녀 항해에 나선 날, 실린더가 파열되면서 자피르는 몇 주 동안 전투에 투입될 수 없게 되었다. 이 배를 운용할 기대감에 몇 주를 기다린 키치너는 크게 실망해서는 다른 증기선 선실로 사라져 눈물을 흘렸다.

동골라에 있는 마흐디국 지사 무함마드 와드 비샤라는 원정군이 어려움을 겪는 것을 잘 알고 있었다. 와드 비샤라는 이렇게 어려운 틈을 노려 원정군을 치고 싶어 안달이었지만 옴두르만에 있는 아브달라히는 증원군이 도착할 때까지 기다리라는 지시를 내렸다. 와드 비샤라는 증원군이 오리라고 생각하지 않았다. 대신에 그는 과거 누비아 왕국의 수도였던 케르마에 방어진지를 구축하기 시작했다. 마하스의 구불구불한 바위투성이 골짜기가 끝나는 곳에 자리 잡은 케르마는 다라글라 지방의 넓고 기름진 충적 평야가 시작되는 요충지였다.

9월 10일, 윈게이트는 마흐디군이 케르마에 무엇인가를 짓고 있다는 첩보를 키치너에게 보고했다. 보고를 받은 키치너는 믿을 수 없는 속도로 신속하게 움직였다. 그는 철도와 증기선을 함께 이용해 불과 이틀 만에 병력 1만 3천 명을 마하스 지방의 주도州都인 델고Delgo에 집결시켰다. 그리고 8일 뒤, 키치너의 부대는 케르마에서 북쪽으로 약 5킬로미터 떨어진 아부 파트마Abu Fatma에 도착했다.

피르카와 마찬가지로 케르마는 나일강 동쪽에 있다. 나일강은 북에서 남으로 이동하는 키치너 부대의 오른쪽을 보호해줬다. 당시 서른다섯 살이었던 스탠리 콜빌* 해군 중령은 타마이Tamai, 아부 클레아Abu Klea 그리고 메템마Metemma 등 포함 세 척으로 이뤄진 선단을 지휘해 나일강을 장악했다. 포함은 산악포와 맥심 기관총으로 무장했고 영국 해병 포병이 탑승해 이를 운용했다. 다른 포함 에-테브et-Teb는 한넥Hannek 폭포에서 바위에 걸리는 바람에 뒤쳐졌다. 이 외에 비무장 증기선 달Dal과 아카샤Akasha, 두 척에는 노스스태포드연대 예하 중대를 각각 하나씩 태웠다.

9월 19일 토요일, 동이 트자마자 키치너는 이집트 기병대 선두에 서서 종종걸음으로 케르마로 달려갔다. 마을과 요새는 완전히 버려져 있었다. 태양이 중천에 떠오르고서야 키치너는 무슨 일이 일어났는지를 알 수 있었다. 밤새 와드 비샤라의 부대는 케르마를 몰래 빠져나가 나일강을 건넜다. 이들은 상류로 600미터쯤 떨어진 강 서편 하피르Hafir의 야자나무 숲에 진을 치고 자리를 잡았다. 키치너는 쌍안경으로 적진을 살펴보았다. 멀리 보이는 서편 강둑을 배경으로 밤에 강을 건너는 데 썼을 것으로 보이는 누가르 돛단배 30척과 증기선 아-타히라at-Tahira가 정박해 있었다. 마흐디군의 참호와 포상은 강을 따라 1킬로미터쯤 되었고 나무 너머로 집과 집 사이에는 눈부시게 빛나는 흰 집바를 입고 걸어 다니는 마을 사람들도 보였다. 야자나무 숲이 끝나고 사막이 시작되는 곳에는 바까라 기병이 잔뜩 무리 지어 있었고 이들 사이로 잎사귀처럼 넓은 샬랑가이 창날이 반짝였다. 키치너가 서 있는 곳에서 왼편에는 아르타가샤Artagasha 섬이 야자 잎에 가려 있었고 오른쪽에는 아르타가샤 섬보다 가까이에 활처럼 생긴 바딘Badin 섬의 일부가 보였다.

* Sir Stanley Cecil James Colville(1861~1939): 런던에서 귀족으로 태어났다. 1874년 브리태니카 호를 시작으로 해군에서 경력을 쌓았으며, 1882년 7월에는 지중해 함대의 기함 알렉산드라 호에 승선해 알렉산드리아 포격에도 참가했다. 고든 구원군에 참여했고, 1896년에는 나일 선단을 이끌며 키치너 원정군에 참여했다가 심하게 부상당했으나 8월에는 대령으로 진급했다. 1906년에는 해군 소장, 1911년에는 해군 중장으로 진급했고 1919년에는 국왕 해군 수석 부관으로 복무했다.

키치너는 포함을 엄호해야 했기에 기마포대를 강둑을 따라 남쪽으로 옮겨 마흐디군을 마주 보고 크루프 대포를 배치했다. 만일 강을 거슬러 동골라로 곧장 증기선을 보내면 마흐디군은 고립될 것을 걱정해 후퇴할 수도 있겠다는 생각이 키치너의 머릿속에 떠올랐다. 이것은 탁월한 발상이었다. 그러나 증기선이 동골라로 올라가려면 와드 비샤라가 설치한 방어진지에서 쏟아붓는 집중포화를 통과해야 했는데, 마흐디군은 크루프 대포 5문을 포함해 여러 문의 포가 있었다. 이 발상의 실행은 결코 쉽지 않았다.

아침 6시 30분, 나일강 동편에 방렬된 원정군 포 6문이 불을 뿜었다. 강을 넘어 날아간 포탄이 마흐디군 진지에 작렬했다. 900미터쯤 되는 방어진지가 한순간에 연기로 뒤덮였다. 마흐디군 소총병들이 응사했지만, 총알은 강 동쪽에 미치지도 못한 채 중간에 사라져버렸다. 원정군은 레밍턴 소총의 유효사거리 밖에 있었기 때문에 전혀 피해를 입지 않았다.

포함 3척이 마흐디군 진지를 향해 물살을 갈랐고 그 뒤로는 노스스태포드연대 병력을 태운 비무장 증기선 달과 아카샤가 뒤따랐다. 기함 타마이에 탄 스탠리 콜빌 중령은 강을 거슬러 항해하면서 왜 와드 비샤라가 방어진지를 케르마에서 상류로 600미터가량 떨어진 곳에 두었는지 이해할 수 있었다. 마흐디군 진지가 자리 잡은 곳은 아르타가샤 섬과 서쪽 강변 때문에 나일강에 병목이 발생하는 곳이었다. 자연적으로 만들어진 좁은 수로로 증기선이 들어서려면 어쩔 수 없이 위험을 무릅쓰고 마흐디군 포대와 저격병의 사거리 안으로 들어가야 했다. 섬 동쪽은 수심이 얕아 배가 통과할 수 없었다.

콜빌이 이끄는 선단은 15세기에나 했을 법한 대형 범선들의 전투 장면을 재현했다. 해병 포수들은 마흐디군 포상을 향해 포를 발사했고 맥심 기관총은 탄약통을 덜걱거리며 비로 쓸 듯이 마흐디군 방벽에 화력을 집중했다. 증기선 갑판에 정렬한 노스스태포드연대 병사들이 통제에 따라 일제사격을 퍼부으며 증기선은 한순간에 연기에 휩싸였다. 마흐디군 포대도 가만히 있지 않고 원정군 선단을 향해 응사했다. 마흐디군이 원정군 선단을 겨냥해 쏜 포탄이 수면에 떨어지면서 물보라와 파도를 일으켰다. 레밍턴 소총탄이 강철로 된 선체에 맞으면서 콩 볶는 듯한 요란한 소리가 이어졌다. 크루프 포탄 한 발이 아부 클레아의 흘수선 바로 위에 맞았지만 폭발하지 않았다. 메템마는 굴뚝에 한 발, 선실에 한 발, 그리고 이물에 있는 포 방호용 철판에 한 발 등 모두 세 발을 맞았다. 콜빌은 총알을 맞아 손목뼈가 산산이 조각났다. 맥심 기관총을 담당한 리처드슨Richardson 하사는 적탄에 맞아 전사했다. 그밖에도 12명이 부상했다. 전투가 격렬했기 때문에 콜빌은 타마이를 교전에서 빼 하류로 내려보내 포병에게 더 많은 엄호사격을 요청했다.

몇 분 뒤, 타마이가 다시 전장으로 돌아왔다. 동쪽 강변에 포진한 기마포대에서 계속해서 포격을 가했지만, 원정군 선단이 좁은 수로를 통과할 수 있을 만큼 충분한 시간을 벌어주기에는 부족했다. 야자나무 꼭대기마다 자리잡은 마흐디군 저격수들은 갑판 위에 대고 샅샅이 훑듯 총을 쏘았다. 배에는 방탄판이 있었지만, 나무 위에서 쏟아지는 총알에는 무용지물이었다. 결국 포함 메템마는 방향을 바꿔 케르마로 돌아갔고 이를 본 마흐디군은 기가 살아 조롱을 퍼부었다.

격렬한 전투가 두 시간 반 동안 계속되었다. 포함으로는 마흐디군을 무력화하지 못한다고 깨달은 키치너는 다른 전술을 구사하기로 마음먹었다. 그는 포병 장교인 파슨스C. S. B. Parsons 소령에게 기마포대와 맥심 기관총 포대를 이끌고 아르타가샤 섬 여울을 건너라고 지시했다. 이곳에서 마흐디군 진지까지 거리는 약 4천 미터로 원정군은 와드 비샤라의 참호를 더 잘 타격할 수 있었다. 동시에 키치너는 보병대대 3개를 로켓 부대와 함께 마흐디군 진지 바로 맞은편에 배치했다. 마지막으로 선단을 지휘하는 해군 대위 루즈몽Rougemont에게 최고 속도로 적진을 통과하라고 지시했다.

이것은 대담한 도박이었다. 아침 9시, 아르타가샤 섬에 자리를 잡은 대포 18문이 일제히 불을 뿜으며 엄호사격을 시작했다. 몇 분 지나지도 않아 마흐디군 대포 5문 중 3문이 무력화되었다. 이와 거의 동시에 강 서편에서 로켓이 발사되고 보병이 사격을 시작했다. 야자나무 꼭대기에서 화염이 치솟아 집바에 불이 붙자 마흐디군 저격수들이 비명을 지르며 땅으로 떨어졌다. 아르타가샤 섬에서 발사된 포탄 한 발이 마흐디군 증기선 아-타히라를 맞춰 구멍을 내자 배는 한쪽으로 기울다가 결국 침몰했다. 아침 10시, 포함으로 구성된 선단은 공격을 퍼부으면서 마흐디군 앞을 통과하고는 환성을 지르며 동골라를 향해 힘차게 물살을 갈랐다.

와드 비샤라가 이끄는 마흐디군이 전투에서 패배한 것이다. 와드 비샤라는 포탄 파편에 심각한 상처를 입었다. 유고 시 그를 대리하게 되어 있는 오스만 아즈라크도 치명상을 입었다. 온종일 이집트군 포탄이 참호를 연이어 두들기자 마흐디군은 목표를 잃어버린 채 의미 없는 사격을 연발했다. 어둠이 내리고 사격이 멈추자 와드 비샤라는 200명도 넘는 사상자를 남긴 채 병력을 철수시켜 동골라로 향했다.

이제 동골라 탈환은 기정사실이나 마찬가지였다. 동골라는 케르마 남쪽으로 58킬로미터밖에 떨어져 있지 않았다. 병력 면에서도 원정군은 와드 비샤라의 병력을 3대 1로 압도했다. 다음 날 동이 트자 원정군은 마흐디군의 누가르 돛단배를 나일강 서쪽으로 가져왔고 키치너는 1만 3천 명의 병력과 3천200마리의 말과 낙타를 강 건너로 이동시켰다. 9월 21일 오후가 되자 원정군은 행군 준비를 모두 마쳤다. 그 무렵 동골라로 향했던 포함 선단이 돌아왔다. 선단은 19일 오후에 동골라에 도착해 마흐디군 진지를 포격하고 누가르 돛단배 여러 척을 나포했다. 와드 비샤라가 지휘하는 마흐디군 중 하피르에 있는 부대는 그 다음 날 밤이 돼서도 동골라에 다다르지 못했다. 부상을 당하기는 했지만 와드 비샤라는 방어 준비를 시작했다. 마흐디군이 방어 태세를 제대로 갖추지 못하게 하려고 키치너는 해군 대위 데이비드 비티*가

189 David Richard Beatty(1871~1936): 키치너 원정군에 참여했을 뿐만 아니라 제1차 세계대전 중 유틀란드 해전에서 보여준 과감한 전투 방법으로 명성을 얻었고 종전 당시엔 독일 해군으로부터 항복을 받았다. 1919년 해군 원수로 진급했다.

지휘하는 포함 아부 클레아를 다시 동골라로 파견했다. 비티는 해군의 영웅으로 훗날 해군성 장관에 오르는 인물이다.

비티 대위가 와드 비샤라에 포격을 날리며 싸우는 동안 키치너 원정군은 남쪽으로 이동했다. 행군을 시작한 다음 날인 22일 정오에 원정군은 동골라 북쪽으로 10킬로미터 떨어진 소와라트Sowarat에 이르렀다. 원정군은 이곳에서 휴식을 취했고 다음 날 23일 새벽 3시에 마지막 행군을 시작했다.

붉게 타오르는 햇살이 동쪽 지평선 위를 밝히는 순간, 그토록 기다렸던 포함 자피르가 증기를 뿜어 올리는 모습이 키치너의 눈에 들어왔다. 보병대대의 값어치를 한다고까지 키치너가 높이 평가한 자피르는 때맞춰 수리가 끝났다. 해가 솟아 온 세상이 환해지자 원정군은 대형을 전개했다. 키치너 원정군은 크림전쟁 이후 영국군 장교가 지휘하는 최대 규모의 부대였다. 루이스, 맥도널드, 그리고 맥스웰이 각각 지휘하는 3개 여단은 대형을 형성했다. 대형 중앙에는 노스스태포드셔연대, 포대, 그리고 맥심 기관총을 운영하는 스태포드연대와 코노트레인저연대 병력이 함께 자리를 잡았다. 모든 병력이 황토색 전투복을 입었지만, 오직 레인저연대만은 짙은 빨강 재킷을 입었다. 대형 오른편에는 기병과 낙타대가 뽐내듯 걸었고, 왼편에는 자피르가 합류해 전투력이 증강된 포함 선단이 연기를 뿜고 있었다.

하늘은 구름 한 점 없이 푸르렀다. 광활한 평원 위에는 작은 마을을 향해 전진하는 이집트군을 빼고는 아무것도 없었다. 하얀 집바를 입은 바까라 기병이 깃발과 창을 휘두르며 갑자기 원정군 앞으로 달려나왔다. 이들은 너무나 적은 수였기에 존경할 만도 했다. 바까라 기병은 죽기를 각오하고 최후의 돌격을 할 것처럼 보였다. 그러나 갑자기 대형이 무너지더니 각자 흩어져 마을을 향해 도망갔다. 키치너는 번-머독 소령에게 기병, 기마포병, 그리고 낙타대를 보내 이들을 추격하라고 지시했다. 그러나 이것이야말로 바까라족이 원하던 바였다. 바까라 기병을 쫓으면서 원정군은 마흐디군 주력부대에서 관심이 멀어졌고 이를 틈타 마흐디군은 바유다 사막을 향해 남쪽으로 도주했다. 병력을 풀었지만 번-머독은 아무도 잡을 수 없었다. 번-머독의 기병중대가 바까라 기병을 잡기엔 실력 차가 너무 컸다. 도주한 바까라 기병은 에-뎁바에서 와드 비샤라 그리고 오스만 아즈라크와 합류했다. 그러고는 바유다 사막을 건너 메템마로 물러났다.

영국-이집트 원정군은 마흐디군 낙오자와 분견대 일부를 생포했고, 지하디야 소총병 800명가량이 항복했다. 정오에 이집트 국기가 동골라 주청사인 무데리야 위에 다시 휘날렸다. 키치너로서는 12년 전 위관장교 시절에 본 뒤로 처음 보는 광경이었다. 그는 상대적으로 비용을 많이 치르지 않고 승리를 얻은 것에 만족했으며 아브달라히의 학정으로부터 수단 북부를 해방시켰다는 것이 무엇보다 기뻤다.

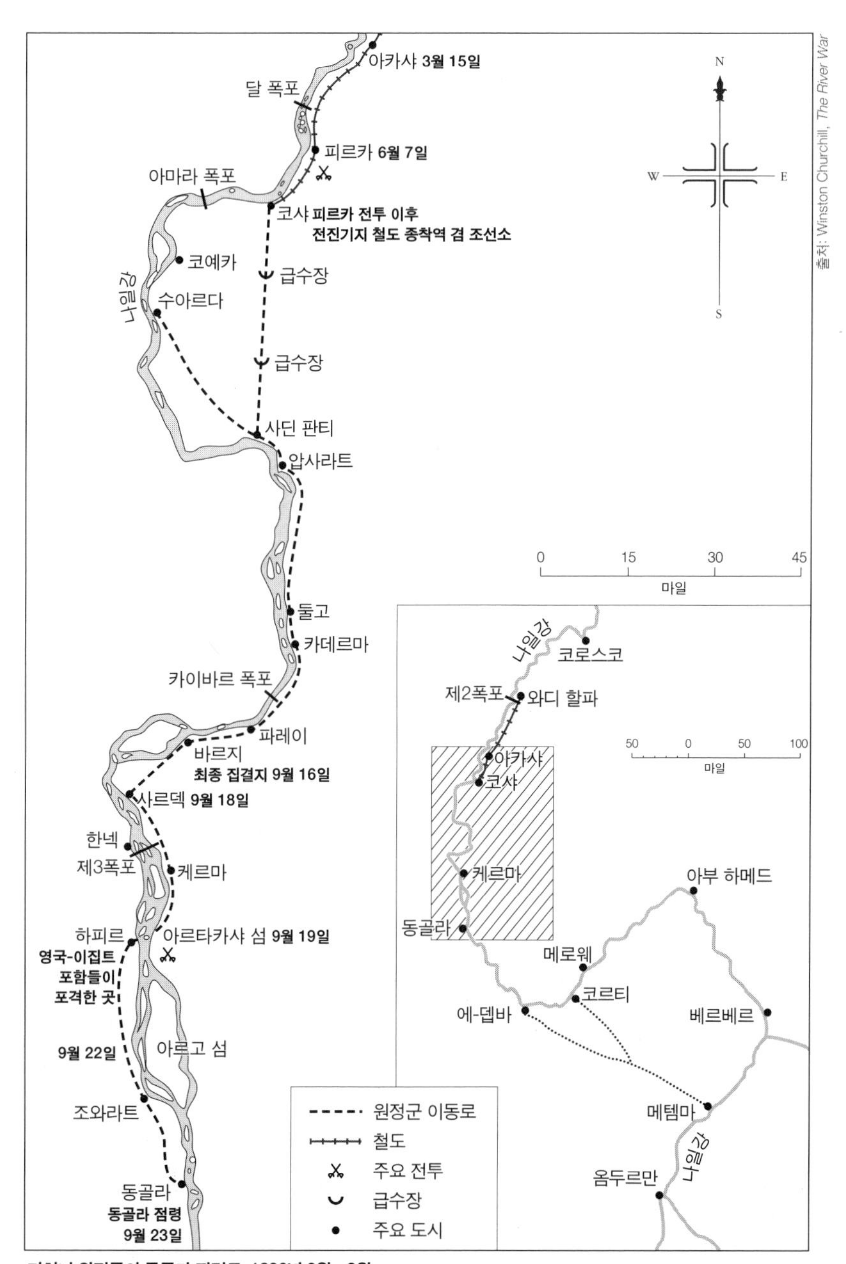

키치너 원정군의 동골라 진격로, 1896년 3월~9월

옴두르만의 원한

1

동골라가 함락되었다는 소식을 들은 아브달라히는 마흐디국의 심장부를 향한 전면적인 침공이 임박했음을 깨달았다. 1896년 9월, 아브달라히는 영국-이집트 연합 원정군의 공격에 대비해 코르도판과 다르푸르의 에미르에게 바까라족으로 구성된 부대를 옴두르만으로 보내라고 지시했다.

반면, 솔즈베리 수상이 이끄는 영국 내각은 수단 재점령이 거의 막바지에 다다랐다고 생각했다. 그러나 아브달라히는 솔즈베리보다 훨씬 많은 것을 알았다. 심지어 베링조차도 추가적인 군사작전을 하려면 3, 4년 정도는 강화기간이 필요하다고 생각했다. 하지만 키치너는 생각이 달랐다. 원정군 병력이 많다고는 하지만 이에 맞서 아브달라히가 소집할 수 있는 병력 규모는 원정군의 그것과 비교할 수 없을 만큼 컸다. 북부 수단에 군사력을 고정해놓는 것은 군사적으로 재앙이나 마찬가지였다. 동골라를 탈취한 뒤 얼마 지나지 않아 키치너는 남쪽으로 계속 전진하는 데 필요한 예산을 요청하러 카이로를 거쳐 런던으로 떠났다.

11월에 영국에 도착한 키치너는 자신이 진급한 것을 알았다. 대중 사이에 유명인사가 된 키치너는 소장으로 진급했고, 기사 작위를 받았을 뿐만 아니라, 빅토리아 여왕의 초대로 윈저 궁에 묵는 영광도 누렸다. 키치너와 여왕은 좋은 관계를 유지했다. 동골라를 점령하던 날은 빅토리아 여왕이 즉위한 지 꼭 60주년이 되는 날이었는데 이로써 여왕은 영국 역사에 가장 오래 집권한 군주가 되었다. 다음 해인 1897년에 여왕은 즉위 60주년 기념행사를 열 계획이었다. 이는 최고의 영광이었지만, 빅토리아 여왕에게 카르툼의 함락과 고든의 처참한 죽음은 재위 중 가장 치욕스런 순간이었다. 그러나 즉위 60주년 되는 해에 카르툼을 재점령하고 고든의 원수를 갚는다면, 재위 중 있었던 모든 악몽을 상쇄하고도 남을, 최고의 축하 선물이었다.

언제나 그랬듯이 베링은 돈부터 계산했다. 이집트 정부는 동골라 원정에 돈을 댔지만, 그 이상의 군사 작전까지 비용을 지출할 능력은 없었다. 키치너 원정군이 애초 예상한 것보다 적은 비용으로 목표를 달성한 것을 인정한 베링은 '쇠가 달았을 때 치라!'는 말처럼 작전을 계속하는 것이 더 저렴할 것이라는 데 동의했다. 베링은 영국이 다음 단계 작전에 필요한 50만 파운드를 내놓는다는 조건으로 다음 작전을 승인했다.

당시 대영제국의 재무장관은 마이클 힉스-비치였는데 그는 키치너보다도 더 인색한 것으로 유명했다. 키치너는 힉스-비치를 설득하려고 모든 노력을 다했다. 여왕의 사촌이자 울즐리의 오랜 경쟁자인 케임브리지 공작도 키치너를 도와 동원 가능한 모든 영향력을 발휘했다. 그러나 정작 영국이 다음 단계 작전을 결심하게 된 계기는 생각지도 않은 곳에서 터졌다. 프랑스 육군의 마르샹Marchand 대위가 원정대를 이끌고 서에서 동으로 아프리카를 횡단하는 것을 프랑스 정부가 허락했다는 소식이 나온 것이다.* 마르샹은 어퍼 나일Upper Nile 지역에서의 프랑스의 권리를 주장할 생각이었다. 마르샹은 이미 아프리카에 들어와 있었으며 몇 달 안으로 브라자빌Brazzaville에서 출발할 예정이었다. 빅토리아 여왕이 키치너에게 기사 작위를 수여한 11월

* 당시 프랑스는 아프리카 서쪽 가봉Gabon에서 동쪽으로는 지부티까지 연결하는 식민지를 구축할 계획이었고 영국은 이집트와 나일강에서의 권리를 더욱 강화하려 했다. 아프리카 분할을 놓고 영국과 프랑스는 사사건건 대립했는데, 프랑스는 영국의 이집트 통치를 공식적으로 인정하지 않았고, 에티오피아 문제를 놓고 대립했을 뿐만 아니라 영국이 벨기에와 교섭해 콩고의 인접 지역을 조차하려 하자 독일과 함께 이에 반대했다. 이런 상황에서 프랑스가 나일강 상류에 원정대를 파견한다고 선언하자 1895년 3월, 영국은 이 파견을 '비우호적인 행동'으로 경고했지만, 프랑스는 이를 무시하고 그해 11월에 원정대를 파견했다.

16일, 재무장관 힉스-비치는 두 손을 들고 말았다. 솔즈베리 수상은 카르툼 원정 비용 부담뿐만 아니라 필요하다면 영국군을 제공하는 데도 동의했다. 키치너는 황홀했다. 닷새 뒤, 그는 카르툼을 되찾아 고든의 복수를 완성하겠다는 다짐과 함께 다시 수단으로 돌아왔다.

키치너는 울즐리처럼 바유다 사막을 통과할 생각이 전혀 없었다. 이집트 남단의 코로스코와 아부 하메드 사이에 물음표 모양으로 완만한 곡선을 이루며 길게 굽이치는 나일강 구간은 육로로는 직선으로 연결될 수 있었다. 코로스코와 아부 하메드를 가로지르는 사막 구간은 400킬로미터로인데 아주 오래전부터 대상무역로였다. 나일강을 따라가면 몇 주가 걸리지만, 낙타를 타고 가로지르면 8일이면 충분했다. 그러나 키치너는 낙타를 쓸 생각도 없었다. 그는 이전에 결코 시도해본 적이 없는, 기술의 위업을 사용해보기로 했다. 그는 사막을 철도로 가로지를 생각이었다.

이는 대담한 발상이었다. 누비아 사막은 사실상 한 번도 탐험이 이뤄진 적이 없으며 오래된 대상무역로를 제외하면 알려진 것도 없었다. 또한 무라트와 갑가바Gabgaba에 있는 우물을 빼고는 물을 구할 곳도 없었다. 특히 철도는 마흐디국의 영토로 직접 들어가는 것인데 아부 하메드 남쪽으로는 정찰도 할 수 없었다. 제대로 된 지도도 없었지만, 철도를 부설하기에 누비아 사막은 모래와 바위, 그리고 언덕도 많다고 알려졌다. 현지 사정이야 어쨌든 지금까지 사막에 철도를 놓아본 사람도 없었다. 영국을 방문 중에 키치너가 자문을 구한 철도 전문가들은 그곳에 철도를 건설하는 것이 불가능하다고 말했다.

그러나 키치너는 포기를 몰랐다. 더욱이 북쪽 종착역이자 철도 출발점을 코로스코가 아닌 와디 할파로 결정해 그렇지 않아도 어려운 문제를 더욱 어렵게 만들기까지 했다. 키치너가 종착역을 와디 할파에 두려는 이유는 분명했다. 와디 할파는 동골라 선의 종착역일 뿐만 아니라 공사에 필요한 작업장과 설비도 이미 준비되어 있었다. 그러나 코로스코를 종착역으로 하고 무라트와 갑가바를 통과하는 노선으로 결정하면 와디 할파에서는 전혀 물을 구할 수 없게 된다.

노선 측량은 담당한 것은 공병 장교인 에드워드 카터Edward Cator 중위였는데 그는 수맥 찾는 재주가 있었다. 키치너는 직접 그린 지도에 물이 있을 것으로 추정되는 지점 두 곳을 표시해 카터에게 주었다. 카터는 아바브다족의 호위 속에 낙타를 타고 물을 찾아 출발했다. 정말 운 좋게도 카터는 두 곳에서 모두 물을 찾았을뿐더러 노선과 관련해 키치너에게 고무적인 소식을 전했다. 결국 키치너가 옳고 의심하던 사람들이 틀린 것으로 결론이 났다. 와디 할파와 아부 하메드 사이는 언덕과 바위가 그리 많지 않았다. 대부분 지역은 모래가 있는 평지였다. 완만하게 해발 490미터까지 오르막이 이어졌지만, 이것은 그렇게 중요한 문제는 아니었다. 정말 문제가 되는 것은 아부 하메드로 이어지는 내리막이었는데 이 구간은 마흐디국의 영토였기 때문에 카터가 측량할 수 없었다.

키치너는 '불가사의 철도'라 평가받는 바유다 철도 건설의 실질적인 임무를 젊은 공병 위관 장교들에게 맡겼는데 카터 중위도 그중 한 명이었다. 이러한 '젊은 녀석들Band of Boys'의 중심인물은 프랑스계 캐나다인으로 당시 나이 스물아홉의 뻬르시 지루아르*였다. 그는 몬트리올 출신으로 킹스턴Kingston에 있는 캐나다 육군사관학교를 졸업했으며 캐나다태평양철도** 건

* Sir Édouard Percy Cranwill Girouard(1867~1932년): 프랑스계 가문에서 출생했다. 1896년 키치너의 요청으로 원정군에 합류해 철도 부설을 총괄했고 1898년에는 이집트국영철도 사장이 되어 이집트 알렉산드리아 항의 정체를 해결했다. 1899년에는 남아프리카로 가 케이프 콜로니의 철도 상황을 자문했고, 보어전쟁이 일어나자 제국군사철도 국장을 맡아 신속하게 철도를 복구해 로버츠 장군이 병력과 물자를 빠르게 실어 나를 수 있는 여건을 만들었으며, 이후 1904년까지 남아프리카에서 철도 관련 업무를 봤다. 1906년에는 프레데릭 루가드의 뒤를 이어 북부 나이지리아 고등판무관으로 취임하면서 동시에 니제르 강을 따라 거의 600킬로미터에 달하는 철도 건설도 함께 맡았다. 1909년부터 1912년까지는 영국 동아프리카 보호령(케냐) 총독으로 근무했다.

** Canadian Pacific Railway: 캐나다태평양철도는 인구가 밀집한 캐나다 중동부의 중심 도시들을, 발전 가능성은 있으나 상대적으로 인구가 적은 서부와 이으려고 1881년에 건설되었다. 원래 예정보다 6년 빠른 1885년 11월 7일에 캐나다 태평양 철도 사장인 도널드 스미스 경Sir

설 현장에서 근무한 경력이 있었다. 지루아르에게 철도 건설은 삶의 전부였다. 그는 동골라 노선 건설로 이미 수훈장을 받기도 했다. 명석했고 남에게 깊은 인상을 남길 만큼 자신감이 있었으며 직설적인 지루아르는 키치너에게 가장 중요한 인물이 되었다. 키치너는 지루아르의 비판은 모두 다 참고 받아들였는데 아마 다른 장교들이 그랬으면 절대 용납하지 않았을 것이다.

키치너는 11월에 런던에 머무는 동안 기관차 여러 대를 주문했다. 지루아르는 키치너가 주문한 기관차의 종류를 꼬치꼬치 물어보더니 전혀 쓸모없는 것이라고 자신 있게 이야기했다. 무안해진 키치너는 지루아르가 영국에 가 직접 물건을 사는 것이 좋겠다고 제안했다. "너무 돈을 많이 쓰면 안 되네! 우리는 정말 쪼들리거든." 재무장관인 힉스-비치가 키치너에게 걸어놓은 조건 중 한 가지는 무슨 일이 있어도 철도 부설 예산으로 24만 파운드를 초과하지 말라는 것이었다. 그래서 키치너는 지루아르가 공짜로 기관차 몇 대를 확보해 돌아오자 매우 기뻐했다. 키치너는 남아프리카의 케이프Cape 지방과 나탈Natal 지방을 오가는 데 사용될 70, 80톤 기관차 중 몇 대를 세실 로즈*로부터 간신히 빌렸다. 지루아르는 새 기관차 15대와 화차 200대도 주문

Donald Smith이 브리티시 컬럼비아의 크래겔라키Craigellachie에서 마지막 철침을 박으면서 철도가 완성되었다.

* Cecil John Rhodes(1853~1902): 영국 출신의 남아프리카 사업가, 정치가. 오늘날에도 전 세계 다이아몬드 시장의 40퍼센트 이상을 장악(과거에는 90퍼센트가 넘기도 했음)하는 드 비어스De Beers를 만들었고 오늘날까지 최고 장학금 중 하나로 인정받는 로즈 장학금Rhodes Scholarship을 설립했다. 아프리카에서 식민지를 확대해야 한다는 열성적인 식민주의자로 광산 개발로 부를 축적했다. 그가 세운 영국남아프리카회사British South Africa Company는 1889년 영국 정부로부터 림포포 강Limpopo River(남위 22도 일대를 흐르며 오늘날 남아프리카 공화국, 보츠와나, 짐바브웨, 모잠비크를 거쳐 인도양으로 흐름)에서부터 탕가니카 호수Lake Tanganyika에 이르는 지역에서 영국 정부를 대신해 통치, 사법, 조약 체결, 이권 사업 권한을 승인받았다. 이 지역은 1891년부터 로즈의 이름을 따 로데지아Rhodesia로 불렸는데 1895년에는 공식적으로 로데지아로 이름을 바꾸었다. 북부 로데지아는 1964년에 잠비아로 독립하고, 사실상 1965년부터 독립한 상태나 마찬가지였던 남부 로데지아는 1980년에 짐바브웨로 독립한다. 남아프리카공화국에 있는 로즈대학교 또한 그의 이름을 딴 것이다. 19세기 남아프리카 역사를 설명하는 데 빠져서는 안 되는 절대적인 인물로 평가받는다.

했다.

이렇게 만들어진 철도에는 수단군사철도Sudan Military Railway라는 이름이 붙었다.* 1897년 1월 1일에 첫 삽을 뜬 뒤 2월 말까지 24킬로미터가 완성되었지만, 본격적으로 공사가 시작된 것은 그해 5월부터였다. 그 무렵 철도는 동골라 노선의 남쪽 종점인 케르마까지 완성된 덕분에 동골라 노선에서 일하던 선로공, 지반공地盤工, 침목공과 여러 기술자들을 수단군사철도 건설에 투입할 수 있었다. 1896년에 하루 0.8킬로미터씩 건설할 때부터 견습공으로 일했던 철도 기술자들은 하루에 3.2킬로미터를 설치하는 숙련공이 되어 있었다. 이 노선에 새로운 인부 1천500명이 합류하면서 수단군사철도를 건설하는 인력은 모두 3천 명까지 늘어났다.

3천 명이나 되는 인부에게 먹을 것과 마실 물을 제공하고 만족스럽게 대우해 열심히 일하도록 하는 것은 실로 어려운 일이었다. 그러나 이야말로 키치너의 천재성을 발휘하는 데 알맞은 일이기도 했다. 건설 인력 대부분은 철도 부설이 이뤄지는 맨 앞에서 나흘 혹은 닷새에 한 번씩 숙영지를 전진시키며 생활했다. 이 숙영지는 식당으로 쓰는 천막을 포함해 천막 수백 동과 전신, 우편 사무소, 상점, 급수장과 저수조로 구성되었다. 이집트대대 반 개 규모의 부대가 치안과 경계를 담당했고 경계 병력과 전체 작업 인원은 영국군 대위가 지휘했다.

물을 공급하는 일 하나만도 엄청난 사업이었다. 일단 소요량이 어마어마했다. 인부 한 사람당 12리터의 물이 필요했다. 인부 3천 명을 고려해 계산하면 하루에 필요한 물은 3만 6천 리터였다. 매일 정오가 되면 6천 리터짜리 수조차 6량을 달고 보급 열차가 도착했다. 인부들이 먹을 물에 경계 병력과

* 키치너가 철도를 부설해 전쟁을 수행하겠다는 생각을 한 데는 아마도 프로이센-오스트리아전쟁 중 1866년에 있었던 쾨니히그레츠 전투에서 영감을 얻지 않았을까 싶다. 21일간 프로이센군은 약 20만 명에 달하는 병사와 5만 5천 마리의 말을 철도로 수송해 승리를 거뒀고 이로써 독일 통일은 박차를 가하게 된다.

수단군사철도 건설 인력과 자재를 싣고 운행 중인 무개화차

The Graphic, 1897년 12월 25일

철도 운용 인원이 마실 물도 함께 가져왔다. 이게 끝이 아니었다. 철도를 부설하는 지점부터 북쪽 종점까지 무리 없이 증기기관차를 운행하는 데 필요한 물도 함께 가져와야 했다. 철로가 길어질수록 필요한 물의 양도 함께 늘어났는데 나중에는 전체 수요의 3분의 1이 열차 운행에 필요한 것이었다. 철도가 부설되는 최남단 현장에 있는 수조는 사흘 치 물을 저장했다. 만일 열차가 고장이 나거나, 철로가 끊기거나 혹은 차단돼서 이틀 이상 열차 운행이 중단되면 인부와 경계 병력은 모두 죽을 수밖에 없었다.

키치너가 '수단 기계'라는 별명을 얻은 것은 바로 수단군사철도 과정에서 보여준 그의 업적 때문이다. 철도 건설은 마치 기계처럼 정확하게 진행되었다. 철도 건설의 선봉은 선로 부설 현장에서 약 10킬로미터 앞에 머물며 작업하는 측량반이었다. 측량반은 키치너가 신뢰하는 젊은 공병 장교 두 명이 지휘했고 그 밑에는 영국 공병 부사관 한 명 그리고 경위의經緯儀와 수준기水準器를 사용할 줄 아는 이집트군 측량병 18명이 있었다.

측량반은 마치 거대한 강철 뱀처럼 앞으로 나아가는 철로 건설에서 두뇌 역할을 수행했다. 측량반은 번호가 적힌 나무 말뚝을 100미터마다 박아나갔다. 얼마만큼 흙을 돋워 토대를 만들지 또는 얼마만큼 땅을 깎아내야 할지를 적은 지시문이 매일 철로 건설 끝자락에 있는 공사 감독에게 전달되었다. 철로는 사막 표면에 최대한 맞춰 건설되었는데 표고 편차는 기껏해야 0.6미터를 넘지 않았다.

측량반은 낙타를 이용했고 물과 식량은 철로 건설 끝자락에 있는 숙영지에서 보급받았다. 마흐디군이 습격하더라도 측량반은 싸우면서 숙영지로 돌아가는 길을 틀 수 있을 만큼 강해 보였다. 측량반의 외각 방어를 담당한 아바브다족 낙타꾼들은 무라트에 있는 거점을 중심으로 일정하게 사막을 순찰했다. 아바브다족 낙타꾼들은 측량반보다 65킬로미터나 앞에 나와 있었기에 설령 기습할 생각으로 마흐디군이 접근하더라도 사전에 기습 의도를 파악하거나 마흐디군의 흔적을 발견해 대비할 수 있는 시간이 충분했다.

윈게이트는 물을 구하기 어려워 마흐디군이 설령 기습 부대를 운용하더라도 그 수가 300명을 넘지 않으리라 생각했다. 자발 쿠루르Jabal Kurur에 있는 수조, 즉 빗물을 담아두는 겔타스에는 최대 300명분의 식수밖에 없었다. 이 겔타스는 길이가 365미터인데 누비아 사막에서 빗물을 모으는 곳으로는 여기가 유일했다. 키치너는 이미 5월에 혹시 있을지도 모를 적의 기습을 차단하는 차원에서 킹 대위가 지휘하는 낙타 분견대를 자발 쿠루르로 보내 겔타스의 물을 없애버렸다.

측량반을 뒤따르는 것은 지반공이었다. 지반공은 측량반이 만들어놓은 토목 공사 시방서에 따라 침목과 레일을 놓을 지반을 돋우거나 깎은 뒤 다지는 공사를 담당한 인원으로 그 수가 1천500명 정도였다. 지반공은 다른 작업 분야보다 하루 앞선 거리에서 일하면서 하루에 최소 2킬로미터, 최대 2.4킬로미터 길이의 지반을 다졌다. 다른 분야도 힘들지만 지반 공사는 가장 고된 일이었다. 선로공이 기관차를 타고 앞뒤로 움직이며 작업하는 데 반해 지반공은 작업 도구를 모두 짊어지고 매일 아침마다, 더 정확하게는 해 뜨기 두 시간 전에 출발해서 일터까지 걸어가야 했다. 이들은 모든 것이 익어버릴 듯 뜨거운 태양 아래에서 변변한 휴식도 없이 모래를 삽으로 퍼 나르며 온종일 일했다. 해가 지면 그제야 숙소까지 다시 걸어서 돌아갔다.

지반공이 착실하게 다져놓은 지반에서는 선로공이 작업을 이어갔다. 선로공은 1천 명 정도였는데 몇 개 소집단으로 나뉘어 있었다. 선로 2천500미터 분량의 레일, 침목, 볼트와 이음판을 싣고 와디 할파에서 출발한 자재 열차가 동틀 무렵 도착하면 선로공의 하루가 시작되었다. 선로공은 느릿느릿 움직이지만, 매우 심하게 덜컹거리는 열차에 올라탄 채 선로가 끝나는 곳까지 잘 참고 이동했다. 자재 열차가 멈추는 곳에서 선로공도 내렸다. 한 무리의 선로공이 침목을 부리면 다른 무리는 이것을 지반공이 다져놓은 땅으로 운반했다. 준비된 지반 위에서 기다리는 또 다른 무리가 올바른 각도를 유지해 침목을 가지런히 정렬하면 마지막 무리가 정렬된 침목 위에 레일을 올려놓았다. 이것이 끝이 아니었다. 레일을 침목 위에 놓으면 간격을 유지하며 레일 위치를 수정하고 레일과 레일을 볼트와 이음판으로 고정해야 했다. 또한, 철침을 박을 자리를 분필로 표시하는 조도 있었다.

선로공의 뒤를 따르는 것은 철침조였다. 철침조는 다섯 명이 한 개 조를 구성했는데 두 명이 지렛대로 침목을 들어 올리면 다른 두 명은 침목에 철침을 박았고 나머지 한 명은 이 작업을 감독했다. 철침조 뒤로는 철봉을 사용해 레일을 곧게 만드는, 세 명이나 네 명으로 이뤄진 조가 있었다. 애초에 침목마다 모두 철침을 박은 것이 아니라 하나 걸러 하나씩 철침을 박아 여유 공간을 남겨놓았기 때문에 이런 작업이 가능했다. 철길이 100미터쯤 만들어지면 뒤에서 기다리던 열차가 완성 지점까지 왔고 그곳부터 앞의 과정이 다시 시작되었다. 하나 걸러 하나씩 박지 않은 철침은 열차가 지나가고 지반 침하 상태를 확인해 조치한 뒤 최종적으로 박아 넣었다.

마지막으로 숙련된 선로공이 완성된 선로가 확실한지 점검했다. 이런 작업은 하루 중 가장 더운 시간 내내 계속되었고, 덕분에 철길은 하루에 2.4킬로미터 정도씩 꾸준히 길어졌다. 작업은 해가 떨어져야만 끝이 났다. 작업이 끝나면 기차는 온종일 일해 녹초가 된 인부들을 태우고 부설한 철길 반대쪽으로 달려 숙소로 돌아갔다. 숙소로 돌아간 이들은 저녁을 먹은 뒤 경계병들의 보호를 받으며 깊은 잠에 빠져들었다. 여기저기 타던 모닥불이 꺼지면 광대한 사막 한가운데 있는 거대한 숙영지는 완전한 암흑으로 변했다.

구름 한 점 찾을 수 없이 파란 하늘 아래 펼쳐진 사막 위로 철길이 조금씩 길어졌다. 철도대대는 용광로 같은 더위, 아무리 물을 마셔도 풀 수 없는 갈증, 격렬한 노동에 수반되는 허기, 사막의 질병, 그리고 가혹한 모래 폭풍과 끊임없이 싸웠다. 수단군사철도 건설 과정에 몇 명이 죽었는지는 기록으로 남아 있지 않지만, 대략적인 짐작은 가능하다. 여덟 명으로 구성된 '젊은 녀석들' 중 철도가 완성되기 전에 두 명이 목숨을 잃었다. 이 둘은 제1차 측량을 완수했던 에드워드 카터 중위와 폴웰R. Polwhele 중위였다. 이로 미뤄 보건대 인부의 사망률 또한 높았을 것으로 추정된다. 이상하게도 수단군사철도 건설 과정에서 생긴 사망자 기록은 존재하지 않는다. 그러나 키치너가 인부들에게 태형, 심지어 교수형을 가할 만큼 잔인했다는 소문, 그리고 그가 심한 처벌을 내리는 데에 전혀 주저하지 않았다는 소문은 남아 있다. 2년 뒤, 윈스턴 처칠은 이러한 소문을 암시하는 내용을 저서에 남겼다. "누비아 사막에는 무명 흙 무덤이 많이 있다. 이것들은 철도 건설 현장을 따라 숙영지의 이동 흔적을 표시할 뿐만 아니라 세상에는 대가를 치르지 않고 달성되는 것은 없다는 교훈을 보여준다."[1]

키치너는 마치 분신술이라도 쓰는 사람 같았다. 그는 와디 할파에서 증기선의 하역을 감독했고, 자재 열차 운전석에 타고 있었다. 그러면서 그는 측량반에 있는 지루아르와 그의 동료들을 방문했다. 선로공과는 아랍어로 수다를 떨었고 심지어 기관차를 운전하기도 했다. 철도 운영 책임은 지루아르와 그의 부하들이 맡았지만, 키치너의 계획에서 벗어나는 일은 할 수 없었으며 이 결과에 책임과 영광이 키치너에게 있다는 것을 부인하는 사람도 없었다. 키치너는 이집트군 총사령관이었지만 제일가는 기술자였으며 중요한 결정을 직접 내려야 했기에 늘 강박관념에 사로잡혀 일했고 아무것도 위임하지 않은 채 완전히 녹초가 될 때까지 자신을 몰아붙였다. 압박감이 커지면서 대놓고 부하를 쪼는 습관은 더욱 심해졌다. 키치너는 신경성 소화불량과 눈이 피로해지면서 오는 두통에 자주 시달렸다. 키치너는 철도 건설이 거대한 도박이라는 것을 잘 알고 있었다. 역사에 가정이란 무의미한 것이지만, 만일 아브달라히가 마음먹고 움직였다면 언제라도 철도 건설을 망칠 수 있었다.

2

만일 아브달라히가 '아라비아의 로렌스'라고 불린 토마스 에드워드 로렌스 중령*이 베두인과 함께 1916년부터 1918년까지 헤자즈 철도**를 무력화시킨 게릴라 전술을 썼더라면 키치너 원정군을 엉망으로 만들 수도 있었다. 보급품 운반 열차가 이틀만 지연돼도 철도 건설에 투입된 인력에게는 재앙이나 마찬가지였다. 마흐디군이 빠르게 달리는 낙타를 타고 소규모로 기관차, 측량반, 저수조, 그리고 지반을 다져 만든 토대와 레일을 타격하는 방식으로 습격했더라면 영국-이집트군에겐 큰 골칫거리가 되었을 것이다.

결과적으로 오늘날의 시각에서 보면 아브달라히가 채택했어야 하는 최고의 전략은 게릴라전이었다. 그러나 사막 게릴라전의 선구자 로렌스는 1897년에는 10살짜리 소년이었고 그가 보여준 모범사례는 19년 뒤에야 일어날 일이었다. 아브달라히와 마흐디군에게 '치고 도망가기' 전술은 생소한 것이었다. 울룩불룩한 평원이 넓게 펼쳐진 고즈에서 태어나 말과 가축 사이에서 성장한 아브달라히는 철도의 전략적인 잠재력은 고사하고 철도가 어떻게 생겼는지 상상조차 할 수 없었다. 더욱 중요한 것은 그가 태어나 자란 문화였다. 바까라족에게 전쟁은 명예와 용기에 관한 것이었다. 적이 세상의 모든 싸움 기술을 다 가졌다 해도 결국에 승리를 결정짓는 것은 철도나 증기선이 아니라 전장에서 칼과 창을 들고 용감하게 싸우는 전사라는 것이 바까라족

* Thomas Edward Lawrence(1888~1935): 흔히 '아라비아의 로렌스'라고 알려진 로렌스 중령은 제1차 세계대전 중인 1916년부터 1918년까지 오스만제국에 대항해 봉기한 아랍인들의 영국군 연락장교로 활약했다. 1908년 옥스퍼드대학 학생군사교육단에 들어간 그는 1914년 1월에 팔레스타인의 네게브 사막에서 고고학 연구와 군사 측량을 하라는 임무를 받아 중동에서 첫 임무를 시작했다. 1916년부터 1918년까지 영국군 연락장교로 당시 적국인 오스만제국에 대항한 아랍 봉기를 도왔고 나중에 자신의 활동을 글로 써내는 탁월한 능력 덕에 '아라비아의 로렌스'란 별명을 얻었다. 1962년 〈아라비아의 로렌스〉라는 동명의 영화로 세계적인 유명세를 얻었다.

** The Hejaz Railway: 시리아의 다마스쿠스에서 요르단의 암만을 거쳐 아라비아의 성지인 메디나까지를 잇는 길이 1천320킬로미터의 협궤 철도이다. 이 철도는 오스만제국의 수도인 이스탐불에서 시리아의 다마스쿠스까지 운행되던 기존 노선을 연장한 것으로 원래는 메카까지 연결할 계획이었으나 제1차 세계대전이 발발해 메디나까지만 건설되었는데 메카까지는 결국 이어지지 못했다. 이 철도는 이슬람의 5대 의무 중 하나인 성지순례(하지)를 겨냥해 이스탄불과 메카를 잇고자 한 목적도 있었으나, 아라비아 지방을 장악하려는 오스만제국의 정치 군사적 의도도 있었다. 제1차 세계대전 기간 동안 로렌스가 이끄는 아랍 게릴라가 헤자즈 철도를 반복해 공격하자 오스만 군대는 중요 병참선인 철도를 보호하려고 다수의 병력을 투입할 수밖에 없었다.

의 믿음이었으며 샤이칸 전투는 이를 가장 잘 보여준 사례였다.

아브달라히는 키치너 원정군을 수단 안으로 더 깊이 들어오게 해 병참선을 길게 늘이고 원정군 병사들을 목마르고 지쳐서 공포에 질린 상태로 만들어 자신이 선택한 장소까지 유인할 생각이었다. 그 뒤 물라지민이 먼저 소총으로 원정군을 물렁물렁하게 만들면 용기백배한 바까라 전사들의 막강한 돌격으로 산산조각 낸다는 것이 기본 계획이었다.

쉰이 넘은 아브달라히는 수단 사람 기준으로 나이도 많았고 여러모로 방종에 빠져 있었다. 그도 젊었을 때는 코끼리와 기린을 사냥할 만큼 날렵하고 건장한 사냥꾼이었지만 이제 그것은 옛말이었다. 하지만 다르푸르 출신 유목민으로는 믿을 수 없을 만큼 높은 위치까지 올라갔다는 점에서 확실히 평범한 인물은 아니었다. 아브달라히는 마흐디 운동이 시작된 이래 언제나 배후의 실력자였다. 만일 아브달라히가 없었다면 무함마드 아흐마드는 결코 마흐디로 인정받지 못했을 것이고, 바까라족이 마흐디군에 합류하지도 않았을 것이며, 더 중요하게는 마흐디가 신무기라 할 수 있는 화약 무기를 절대로 허용하지 않았을 것이었다.

그런 아브달라히였으나 출신 배경은 언제나 걸림돌이었다. 아브달라히는 많은 병력, 대량의 무기와 탄약을 전선까지 신속하게 운반하는 철도의 위력을 이해하지 못했다. 더욱이 아브달라히는 키치너가 지휘하는 이집트군이 힉스가 지휘했던 이집트군과 전혀 다른 군대라는 것을 깨닫지 못했다. 마흐디군은 1883년에 힉스 원정대를 몰살시켰고 1885년에는 영국인을 수단에서 몰아냈다. 아브달라히는 이런 승리에 도취한 나머지 철도가 있든 없든 이번에도 똑같은 결과를 만들 것이라 확신했다.

아브달라히는 예전에 울즐리가 했던 것과 마찬가지로 키치너 또한 결국에는 바유다 사막을 주 접근로로 사용할 것이라고 예상했다. 그는 확신을 갖고 바유다 사막의 남쪽 끝에 있는 메템마에 병력을 증강시켰다. 메템마는 자알리인 부족의 수도였다. 아브달라히는 자알리인 부족을 믿을 수 없으며 부족

지도자인 와드 사아드가 키치너와 내통한다는 것도 알고 있었다.

1897년 6월, 아브달라히는 와드 사아드를 옴두르만으로 불러 메템마에서 당장 주민을 소개疏開하라고 지시했다. 메템마는 바까라 기병의 주둔지가 되었다. 바까라 기병을 지휘한 것은 와드 사아드의 사촌 에미르 마흐무드 아흐마드Mahmud Ahmad였다. 한 마디 상의도 없이 결정이 난 것에 분노한 와드 사아드는 영국-이집트 원정대 쪽으로 붙기로 했다. 그는 메템마로 돌아오자마자 부족민 둘을 빠른 낙타에 태워 사막을 건너게 했고 그렇게 메로웨에 있는 원정군과 접촉했다. 이들이 만난 사람은 키치너의 참모장인 레슬리 런들 소장이었다. 자알리인 부족은 무기와 탄약 그리고 가능하다면 병력까지 공급해달라고 요구했다. 런들은 신속하게 행동해야 한다는 것을 알았지만, 혹시라도 함정일까 봐 걱정했다. 그는 병력을 달라는 요구는 거절했지만, 소총과 탄약을 운반할 낙타와 낙타꾼을 신속하게 소집해 경계부대와 함께 메템마로 보냈다.

그러나 이 조치는 너무 늦었다. 7월 1일, 당시 서른넷의 나이로 교만했던 마흐무드는 자알리인 부족을 지상에서 몽땅 없애버리라는 명령을 받아, 1만 명에서 1만 2천 명 규모의 바까라 기병을 거느리고 선두에 서서 메템마로 진입했다. 바까라족은 숫자가 많았다. 자알리인 부족이 용감하게 항거했지만 치열한 전투 이후 바까라족은 마을을 점령하고 남자, 여자, 그리고 어린이를 합쳐 2천 명을 학살했다. 와드 사아드는 전투 중 사망했다. 마흐무드는 와드 사아드의 시신에서 베어낸 머리를 의기양양하게 옴두르만으로 보냈다. 그러나 승리에 취한 마흐무드는 메템마가 지금껏 받은 타격 중 이번이 가장 큰 것이었다는 것을 알지 못했다.

3

그해 6월, 키치너는 여왕 즉위 60주년 기념 거리행진에 참가하러 카이로를 방문했다. 키치너는 자신이 추진하는 원정과 수단군사철도가 성공한다면 이는 빅토리아 시대의 정점을 상징하는 것으로 길이 기억되리라는 것을 잘 알았다. 그는 상기되었다. 기념행사가 끝난 뒤, 키치너와 당시 소장으로 승진해 동골라의 군정 지사직을 수행하던 헌터는 베링과 비밀회의를 하면서 앞으로 수행할 침공의 세세한 부분까지 논의했다. 키치너는 전광석화처럼 빠르게 공격하기를 원했지만 누비아 사막에 물이 없었기에 진출 속도에 제한이 있었다. 와디 할파와 아부 하메드의 거리는 756킬로미터였다. 다른 조건은 다 무시한다 해도 이 두 지점을 열차로 왕복하는 데만도 6천 리터짜리 수조차 14대 분량의 물이 필요했다. 이 때문에 열차가 한 번 왕복하더라도 매우 제한된 수의 병력과 물자만 수송할 수 있었다.

와디 할파로 돌아온 키치너는 놀라운 소식을 들었다. 제3여단장이자 와디 할파의 군정 지사인 존 맥스웰 중령은 식당에 들어온 키치너에게 위스키 소다 한 잔을 권했다. 키치너는 기쁜 마음으로 받아 마셨지만 삼키지 못하고 위스키 소다를 바로 바닥에 뱉어버렸다. "대체 이게 뭔가?" 그가 물었다. 맥스웰이 싱긋 웃으며 대답했다. "지금 들고 있는 것은 누비아 사막에서 판 우물에서 가져온 물입니다." 그곳은 에드워드 카터가 찾은 수맥 두 곳 중 하나로 그 뒤 공병 장교인 조지 고린지George Gorringe 중위가 굴착해 물을 발견했다. 고린지 역시 '젊은 녀석들'의 일원이었다. 그는 5주간 굴착해 약 30미터 깊이에서 물을 발견했다. 와디 할파에서 각각 124킬로미터와 203킬로미터 떨어진 두 우물은 후대에 제4역驛과 제6역으로 알려진다.

물을 찾았다는 소식을 들은 키치너는 열광했다. 중간에 물이 있다는 것은 와디 할파와 아부 하메드를 왕복하는 열차의 수송 능력이 엄청나게 는다는 뜻이었다. 키치너는 이 우물 2개가 승리의 결정적인 요소라고 직감했다. 지난 2월, 자신이 맡은 측량이 빛을 보기도 전에 젊은 나이로 생을 마감한 고 에드워드 카터 중위에게 키치너는 분명 감사의 묵념을 했을 것이다.

7월 23일, 수단군사철도는 공사 구간 중 가장 높은 해발 488미터에 도달했는데 이곳은 와디 할파에서 166킬로미터 떨어져 있었다. 철도는 애초 예상처럼 좌우로 6도를 벗어나지 않았고 경사도 또한 120분의 1을 넘지 않았다. 키치너는 공사가 더 진척돼 철길이 남쪽으로 내려가면 아부 하메드에 있는 마흐디군의 습격 범위에 들어간다는 것을 알았다. 이것은 키치너의 공격 개시 시간이 점점 다가온다는 뜻이기도 했다.

메템마가 마흐디군에게 넘어가면서 아부 하메드는 반드시 점령해야 했다. 만일 마흐무드가 지휘하는 바까라 부대가 이동해 아부 하메드에 증원된다면 영국-이집트 연합 원정군이 아부 하메드를 점령하기란 훨씬 더 어려워질 것이었다. 아브달라히는 오래전부터 메템마의 자알리인 부족을 제거하려고 생각해왔는데 이로써 자알리인족과 바까라족 사이의 적대감은 돌아올 수 없는 강을 건넜다. 바까라족은 메템마를 점령했지만, 승리에 도취한 채 진정한 목표를 잃고 산만해졌다. 고즈를 떠날 때 바까라족은 약탈을 꿈꾸었고 메템마는 이 모든 소망을 충족시켰다. 이들은 썩어가는 송장이 널린 마을에서 미친 듯이 날뛰며 부녀자를 강간하고 약탈했다. 바까라족을 지휘하는 마흐무드는 이런 행동을 통제할 수 없다는 것을 깨달았다. 바까라족은 전리품을 바이트 알-말, 즉 공동 저장고로 보내는 것을 거부했다. 바까라족이 넉넉한 삶에 빠져 전사의 날카로움을 잃어버리면서 하루하루가 반란 직전의 상황까지 치달았다.

키치너는 상황을 유리하게 이끌면서 아부 하메드로 진격하고 싶어 했다. 그는 먼저 아브드 알-아짐 후사인Abd al-Azim Hussain이 지휘하는 아바브다족을 보내 마흐디군의 규모를 정찰하게 했다. 1884년, 카르툼으로 가는 고든을 누비아 사막에서 안내한 살라 베이 후사인의 동생 아브드 알-아짐 후사인은 정찰 임무를 멋지게 완수했다. 알-아짐 후사인은 의심을 사지 않으려고 낙타꾼 150명을 한 명 혹은 두 명 단위로 사막을 건너게 한 뒤 아부 하메드에서 남쪽으로 약 11킬로미터 떨어진 아브타인Abtayn 마을에 모이게 했다. 낙타꾼들은 이렇게 사막을 건너며 눈에 띄는 모든 사람을 생포했고, 이런 방식으로 마을을 둘러싸서 아무도 빠져나가지 못하게 만들었다. 알-아짐 후사인은 촌장을 불러 아부 하메드의 마흐디군 정보를 얻어냈다. 필요한 정보를 모두 파악한 알-아짐 후사인은 낙타에게 물을 먹였다. 정찰 부대가 왔다는 것을 마흐디군이 알게 되더라도 도망칠 시간을 벌기 위해 알-아짐 후사인 일행은 모든 마을 사람을 이끌고 사막으로 10킬로미터를 데려갔다. 사막에 사람들을 풀어놓은 뒤, 그는 부하들과 함께 빠르게 사막을 달려 무라트로 돌아왔다.

알-아짐 후사인의 정찰로 아부 하메드에는 무함마드 아-자인Muhammad ad-Zayn이라는 에미르의 지휘 아래 지하디야 소총병 450명, 바까라 기병 50명 그리고 창과 칼로 무장한 600명 정도의 소규모 병력만 있다는 것이 드러났다. 군수 지원 때문에 병력을 큰 규모로 유지할 수 없던 아브달라히였지만, 아바브다족이 정찰하고 돌아갔다는 소식을 들은 이상 베르베르에서 증원 병력을 보낼 것이 분명했다.

알-아짐 후사인은 8월 중순에 나일강이 불어 수위가 높아지면 원정군이 포함을 이용해 공격할 것이라 예상한 마흐디군이 강을 따라 엄폐가 가능한 유개호를 파놓은 것도 확인했다. 이것은 결정적인 정보였다. 8월 초에 육지에서 강 쪽으로 공격한다면 마흐디군의 허를 찌르게 될 것이었다.

이런 정보 보고를 기초로 키치너는 아부 하메드 공격 계획을 세웠다. 키치너가 최고의 전사로 꼽는 아치볼드 헌터와 헥터 맥도널드가 이끄는 별동대가 이 임무를 맡았다. 둘은 병력을 메로웨 근처에 있는 카씽거Kassinger에 집결한 뒤 나일강을 따라 신속하게 이동해 마흐디군 증원 병력이 도착하기 전에 아부 하메드를 칠 계획이었다. 이동은 피르카 공격 때 썼던 방법을 사용했다. 행군 거리는 피르카 공격 때보다 훨씬 더 긴 211킬로미터나 되었고 날씨 또한 훨씬 더웠지만, 이번에도 기습이 성공의 열쇠였다.

7월 31일, 헌터는 별동대를 이끌고 카씽거를 출발했다. 별동대는 제9수단대대, 제10수단대대, 제11수단대대, 제3이집트대대, 크루프 대포 6문, 그리

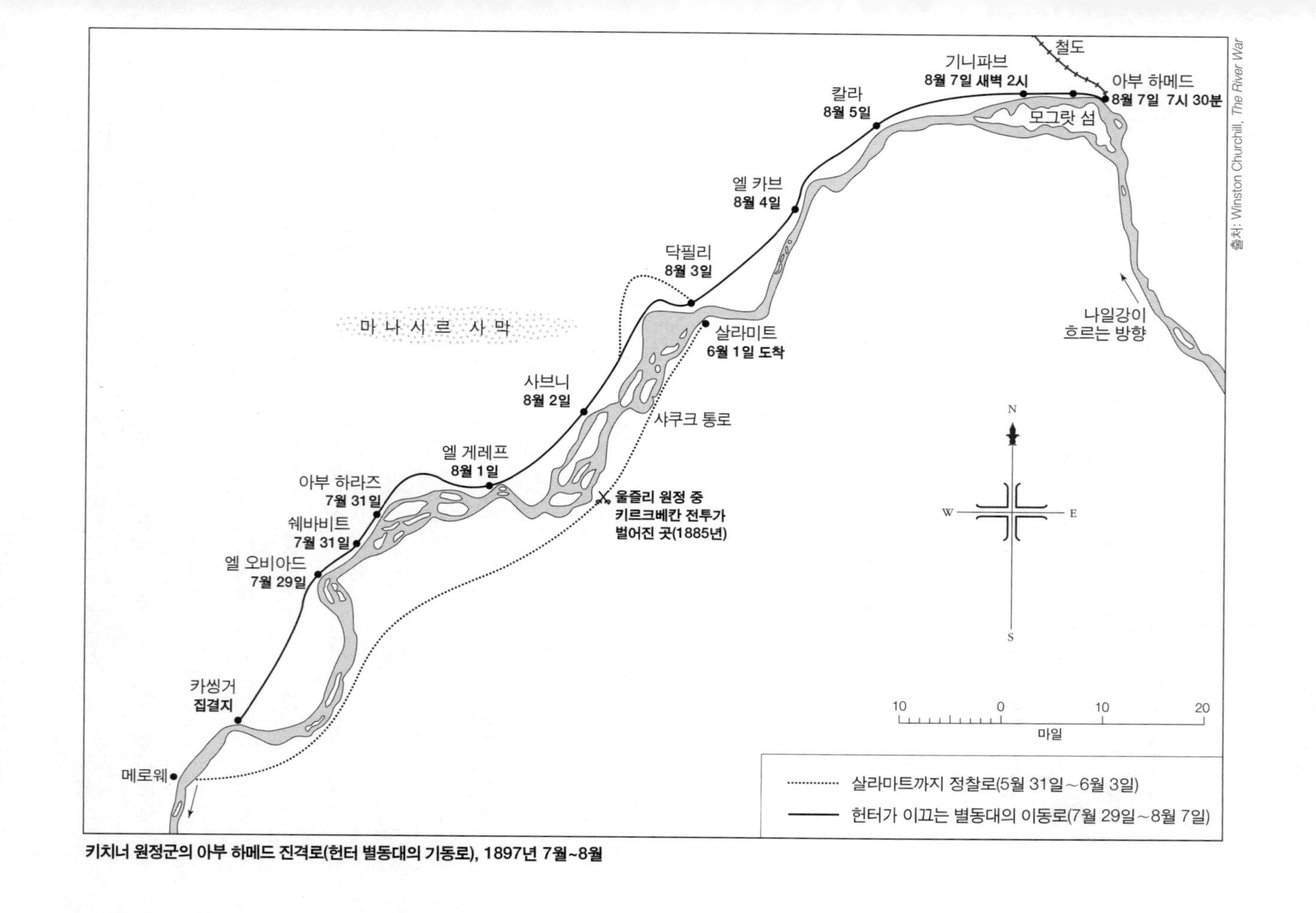

출처: Winston Churchill, *The River War*

키치너 원정군의 아부 하메드 진격로(헌터 별동대의 기동로), 1897년 7월~8월

고 맥심 기관총 2정, 가드너 기관총과 노르덴펠트 기관총 각각 1정씩 모두 4정의 기관총을 노새로 운반하는 포대로 이뤄졌다. 여기에 25명으로 구성된 이집트 기병 파견대가 별동대의 눈과 귀의 역할을 맡았다. 헌터 별동대는 걸어서 기동했지만, 낙타 1천300마리로 이뤄진 치중대의 지원을 받았다. 맥도널드는 보병여단을 지휘했다.

울즐리가 범한 실수를 되풀이하지 않기로 다짐한 키치너는 전신으로 부대와 연락을 유지했다. 헌터가 어디로 가든 곁에는 전신을 담당하는 보먼-매니폴드 중위가 함께했다. 보먼-매니폴드는 당나귀를 여럿 이용해 전신선을 운반했다. 전신선을 올릴 안장이 마땅히 없는 데다 키치너가 제안한 바도 있어서 보먼-매니폴드는 전신선을 당나귀 배에 칭칭 감아 당나귀가 걸어가면서 전신선이 풀리게 조치했다.

헌터는 마흐디군의 눈을 피해 밤에만 행군할 계획이었다. 이 지역은 '딱딱한 돌배'라는 뜻을 가진 바튼 알-하자르보다는 돌이 적었지만, 나일강 가까이 접근할수록 누비아 사막은 더 넓어 보였고 넓은 만큼 더 황량해 보였다. 별동대가 긴 거리를 행군했지만 경작지도, 야자나무 숲도, 마을도 보이지 않았다. 칠흑 같은 어둠 속에서 걷기도 어려웠지만, 해를 머리 위에 지고 잠자는 것도 거의 불가능했다. 한낮 기온은 섭씨 42도까지 치솟았고 그늘이라고는 찾아볼 수 없었다. 잠이 부족해지면서 병사들은 야간 행군 중에 잠들기 시작했다. 7월 5일, 이집트대대에서 병사 셋이 사망했고 58명이 탈진해 낙오했다.

행군 도중 헌터는 11년 전 울즐리의 나일부대가 승리한 키르크베칸 전투 현장을 통과했다. 키르크베칸 전투는 전술적으로는 승리였지만 전략적으로는 아무 효과도 없는, 무의미한 전투였다. 헌터는 스튜어트, 파워, 그리고 에르뱅이 살해당한 마을을 걸어 통과하면서 당시 좌초된 증기선 압바스의 잔해도 볼 수 있었다. 그러나 헌터는 사색하는 사람도 아니었을뿐더러 과거를 두고 곰곰이 생각할 시간 여유도 없었다. 현재로서는 아부 하메드만이 전부였다. 8월 4일, 총알 한 발이 날아오면서 별동대가 위태로워졌다는 것이 드러나자 긴박감은 더해졌다.

다음 날 밤, 별동대가 아바브다 낙타꾼 150명으로 이뤄진 알-아짐 후사인의 산병散兵부대와 합류하자 이런 압박감은 한층 더 올라갔다. 알-아짐 후사인은 아부 하메드의 마흐디군이 베르베르에서 출발한 대규모 증원군을 기다리면서 참호를 파고 있다고 전했다. 헌터는 지체하지 않고 계속해 이동하기로 결심했다.

8월 7일 새벽 2시, 별동대는 아부 하메드에서 3킬로미터 남짓 떨어진 기니파브Ginnifab에 있는 무성한 야자나무 숲에 도착했다. 카씽거에서 출발한 지 7일 만에 아부 하메드에 도착한 것이다. 장교 한 명은 이 행군을 이렇게 평가했다. "사막의 열기와 관통한 지역을 고려할 때 수단대대와 이집트대대는 탁월한 행군 능력을 보여주었다."[2] 실제로 마지막 35시간 30분 동안 58킬로미터를 주파하고도 여전히 전투 준비가 되어 있던 것은 이집트군이 강인했기 때문이었다.

헌터는 나일강 옆에 설치한 자리바 목책 안으로 수송용 낙타들을 몰아넣고 제3이집트대대에게 경계 임무를 맡겼다. 알-아짐 후사인이 모래 위에 사경도寫經圖를 그리는 동안 헌터와 맥도널드는 땅바닥에 쭈그리고 앉아 있었다. 마을은 기껏해야 너비 100미터, 길이 600미터 정도의 크기였다. 나일강에서 시작된 경사면이 올라와 생긴 고원 안에 움푹 파인 곳에 자리한 마을은 진흙 벽돌로 지은 집이 빼곡하게 들어차 마치 미로 같았다. 분화구처럼 움푹 파인 지형에 마흐디군은 유개호를 파고 돌로 쌓은 감시탑을 세워 방어 태세를 갖췄다. 마흐디군은 유개호, 마을 동쪽에 있는 집, 그리고 감시탑에 배치되었는데 마을 동쪽에 있는 집 여러 채 지붕에는 구멍이 나 있었다. 헌터는 피르카에서 키치너가 적용했던 공격 방법을 그대로 적용하기로 마음먹었다. 별동대는 새벽에 동이 트면 강변과 사막에서 마을 쪽으로 각각 공격하기로 했다.

새벽 5시, 누비아 사막의 능선과 원뿔 모양의 계단식 농지를 따라 태양이 자홍색 광선을 뿜으며 솟아올랐다. 나일강은 모그랏 섬의 초록빛 제방을 따라 잔물결을 만들었고 무리지어 자라는 대추야자나무는 가벼운 산들바람에 살랑거렸다. 헌터 별동대는 아부 하메드에서 400미터도 채 떨어지지 않은 사막 습곡과 틈 사이에 몸을 숨긴 채 대기했다. 제9수단대대는 오른쪽에, 제11수단대대는 중앙에, 그리고 제10수단대대는 왼쪽에 자리 잡고 초승달 모양으로 대형을 만들었다. 포대는 제3이집트대대가 경계하는 가운데 제9수단대대와 제11수단대대 사이에 포를 방렬했다. 아부 하메드 마을은 묘할 정도로 조용했다. 마흐디군의 흔적이 전혀 보이지 않았다. 헌터는 적이 철수했는지 궁금해졌다.

헌터는 킨케이드Kincaid 소령을 내보내 정찰을 시켰고 참모들과 함께 뒤에서 계속 따라갔다. 킨케이드는 속보로 말을 몰아 마흐디군 참호 80미터 전방까지 접근해서 쌍안경으로 마흐디군 진지를 살폈다. 참호가 있는 것은 분명했지만, 사람이 있는지는 확실치 않았다. 킨케이드가 쌍안경을 내리고 주머니에서 수첩을 꺼내 "적의 흔적이 보이지……"라는 문장을 적는 순간 공기를 가르며 날아온 총알이 그를 스치며 지나가더니 여러 발이 쉭쉭 소리를 내며 날아왔다. 비어 있다고 생각한 참호에서 검은 머리 20개쯤 모습을 드러내더니 콩 볶는 것 같은 일제사격을 가해왔다. 킨케이드는 마흐디군 진지에서 연기가 피어오르는 것을 관측할 틈도 없이 총알이 머리 위로 날고 있다는 것을 하느님께 감사하며 부리나케 헌터 쪽으로 달려왔다. 킨케이드가 방향을 바꿔 달려오기 전 이미 헌터와 참모들은 움푹 파인 곳까지 내뺀 뒤였다. 잠시 뒤 마흐디군 참호 쪽에서 또 한 번 일제사격이 시작되었다. 강둑 뒤에서 연기가 피어올랐고 총알이 날아왔다. 이번에도 마흐디군의 총알은 머리 위로 날아 지나갔다. 헌터는 대기 중인 별동대를 향해 약 300미터를 전속력으로 말을 몰아 달려오면서 큰 소리로 포대에 사격 명령을 내렸다.

크루프 대포가 일제히 포격을 시작했다. "쉭" 소리와 함께 공기를 가르며 날아가 마흐디군 참호에 떨어진 포탄이 "쾅" 하고 터지자 자갈과 모래가 비 오듯 쏟아졌다. 별동대 병사들은 바닥에 엎드려 있었다. 포병의 엄호사격이 진행되는 동안 대대가 대형을 갖췄다. 마흐디군이 쳐다보는 앞에서 별동대는 사막의 언덕 위로 떠오르는 태양을 등지고 훈련 때 한 것처럼 정확하게 기동했다.

기관총 포대의 사격은 마흐디군이 머리를 들지 못하게 하는 것을 빼고는 아무런 효과도 없었다. 마흐디군은 참호 속에 잘 엄폐하고 있었고 움푹 파인 곳에 자리한 집들은 눈에 보이지 않았다. 헌터는 마흐디군 참호에 종사縱射* 가 가능하도록 마을 언저리에서 100미터쯤 안쪽으로 기관총 포대를 이동시켰다. 그러나 참호 안으로 사격할 수 있을 만큼 총신을 낮출 수 없었기 때문에 소용이 없었다. 헌터는 맥도널드에게 전진 명령을 내렸다.

대형 뒤에서 말에 오른 채 대기하던 맥도널드는 착검을 명령했다. 명령을 받은 병사들은 마치 한 사람이 하는 것처럼 착검했다. 강철과 강철이 "딸깍" 하고 부딪히는 소리가 경쾌하게 울렸다. 맥도널드는 큰 소리로 "전진!" 이라고 외쳤다. 이집트대대와 수단대대 병력이 완전하게 정렬해 걸음을 떼며 움직이기 시작했다. 빨간 타르부쉬 모자, 카키색 상의에 황토색 반바지 전투복, 그리고 각반을 착용한 병사들은 탄띠를 양쪽 어깨에 십자 모양으로 걸치고 있었다. 부대기가 바람에 펄럭였다.

마흐디군이 쓰는 레밍턴 소총은 10년도 더 지났을 뿐만 아니라 제대로 정비가 되지 않았다. 사용하는 탄약 대부분도 옴두르만에서 수작업으로 만든 것이라 결함이 있거나 성능이 떨어졌다. 원정군 보병이 전진하는 동안 마흐디군이 사격을 계속했지만 큰 위협이 되지 못했다.

헌터 별동대는 내리막으로 300미터가량 전진했다. 맥도널드는 마흐디군

* 기관총의 사격 방법의 하나로, 종심이 있는 표적을 향해 방향을 바꾸지 않고 총구를 상하로 이동해 표적을 제압하는 사격으로 현대 기관총의 경우 경기관총은 팔꿈치를 이용하고 중기관총은 세로 전륜기로 조작하나 19세기에 사용된 기관총 중에는 종사가 불가능한 총도 있었다.

과의 거리를 100미터 안쪽까지 줄인 뒤 일제히 돌격해 총검으로 공격할 생각이었다. 그런데 우익을 맡은 제11수단대대가 갑자기 개별 사격을 시작했다. 그러자 나머지 두 대대도 뒤를 이어 사격을 시작했다. 세 방향에서 날아온 총알이 마흐디군 참호에 맞으면서 흙이 튀었다. 초승달 모양으로 대형을 형성한 3개 대대가 마흐디군 참호를 향해 전진하면서 서서히 사격을 집중했다. 제10수단대대가 점차 제9수단대대의 집중사격 지대로 들어서면서 우군 사격으로 피해를 입기 시작했다. 콘월공작경보병연대Duke of Cornwall's Light Infantry 소속으로 제10수단대대를 지휘하는 시드니H. M. Sidney 소령은 정지 명령을 내렸다. 제9수단대대와 함께 있던 맥도널드는 불 같이 화를 내고 욕설을 퍼부으며 말을 타고 앞으로 달려나왔다. 다른 장교들도 맥도널드와 같은 반응이었다.

그 순간, 참호에 고개를 처박고 있던 마흐디군이 일어서더니 치명적인 일제사격을 연속해서 두 번 가했다. 정지 명령을 받은 뒤 계속 제자리걸음을 하던 제10수단대대가 정면에서 총알을 받았고 병사 10여 명이 죽거나 다쳐 모래 위로 쓰러졌다. 정지 명령을 내렸던 시드니 소령과 피츠클라렌스Fitzclarence 중위도 이 사격에 맞아 즉사했다. 두 번의 마흐디군의 일제사격으로 전사자 10여 명을 포함해 모두 62명의 사상자가 발생했다.

제9수단대대와 제11수단대대가 즉각 응사하며 맞섰다. 병사들은 분노로 얼굴이 일그러졌고 눈알이 곤두섰으며 총검은 살기를 뿜었다. 마흐디군은 두 번째 일제사격 이후 후속 사격을 할 수 없었다. 이들은 원정군을 한 번 바라본 뒤 목숨을 부지하려고 방어진지에서 나와 허겁지겁 마을로 내뺐다.

몇 분 뒤, 수단대대가 아부 하메드 거리를 메웠고 이들은 시가전에 능숙했다. 현장에 있던 장교는 수단대대원의 전투 기량을 이렇게 평했다. "수단대대원들은 집마다 뒤져가며 전투하는 데 능숙했다. 이들의 전투 방식은 적은 물론 아군까지 위험에 처하게 했으나, 그럼에도 신속하게 마을을 장악했다."[3] 수단 병사들은 이미 우군이 투입된 도로라도 새로운 도로로 진입하기 전에는 모퉁이에서 무차별로 총을 쏘았다. 집으로 진입할 때에는 먼저 일제 사격을 하고 들어갔다. 총알은 부드러운 진흙 벽을 뚫고 나갔다. 집에서 마흐디군이 나오면 총검으로 찌르면서 방아쇠를 당겼다. "조금 위험한 것은 사실이지만 마을을 소탕하는 데 이들은 최고였다. 이들은 눈 깜짝할 사이에 온 마을을 장악했는데 지붕에도 창문에도 이들이 없는 곳이 없었다. 이들은 마을을 장악하자마자 대형을 형성해 얼마 안 되지만 간신히 도망치는 적 기병을 향해 일제사격을 퍼부었다."[4]

마흐디군은 대부분 전사했다. 곧이어 요새가 완전히 파괴되었고 쌓인 시체가 더미를 이뤄 도로를 메웠다. 전사자 450명에 부상자는 20명뿐이었다. 마흐디군 지휘관인 무함마드 아-자인은 생포되었다. 7시 30분, 한 시간도 안 걸린 전투가 끝나면서 아부 하메드는 별동대가 완전히 장악했다.

전투가 끝났지만 바까라 저격수 한 명은 항복을 거부했다. 그는 나일강 옆에 있는 집에 장애물을 쌓고 그 안으로 몸을 숨긴 뒤 일곱 시간 동안 버티면서 자신을 처치하러 온 원정군 병사 여섯을 저승으로 보내버렸다. 결국, 헌터는 크루프 대포 2문을 동원했다. 포탄이 터지면서 파편이 집을 산산이 부숴버렸다. 이집트 병사가 시체 조각을 찾으러 들어갔지만 마치 귀신처럼 폐허 속에서 나타난 저격수는 들어온 병사를 총으로 사살했다. 크루프 대포가 다시 불을 뿜었고 무너진 집이 돌무더기로 변해버렸지만 끈질기게 저항하던 저격수의 시체는 끝내 발견되지 않았다.

무함마드 아-자인은 이집트 장교에게 항복했고 헌터 앞으로 끌려왔다. 바까라족 출신인 무함마드 아-자인은 겨우 스물세 살이었지만 똑똑했으며 칼리파 아브달라히를 강력하게 지지하는 열성적인 마흐디 신봉자였다. 헌터는 그에게 압도적으로 많은 원정군에 맞서 싸운 이유가 무엇인가를 물었다. 무함마드 아-자인은 원정군이 수적으로는 세 배나 많지만 자기 부하들은 한 명이 적 넷을 상대할 수 있으니 문제없다고 대답했다.

무함마드 아-자인은 바까라 증원부대를 이끌고 메템마를 출발한 에미르 마흐무드 아흐마드가 닷새 뒤에는 아부 하메드에 도착할 것이며 그러면 헌터의 별동대는 모두 죽은 목숨이라고 호언장담했다. 용기는 가상했지만, 무함마드 아-자인은 그것으로 끝이었다. 그는 이집트로 호송되었고 로제타에 있는 감옥에서 1901년까지 복역했다. 베르베르에서 오든 메템마에서 오든 마흐디군 증원부대의 존재 때문에 헌터는 마음이 착잡했다. 아부 하메드는 고립된 곳이라 보급품도 부족했다. 나일강 수위가 올라갔다고는 해도 포함은 아직 도착하지 않았으며 철도는 후방 210킬로미터나 떨어진 곳에서 공사 중이었다.

그러나 사흘 전, 키치너는 증기선 에-테브, 타마이, 파테Fateh, 나스르Nasr, 메템마, 그리고 자피르 등 5척으로 이뤄진 선단에 제4폭포를 통과하라는 명령을 내렸고, 헌터는 이 사실을 모르고 있었다. 키치너는 아부 하메드에서 헌터가 당연히 승리할 것으로 예상해 이런 명령을 내렸다. 해군 대위 데이비드 비티가 지휘하는 에-테브는 제4폭포에서 좌초되었지만, 나머지 증기선 5척은 지역에 있는 샤이기야 부족민들과 이집트 병사들이 함께 밧줄로 묶어 끌어올렸다. 선단은 8월 29일 아부 하메드에 모두 도착했다.

당장 마흐디군으로부터 직접적인 위협은 없었다. 베르베르에서 오던 마흐디군 증원 병력은 도망친 바까라 기병으로부터 아부 하메드가 함락되었다는 소식을 듣고 베르베르로 되돌아갔다. 에미르 마흐무드는 여전히 메템마에 머물고 있었다.

8월 22일이 되자 서식스연대의 터드웨이R. Tudway 소령이 지휘하는 이집트 낙타대는 메템마를 공격 거리에 두게 되었다. 11년 전 터드웨이는 낙타연대의 기마보병으로 참전해 아부 툴라이 전투를 치른 경험이 있었다. 그는 자알리인 낙타꾼들이 구성한 비정규 부대와 동맹을 맺고 바유다 사막에 있는 작둘 우물을 점령했다.

8월 말, 헌터는 알-아짐 후사인이 지휘하는 아바브다족을 남쪽으로 보내 베르베르를 정찰하도록 했다. 알-아짐 후사인은 깜짝 놀랄 만한 정보를 가져왔다. 마흐디군이 베르베르를 포기했다는 것이었다. 베르베르의 지휘관인 에미르 자키 오스만Zaki Osman은 마흐무드가 지휘하는 바까라족 부대를 기다리는 것을 포기하고 철수했다. 바까라족은 언제라도 반란을 일으킬 것 같은, 화약고 같은 부대였다.

9월 5일, 헌터는 포함 4척에 제11수단대대 병력의 절반을 태우고 베르베르에 도착했다. 1884년 5월 당시, 베르베르는 고든 구원군에게 전략적인 난제였지만 헌터는 아무 저항도 받지 않고 걸어 들어갔다. 키치너는 메로웨에서 출발해 낙타를 타고 바유다 사막을 건너 곧 헌터 일행과 합류했다. 키치너는 이 손쉬운 승리가 무엇을 암시하는 잘 알았다. 원정군 병참선은 이미 몹시 길어졌고 철도는 여전히 160킬로미터 후방에서 건설되는 중이었다. 만일 아브달라히가 마음만 먹으면 철도가 연결되기 전에 이곳으로 들이닥칠 수도 있었다. 메템마에는 1만 2천 명의 바까라족 부대를 거느린 마흐무드 아흐마드가 있었다. 한두브 전투 이후로 키치너의 숙적이 된 오스만 디그나도 베자 전사 2천 명을 거느리고 베르베르에서 겨우 130킬로미터 떨어진, 우기에만 흐르는 아트바라 강 곁의 아다라마Adarama에 진을 치고 있었다.

상황이 좋은 것은 아니었지만, 키치너는 베르베르로 말을 타고 들어오면서 솟아오르는 만족감을 굳이 숨기지 않았다. 베르베르를 점령한 것으로 수단 재정복의 제2단계 작전이 끝났다. 모두 불가능하다고 말했던 수단군사철도는 나일강에 닿기 직전이었고 별동대는 베르베르를 점령했다. 1885년, 울즐리는 요충지 베르베르를 점령하는 데 실패했다. 그러나 베르베르는 지금 키치너의 손안에 있었다.

4

말 안 듣기로 소문난 바까라족 부대는 나일강을 건너 강 서편에 있는 셴디에 도착했다. 이들은 베르베르로 행군할 준비를 마치는 데 열흘이 걸렸다. 8

월 21일 에미르 마흐무드는 자키 오스만이 철수했다는 소식을 들었다. 다음 날, 마흐무드는 터드웨이 소령이 이끄는 낙타대 1천700명과 자알리인 비정규군이 작둘에 있다는 보고를 받았다. 마흐무드는 자기가 북쪽으로 움직이면 자알리인 부족이 즉각 메템마를 점령하리라는 것을 알았다. 상황이 어떻게 되든 바까라족 부대는 베르베르로 떠날 생각이 없었다.

이후로 넉 달 동안, 마흐무드는 사촌지간인 칼리파 아브달라히와 별 쓸모없는 편지만 주고받으면서 시간을 허비했다. 그동안 바까라족 부대는 마치 메뚜기 떼처럼 메템마에서 남은 식량을 모두 먹어치웠다. 메템마 거리에는 코를 찌르는 악취를 풍기며 썩어가는 송장이 널려 있었다. 바까라족이 자알리인 부녀자들에게 몹쓸 짓을 너무 많이 해서 마흐무드는 어쩔 수 없이 모든 부녀자를 증기선에 태워 옴두르만으로 보내야 했다. 식량이 바닥나자 바까라족은 말을 타고 고향으로 돌아가기 시작했다. 이들은 이미 이곳에 온 목적을 달성한 것이나 마찬가지였다. 지난 몇 달 동안 바까라족은 거만해 보이는 자알리인 부족을 희생시켜가며 편하고 호화롭게 잘 지냈다. 병사들 사이에 전염병이 퍼지자 바까라족은 메템마에서 더 빨리 이탈했다.

아브달라히는 마흐무드에게 사발루카 협곡, 즉 제6폭포가 있는 곳까지 남쪽으로 물러나라고 조언했다. 당시 상황을 고려할 때 이는 합리적인 조언이었다. 제6폭포는 영국 포함으로부터 바까라족이 은신할 수 있는 안전한 곳이었다. 좁은 수로에 저격병과 포를 배치하면 난공불락의 요새가 될 만한 지형이었다. 이런 이점을 살리면 영국-이집트 침입자들을 몇 달이고 붙잡아놓을 수도 있었다. 특히 이곳은 옴두르만과 매우 가까워 물자 보급이 쉬웠다. 그러나 마흐무드는 이런 조언을 거절했다. 아마도 마흐무드는 물러난다고 하면 바까라 병사들이 졌다고 생각해서 더 많이 이탈할까 봐 두려워했던 것 같다. 영국-이집트 침입자들을 물리칠 수 있다고 생각한 마흐무드는 싸우고 싶어 안달이 나 있었다.

그러나 사태는 마흐무드에게 불리하게 돌아가고 있었다. 10월 16일 아침

7시, 포함 자피르, 파테, 나스르가 갑자기 메템마 맞은편에 모습을 드러냈다. 포함 선단을 이끄는 해군 중령 콜린 케펠Colin Keppel은 마흐무드 부대와 약 3천700미터 거리를 두고 해병 포수들에게 사격 명령을 내렸다. 메템마는 강변에서 800미터 이상 떨어져 있었기에 선단은 마흐무드가 강변에 세운 진지 6곳을 겨냥했다. 30분 뒤, 진지 6곳 중 2곳이 파괴되었고 선단은 남아 있는 진지 맞은편으로 이동했다. 곧이어 선단이 고폭탄과 파편탄으로 진지 벽이 무너질 때까지 두들기자 마흐디군은 달아나기 시작했다. 잔해 속에서 생존자가 보이기라도 하면 포함에 실린 맥심 기관총이 어김없이 쓸어버렸다.

마흐디군이 저항을 멈출 때까지 쉬지 않고 사격을 계속하던 포함은 오후 2시 30분에야 사격을 멈췄다. 다음 날, 선단이 다시 올라와 네 시간 동안 포탄을 쏟아 붓고 내려갔다. 돌아갈 때까지 선단은 무려 포탄 650발과 수천 발의 기관총탄을 발사했으며 그 결과 마흐디군 500여 명이 전사했다. 이틀의 포격 중에 전사한 원정군은 단 한 명뿐이었다.

10월 31일, 드디어 수단군사철도가 아부 하메드까지 연결되었다. 9개월 만에 누비아 사막을 관통한 것이다. 아부 하메드까지 공사가 끝나고 남은 레일과 침목으로는 겨우 27킬로미터 정도만 가설할 수 있었기에 자재를 가져오는 동안 공사는 중단되었다. 그러나 키치너의 마음에는 더 큰 계획이 있었다. 키치너는 철길을 베르베르까지 연장하고, 더 나아가 남쪽으로 진행시켜 나일강과 아트바라 강이 만나는 곳까지 닿게 만든 뒤 여기에 전진기지를 만들 생각이었다.

1월이 되자 마흐무드는 뭔가라도 하지 않으면 부대가 간단히 와해될 것 같다는 위협을 느꼈다. 1월 16일, 마흐무드는 나일강을 건너 강 동편에서 북으로 나아가 아트바라에 있는 영국-이집트 원정군을 공격하겠다며 아브달라히에게 편지를 보냈다. 그리고 몇 주 동안 마흐무드는 오스만 디그나에게 메템마로 와달라고 계속해 요구했다. 여우처럼 영리한 오스만 디그나는 지난해 9월 이후로 아다라마에 지휘소를 두고 있었지만 마흐무드를 도우라는 명령을 아브달라히로부터 직접 받기 전까지 움직이지 않았다. 2월 16일, 오스만 디그나는 병력 5천 명을 이끌고 메템마에 도착했다.

오스만 디그나 덕에 병력이 늘었지만 마흐무드와 오스만 디그나의 결합은 그리 이상적이지 못했다. 베자족이나 바까라족 모두 두려움을 모르는 싸움꾼으로 이름은 높았지만 둘은 성격이 전혀 달랐다. 고대부터 이어진 전통을 자랑스럽게 생각하는 베자족은 바까라족을 마치 벼락부자가 된 아랍인 보듯 깔봤다. 베자족은 홍해 연안에 솟은 구릉에서 성장했고 바까라족은 수풀이 우거진 고즈 초원에서 성장했다. 낯을 가리는 베자족은 아랍어와는 전혀 다른 투-베다위어를 썼으며 감정적으로는 시무룩하거나 기분 변화가 심했고 모르는 사람에게 너그럽지 못했다. 반면 바까라족은 다른 아랍 유목민과 마찬가지로 용기와 강인함, 충성심을 높게 평가한 것은 물론 모르는 사람도 환대하고 관용하는 문화를 지녔다. 수단에서 베자족은 가장 용감하고 열심히 사는 사람들이었지만, 베자족은 이방인을 환영하지 않았다. 이들이 바까라족과 운명을 함께하리라 기대하는 것은 물과 기름이 알아서 잘 섞이기를 바라는 것만큼이나 부질없는 짓이었다.

아브달라히는 오스만 디그나를 어떻게 다룰지를 적은 편지를 마흐무드에게 보냈다. 마흐디가 출현했을 때 오스만 디그나는 이미 나이가 지긋한 에미르였지만, 자기보다 어린 마흐디가 부르자 응했다. 그뿐만 아니라 오스만 디그나는 마흐디군 중에서 실제로 영국군과 싸워본 유일한 인물이었다. 오스만 디그나는 영국군과 직접 맞서 싸우는 것은 자살행위이며 유일한 방법은 게릴라 전술뿐이라고 충고했다. 그러나 이런 충고는 마흐무드에게 아무런 효과가 없었다. 마흐무드는 영국군이 어떻게 싸우는지 실전에서 한 번도 본 적이 없었다. 그에게 오스만 디그나는 아버지뻘 되는 경험이 많은 인물이었지만 그는 베자족의 조언을 받아들일 생각이 눈곱만큼도 없었다.

마흐무드가 오스만 디그나의 조언을 거부했다 해서 이것을 전적으로 마흐무드의 개인 책임으로 돌리는 것도 문제가 있다. 용기를 숭상하고 코끼리와 기린 사냥꾼의 영웅적인 업적을 찬양하는 문화에서 성장한 바까라족에게 오스만 디그나의 게릴라 전술은 겁쟁이나 하는 짓에 불과했다. "베자족이 어떻게 살아남는지는 배웠지만 어떻게 승리하는지는 잘 배우지 못한 것 같다"는 마흐무드의 논평은 베자족이 겁쟁이라고 넌지시 말하는 것이지만, 대단히 잘못 짚은 셈이다. 베자족은 지난 14년 동안 영국군 장교가 이끄는 부대와, 그리고 영국군과도 계속해 전투를 벌였으며 실제로 몇 차례 괄목할 만한 승리를 거뒀다. 영국군도 그때까지 만나본 적 중 베자족이 가장 위험하다는 사실을 인정했다.

마흐무드는 바까라족이 수단에서 패권을 잡은 뒤 자만심에 도취한 채 성공 가도를 달린 신세대 젊은이에 불과했다. 마흐무드가 아브달라히와 오스만 디그나의 조언에 귀를 기울였다면 훨씬 좋은 결과를 만들었겠지만 그러지 않았다. 마흐무드의 계획이라고 하는 것은 바까라족 1만 2천 명을 이끌고 나일강을 따라 올라가 아트바라 강에 있는 키치너를 뭉개버리는 것이었다. 이 계획을 들은 오스만 디그나는 절망하며 고개를 저었다. 강을 따라 행군하면 병력이 영국군 포함에 그대로 노출된다. 기강이 서 있고 좋은 무기로 무장한 영국-이집트 연합군과 전투를 시작하면 바까라족이 자랑하는 용기만으로는 이들을 압도할 수 없었다. 오스만 디그나는 마흐무드와 생각이 달랐다. 그는 나일강과 멀리 떨어진 알리야브Aliyab에서 적을 쳐야 하며 그러려면 사막을 건너 아트바라 강 쪽으로 행군해야 한다고 제안했다. 실행에 옮기기 어려운 계획이기는 했지만, 마흐디군은 사막 행군쯤은 견뎌낼 만큼 충분히 강인했고 사막을 건너면 원정군의 포함을 무용지물로 만들 수 있었다. 일단 아트바라 강에 도착하면 그다음 단계는 그리 어렵지 않을 것이었다.

식량 보급에서도 마흐디군은 강변에 풍부하게 자라는 야자나무의 일종인 돔dom나무의 열매를 먹으면서 견딜 수 있었기에 유리했다. 이 열매는 일상적인 식량은 아니었지만, 열매를 빻아 구우면 급한 대로 빵처럼 먹을 수 있었다.

오스만 디그나는 아브달라히에게 이러한 작전계획을 보냈다. 그러나 옴두르만에 있는 아브달라히로부터 답변이 도착하기도 전에 마흐무드는 이미 부대를 이끌고 나일강을 따라 북쪽으로 출발하고 말았다. 오스만 디그나가 예상한 대로 마흐무드는 가는 내내 원정군의 포함 공격에 시달렸다. 알리야브에 도착했을 때, 마흐무드는 오스만 디그나의 제안대로 나일강 행군로는 포기하라는 아브달라히의 편지를 받았다.

마흐무드는 아브달라히의 명령에 따라 부대를 돌려 알리야브와 아트바라 강 사이에 있는 사막을 가로지르기로 했다. 두 지점의 거리는 65킬로미터였는데 마흐무드의 부대는 이렇게 행군하면서 치명적인 피해를 입었다. 마흐무드의 병사들은 식량은커녕 물도 거의 없었다. 알리야브를 떠나 30시간 동안 행군하며 수백 명이 탈영했다. 마침내 아트바라 강에 다다르자 탈수와 굶주림에 지친 마흐무드의 병사들이 죽어나가기 시작했다.

이집트-영국 연합군과 전투도 하기 전에 상당한 피해를 입고도 마흐무드와 오스만 디그나 사이에는 새로운 논쟁이 일었다. 경험이 많은 오스만 디그나는 강 상류를 따라 동쪽으로 이동시켜 예전에 자신이 지휘소를 차렸던 아다라마로 부대를 이동할 것을 제안했다. 오스만 디그나는 이처럼 대규모 부대가 집결한 것을 키치너가 알면 옴두르만을 향하기 전에 반드시 먼저 공격할 것이라고 믿었다. 원정군이 아다라마를 공격하려면 건기로 접어들어 물이 흐르지 않는 아트바라 강을 따라 이동하므로 포함의 지원을 받을 수 없고 그러면 원정군을 함정에 빠뜨릴 수 있었다.

그러나 마흐무드는 다시 한 번 경험 많은 오스만 디그나의 제안을 무시한 채 부대를 이끌고 원정군 진지를 향해 나일강을 따라 내려갔다. 그러나 이동 중 마흐무드는 기가 질려버렸다. 나일강에 키치너의 포함이 여전히 버티고 있었기 때문이었다. 결국 마흐무드는 포함의 사정권 밖으로 도망쳤다. 공격으로 원정군을 밀어붙일 수 없게 되자 마흐무드는 아트바라 강과 나일강이 합류하는 지점에서 동쪽으로 56킬로미터 떨어진 누카일라Nukhayla 마을에서

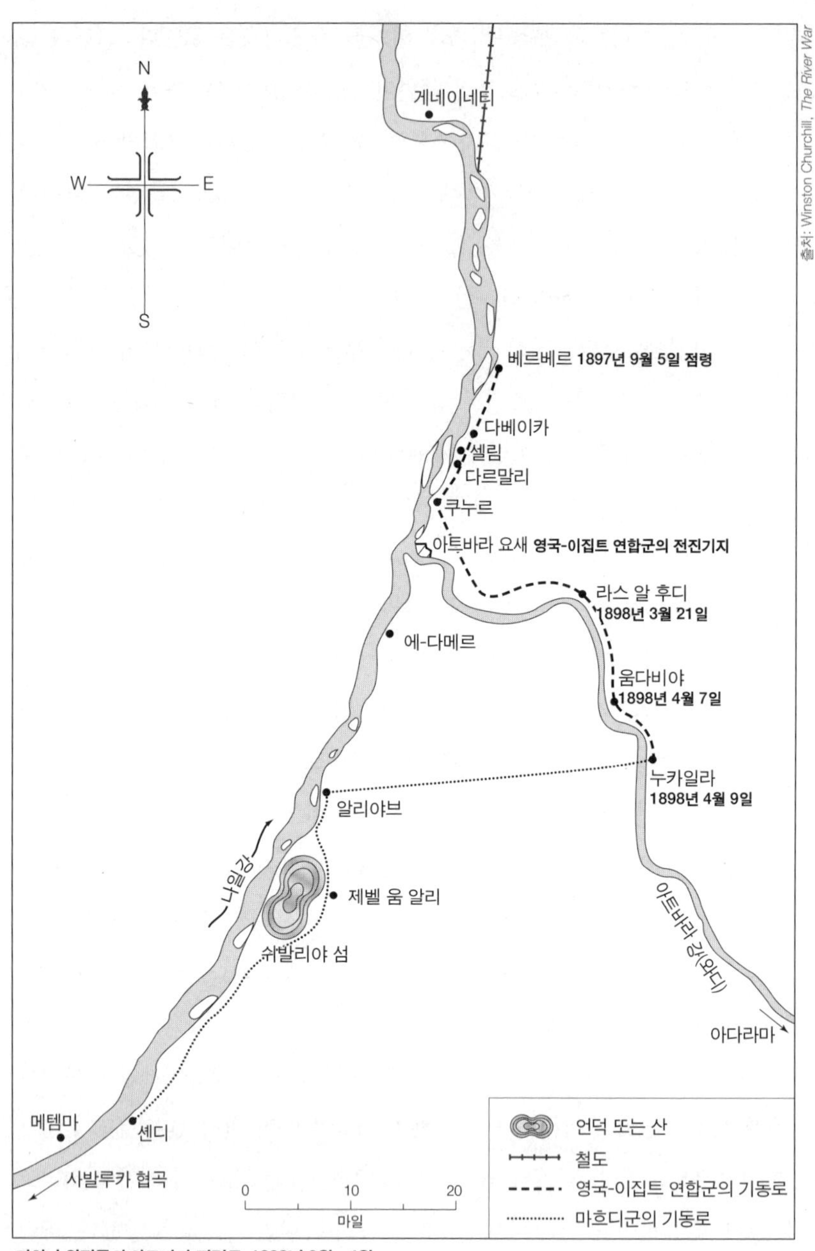

키치너 원정군의 아트바라 진격로, 1898년 3월~4월

부대를 멈추고는 범람원汎濫原에 방어진지를 구축하라고 명령했다.

오스만 디그나는 마지막까지 마흐무드에게 조언하려 애썼다. 마흐무드가 방어진지 위치로 선택한 범람원은 위험했다. 이곳은 강둑보다 지대가 낮아 바위로 이뤄진 절벽 위에서 내리쏘는 사격에 취약했다. 원정군 포병이 사격이라도 하면 강을 따라 자라는 돔나무에 쉽게 불이 붙을 수도 있었다. 무엇보다도 영국-이집트 연합군과의 거리가 하룻밤 행군 거리밖에 되지 않았다. 그러나 마흐무드는 다시 한 번 오스만 디그나의 의견을 묵살했을 뿐만 아니라 이번에는 아브달라히에게 문의조차 하지 않았다. 추측컨대 오스만 디그나는 분명 마흐무드의 병사들이 자리바 목책을 세우고 참호를 파는 것을 보면서 이들이 스스로 무덤을 파고 있다고 느꼈을 것이다. 아마 그런 느낌이 드는 순간, 오스만 디그나는 다가오는 전투에 참여하지 않기로 결정을 내렸던 것 같다.

5

오스만 디그나는 키치너 원정군이 이집트와 수단 출신들로만 구성된 오합지졸이 아니라는 것을 잘 알고 있었다. 솔즈베리 수상은 필요하다면 언제라도 영국군을 요청해도 좋다고 키치너에게 허락해놓은 상태였다. 1898년 1월 1일, 키치너는 대규모 마흐디군이 옴두르만에서 진격한다는 전문을 베링에게 보냈다. "제가 보기에는 영국군을 아부 하메드로 보내야 합니다. 그리고 이집트에서 증원군을 보내야 합니다……. 이 전쟁을 결정짓는 전투는 베르베르에서 벌어질 가능성이 매우 높습니다."[5]

6만 명 규모의 마흐디군 주력부대가 진격한다는 보고가 수차례 있었지만, 키치너는 이 보고가 거짓이라는 것을 알았던 것 같다. 12월 초, 아브달라히는 옴두르만에서 대규모 열병식을 개최해 떨어진 사기를 살려보려 했다. 열병을 마치고서 마치 북쪽을 향해 진격하는 것처럼 옴두르만을 출발해 행군하기 시작했지만 얼마 못 가 멈춰 섰다. 이를 두고 아브달라히는 지휘권을 놓고 논쟁을 벌여서라고 설명했지만 사실 그가 벌인 열병식은 허세에 불과했다. 아브달라히가 보유한 대규모 병력은 실제로는 움직일 수 없는 존재였다. 군수 문제는 키치너 원정군에게 강점인 반면 아브달라히에게는 치명적인 약점이었다. 아브달라히는 이 정도 대규모 군대를 부양할 능력이 없었다. 더구나 마흐디군에는 보급 체계라는 것이 아예 존재하지 않았다. 아무튼 아브달라히는 오래전부터 어떻게 싸울 것이라는 결심을 굳힌 상태였다. 아브달라히는 사촌 마흐무드에게 사발루카 협곡까지 철수하라고 조언했지만 마흐무드는 이를 받아들이지 않았다. 그리고 현재 마흐무드는 그 때문에 아무 도움도 못 받고 혼자 힘으로 버티고 있었다. 마흐무드가 원정군의 진격을 막아낸다면 아브달라히에게도 좋은 일이지만 만일 그러지 못해도 아브달라히는 영국-이집트 연합군을 참고 기다렸다가 한 번에 격멸한 생각이었다.

키치너의 전략이 계획대로 맞아 들어가기 시작했다. 2월 말이 되자 영국 보병여단은 열차를 이용해 베르베르에 신속하게 도착했다. 고든 구원군을 지휘한 울즐리의 실패에서 교훈을 얻은 키치너는 특수부대 대신 오직 보병만 요구했다. 먼저 도착한 부대는 링컨셔연대Lincolnshire Regiment 제1대대, 워릭셔연대Royal Warwickshire Regiment 제1대대, 캐머런하일랜드연대Cameron Highlanders 제1대대였고 나중에 도착한 것이 시포스하일랜드연대 Seaforth Highlanders 제1대대였다.

이 부대들은 이집트 점령군으로 윌리엄 가타커* 소장의 지휘를 받아 카이로에 주둔하고 있었다. 쉰다섯의 가타커는 미들섹스연대Middlesex Regiment 출

* Sir William Forbes Gatacre(1843~1906): 샌드허스트 육군사관학교를 졸업하고 1862년에 임관했다. 빅토리아 시대에 벌어진 수차례의 국외 원정과 전투에 참여했으며 1904년에 전역했다. 제2차 보어전쟁 기간 중 중장으로 진급했는데 135명이 전사하고 696명이 포로가 된 스톰스버그 전투Battle of Stormsberg를 지휘하기도 했다. 가타커는 일을 많이 시킨 장군으로 유명해 부하들은 그를 "일 벌이는 장군General Backacher"이라는 별명으로 불렀다. 사망 4년 뒤인 1910년, 부인이 전기를 펴냈다.

신으로 호리호리한 체격에 얼굴이 초췌했지만, 권위적인 인물이었고 부하들은 그를 싫어했다. 영국 보병여단에는 야전 공병중대와 수단에서는 사용된 적이 없는 40파운드 중곡사포重曲射砲 2문을 운용하는 포대가 있었다. 이 포는 참호 안으로 포탄을 떨궈 건물을 무너뜨리게끔 설계되었다. 포대는 5인치 곡사포 6문과 맥심 기관총 6정까지 함께 운용했다.

고든 구원군 이후로 영국군의 개인화기는 크게 진보했다. 이집트나 수단 출신 병사들이 여전히 마티니-헨리 소총을 사용한 반면 영국군은 1888년에 생산된 0.303구경의 리-멧포드Lee-Metford 소총으로 무장했다. 리-멧포드 소총은 영국군이 사용한 최초의 탄알집 장전식 소총이었다. 예전 소총은 손으로 일일이 탄알을 약실에 밀어 넣어야 했지만, 리-멧포드 소총은 노리쇠 앞에 달린 장전 손잡이를 손으로 밀면 탄알집에서 용수철의 힘으로 올라온 탄을 노리쇠가 물고 약실로 들어가 장전되는 방식이다. 사격이 끝난 뒤 탄피를 약실에서 뺄 때도 노리쇠 손잡이를 뒤로 잡아당기면 탄피가 빠졌고 다시 노리쇠 손잡이를 앞으로 밀면 새로운 탄이 약실에 장전됐다. 개인의 사격 속도는 엄청나게 빨라졌고 개별 사격을 하더라도 마치 기관총 여러 대가 일제사격을 하는 것처럼 들렸다. 이전보다 탄환 구경은 작아졌지만, 사거리는 늘어났고 정밀도도 높아졌다. 이 총의 총탄 속도는 초당 610미터이며 최대 사거리는 3천200미터였다. 구리와 니켈로 도금한 납탄을 쏘면 두께 23센티미터의 벽돌담을 뚫을 수 있었으며 69센티미터 두께의 참나무를 관통했다.

기존 헨리-마티니 소총의 연기 문제도 해결되었다. 1892년 알프레드 노벨이 니트로글리세린과 니트로셀룰로즈를 섞어 만든 코르다이트cordite를 발명하면서 사실상 무연화약이 리-멧포드 소총탄의 장약으로 사용되었고 덕분에 보병 전술은 혁명적으로 발전했다. 보병부대는 무연화약 덕분에 시야를 가리지 않으면서 신속하고 정확하게 사격을 지속할 수 있었다. 소총병은 연기가 나지 않아 자기 위치를 적에게 노출하지 않고도 사격할 수 있었고, 공격 때는 연막 차장의 방해를 받지 않게 되어 원거리의 목표를 정확하게 조준할 수 있었다.

키치너 원정군은 영국군, 이집트군, 그리고 수단군으로 이뤄진 1만 4천 명 규모로 증강되었다. 3월 20일, 마흐무드가 누카일라에 진을 쳤다는 소식을 들은 키치너는 즉각 부대 일부를 아트바라 강에서 라스 알-후디Ras al-Hudi로 이동시켰다. 이곳은 누카일라에서 21킬로미터 떨어진, 야자나무 숲의 그늘이 있는 곳이었다. 3월 21일 아침 10시 30분, 라스 알-후디에 도착한 키치너는 브로드우드Broadwood 중령에게 7개 기병중대와 1개 기마포대를 붙여 내보내며 공격을 명령했다.

브로드우드가 지휘한 기병중대들은 자정이 다 되어서야 부상병 일곱 명을 데리고 엉망이 돼서 돌아왔다. 사망자 여덟 명의 시신은 수습도 못 했고 말도 13마리나 잃어버렸다. 35킬로미터에 달하는 강변을 샅샅이 뒤지는 동안 중대 규모의 바까라 기병이 기병중대 하나를 계속 쫓아다니다가 본대와 합류하는 지점까지 따라붙었다. 이들은 범람원에 있는 짙은 덤불에서 불쑥 튀어나와 공격했지만, 영국-이집트 연합군은 이들을 격퇴했다. 사상자 중 대부분은 후속 조치를 하던 중에 발생했다. 바까라족을 찾아 덤불 속으로 걸어 들어간 브로드우드의 병사들은 예상보다 훨씬 많은 마흐디군과 조우했다.

키치너는 마흐무드가 공격하기를 바라면서 한 주 이상을 라스 알-후디에 머물렀다. 키치너는 마흐디군의 식량이 부족하다는 것을 잘 알았다. 마흐디군 탈영병들이 매일 기지로 흘러들었는데 이 중 많은 수는 돔 열매를 먹어 설사에 시달렸다. 마흐무드 부대가 기근에 시달리면서 점차 병력이 빠져나가고 있다는 것을 안 키치너는 마흐무드 부대로 진격할 생각이 없었지만 한편 마흐디군이 도망가도록 내버려둘 생각도 없었다. 마흐무드가 갑작스럽게 병력을 철수하면 키치너의 꼴이 우스워질 수 있었다. 그리고 마흐무드를 제거하지 않으면 옴두르만으로 진격할 때 좌측면에 대규모 마흐디군을 그대로 남겨둔다는 뜻이기도 했다.

브로드우드의 기병대가 마흐디군 정찰병을 찾아 날마다 강변을 샅샅이 수색하는 과정에서 승자도 패자도 없는 교전이 이어졌다. 원정군 보병은 진격 명령이 떨어지기만을 기다리며 안절부절못했다. 3월 27일, 증기선 자피르, 나스르, 파테가 제15이집트대대와 자알리인 우군 150명을 태우고 아트바라 기지를 출발해 강을 거슬러 오르기 시작했다. 이들은 마흐무드가 식량을 쌓아놓고 부인과 아이들을 남겨놓은 셴디에 상륙했다. 이집트군이 셴디를 습격하자 주둔하던 소규모 바까라 경비대는 도주했다. 자알리인 부대는 도주하는 바까라 경비대를 추격해 160명을 사살하고 650명의 부인들과 아이들을 포로로 잡았다. 자알리인 부족에게 이것은 메템마 학살의 보복이었다.

키치너는 여전히 라스 알-후디에 머물면서 속을 끓였다. 셴디를 점령하고 사흘 뒤, 키치너는 헌터에게 기병중대 6개와 낙타중대 2개, 기마포병, 그리고 맥심 기관총과 곡사포를 붙여 보내면서 마흐무드가 설치한 자리바 목책을 근접 정찰하라고 명령했다. 헌터는 아무 사상자 없이 자리바 목책까지 접근했다가 돌아와 목책이 난공불락이라고 보고했다.

3월 31일, 키치너는 예하 지휘관과 참모를 소집했다. 헌터, 가타커, 윈게이트, 그리고 여단장들이 모였다. 가타커는 단숨에 마흐무드를 공격하자는 안을 냈다. 회의에 참석한 장교 중 유일하게 자리바 목책을 직접 본 헌터는 반대 의견을 냈다. 키치너는 가타커의 안에 마음이 쏠렸지만 헌터의 반대로 마음을 돌렸다. 헌터는 수단에 오래 주둔하면서 경험을 쌓았을 뿐만 아니라 공세 기질이 강한 장교였는데도 신중한 의견을 내니 키치너는 생각을 바꿀 수밖에 없었다. 교범에 따라 판단해봐도 원정군의 규모는 방어진지를 구축한 마흐무드의 부대를 공격할 만큼 수적으로 많지 않았다. 마흐무드를 공격하려면 키치너에게 최소한 병력 1만 명이 더 필요했다.

다음 날 키치너는 마흐무드가 꼼짝 않고 있는 것 때문에 당혹스럽다는 전문을 베링에게 보냈다. 키치너는 자리바 목책을 정면에서 치면 성공이야 하겠지만, 사상자가 많이 나올까 봐 걱정했다. 전문을 받은 베링은 영국 정부에 다시 전문을 보내 조언을 구했다. 육군성에서 보고를 받은 울즐리는 키치너가 공격을 주저한다는 데 놀랐지만, 현장 지휘관만이 결정을 내릴 수 있다는 것은 자명했다. 울즐리는 키치너에게 가장 좋은 행동은 결심하는 것이라고 베링을 경유해 전문을 보냈다.

헌터가 이의를 제기했다는 데서 무엇인가 심상치 않은 느낌을 받은 베링은 공격을 연기하라고 조언했다. 그러나 전문이 도착하기 전, 키치너는 더 시간을 끌 수 없다고 판단한 상태였다. 키치너는 아트바라 기지에서 출발한 낙타 치중대로부터 물자를 보급받고 있었다. 군수 전문가인 키치너는 마흐무드가 마음만 먹으면 언제라도 바까라 기병을 동원해 보급선을 끊어놓을 수 있다는 것을 잘 알았다. 헌터 또한 마음을 바꿔 고민이 아닌 행동이 필요하다는 것에 동의했다. 키치너는 다가오는 금요일인 4월 8일에 자리바 목책을 공격하기로 결심했다. 마침 이날은 부활절 직전인 성 금요일이었다.

4월 5일, 헌터는 누카일라를 향해 정찰대를 이끌고 떠났다가 예상치 못하게 마흐무드의 기병의 공격을 받아 거의 붙잡힐 뻔 했다. 반면, 키치너의 주력부대는 라스 알-후디를 출발해 움 다비야Umm Dabiyya로 진격했다. 이곳에서 누카일라까지는 몇 시간이면 도달할 수 있었다. 4월 7일 목요일 저녁, 영국-이집트 연합군은 공격을 앞두고 열병을 했다. 영국의 수단 원정의 시작부터 그 중심에 있던 베링은 이 당시 상황을 이렇게 남겼다. "15년 전, 힉스 장군의 원정군이 몰살당한 것으로 시작된 대하극의 마지막 막이 올랐다."[6]

6

마흐무드의 자리바 목책이 있던 곳은 오늘날에는 경작지가 되었지만 한 세기 전만 해도 빽빽하게 자란 아카시아 관목 위로 돔나무가 사방으로 가지를 뻗으며 기이한 각도로 자라는 곳이었다. 가시덤불이 복잡하게 뒤엉켜 있던 이곳은 이제 쟁기질이 지나간 말쑥한 고랑으로 변했고 돔나무도 사라졌다. 나일강의 침식 때문에 땅의 높이는 예전보다 수 미터 낮아졌다. 따라서

1898년 4월 8일, 성 금요일 동이 트기 직전 영국-이집트 연합군이 절벽 위에 갑자기 나타났을 때, 마흐무드의 자리바 목책에선 어떤 상황이 벌어졌는지 정확하게 파악할 수 없다.

자정 무렵 솟은 달은 바위투성이인 계단식 밭을 비췄고 800여 미터 떨어진 자리바 목책은 그늘에 가려 있었다. 마흐무드 진영에서는 아무 소리도 들려오지 않았다. 이 때문에 영국군 중 일부는 마흐디군이 이미 내뺐다고 생각했다. 워릭셔연대의 마이클존* 중위는 당시를 이렇게 회상했다. "아래 계곡에서 많은 불빛이 나타나자 우리는 적이 여전히 거기 있다는 것을 알았다."

자리바 목책은 대략 타원형이었는데 뒤쪽은 강둑과 맞닿아 있고 전면은 사막의 검은 절벽 아래에 단단히 가려 있었다. 또한 부분적으로 아카시아 숲이 가려줬기 때문에 오직 전면만 분명하게 노출돼 있었다. 가시나무 덤불을 베어내 얻은 나무로 만들어진 목책은 반경 900미터 정도 되었고 목책 안엔 천막과 오두막이 가득 차 있었다. 가시투성이 울타리 안으로 마흐무드의 병사들은 90센티미터 깊이로 참호를 파 이은 방어진지를 복잡하게 구축해놓았다. 마흐무드가 보유한 대포 7문은 울타리 둘레에 배치되어 있었고, 포진에는 총안구가 뚫려 있어 접근하는 적에게 사격할 수 있었다. 중앙에는 1.5미터 높이로 만든 또 다른 자리바 목책에 둘러싸인 보루가 자리했다. 북쪽으로 난 60미터 높이의 절벽은 나무 한 그루 자라지 않는 돌투성이 고원으로 이어지면서 파도가 치는 것처럼 너울너울한 누비아 사막과 맞닿아 있었다.

키치너 원정군은 밤새 방진 대형으로 행군해왔다. 병사들은 귓속말로 명령을 전달했다. 방진이 마디 단위로 풀어지자 놀라우리만치 정확하게 공격

* Ronald Forbes Meiklejohn: 럭비Rugby 학교에서 교육받고 1896년 워릭셔연대에서 임관했다. 키치너 원정군에 참여했으며 보어전쟁 당시 콜렌소 전투Battle of Colenso에서 공을 인정받아 수훈장을 받았다. 1901년에는 육군대학에 진학했고 제1차 세계대전에 참전했다가 심하게 다쳤으나 1921년 핀란드에 파견된 이후 6년 동안 발트해 연안 국가에서 외교관으로 활동했다. 1927년 중령으로 전역한 뒤 여러 지역을 다니며 조류학과 곤충학에 관심을 쏟아 다양한 발견과 학문적 업적을 남겼다. 1949년 11월 4일 사망했는데 조류학의 업적을 인정받아 조류과학 학술지인 *The International Journal of Avian Science*(1951년 93호 1권)에 부고 기사가 실렸다.

대형이 만들어졌다. 원정군은 마흐무드 진영 앞에 들소 뿔을 닮은 모양으로 전개했다. 맥스웰이 이끄는 수단대대가 오른쪽에, 맥도널드가 지휘하는 부대가 중앙에, 그리고 가타커가 지휘하는 영국 여단이 왼쪽에 자리를 잡았다. 루이스가 지휘하는 이집트 여단은 물과 수송부대를 보호하면서 후방에 예비대로 남았다. 이집트 기병대가 멀리 왼쪽으로 전개했고 포대들은 대형 우측과 중앙에 포를 방렬했다. 맥심 기관총 포대는 왼편에 자리를 잡았고 그 옆으로 해군 대위 비티가 지휘하는 로켓 분견대가 방렬을 마쳤다. 비티 앞에는 키치너의 전투지휘소를 뜻하는 빨간 깃발이 휘날렸다.

말에 탄 키치너는 완전히 해가 뜰 때까지 끈기 있게 기다렸다. 바야흐로 군 경력 중 최고의 순간이 다가오고 있었다. 전 세계의 모든 눈은 자신에게 쏠려 있었다. 전날 야간 행군을 시작하기 전, 키치너는 예하 모든 부대에 사령관 지휘 서신을 돌렸다. "총사령관은 모든 장병이 자기 몫을 완수하리라 확신한다. 사령관으로 여러분에게 할 말은 이것뿐이다. '고든을 기억하라! 여러분 앞에 있는 것은 고든 장군을 살해한 자들이다.'"[7]

딱딱한 땅바닥에 눕거나 앉아서 기다리는 병사들에게는 어둠이 완전히 가시기를 기다리는 시간이 마치 영겁 같았다. 동이 트기 전에는 무척 쌀쌀해서 몸이 위축되었지만, 동이 트면서 병사들의 사기 또한 되살아났다. 동쪽 지평선 너머에서 태양이 빛과 함께 열기를 뿜으며 날이 밝기 시작했다. 그저 검게만 보이던 하늘에 걸린 구름이 회색, 갈색, 붉은색, 황토색, 검은색으로 뒤섞였지만, 태양이 불타는 듯한 광선을 내뿜자 이런 구름도 오래 버티지 못하고 파란 하늘에 자리를 양보했다. 어둠 속에서 희미하게 보일 듯 말 듯 하던 능선과 돔나무 그리고 마흐디군 진지가 점점 또렷하게 보였다. 해가 떠오르자 온 세상은 뾰족하게 자란 야자나무 잎끼리 부딪히면서 내는 소리, 아카시아 관목 숲 사이를 스치며 날아다니는 새소리, 곤충들이 잉잉대는 소리로 차올랐다. 마이클존 중위는 왼편에서 독수리 한 무리가 간단한 날갯짓으로 하늘로 갑작스럽게 날아오르더니 마흐무드 진영 위에서 불길하게 빙글빙글 돌기 시작하는 것을 보았다. “마흐디군 진영에 있는 동물 내장 때문에 독수리들이 선회하는 것이 분명했지만, 이는 마치 잠시 뒤 성찬을 즐길 것을 알고 그러는 것처럼 보였다.”[8]

마흐무드 진영에는 살아 움직이는 것이 아무것도 없는 것 같았다. 그러다가 바까라 기병부대 하나가 주변을 살피려고 말을 타고 밖으로 나왔다가 돌아갔다. 검은 머리 여럿이 목책 위로 나타났다가 이내 사라졌다. 목책 안에는 하나둘씩 불이 지펴졌다. 불이 점점 또렷해지면서 바위 절벽에 긴 그림자를 드리웠다. 말이 힝힝거리거나 장화 부딪히는 소리를 빼면 마흐무드의 자리바 목책 안에는 여전히 정적이 감돌았다.

키치너의 작전은 간단했다. 키치너는 보유한 모든 포를 동원해 자리바 목책을 부순 뒤 병력을 투입해 목책 안의 적을 격멸할 생각이었다. 키치너는 차고 있던 시계를 힐끗 보았다. 6시 15분이었다. 그는 오른편에 방렬된 포대에 짧게 명령을 내렸다. 이집트 포병이 25파운드 무게의 파편탄 한 발을 12파운드 크루프 대포 약실에 밀어 넣었다. “발사!” 사격통제 부사관의 목소리가 쩌렁쩌렁 울렸다. 나지막하게 “쾅!” 소리와 함께 발사된 포탄 한 발이 정적을 갈랐다. 공기를 가르며 800여 미터를 날아간 포탄이 땅에 떨어지는 순간 눈부신 섬광이 일고 흰 연기와 고운 먼지가 피어올랐다. 마흐무드 진영 위를 선회하던 독수리들이 흩어졌다. 잠시 뒤 “쿵!” 하는 둔탁한 소리가 울렸다. 능선에 엎드리거나 앉아 있던 원정군 병력은 마흐디군 진지에서 무슨 일이 벌어지는 보려고 자리에서 일어섰다. 오른쪽에서 두 발이 더 발사되자 순간 연기 기둥이 생겼고 이어 강변의 돔나무 사이에서 포탄 두 발이 눈 부신 빛을 내며 폭발했다. 갑자기 “쉭!” 소리를 내며 로켓이 일제히 날아갔고 마흐디군 오두막 지붕이 불길에 휩싸였다. 그러고는 왼쪽에 있는 맥심 기관총 12정이 마치 타악기를 연주하듯 요란하게 탄알을 쏟아냈다.

귀청을 찢는 강력한 파열음을 내며 크루프 대포 24문이 모두 차례대로 발사되는 동안 원정군이 대기하는 능선은 연기와 먼지로 뒤덮였다. 포탄과 총알은 "쌩" 소리를 내며 빠르게 공기를 갈랐고 이를 지켜보는 원정군 병사들은 포격 때문에 먼지, 돌과 나무 조각, 사람과 동물 몸에서 떨어진 살점이 공중에 이리저리 튀어 오르는 것을 보았다. 당시 현장을 목격한 마이클존은 이렇게 기록했다. "마흐디군 병사 중 한두 명이 우박처럼 내리는 포탄도 개의치 않고 자리바 목책 안에서 걸어 다니는 것을 보았다. 그러나 이들은 포탄 파편에 맞아 쓰러졌다. 낙타 한 마리가 도망쳤지만 이내 절뚝였다. 포탄 한 발이 명중하자 이 낙타는 흔적도 없이 사라졌다. 잠시 뒤 포탄이 폭발하면서 시체 하나가 공중으로 붕 떠오르는 것을 보았다."[9]

한동안 마흐디군으로부터 아무런 대응도 없었다. 마이클존의 회상은 이렇게 이어진다. "그러던 중 내 맞은편에 있는 자리바 목책 안에서 섬광이 일었다. 포탄 한 발이 공기를 가르며 우리 머리 위로 날아가더니 800미터 후방에서 폭발했다. 이를 본 병사들이 웃기 시작했다."[10] 갑자기 자리바 목책 안에서 마흐무드 부대의 깃발들이 나타나 펄럭거렸다. "그 순간 포탄이 이들 머리 위로 비 오듯이 떨어졌고 적은 모두 쓰러졌다."[11] 어디엔가 숨어 있는 마흐디군 포수와 소총수들의 고함이 들렸다. 마흐무드 진영에서 포탄이 점점 더 많이 날아왔지만 대부분 원정군에게 아무런 피해도 입히지 못하고 머리 너머로 날아가 사막에서 폭발했다.

바까라 기병이 자리바 목책 안에 모여들자 거대한 먼지 구름이 일었다. 이들은 목책 뒤편으로 빠져나가 오른쪽으로 진행 방향을 바꾸었다. 이들을 목격한 원정군 병사들은 바까라 기병이 마치 십자군 기사처럼 보이는 금속 투구와 쇠사슬을 엮어 만든 갑옷을 입었다고 증언했다. 마흐무드 부대의 움직임을 포착한 키치너는 8개 기병중대로 맥심 기관총 2정을 호위하도록 명령했다. 이 맥심 기관총은 마흐디군의 진격을 막고 있었다. 기병대는 종종걸음으로 말을 달려 바까라 기병과 마주했다. 움직이는 말 때문에 짙은 먼지가 솟아올라 원정군 본대는 이들을 볼 수 없었다. 바까라 기병은 두 번이나 돌격을 시도하려 했으나 맥심 기관총의 사격에 모두 흩어졌다. 비록 먼지에 가

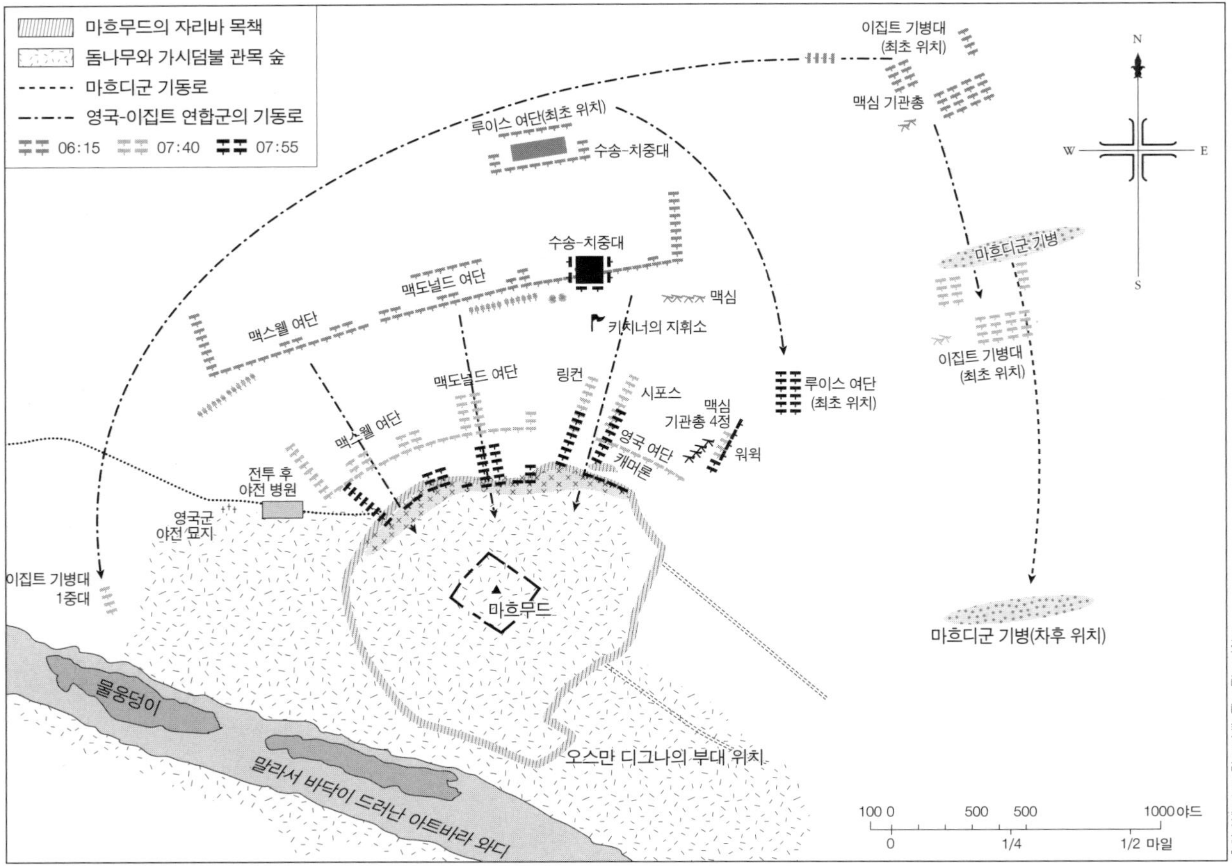

출처: Winston Churchill, *The River War*

키치너 원정군의 아트바라 전투도(돌격 대형), 1898년 4월 8일

려 있기는 했지만, 기관총이 불을 뿜을 때마다 바까라 기병은 20명씩 말에서 떨어졌다.

1만 3천 명의 영국-이집트 연합군 보병여단은 공격대형으로 기다렸다. 2개 수단대대는 사격 효과를 높이려고 1개 오로 늘어섰고 가타커가 지휘하는 영국 여단은 오른쪽에서 종심 깊게 정렬해 있었다. 키치너는 마흐디군이 고개를 들고 사격하지 못하도록 선두 오가 계속 총을 쏘며 전진해 자리바 목책 사이사이를 벌려놓으면 밀집해 뒤따르는 중대들이 이 틈을 이용해 목책 안으로 진격해 들어가 적을 소탕할 생각이었다.

가타커는 자리바 목책이 견고할 것이라고 과대평가했다. 때문에 영국 여단의 대형은 수단 여단의 그것보다 훨씬 조밀했다. 캐머런하일랜드연대가 선두 오를 채웠다. 그 뒤로 링컨셔연대, 시포스하일랜드연대, 그리고 워릭셔연대가 따랐다. 자리바 사이를 돌파할 캐머런하일랜드연대에는 개인별로 가죽 장갑, 나뭇가지를 잘라낼 낫, 가시를 덮을 담요가 지급되었고 중대당 사다리가 2개씩 배정되었다. 7시 40분, 키치너는 공격준비포격을 중단하라고 지시했다. 요란하던 사격이 한순간 멈추더니 잠잠해졌다. 말이 전력으로 질주하는 소리가 들려왔다. 달려온 말들이 포 견인 준비를 서둘러 마쳤다.

8시 10분, 키치너가 진격 명령을 내리자 나팔병은 가냘프고 괴상한 음정으로 나팔을 불었다. 이 신호를 들은 다른 나팔병들이 동일한 음정으로 나팔을 불자 신속하게 명령이 퍼져나갔다. 영국-이집트 연합 원정군 병사들은 공격을 앞두고 긴장했다. 그렇게 오래 기다린 순간이 마침내 다가온 것이다.

수단 병사들로 구성된 군악대는 마치 최면에 걸린 듯 북을 쳤다. 캐머런하일랜드연대와 시포드하일랜드연대는 스코틀랜드 백파이프를 불었다. 워릭셔연대와 링컨셔연대도 북을 치고 작은 플루트를 연주했다. 영국군 대대에서는 어김없이 여왕기Queen's colours와 전투 깃발이 펄럭였다. 가타커 소장은 칼을 빼 들고 캐머런하일랜드연대 선봉 중대 맨 앞에 서서 진격했다. 그는 아마도 최선두에 서서 돌격한 마지막 영국군 여단장일 것이다. 그의 옆에는 제7경기병연대 소속으로 가타커의 전속부관인 로널드 브룩Ronald Brooke 대위와 당번병인 크로스 이병이 있었다. 또, 육군 병참단 소속으로 가타커의 선임 서기인 와이어스Wyeth 일병이 거대한 유니언잭을 들고 그의 뒤를 따르고 있었다.

수단대대와 함께한 맥스웰, 맥도널드, 그리고 헌터도 선두에 서서 진격했다. 그러나 이들 지휘관들은 비교할 수 없을 만큼 키가 큰 딩카족, 누에르족, 쉴룩족, 그리고 누바 산맥 출신 병사들에게 뒤처지지 않으려고 말을 타고 있었다.

영국 여단은 마치 훈련하듯 천천히 그리고 정확하게 방진을 만들어 앞으로 움직였다. 대열은 조용했고 장교들은 무표정했다. 부사관들은 기계적으로 명령을 전달했다. "영국군은 군기가 엄격했고 기강이 잡혀 있었다. 병사들은 일제사격을 시작한 뒤 명령에 따라 개별 사격으로 전환했다. 이들의 사격 실력은 탁월했다. 적은 단 한 명도 살아남지 못했다."[12]

스코틀랜드 출신 병사들은 흰 헬멧을 쓰고 킬트를 입었다. 헬멧은 햇살에 반짝였고 킬트는 바람에 나풀거렸다. 스코틀랜드 병사들 뒤편으로 카키색 재킷에 울즐리가 도입한 헬멧을 쓴 링컨셔연대가 어깨에 비스듬히 소총을 착검한 채 완벽한 대형을 갖추고 따라왔다. 키치너는 이들을 모든 면에서 1급이라고 평한 적이 있다. "조용히 그리고 천천히 앞으로 나아가면서 대체 적이 언제 사격할 것인지 궁금했다. 그러나 기분 나쁘게 고요한 정적은 깨질 줄 모르고 계속되었다."[13]

캐머런하일랜드연대가 오른쪽으로 조금씩 이동하자 워릭셔연대 예하 2개 중대가 대열을 두 배로 두텁게 만들었다. 영국군 병사들은 중간 지대를 성큼성큼 통과했다. 이들 왼쪽으로 수단중대들은 마치 적의 흰 눈자위를 보지 못해 안달이 난 사람들처럼 떼를 지어 앞으로 빠르게 나아갔다. 캐머런하일랜드연대가 정지하더니 분대 단위로 일제사격을 시작했다. 새로 보급된 리-멧포드 소총이 마치 스타카토처럼 경쾌하게 쏘아대는 소리는 수단대대 병사들이 사용하는 구식 마티니-헨리 소총과 명확하게 구분되었다. 북이 울리고, 군악이 울려 퍼지고, 깃발이 펄럭이는 가운데 훈련한다는 느낌이 들 정도로 정확하게 움직이는 원정군이 드디어 범람원에 있는 능선 위로 올라섰다. 능선 위, 쏟아지는 햇살 아래 총검 1만 2천 개가 빛났다. 마이클존은 당시 모습을 이렇게 기억했다. "높은 곳에 이르자 '정지!' 구령이 들렸다. 사격이 시작되었다. 앞줄은 한쪽 무릎을 꿇었고 뒷줄은 서서 사격했다. 소총 1만 2천 정과 맥심 기관총 12정이 가공할 총성을 만들어내면서 적진을 휩쓸어버렸다."[14]

원정군은 자리바 목책의 약 270미터 전방까지 접근했다. 대혼란이 벌어지기 직전이었다. 사방에서 총알이 날아다녔고 원정군 병사들이 더 가까이 접근하자 섬광과 연기는 더욱 자욱해졌다. 《데일리 뉴스》 특파원 스티븐스G. W. Steevens는 당시를 이렇게 기억했다. "마치 빗방울이 연못에 세게 떨어지는 것처럼 총알이 요란하게 날아다녔다."[15]

캐머런하일랜드연대의 선두 병사들이 마치 돌덩어리처럼 쓰러졌다. 이렇게 쓰러진 자리는 신속하게 다른 병사들이 메웠고 앞줄은 일제히 개별 사격을 시작했다. 이들 뒤에 있는 시포드하일랜드연대는 아무 도움도 주지 못한 채 바라만 볼 수밖에 없었다. "젊은 병사들에게 이는 가혹한 시험이었다. 캐머런하일랜드연대 병사들은 사격하느라 신이 났지만 약 50미터 뒤에서 따라가는 우리는 총상을 입은 전우가 들것이 실려가는 것을 바라보는 것 말고는 아무 할 일이 없었다. 그렇지만 캐머런하일랜드연대 병사들은 눈썹 하나 까딱하지 않았다."[16]

마이클존은 마흐디군의 날카로운 사격 소리가 새소리 같다고 생각했다. "마치 성이 난 거대한 벌이 지나가는 것처럼 귓전이 윙윙거렸다. 그러나 나는 우리 중대의 사격을 지휘하는 데 전념하고 있어서 그 소리가 무엇인지 깨닫지 못했다. 몇 분 뒤, 딸그락거리는 소리가 들려 바라보니 중대원 한 명이 땅바닥에 구르고 있었다……. 들것을 부르는 큰 소리가 대열에서 들려왔다.

한두 명이 갑자기 쓰러졌다…….”[17]

영국군 왼편에서 잭슨G. W. Jackson 소령이 지휘하는 제11수단대대는 링컨셔연대에 접근했고 링컨셔연대는 시포드하일랜드연대에 조금씩 가까이 다가갔다. 서서히 모든 영국군 부대가 한곳으로 몰리고 있었다. 링컨셔연대와 시포드하일랜드연대는 개울에 있는 가파른 수로로 몰려 들어갔다. 톰 크리스천Tom Christian 병장은 당시를 이렇게 기억했다. “우리가 온통 자갈투성이인 비탈에 오르자 사방에서 총알이 날아다녔지만, 대부분은 머리 위로 날아갔다. 적은 우리가 10분 안에 치고 들어갈 만큼 대담하리라고 전혀 예상치 못했다. 물론 우리에게 이 10분은 10년처럼 길게 느껴졌다.”[18]

도비탄 때문에 자갈이 사방으로 튀었고 마흐디군의 수제 화약이 약실에서 터져 나오는 소리는 마치 새 울음처럼 들렸다. 이런 소리 말고도 찢어질 듯 날카로운 소리, “쿵”하는 둔탁한 소리로 온 사방이 요란했다. 밀집된 공간에서 집중사격이 이뤄졌기 때문에 대포 소리조차 묻혀버렸다.

원정군 병사들, 특히 스코틀랜드 출신 병사들이 계속해 쓰러지면서 송장 더미가 생길 지경이었다. 그러나 영국군은 전혀 위축되지 않고 계속 앞으로 나아갔다. 그렇다고 속도를 높이지도 않았으며 지금껏 해왔듯이 일정한 박자에 맞춰 장전과 사격을 계속했다. 시포드하일랜드연대 군악대원 리어몬스Learmonth는 당시 심정을 이렇게 남겼다. “몸을 숨길 곳이 전혀 없었기 때문에 우리는 대부분은 매 순간이 마지막이라고 생각했다. 적이 사격에 서툴렀기에 망정이지 사격을 잘했더라면 우리는 훨씬 더 끔찍했을 것이다.”[19]

헌터-블레어 대위가 지휘하는 맥심 기관총 포대에 기관총 3정을 오르막 언덕으로 이동시키라는 명령이 떨어졌다. 기관총을 운반하는 노새들이 전장 소음에 겁을 먹자 이집트 기관총 사수들은 노새들을 움직이려고 머리와 귀를 잡아당겼다. 간신히 오르막에 도착하자 노새 한 마리가 총알을 맞고 발작하듯 발을 허우적대더니 밑으로 굴러떨어졌다. 사수들이 기관총을 설치하자 마이클존 중위가 이끄는 중대가 기관총과 사수들을 엄호하려고 올라왔다. 워릭셔연대는 집중적인 포화를 뚫고 능선 위에 다다랐다. 마이클존은 "쿵" 소리를 들었다. 고개를 돌려 보니 파워Power 이병이 엎어져 있었다. "조그맣던 빨간 점이 그의 재킷 전체로 서서히 번져갔다. 그의 얼굴이 마치 송장처럼 하얗게 변했다. 그가 남긴 마지막 말은 '적이 저를 이렇게 만들었습니다'였다."[20]

마이클존은 부하들을 멈춰 세우고 분대 단위로 일제사격을 명령했다. 바까라 기병이 1천400미터 안쪽으로 접근했지만 워릭셔연대와 맥심 기관총 사수들이 응사해 기병 12명과 말 5마리를 사살했다. 원정군도 피해를 입었다. 사우스홀Southall 이병은 오른 어깨에 총알을 맞았는데 이는 수작업으로 만든, 엄청나게 큰 총알이었다. 그는 이 총알에 맞아 쇄골이 부서지면서 공중에 붕 떴다가 쓰러졌다. 잠시 뒤 그가 일어났을 때, 재킷은 피로 물들어 있었다. 그는 소대장에게 다가가 왼손으로 거수경례를 올린 뒤 전선에서 물러나는 것을 허락해달라고 요청했다.

거의 동시에 또 다른 이등병이 총에 맞아 배에 구멍이 나면서 그곳으로 창자와 위장이 쏟아져 나왔다. 병참장교인 딕슨Dixon은 그를 들것에 실어 후송했다. 마흐디군이 쏜 탄이 맥심 기관총을 둘러싼 방탄판에 부딪혀 "탱" 소리와 함께 튕겨 워릭셔연대 병사들 발 주변으로 날아갔다. 탄알 한 발이 마이클존 곁에 있는 이등병의 소총에 맞았지만, 이등병은 머리털 하나 다치지 않고 무사했다. 이들 아래로 자리바 목책 바깥에는 마흐디군 30명이 마치 돌격할 것처럼 모여 있었다. 워릭셔연대는 격렬하게 사격을 시작했고 맥심 기관총은 여기에 화답하듯 일정한 소리를 내면서 마흐디군을 쓸어버렸다. 이 와중에 두 명이 살아남았는데 이들은 미리 등을 보이고 도망친 이들이었다. 살아남은 바까라 병사 하나는 맥심 기관총을 향해 깔보는 듯한 태도를 버리고 냅다 뛰기 시작했지만 1초 뒤 그는 맥심 기관총탄에 피투성이가 되어 쓰러졌다. 딕슨은 권총으로 두 번째 기병을 쏘았지만, 총알이 빗나갔다. 마이클존은 딕슨을 비웃었다. 딕슨은 불같이 화를 내면서 다시 총을 쏘았고 이번에는 견갑골 사이를 명중시켰다. 총알을 맞은 바까라 병사는 비틀거렸다.

수단대대는 마흐디군에게 큰소리로 욕설을 퍼부으며 돌격했다. 왼쪽에 있는 영국군은 여전히 훈련하듯 천천히 전진하면서 사격했다. 가타커 소장의 기수인 와이어스 병장은 허벅지에 총을 맞아 동맥이 파열되었다. 다리에서 피가 솟구치면서 와이어스는 가타커 뒤로 쓰러졌다. 가장 먼저 자리바 목책에 도달한 가타커는 와이어스를 돌볼 여유가 없었다. 손수 자리바 목책의 가지를 비트는 동안 몸집이 큰 마흐디군이 창을 들고 가타커에게 달려들었다. "이봐! 저 자식 총검 한 방 먹여!" 가타커가 당번병 크로스에게 소리쳤다. 캐머런하일랜드연대 소속인 크로스 이병은 달려드는 마흐디군 병사 배에 총검을 깊숙이 밀어 넣었다.

가타커는 예상과 달리 자리바 목책을 돌파하는 것이 어렵지 않다는 것을 깨달았다. 마이클존은 당시 자리바 목책을 이렇게 평가했다. "목책은 아주 보잘것없었다. 높이 1.2미터는 두께는 1미터도 되지 않았다."[21] 하일랜드연대는 가시덤불 위에 담요를 덮고 간단히 목책을 건넜다. 수단 병사들은 긴 다리를 이용해 목책을 훌쩍 뛰어넘었다. 가타커도 가시덤불을 뛰어넘어 악몽 같은 전장으로 달려들었다. 남녀노소, 사람과 동물을 가리지 않은 포격 때문에 목책 안에는 팔다리와 살점이 떨어져나간 송장이 온 사방에 널려 있었다. "구덩이는 다리를 저는 당나귀들로 가득했다. 살아 있는 것, 죽은 것 혹은 부상당한 것도 있었다. 낙타는 포탄에 맞아 내장을 다 드러낸 채 쓰러져 있었고 죽거나 부상당한 적병의 옷은 불에 타고 있었다. 벌거숭이가 되어버린 여자들도 있었는데 대부분 포탄과 총알 때문에 살점이 떨어져나가 있었다."[22] 구덩이에 있는 마흐디군은 살았든 죽었든 상관없이 커다란 통나무에 쇠사슬로 묶여 있었다. 투쿨과 천막은 비티가 발사한 소이 로켓탄 때문에 마치 지옥불에 휩싸인 것 같았다. 돔나무에도 불이 붙어 자리바 목책 안쪽은 마치 지옥처럼 연기와 고성이 가득했다. 검은 연기가 병사들을 뒤덮으며 퍼져나갔고 화약 냄새와 살이 타는 냄새가 뒤섞인 악취가 코를 찔렀다.

자리바 목책 안은 엄폐가 가능한 개인호가 서로 촘촘하게 연결되어 있고 이 뒤에는 가시가 잔뜩 박힌 울타리로 둘러싸인 보루가 있었다. 마흐무드는 이 보루에 숨어 있었다. 캐머런하일랜드연대가 가시 울타리를 분해했고 덕분에 뒤따르는 다른 중대들이 그 안으로 들어갈 수 있었다. 캐머런하일랜드연대, 시포스하일랜드연대, 링컨셔연대, 그리고 워릭셔연대 병사들은 벌어진 울타리 사이를 힘으로 부순 뒤 밀고 들어갔고 이를 막아서는 마흐디군과 교전이 시작되었다.

13년 전에 그랬던 것처럼 영국-이집트 원정군의 총검과 마흐디군의 창과 칼이 맞부딪히는 광경이 다시 한 번 벌어졌다. 그러나 영국군 총검은 에-테브 전투와 타마이 전투에서 보던 과거의 그것이 아니었다. 긴 시간 동안 자리바 목책 안쪽에서 피가 낭자한 육박전이 벌어졌다. 원정군은 마치 강물이 흐르는 것처럼 어깨를 나란히 한 수천 명을 끊임없이 투입해 마흐디군을 찌르고, 베고, 총으로 쏘았다. 캐머런하일랜드연대의 플레처Fletcher 이병은 이렇게 기억했다. "우리는 적을 총검으로 찌르기 시작했다. 우리와 마주치는 적은 모조리 죽였다. 내가 살아 있는 한 나는 그 고통스러운 광경을 결코 잊지 못할 것이다."[23]

마이클존은 가시덤불 위로 뛰어올랐다가 고운 흙이 덮인 땅바닥으로 엎어졌다. "맙소사! 그 친구 맞았군!" 무슨 소리가 들렸다. 총알이 마이클존의 머리에서 불과 한 치 떨어진 곳을 스친 것이다. 마이클존은 재빨리 몸을 일으켰다. 캐머런하일랜드연대 병사 둘이 쓰러진 장교 위로 몸을 구부린 것이 마이클존의 눈에 들어왔다. 쓰러진 장교는 캐머런하일랜드연대 소속 찰리중대의 중대장인 핀들레이Findlay 대위였다. 핀들레이는 자리바 목책까지 부하들을 지휘하다 치명상을 입었다. 목책을 통과하는 순간 마흐디군 두 명이 달려들며 핀들레이를 공격했다. 핀들레이는 마흐디군 한 명을 리볼버 권총으로 처치했지만 다른 한 명이 가까이에서 쏜 레밍턴 소총탄이 몸을 관통했다. "찰리중대! 내 걱정은 하지 말고 계속 전진해라!" 핀들레이가 남긴 마지막 말이었다. 핀들레이의 전우인 어쿼트Urquart 소령 또한 킬트 앞에 차는 스포란 주머니를 통과한 총알이 사타구니에 맞으면서 고통스럽게 숨이 끊어지고 있었다. 캐머런하일랜드연대의 바일리Baillie 대위도 가시투성이 울타리를 가슴으로 미는 도중 총알이 폭발하면서 무릎을 감싼 슬개골이 떨어져나갔다.

마이클존은 마흐디군이 운용하는 크루프 대포 주변에서 포탄 파편에 맞아 널브러진 사체들을 보았다. 대포 5미터 앞에는 어깨를 나란히 한 채 넓은 칼날과 창을 번뜩이는 마흐디군이 서 있었다. 부하들이 소리치는 것이 가물가물하게 들리던 중 누군가 크게 소리 질렀다. "우리 차례다. 워릭셔 병사들이여, 한 놈도 살려놓지 마라!" 그러고 난 뒤, 총검과 칼이 만들어내는 흐릿한 장면만 보였다. "모두 미쳤군." 마이클존이 말했다.

마이클존은 참호 속에 있는 마흐디군 한 명이 소총으로 자기를 겨냥한 것이 희미하게 기억났다. 마이클존은 본능적으로 몸을 돌려 10미터도 안 되는 거리에서 그 병사를 쐈지만, 총알은 적의 어깨에 흙을 흩뿌리면서 빗나갔다. 마이클존은 마흐디군의 레밍턴 총구에서 불꽃이 뿜어져 나오는 것을 보았다. 발사된 총알이 마이클존의 귀를 스치고 지나갔다. 부하 둘이 마치 하늘에서 내리꽂는 악마처럼 마흐디군 병사에게 몸을 날리는 순간, 마이클존은 또 다른 총알에 맞았다. 부하들이 총검으로 계속해서 그 병사를 찌르자 병사는 피가 흙과 섞여 질척해진 참호에 쓰러졌다.

돌격에 나선 영국-이집트 연합 원정군 중 많은 수가 마흐디군이 사방에 파놓은 참호에 빠졌다. 캐머런하일랜드연대의 톰 크리스천 병장은 당시 현장을 이렇게 기억했다. "마치 서커스를 하는 것 같았다……. 작은 참호가 여러 개 있었는데 우리는 거기에 빠졌다. 총알이 비 오듯 날아다녔기 때문에 거기 빠진 것이 우리에게는 오히려 잘 된 일이었다. 내가 장담하는데 참호 덕분에 많은 이가 목숨을 구했다."[24]

마이클존은 마흐디군 병사에게 총검을 잡힌 아군을 도우려고 달려갔다. 단검을 칼집에서 뽑으려 애쓰는 마흐디군과 총검을 잡힌 영국군은 죽을힘을 다해 빙글빙글 돌며 상대를 제압하려 했다. 마이클존이 도착하기 전, 총검을 잡힌 영국군이 리-멧포드 소총 방아쇠를 당기자 집바에 검은 화약흔이 생기면서 마흐디군은 뒤로 나가떨어졌다. 그 옆에서는 또 다른 마흐디군 병사가 워릭셔연대 병사를 땅에 눕힌 채 목을 조르고 있었다. 마흐디군이 칼을 박아 넣기 직전, 연대의 동료 한 명이 마흐디군의 허리를 총검으로 찔렀다. 멀지 않은 곳에 있던 워릭셔연대의 개척병* 존스 상병Pioneer Corporal은 도끼를 꺼내 들었다. 존스는 키가 1.8미터가 넘는 장신이었다. 바까라 병사가 창으로 찌르자 존스는 몸을 비켜 피한 뒤 도끼를 휘둘러 바까라 병사의 머리를 두 조각으로 쪼개버렸다.

마이클존은 투쿨 원두막으로 다가가다 3미터짜리 창으로 무장한 바까라 병사와 마주쳤다. "적이 나를 바라보면서 창을 위로 휘두르자 창날이 햇볕에 번쩍였다. 그러나 제때 찌른 것은 그가 아니라 나였다. 내가 찌른 칼은 가슴을 뚫고 칼자루가 갈비뼈에 닿을 정도로 거침없이 들어갔다. 적은 엄청난 힘으로 저항했고 나는 리볼버 권총을 빼면서 적의 손을 잡았다. 그 순간 우리 둘 다 땅바닥에 쓰러졌다."[25] 마이클존은 바까라 병사의 창을 집어 들고 창날에 묻은 피를 바라보았다. 그 순간 반쯤 벗은 여자 하나가 단도를 휘두르며 마이클존에게 달려들었다. 그는 부하 둘이 여자를 끌어낼 때까지 칼로 여자를 멀찍이 떼어놓았다. 여자는 끌려가면서 욕설을 퍼붓고, 이로 물며 침을 뱉었다. 마이클존과 병사들은 여자가 튀어나온 곳에서 아기를 발견했다.

공격준비포격과 영국-이집트 연합 원정군의 돌격에 압도된 마흐무드의 군대가 물러서기 시작했다. 파르쿠하슨Farquharson 상병은 당시 분위기를 이렇게 기억했다. "전우들은 고든의 죽음에 충분히 복수했다. 적은 총검에 찔려 죽든지 아니면 총알에 맞아 죽어야 했다. 개중에는 이 두 가지를 모두 당한 적병도 있었다."[26] 중앙에 있는 제11수단대대는 마흐무드의 보루를 향해

* 행군로 또는 전진로 상의 장애물을 제거하고 통로를 개척하는 임무를 맡은 병사로 가죽으로 만든 앞치마를 두르고 도끼를 들고 있다. 이런 전통은 프랑스 외인부대에서도 찾아볼 수 있다.

다가가다 경호병들과 정면으로 충돌했다. 정확하게 조준된 일제사격이 터져나오면서 제11수단대대원 100명 중 90명이 쓰러졌다. 쓰러진 중대를 대신해 다른 중대들이 신속하게 자리를 메우고 총을 쏘면서 앞으로 달려나갔다. 거기까지가 마흐무드 경호병들의 운명이었다. 경호병들은 두 번째 사격을 하지 못한 채 총검에 찔리거나 수단대대가 쏜 총알에 맞아 죽었다. 제11수단대대는 제10수단대대의 배후 지원을 받아 보루로 달려가 침대 밑에 숨은 마흐무드를 찾아내서는 총검으로 넓적다리를 찔렀다. 아마 포병 장교인 프랭크스 소령Franks이 말리지 않았다면 수단 병사들은 마흐무드를 그대로 죽여버렸을 것이다.

원정군은 이제 마흐무드의 부대를 강으로 몰아가기 시작했다. 자리바 목책 안쪽에서 광란이 벌어진 시간은 겨우 5분이었지만 그 짧은 시간 동안 원정군 사상자는 무려 400명이나 되었다. 그중 최악의 병력 손실을 본 것은 캐머런하일랜드연대였는데 15명이 전사하고 45명이 부상당했으며 부상자 중 다섯은 위중했다. 워릭셔연대는 15명이 부상당했는데 대부분 칼에 베이거나 폭발탄 때문이었다. 마이클존의 전우인 그리어Greer 중위는 이미 부하 셋을 잃고 본인도 허벅지를 찔려 피를 쏟고 있었다. 링컨셔연대 장교 중 세 명이 이미 죽거나 숨이 끊어지려 했다. 시포스하일랜드연대에서는 고어Gore 중위가 전사했고 장교 여섯이 심하게 부상당했다. 수단 여단 또한 손실이 컸는데 57명이 전사하고 386명이 부상당했다.

마흐디군은 숨어 있다가 수단 병사가 지나가면 갑자기 튀어나와 뒤에서 총을 쏘았다. 영국군은 이런 마흐디군을 향해 미친 듯이 총검을 휘두르며 달려들었고 총알이 온 사방으로 날아다녔다. 원정군은 자리바 목책 안에서는 총을 쏘지 말라는 명령을 받았으나 대부분은 이를 잊어버렸다. 마이클존은 총알이 빗발치듯 날아다닌 당시 상황을 이렇게 기억했다. "적군은 물론 아군이 쏜 총알이 온 사방에 빽빽하게 날아다니다가 오두막에 부딪히거나 피에 젖은 땅에 박혔다."[27]

공격하는 원정군은 마흐디군을 강둑까지 몰아붙였다. 원정군은 피투성이가 된 채 연기를 뚫고 나타났다. 총검에서는 피가 뚝뚝 떨어졌고, 얼굴과 군복은 먼지와 연기 때문에 검게 그을렸다. 수천 명에 달하는 마흐디군은 흙탕물 웅덩이만 몇 개 보이는 강바닥을 건너 허둥지둥 도망쳤다. 탈영하는 것처럼 보이는 몇몇은 같은 편이 쏜 총에 맞아 쓰러졌다. 영국군은 냉정하게 조준한 뒤 도망자들을 쏘아 죽였다. 당시 현장에 있던 톰 크리스천 병장은 당시를 이렇게 기억했다. "강바닥 건너편에 도달한 것은 100명 중 20명이 되지 않았다. 6천 정이 넘는 소총이 최고의 사격 속도를 유지하며 계속해 발사되었다."[28] 파르쿠하슨 상병은 집에서 토끼를 사냥하던 장면이 떠올랐다.[29]

갑자기 이집트 기병이 최고 속도로 달리며 바까라 기병을 추격했다. 전투에서 아무 역할도 하지 못한 바까라 기병은 오스만 디그나의 지휘를 받아 도망치는 중이었다. 전투 결과는 오스만 디그나가 예측한 그대로였다. 마흐무드의 병력 중 많은 수가 전사자와 부상자를 군데군데 남겨놓고 아다라마를 향해 아트바라 강으로 달아났다. 도망치던 마흐디군은 포병 장교 벤슨 소령 G. E. Benson이 지휘하는 자알리인 부대에 가로막히면서 350명이 죽고 거의 600명이 포로가 되었다. 마흐무드가 메템마에서 인솔해온 병력 중 겨우 3분의 1만이 살아남았다.

강변에서는 서서히 사격이 잦아들었다. 아트바라 강바닥은 이미 죽은 그리고 죽어가는 바까라족으로 가득했다. 송장은 널브러졌고 물웅덩이는 피로 붉게 변했다. 사격 중지를 알리는 나팔이 울리자 시계를 가진 병사들은 모두 시간을 보았다. 공격준비포격이 시작되고 겨우 15분밖에 지나지 않았지만, 믿을 수 없었다. 한 시간에도 안 되는 짧은 순간 동안 평생을 다 산 것 같은 느낌이었다. 이 전투로 원정군은 전사자를 포함, 558명의 사상자를 냈다. 마흐디군은 8천 명이 궤멸당했다. 더욱이 이들은 아프리카에서 가장 무시무시하다는 바까라족 군대였다. 전투를 마친 원정군 병사들은 천천히 원소속 부대로 돌아가 재편성을 시작했다. 부사관들은 인원을 점검했고 사라졌던 병사들은 얼굴이 피투성이가 된 채 싱긋 웃으면서 진격하다 빠진 참호에서 기어 올라왔다.

재편성 중인 병사들 사이로 키치너가 말을 타고 나타났다. 진영은 쥐 죽은 듯 조용해졌다. 마침내 승리한 영국-이집트 연합 원정군은 피부 색깔과 상관없이 피묻은 헬멧과 타르부쉬 모자를 흔들면서 5분 내내 힘차게 환호했다. 불굴의 의지를 가진 이집트군 총사령관! 수단 기계라 불린 키치너의 눈에서는 눈물이 흐르기 시작했다. 어떤 때라도 화강암처럼 꿋꿋할 것 같아 보이는 뺨에 눈물이 흘렀다. 당시 함께한 장교는 키치너를 이렇게 평했다. "전투가 벌어진 15분 동안 사령관은 지극히 인간적이었다."[30] 키치너의 도박은 성공했다. 엄청난 계획과 노력, 끊임없는 작업과 치열한 토론, 수없이 주고받은 전문, 하나를 해결하고 나면 또다시 나타난 새로운 장애물들을 해치우고 드디어 결과를 만들어낸 것이다. 이 모든 것은 키치너 한 사람의 의지와 결단력 덕분이었지만 동시에 영국, 이집트, 수단 출신의 평범한 병사들이 보여준 투지, 충성심, 헌신, 용기, 그리고 전문성이 있었기에 가능했던 성과였다. 몇 달 뒤, 키치너는 병사들의 헌신과 노력 덕분에 승리한 것이라고 울즐리에게 겸손하게 인정했다. "저에게는 정말 좋은 부하들이 있었습니다. 이런 부하들이 있으니 일이 잘못되려 해도 잘못될 수가 없었습니다."[31]

키치너가 헌터와 말을 타고 함께 전장을 돌아보던 중 마흐무드를 생포했다는 보고가 올라왔다. 키치너와 헌터 앞으로 제10수단대대 병사들이 민머리에 표정이 시무룩했지만 화려하게 장식된 집바를 입은 키 큰 사람을 끌고 왔다. 마흐무드는 절뚝거렸는데 총검에 찔려 상처가 나면서 옷에는 피가 스며 있었고 두 손은 등 뒤로 묶여 있었다. 마흐무드는 다가서는 키치너와 헌터를 노려봤다. "사령관님이시다!" 헌터가 아랍어로 말했다. 마흐무드가 한 번 더 눈을 부라렸다. 키치너가 앉으라고 하자 마흐무드는 책상다리로 땅에 앉았다. 패배자는 무릎을 꿇는 것이 일반적이고 당시에 책상다리는 반항을 뜻했다. 그러나 다리를 다친 채 치료를 받지 못한 마흐무드는 무릎을 꿇을

아트바라 전투에 패해 포로로 잡힌 마흐무드

수 없었다. 키치너가 아랍어로 질문을 던졌다. "왜 내 땅을 불태우고 약탈하러 왔는가?"

"네가 케디브에게 복종해야 하는 것처럼 나는 칼리파의 명령에 복종해야 한다." 마흐무드가 대답했다. 키치너는 좋은 답변이라고 평했지만, 실상은 그렇지 않았다. 마흐무드가 칼리파에게 복종했더라면 지금쯤 사발루카 협곡에서 여전히 키치너가 진격하지 못하게 저지했을 수도 있었다.

마흐무드가 실패한 것은 바까라 군대의 기강이 해이해졌기 때문만이 아니라 자만심 때문이기도 했다. 수단 병사들이 끌어내는 와중에 마흐무드는 키치너를 향해 마지막으로 독설을 쏘아붙였다. "너는 옴두르만에서 대가를 치를 것이다. 칼리파에 비하면 나는 낙엽 같은 존재이다!" 32

7

1885년에 마흐디가 카르툼을 점령하자 마흐디의 친척인 아슈라프 가문 사람 중 많은 수가 카르툼에 있는 집들을 사유화했다. 그러나 얼마 지나지 않아 마흐디가 사망할 무렵, 칼리파 아브달라히는 아슈라프 가문이 자신에게 맞서는 선봉에 설까 봐 두려워했다. 바까라 기병 파견대 선두에 서 카르툼을 방문한 아브달라히는 카르툼을 완전히 비우라고 명령했다. 1년 뒤, 칼리파 무함마드 아쉬-샤리프가 모반을 꾀하자 아브달라히는 카르툼 성내 모든 사람을 철수시켜 백나일강 서편에 있는 옴두르만으로 옮겨버렸다. 그 뒤로 카르툼은 유령 도시로 변했다.

1898년 무렵, 옴두르만은 성벽을 두른 도시가 되었고 그 규모는 고든이 총독이던 시절의 그것보다 훨씬 커졌다. 하지만 오늘날 옴두르만에 남은 것은 당시 면적 중 일부에 불과하다. 당시 옴두르만의 모습 그대로 남아 있는 것은 거의 없지만, 그 시절에 있던 여러 지구地區, 예를 들면 물라지민, 바이트 알-말처럼 당시를 떠올리는 이름이나 돌로 만든 아치, 토루, 마흐디의 무덤, 그리고 칼리파의 집은 오늘날에도 남아 있다. 그중 토루는 아브달라히가 나일강 강둑에 건설한 6개의 요새 유적이다. 이 요새들은 청나일강과 백나일강, 두 강이 만나는 곳에 있는 투티 섬과 마주 보고 있는데 마흐디군의 포상砲床으로 사용되었다. 투티 섬과 나일강 동쪽에도 요새가 여럿 있었기 때문에 옴두르만을 공격하려고 나일강을 거슬러 올라오는 배는 강 양편에서 날아오는 포탄 세례를 피할 수 없었다.

옴두르만 성벽 북쪽으로는 무질서하게 널린 진흙 오두막과 투쿨 원두막 사이로 길이 두 개 나 있었고 마흐디군 대부분은 이곳에 거주했다. 북으로 더 올라가면 옴두르만 도로는 두 곳의 협곡과 교차하는데, 현재는 이 두 곳 모두 도심에 포함되어 거의 사라진 상태이다. 첫째 협곡인 코르 샴밧Khor Shambat은 우기에 서쪽에서 흘러오는 물을 나일강으로 빼냈고, 둘째 협곡인 코르 아부 순트Khor Abu Sunt는 자발 수르캅Jabal Surkab에서 나온 물을 저장했다. 자발 수르캅은 진정한 의미로 산이라기보다는 땅 위에 볼록 튀어나온 바위투성이 언덕 정도로 케라리 평원Kerrari plain 한가운데 외롭게 솟아 있다. 자발 수르캅의 경사면에서 시작된 긴 모래 능선은 웬만한 부대를 그 뒤로 가려버릴 정도로 높았다. 모래 능선 북쪽에 있는 케라리 평원은 붉은빛과 황토빛을 띠는 고운 흙이 평평하게 펼쳐진 광야로, 아카시아가 듬성듬성 자라는 곳이었다. 케라리 평원 동쪽에는 나일강이 있고 북으로는 케라리 언덕Kerrari hills이라 불리는 약 75미터 높이의 화강암 봉우리와 능선이 만들어내는 미로가 이어졌다. 나일강에 붙어 있는 알-이자이자al-'Ijayja 마을은 바로 이 케라리 언덕 남쪽에 있었다.

성벽으로 둘러싸인 옴두르만 안쪽에는 칼리파의 집이 있고 이 집에서 돌멩이를 던지면 닿을 거리에 은빛 원뿔형 지붕을 두른 마흐디의 무덤이 있었다. 칼리파의 집 바로 뒤에는 아브달라히가 정기적으로 열병을 거행한 넓은 연병장이 있었다. 나중에 박물관으로 개축된 칼리파의 집은 구운 벽돌을 뚜렷한 계획 없이 이어 붙여 지었고 작은 뜰로 연결되어 있었다. 이 건물은 칼리파 아브달라히의 개인적인 안거安居, 그의 가족들을 위한 하렘* 그리고 물이 흐르

* 이슬람에서 허락된 것은 '할랄'이라 부르고 금지된 것을 '하람'이라 부르는데 하람은 부녀자와 아이들이 거처하는 곳으로 외간 남자의 출입이 금지된 곳이다. 하람이 터키식으로 변질되면서 비이슬람 사회에는 하렘으로 알려져 있으나 하렘도 기본적인 뜻은 하람과 같다.

는 목욕탕을 구비했으며 계단과 방이 여럿 있어 구조가 복잡했다. 1898년에 칼리파의 집은 아브달라히의 성소가 되었다. 아브달라히는 부인과 첩들을 멀리한 채 오직 이복동생 야굽만이 내정에 들어오는 것을 허락했다.

영국-이집트 연합 원정군에게 생포된 마흐무드는 옴두르만에 있는 칼리파의 병력이 17만 5천 명에 달한다는 소문을 흘렸다. 실제로 칼리파의 병력은 4만 명을 넘지 못했다. 그러나 이 정도만으로도 상당한 숫자였다. 그러나 아브달라히는 몇 가지 문제 때문에 곤란을 겪고 있었다. 거의 아사 직전까지 갔던 마흐무드의 부대가 보여준 것처럼 이동하는 마흐디군은 보급에 치명적인 약점이 있었다. 아브달라히는 사발루카 협곡 북쪽 너머의 주민으로부터 압도적인 지지를 받지 못했을 뿐만 아니라 이 지역에 강력한 세를 가진 자알리인 부족은 키치너 원정군에 합류해버렸다. 나일강을 따라 움직이면 키치너가 보유한 포함의 압도적인 화력에 병력을 노출하는 꼴이었다.

마흐무드가 패하고 한 달 뒤, 아브달라히는 집에서 자문위원회를 소집했다. 참석자 중에는 700명 규모의 베자족을 데려온 오스만 디그나와 아브달라히가 감옥에서 가석방시킨 칼리파 무함마드 샤리프 외에도 피르카 전투에서 나일강에 몸을 던져 간신히 도망친 오스만 아즈라크와 마흐디국에서 동골라 지사를 지낸 무함마드 와드 비샤라Muhammad wad Bishara가 있었다.

아브달라히는 무엇엔가 정신이 팔려 산만해 보였고 멍하게 먼 곳을 응시하기도 했다. 무함마드 샤리프는 마흐디가 계시에 나타나서는 북으로 진격해 사발루카 협곡을 점령하라고 자신에게 말했다고 했다. 이 말을 들은 아브달라히는 톡 쏘면서 대꾸했다. "의견이 필요하면 그때 가서 물어볼 것이오!"[33] 오스만 디그나도 사발루카 협곡이 방어하기에 전략적으로 바람직한 곳이라는 데 동의했다. 아브달라히의 사촌이자 마흐무드의 동생으로 녹기사단을 지휘하는 이브라힘 알-칼릴Ibrahim al-Khalil도 오스만 디그나의 의견에 동의했다. 녹기사단은 옴두르만에 근거를 두고 카라 기지Kara garrison에 주둔하고 있었다.

아브달라히는 사발루카에 방어진지를 여럿 세운다는 자문위원회의 결정을 승인했지만, 속마음으로는 이 결정에 확신이 없었다. 그는 침입자들과 마지막 결전을 벌일 장소를 이미 오래전에 마음속으로 점찍어놨다. 마흐디는 한때 불신자로 이뤄진 큰 군대가 옴두르만 북쪽에 있는 케라리 평원에서 패할 것이라고 예언했다. 이곳은 무함마드 아흐마드, 즉 마흐디가 성장한 마을과 가까웠기 때문에 실제적으로도 상징적으로도 적절한 전장이었다. 아브달라히의 전략은 예나 지금이나 한결같았다. 침입자를 최대한 깊숙이 끌어들여 병참선을 길게 늘어뜨린 뒤 이를 끊어 침입자를 굶주리고 갈증에 시달리게 만들어 향수병과 공포에 휩싸였을 때 대규모로 돌격해 최후의 일격을 날린다는 것이 아브달라히의 전략이었다. 그는 최후의 대규모 결전을 치를 곳이 케라리 평원이라는 확신을 한 번도 버린 적이 없었다.

아브달라히가 채택할 수 있는 다른 두 가지 방안도 있었다. 안전한 코르도판으로 철수하거나 아니면 성벽으로 둘러싸인 옴두르만에 은거하며 적을 끌어들여 성안에서 싸우는 방법이었다. 일부 사람이 철수를 지지했지만 아브달라히에게 철수란 애당초 고려 대상이 아니었다. 철수란 마흐디의 무덤을 포기하는 것으로 패배를 뜻했다. 고즈 출신 유목민 아브달라히는 성스러운 인물을 장식이 있는 둥근 지붕 아래 매장하는 것을 개인적으로는 달갑잖게 생각했지만 이런 무덤이 강력한 정치, 종교적인 상징물이라는 것을 잘 알았다. 아브달라히가 자기 집을 마흐디 무덤의 그림자가 떨어지는 곳에 맞춰 지은 것도 결코 우연이 아니었다. 이런 맥락에서 시가전은 바까라족의 방식은 아니었다. 광활하게 탁 트인 고즈에서 태어나 유목민으로 성장한 바까라족은 광대한 전경에 익숙했고 시내에 난 도로에서는 심지어 폐소공포증까지 느꼈다.

심리학자 노먼 딕슨*은 이런 주장을 남겼다. "다루기 어려운 욕망이 현실

* Norman F. Dixon: 영국군 공병 장교로 10년 동안 복무하며 전상戰傷을 입은 영국의 심리학자로 1950년 군을 떠나 대학에서 심리학을 전공했다. 1956년 심리학 박사를 취득하고 1974년에

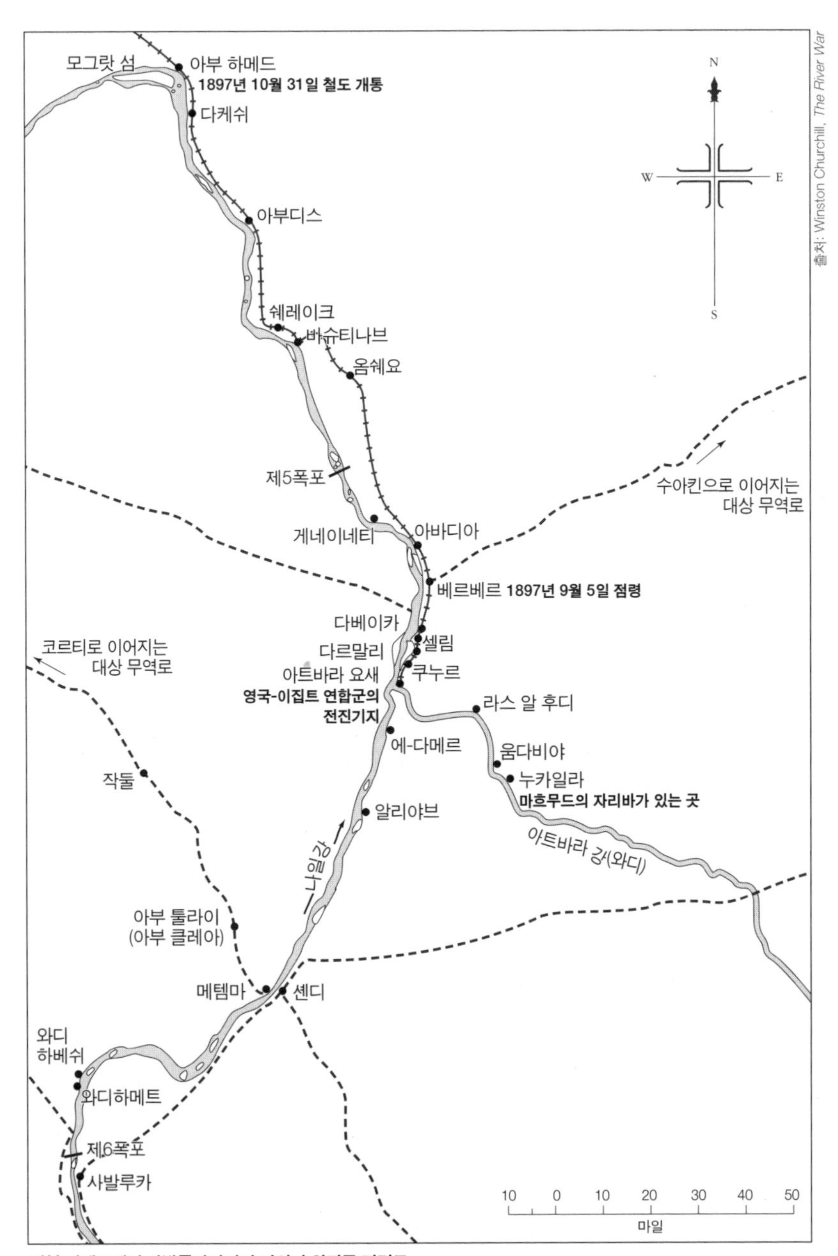

아부 하메드에서 사발루카까지의 키치너 원정군 진격로

에서 좌절되면 이것의 보상으로 예전에 희열을 느낀 기억을 떠올리는 경향이 있다."[34] 샤이칸에서 힉스 원정군을 몰살시키고 수단을 마흐디의 수중에 넣은 것은 아브달라히에게 추억할 만한 희열이었다. 성공을 이뤄낸 방법은 아브달라히 마음에 새겨진 채 지워지지 않았다. 그는 키치너 원정군을 자신이 선택한 케라리 전장으로 유인해 이 성공을 재현할 생각이었다.

아브달라히의 아들 샤이크 아-딘은 아브달라히가 믿는 물라지민을 맡았다. 힉스 원정군을 무찌를 때 함단 아부 안자와 지하디야 소총병이 했던 역할을 샤이크 아-딘과 물라지민이 대신한 것이다. 물라지민이 일정하게 사격해 침입자의 저항을 무너뜨리면 아브달라히의 이복동생 야굽이 지휘하는 흑기사단이 심장이 멎을 듯한 속도로 돌격하게 되어 있었다.

샤이칸에서 승리한 조건을 다시 만들어내겠다는 결의에 찬 아브달라히는 자기가 점찍은 전장인 케라리 평원에 단점이 있다는 것을 간과했다. 물을 구할 수 없던 힉스 원정군은 갈증 때문에 죽을 만큼 고생했다. 그러나 키치너 원정군은 나일강을 등지고, 더욱이 물을 구하는 동안 무장한 포함 선단이 경계하는 상황에서 전투하게 되어 있었다. 샤이칸에서는 지하디야 소총병이 힉스 원정군의 눈을 피해 빽빽한 숲에 숨을 수 있었지만, 케라리 평원에는 그런 숲이 없었다. 키치너가 가져온 장거리포 앞에서는 물라지민이 공격 위치를 잡는 것도 어려웠다.

아브달라히는 이런 모든 요소를 깡그리 무시한 채 알라와 부하들의 용기만 앞세웠다. 아브달라히는 샤이칸에서 한 것처럼 영국-이집트 연합 원정군도 학살에 가깝게 전멸시킬 생각이었다. 이것은 그저 시내 도로에서 벌어지는 소규모 교전이 아니라 운명을 가를 전투였으며 얼굴에 붉은빛이 도는 불

는 실험 심리학에서 혁혁한 공로를 인정받아 카펜터 메달Carpenter Medal을 수상했다. 1979년 *On the Psychology of Military Incompetence*, 1981년 *Preconscious Processing, Subliminal Perception: the nature of a controversy*, 1987년 *Our Own Worst Enemy* 등을 출간했는데 이 저작으로 영국 심리학회로부터 찬사를 받았다.

신자와 정의로운 알라의 군대가 벌이는 최후의 결전이기도 했다. 비록 영국-이집트 연합군의 화력이 우세하지만 아브달라히의 확신은 흔들리지 않았다. 육박전이 벌어지기만 한다면 아부 틀라이에서 그랬듯이 승리의 가능성은 반반이었다.

아브달라히가 자신의 전략을 생각하는 동안 키치너는 아트바라에 있는 전진기지에서 이 모든 것을 완벽하게 꿰고 있었다. 키치너는 목표를 눈앞에 두고서 지난 수년 동안 준비해온 것을 낭비할 생각이 전혀 없었다. 키치너는 옴두르만으로 진격할 때 완전무장한 포함 10척과 증기선 5척으로 구성된 선단이 꼭 필요했다. 그러나 나일강 수위가 올라가는 8월 이전에 제6폭포인 사발루카 협곡을 통과하지 못하면 낭패였다. 아트바라 강어귀에 가까이 있는 다르말리Darmali의 여름 기지에서 보낸 넉 달이 영국군에게는 마흐디군의 총알보다 더 치명적이었다. 전투도 하지 않았는데 8월까지 새로운 무덤 50개가 생겼다.

1898년 7월 3일, 아트바라까지 철길이 완공되었다. 열차는 원정군에 필요한 증원 병력과 새로운 물자를 실어 나르기 시작했다. 제일 먼저 도착한 것은 새로 만들어질 포함 멜릭Melik, 셰이크Sheikh, 술탄Sultan의 자재였다. 이 작은 증기선들은 아바디야Abadiyya에 있는 강변 작업장에서 조립되었다. 이 포함 세 척은 수차가 아닌 스크루 2개로 추진력을 얻었고, 배 전체가 장갑판으로 보강된 현대적인 배였다. 배마다 5, 6문의 중포重砲와 맥심 기관총 4정이 탑재되었다.

노스햄턴셔연대의 존 콜린슨John Collinson 중령이 지휘하는 이집트 여단도 철도를 타고 도착했다. 콜린슨은 대대장을 역임했으며 피르카 전투와 아트바라에서 싸운 적이 있었다. 보병대대 4개, 근위보병 제1연대, 랭카셔퓨질리어연대Lancashire Fusiliers, 노섬벌랜드퓨질리어연대Northumberland Fusiliers, 그리고 라이플여단Rifle Brigade 제2대대로 구성된 새로운 영국 여단도 도착했다. 라이플여단의 네빌 리틀턴Neville Lyttelton 준장이 지휘하는 영국 여단은 가

공할 무기를 잔뜩 가져왔다. 9파운드 야포, 5인치 곡사포, 영국 본토 방위 포병Royal Garrision Artillery이 운용하는 40파운드 포 2문과 아일랜드퓨질리어연대Irish Fusiliers가 운용하는 맥심 기관총 포대 2개 등등이었다. 영국군은 제21창기병연대도 데려왔다. 이 부대는 원래 제21경기병연대였으나 창으로 무장한 뒤 이름을 바꾼 부대이다.

윌리엄 가타커는 기존의 영국 여단과 새로 도착한 영국 여단을 포함해 여단 2개를 지휘하게 됐다. 그는 기존 여단을 검은 파수꾼, 즉 하일랜드연대의 앤드루 워호프 준장*에게 넘겨주었다. 워호프는 예전에 동부 수단에서 그레이엄을 도와 함께 싸운 경험이 있었다.

콜린슨이 지휘하는 제4이집트여단을 빼고도 키치너는 낙타대 2개 중대, 기병중대 1개, 그리고 스튜어트-워틀리 소령이 지휘하는 2천500명 규모의 자알리인 병력으로 이집트군을 증강시켰다. 스튜어트-워틀리는 중위 시절인 1885년 와디 하베쉬 전투에서 마흐디군의 집중포화를 뚫고 나온 장교였다.

13년 전에 고든 구원군이 그랬듯이 수단을 향한 진격이 막바지 단계에 다다르자 사회 저명인사들과 귀족들이 키치너의 연합 원정군에 관심을 가지면서 연줄을 가진 장교들의 인사 청탁이 줄을 이었다. 이런 장교 중에 유명한 인물을 꼽아 보면 울즐리의 정적인 로버츠 경의 아들 프레데릭 로버츠Frederick Roberts, 요크 공작부인Duchess of York의 동생 프랜시스 오브 텍 공Prince Francis of Teck, 그리고 빅토리아 여왕의 손자 크리스천 빅터 공Prince Christian Victor이 있다. 주목할 만한 인물도 있었는데, 하원의장과 재무장관을

* Andrew Gilbert Wauchope(1846~1899): 스코틀랜드에서 출생했다. 워호프는 1859년에 해군 견습생으로 입대했으나 해군 생활에 만족하지 못해 1862년에 그만두고 1865년 하일랜드연대 소위로 매관 임관했다. 1873년에는 제2차 아샨티전쟁에 참여했으며, 1878년부터 1880년까지 키프로스의 파포스Paphos 지역 총독으로 근무하기도 했다. 1882년 영국-이집트전쟁에 참전했고, 고든 구원군에 참여했을 때는 에-테브 전투와 키르크베칸 전투에도 참여해 부상당했다. 물려받은 유산 덕에 스코틀랜드에서 손꼽히는 부자이기도 한 워호프는 열렬한 보수당원이었으며 스코틀랜드 교육 발전에도 적극적으로 관여했다. 키치너 원정군에 참여한 공로로 소장으로 진급했고 남아프리카전쟁에 참여했다가 마거스폰타인Magersfontein 전투에서 전사했다.

역임했고 1884년에는 보수당 대변인으로 글래드스턴이 고든을 버렸다고 비난한 고故 랜돌프 처칠Randolph Churchill의 아들 윈스턴 스펜서 처칠이 바로 그 주인공이었다.

20세기를 주도한 정치인이자 세계에서 가장 유명한 영국인이 된 처칠은 당시 스물세 살짜리 풋내기 소위로 제4경기병연대에 배속되었다. 처칠은 정신적으로 문제 있는 유년기를 보냈다. 아버지 랜돌프는 처칠에게 군인이 될 것을 권했는데 그것은 처칠이 군인의 자질을 가져서가 아니라 변호사 시험을 통과하지 못할 만큼 멍청하다고 생각했기 때문이다. 아버지 랜돌프 처칠은 처칠이 스물한 살 때 매독으로 사망했다.

처칠은 울즐리가 측량 사무실에서 일하면서 열여섯 살에 간단히 통과한 샌드허스트 육군사관학교 입학시험을 세 번이나 치르고서 합격했다. 멍청하다는 평가에도 처칠은 말하기와 쓰기 모두 능숙한 기량을 보였다. 그는 책과 기사를 쓰면서 얻은 인세로 모험을 동반하는 군 생활을 영위했고 수단에 오기 전, 원칙대로라면 쉽지 않았겠지만, 상당 부분 연줄을 이용해 이미 인도와 남아프리카에서 현역으로 복무했기 때문에 수단에서도 복무하지 못할 이유가 없다고 생각했다. 처칠이 수단에 오는 데 동의하지 않은 키치너는 처칠이 낸 지원서를 거부했다. 키치너는 언론인을 싫어한 만큼 연줄을 타고 뒷문으로 들어와 훈장이나 타가는 장교들을 아주 혐오했다. 키치너와는 잘 아는 처칠의 어머니와 솔즈베리 총리가 키치너에게 처칠을 받아달라고 개인적으로 직접 부탁했지만, 그는 처칠을 받아들이지 않겠다는 생각을 바꾸지 않았다. 처칠은 개인적으로 키치너가 결코 신사가 아니라고 논평했다. 이 상황은 당시 부관감 에벌린 우드 소장이 키치너의 '입맛대로 인사'에 질려버린 뒤에야 바뀌게 된다. 키치너는 육군성이 추천한 장교 중 자기 뜻에 맞는 사람만 골라 뽑았다. 우드는 키치너가 이집트군의 총사령관이므로 영국 파병군의 인사까지 행사할 권한은 없다고 말했다. 따라서 키치너가 승인하지는 않았지만, 처칠 소위는 제21창기병연대에 초과 보직자로 배치되었고 카이로에 있는 압바시야 기지에 출두해 보고하라는 인사 명령을 받았다. 며칠 뒤, 처칠은 런던에서 산 마우저 반자동 권총*과 《모닝 포스트Mornign Post》에서 준 인세를 챙겨서는 프랑스의 지중해 연안 도시 마르세유로 향하는 기차에 올랐다.

8월 23일, 처칠은 자신이 예속된 창기병중대와 함께 원정군 전진기지가 있는 와디 하메드에 도착했다. 이곳은 1885년에 포함 사피아가 마흐디군 포병과 혈투를 벌인 와디 하베쉬에서 남쪽으로 얼마 떨어지지 않은 곳이다. 카이로에서 출발해 오랫동안 이동했기 때문에 제21창기병연대 병력은 그다지 유쾌하지 않았다. 거의 2주 내내 열차 짐칸에 처박혀 지내왔고 말 또한 상태가 말이 아니어서 오는 동안 50마리도 넘게 살처분되었다. 병사 중에서도 열사병으로 한 명이 죽고 세 명은 후송되었다. 처칠은 다른 장교들이 자기를 이방인 취급한다는 것을 깨달았다. 장교들은 《모닝 포스트》와 계약한 처칠을 경멸하다 못해 거의 간첩처럼 바라보았다.

와디 하메드에 도착한 처칠과 병사들은 정신이 나갈 지경이었다. 그곳에는 거의 2만 명에 달하는 영국-이집트 연합 원정군이 바쁘게 우글대면서 남쪽으로 약 320킬로미터를 이동할 준비를 하느라 정신없이 소란스러웠다. 원정군은 나일강을 따라 약 3.2킬로미터 길이로 길게 늘어섰고 사막 쪽으로는 튼튼한 자리바 목책을 설치해 보호를 받았다. 사발루카 협곡 남쪽에 있는 자발 로얀Jabal Royan 맞은편에 전진기지가 완성된 지 사흘이 지나 원정군은 옴두르만을 향해 출발했다. 원정군은 마흐디군을 발견하는 즉시 전투대형을 취해야 했기에 나일강 서쪽에서 정면을 넓게 형성하고 이동했는데 그 모습

* Mauser C96: 1896년부터 1937년까지 독일 총기 제작사 마우저 사에서 만든 반자동 권총으로 방아쇠울 앞쪽에 탄알집이 있고 총신이 상대적으로 길며 필요에 따라서는 어깨에 견착해 사격할 수 있는 특징이 있다. 7.63밀리미터 탄을 사용한 마우저는 다른 권총보다 총구 속도가 빠르고, 사거리가 길며, 관통력이 우수했다. 마우저 사에서만 약 100만 정을 생산한 것으로 추정되며 1937년 이후부터 1950년대까지는 스페인과 중국에서 생산돼 당대 최고의 인기를 누린 무기 중 하나이다.

이 참으로 장관이었다. "공기가 청명하면 이 놀라운 그림 같은 장면이 세세하게 다 보였다. 이동하는 부대의 총 규모는 6개 여단에 24개 대대였다. 각 대대는, 멀리서 보면 정말 작아 보이지만 평원에 서면 각각을 모두 완벽하게 구분할 수 있었다. 속도 때문에 나중에 출발한 기병은 원정군 사이를 통과했다. 야전에 투입된 모든 병사는 갈색 옷을 입었다. 그러나 다양한 인종으로 구성된 병사들이 서로 다른 제복을 입고 말쑥하게 대형을 만들어 곧게 뻗어 나가는 행렬은 인상적이었다. 또한 이 늠름한 병사들이 호기심과 자신감을 가지고 평원을 응시하는 모습은 잊을 수 없을 것이다……."[35]

바야흐로 '얼굴이 붉은 불신자'와 마흐디군 사이의 마지막 결전이 시작되려 하고 있었다.

8

9월 1일 11시 40분, 키치너는 옴두르만에서 북으로 약 13킬로미터 떨어진 케라리 평원에 있었다. 키치너의 오른쪽에는 보랏빛을 띠는 케라리 언덕이 있었고 그 뒤로는 진흙 벽돌집이 있는 알-이자이자 마을이 있었다. 말을 타고 참모들 앞에 선 키치너는 이제 막 마흐디군을 살펴보려고 자발 수르캅에 올라갈 생각이었다.

약 한 시간 전, 알-이자이자를 점령한 영국-이집트 연합 원정군은 6개 보병여단 중 5개 여단을 동원해 마을 주위로 커다란 반원형 방어대형을 형성하고 자리바 목책을 설치해 포를 운반하는 노새와 2천300마리 규모의 수송용 낙타를 집어넣었다. 콜린스 중령이 이끄는 제4이집트여단은 방어대형에서 빠져 예비대로 중앙에서 야영했다.

마을 너머로 정오의 햇볕이 나일강 위로 쏟아지면서 강은 짙은 회색을 띠며 격렬하게 흘렀고 증기선 좌우에 달린 수차에서 나는 소리와 누가르 돛단배를 끌어당기는 소리가 함께 섞여 울렸다. 마을에서 상류로 11킬로미터 떨어진 곳에서는 둔탁한 포 소리도 들렸다. 키치너 원정군의 철갑 증기선들은 50분 동안 마흐디군 요새, 포대, 그리고 옴두르만 성벽에 난 틈을 포격해 피해를 입혔다. 영국군 제37야전포병대37th Field Battery는 훨씬 더 상류에 있는 투티 섬에 상륙하려다 성공하지 못하자 대신에 나일강 동편의 진흙을 뚫고 곡사포를 뭍에 올려놓으려 애썼다. 제37야전포병대는 당시 첨단 화약 기술이라 할 수 있는 50파운드짜리 리다이트* 포탄을 옴두르만 성 안으로 날려 보냈다.**

키치너는 마흐디군이 옴두르만 성벽 밖으로 나올지 아니면 옴두르만에 그대로 머물며 시가전을 할지가 가장 궁금했다. 시가전은 키치너에게 골치 아픈 일이었다. 원정군은 포함과 곡사포로 옴두르만 시내를 산산조각 내버리고 민간인도 대량으로 죽일 수 있었지만 그렇다고 꼭 아브달라히의 병력을 전멸시킬 수 있는 것은 아니었다. 윈게이트가 이끄는 정보부 차장으로 참모들과 함께 말을 타고 있던 슬라틴은 키치너에게 마흐디의 무덤을 파괴하는 것이 마흐디군에게 심리적으로 얼마나 강력한 충격을 주게 될지 설명했다. 키치너는 제37야전포병대에게 우선 마흐디의 무덤을 포격하고 이어서 옴두르만을 포격하라고 지시했다. 그는 옴두르만을 포격해 마흐디군이 안전하게 숨을 곳이 없다고 느끼게 만들 생각이었다.

그러나 마흐디군은 적이 공격하기를 기다리는 군대가 아니었다. 마흐디군은 포격 24시간 전인 전날 아침부터 옴두르만 시내에서 빠져나오기 시작했다. 이런 마흐디군을 가장 먼저 포착한 것은 로버트 브로드우드가 지휘하

---

* Lyddite: 피크르산Picric acid을 기초로 만들어진 폭약으로 수분에 강하고 폭발이 쉬우며 폭발 시 소이 효과 없이 파편 효과를 일으킨다. 1888년 최초로 개발 당시 비밀을 유지하려고 최초 실험이 이뤄진 영국 남부의 리다이트를 암호명으로 쓰면서 이런 이름이 붙었다. 옴두르만 전투와 보어전쟁에서는 물론 제1차 세계대전 때 포탄의 작약으로 사용되었다.

** 당시 리다이트 50파운드 포탄을 발사한 것은 5인치 후장식 곡사포Breach-loading 5 inch Howitzer로 옴두르만 전투는 이 포가 최초로 사용된 전투이다. 5인치 곡사포는 보어전쟁에서도 사용되었으며 1908년에는 경량화 된 4.5인치 속사 곡사포로 대체된다. 50파운드 포탄 또한 조금 더 가벼워진 40파운드 포탄으로 대체되어 제1차 세계대전 동안 널리 사용되었다.

는 이집트 기병이었다. 9월 1일 아침 11시, 17개 기병중대와 낙타대를 지휘하는 브로드우드는 자발 수르캅 서쪽의 모래 능선 꼭대기에 있었다. 그는 남쪽으로 약 5킬로미터 떨어진 코르 샴밧의 뒤쪽 사막에 무엇인가가 검은 점들로 이뤄진 선이 걸려 있는 것을 보았다. 이 선 뒤로는 옴두르만 북쪽을 배경으로 진흙 벽돌집들이 복잡하게 얽힌 모습과 옴두르만 성벽 위로 삐죽 솟은 마흐디 무덤의 둥근 지붕이 보였다.

제21창기병연대를 지휘하는 로울랜드 마틴Rowland Martin 중령은 브로드우드보다 나일강에 더 가까이 있었다. 마틴은 남쪽으로 약 6킬로미터 떨어진 곳에서 브로드우드가 본 검은 선을 보았다. 마틴과 부하들은 이것이 자리바 목책이거나 가시덤불 숲이라고 생각했다. 검은 선은 마흐디군으로 보이는 흰 점 몇 개가 방어하고 있었다. 11시 5분경, 자리바 목책이라고 생각한 검은 선이 갑자기 움직이기 시작했다. 마틴은 목책이라고 생각한 것이 실은 마흐디군의 선두 오라는 것을 깨닫고는 깜짝 놀랐다. 나머지 마흐디군은 브로드우드가 막 통과한 모래 능선의 사각지대에 가려 있었다.

마흐디군은 갑자기 파도가 들이치듯 연이어 코르 샴밧 뒤에서 나타나 평원을 가득 채웠다. 마흐디군으로 가득 찬 평원은 전체가 검게 보였다. 최초에는 많아야 3천 명 정도였지만 빠르게 수가 불면서 마흐디군은 1만 5천 명에서 2만 명이 되었다. 마흐디군은 결국 4만 명까지 늘어났다. 마흐디군에는 깃발 1천여 개가 나부꼈고 마치 중세 유럽의 기사가 입었을 법한 미늘 갑옷을 입고 투구를 쓴 기병도 있었다. 마흐디군은 앞뒤로 흔들거리며 잰걸음으로 빠르게 접근했고 제21창기병연대 병력은 마흐디군이 가까이 다가올수록 점점 더 커지는 북소리와 뿔나팔 소리를 들었다. 셀 수없이 많은 마흐디군이 최면에라도 걸린 것처럼 하나가 되어 목구멍 깊은 곳에서 뽑아내는 '라 일라흐 일랄 라흐' 소리를 내자 더욱 오싹했다. 무슬림의 신앙고백 소리는 영국군 정찰병들에게는 마치 폭풍이 몰아치며 파도가 해안에 부서지는 소리처럼 들렸다.

브로드우드의 기병중대들은 바까라족 선봉부대가 가까이 다가오자 서둘러 뒤로 물러났다. 비가 내려 젖은 지면이 미끄러워 낙타대가 움직이기란 쉽지 않았다. 이집트 기병 중대장 더글라스 헤이그Douglas Haig는 부하들에게 말에서 내려 낙타대가 철수하도록 엄호하라고 명령했다. 나중 일이기는 하지만 헤이그는 훗날 육군 원수까지 승진한다. 낙타대가 이내 굳은 땅에 도달하자 기병은 말에 채찍을 가해 빠른 속도로 마흐디군의 추격을 따돌렸다.

제21창기병연대의 마틴 중령은 자발 수르캅 정상에 올라 통신 분대가 설치한 태양광 반사 신호기로 일-이자이자에 있는 키치너에게 상황을 보고했다. "마흐디군이 전투대형을 갖추고 옴두르만에서 북쪽으로 향하고 있으며 수는 3만 5천 명으로 추산됨." 키치너는 진흙벽돌담 옆에 앉아 쇠고기 통조림과 피클을 먹다가 보고를 받았지만, 전혀 동요하지 않았다. 그는 점심 식사를 모두 끝내고서야 마흐디군의 진격 상황을 보러 자리를 떴다.

11시 45분, 키치너가 수르캅으로 가는 도중 창기병 제복을 입은 젊은 소위가 말을 타고 접근했다. 황토색 먼지가 점점이 앉은 카키색 군복을 입은 소위는 타고 있는 말을 키치너 옆으로 붙였다. 소위는 얼굴이 땅딸막했다. 눌러쓴 헬멧이 눈을 가려 고압적으로 보인 데다 위아래도 몰라보는 듯한 무례한 어투 때문에 그의 말은 더욱 기분 나쁘게 들렸다. 그는 재빨리 키치너에게 경례를 올리고 말을 꺼냈다. "사령관님! 제21창기병연대에서 보고합니다." 키치너는 말없이 고개를 끄덕였다. "적이 시야 안에 있는데 그 수가 눈에 띄게 많습니다. 적의 주력은 현재 저희가 있는 곳에서 옴두르만 방향으로 약 11킬로미터 떨어져 있습니다. 적은 11시까지 움직이지 않았지만 11시 5분에 움직이는 것이 관측되었습니다. 제가 보고하러 40분 전에 떠날 때 적은 빠르게 진격하는 중이었습니다."

말 두 마리가 모래 위를 나란히 저벅저벅 걸어가는 내내 키치너는 주의 깊게 보고를 들었다. 비가 내린 뒤라 모래는 여전히 축축했다. 한참이라고 느낄 만큼 키치너가 곰곰이 생각하는 동안 보고를 마친 소위는 조금 위축되었지만, 키치너의 얼굴을 꼼꼼히 살폈다. 키치너의 콧수염은 양쪽으로 길게 자랐고, 양 볼은 햇볕 때문에 화상을 입어 벗겨졌으며 눈초리는 이상했다. 마침내 키치너가 물었다. "내가 쓸 수 있는 시간이 얼마나 되지?" 소위가 별 고민 없이 부드럽게 대답했다. "최소한 한 시간은 됩니다. 적이 현재 속도로 온다 해도 제가 봤을 때는 한 시간 반은 충분히 가용하리라 판단됩니다."

키치너는 소위의 추산치를 받아들였다는 인상은 전혀 풍기지 않은 채 가볍게 고개를 끄덕여 그를 돌려보냈다. 키치너는 그 소위가 누군지 알았지만, 티도 내지 않았다. 소위는 윈스턴 처칠이었다. 키치너는 원정군에 합류하겠다는 처칠의 지원서를 거부했다. 보고하러 간 처칠은 키치너가 이런 질문은 던져주길 내심 기대했다. "처칠 소위, 자네가 여기에 웬일인가?" 키치너가 처칠을 알아보았는지 아닌지는 앞으로도 알기 어려운 질문으로 남을 것이다.

몇 분 뒤, 키치너는 수르캅 능선에 있는 제21창기병연대 통신분대원들 사이에 서 있었다. 이곳에서 키치너는 후대까지 전해지는 드문 사진을 한 장 남겼다. 이 사진에 나온 키치너는 몸에 딱 붙는 재킷과 반바지를 말쑥하게 입었으며 무릎까지 오는 군화를 신고 전투 헬멧을 썼다. 이런 복장과 모습으로 부관에게 마흐디군의 배치를 가리키는 모습이 오늘날까지 사진으로 전해진다. 키치너가 마을로 돌아오자 방어대형을 형성하느라 떠나 있던 헌터가 말을 타고 마중 나왔다. 헌터는 키치너가 마치 귀신이라도 본 것처럼 걱정스러워 보였지만 사실 키치너는 한 가지 생각에 몰두하고 있었다. 키치너는 그날 마흐디군이 공격해 저녁 무렵까지 모든 것이 끝나길 바랐다.

오후 2시, 키치너는 영국-이집트여단에게 자리바 목책에서 나와 바깥쪽으로 460미터 가량 이동해 마흐디군과 싸울 준비를 마치라고 지시했다. 소총여단의 군기호위부사관인 에드워드 프랄리Edward Fraley는 이 명령이 내려왔을 때 숙영지에 겨우 한 시간밖에 있지 않았다고 회상했다. "물론 우리는 무엇인가 잘못된 것으로 생각했다. 내 기억에 1.6킬로미터 정도 밖으로 나간 뒤 대형을 만들었다……. 적이 온다는 이야기를 듣고 그곳에 상당 시간

꼼짝 않고 있었지만 적은 오지 않았다…….”36

실제로 원정군이 명령에 따라 밖으로 이동하고 몇 분 지나지 않아 10킬로미터 떨어진 모래 능선에 있던 제21창기병연대 감시병들은 마흐디군 전체가 마치 명령 한 마디에 따르는 것처럼 멈춘 것을 보고 깜짝 놀랐다. 마흐디군은 마치 포효하듯이 "알라후 아크바르(알라는 위대하시다)"를 외쳤고 물라지민은 하늘을 향해 총을 발사했다. 그러더니 마흐디군은 젖은 모래 위에 주저앉았다. 곧이어 불꽃놀이라도 하듯 수많은 총구에서 불꽃이 하늘로 솟아올랐다. 이날의 전투는 없었다.

이날, 전투가 있기는 있었다. 에디 스튜어트-워틀리와 자알리인 우군 3천 명이 나일강 동편에 상륙해 마흐디군 요새를 탈취하며 벌인 전투였다. 스튜어트-워틀리의 중대에 있는 다른 부족들이 육박전을 꺼린 채 하늘에 총을 쏜 반면 복수하겠다는 의지가 강한 자알리인 부족은 눈부시게 싸웠다. 자알리인 부족은 강 동쪽에 있는 마흐디군 지휘소를 탈취하고 350명을 사살했지만, 대가로 65명이 목숨을 잃었다. 마흐무드가 메템마에서 자알리인 부족 수천 명을 학살한 보복으로, 이들은 살아남은 마흐디군을 강가로 끌고 가 무자비하게 살해했다.

마흐디군이 멈췄다는 소식을 들은 원정군은 마흐디군이 야간공격을 준비할 것이라고 짐작했다. 키치너는 야간공격이 두려웠다. 어둠 속에서는 원정군의 우세한 화력도 아무 소용이 없었다. 포함에는 강력한 조명등이 있고 공병이 조명탄을 발사할 수 있지만 그래 봐야 야간 가시거리는 400미터도 되지 않았다. 1분도 안 되는 짧은 순간에 날래고 용감하게 다가오는 마흐디군을 상대하기에 400미터는 너무 가까웠다. 총알만으로는 적을 멈출 수 없었다. 아주 가까운 거리에서 교전하면 승부는 총검을 쓰는 육박전에 달려 있었다. 처칠은 야간 전투가 얼마나 불리한지 적었다. "어둠 속에서 전선이 뚫린다고 상상만 해도 끔찍하다……. 사나운 칼잡이들이 틈을 뚫고 쏟아져 들어와 살아 있는 모든 것을 자르고 베면서……. 아무런 도움도 받지 못한 부대가 자력으로 상황을 타개하려고 적과 아군을 구분하지 않고 마구잡이로 사방에 총을 쏘면…… 병사들은 사기가 떨어진 채 겨우 수천 명만 도망칠 수 있을 것이다."37 그러나 필요 이상으로 불안을 자아내는 처칠의 상상력에 공감하는 사람은 거의 없었다. 영국군 장교들은 밤에 육박전이 벌어진다면 낮보다야 사상자가 훨씬 더 많이 생기겠지만 그래도 투지만은 어디 내놓아도 뒤지지 않는 영국, 수단, 그리고 이집트 병사들이 아부 틀라이 전투에서 그랬듯이 다시 한 번 훌륭하게 승리할 것이라고 믿었다.

키치너는 야간공격이 걱정됐지만 내색하지 않았다. 그는 야간공격에 맞서 1.2미터 깊이로 호를 단단히 파고 그 안에 들어가거나, 알-이자이자에 있는 건물을 점령한 뒤 강력한 포상에 포를 방렬하라고 지시할 수 있었지만 그러지 않았다. 헌터가 지휘하는 이집트대대와 수단대대는 얕은 참호를 팠지만 가타커가 지휘하는 영국 여단들은 자리바 목책 가시 뒤에 자리를 잡았을 뿐이었다. 키치너는 리-멧포드 소총, 맥심 기관총, 그리고 속사가 가능한 포병 화력에 의존한 채 산개 대형을 유지하도록 했다.

이날 오후는 모든 것을 태워버릴 것처럼 더웠다. 하늘은 구름 한 점 없이 맑았지만 열기 때문에 밤에 내린 비가 증발하면서 지표면은 매우 후텁지근했다. 마흐디군은 앉은 자리에서 수르캅 능선에 있는 영국과 이집트 기병을 볼 수 있었다. 말없이 바라만 보는 이들을 겁을 줘 쫓아 보내려고 바까라 기병이 수차례 출동했지만 아무 성과 없이 셋이 죽고 아홉이 부상당했다. 그저 건너편에 있는 원정군 기병이 결연하다는 것만 확인하고 말았다. 교전 중 제21창기병연대의 해리스 상병Harris이 부상당했고 그의 말은 총을 맞았다.

정찰병이 있는 곳에서도 5인치 곡사포 포격이 들렸다. 오후 3시가 조금 지난 시간, 연속해서 발사된 50파운드 포탄 일곱 발이 믿을 수 없을 만큼 정확하게 마흐디 무덤의 둥근 지붕을 맞췄고 두께가 90센티미터인 지붕에는 큰 구멍이 여럿 생겼다. 짧은 순간이었지만 거의 몇 시간처럼 느껴졌다. 그동안 마흐디 무덤의 은색 지붕은 먼지와 연기로 뒤덮였다. 먼지가 가라앉자 마흐디 무덤 지붕은 마치 달걀 꼭대기를 잘라 놓은 것처럼 부서져나가 평평해진 것이 확 띄었다. 이를 본 영국군과 이집트군 기병이 환호했다. 마흐디군에는 어색하고 불편한 침묵이 흘렀다. 코르 샴밧 지휘소에서 이 광경을 모두 지켜보던 아브달라히는 "라 하와 와 라 구와 일라 빌라(알라를 제외하고는 누구에게도 권력도 힘도 없다)! 원정군은 알라를 두려워하지 않았고 마흐디의 무덤을 부숴버렸다"라고 외쳤다.

아브달라히는 곧 정신을 차리고 병사들에게 선포했다. "우리는 진흙으로 마흐디의 무덤을 세웠다. 우리는 마흐디의 무덤을 다시 세울 것이다." 그러나 사람이 타지 않은 말이 마흐디군 사이를 가로지르자 더 큰 동요가 일었다. 전날 아브달라히는 예언자 무함마드가 말을 타고 샤이칸 전투를 도운 수많은 천사들을 이끌고 병사들 앞을 지나갈 것이라고 선언했다. 사람을 태우지 않은 말은 무정하게도 이런 환상을 놀리는 것처럼 보였다.

9

그날 밤, 예상과 달리 아브달라히는 공격하지 않았다. 해가 진 뒤 아브달라히는 코르 샴밧에 천막을 치고 그 안에 앙가렙 침대를 몇 개 놓고는 차를 마시며 자문회의를 열었다. 오스만 디그나, 이브라힘 알-칼릴, 그리고 오스만 아즈라크는 하나같이 야간에 급습하자고 주장했지만 아브달라히의 아들 샤이크 아-딘은 반대했다. 샤이크 아-딘은 야간에 공격할 경우 지휘관들이 루브, 즉 대대 단위 부대의 통제력을 잃어버릴 것을 염려하는 아버지의 입장을 대변했다. 아브달라히는 밤에 공격하면 병사들이 탈영하거나 잘못된 방향에서 헤맬 것이 마음에 걸렸다.

마흐디군이 대규모 야간공격에 성공한 유일한 예는 13년 전 고든이 지키는 카르툼을 공격할 때였다. 그때 카르툼은 오랫동안 봉쇄된 터라 굶주림에 시달리고 사기도 떨어진 데다 성을 지킨 것은 무기도 변변치 않은 이집트군이었다. 그러나 지금의 잘 무장된 영국-이집트 연합 원정군을 공격하는 것은 당시와 성격이 전혀 달랐다. 샤이크 아-딘은 물라지민 1만 5천 정의 소총이 야간에는 효과가 없다는 것을 잘 알았다. 샤이크 아-딘이 결론을 지었다.
"새벽 기도를 끝내고 아침에 공격합시다. 여우나 생쥐처럼 낮에는 굴로 숨고 밤에 엿보지는 맙시다."[38]

훗날 많은 사람이 아브달라히의 전략 부족을 지적했다. 그러나 군사행동이 단순히 논리에 따라 결정되는 것이 아니라 오히려 문화적인 규범에 따라 결정된다는 것을 이해하는 사람은 그리 많지 않다. 무선통신이 없던 시절에는 잘 훈련된 병력이라도 밤에 통제하는 것이 거의 불가능했다. 야간 행군을 성공적으로 수행한 영국군조차도 동이 트기 전에는 공격을 시작하지 않았다. 야간공격은 어둠을 틈타 은밀하게 접근해서 육안으로 볼 수 있을 정도의 빛만 있으면 전면적으로 공격하는 것이다. 공자功者는 매우 빠르게 사격해 방자防者가 참호에 처박혀 고개도 들지 못하게 만든 뒤 착검해서 맹렬하게 돌격해야 한다.

당시 영국군과 영국군 장교가 이끄는 부대는 전체적인 지세에 맞춰 조화롭게 대형을 유지하는 재능이 부족했다. 오늘날의 시각에선 과거 전투대형을 이렇게 융통성 없이 유지하는 것이 우스워 보일 수 있다. 티 하나 없이 깔끔한 군복을 입고, 마치 기계와 같이 정밀하게 기동하며, 모든 것을 쓸어버릴 것처럼 날아오는 총탄 속에서도 눈 하나 꿈쩍 않고 전진하도록 엄격하게 훈련된 군대는 오늘날 존재하지 않는다. 그러나 당시 군대가 그렇게 행동한 것은 부대를 지키려는 방법이었다는 사실을 간과해서는 안 된다. 나무 뒤에서 웅크려 사격하거나 덤불 속으로 숨어 겁을 집어먹은 것처럼 보이기보다는 이렇게 당당하게 자신을 드러내는 것이 적에게 훨씬 더 큰 공포를 불러일으키고 강한 인상을 남기는 것이 당시 전투 문화였다. 물론 특수한 상황에서의 예외도 있었지만 강한 군인이 대명천지에 싸우는 것은 너무도 당연했다. 그랬기에 샤이크 아-딘이 '생쥐와 여우'라는 표현까지 써가면서 낮에 싸울 것을 주장한 것이다.

그렇다고 키치너와 윈게이트는 혹시 있을지도 모를 야간 전투를 전적으로 운에만 맡겨놓지 않았다. 어둠이 내린 뒤 슬라틴은 알-이자이자 사람들에게 접근해 키치너가 그날 밤 마흐디군을 공격할 것이라며 확신에 찬 목소리로 이야기했다. 이 말이 아브달라히 귀에 들어가지 않을까 봐 슬라틴은 본인이 관리하는 간첩 중 둘을 직접 투입해 같은 이야기를 퍼뜨리도록 했다. 키치너는 옴두르만을 포격하고 돌아온 포함에 조명등으로 원정군의 자리바 목책 전방의 접근로를 비추는 연습을 하라고 명령했다. 마흐디군 저격수로부터 승무원을 안전하게 보호하려면 포함이 나일강 중앙에 머물러야 했기에 조명이 도달하는 거리는 제한적이었다. 그러나 조명등에서 나오는 빛을 생전 처음 보는 마흐디군은 사기가 꺾였다. 영국군이 보고 있다는 이야기를 들은 아브달라히는 눈에 잘 띄는 곳에 있는 자기 천막을 즉각 헐라고 지시했다.

새벽 4시 30분, 기상나팔이 울렸다. 작은북, 백파이프, 그리고 트럼펫도 함께 울려 퍼졌다. 밤새 쏟아진 폭우 때문에 대부분 한숨도 못 잔 영국-이집트 보병은 홀딱 젖은 몸을 떨며 총알을 장전하고 대형을 만들었다. 키치너는 5시 30분에 공격할 생각이었다. 창기병은 말에 안장을 얹고 등불에 의지해 카빈총을 손질했다. 동이 틀 때까지 마흐디군이 나타나지 않으면 창기병이 정찰부대로 케라리 평원에 전개할 예정이었다. 기병은 죽, 건빵, 그리고 쇠고기 통조림으로 아침을 때운 뒤 말 안장에 조용히 앉아 있었다. 제21창기병 연대의 웨이드 릭스Wade Rix 상병은 전투를 앞두고 흐르는 침묵을 이렇게 기억했다. "종교적 열정으로 무장한 채 말 그대로 우리를 산산조각내고야 말겠다는 결의를 가진 마흐디군 수천 명이 사막 어딘가에 있다. 이를 아는 우리는 각자 조용히 생각에 잠겼다."[39]

5시 20분에 마흐디군에게 도착하는 것을 목표로 자리바 목책을 출발한 창기병과 이집트 기병은 자발 수르캅 뒤로 몸을 숨기고 순조롭게 이동하고 있었다. 마흐디군은 아마 중세 전투에서나 볼 법한 장면을 연출한 마지막 군대였을 것이다. 집결한 마흐디군의 수는 기록상으로는 최소한 4만이지만 실제로는 5만도 넘었을 것으로 추정된다. 마흐디군은 대개 양쪽에 날이 선 칼과 칼집에 든 단도로 무장했고 코끼리 가죽이나 코뿔소 가죽으로 만든 방패를 들고 단창과 잎사귀처럼 날이 넓은 창을 들었다. 또한 천조각을 덧대 만든 집바와, 바지단과 허리가 넓어 헐렁하게 끈을 매 입는 서월 바지를 입고 마흐디 추종자가 쓰는 수건을 머리에 감았으며 많은 수는 맨발이었다. 마흐디군은 앞장선 에미르들을 따라 터벅터벅 움직였다. 에미르 중 일부는 마치 중세 기사처럼 사슬로 만든 갑옷에 쇠로 만든 투구를 쓰고 아라비아산 말을 탔다. 마흐디군 사이에서는 검은색, 녹색, 노란색, 그리고 흰색 깃발이 이리저리 나부꼈다. 붉은 모래가 평평하게 깔린 땅 위로 유연하게 움직이는 마흐디군은 최면을 거는 주문이라도 외우듯 목청을 높여 지난 수 세기 동안 무슬림 군대를 하나로 묶어준 '라 일라흐 일랄 라흐'를 외쳤다. 당시 한 영국군은 이 장면을 이렇게 묘사했다. "정말 대단한 함성이었다……. 바다에 몰아치는 폭풍처럼 강렬한 소리가 끊이지 않고 계속해서 들렸다."[40]

마흐디군의 정면은 못해도 8킬로미터는 족히 되었다. 가장 왼쪽에는 녹기사단이 배치되었다. 녹기사단 예하에는 3개 부대가 있었는데 이들 부대는 마흐디가 출현할 때부터 함께한 디그하임 부족의 칼리파 알리 와드 헬루, 아브달라히의 아들 샤이크 아-딘, 그리고 반항적인 기질을 가진 바까라족 출신의 오즈만 아즈라크가 각각 지휘했다. 약 2만 2천 명의 병력에 물라지민 소총병 1만 명이 증원된 녹기사단은 자발 수르캅을 통과해 케라리 언덕으로 곧장 진격했다.

녹기사단 오른편으로 두 무리가 떨어져나갔다. 약 700명 규모의 병력을 지휘하는 오스만 디그나는 옴두르만으로 이어지는 도로를 따라 원정군 파견대가 이동하지 못하도록 코르 아부 순트의 동쪽 끝을 점령했다. 오스만 디그나의 부대보다 수가 많은 백기사단은 4천 명 규모로 아브달라히의 사촌 이브라힘 알-칼릴이 지휘했다. 이브라힘 알-칼릴은 키치너의 자리바 목책을 향해 자발 수르캅의 동쪽으로 진격했다.

마흐디와 예언자 무함마드를 계시에서 직접 보았다고 선언한 아브달라히는 위대한 승리를 거둘 것이라고 예언했다. 또한 그는 케라리 평원에서 전사하는 자는 천국으로 직행할 것이라고도 했다. 누비아산 흰 당나귀에 올라앉은 아브달라히는 1천 명 규모의 경호부대 맨 앞으로 나아갔고 동생 야굽이 지휘하는 흑기사단이 그 뒤를 따랐다. 예비대로 대기하는 흑기사단은 병력이 1만 2천 명인데 원정군이 타격을 받아 비틀거릴 때 최후의 일격을 가할 부대였다.

많은 사람은 아브달라히가 승리를 확신했다고 주장한다. 그러나 실제로 아브달라히가 승리를 확신했는지는 알 수 없다. 칼리파인 아브달라히는 알라가 자기편이라고 믿었을 것은 분명하다. 마흐디군 병사들은 세상에서 누구보다 용감하고, 군인으로서 알짜 중의 알짜라고 할 만큼 키도 크고 힘이 셀 뿐만 아니라 강하고 날랬다. 수적으로 영국-이집트 연합 원정군을 압도할 뿐 아니라 전투에서 명예롭게 승리할 것이라는 신앙으로 뭉친 마흐디군은 사기 또한 높았다. 더욱이 무식하면 용감하다는 속담처럼 마흐디군은 자신들의 전투력이 얼마나 되는지 몰랐기에 기술적으로 우세한 무기를 가진 원정군 앞에서도 주눅이 들지 않았다. 마흐디군은 상대할 '튀르크인', 즉 이방인이 소심하고 겁 많은 존재라고 굳게 믿었다.

이렇듯 승리를 믿었지만 아브달라히는 불안했다. 지난 4월에 사촌 마흐무드는 원정군에게 패했다. 어제 옴두르만을 향해 날아온 리다이트 포탄은 마흐디의 무덤을 부숴버렸다. 그러나 공격을 결심한 아브달라히는 일어나지 않았으면 하는 일을 머릿속에서 모두 지워버리고 승리를 점친 마흐디의 예언과 1883년 샤이칸에서 힉스 원정군을 몰살시킨 영광스러운 기억에 집중했다.

동이 트고 조금씩 밝아지자 수르캅 능선에서 마흐디군을 감시하는 전초기병 2개 부대 중 하나를 지휘하던 윈스턴 처칠은 마흐디군의 규모에 숨이 막힐 것 같았다. 당시 처칠이 목격한 것을 그대로 인용하면 이렇다. "평원에 적이 있다. 적은 줄지 않았을 뿐만 아니라 어제와 마찬가지로 자신감에 차서 우리를 공격하겠다는 의지가 대단해 보였다……. 엄청난 수의 적이 열을 지어 모여 있고 양옆과 후미에는 많은 예비대가 있었다. 내가 선 곳에서 보면 적은 그저 검은 얼룩이나 줄무늬처럼 보였다. 햇살이 창끝에 반사되어 일렁이면서 적은 뚜렷하면서도 다양하게 보였다." 처칠은 긴급을 뜻하는 X자 3개를 그린 급보를 키치너에게 띄웠다. "마흐디군은 여전히 자발 수르캅 남서쪽으로 2.4킬로미터 떨어진 곳에 있습니다."[41]

새벽 5시 50분, 지평선 위로 떠오른 해는 구름을 뚫고 어둠을 밀어냈다. 수르캅 능선의 창기병들은 정지한 것처럼 보였던 마흐디군이 실제로는 이동 중이었다는 것을, 그것도 빠른 속도로 이동하고 있다는 것을 그제야 깨달았다. 마흐디군이 다가오는 것은 마치 밀물이 들어오는 것 같았다. 마흐디군이 여러 갈래로 무리를 이뤄 진격해왔고 바까라 정찰병들은 자발 수르캅을 향해 거침없이 달려왔다. 처칠의 정찰병과 처칠의 동료인 로버트 스미스 중위의 정찰병은 바위 사이에 숨어 있다가 종군 기자 한 명이 자기들을 향해 말을 타고 달려오는 모습을 목격했다. 바까라 척후병의 눈에 띈 이 불행한 기자는 아마도 《타임스》의 허버트 하워드Hubert Howard였을 것으로 추정된다. 바까라 기병이 레밍턴 소총으로 사격을 시작했다. "적이 쏜 총알이 스치듯 날아와 아주 가까이에서 바위에 부딪혔다. 이 소리를 들은 마틴 중령이 사람을 보내 즉각 철수하라고 말했다……. 상당히 흥분한 데다 짜증이 치민 마틴 중령은 신경질적인 태도로 내가 불필요하게 적에게 자신을 드러낸다고 말했다……. 그러나 그것은 내 잘못이 아니라 기자의 잘못이었다……. 설령 총을 맞았다 해도 그저 이름 없는 병사 두 명을 잃은 것이었겠지만 말이다……."[42]

마흐디군이 창기병 관측소를 통과하자 오스만 아즈라크가 지휘하는 대형 우측이 거대한 반원형 대형으로 모습을 바꾸며 알-이자이자를 향해 전개했다. 백기사단에 속한 카라Kara 병사들은 수르캅 언덕 남쪽에 있는, 더 낮은

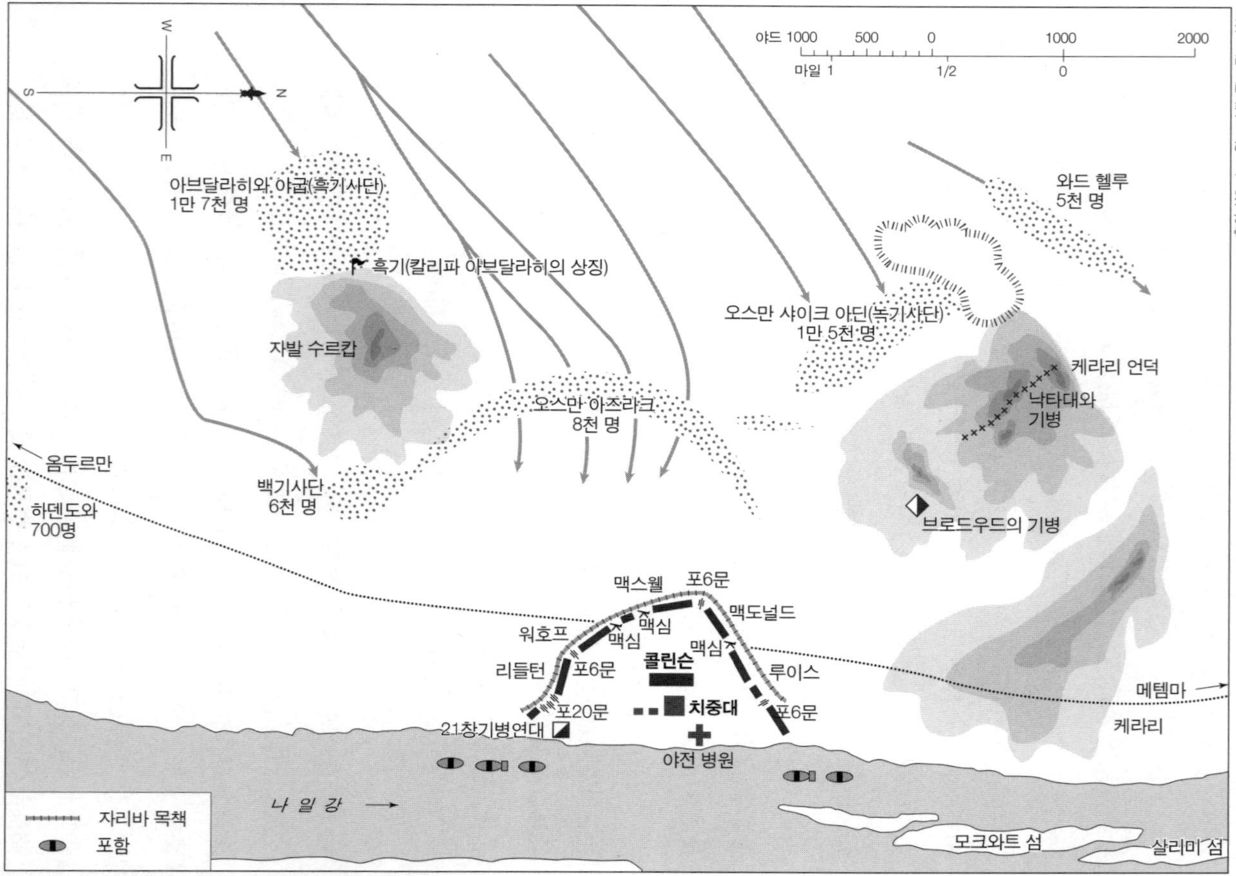

W
S
N
E
야드 1000 500 0 1000 2000
마일 1 1/2 0
아브달라히와 야굽(흑기사단)
1만 7천 명
흑기(칼리파 아브달라히의 상징)
자발 수르캄
오스만 아즈라크
8천 명
옴두르만
백기사단
6천 명
하덴도와
700명
와드 헬루
5천 명
오스만 샤이크 아딘(녹기사단)
1만 5천 명
케라리 언덕
낙타대와
기병
브로드우드의 기병
맥스웰
포6문
맥도널드
워호프
맥심
맥심
맥심
리들턴
포6문
콜린슨
루이스
포20문
치중대
포6문
21창기병연대
야전 병원
메템마
케라리
나일강
자리바 목책
포함
모크와트 섬
살리미 섬

키치너 원정군의 옴두르만 전투도, 1898년 9월 2일 오전 6시 45분

출처: Winston Churchill, *The River War*

경사면에서 무리를 지어 원정군 왼쪽을 위협했다. 녹기사단의 나머지 부대는 브로드우드가 지휘하는 이집트 기병과 낙타대 방어진지가 있는 케라리 언덕으로 곧장 진격했다. 아브달라히는 이미 전날 정찰병을 철수시켰는데 병력을 나눈 형태로 볼 때 아마 아브달라히는 원정군 주력 진지가 북쪽에 있다고 생각했던 것 같다.

전날 점령한 모래 능선 아래를 맡은 처칠의 정찰부대는 말에서 내린 채, 어떻게 해볼 방법이 없는 엄청난 무리가 지나가는 길 아래를 내려다보고 있었다. 마흐디군이 360미터 앞까지 다가오자 처칠은 별생각 없이 네 명의 창기병에게 사격을 명령했는데 이는 옴두르만 전투에서 나온 최초의 사격이었다. 마흐디군이 먼지를 일으키며 날카로운 소리와 함께 응사하자 처칠과 부하들은 재빨리 말로 달려갔다. 처칠 일행은 백기사단이 방금 지나간 수르캅 경사면에 있었는데 이들과 마흐디군 사이의 거리는 겨우 270미터였다.

다시 마흐디군에게 간헐적인 사격을 받았지만, 처칠은 그 자리를 지키고 있기로 했다. 가능한 한 오래 현 위치를 고수하라는 키치너의 명령도 있었지만, 무엇보다 처칠은 마흐디군이 모르는 것을 하나 알고 있었다. 그저 전진하던 마흐디군이 능선 위로 오르는 순간, 원정군 포함과 야전포병의 대포가 불을 뿜었다. 처칠은 긴장한 상태로 기다렸다. "적에게 잡혀 죽을지도 모른다는 공포가 임박했지만 나는 잠시 뒤 벌어질 상황을 예상하는 데 마음을 집중했고 드디어 포탄이 날아오는 것을 볼 수 있었다. 몇 초 지나지 않아 용감한 적군이 순식간에 무너졌다." **43**

마흐디군 중앙에서 낮은 소리를 내며 포탄 두 발이 터지자 처칠은 여기에 정신을 빼앗겼다. 중앙에서 터지기 시작한 포탄은 시간이 가며 점점 자리바 목책 쪽으로 옮겨갔다. 놀랍게도 이 포격은 마흐디군의 것이었다. 검게 보이는 마흐디군 무리 속에서 연기 2개가 작은 구름처럼 공기 중에 뜨더니 얼마 안 돼서 자리바 목책 약 45미터 떨어진 곳에 먼지 기둥 2개가 솟아올랐다. 처칠은 아브달라히의 병사들이 집중포화를 돌파할 것으로 생각했다. 몇 분

멜릭에 실려 포격 중인 9파운드 포

옴두르만 전투 모습, 1898년 9월 2일 오전 6시 30분

뒤 영국-이집트 포병이 쏜 포탄이 폭발하며 나온 흰 연기가 자리바 목책 정면에 비 오듯 퍼졌다. 처칠의 귀에는 집중 포격 소리가 마치 멀리서 울리는 천둥처럼 들렸다. 머리 위로 포탄이 터지면서 전진하던 마흐디군은 마치 성냥처럼 땅바닥에 쓰러졌다.

예상치 못하게 카라 부족이 능선 오른편으로 올라와 울부짖는 목소리로 알라와 예언자 무함마드의 이름을 부르면서 총을 쏴댔다. 그 순간 처칠은 불과 90미터 떨어진 곳에서 창기병 장교 코놀리 중위Connolly가 전속력으로 말을 달려 전선을 돌파하는 것을 보고 깜짝 놀랐다. 한순간 모든 것이 얼어붙은 것처럼 불길한 느낌이 스치더니 상황이 혼란스럽게 바뀌었다. 무서운 소리와 함께 공기를 가르며 날아온 포탄이 폭발하자 선두에 있는 마흐디군 병사가 쓰러졌고 폭발과 함께 쪼개진 파편이 마흐디군의 머리 위로 날아다녔다. 몇 초 뒤, 마흐디군의 대형이 불길에 뒤덮이면서 먼지와 연기가 온 사방을 휘감았고 돌조각과 파편이 사방으로 튀면서 치명적인 결과가 펼쳐졌다. 마흐디군의 얼굴을 알아볼 만큼 충분히 가까이 있던 처칠은 최초 60초 동안 포탄 20발 정도가 마흐디군에게 타격을 가했다고 추산했다.

자리바 목책을 부수고 마흐무드를 생포한 아트바라 전투에도 참가한 마이클존 중위는 2.4킬로미터 떨어진 알-이자이자에 있었다. 그는 제21창기병 연대 정찰병들이 언덕을 기어오르자 마흐디군이 이들을 향해 빠르게 사격하는 소리를 들었다. 정찰병 두 명이 도착해서는 움직이지 않는 것처럼 보였던 마흐디군이 실제로는 움직이고 있었다고 보고하자 영국군은 더 기다리지 않아도 된다며 안도했다. 워릭셔연대는 신속하게 집결해 자리바 목책을 다듬으며 잠깐 짬을 내 아침을 해결했다. "우리는 일을 마쳤다. 일을 막 마쳤을 때 감정을 절제하기는 했지만 놀라서 감탄이 터져 나오는 소리에 고개를 들었을 때 정말 놀라운 장면을 목격했다. 오른쪽 정면에 있는 고지대 산마루를 따라 평범해 보이는 숲이 갑자기 솟아난 것 같았다. 잠시 뒤 이것은 숲이 아니라 빽빽하게 들어선 깃발이 만든 광경이란 것을 깨달았다. 멀리서 전투의 함성과 울부짖는 소리가 들릴 때 3킬로미터도 넘는 산마루를 따라 엄청나게 많은 건장한 검은 군상들이 나타나기 시작했다. 금세 또 다른 적 무리가 수르캅 능선에 나타났지만, 이들은 더 강력한 나머지 부대가 대형에 합류하는 것을 기다리듯 잠시 머뭇거렸다."[44]

가타커가 이끄는 영국 여단들은 자리바 목책 왼쪽을 담당했고 헌터가 지휘하는 이집트-수단대대들은 목책 오른쪽을 맡았다. 착검한 영국군 앞 오는 무릎을 꿇고, 뒤 오는 서서 자리바 목책 가시 울타리 뒤에 자리를 잡았다. 마흐디군 제1제대가 돌격하다 쓰러지는 것을 본 키치너는 말을 타고 자리바 목책 왼편에서 서성거리다 리틀턴이 지휘하는 제2영국여단 뒤편에 자리 잡고 섰다. 소총대대, 랭크셔퓨질리어연대, 노섬벌랜드퓨질리어연대, 그리고 근위보병연대는 실전에서 마흐디군을 처음으로 보았다.

이들의 오른쪽에서 오스만 아즈라크의 병사들과 마주한 것은 아트바라 전투에서 활약한 제1영국여단이었다. 워호프 준장이 지휘하는 제1영국여단은 시포스하일랜드연대와 캐머런하일랜드연대, 그리고 링컨셔연대와 워릭셔연대로 구성되었다. 이들 오른쪽에는 맥스웰이 지휘하는 제2이집트여단이 있었고 그 오른쪽에는 맥도널드가 지휘하는 제1여단, 나일강에 가장 가까이에는 루이스가 지휘하는 제3여단이 있었다. 콜린슨이 지휘하는 제4여단은 여전히 예비대였다.

마흐디군이 대형을 형성하자 마이클존은 부관인 얼Earle이 병사들과 함께 말을 타고 달려오는 것을 보았다. 마이클존이 소리쳤다. "이보게! 제발 자리를 지키라고! 이제 시작이야!" 마흐디군이 2천700미터 거리까지 다가오자 영국군이 포격을 시작했다. "우리는 깜짝 놀랐다. 첫째 포탄은 조금 못 미쳐 떨어졌지만 두 번째 포탄은 마흐디군 사이에 떨어졌다. 포함도 포격에 동참했다. 파편 탄에서 나오는 하얀 연기가 마흐디군을 뒤덮는 동안 일반 탄은 폭발하면서 흙 기둥을 만들었다. 살짝 걸음이 빨라진 것을 제외하면 적은 포격을 무시하는 듯했다……. 적의 맹습을 막을 것은 아무것도 없다는 것을 깨달았다."[45]

자발 수르캅에서 철수하라는 명령을 무시한 처칠은 위험하게도 우군 포병의 살상 지대 가까이에 있었고 퇴로는 곧 끊길 판이었다. 자리바 목책으로 철수하라는, 정말로 간단한 지시를 받자 처칠은 부하들에게 말에 오르라고 명령했다. 처칠과 병사들이 알-이자이자를 향해 말을 타고 종종걸음하는 동안 포함에 있는 15파운드짜리 포에서 발사한 포탄이 철수하는 처칠 일행의 머리 뒤로 천둥 같은 소리를 내며 날아가 이들이 있던 진지를 불바다로 만들어버렸다.

처칠 일행은 자리바 목책 남쪽 끝에 도착해 말에서 내렸다. 창기병연대의 프레데릭 이든Frederick Eadon 대위가 몸을 돌리자 엄청난 규모로 몰려오는 마흐디군이 보였다. 이든은 당시 장면을 이렇게 회상했다. "말로는 표현할 수 없을 만큼 엄청난 규모였다. 적은 무모하다고 할 만큼 용감했고 전술 같은 것은 전혀 없었다. 천천히 전진하는 3만 명이 두들겨대는 북소리와 함성을 듣는 것은 상상하는 것 이상으로 장관이었다……. 포탄이 계속 떨어져 무더기로 죽어나갔지만 적은 개의치 않고 전진했다."[46]

키치너는 이브라힘 알-칼릴의 사단이 1천800미터 정도까지 다가오는 것을 지켜만 보고 있었다. 최초의 보병 사격의 주인공은 근위보병연대의 패러그린Parragreen 이병이었다. 이 사격을 필두로 그가 속한 대대 전체가 사격을 시작했다. 포 사격 소리가 컸기 때문에 0.303인치 탄의 사격 소리는 묻혀서 들리지도 않았다. 근위보병연대가 중대 단위로 일제사격을 퍼부으면서 더 큰 폭발음이 이어졌다. 밀집한 제2여단이 사격을 시작하자 총구에서는 엄청난 화염이 뿜어져 나왔다. 이를 이어 바로 제1여단 그리고 맥스웰이 지휘하는 제2이집트여단이 사격에 가세했다. 마이클존은 전투 모습을 이렇게 기록했다. "자리바 목책만큼이나 길게 늘어선 오에서 소총 사격이 시작되자 나는 '준비', '차려', '발사', '준비' 구령을 일정한 박자로 반복했다. 사거리가 짧아지면서 횟수가 변한 것을 빼고는 더한 것도 덜한 것도 없었다……. 적은 오른쪽에 있는 링컨셔연대와 수단대대 앞에서 공격의 예봉이 꺾였지만 어마어마한 수의 적은 날아오는 포탄에 아랑곳하지 않고 계속 다가왔다. 산산이 흩어지는 '모래알 정신'은 적에게서 찾아볼 수 없었다. 우리 포병이 포탄을 날리는 고도가 정확했지만 적을 멈출 수 있는 것은 아무것도 없어 보였다."[47]

영국군은 탄알집에서 약실로 송탄되는 리-멧포드 소총을 운용했다. 그러나 중대 단위로 일제사격을 하느라 탄알을 한 발씩 약실로 밀어 넣었기 때문에 실제로는 후미 장전식 소총처럼 사격했다. 영국군 병사들은 손가락으로 탄알을 약실에 밀어 넣고 마치 로봇처럼 정확하게 노리쇠를 앞으로 밀었고 장교들은 1분에 12번씩 짧게 "사격!"이라고 외치느라 목이 쉴 지경이었다. 마흐디군은 돌파가 불가능한 화력 장벽에 직면했다. 이 벽은 어떤 자리바 목책보다 훨씬 더 위압적이었다. 소총, 포, 그리고 기관총 사격이 만들어내는 우레 같은 굉음과 충격은 상상을 훌쩍 뛰어넘었다. 영국군의 소총은 계속되는 연속 사격으로 과열해 들고 있을 수 없을 만큼 뜨거워졌고 결국 뒤에서 대기하는 예비대와 총을 바꿔 사격해야 했다. 맥심 기관총의 총열을 식히는 냉각수도 끓어서 증발해버렸다.

당시엔 적진으로 과감하게 진격하는 것이 전투의 정점이었다. 영국, 이집트, 그리고 수단 병사들은 최근 그 역할을 완벽하게 수행했다. 그러나 마흐디군은 나중에 베링이 쓴 대로 '완벽을 훨씬 넘어선' 군대였다. 마흐디군은 영국군이 북아프리카에서 상대해본 군대 중 가장 용감한 군대였을 뿐만 아니라 군사적으로 복잡한 것은 아무것도 고려하지 않고 오직 용기와 결단력으로만 무장한 전사의 군대였다. 마흐디국의 장래를 짊어진 바까라족은 나라를 지키며 기꺼이 죽을 준비가 되어 있었다.

마흐디군의 인명 손실은 끔찍했다. 한 부족의 일가족과 씨족 전체가 마치 바람에 날리는 겨처럼 스러졌다. 병사들의 몸뚱이는 총탄에 난도질당해 누가 누구인지 알 수 없을 정도로 뭉개졌다. 마흐디군은 돌파구가 만들어지면

키치너 원정군을 향해 돌격하는 마흐디군

The Illustrated London News, 1898년 10월 1일

맨몸을 던져 서로 어깨와 어깨를 맞대며 마치 용이 불을 뿜어내듯 총알을 쏴 대는 원정군 사격을 막아섰다. 이런 식으로 한 오 전체가 총격으로 쓰러지면 그 뒤의 오가 자리를 채웠다. 그러나 이렇게 자리를 채운 오 또한 갈가리 찢겨나갔다.

영국-이집트 연합 원정군은 맹렬하게 사격하는 동안에도 마흐디군이 물리칠 수 없는 존재처럼 느껴졌다. 그러나 시간이 흐르며 이런 허상이 사라지기 시작했다. 마흐디군 역시 살과 피로 이뤄진 피조물이었고 아무리 정신력이 강해도 집중사격이 만드는 탄막을 뚫을 수는 없었다. 제21창기병연대의 스키너Skinner 상병은 마흐디군의 모습을 이렇게 평가했다. "유럽인은 이 대담한 광신도들이 하는 방법으로 탄막에 맞설 생각은 꿈도 못 꿀 것이다."[48] 소총여단의 군기호위부사관 프레일리는 마흐디군을 이렇게 평가했다. "마흐디군은 용맹했다. 예전처럼 이번에도 포기하지 않고 버티는 것을 보면 놀랍다……. 마흐디군은 깃발을 들고 계속 전진했다. 한 명이 쓰러지면 다른 한 명이 깃발을 주워 들고서 계속 다가왔다. 이들은 죽음을 무릅쓰고 곧장 달려들었다."[49]

"맥심 기관총은 무시무시한 처형 도구였다." 프레일리와 가장 가까이 있는 아일랜드퓨질리어연대의 기관총 부대는 마흐디군이 약 600미터 안으로 접근할 때까지 맥심 기관총을 발사하지 않고 기다렸다. 기관총반을 지휘하는 장교가 "지금!"이라고 소리쳤다. "좌우로 횡사가 시작되었다." 달려드는 마흐디군을 향해 발사된 맥심 기관총은 마치 박음질하는 재봉틀처럼 촘촘하게 총알을 쏟아냈다. "마흐디군은 바닥에 누우라는 명령을 들은 것처럼 한 오씩 차례로 쓰러졌다. 적병 중 일부는 땅바닥에 닿기도 전에 총알을 대여섯 발씩이나 맞았다."[50]

용기는 가상했으나 마흐디군 중 누구도 원정군과의 거리를 700미터 이내로 좁히지 못했다. 어느 순간, 마흐디군 상당수가 전진이 불가능하다는 것을 분명히 깨달으면서 마흐디군의 추동력이 차츰차츰 줄어들었고 전선 모든 곳에서 마흐디군의 돌격 속도는 떨어졌다. 앞장 선 에미르들이 목소리를 더욱 높여 명령했지만, 효과는 없었다. 처칠은 온 사방에 시체가 마치 눈 더미처럼 쌓였다고 묘사했다. 주력 돌격 부대를 지휘하던 오스만 아즈라크는 공격의 초점을 리-멧포드 소총탄이 만들어내는 치명적인 탄막에서 벗어나 오른쪽에 있는 이집트 여단 방향으로 바꾸려고 노력했다. 이집트 여단은 리-멧포드 소총보다는 발사 속도도 느리고 사거리도 짧은 마티니-헨리 소총을 보유했다. 그러나 너무 늦은 결정이었다. 오스만 아즈라크를 둘러싼 돌격 부대원들은 마치 모래성처럼 무너져 내리더니 사막으로 도망갔다. 부대의 핵심이 와해한 것이다.

모든 것이 사라지는 것을 본 오스만 아즈라크는 바까라 기병 500명을 모았다. 그는 칼을 뽑아들고는 이들 앞에 섰다. 그러고는 부대 기인 녹기를 휘날리면서 부하들을 이끌고 원정군의 자리바 목책 중앙에 있는 맥심 기관총 포대를 향해 돌격했다. 이 장면을 본 마이클존은 "가장 용맹한 시도"라고 평했다. "기관총이 마치 폭풍처럼 발사되자 말 그대로 적은 낫으로 베어내는 것처럼 바닥에 나뒹굴었다. 이들은 말을 타고 무기를 휘두르며 우리에게 달려들려 했으나 비명 한 번 제대로 질러보지 못한 채 그대로 나가떨어졌다. 적 중 아주 일부만 270미터 앞까지 다가왔다. 나는 적병 하나가 몇 초 동안 혼자서 우리 부대 전체를 향해 돌격하는 것을 보았다. 이런 모습은 말과 사람의 송장이 무더기로 쌓일 때까지 계속되었다."[51] 오스만 아즈라크도 원정군 앞 360미터 정도까지 와서 허벅지에 총알을 맞았다. 말에서 떨어져 땅에 닿는 찰나에도 총알 대여섯 발이 그의 몸을 맞췄다.

그때가 오전 7시 40분이었다. 마흐디군이 진격을 시작하고 겨우 50분밖에 지나지 않았다. "적이 사방으로 도주했고 사격도 잦아들었다……. 우리는 최고의 명사수 중대가 되어 있었다……. 우리는 적을 겨냥해 사격했다. 도주하지 않고 계속 응사하는 적병도 있었다. 부대원 셋이 일제사격으로 한 방 먹여 쓰러뜨리자 그제야 사격이 멈췄다."[52]

사격 소리가 점점 잦아들더니 완전히 멈췄다. 영국-이집트 연합 원정군은 스스로 만들어낸 참혹한 살육 현장을 살펴보았다. 마흐디군 전사자는 최소한 2천 명, 부상자는 4천 명이었다. 반면 원정군의 사상자는 100명에도 못 미쳤다. 전투 현장 사방에는 송장이 무더기로 쌓였다. 살든 죽든 마흐디군 병사는 끔찍한 총상이란 총상은 모두 다 보여줬다. 살아남은 마흐디군은 기어 도망가거나, 피가 눈에 들어가 눈이 멀고, 산산 조각난 팔과 떨어져나간 다리를 질질 끌고 다녔다. 마흐디군 부상병은 무기를 내던진 채 자기보다 더 끔찍하게 부상당한 이들을 저세상으로 보내 고통을 덜어주려 했다. 자리바 목책 안으로 공포와 연민이 몰려왔다. 전투에서 살아남은 사람 모두는 의식하든 의식하지 못하든 이제껏 없던 아주 특별한 경험을 했다는 것을 깨달았다. 바까라 전사들은 우수한 무기로 무장한 외부 침입자에 맞서 죽음을 각오하고 전통을 지키며 숨이 막힐 만큼 용감히 싸웠다. 그곳에 있는 누구도 이후로 이런 장면을 다시는 볼 수 없었다. 전투가 완전히 끝난 것은 아니었으나 마흐디군의 주력은 이미 사라졌다. 마흐디국의 마지막 희망은 케라리 평원에 있는 예비대뿐이었다.

10

브로드우드가 지휘하는 이집트 기병, 낙타대, 그리고 기마포병은 케라리 언덕 북쪽에서 녹기사단의 나머지 병력과 계속해 전투를 벌였다. 브로드우드는 뒤로 물러나면서 언덕 사이로 약 4.8킬로미터를 달려 녹기사단의 힘을 빼다가 막판에는 포함 멜릭의 엄호를 받을 수 있는 나일강 강변으로 살짝 돌아갔다.

아브달라히의 예비대인 흑기사단은 여전히 자발 수르캅 뒤에 자리 잡고 가만히 있었다. 키치너는 흑기사단을 보지 못했지만, 마흐디군 예비대가 아직 움직이지 않았다고 계산했다. 키치너는 마흐디군을 추격하면 전투력을 온전히 보존한 예비대와 맞닥뜨릴 거라고 판단했다. 케라리 평원에서 옴두르만에 이르는 가장 빠른 길은 나일강을 따라 자발 수르캅 동쪽으로 움직이는 것이었다. 총성이 멈추기 10분 전인 아침 7시 30분경, 키치너는 제21창기병연대를 자발 수르캅 동쪽으로 투입해 마흐디군이 어느 길로 퇴각하는지 파악하고 옴두르만으로 가는 정확한 길을 정탐하라고 지시했다. 만일 접근로 상에 저항하는 적이나 장애물이 없으면 정찰부대를 뒤따라 바로 보병을 투입하라고도 지시했다.

무리를 지어 자발 수르캅으로 밀려들어 능선에 오른 제21창기병연대 예하 4개 기병중대는 마흐디군 부상자들이 옴두르만을 향해 길게 줄지어 움직이는 것을 보았다. 후방에서 제2기병중대를 지휘한 처칠은 지금이 돌격할 기회라고 생각했다. "카이로를 떠난 뒤 항상 우리 마음속에 자리 잡은 생각이 몇 개 있었는데 그 하나가 적을 향해 돌격하는 것이었다. 기병이라면 돌격하는 것이 당연했다. 그 시절은 보어전쟁 이전이었고, 영국군 기병은 돌격을 빼면 배운 것이 거의 없었다."[53] 제21창기병연대는 수르캅에서 동쪽으로 450미터 정도 떨어진 언덕 뒤편에 땅이 움푹 꺼진 곳에서 말을 타지 않은 채 명령이 떨어지기를 기다렸다. 영국-이집트 연합 원정군은 이미 알-이자이자에서 전진하기 시작했다. 제1영국여단, 제2영국여단, 제1이집트여단, 그리고 제3이집트여단은 옴두르만을 향해 곧장 왼쪽으로 방향을 틀었다. 유일하게 헥터 맥도널드가 이끄는 제2이집트여단만 퇴각하는 마흐디군을 따라 서쪽으로 가고 있었다.

키치너는 정확하게 8시 30분에 제21창기병연대 지휘관 마틴 중령에게 마흐디군이 옴두르만으로 들어가지 못하도록 왼쪽에서 방해하라고 명령했고 지휘소를 출발한 명령은 몇 분 뒤 마틴에게 도착했다. 마틴은 부하들에게 말에 올라 종대 대형을 만들어 앞으로 나아가라고 지시했다. 단위 부대당 20명에서 25명으로 구성된 부대 16개가 일렬로 대형을 만들었다. 마틴은 피리A. M. Pirie 중위와 로버트 그렌펠Robert Grenfell 중위가 각각 이끄는 정찰부대 2개를 내보냈다. 그렌펠 정찰대는 마흐디군 예비대를 찾으려고 능선 서쪽으로 나갔다. 피리 정찰대는 옴두르만을 향해 난 길과 평행하게 남쪽으로 1.6킬로미터 정도 나아가던 중 약 1천 명으로 추정되는 마흐디군이 길을 가로막은 것을 보았다.

길을 막은 것은 오스만 디그나가 이끄는 베자족이었다. 오스만 디그나의 부대는 옴두르만으로 향하는 원정군을 막아서는 임무를 띠고 그날 아침 일찍 이곳에 파견돼 코르 아부 순트를 점령했다. 피리 정찰대가 나타나면서 이런 예측이 정확했다는 것이 입증되었다. 오스만 디그나 부대원 대부분은 사납기로 소문난 하덴도와 부족 출신이었다. 일찍이 에-테브 전투에서 베이커 원정군에게 치욕스런 패배를 안긴 하덴도와 부족도 앞에서 본 베자족처럼 부스스한 머리 모양으로 유명했으며 창과 칼을 무기로 썼는데 그중 31명은 레밍턴 소총이 있었다. 피리 중위는 오스만 디그나 부대원의 수를 거의 맞출 만큼 눈으로는 이들을 똑똑히 보았지만 이들이 어떤 존재인지는 잘 몰랐다. 9시 정각, 피리 정찰대는 본대로 돌아와 정찰 결과를 보고했다.

옴두르만으로 진격하는 결정이 떨어진 뒤 원정군 5개 여단 중 4개가 제21창기병연대를 뒤따르고 있었다. 제21창기병연대에게 접근로에 있는 장애물을 제거하는 것은 선택이 아닌 의무였다. 제21창기병연대 병력은 모두 440명 정도로 많아 보였지만 기병과 보병의 비율로 보면 그리 압도적인 비율은 아니었다. 그러나 피리 정찰대의 보고에 따르면 오스만 디그나 부대는 개활지에 서 있었다. 마틴은 빠른 걸음으로 말을 움직이라고 명령한 뒤 앞장서 부하들을 이끌고 남쪽에 있는 베자족에게 달려갔다.

피리 정찰대가 돌아오고 20분 뒤, 조그만 능선에 서 있는 하덴도와 전사들이 보이기 시작했다. 마틴은 눈에 보이는 오스만 디그나 부대의 규모가 기껏해야 300명 정도지만 능선 너머 보이지 않는 곳에 잔여 병력이 더 있다고 생각했다. 여기까지는 맞았지만, 마틴이 모르는 것이 하나 있었다. 교활한 오스만 디그나는 창기병 정찰대에게 발견된 뒤부터 이들을 다시 볼 때까지 짧은 시간 동안 마지막 기습을 준비했다. 오스만 디그나는 자발 수르캅에 있는 여러 능선에 숨어 있는 바까라 창병 2천 명으로 부대를 증원했다. 바까라 창병들은 마른 강 바닥에 숨어 있었다. 따라서 제21창기병연대는 예상치도 못하게 거의 여섯 배나 더 많은 적과 마주하게 되었다. 더 큰 문제는 이것을 깨달을 때까지, 하다못해 너무 늦었다는 느낌이 들 때까지도 오스만 디그나의 병력이 눈에 보이지 않았다는 것이다. 한마디로 제21창기병연대는 유인당하는 줄도 모른 채 제 발로 함정으로 걸어 들어갔다.

마틴은 마치 측면을 공격하려는 듯 기병을 동쪽으로 돌리고는 베자족과 거리를 약 270미터로 유지한 채 말을 몰았다. 그러던 중 베자족 소총병들이 갑자기 총을 쏘기 시작했다. 처칠은 당시 상황을 이렇게 기록했다. "전투가 소강상태로 접어들고 쥐죽은 듯 정적이 흘렀다. 적이 총을 쏘자 하얀 연기가 피어올랐다. 일제사격이 시작되면서 큰 소리가 나자 그때까지 이상하게 유지되던 침묵이 깨졌다."[54] 베자 소총병이 발사한 총알 중 일부가 명중했다. 총소리가 나자 놀란 말들이 갑자기 달아났고 병사들이 땅에 쓰러졌다. "저 빌어먹을 개자식들이 우리를 쏴 쓰러뜨리기 전에 돌격해야 할 텐데!"[55] 브라보기병중대와 함께 말을 몰던 레이몬드 드 몽모렝시Raymond de Montmorency 중위가 불만 섞인 말을 내뱉을 때 마틴은 베자족의 측면을 공격할지 아니면 공격 방향을 바꿀지를 놓고 숙고하는 중이었다. 들들 볶인 마틴이 그때 계획을 바꿨는지 아니면 이미 마음을 바꿨던 것인지는 알려진 바가 없다. 경우야 어찌 되었든, 몇 초 뒤 마틴은 나팔수 나이트Knight 병장에게 1오 횡대로 우측에 헤쳐 모이도록 나팔을 불라고 명령했다. 처칠의 기록으로는 이것은 처음이자 마지막 명령이었다.

모두 16개 중대로 구성된 연대 전체가 270미터 떨어진 능선에 있는 베자 전사들을 향해 솜씨 좋게 방향을 틀었다. 마틴은 말에 박차를 가해 연대 중앙 약 30미터 전방에서 창기병을 이끌었다. 뒤를 돌아본 마틴은 헬멧을 조금 비뚜름하게 쓴 부하들이 번쩍이는 창과 칼을 들고서 최고 속도로 달려나오는 것을 보았다. 마틴은 미처 몰랐지만, 이 광경은 영국 역사에서 연대 규모로는 마지막 기병 돌격이었다.

체구가 작은 시리아산 말이 붉은 땅에 내딛는 말발굽 소리가 요란했다. 장교 대부분은 칼을 높이 치켜들었지만, 마틴은 칼도 권총도 뽑아들지 않았다. 브라보기병중대 부중대장 폴 케나Paul Kenna 대위는 장창長槍을 꼬나 들었다. 체구가 작은 회색의 아랍산 말을 탄 처칠은 나무로 만든 마우저 권총집에서 권총을 뽑아들고 공이치기를 뒤로 당겼다. 그는 어깨 부상 때문에 육탄전에서 칼보다는 권총을 쓰는 것이 낫겠다고 생각했다. 처칠이 하늘을 올려다보았을 때 베자족은 겨우 100미터 앞에서 잔뜩 웅크린 채 미친 듯이 총을 쏘아대고 있었다. 처칠 좌우로 창기병들이 일렬로 늘어섰다. 창기병들은 훈련받은 대로 몸을 낮게 기울였고 말은 일정하게 빠른 속도를 유지하며 달렸다. 브라보기병중대의 휴잇A. Hewitt 이병은 이 속도면 완벽하다고 생각했다. "우리를 막으려면 훨씬 더 견고한 무엇인가가 필요했다."

기세 좋게 치고 나가던 상황은 불과 40미터 앞에서 급변했다. 처칠은 당시를 이렇게 묘사한다. "피부가 검은 적들이 계속 사격했다. 사격하는 적들 뒤로 길이 살짝 꺼진 것처럼 보이는, 약간은 움푹한 모습이 시야에 들어왔다. 그러더니 그곳에서 마치 불쑥 솟아난 것처럼 수많은 적이 나타났다. 적은 바늘 하나 꽂을 틈 없이 빽빽하다 못해 우글거린다고 할 정도로 많았다. 그러고는 마치 마법처럼 눈부신 깃발들이 솟아나 펄럭이기 시작했다. 반짝이는 쇠붙이를 들고 어림잡아 10오에서 12오나 되는 적이 말라버린 와디를 가득 채웠다."**56**

처칠 왼쪽에서 브라보기병중대를 이끄는 레이몬드 드 몽모렝시는 베자족에게 강렬한 인상을 남기고 있었다. "적을 치기 직전, 바로 앞 양옆에 바위가 즐비한 코르 아부 순트에 마흐디군이 아주 빽빽하게 들어찬 것이 보였다. 적은 우리를 향해 도전적으로 함성을 지르고 창과 칼을 휘두르며 레밍턴 소총을 쏴댔다. 이들은 무기를 휘둘렀고 사격 때문에 연기가 자욱했다. 나는 마치 연설을 듣는 청중처럼 위를 쳐다보는 적의 얼굴을 볼 수 있었다. 적은 이빨을 드러내며 웃었지만, 얼굴에는 증오, 노골적인 반항, 그리고 충분히 그럴 수 있다는 자기만족이 가득했다." 57 그 순간 제21창기병연대는 함정에 빠졌다는 것을 알아챘다. 말을 타고는 수로를 뛰어넘어 올라갈 수도 그렇다고 뒤로 돌아갈 수도 없었다. 창기병들은 앞에 펼쳐진 상황을 그대로 인정하고 집중했지만 그래 봐야 할 수 있는 것은 속도를 조금 더 높여 더 강력한 충돌력을 만드는 것뿐이었다. 오른쪽 측면에 있는 처칠과 그의 전우 프레데릭 워말드Frederick Wormald 중위는 부하들과 약간 곡선을 그리며 나아가 베자족의 왼쪽 측면으로 달려들었다.

몇 초 뒤, 제21창기병연대 440명은, 시속 33킬로미터의 속도와 중량 200톤이 만들어낸 운동에너지와 함께 오스만 디그나 부대 제1선과 충돌했다. 충격은 어마어마했다. 코르 아부 순트 가장자리에 서 있던 200명 남짓한 베자 전사 대부분은 창기병과 충돌하며 공중으로 붕 떠버렸을 뿐만 아니라 충격 때문에 의식을 잃거나 창기병이 꼬나 든 2.7미터짜리 장창에 찔리기도 했다. 돌격과 충돌의 순간에 창기병들은 몸속 깊은 곳에서 뿜어져 나오는 함성을 토해냈다. 이에 맞서 마흐디군도 뒤질세라 "알라후 아크바르!"를 외쳤다. 와디의 깊이는 기껏해야 1.5미터에 지나지 않았다. 달리던 힘을 주체하지 못한 창기병의 말들이 한순간 와디를 뛰어올랐다. 처칠의 기록은 계속된다. "말 아래로 땅이 꺼지자 나는 내가 탄 말을 확인했다. 내 말은 똑똑했다. 말은 마치 고양이처럼 모래가 많은 곳으로 떨어졌고 나는 수십 명에게 둘러싸였다." 58

알파기병중대의 웨이드 릭스 상병은 타고 있는 말이 코르 아부 순트로 뛰어들 때 찌른 창이 베자 전사의 왼쪽 눈을 관통한 것을 기억했다. "말이 달려오는 힘이 그대로 실린 창이 적을 관통하면서 부러져 박살이 나버렸다. 나는 부러진 창을 던져버리고 재빨리 칼을 뽑았다. 덕분에 마흐디군이 나를 향해 총을 겨누는 순간 나는 칼로 그를 내리쳤다. 적이 입은 하얀 옷에는 붉은 피

마흐디군을 향해 돌격하는 제21창기병연대. 윈스턴 처칠이 소위로 참여한 이 돌격은 영국 역사에서 연대 단위의 마지막 기병 돌격으로 기록되었다

가 튀었다. 그 뒤 말을 몰아 혼란스러운 아수라장을 통과하면서 나는 적의 공격을 받아넘기고 찔러댔다."[59]

최초 충돌과 함께 치열한 전투 현장에는 무시무시한 정적이 감돌았다. 시간은 마치 달팽이가 기어가듯 느리게 흘렀다. 아드레날린이 폭발한 창기병들이 이 모든 것을 받아들이기란 불가능했다. 일부는 시간이 흐른 뒤 무슨 일이 있었는지 전혀 기억하지 못했다. 그때는 순식간에 벌어진 행동도 정말 느리게 보였다. 순간 순간 벌어진 행동은 너무도 당연한 것이었기에 공포를 느낄 틈조차 없었다. 전투 현장은 피아가 뒤엉킨 채 고함을 지르고 몸싸움을 벌이거나 칼로 베고 찌르는 공격과 방어가 이어지는 아수라장이었다. 이런 모습은 이미 결론이 나 있는 조용한 곡예가 한순간 정지한 듯했다. 처칠은 전투 현장을 이렇게 기록했다. "모든 장면은 마치 활동사진처럼 깜빡이면서 전개됐다. 나는 아무런 소리도 기억나지 않는다. 전투는 절대 침묵 속에서 진행된 것 같았다. 적이 외치는 소리, 우리 부대원들이 지르는 함성, 수많은 소총이 발사되는 소리, 칼과 창이 맞부딪히는 금속음을 전혀 느낄 수 없었고 이런 소음은 기억에도 남지 않았다."[60] 아주 잠깐이지만 처칠은 아주 혼란스러웠다. "겁먹은 말들이 사람 사이로 파고들면서 몸에 멍이 들고 정신적으로는 충격을 받은 병사들이 무질서하게 흩어졌다. 병사들은 거칠게 몸싸움을 하고는 멍해진 채 서서 주변을 둘러보기도 했다. 창기병 일부는 말에서 떨어졌다가 다시 오르기도 했다."[61]

처칠은 의도한 대로 베자족의 왼쪽 측면을 타격하면서 이곳에 있던 베자 전사들이 흩어졌다. 처칠 왼편에는 훨씬 더 많은 베자족이 밀집해 있었다. 말들이 지면에서 뛰어오르려 했지만, 칼과 창 때문에 방해를 받았다. 면도날처럼 날카로운 창에 베인 말의 배에서는 내장이 쏟아졌다. 돌격하던 말 중 일부가 제대로 착지하지 못하고 비틀대고 구르면서 타고 있던 창기병을 베자족 한가운데로 던져버리다시피 했다. 베자족은 이렇게 떨어진 창기병들을 떼거리로 몰려들어 공격했다. 베자 전사들은 양기름을 바른 것 같은 머리에다, 체격이 수척했으며, 허리춤에만 간신히 옷을 둘렀다. 이들은 떨어진 창기병에게 달려들어 가슴을 찌르거나 머리나 목을 노려 칼을 휘둘렀고 아직 말을 타고 있는 창기병은 안장에서 끌어 내린 뒤 총으로 쏴 죽이거나 칼로 팔이나 다리를 베어버렸다. 창기병들은 무기를 잃어버렸어도 용감히 베자족에 맞섰다. 창기병과 베자족은 한데 엉켜 맨주먹으로 싸우며 먼지 위에서 뒹굴며 서로의 눈을 찌르거나 상대의 숨통을 끊어놓았다.

말에서 떨어지지 않은 창기병 중 많은 수는 꼬치 꿰듯 장창으로 베자족을 찔렀다. 충돌 순간 릭스 상병의 장창이 부러진 것처럼 베자족을 찌른 창은 반 토막이 나거나 창날이 빠지지 않았다. 따라서 창기병들은 이렇게 된 장창을 포기하고 칼을 뽑아야 했지만, 악을 쓰는 베자 전사들이 온 사방에 널린 상황에서 놀라 날뛰는 말 위에 앉아 몸 반대편에 찬 칼을 뽑기가 쉽지 않았다. 말이 쉼 없이 울었고, 부상자와 죽어가는 병사들은 비명을 질렀다. 그리고 그런 아비규환 속에서 칼로 베자 전사의 칼과 창을 받아넘기는 쇠붙이 소리가 쉴 새 없이 섞여 울렸다. 하덴도와 출신 베자 전사들이 쓰는 잎사귀 모양 창날에 비하면 영국군의 칼은 훨씬 가벼웠다. 따라서 창에 맞서 내민 칼이 부러지면서 영국군의 살을 찢어놓는 일이 빈번했다. 베자족은 단검으로 영국군이 탄 말의 고삐, 뱃대끈, 그리고 등자 가죽을 썰듯이 잘랐다. 사람의 물결 속에서는 권총과 소총 사격도 끊임없이 이어졌다.

코르 아부 순트로 가장 먼저 들어온 마틴 중령은 타고 있는 말이 비틀거리다가 머리부터 앞으로 넘어지면서 운 좋게 코르 아부 순트에서 빠져나왔다. 베자족의 칼이 날아왔지만, 마틴은 가까스로 안장에서 떨어지지 않았고 다시 말을 일으켜 둘러싼 무리로부터 탈출했다. 부지휘관인 크롤-윈덤W. G. Crole-Wyndham 소령은 마틴보다 훨씬 멋지게 착지했지만 와디 바닥에 부딪히면서 말이 아주 가까운 거리에서 쏜 총에 맞았다. 말이 비틀대며 이내 무릎을 꿇는 순간 크롤-윈덤은 마우저 권총을 뽑았다. 한 손에는 칼 그리고 또 다른 한 손에는 마우저 권총을 든 크롤-윈덤은 떼로 달려드는 베자 전사들을 죽을 각오로 마주했다. 그렇게 베자족에 둘러싸인 사이 브라보기병중대 부지휘관 케나 대위가 쏜살같이 말을 몰고 달려와 베자족을 통과하면서 크롤-윈덤을 잡아채 안장에 태웠다. 이미 장창을 베자 전사의 몸에 찔러넣은 케나는 너울대는 파도처럼 다가오는 베자족을 향해 총알이 떨어질 때까지 리볼버 권총을 쏘았다. 갑자기 말이 무게를 견디지 못하고 주저앉는 바람에 말에 타고 있던 케나와 크롤-윈덤이 말에서 미끄러지듯 내려왔다. 둘은 인파 속에서 서로 떨어질 때까지 베자족을 향해 계속 권총을 쏘았다.

로버트 그렌펠이 지휘하는 브라보기병중대는 처칠의 부대 왼쪽에 있었는데 베자족 때문에 갑자기 멈춰 섰다. 가까이 있었지만, 처칠은 이곳에서 벌어지는 살육은 보지 못했다. 처칠은 창기병이 여전히 상황을 장악하고 있다고 느꼈다. 그렌펠이 탄 말은 뛰어올랐다가 상처를 입는 바람에 착지할 때 주인을 내동댕이쳤다. 그렌펠이 일어나려고 애썼지만 베자 전사들은 칼을 휘둘러 그의 등을 난자하고 창을 찔러 손목을 끊어놓았다. 그렌펠이 비틀대자 더 많은 베자 전사가 달려들어 몸뚱이를 마치 고기처럼 토막 내버렸다. 그렌펠은 머리에만 무려 11곳의 상해를 입고 전사했다. 주변에 있던 부하들도 그렌펠처럼 말에서 떨어진 뒤 살육당했다. 10명이 전사하고 11명이 부상당하면서 브라보기병중대는 사상자 비율이 거의 100퍼센트에 육박했다.

브라보기병중대의 토마스 번Thomas Byrne 이병은 코르 아부 순트로 들어가기 전 오른팔에 총알을 맞아 장창을 쓸 수 없게 되자 찰리기병중대 뒤에 말을 세웠다. 번은 칼을 뽑아드는 순간 마치 벼락이라도 맞은 것처럼 팔에 극심한 고통을 느꼈다. 번이 말에서 내려 적을 뚫고 나갈 길을 필사적으로 찾고 있을 때 근위기마대 소속으로 찰리기병중대에 배속된 몰리뇌R. Molyneux 중위를 우연히 만났다. 말이 죽은 몰리뇌는 손이 깊이 베여 피를 철철 흘렸고 손에 쥔 권총은 이미 탄알이 바닥난 상태였다. 몰리뇌는 베자족 넷에게 둘러싸인 채 공격을 받고 있었다. 몰리뇌는 번에게 도움을 요청했다. 번이 대답했다. "예, 절대 장교님을 내버려두지 않겠습니다."

번은 말머리를 돌려 몰리뇌를 공격하는 마흐디군에게 다가갔다. 그러나 칼을 내리치는 순간 번은 쥐고 있는 칼을 놓쳤다. 동시에 베자 전사 하나가 창으로 번의 갈비뼈 사이를 쑤셨다. 번이 입은 재킷 앞쪽에서 붉은 피가 배어 나왔다. 나머지 베자 전사가 번을 상대하러 방향을 트는 동안 몰리뇌는 재빨리 코르 아부 순트 밖으로 도망 나왔다. 피가 철철 흐르는 번은 안장에 위태위태하게 매달려 말머리를 돌려 몰리뇌를 따랐다.

대형 오른쪽에 알파기병중대와 함께 있던 처칠은 코르 아부 순트를 몇 초 만에 헤쳐 나왔지만 베자족에게 가로막힌 것을 깨달았다. 처칠은 베자족이 앞뒤로 뛴다고 생각했다. 처칠 앞쪽으로 갑자기 한 명이 불쑥 나타나더니 처칠의 오금줄을 자를 듯한 자세를 취했다. 처칠은 상체를 앞으로 숙여 불과 3미터 앞에서 마우저 권총을 두 발 발사했다. 허리를 세워 보니 넓은 창날을 들쳐 올린 또 다른 베자족이 다가왔다. 처칠은 아까와 마찬가지로 바로 코앞에서 권총을 쐈다. 둘 사이 거리가 얼마나 가까웠는지 처칠이 앞으로 움직이자 권총 총구가 적의 몸에 닿을 정도였다. 왼쪽에서 사슬 갑옷을 입은 베자족 기병이 다가오자 처칠은 그를 향해 총을 쏘았다. 베자 기병이 말머리를 돌렸지만, 처칠은 총알이 적중했는지는 알 수 없었다. 처칠은 말을 천천히 몰면서 주변을 둘러보았다. 엄청난 수의 마흐디군이 눈에 들어왔지만, 영국군 창기병은 한 명도 보이지 않았다. 순간 그는 자신이 돌격에서 살아남은 유일한 영국군일지도 모른다는 공포감에 사로잡혔다.

처칠 오른편에 있는 프레데릭 워말드 중위도 마흐디군과 조우했다. 워말드는 칼을 내리쳤지만, 칼날은 마흐디군이 입은 사슬 갑옷을 뚫지 못하고 미끄러졌다. 그는 뒤로 돌아섰지만, 칼은 형편없이 구부러졌다. 공격받은 마흐디군이 워말드를 죽이려 달려오는 찰나에 말을 탄 창기병 한 명이 빠른 속도로 달려와 들고 있는 창으로 사슬 갑옷을 그대로 뚫어버렸다. 알파기병중대의 로버트 스미스Robert Smythe 중위는 잔뜩 몰려든 마흐디군을 뚫으려 기를 쓰고 싸웠다. "나는 칼을 든 적 보병과 마주했는데 그는 온통 흰옷을 입었고 얼굴은 통통했다. 그는 나의 오른쪽 가슴을 베려 했고 나는 칼로 공격을 막았다. 그러자 적은 총을 쏘았지만 빗나갔다. 적은 양손을 쳐들었고 나는 적의 얼굴을 칼로 베었다. 적이 쓰러졌다. 그러자 이번엔 수염이 무성한 푸른 옷의 적병이 두 손으로 큰 칼을 쥐고 나를 향해 휘둘렀다. 이제는 끝이라고 생각했지만, 다행스럽게 이번에도 적의 공격을 막아냈다. 머리를 숙이자 순간 어디선가 날아온 창이 간발의 차이로 나를 빗나갔다……."[62]

프레데릭 이든 대위가 지휘하는 델타기병중대는 마흐디군에게 둘러싸여 꼼짝없이 당하고 있었다. 프리먼Freeman 병장은 마흐디군이 휘두른 칼에 얼굴을 크게 베였다. 얼굴에서 코가 떨어져나갔고 입술 두 쪽도 모두 떨어져나가기 직전이었다. 상처에서 피가 벌컥벌컥 솟구쳐 떨어지면서 프리먼이 입은 카키색 재킷이 붉게 물들었다. 옆에 있던 네샴C. S. Nesham 중위는 제21창기병연대에서 가장 어린 위관장교였다. 코르 아부 순트의 가장자리에서 갑자기 솟아나듯 나타난 마흐디군이 네샴이 탄 말의 고삐를 잡아챘다. 네샴이 그를 향해 칼을 휘둘렀으나 다른 마흐디군이 손목을 노리고 휘두른 칼에 맞아 네샴은 오른팔을 베었다. 베인 상처는 뼈가 드러날 만큼 깊었다. 네샴을 공격한 마흐디군 두 명은 거의 동시에 다시 한 번 더 칼을 내리쳐 네샴의 다리와 왼쪽 어깨를 베었다. 이 때문에 네샴은 오른손이 떨어져나갔고 왼팔은 마비되었다. 치명상을 입은 네샴은 죽은 목숨이나 다름없었다. 네샴을 벤 두 명이 그의 오른 다리와 왼 다리를 각각 잡고 코르 아부 순트로 끌어 내리려고 안간힘을 쓰는 순간 아직 네샴의 발이 걸려 있던 박차가 우연히 말의 옆구리를 찔렀다. 말은 깜짝 놀라 날카로운 비명을 토해내며 빠른 걸음으로 코르 아부 순트를 기어올라 평평하고 안전한 곳까지 이동했다.

네샴이 죽음의 문턱까지 갔다가 돌아오는 동안 한참 오른쪽에서는 부상당해 피를 많이 쏟은 토마스 번 이병이 말 등에 간신히 붙어 전우들을 찾고 있었다. 번이 발견한 것은 레이몬드 드 몽모렝시 중위와 창기병 여섯 명뿐이었다. 드 몽모렝시 중위와 번 이병이 소속된 기병중대에서 남은 인원은 이들이 전부였다. 드 몽모렝시는 당시 번의 모습을 이렇게 기억했다. "시체만큼이나 창백한 번은 비틀대며 안장에 앉아 있었다……. 내가 그에게 말에서 떨어질지도 모른다고 말하자 그는 '아닙니다! 아닙니다! 중위님! 저는 괜찮습니다. 제2중대 정렬! 대체 이 녀석들 어디 있는 거야?'라고 대답했다."[63] 드 몽모렝시는 중대 선임부사관 에드워드 카터Edward Carter 병장을 찾았다. 카터는 말 그대로 끝내주는 군인이었다. 드 몽모렝시는 카터가 어딘가 있지만 무슨 일을 당한 것이 틀림없다고 생각했다. 드 몽모렝시는 카터를 찾으려고 말머리를 돌려 코르 아부 순트로 향했다. 그러던 중 드 몽모렝시는 폴 케나와 막 헤어진 크롤-윈덤을 우연히 만났다. 연대 부지휘관인 크롤-윈덤은 권총을 쥔 오른손을 들어 올린 채 최대한 빨리 달리고 있었다. 크롤-윈덤은 말에서 내려 믿기 어려울 만큼 필사적으로 싸우며 코르 아부 순트에서 빠져나오려 했지만, 바까라 기병 하나가 그를 뒤쫓았다.

드 몽모렝시가 말에 박차를 가해 크롤-윈덤을 뒤쫓는 바까라 기병에게 달려가자 그는 꽁무니를 빼고 달아났고 드 몽모렝시는 권총을 쏴 그의 몸통을 제대로 맞췄다. 잠시 뒤, 싸움판으로 다시 뛰어든 드 몽모렝시는 팔다리가 절단된 채 피투성이가 된 몸뚱이들이 뒤죽박죽 쌓여 있는 것을 보았다. 이 장면을 본 그의 눈에서 분노가 타올랐다. 그는 말을 달리는 내내 마음속으로 복수를 맹세하며 마흐디군이 눈에 띌 때마다 총으로 쏴 죽이며 울분을 삭였다. 그는 카터를 찾을 수 없었지만, 친구인 로버트 그렌펠의 몸뚱이를 발견했다. 그렌펠이 어찌나 심하게 베였던지 드 몽모렝시는 그렌펠의 몸뚱이를 처음 본 순간 알파기병중대의 로버트 스미스라고 생각했다. 고개를 든 드 몽모렝시는 프레드 스와르브릭 상병과 함께 코르 아부 순트를 헤치고 올라온 케나를 발견했다. 드 몽모렝시는 그렌펠의 시신을 가져가려고 케나와 스와르브릭에게 도움을 청했다. 이 둘이 경계를 서는 동안 드 몽모렝시는 말에서 내려 만신창이보다 더한 상태가 된 그렌펠의 시신을 말에 실었다. 갑자기 놀란 말이 날뛰자 올려놓은 시신이 떨어졌다. 날뛰며 도망친 말을 스와르브릭과 케나가 쫓아가 잡아 다시 데려왔을 무렵에는 100명이나 되는 마흐디군이 가까이 다가오고 있었다. 드 몽모렌시는 축 처진 시신을 말에 태우려고 마지막으로 안간힘을 썼지만 되지 않자 결국 포기하고 말에 올랐다. 간발의 차이였다. 드 몽모렌시를 비롯한 세 명은 비 오듯 쏟아지는 마흐디군의 총알 세례를 뒤로하고 말을 달렸다.

드 몽모렌시 일행을 추격하던 마흐디군은 갑작스러운 카빈총의 사격에 맞닥뜨렸다. 제21창기병연대는 코르 아부 순트에서 150미터쯤 떨어진 와디 반대편에서 이미 재편성을 시작했고 제1차 돌격에서 살아남은 창기병들은 전우를 지키려고 말에서 내려 일제사격을 했다. 맨 마지막까지 코르 아부 순트에 남은 영국군은 브라보기병중대의 윌리엄 브라운William Brown 이병, 앤드루 로울렛Andrew Rowlett 이병 등 두 명이었다. 로울렛은 그렌펠의 부대와 함께 있다가 말에서 떨어진 뒤 양 팔을 창에 찔렸다. 브라운은 부상에도 창기병 존 바니John Varney를 안전한 곳으로 끌어낸 뒤 로울렛을 코르 아부 순트에서 끌어내려고 다시 달려갔다. 브라운과 로울렛은 9시 30분 무렵에야 이 생지옥에서 벗어났는데 그때는 제21창기병연대가 다시 몰려올 때였다. 그 모든 시간은 채 2분도 되지 않았다. 드 몽모렌시, 케나, 그리고 번은 영국군에게 최고의 영예라 할 수 있는 빅토리아십자무공훈장을 받았다. 그러나 제21창기병연대는 71명의 병사와 119마리의 말이 전상을 입거나 전사했다.

11

칼리파 아브달라히가 전투 장면을 보려고 코르 아부 순트에 있다는 소문이 파다했지만 믿을 수는 없었다. 9시 30분, 아브달라히는 여전히 자발 수르캅 뒤에 숨어 있는 흑기사단과 함께하면서 헥터 맥도널드가 지휘하는 제1이집트여단에 맞서 흑기사단을 투입할지 말지를 놓고 논의 중이었다. 영국-이집트 연합 원정군의 오른쪽 측면을 맡은 맥도널드는 나머지 5개 여단과 외

따로 떨어져 수르캅 언덕 서쪽을 돌아 이동하고 있었다. 지난 세 시간 동안 알-이자이자 마을 바로 앞에서는 살육 같은 전투가 벌어졌고 마흐디군 병사 중 많은 수가 이 전투에서 죽거나 심각하게 부상당해 실려 나왔다.

이 광경을 지켜본 아브달라히는 자신이 생각한 첫째 수가 실패한 것을 깨달았다. 원래 아브달라히는 흑기사단을 최후의 일격을 가할 예비대로 남겨둘 생각이었다. 그러나 예상한 것과 다르게 전투가 진행되면서 흑기사단은 마흐디국을 지킬 최후의 보루가 되어버렸다. 제2이집트대대, 제9수단대대, 제10수단대대, 그리고 제11수단대대 등 4개 대대로 구성된 맥도널드여단은 병력 3천 명을 보유했다. 병력 면에선 흑기사단이 맥도널드여단을 5대 1로 압도했지만, 흑기사단 병력 대부분은 창이나 칼을 썼다. 아브달라히의 핵심 부대라 할 수 있는 물라지민은 병력이 1만 명 규모로 아브달라히의 아들 샤이크 아-딘과 칼리파 알리 와드 헬루가 지휘했다. 그러나 물라지민은 브로드우드가 이끄는 기병대와 낙타대를 추격하느라 케라리 언덕 너머로 사라진 뒤로 몇 시간째 행방이 묘연했다. 물라지민을 유인해 전투에서 떼어놓은 브로드우드의 명민한 전략이 성공한 것이다.

아브달라히는 이러지도 저러지도 못했다. 흑기사단을 지휘하는 동생 야굽에게 즉각 공격하라고 명령해야 할지 아니면 샤이크 아-딘이 이끄는 물라지민이 돌아오기를 기다려야 할지 판단이 쉽게 서지 않았다. 아브달라히가 이 문제를 놓고 고민하는 동안 금쪽같은 시간이 하염없이 흘러갔다. 결국 보다 못한 야굽이 선수를 쳤다. 9시, 아브달라히의 배다른 동생이자 절친한 친구인 야굽은 신성한 검은 깃발이 나부끼는 능선에 섰다. 야굽의 발아래는 흑기사단 전체가 무려 23개의 오를 만들며 정렬해 있었다. 오 1개의 정면 길이가 3천600미터에 달했고 병사들 사이에선 깃발이 펄럭였다. 야굽은 맥도널드여단이 사다리꼴 대형으로 북동쪽을 통과해 행진하는 것을 바라보면서 아브달라히가 언제 명령을 내릴지 조바심을 냈다. 9시 30분, 북쪽 지평선 위로 조카 샤이크 아-딘의 녹기사단 깃발이 보였지만 녹기사단이 흑기사단을 돕기에는 너무 멀리 있었다.

야곱은 학구적인 인물이었다. 그는 조직력과 행정력이 탁월했고 형 아브달라히에게 충성을 다했다. 백기사단을 이끌고 자리바 목책을 공격하다 원정군 포탄에 맞아 쓰러진 이브라힘 알-칼릴과 야곱은 사촌 사이였다. 야곱을 움직이게 만든 것은 다름아닌 이브라힘 알-칼릴의 시신이었다. 영국-이집트 연합 원정군 포탄에 맞아 송장이 된 이브라힘 알-칼릴은 흰 천으로 덮인 채 앙가렙 침대에 실려 옴두르만으로 후송되고 있었다. 사촌이 차가운 시신으로 돌아온 것을 안 야곱은 아브달라히의 명령을 기다리지도 않은 채 벌떡 일어나 안장에 올라타고는 창을 휘두르면서 크게 외쳤다. "안사르들이여, 우리를 보라! 이브라힘 알-칼릴처럼 어린 남자가 영원한 휴식을 얻게 되었는데 우리는 여전히 말안장에 앉아 있다……. 타발디(바오바브나무)가 쓰러졌다. 불신자들 위로 타발디가 쓰러진 것이다. 깃발을 높이 들고 말을 타고 돌진하자!"

야곱은 미친 듯이 소리치며 흑기사단 정면을 따라 말을 몰았다. "타발디가 쓰러졌다!" 흑기 부대원들이 냉혹한 표정을 지으며 창과 칼을 치켜들면서 야곱의 외침에 답했다. 야곱은 흑기가 있는 지휘소로 돌아왔다. 그러고는 다가오는 맥도널드여단을 똑바로 마주보더니 곧장 말을 달려 치고 나갔다. 우레 같은 함성과 함께 맹렬한 연속 사격이 시작되더니 마흐디국의 마지막 희망인 흑기사단이 야곱의 뒤를 따랐다.

맥도널드는 흑기사단을 알아보기 전에 야곱의 깃발을 먼저 보았다. 맥도널드는 깃발 사이에 칼리파를 뜻하는 검은 깃발이 있는 것을 알아봤다. 스코틀랜드 출신으로 눈치가 빠른 맥도널드는 뒤편에 또 다른 마흐디군 사단이 하나 더 있다는 것을 알고 있었다. 맥도널드가 운용한 감시병들은 녹기사단이 케라리 언덕에 있는 것도 금세 발견했다. 맥도널드는 녹기사단이 거리상으로 3.2킬로미터 떨어졌으며 브로드우드 기병대를 쫓아다니느라 지쳤지만 오래지 않아 자기 부대를 위협하리라는 것을 잘 알았다. 맥도널드는 제3이

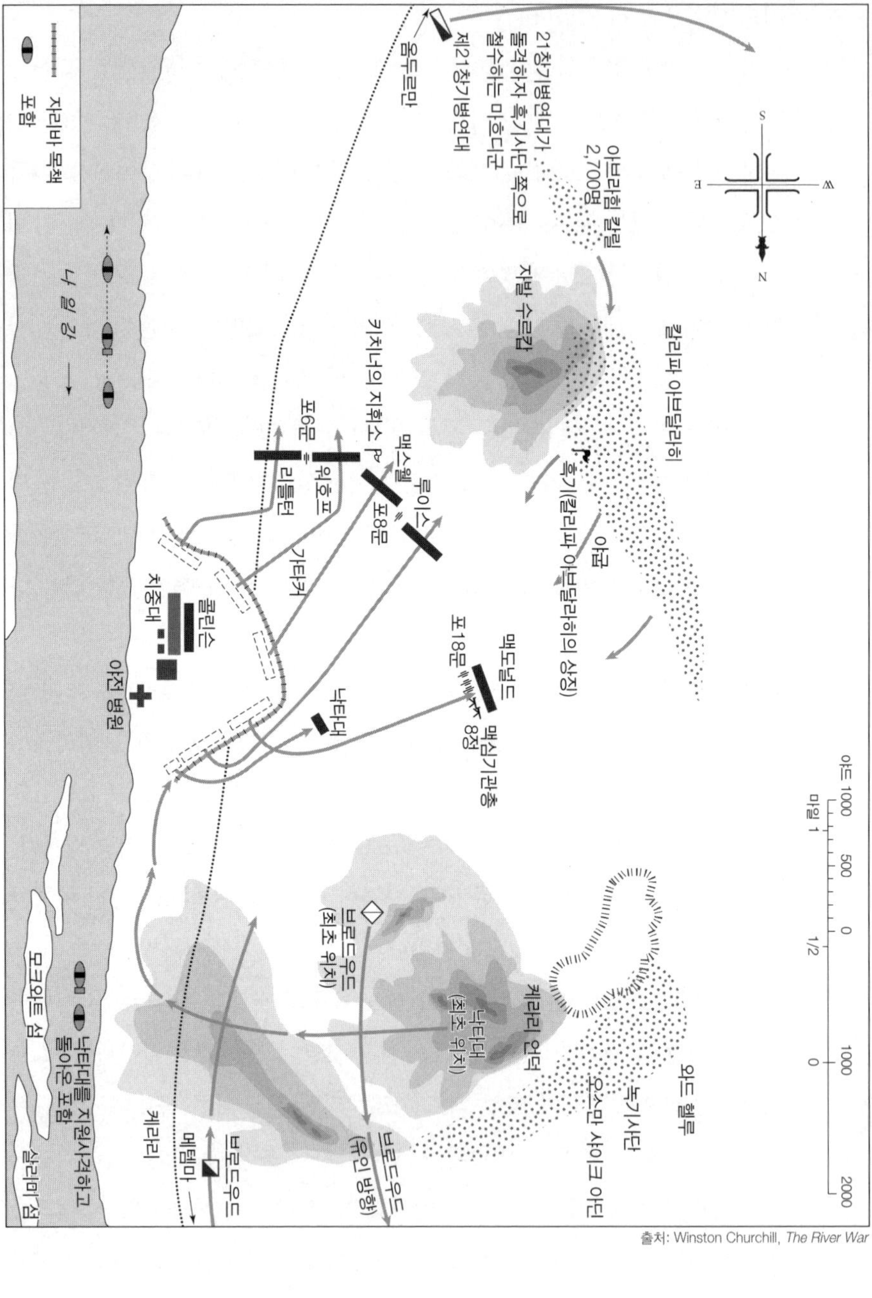

키치너 원정군의 옴두르만 전투도, 1898년 9월 2일 오전 9시 40분

출처: Winston Churchill, *The River War*

집트여단을 지휘하는 타피 루이스에게 전령을 보내 자신의 뒤쪽을 보강해달라고 요청했지만 옴두르만으로 곧장 진격하라는 명령을 받은 루이스는 이 부탁을 거절했다. 맥도널드는 스스로 방안을 찾아야 했다.

병으로 군 생활을 시작해 부사관을 거쳐 장교로 임관한 맥도널드는 자기 부대가 수적으로 다섯 배나 많은 마흐디군 2개 사단 사이에 끼어 가루처럼 바스러질 수도 있다고 생각했지만 침착하고 신중하게 대처하겠노라 굳게 마음먹었다. 말발굽에 채여 발이 부러져 극도로 고통스러웠지만, 맥도널드는 으레 하던 대로 자신감에 찬 모습을 잃지 않았다. "내 앞에 있는 적 부대는 매우 수가 많았다. 아울러 내 오른쪽에 있는 적 부대 또한 병력이 많았다. 나는 이 둘이 서로 힘을 합치지 못하도록 가까이 있는 적을 가능한 먼저 무찌르기로 결심했다."[64] 맥도널드 부대 선두에는 수단대대가 있었는데 초조함을 이기지 못한 수단병사들은 마흐디군이 사정거리 밖에 있는데도 사격을 시작했다. 그러자 맥도널드는 단독으로 말을 타고 맨 앞 오를 따라 달리면서 아부 하메드에서 한 것처럼 부하들의 총구를 들어 올렸다. 예전에 한 것과 같은 용감한 행동이지만, 바로 전날 맥도널드는 한 병사에게 살해 위협을 받고도 병사들 앞으로 나간 것이라 이날의 용기는 배로 더 돋보였다.

그 순간 맥도널드는 자기 부대가 외롭지 않다는 것을 깨달았다. 맥스웰여단에서 보낸 2개 중대가 둔덕 다른 편에 숨어 있다가 총검으로 수르캅의 높은 곳에서 마흐디군을 처치하고는 벌써 흑기사단을 저격하고 있었다. 이들의 엄호사격을 힘입어 맥도널드는 예하 포대에 사격 명령을 내렸다. 이집트군으로 구성된 포반은 야포 18문과 맥심 기관총 8정을 마치 기계처럼 빠르고 정확하게 설치했다. 바로 이때, 맨 선두에 선 야굽은 창을 휘두르며 말을 달려 부하들을 이끌고 진격하고 있었다. 맥도널드는 흑기사단과 거리가 1천 미터로 좁혀질 때까지 기다렸다가 사격을 명령했다.

흑기사단이 돌격하자 땅이 흔들렸다. 먼지, 연기, 돌조각, 그리고 포탄 파편은 죽음을 부르는 소용돌이가 되어 마흐디군을 휘감았다. 선두 오에 있는 흑기사단 병력은 맥심 기관총이 토해내는 총알을 맞고 마치 도미노처럼 쓰러뜨렸다. 흑기사단은 날아오는 파편에 맞아 팔다리가 떨어져 나가거나 마치 갈퀴처럼 긁고 지나가는 총알에 맞아 상처를 입고 고꾸라지는 병사들로 가득했다. 흑기사단은 개의치 않고 계속 돌격했다. 훗날 맥도널드는 당시 상황을 이렇게 회상했다. "결의에 찬 적이 신속하게 다가왔다. 우리는 포와 기관총으로 마치 풀을 베듯 적을 무수히 쓰러뜨렸지만, 여전히 많은 적이 단호하게 우리 앞으로 밀려왔다. 그 속도가 어찌나 빠르던지 나는 보병에게 총을 들고 정렬하라는 지시를 내렸다."[65]

맥스웰여단과 함께 있던 키치너는 흑기사단을 볼 수는 없었지만, 언덕 너머에서 울리는 포 사격 소리는 듣고 있었다. 쌍안경으로 자세히 살피던 키치너는 맥도널드가 포대를 운용하고 보병을 정렬해 배치하는 것을 보았다. 그리고 바로 뒤이어 흑기사단이 시야에 들어왔다. 아침 일찍 녹기사단이나 백기사단이 그런 것처럼 흑기사단 병력 1만 5천 명은 자신감에 차 의기양양하게 움직였다. 키치너는 자신이 생각한 작전계획 중 빠진 부분을 발견했다. 그는 장기를 두듯이 예하 여단을 필사적으로 이동시켰다. 워호프 준장의 제1영국여단과 타피 루이스가 지휘하는 제3이집트여단으로 전면을 보강했다. 브로드우드가 이끄는 낙타대는 맥도널드여단의 오른쪽을 향해 달려갔고 맥스웰과 리틀턴이 각각 지휘하는 여단 2개가 수르캅 경사면을 넘어 서쪽을 압박했다.

리틀턴이 지휘하는 제32야전포병대대는 포를 실은 노새를 끌고 숨 가쁘게 말을 몰아 수르캅 언덕 서쪽 경사면에 도착해서 15파운드 포와 맥심 기관총을 내려놓고 몇 분 걸리지 않아 방렬까지 마쳤다. 방렬이 끝나자 야포는 흑기사단 오른 측면을 포격했고, 맥심 기관총은 총알을 뱉어냈다. 포병 위관장교 하나가 맥심 기관총 2정을 100미터쯤 되는 언덕 정상까지 끌어올려 마흐디군에게 치명적인 사격을 퍼부었다. 영국군이 맹습하자 흑기사단 오른 측면은 눈이 녹아내리듯 사라졌다. 언덕 서쪽에 펼쳐진 광대한 전장에는 죽은 사람과 죽어가는 사람이 온 사방에 널렸다. 이미 졌다는 생각이 퍼지자 마흐디군 수천 명이 꽁무니를 돌려 옴두르만으로 내뺐다.

그러나 야굽이 이끄는 흑기사단 잔여 병력은 여전히 맥도널드여단을 위협했다. 맥도널드는 이 상황을 이렇게 기억했다. "밀집한 적을 향해 유효 사거리에서 총알을 퍼부었지만 적은 여전히, 그것도 가장 용감한 모습으로 돌진했다."66 흑기사단 선봉과 여단 사이 거리가 360미터까지 좁혀지자 수단, 이집트 보병의 무기인 마티니-헨리 소총이 진가를 발휘했다. 몸을 숨길 곳이 하나도 없는 평원 한가운데 노출된 맥도널드여단 병사 중 많은 수는 피르카 전투, 아부 하메드 전투, 그리고 바로 얼마 전 아트바라 전투에서 싸워봤다. 이들은 자신을 향해 돌진하는 엄청난 인파에 맞서 자리를 지키고 서 있었다. 전장 소음은 듣는 것만으로도 공포에 떨 만큼 무시무시했지만, 막상 이들이 서 있는 세상은 조용했다. 마치 제사라도 지내듯 모든 병사가 한결같이 장전, 조준, 사격의 3단계를 끊임없이 반복했다. 이집트와 수단 병사들은 명령 없이 모두 개별적으로 사격했지만, 이들의 사격은 마치 폭풍이 울부짖는 듯했다. 이집트 포수들은 산탄을 장전하더니 포탄을 연달아 약실로 밀어 넣었다. 마지막 몇 분 동안 맥도널드가 운용하는 포 18문은 흑기사단에 적어도 포탄 450발을 퍼부었다.

흑기사단의 병사들은 사람이라면 단 한 순간도 버티지 못할 만큼 뜨거운 열기와 우레 같은 폭발음이 만들어내는 고통을 경험하고 있었지만 절대로 물러서지 않았다. 수단 병사들이 일정한 속도로 사격하면서 만들어진 탄막은 마치 무엇이든 집어삼키는 구덩이처럼 흑기사단 병사들을 빨아들였다. 맥도널드여단 정면에서 약 500미터 떨어진 곳까지 돌격했던 야굽도 맥심 기관총탄에 맞아 즉사하면서 안장에서 떨어졌다. 뒤따르던 병사 둘이 시신을 수습하려 말에서 내려 다가갔지만, 곧바로 발을 뺐다. 흑기사단 병사들은 송장이 된 야굽을 옮기려 여러 차례 시도했지만, 그때마다 실패로 돌아갔다. 화가 오를 대로 오른 바까라 기병이 수단 병사들을 향해 복수를 외치며 돌진했다. 그러나 수단 병사들은 여전히 침착하게 사격을 계속했고 바까라 기병 대부분은 100미터도 못 가 총알을 맞고 땅바닥에 쓰러졌다. 아주 소수이기는 하지만 수단 병사들 코앞까지 도달한 바까라 기병은 창을 휘두르며 수단 병사들 사이를 헤집었다.

도망치는 마흐디군은 흑기 주변으로 모였지만 집중사격 때문에 한 번에 10명 정도씩 떼로 쓰러졌다. 키치너와 참모들이 말을 타고 수르캅 언덕을 내려올 때도 아브달라히를 상징하는 흑기는 여전 펄럭였지만, 그 주변은 말 그대로 생지옥이나 마찬가지였다. 죽은 사람만 100명이고 부상자는 200명에 달했으며 이들이 누워 있는 곳에는 피가 강을 이뤘다. 원정군이 흑기를 탈취하자마자 전령 장교가 달려와 걱정스러운 소식을 전했다. 녹기사단 1만 5천 명이 북쪽에서 맥도널드여단을 공격하고 있다는 것이었다.

이 소식을 듣자마자 키치너는 가장 가까이 있는 링컨셔연대 예하 대대를 하나 보내 맥도널드여단을 돕도록 했다. 제1영국여단의 정예부대이자 사격술로 명성이 높은 링컨셔대대는 속도를 높여 서둘러 달려갔다. 엄청나게 넓은 케라리 평원을 달리는 링컨셔대대에 가속도가 붙으면서 마치 점이 점점 작아져 사라지는 것처럼 보였다.

맥도널드여단의 제10수단대대, 제11수단대대, 그리고 제2이집트대대는 여전히 대형 유지한 채 달려드는 흑기사단과 맞섰으며 제9수단대대는 종대를 유지한 채 예비대로 대기 중이었다. 앞에 있는 흑기사단이 소멸되자 맥도널드는 샤이크 아-딘이 이끄는 물라지민으로부터 종사를 받고 있다는 것을 깨달았다. 물라지민이 쏘는 소총탄 탄착군이 빠른 속도로 여단 오른쪽으로 움직였고 정면에 배치된 대대들은 다른 방향을 향해 있었다. 한순간, 뒤에서 먼지와 연기를 뚫고 달려드는 새로운 마흐디군에게 기습을 당할 것 같았다.

이제 케라리 전투의 전세를 결정짓는 중요한 순간이 다가온 것이다. 맥도널드는 현 국면이 중요하다는 것을 인식했지만, 결코 주눅 들지 않았다. 흑기사단의 공세가 꺾인 것을 확인하자마자 맥도널드는 제11수단대대와 1개

포대의 방어 방향을 전환했다. 예비로 보유하던 제9수단대대는 종대에서 순서 없이 오른쪽 횡대로 전환했다. 이런 조치 덕에 맥도널드여단은 기존 정면과 새로운 정면에 각각 대대 2개씩을 배치하는 방어대형을 구축할 수 있었다. 녹기사단은 레밍턴 소총을 빠르게 발사하며 신속하게 다가왔다. 대형을 형성하던 맥도널드여단 병력 중 총탄에 맞은 이들이 맥없이 쓰러졌다. 몇 분 되지 않는 동안 소총병 120명이 죽거나 전상을 입었고 사상자 비율은 포병이 훨씬 높았다.

흑기사단이 가까이 접근하면 살육전이 벌어질 것을 알았지만, 맥도널드는 절대 주저하지 않았다. 그는 흑기사단이 마치 하늘에서 내리꽂는 매처럼 최대한 가까이 밀고 들어오는 것을 보고 있었다. 잠시 뒤, 흑기사단의 위협이 완전히 사라졌다고 판단한 맥도널드는 제10수단대대와 다른 1개 포대에는 새로운 전선으로 전환하라는 명령을 그리고 제2이집트대대에는 대각선 방향으로 비스듬하게 오른쪽으로 방향을 틀라는 명령을 각각 내렸다. 그 결과 맥도널드여단은 ㄴ자 모양으로 병력이 재배치되었고 그중 긴 변은 북쪽에서 돌격하는 마흐디군을 마주하게 되었다. 맥도널드 주변으로 연기가 피어오르고 총알이 "휙휙" 날아다녔지만, 그는 눈 하나 꿈쩍하지 않을 만큼 침착하게 제9수단대대 장교들에게 명령 없이도 발사할 수 있는 로켓을 할당했다. "훈련장에서 연습했던 대로 움직이고 행동하기를 바란다." 랭카셔퓨질리어연대를 지휘하는 월터C. F. Walter 소령에게 맥도널드가 한 말이다.

3개 수단대대들은 혈통으로는 뿌리가 같지만 당장은 적이 된 마흐디군에 결연하게 맞서 거칠게 사격했다. 얼마나 총을 많이 쐈던지 총이 너무 뜨거워져 탄약이 약실에서 폭발할 정도였다. 몇 분 뒤, 수단 병사들은 총알을 더 많이 달라고 했다. 사실 장교들은 이를 진정시킬 요량으로 총알을 2발 또는 3발 단위로 나눠주고 있었다. 대포와 맥심 기관총이 토하듯 맹렬하게 불을 뿜었지만, 녹기사단은 점점 더 가까이 다가왔다. 수단대대원들에게 남은 탄은 1인당 3발에 불과했다. 그러자 강인하기로 소문난 누바족, 딩카족, 쉴룩족,

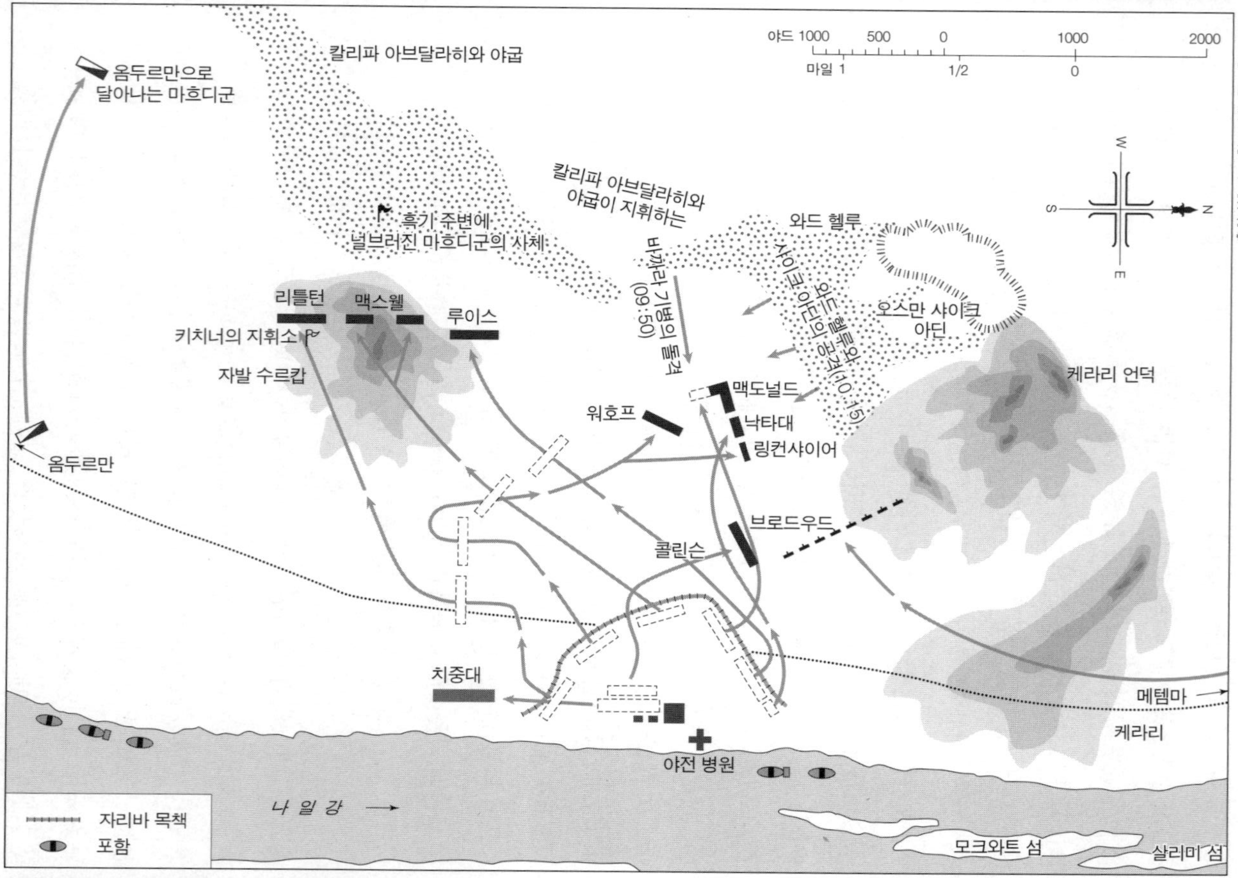

옴두르만으로
달아나는 마흐디군
칼리파 아브달라히와 야굽
야드 1000 500 0 1000 2000
마일 1 1/2 0
흑기 주변에
널브러진 마흐디군의 사체
칼리파 아브달라히와
야굽이 지휘하는
바카라 기병의 돌격
(09:50)
와드 헬루
와드 헬루와
샤이크 아딘의 공격(10:15)
W
S
N
E
오스만 샤이크
아딘
리틀턴
맥스웰
루이스
키치너의 지휘소
자발 수르캅
케라리 언덕
맥도널드
워호프
낙타대
링컨샤이어
옴두르만
브로드우드
콜린스
치중대
메템마
야전 병원
케라리
나일강
자리바 목책
포함
모크와트 섬
살리미 섬

키치너 원정군의 옴두르만 전투도, 1898년 9월 2일 오전 10시 15분

출처: Winston Churchill, *The River War*

그리고 누에르족으로 이뤄진 수단대대는 육박전을 준비했다. 녹기사단은 바다 위에 뜬 쪽배를 뒤집어버릴 듯이 밀려오는 큰 파도처럼 수단대대를 덮쳐왔다. 녹기사단 맨 선두와 수단대대 사이는 100미터도 되지 않았다. 녹기사단을 막을 수 있는 것은 아무것도 없어 보였다.

바로 그때, 링컨셔연대가 '세워 총' 자세로 소총을 들고 사막을 가로질러 빠르게 다가왔다. 수단대대는 원군을 보고 크게 환호했다. 맥스웰R. P. Maxwell 대위가 지휘하는 링컨셔 선봉 중대는 오른쪽에서 대형을 만들었다. 빨리 오느라 숨이 찬 링컨셔 병사들은 잠시 숨을 고르더니 개별 사격을 시작했다. 이들이 총을 얼마나 정확하게 쐈는지 녹기사단 전위前衛가 사라져버렸고 마흐디군은 피투성이가 된 채 땅에 뒹굴었다. 2분 뒤, 링컨셔대대 전체가 제자리를 잡자 개별 사격을 중지하라는 명령이 떨어졌다. 그 와중에도 녹기사단은 여전히 다가오고 있었지만, 영국군의 리-멧포드 소총은 침묵을 지켰다. "준비, 조준, 격발!" 사격 명령이 다시 내려왔다. 동시에 발사된 소총탄 수백 발이 땅을 스치듯 날아갔고 맥심 기관총과 야포도 이에 질세라 함께 불을 뿜었다. 구형이기는 하지만 마티니-헨리 소총도 가만있지 않았다. 사격 속도는 무시무시하게 빨랐다. 불과 몇 분 사이에 링컨셔 병사들은 한 명당 총알 60발을 쏘았다. 함성을 지르며 달려들던 녹기사단이 머뭇거리고는 멈추더니 방향을 바꿔 황급하게 달아났다. 수적으로 열세였지만 수단 병사들과 링컨셔연대 병사들은 녹기사단에 맞서 맹렬하고 완강하게 싸웠다. 무엇보다 이들의 무기는 치명적이었다.

이렇게 모든 상황이 끝나는 듯했다. 겁에 질려 전열이 무너진 마흐디군은 죽기 살기로 도망갔다. 이런 도망병 사이로 바까라 기병 400여 명이 갑작스럽지만 용맹스럽게 달려 나왔다. 바야흐로 마흐디국이 저물고 있었다. 바까라족은 나고 자란 고즈에서 너무 멀리까지 와 있었다. 이들은 고즈에서 완만하게 경사진 푸른 벌판을 내달렸고 목이 마르면 물웅덩이에서 목을 축였으며 기린과 코끼리를 좇아 사냥했다. 그러나 이곳 케라리 평원에는 이 중 아무것도 없었다. 450미터를 전속력으로 질주한 바까라 기병 일부는 샬랑가이 창을 들었지만 다른 이들은 무기도 없이 죽을 각오로 앞만 보고 달렸다. 달려오는 바까라 기병을 본 수단대대가 다시 사격을 시작했다. 문명이 만든 죽음의 신이 또 한 번 밀물처럼 쓸고 지나가자 바까라 기병 중 단 한 명도 맥도널드여단에 도달하지 못했다.

5개 여단으로 구성된 영국-이집트 연합 원정군 전체는 포병과 함께 대형을 형성했는데 정면의 길이가 약 3.2킬로미터나 되었다. 흑기사단과 녹기사단 패잔병들은 사막으로 도망치고 있었다. 브로드우드의 이집트 기병대는 횡렬 오른쪽에 대형을 형성하고 추격 준비를 마쳤다. 정면 전체가 마흐디군을 향해 총을 쐈지만, 성의 없이 쏘는 것처럼 들리더니 이내 멈췄다.

이날 아침, 동이 트자 엄청나게 많은 마흐디군이 구름처럼 몰려들었지만, 그중 거의 1만 1천 명이 죽었고 1만 6천 명이 부상당했다. 사방에 널브러지거나 산더미처럼 쌓인 송장의 수는 15년 전 샤이칸 전투에서 몰살당한 힉스 원정군의 그것과 비슷했고 일부 송장에서는 연기가 피어올랐다. 사실상 샤이칸 전투에서 승리하면서 시작된 마흐디국이 사라지고 있었다. 11시 30분, 공병 장교이자 이집트군 총사령관이며 영국-이집트 연합 원정군 사령관 허버트 키치너 소장은 쌍안경을 내려놓았다. 언제나 무표정하던 얼굴에 아주 살짝 미소가 스쳤다. 키치너가 한마디 했다. "적이 드디어 먼지를 털고 돌아간 것 같군!"

12

마흐디국의 정권 그 자체라 할 수 있는 군대가 최후를 맞고 있을 때 칼리파 아브달라히 와드 토르샤인은 전장에 남아서 이 모습을 보지 않았다. 흑기사단이 움직이기 전에 아브달라히는 이미 모든 것이 끝났다는 것을 알았지만 흑기사단을 이끌던 동생 야굽이 죽었다는 소식에 충격을 받아 비틀거렸다. 그 순간, 벌어지는 전투에 흥미가 없어진 아브달라히는 양털을 덮은 안장인 푸르와furwa에 앉아 죽음을 맞이하려 했다. 이것은 전쟁에서 패한 이들이 선택해야 하는 수단의 전통이다. 그러나 지휘소에 나타난 오스만 디그나는 아브달라히를 일으켜 타고 온 누비아산 흰 당나귀가 있는 곳까지 끌어냈고 결과적으로 아브달라히는 원한 방법대로 죽음을 맞이하지 못했다. 산전수전 다 겪은 오스만 디그나가 아브달라히에게 말했다. "이것이 끝이 아닙니다. 언젠가는 칼리파 님이나 저나 말을 타다 전장에서 죽겠지요. 그러나 푸르와에 앉은 채 죽음을 기다리는 것은 아무런 소용도 없습니다."[67]

오스만 디그나는 아브달라히와 함께 걷다가 옴두르만으로 향하는 대규모 패전 병력에 합류했다. 무리에 섞인 오스만 디그나는 그저 많고 많은 이름 모를 패잔병 속으로 자신을 숨겼다.

파괴된 마흐디 무덤 안에서 기도하던 아브달라히는 키치너가 옴두르만에 들어왔다는 보고를 받았다. 영국-이집트 연합 원정군의 포함 사격 때문에 옴두르만에서 성한 건물은 찾아볼 수 없었으나 포함은 여전히 사격을 멈추지 않았다. 온 사방에는 죽거나 팔다리가 잘려나간 동물과 사람 시체가 그득했고 송장 썩는 냄새가 코를 찔렀다. 아브달라히는 야쿱이 죽었다는 소식을 들었을 때처럼 얼빠진 표정으로 무덤에서 나왔지만 모두 서쪽으로 철수하라는 명령을 내릴 만큼 의식은 또렷했다.

키치너는 어둠이 내리고서야 아브달라히의 집에 도착했다. 그 무렵 아브달라히는 이미 달아난 뒤였다. 역설적이게도 원정이 시작된 이후 계속 무사했던 키치너가 죽을 뻔한 것은 바로 아브달라히의 집에서였다. 나일강에 떠 있는 포함 한 척이 쏜 포탄이 머리 위에서 터지면서 파편이 비 오듯 떨어졌고 《타임스》 기자 허버트 하워드가 죽었다. 하워드는 아침에 제21창기병연대와 함께 말을 타고 코르 아부 순트로 달려갔다가도 살아남았지만, 그의 운명은 거기까지였다. 포함에서 쏜 포탄이 두 발 더 강타하자 키치너는 서둘러 자리를 피했다.

전투에서 승리한 뒤 옴두르만으로 입성하는 키치너

The Illustrated London News, 1898년 10월 1일

슬라틴은 아브달라히가 두 시간 전에 남쪽으로 떠났다고 보고했다. 키치너는 브로드우드를 시켜 아브달라히를 뒤쫓게 했다. 브로드우드와 병사들은 그날 밤 10시까지 말을 달려 쫓아가다 숙영했다. 다음 날 돌아온 브로드우드는 아브달라히가 추격대를 따돌리고 달아났다고 보고했다. 그날 아침, 키치너는 마흐디의 무덤을 무너뜨리라고 명령했다. 14년 전, 마흐디군은 목이 잘린 찰스 고든의 시체를 나일강에 던져버렸다. 이번에는 마흐디, 즉 무함마드 아흐마드 차례였다. 원정군은 두개골을 뺀 마흐디의 유골을 무덤에서 파내 아무 예식도 없이 나일강에 던져버렸다. 키치너는 마흐디의 두개골을 가지고 무엇을 할 것인가를 곰곰이 생각했다. 재떨이나 책상 장식으로 쓸 생각도 해보았지만 결국 아무 표식도 없는 무슬림 공동묘지에 묻어버렸다.

그날 늦게 키치너는 포함을 타고 강을 건너 카르툼의 히킴다르 궁으로 이어지는 부두에 발을 디뎠다. 고든이 죽고 14년이 지난 히킴다르 궁은 폐허가 돼 자갈이 여기저기 널려 있었다. 키치너는 한 번도 카르툼을 본 적이 없었지만 정말 오랫동안 카르툼을 생각했다. 폐허가 된 카르툼에서는 죽은 이들의 목소리가 울리는 듯했다. 히킴다르 궁을 살펴보던 키치너는 고든이 최후를 맞았을 것 같은 계단을 쳐다보면서 고든이 계단 위 또는 아래서 최후를 맞았으리라 짐작했다.

다음 날, 고든을 기리는 추도식이 히킴다르 궁에서 열렸다. 영국-이집트 연합 원정군 모든 대대가 추도식에 대표를 참석시켰고 원정군 병력은 청나일강 둑 위에 사다리꼴 대형으로 정렬했다. 포함 멜릭 뒤로는 다른 증기선들이 닻을 내렸다. 14년 전 바로 이 자리에서 고든과 스튜어트는 열렬한 환영을 받으며 증기선 타우피키야에서 내렸다. 1884년 그날 고든을 환영하러 온 사람 대부분이 이제는 죽고 없었다. 고든, 스튜어트, 파워, 한잘, 레온티데스, 튀르크-이집트제국의 관리들, 그리고 제1수단여단 병사들이 바로 그들이었다. 뒤늦게 전우의 원수를 갚은 병사들에게 '차렷' 구령이 떨어졌다. 대영제국 국기인 유니언잭이 그리고 그 뒤를 따라 빨간 바탕에 흰 초승달과 별 3개

The Illustrated London News, 1898년 10월 1일

히킴다르 궁에서 열린 고든 추도식, 1898년 9월 4일

가 박힌 이집트 케디브 왕조의 깃발이 히킴다르 궁 위에 게양되면서 포함 멜릭이 예포를 발사했다. 우렁찬 "받들어 총!" 구령에 맞춰 지휘하는 장교들은 거수경례를, 입을 굳게 다문 병사들은 일제히 받들어 총을 했고 근위보병연대 군악대가 영국 국가 〈신이여 여왕을 보호하소서〉와 이집트 국가에 이어 마지막으로 고든을 기리는 〈장송 행진곡〉을 연주했다.

키치너는 빅토리아 여왕과 케디브를 위해 만세를 각각 세 번씩 외치도록 했다. 만세가 끝나자 병사들은 키치너에게 큰 소리로 환호했다. 추도식이 끝날 무렵 키치너를 포함해 원정 내내 초인적인 인내심으로 싸운 병사 중 많은 수가 눈물을 흘렸다. 당시 현장을 목격한 누군가는 당시를 이렇게 묘사했다. "절대 냉정을 유지하던 사령관의 양 뺨 위로 커다란 눈물이 흘렀다."[68] 의전 행사가 끝나고 히킴다르 궁 정원에서 키치너는 모든 영관장교와 일일이 악수를 나누며 고마워했다. 당시 행사에 참가한 한 장교는 키치너의 모습을 이렇게 기억했다. "키치너는 감동적인 연설을 했다. 고든의 죽음과 함께 잃어버린 수단을 되찾으려고 얼마나 오랜 세월 준비했는지, 그리고 도와준 모든 이에게 자신이 얼마나 많이 신세를 졌는지도 이야기했다. 그 순간 키치너는 무엇에 홀린 사람 같았다. 하지만 그의 태도는 편안했고 자유로웠다. 무엇보다 키치너는 행복해 보였다."[69]

사흘 뒤, 키치너는 이미 파쇼다Fashoda에 와 있는 프랑스의 마르샹 대위를 상대하러 남쪽으로 백나일강을 거슬러 올라가라는 지시를 받았다. 마르샹은 아프리카를 서에서 동으로 가로질러 왔으며 백나일강에 관한 프랑스의 권리를 주장했다. 원정군이 출정하기 전, 키치너는 베링에게 받은 봉인된 명령을 재킷 안주머니에 넣고 원정 내내 꿰매놓았다. 이 명령은 카르툼을 탈환한 다음에만 열어볼 수 있었다. 키치너에게는 카르툼을 점령한 이 순간이 인생의 절정이었다는 것은 의심할 여지가 없다. 물론 그 뒤로도 키치너는 승진을 계속한다. 원정을 성공적으로 이끈 뒤 그는 키치너 경Lord Kitchener of Khartoum이 되었고 마지막으로 담당한 공직은 육군성 장관이었다. 그러나 그

The Graphic, 1898년 9월 24일

프랑스와의 분쟁을 해결하기 위해 파쇼다로 향하는 키치너

의 인생에 카르툼을 되찾은 순간만큼 완벽한 때는 다시없었다. 키치너를 만든 것은 수단 원정이라고 해도 틀리지 않다. 제1차 원정에서는 고든을 구출하려 노력하면서, 제2차 원정에서는 죽은 고든을 대신해 복수하면서 키치너는 인생에 황금 같은 시기를 맛봤고 이후로도 더 크게 승진할 수 있었다.

그로부터 2년 뒤, 빅토리아 시대는 막을 내린다. 빅토리아 시대가 끝나면서 세상은 새로운 세기로 접어들었다. 이 신세기는 옴두르만 전투에서 발생한 사상자 정도는 아무것도 아니게 보일 만큼 강력한 파괴의 물결을 몰고 왔다. 이런 파괴의 물결은 이제껏 한 번도 보지 못한 것이었다. 영국은 수단 원정에 성공했지만 곧이어 벌어진 보어전쟁에서 수치스럽게 대패했다. 영국은 옴두르만 전투에서 승리했지만, 승리의 영광은 제1차 세계대전이 가져온 무시무시한 공포 속으로 증발해버렸다. 1916년에 솜 전투가 벌어진 첫날, 영국군에게는 독일군 대포와 기관총을 향해 정면 공격하라는 명령이 떨어졌고 이렇게 돌격한 병사들은 케라리 전투에서 처참하게 무너진 마흐디군과

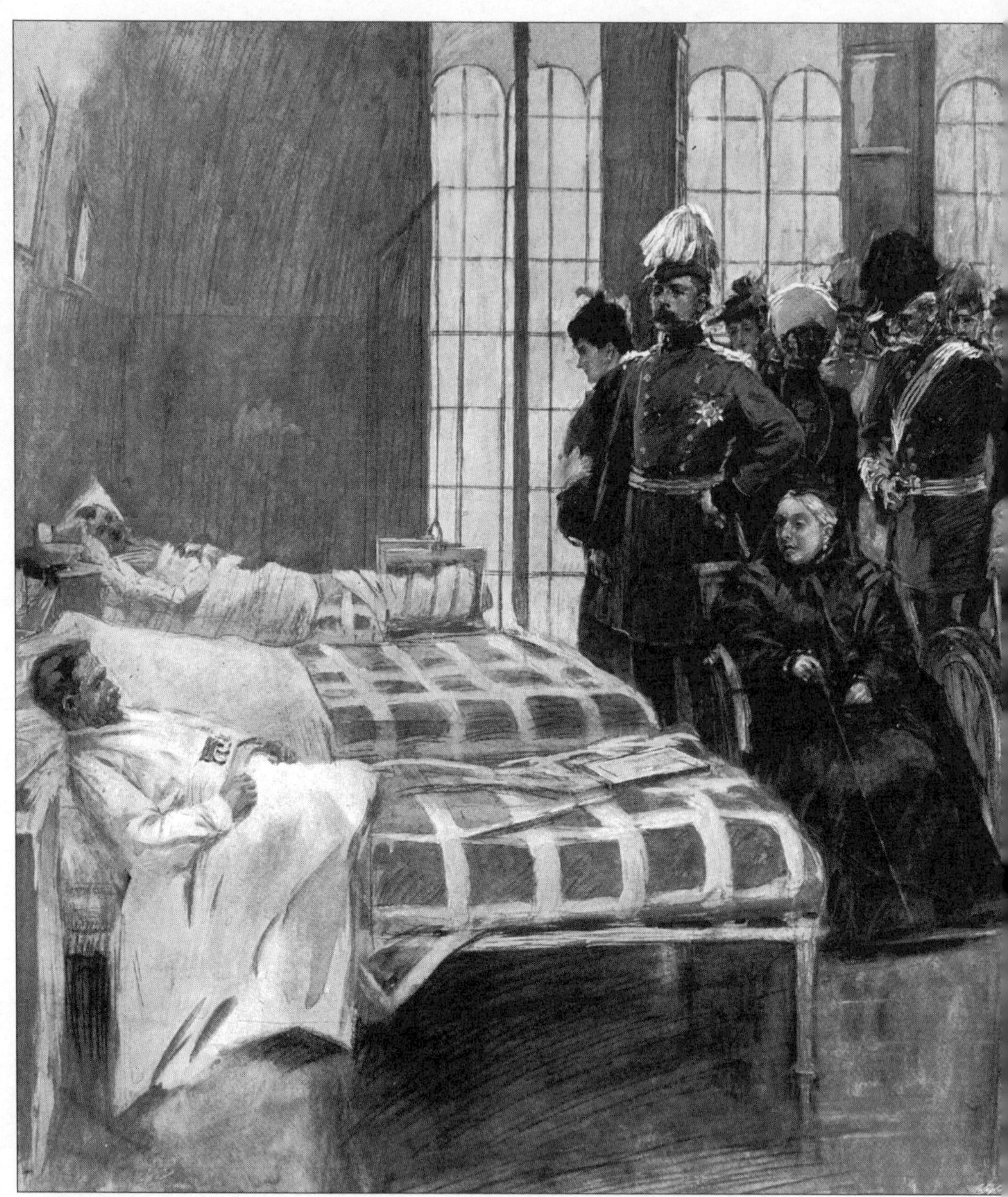

수단 원정의 전상자를 위로하고 훈장을 수여하러 네틀리Netley 군병원을 찾은 빅토리아 여왕, 1898년 12월.
국가 수반의 책무란 예나 지금이나 다르지 않다.

같은 운명을 맞이했다. 역설적이지만 이렇게 전사한 영국군 중에는 케라리 전투에 참전했던 이들도 있었다. 솜 전투 첫날의 영국군과 케라리 전투에 참여한 아브달라히 군대 사이의 유일한 차이점은 사상자 수였다. 솜 전투에서 발생한 영국군 사상자는 케라리 전투에서 나온 마흐디군 사상자보다 세 배 더 많았는데 이는 역사상 하루 만에 나온 사상자로는 가장 높은 숫자이며 앞으로도 쉽게 깨지지 않을 것 같다.

1916년을 기점으로 시간을 돌이켜보면 수단 원정은 분명 빅토리아 시대의 황혼기라 할 수 있다. 그때는 비행기도, 자동차도, 전화와 대형 전함도 없었다. 키치너가 이끈 수단 원정은 다른 관점에서 보면 마치 꿈같은 것이었다. 제2차 수단 원정은 대영제국이 경험한 낭만적인 모험이었다. 그리고 이런 모험의 기회는 다시 오지 않았다.

13

1899년 11월 24일 아침이 밝았다. 옴두르만 전투는 벌써 15개월 전 일이었다. 이집트-수단 연합군 8천 명은 코르도판의 움 디바이카라트Umm Dibaykarat에 무성하게 자란 수풀 속에서 대기하고 있었다. 수단대대 2개, 이집트 보병중대 1개, 예전에 마흐디군에 속했던 지하디야 소총병 일부와 낙타대, 그리고 이집트군 기병과 포병으로 구성된 연합군은 레지널드 윈게이트가 지휘했다. 그는 1899년 1월에 키치너의 뒤를 이어 이집트군 총사령관, 즉 시다르에 취임했다.

이틀 전, 윈게이트 부대는 아부 아딜Abu Adil에서 아브달라히의 친척 아흐마드 파딜이 지휘하는 부대를 격파해 400명을 사살하고, 여자와 어린이 다수를 포로로 잡았으며, 보급품을 다량 노획했다. 그 다음 날, 마흐디군 탈영병이 아브달라히가 알-자디드al-Jadid* 마을에서 남동쪽으로 11킬로미터 가

* 엘-오베이드 남동쪽으로 약 220킬로미터 떨어진 곳에 있다.

량 떨어진 곳에 머물고 있다고 알려왔다. 7천에 달하는 아브달라히 군대는 윈게이트가 진격하면서 물을 끊자 물을 구하지 못해 어려움을 겪었다. 1883년, 그러니까 마흐디군이 힉스 원정대의 식수를 차단한 것과 같은 상황이 완벽하게 재현되고 있었다.

5시 10분경, 한 떼의 검은 무리가 고즈 초원에서 나와 정부군을 향해 돌진했다. 윈게이트는 눈을 믿을 수 없었지만, 이는 아브달라히의 마지막 돌격이었다. 아브달라히는 여러 번 전투를 경험했지만, 신무기가 가진 가공할 화력에서 아무런 교훈도 얻지 못했다. 물라지민은 으레 하듯이 공격하러 다가오며 사격하는 것으로 기백을 보여주었다. 윈게이트 부대는 맥심 기관총, 12파운드 야포, 그리고 마티니-헨리 소총으로 일제사격을 퍼부으며 물라지민을 상대했다. 요란한 총소리와 포성이 들판에 울려 퍼졌다. 있는 힘을 다해 시작한 공격이었지만 신무기가 토해내는 총알과 파편의 벽을 넘지 못한 마흐디군은 이것이 마지막이었다. 물라지민은 달아났다.

착검한 수단대대는 달아나는 물라지민을 쫓았다. 270미터도 못가서 제9수단대대는 웅송그린 채 누운 송장 무더기와 마주쳤다. 그 속에는 죽은 칼리파, 즉 아브달라히 와드 토르샤인도 있었다.

아브달라히는 마지막 남은 부대를 맨 앞에서 이끌다가 용감하게 전사했다. 패배를 피할 수 없다는 것이 확실해지자 아브달라히는 푸르와 안장에 앉은 채 뜻을 함께한 에미르들과 함께 전통적인 방법으로 죽음을 기다렸다. 수단 사람들은 이를 명예로운 죽음으로 생각했다. 개인으로는 영광스런 죽음이었지만 아브달라히와 함께한 모든 이들은 북동아프리카 역사에서 별로 유명세를 받지 못했다. 마흐디가 혁명에 성공할 수 있었던 것은 글은 몰랐지만 거칠 것 없었던 바까라 유목민 덕이었다. 1880년, 피부가 까진 당나귀를 타고 이름 한 줄, 물자루, 그리고 헐렁한 웃옷을 빼고는 아무것도 없이 알-마살라미야로 느릿느릿 들어간 아브달라히는 결국 이렇게 세상을 떠났다. 명목상으로는 무함마드 아흐마드가 마흐디국의 통치자였지만, 아브달라히는 그

국가를 이끌어간 실질적인 정부였다. 사방이 평평한 고즈에 있는 오두막에서 태어난 아브달라히는 걸음마보다 말타기를 먼저 배웠고, 아프리카에 이슬람 국가를 건설했으며, 그렇게 세워진 나라를 14년 동안 통치했다. 아브달라히의 피는 창을 들고 코끼리와 기린을 사냥하러 다니던 고즈의 붉은 흙으로 돌아갔다. 그에게 고즈는 훨씬 덜 복잡한 세상이었다. 15년 전, 아브달라히 인생에 중대한 전환점이 되었던 샤이칸 숲은 불과 이틀 거리에 있었다.

마흐디국은 움 디바이카라트에서 최후를 맞이했지만, 마흐디가 뿌린 사상적인 영향은 죽지 않았다. 마흐디국이 사라지고 영국-이집트 공동 통치가 진행된 57년 동안 마흐디주의는 지하로 숨어들어 끈질긴 생명을 이어갔다. 1956년 1월 1일에 수단이 독립하자 이슬람에 기반을 둔 정치 세력이 본격적으로 기지개를 켜기 시작했다. 1964년부터는 프랑스 소르본대학에서 법학 박사학위를 받은 하산 알-투라비가 이끄는 이슬람헌장전선Islamic Charter Front이 수단을 지배했다.* 그는 이슬람헌장전선이 마흐디와 칼리파 아브달라히가 구상한 노선을 국가 운영의 기준으로 삼아야 한다고 주장했다.

하산 알-투라비와 그의 처남이며 마흐디의 손자로서 움마 당을 이끈 사디크 알-마흐디는 1989년 쿠데타로 당시 대통령인 자파르 니마이리Jaafar Nimairi를 권좌에서 몰아내고 현 대통령 오마르 알-바시르Omar al-Bashir를 자리에 앉힌 쿠데타 배후 세력이다.

1994년에는 하산 알-투라비의 후원을 받아 사우디아라비아 출신의 오사마 빈 라덴이 수단에 터를 잡고 4년 동안 머물렀다. 이 기간에 하산 알-투라비는 오사마 빈 라덴의 정신적인 지주 역할을 하면서 사상과 이념에 깊은 영

* 이 시기에는 이슬람헌장전선Islamic Charter Front이라 불렸으나 이는 무슬림형제단 수단 지부였으며 나중에는 민족이슬람전선National Islamic Front으로 이름을 바꾼다. 무슬림형제단은 1928년 하산 알-반나Hssan al-Banna가 이집트에서 설립한 이슬람주의 운동으로 초기 이슬람의 가르침을 따르고, 칼리파제를 복원하며, 순수한 이슬람 정부를 수립한다는 목표를 가진 원리주의적 성향이 강한 이슬람 정치운동이다. 이집트를 비롯한 북아프리카 여러 나라와 중동의 몇몇 나라에 지부를 가지고 있다.

향을 미쳤을 뿐만 아니라 훗날 명성을 떨친 알-카에다를 건설하는 데도 도움을 주었다. 1998년, 수단을 떠나 아프가니스탄으로 향하는 오사마 빈 라덴은 처음 수단에 왔을 때와는 아주 다른 사람이 되어 있었다. 그가 반미反美를 외치며 그리고 아랍 세계에 있는 여러 '배교자' 무슬림 정권을 향해 외친 선언은 단어 하나하나마다 마흐디의 선언과 짝을 이룬다. 2001년 9월 11일, 오사마 빈 라덴이 지휘하는 알카에다가 미국 뉴욕의 쌍둥이 무역센터 빌딩과 미 국방성 건물을 향해 일으킨 테러 공격은 100여 년 전 마흐디가 등장하면서 주창한 정서와 똑같은 내용을 담고 있으며 어떤 의미로는 케라리 전투에서 키치너 원정군의 대포에 스러져간 마흐디군 1만 명의 원한을 갚은 행동이라고도 볼 수 있다.

에필로그: 남겨진 사람들

허버트 키치너 Sir Herbert Kitchener

수단 원정을 마친 직후, 나일강을 따라 남쪽으로 올라간 키치너는 파쇼다에서 마르샹 대위가 이끄는 프랑스군 탐험대와 만나, 군사적 충돌을 피하고 용의주도하게 협상에 성공한다. 키치너 덕에 영국은 국제적인 위기를 피할 수 있었다. 영국으로 돌아온 키치너는 대중 사이에서 명사가 되었고, 의회는 그에게 감사의 뜻을 표했으며 빅토리아 여왕은 남작 작위를 수여했다. 1899년 1월, 영국과 이집트가 수단을 공동으로 통치한다고 발표할 때 그는 민사와 군사 모든 분야에서 전권을 가진 수단 총독이 되었다. 그는 고든이 생각했던 수단 총독의 자질을 모두 충족하는 인물이었다. 1911년부터 1914년까지는 베링이 수행하던 이집트 총영사를 역임했다. 이 시기에 그는 헤자즈Hejaz에서 오스만제국의 통치에 저항하는 아랍인들을 지원했고, 이는 결국 제1차 세계대전 기간 중 로렌스의 도움을 받는 아랍 봉기로 이어진다. 1914년 육군성 장관으로 영전해 영국으로 돌아온 그는 지중해의 다르다넬스 전역戰域에서 싸울 육군 100만 명을 양성하는데, 이는 부분적으로는 처칠의 생각에서 나온 계획이었다. 1898년 9월 1일, 당시 기병 중위로 옴두르만 전투에 참가해 키치너에게 마흐디군이 진격할 것이라 보고하기도 했던 처칠은 1914년에는 해군성 장관이 되어 있었다. 키치너는 터키에서 독일-터키 연합군과 벌인 갈리폴리 전투 중 우유부단한 모습을 보여서 비난을 받았으나 당시 그는 진퇴양난에 빠져 있었다. 1916년, 러시아 방문 길에 올랐다가 북해에서 기뢰 폭발로 사망했다. 같은 날, 헤자즈에서는 아랍 봉기가 일어났다.

레지널드 윈게이트 General Sir Reginald Wingate

윈게이트는 키치너의 뒤를 이어 이집트군 총사령관과 수단 총독을 역임했다. 1916년, 그는 이집트의 영국 고등판무관으로 임명되었으나 이집트 내 민족주의를 처리하는 문제를 놓고 영국 정부와 의견을 달리하면서 1919년에 해임되었다. 이후 성공적인 사업가로 변신했으며 1953년 아흔둘의 나이로 사망했다.

헥터 맥도널드 Major General Sir Hector MacDonald

소작인의 아들로 태어났으며 고든하일랜드연대에서 부사관으로 근무했다. 옴두르만 전투의 영웅으로 나중에는 보어전쟁에도 참전했고 하일랜드여단을 지휘했다. 맥도널드는 실론에 주둔하는 영국군 부대장으로 영전하지만, 1903년에 동성연애 추문에 휩싸여 군사재판을 받고 불명예 전역했다. 1895년, 동성연애 혐의로 재판을 받고 구속된 극작가 오스카 와일드 사건의 여파가 남아 있던 당시 영국은 동성연애에 호의적인 사회가 아니었다. 총사령관 로버트 경과 면담 뒤 돌아오는 길에 파리의 한 호텔에서 권총으로 자살했다.

알리 와드 헬루 The Khalifa 'Ali wad Helu

마흐디국이 급박한 위기에서도 끝까지 살아남았던 역정의 노장인 그는 옴두르만 전투에서 녹기사단을 지휘했고 최후까지 아브달라히와 함께했다. 움 디바이카라트 전투 이후 온몸에 총알이 박힌 상태로 아브달라히 곁에서 발견되었다.

샤이크 아-딘 Shaykh ad-Din

아브달라히의 아들이며 옴두르만 전투에서 물라지민을 지휘한 그는 움 디바이카라트 전투에서 부상당한 뒤 윈게이트에게 생포되었다. 1900년, 스물다섯의 젊은 나이로 이집트 로제타Rosetta 감옥에서 사망했다.

오스만 디그나 Osman Digna

마흐디국의 가장 뛰어난 장군 중 한 명이자 마흐디국이 멸망한 뒤에도 살아남은 인물이다. 케라리 전투에서 패해 죽음을 기다리던 아브달라히를 안전하게 옴두르만으로 돌아가게 한 뒤 옴두르만을 빠져나왔다. 나중에 코르도판에서 아브달라히의 부대에 합류했지만 움 디바이카라트 전투에서 영국군의 포위를 뚫고 다시 한 번 탈출에 성공한다. 자신의 근거지인 홍해 연안의 구릉지대로 돌아온 그는 1900년에 체포될 때까지 계곡에서 계곡으로 혹은 동굴에서 동굴로 옮겨 다니며 도주 생활을 했다. 체포된 이후 오스만 디그나는 로제타와 투라Tura에 있는 감옥에서 여생을 보냈고 1924년 석방되었다. 그해 사우디아라비아의 메카로 하지 순례를 다녀와 여든여섯의 나이로 1926년 와디 할파에서 사망했다. 오늘날 영국 육군박물관 누리집에는 역사상 영국군을 위협했던 적장 20명이 등장하는데 오스만 디그나는 미국의 조지 워싱턴, 프랑스의 나폴레옹, 독일의 롬멜 등과 함께 이 명단에 올라 있다. 처칠은 1899년 수단 재정복의 의미를 다룬 *The River war*를 출간하는데, 이 책에서 처칠은 오스만 디그나와 벌인 전투를 언급하며 그가 보여준 용맹함과 강인함을 찬양했다.

포함 멜릭 Gunboat Melik

옴두르만 포격과 케라리 전투 당시 브로드우드가 이끄는 기병대의 철수를 엄호한 멜릭의 함장은 데이비드 비티였다. 나중에는 찰스 고든의 조카로 공병이었던 고든W. 'Monkey' Gordon 대위가 지휘했다. 원정이 끝나고 멜릭은 카르툼 쪽 청나일강에 정박해 청나일항해클럽Blue Nile Sailing Club의 사무실과 본부로 사용되었다. 1994년, 멜릭재건협회Melik Restoration Society(http://www.melik.org.uk)가 결성되어 키치너가 운용한 증기선 중 유일하게 남아 있는 멜릭 호를 영국으로 가져와 보전하려는 노력을 펼치고 있다.

아치볼드 헌터 Major General Sir Archibald Hunter

키치너는 이집트 총사령관 후임으로 헌터를 추천했지만 베링이 받아들이지 않았다. 베링은 헌터가 수단의 전권을 쥐면 공격적인 성격이 나타나 폭군처럼 군림할 것으로 생각했다. 그러나 헌터는 남아프리카에서 그리고 제1차 세계대전 중에는 키치너의 참모장교로 성공적인 군 경력을 이어갔다. 1919년부터 1922년까지 북아일랜드와 영국의 통합을 지지하는 정치 운동을 펼치며 랭커스터 출신 하원의원을 역임했고 1936년에 사망했다.

윌리엄 가타커 Major General Sir William Gatacre

옴두르만 전투에서 영국군 사단을 지휘했던 그는 엄격하기로 소문이 나서 별명도 '일 벌이는 장군General Back-Acher'이라고 붙었다. 훗날 남아프리카의 보어전쟁 중 스톰버그Battle of Stormberg 전투에서 매복에 걸려 100여 명 이상의 부하가 목숨을 잃고 700명이 포로로 붙잡히는 치욕을 당한 뒤 해임되었다. 그 뒤 그는 에티오피아로 건너가 고무나무를 재배하다가 1906년 열병으로 사망했다.

에벌린 베링 Sir Evelyn Baring, Lord Cromer

1907년까지 대영제국의 이집트 총영사로 있다가 갑작스럽게 은퇴했다. 25년 이상을 사실상 이집트의 통치자로 군림한 베링은 퇴임식도 제대로 치르지 않고 물러났지만, 이집트 역사상 가장 효과적인 정책을 편 통치자였다. 대영제국의 전형적인 관료였지만 부패한 지배계급을 경멸하는 동시에 이집트 국민의 다수를 차지하는 농부fellahin의 삶을 개선하고자 투쟁한 양심적인 인물이었다. 현대 이집트와 수단에 가장 큰 영향을 끼친 인물을 한 명 꼽으라면 아마도 그를 꼽아야 할 것이다. 1917년 일흔여섯의 나이로 눈을 감았다.

카를 폰 슬라틴 Baron Sir Rudolf Carl von Slatin

마흐디국에서 탈출한 이후 슬라틴과 윈게이트는 평생 친구로 지냈다. 슬라틴은 수단 감찰감Inspector General of Sudan으로 임명되는데, 이 직책은 수단 총독에 취임한 윈게이트가 슬라틴을 위해 만든 자리이다. 그는 수단을 재건하는 과정에서 중요한 역할을 담당했다. 오스트리아-헝가리제국이 그에게 남작 작위를 수여했는데 제1차 세계대전이 발발하자 적대국 정부인 영국을 위해 일하는 이상한 모양새가 되고 말았다. 결국 그는 1914년에 사임하고 오스트리아 적십자 총재를 맡았다. 1932년에 사망했다.

무함마드 아쉬-샤리프 The Khalifa Muhammad ash-Sharif

마흐디의 사촌이자 사위이고 아브달라히와는 오랫동안 정치적으로 경쟁 관계였던 아쉬-샤리프는 샤이칸 전투에서 힉스의 목숨을 끊어놓은 인물이라는 소문이 무성했다. 옴두르만 전투 이후 아브달라히에게 합류하지 않았지만, 1899년 8월 영국군에게 체포되었으며 마흐디국 재건을 이끌었다는 혐의로 처형당했다. 아마 이 혐의는 사실이 아니었을 것이다.

가넷 울즐리 Field Marshal Viscount Garnet Wolseley

허버트 키치너 다음으로 당대 최고의 군인이라 할 수 있는 울즐리는 고든 구원군이 실패한 뒤 다시는 전장에 나가지 못했다. 케임브리지 공작의 뒤를 이어 1895년부터 1899년까지 영국 육군 총사령관을 역임하는 동안 그는 시대의 변화에 따라 영국 육군을 변화시키는 데 큰 역할을 했다. 1913년 프랑스 남부 니스 근처의 휴양 도시인 망통Menton에서 여든의 나이로 사망했다.

에벌린 우드 Field Marshal Sir Evelyn Wood, VC

울즐리와 마찬가지로 고든 구원군이 실패한 뒤 우드 또한 전장에 나가 활동하지 못했다. 그는 군 생활 중 부관감을 포함해 대부분을 울즐리 휘하에서 다양한 행정 직위를 거쳤다. 1903년에 원수를 끝으로 은퇴했고, 1919년 여든하나의 나이로 사망했다.

찰스 윌슨 Major General Sir Charles Wilson, FRS

울즐리가 그를 깎아내리려고 노력했지만, 윌슨의 군 경력은 별다른 피해를 입지 않았다. 오히려 고든 구원군에서 보여준 역량을 인정받아 두 번째 기사 작위를 받았다. 영국 지리정보geographical intelligence의 창시자인 윌슨은 훗날 영국 육지측량부Ordnance Survey of the United Kingdom 국장이 되었고, 군에서 마지막 직책은 군사교육국장Director of Military Education이었다. 1905년 사망했다.

리버스 불러 Major General Sir Redvers Buller, VC

우드나 울즐리와는 달리 불러는 다시 전장에 나갈 기회를 얻었다. 오랫동안 사무실에서 근무하다가 1899년 보어전쟁에서 영국군을 지휘할 기회를 얻었지만, 수단에서 그랬듯이 그에게는 결단력과 전술 이해가 부족했다. 그러나 불러는 대중에게 여전히 인기가 많았다. 아마도 영국군 수뇌부는 이 점 때문에 그에게 지휘를 맡겼을 것이다.

헨리 드 코틀로곤 Lieutant Colonel Henry de Coetlogon

드 코틀로곤은 고든과 의견 차이를 보여 카르툼을 떠난 뒤 다시 수단으로 돌아가지 않았다. 1884년 이집트에 도착한 뒤 아시우트Asyut에서, 그리고 나중에는 알렉산드리아에서 경찰청장을 지냈다. 외무성에서 영사 업무를 담당했으며 미국과 태평양에서도 몇몇 직위를 거쳤다. 1907년에 은퇴하고 1908년 옥스퍼드에서 사망했다.

수단군사철도The Sudan Military Railway

키치너가 수단 원정길에 부설한 구간은 지금도 여전히 누비아 사막을 가로질러 운행 중이다. 이 구간은 대영제국의 마지막 노력을 상징하는 기념비 같은 것이다. 키치너가 만든 역들 중 많은 수가 사용되지 않지만 철도는 여전히 카르툼에서 와디 할파까지 매일 화물을 실어 나른다. 여객 열차는 주 1회 운행된다. 수단군사철도는 나중에 수단정부철도Sudan Government Railway로 이름이 바뀐다.

제럴드 그레이엄 Lieutenant General Sir Gerald Graham, VC

1885년 오스만 디그나를 상대로 벌인 전투는 그에게 마지막 작전이었다. 그레이엄은 공병 여단장이 되는데 이는 형식적인 직책이었다. 예순여덟의 나이로 1899년에 사망했다.

찰스 베레스포드 Admiral Lord Charles Beresford

아부 틀라이 전투를 거의 재앙 직전까지 몰고 간 장본인이지만 사회적인 지위와 연줄 덕분에 처벌은 면했다. 1906년에 해군 대장으로 진급했으며 영국의회 의원을 여러 차례 역임했다. 1919년 스코틀랜드에서 사망했다.

로버트 브로드우드 Lieutenant General Robert Broadwood

키치너 원정군에서 이집트군 소속으로 이집트 기병대를 지휘한 브로드우드는 옴두르만 전투 당시 마흐디군의 녹기사단을 유인해 원정군 주력부대에서 떼어놓았다. 나중에 영국군으로 복귀했고 보어전쟁에서 기병여단을 지휘했다. 제1차 세계대전 기간 중인 1917년에 제57사단을 지휘하다가 서부전선에서 전사했다.

빼르시 지루아르 Sir Percy Girouard

키치너의 선임 철도 기술자로 수단군사철도 건설에 공을 세운 지루아르는 이집트 국영철도 사장이 되었다가 나중에 보어전쟁이 벌어지는 1899년부터 1902년에 남아프리카 철도국장director of railways이 된다. 나이지리아에서 고등 판무관을 지냈으며 영국령 동아프리카의 주지사와 총사령관을 역임했고 나중에는 제1차 세계대전 동안 군수총감director-general of munitions까지 올라갔다. 제1차 세계대전이 끝난 뒤에는 암스트롱 휫워스Armstrong Whitworth 기술회사의 관리 책임자로 일했다. 1900년에 기사 작위를 받았으며 1932년에 예순다섯의 나이로 사망했다.

앨버트 글라이센 Major General Lord Albert Gleichen

글라이센 백작으로 알려진 그는 근위낙타연대 소속으로 고든 구원군에 참전했으며 이 경험을 바탕으로 고든 구원군을 다룬 책 『낙타대와 함께 나일강을 거슬러서*With the Camel Corps up the Nile*』를 썼는데, 이 책은 인기리에 판매되었다. 1896년에 키치너와 동골라 작전을 함께했고, 그 뒤 이집트군으로 전군해 1901년부터 1903년까지 카이로에 있는 정보국 국장과 수단 영사로 복무했다. 제1차 세계대전 기간에는 사단을 지휘했다. 그는 1937년에 사망했다.

구스타프 클루츠 Gustav Klootz

탈영병으로 샤이칸 전투 이후 마흐디 통치를 경험하고 살아남았지만, 마흐디국의 종말은 보지 못했다. 옴두르만에 갇혀 있다 탈출했지만 1886년 에티오피아 국경으로 가던 중 사망했다.

찰스 고든 Major General Charles Gordon

고든의 명성은 리튼 스트레이치가 신랄하게 쓴 『빅토리아 시대의 저명한 인물들Eminent Victorians』에 나온 묘사 때문에 에드워드 7세 재위 기간 중 상당한 수난을 겪었다. 이 책은 마흐디를 종교적 광신자로 정의하면서 영국에서 그에 상응하는 인물이 고든이라고 표현했다. 이 책은 고든을 죽음에 이르게 한 것 또한 카르툼에서 그가 보여준 미친 행동 때문이라고 설명한다. 고든을 기려 트래펄가 광장 넬슨 기둥 아래에 세운 동상은 다른 곳으로 옮겨졌지만, 고든은 결국 명예를 회복했다. 그는 외세의 침공이나 재앙으로부터 나라를 구하지는 않았지만, 영국이 배출한 영웅 중에서 자신이 세운 원칙에 충실해 언제라도 기꺼이 죽을 준비가 되어 있던 인물은 고든밖에 없었다. 고든은 하라는 것을 하지 않은 것이 아니라 자신이 옳다고 생각한 것을 한 사람이었다. 점점 더 관습이나 규칙에 순응할 수밖에 없는 방향으로 나아가는 세상에서 카르툼의 고든은 기억할 만한 가치가 있는 인물이다.

원주(原註)

프롤로그: 샤이칸의 대학살

1 Joseph Ohrwalder, *Ten Years Captivity in the Mahdi's Camp 1882-1892*, London, 1892, p. 134.

2 *The Times*, 18 December 1883(original reads 'Arabs' for 'dervishes').

3 ibid.

4 Sheikh 'Ali Gulla, 'The Defeat of Hicks Pasha', *Sudan Notes and Records*, VIII, 1925, p. 119.

5 Frank Power, *Letters from Khartoum - Written during the Siege*, London, 1885, p. 20.

6 ibid., p. 14.

7 ibid., p. 20.

8 Abbas Bey, 'The Diary of Abbas Bey', *Sudan Notes and Records*, XXXII, Pt II, 1951, p. 179.

9 Ohrwalder, *Ten Years Captivity*, p. 86.

검은 사람들의 땅

1 Gerald Prunier, 'Military Slavery in the Sudan During the Turkiyya', in Elizabeth Savage(ed.), *The Human Commodity - Perspectives in the Trans-Saharan Slave Trade*, London, 1992.

2 William Hicks, *The Road to Shaykan: Letters of General William Hicks Pasha Written during the Sennar and Kordofan Campaigns, 1883*, ed. M. W. Daly, Durham, 1983, p. 68.

3 ibid.

4 R. C. Stevenson, 'Old Khartoum 1821-1885', *Sudan Notes and Records*, XLVII, 1966, pp. 1-37, 234.

5 Frank Power, *Letter from Khartoum - Written during the Siege*, London, 1885, p. 25.

6 ibid., pp. 35-6.

7 ibid., p. 48.

8 ibid., p. 53.

9 Lord Gromer, *Modern Egypt*, 2 vols, London, 1909, p. 400.

10 Hicks, *The Road to Shaykan*, p. 11.

11 Power, *Letters*, p. 52.

12 Cromer, *Modern Egypt*, p. 376.

13 John Pollock, *Kitchener*, London, 1998, p. 12.

14 J. Colborne, *With Hicks Pasha in the Sudan: Being an Account of the Sennar Campaign in 1883*, London, 1884, p. 10.

15 Cromer, *Modern Egypt*, p. 219.

16 ibid., pp. 403-4.

17 W. S. Blunt, *Gordon at Khartoum*, London, 1912, p. 232.

18 Cromer, *Modern Egypt*, p. 406.

19 'A Lieutenant Colonel', *The British Army*, London, 1899.

20 A. Paul, *A History of the Beja Tribes of the Sudan*, London, 1954, p. 3.

21 *Sudan Notes and Records*, 1937.

22 ibid.

23 Bennet Burleigh, *Desert Warfare*, London, 1884, p. 14.

24 Cromer, *Modern Egypt*, p. 404.

25 Burleigh, *Desert Warfare*, p. 15.

26 ibid., pp. 15-16.

27 Brian Thompson, *Imperial Vanities: The Adventure of the Baker Brothers and Gordon of Khartoum*, London, 2002, p. 223.

28 Bureleigh, *Desert Warfare*, p. 16.

29 ibid.

30 ibid. p. 18.

31 Cromer, *Modern Egypt*, p. 407.

32 ibid.

33 Makki Shibeika, *The Independent Sudan: British Policy in the Sudan 1882-1902*, London, 1952, p. 224.

마흐디국의 탄생

1 E. Schweinfurth, *Heart of Africa*, London, 1872, p. 66.

2 ibid.

3 H. C. Jackson (trans.), *Black, Ivory and White - The Story of Zubayr Pasha*, London, 1913, p. 58.

4 P. M. Holt, *The Mahdist State in the Sudan - A study of its Origins, Development and Overthrow*, Oxford, 1958, p. 52.

5 R. Wingate, *Mahdism and the Egyptian Sudan*, London, 1891.

6 R. C. Slatin, *Fire and Sword in the Sudan: A Personal Narrative of Fighting and Serving the Dervishes*, London, 1896, p. 143.

7 ibid., pp. 143-4.

8 ibid., p. 149.

9 ibid. p. 151.

마지막 열차

1 C. Chenevix-Trench, *Charley Gordon: The Life of an Eminent Victorian Reassessed*, London, 1978, p. 30.

2 ibid., p. 190.

3 John Pollock, *Kitchener*, London, 1998, p. 275.

4 Chenevix-Trench, *Charley Gordon*, p. 196.

5 Joseph H. Lehmann, *All Sir Garnet - A Life of Field Marshal Lord Wolseley*, London, 1964, p. 32.

6 ibid., p. 134.

7 Chenevix-Trench, *Charley Gordon*, p. 195.

8 ibid.

9 ibid., p. 198.

10 Lord Cromer, *Modern Egypt*, 2 vols., London, 1909, p. 426.

11 ibid., p. 428.

12 Chenevix-Trench, *Charley Gordon*, p. 231.

13 ibid., p. 203.

14 ibid.

15 ibid., p. 202.

16 Adrian Preston (ed.), *In Relief of Gordon - Lord Wolseley's Campaign Journal of the Khartoum Relief Expedition - 1884-5*, London, 1967, p. 23.

17 ibid., p. 6.

18 ibid., p. 23.

19 Cromer, *Modern Egypt*, p. 460.

20 Chenevix-Trench, *Charley Gordon*, p. 276.

21 ibid., p. 271.

22 Cromer, *Modern Egpyt*, p. 460.

23 ibid.

24 ibid., p. 448.

25 W. S. Blunt, *Gordon at Khartoum*, London, 1912, p. 517.

26 Cromer, *Modern Egypt*, p. 437.

27 Pollock, *Kitchener*, p. 278.

28 ibid.

29 E. J. Montague Stuart-Wortley, 'Reminiscences of the Sudan 1882-1899', *Sudan Notes and Records*, XXXIV, 1953, p. 17.

30 Cromer, *Modern Egypt*, p. 460.

31 ibid. p. 410.

32 Makki Shibeika, *The Independence Sudan: British Policy in the Sudan*, London, 1952, p. 225; 12/2/84, the Queen's italics.

33 ibid., p. 227.

34 ibid.

35 Cromer, *Modern Egypt*, p. 413.

36 Shibeika, *Independent Sudan*, p. 225.

37 Preston (ed.), *Lord Wolseley's Campaign Journal*, p. 166.

38 Sir George Arthur (ed.), *Letters of Lord and Lady Wolseley 1870-1991*, London, 1922.

39 Cromer, *Modern Egypt*, p. 412.

40 Blunt, *Gordon at Khartoum*, p. 262.

41 Bennet Burleigh, *Desert Warfare*, London, 1884, p. 29.

42 ibid., p. 204.

43 B. Robson, *Fuzzy Wuzzy: The Campaigns in the Eastern Sudan 1884-85*, Tunbridge Wells, 1993, p. 50.

44 Burleigh, *Desert Warfare*, p. 50.

45 ibid., p. 61.

46 ibid., p. 47.

47 ibid., p. 106.

48 Frank Emery, *Marching over Africa: Letters from Victorian Soldiers*, London, 1986, p. 314.

49 ibid.

50 Burleigh, *Desert Warfare*, p. 49.

51 ibid.

52 Robson, *Fuzzy Wuzzy*, p. 73.

53 Emery, *Marching over Africa*, p. 134-5.

54 Burleigh, *Desert Warfare*, p. 65.

55 ibid., p. 102.

56 Emergy, *Marching over Africa*, p. 133.

57 Burleigh, *Desert Warfare*, p. 72.

58 Cromer, *Modern Egypt*. p. 414.

세상의 끝

1 M. A. Gordon (ed.), *Letters of Charles George Gordon to his Sister*, London, 1888, p. 80.

2 Makki Shibeika, *The Independent Sudan: British Policy in the Sudan*, London, 1952, p. 236.

3 A. E. Hake, *Gordon in China and the Soudan*, London, 1896, p. 342.

4 Frank Power, *Letters from Khartoum - Written during the Siege*, London, 1885, p. 97.

5 Lord Cromer, *Modern Egypt*, 2 vols., London, 1909, p. 475.

6 C. G. Gordon, *General Gordon's Last Journal*, London, 1885, p. 43.

7 Joseph Ohrwalder, *Ten Years Captivity in the Mahdi's Camp 1882-1892*, London, 1892, p. 98.

8 ibid., p. 45.

9 ibid., p. 96.

10 ibid., p. 98.

11 M. A. Gordon (ed.), *Letters of Charles Geroge Gordon*, p. 350.

12 Bennet Burleigh, *Desert Warfare*, London, 1884, p. 305.

13 ibid., p. 304.

14 Frank Emery, *Marching over Africa: Letters from Victorian Soldiers*, London, 1986, p. 137.

15 Burleigh, *Desert Warfare*, p. 194.

16 ibid., p. 156.

17 Emery, *Marching over Africa*, p. 138.

18 ibid.

19 Burleigh, *Desert Warfare*, p. 157.

20 ibid., p. 196.

21 ibid., p. 197.

22 ibid., p. 196.

23 ibid.

24 Emery, *Marching over Africa*, pp. 138-9.

25 ibid., pp. 137-8.
26 ibid.
27 Burleigh, *Desert Warfare*, p. 165.
28 Cromer, *Modern Egypt*, p. 416.
29 Power, *Letters*, p. 99.
30 Winston S. Churchill, *The River War*, 2 vols., London, 1899.
31 C. Chenevix-Trench, *Charley Gordon - The Life of an Eminent Victorian Reassessed*, London, 1978, p. 252.
32 Shibeika, *Independent Sudan*, p. 297.

무너진 방진

1 W. F. Butler, *The Campaign of the Cataracts - Being a Personnel Narrative of the Great Nile Expedition of 1884-5*, London, 1887, p. 374.
2 Adrian Preston (ed.), *In the Relief of Gordon - Lord Wolseley's Campaign Journal of the Khartoum Relief Expedition - 1884-5*, London, 1967, p. 40.
3 John Pollock, *Kitchener*, London, 1998, pp. 63-4.
4 Preston (ed.), *Lord Wolseley's Campaign Journal*, p. 31.
5 Philip Magnus, *Kitchener - Portrait of an Imperialist*, London, 1958, p. 54.
6 C. G. Gordon, *General Gordon's Last Journal*, London, 1885, p. 201.
7 ibid., p. 198.
8 ibid.
9 Joseph Ohrwalder, *Ten Years Captivity in the Mahdi's Camp 1882-1892*, London, 1892, p. 130.
10 Magnus, *Kitchener*, p. 57.
11 Preston (ed.), *Lord Wolseley's Campaign Journal*, p. 31.
12 A. MacDonald, *Too Late for Gordon and Khartoum: The Testimony of and Independent Eye Witness of the Heroic Efforts for their Rescue and Relief*, London, 1887, p. 72.
13 Ian Knight (ed.), *Marching to the Drums - Eyewitness Accounts of War from the Kabul Massacre to the Siege of Mafeking*, London, 1999, p. 210.
14 Count Albert Gleichen, *With the Camel Corps on the Nile*, London, 1889, p. 147.
15 ibid., p. 157.
16 ibid.
17 ibid., p. 71.
18 Knight (ed.), *Marching to the Drums*, p. 213.
19 Preston, *Lord Wolseley's Campaign Journal*, p. 101.
20 ibid., p. 120.
21 Knight (ed.), *Marching to the Drums*, p. 212.
22 ibid., p. 213.
23 Gleichen, *Camel Corps*, p. 88.
24 ibid., p. 101.
25 ibid., p. 103.

26 Knight (ed.), *Marching to the Drums*, p. 212.
27 MacDonald, *Too Late for Gordon*, p. 209.
28 Gleichen, *Camel Corps*, p. 113.
29 ibid., p. 118.
30 MacDonald, *Too Late for Gordon*.
31 ibid.
32 Charles Wilson, *From Korti to Khartoum*, London, 1885.
33 Gleichen, *Camel Corps*.
34 ibid.
35 Wilson, *Korti to Khartoum*, p. 30
36 Knight (ed.), *Marching to the Drums*, p. 213.
37 Gleichen, *Camel Corps*, p. 132.
38 Charles Beresford, *Memoirs*, 2 vols., London, 1914, p. 266.
39 Knight (ed.), *Marching to the Drums*.
40 Wilson, *Korti to Khartoum*, p. 30.
41 ibid., p. 31.
42 Beresford, *Memoirs*, p. 266.
43 Julian Symonds, *England's Pride: The Story of the Gordon Relief Expedition*, London, 1965, p. 201.
44 J. R. Ware and R. K. Mann, *The Life and Times of Colonel Fred Burnaby*, London, 1885, p. 304.
45 Gleichen, *Camel Corps*, p 135.
46 ibid.
47 Beresford, *Memoirs*, p. 304.
48 Knight (ed.), *Marching to the Drums*, p. 214.
49 Gleichen, *Camel Corps*, p. 145.
50 MacDonald, *Too Late for Gordon*, p. 206.
51 Beresford, Memoirs, p. 276.
52 Gleichen, *Camel Corps*, p. 156.
53 Beresford, *Memoirs*, p. 276.
54 Wilson, *Korti to Khartoum*, p. 71.
55 ibid.
56 Gleichen, *Camel Corps*, p. 138.
57 MacDonald, *Too Late for Gordon*, p. 255.
58 Gleichen, *Camel Corps*, p. 172.
59 MacDonald, *Too Late for Gordon*, p. 269.
60 R. C. Slatin, *Fire and Sword in the Sudan: A Personal Narrative of Fighting and Serving the Dervishes*, London, 1896, p. 204.
61 C. G. Gordon, *Journal*, p. 199.
62 ibid., pp. 215-16; capitals and italics are Gordon's.
63 R. Wingate, *Mahdism and the Egyptian Sudan*, London, 1891, p. 169.

64 ibid., p. 518.

65 Nushi Pasha, 'General Report of the Siege and Fall of Khartoum', ed. R. Wingate, *Sudan Notes and Records*, XIII, Pt 1, 1930, pp. 1-82.

66 ibid., p. 80.

67 K. Neufeld, *A Prisoner of the Khalifa - 12 Years Captivity at Omdurman*, London, 1899, p. 335.

68 Slatin, *Fire and Sword*, p. 206.

69 ibid.

70 Wilson, *Korti to Khartoum*, p. 172.

71 ibid.

72 ibid., p. 174.

73 ibid., p. 179.

74 ibid.

75 E. J. Montague Stuart-Wortley, 'Reminiscences of the Sudan 1882-1899', *Sudan Notes and Records*, XXXIV, 1953, pp. 17, 44.

76 Preston (ed.), *Lord Wolseley's Campaign Journal*, p. 129.

77 ibid., p. 165.

78 Charles Watson, *The Life of Major General Sir Charles Wilson*, London, 1999, pp. 345-6.

79 ibid., p. 347.

80 Lord Cromer, *Modern Egypt*, 2 vols., London, 1999, p. 215.

81 ibid., p. 33.

82 Preston (ed.), *Lord Wolseley's Campaign Journal*, p. 138.

83 Halik Kochanski, *Sir Garnet Wolseley: Victorian Hero*, London, 1999, p. 351.

수단 기계

1 Philip Magnus, *Kitchener - Portrait of an Imperialist*, London, 1958, p. 369.

2 ibid., p. 370.

3 Julian Symonds, *England's Pride: The Story of the Gordon Relief Expedition*, London, 1965, p. 201. Symonds takes this to mean Charles Wilson. However, Wolseley clearly refers to *regimental* officers, whereas Wilson was a *staff* officer: his position was Adjutant General of Intelligence, i.e. a staff post.

4 Winston S. Churchill, *The River War*, London, 1899, Vol. 1, p. 411.

5 E. F. Knight, *Letters from the Sudan*, London, 1896, p. 135.

6 R. C. Slatin, *Fire and Sword in the Sudan: A Personal Narrative of Fighting and Serving the Dervishes*, London, 1896, p. 401.

7 Knight, *Letters*, p. 160.

8 A. Hunter, Kitchener's *Sword Arm - The Life and Campaigns of General Sir Archie Hunter*, London, 1996, p. 43.

9 Churchill, *The River War*, p. 118.

10 Knight, *Letters*, p. 123.

옴두르만의 원한

1 Winston S. Churchill, *The River War*, London, 1899, pp. 294-5.
2 'An Officer', *Sudan Campaign 1896-1899*, London, p. 105.
3 ibid., p. 109.
4 ibid., p. 110.
5 Lord Cromer, *Modern Egypt*, 2 vols., London, 1909, p. 296.
6 ibid.
7 John Meredith(ed.), *Omdurman Diaries 1898 - Eyewitness Accounts of the Legendary Campaignm*, London, 1998, p. 83.
8 ibid., p. 89.
9 ibid., p. 90.
10 ibid., p. 30.
11 ibid.
12 'An Officer', *Sudan Campaign*, p. 157.
13 ibid., p. 90.
14 ibid.
15 M. Barthorp, *War on the Nile: Britain in Egypt and the Sudan 1882-1898*, Poole, 1984, p. 148.
16 Meredith(ed.), *Omdurman Diaries*, p. 60.
17 ibid., p. 91.
18 Frank Emery, *Marching over Africa" Letters from Victorian Soldiers*, London, 1986, p. 164.
19 E. N. Spiers(ed.), *Sudan: The Reconquest Reappraised*, London, 1998, p. 60.
20 Meredith(ed.), *Omdurman Diaries*, p. 91.
21 ibid., pp. 92-3.
22 Spiers(ed.), *Sudan: The Reconquest Reappraised*, p. 61.
23 ibid., p. 60.
24 Emery, *Marching over Africa*, p. 164.
25 Meredith(ed.), *Omdurman Diaries*, p. 91.
26 Spiers(ed.), *Sudan: The Reconquest Reappraised*, p. 60.
27 Meredith(ed.), *Omdurman Diaries*.
28 Emery, *Marching over Africa*, p. 164.
29 Spiers(ed.), *Sudan: The Reconquest Reappraised*, p. 60.
30 Churchill, *The River War*, p. 437.
31 John Pollock, *Kitchener*, London, 1998, p. 123.
32 ibid., p. 120.
33 Isat Zulfu, *Kerrari - the Sudanese Account of the Battle of Omdurman*, trans. P. Clark, London, 1973, p. 115.
34 Norman Dixon, *On the Psychology of Military Incompetence*, London, 1976, p. 100.
35 Churchill, *The River War*, p. 63.
36 Emery, *Marching over Africa*, p. 168.
37 Churchill, *The River War*, p. 102.

38 Zulfu, *Kerrari*, p. 153.

39 T. Brighton and D. N. Anderson, *The Last Charge - The 21st Lancers and the Battle of Omdurman*, 2 September 1898, London, 1998, p. 60.

40 Churchill, *The River War*, p. 109.

41 Winston S. Churchill, *My Early Life*, London, 1930, p. 181.

42 Brighton and Anderson, *The Last Charge*, p. 61.

43 Churchill, *The River War*, p. 115.

44 Meredith(ed.), *Omdurman Diaries*, p. 183.

45 ibid., p. 185.

46 Brighton and Anderson, *The Last Charge*, p. 63.

47 Meredith(ed.), *Omdurman Diaries*, p 186.

48 Spiers(ed.), *Sudan: The Reconquest Reappraised*, p. 70.

49 Meredith(ed.), *Omdurman Diaries*, p 170.

50 ibid.

51 ibid., p. 187.

52 ibid.

53 Churchill, *My Early Life*, p. 187.

54 ibid., p. 188.

55 Brighton and Anderson, *The Last Charge*, p. 79.

56 Churchill, *My Early Life*, p. 189.

57 Brighton and Anderson, *The Last Charge*, p. 91.

58 Churchill, *My Early Life*, pp. 189-90.

59 Brighton and Anderson, *The Last Charge*, p. 91.

60 ibid., p. 87.

61 Churchill, *The River War*, p. 136.

62 Peter Harrington and Frederick A. Sharf(eds.), *Omdurman 1898: Eyewitnesses Speak*, London, 1998, p. 128.

63 Brighton and Anderson, *The Last Charge*, p. 92.

64 Pollock, *Kitchener*, p. 138.

65 ibid.

66 ibid.

67 Zulfu, *Kerrari*, p. 222.

68 Pollock, *Kitchenger*, p. 141.

69 ibid.

지은이

마이클 애셔 Michael Asher

영국의 작가이자 탐험가이며, 영국왕립문학협회 회원이다. 리즈Leeds 대학교에서 영문학을 공부했다. 세계 최고의 특수부대 중 하나로 꼽히는 SAS(Special Air Service)에서 복무했으며, 3년간 수단에서 베두인과 함께 살며 아랍의 언어와 문화를 익혔고, 이후로 7년을 더 거주했다. 북아프리카의 여러 사막을 걸어서 탐험한 공로를 인정받아 영국왕립지리학회의 네스 상(Ness Award), 영국왕립스코틀랜드지리학회의 뭉고파크 메달(Mungo Park Medal)을 수상했다.

작품으로는 사하라 사막 횡단 경험을 담은 *Impossible Journey: Two Against the Sahara*(1988), '아라비아의 로렌스'로 유명한 로렌스 대령의 전기인 *Lawrence: The Uncrowned King of Arabia*(1998), 걸프전 당시 영국군 SAS의 실제 작전 수행 과정을 현장에서 치밀하게 조사해 결국 영국 국방부가 기존 공식 입장을 바꾸게까지 한 *The Real 'Bravo Two Zero': The Truth Behind 'Bravo Two Zero'*(2002), 제2차 세계대전 당시 롬멜을 제거하려는 영국군의 특수작전을 다룬 *Get Rommel: The British Plot to Kill Hitler's Greatest General*(2004) 등 역사서 14권, 특수부대를 소재로 한 *Death or Glory*(2009) 시리즈 등 소설 7권, 그리고 TV 다큐멘터리 6편이 있다.

옮긴이

최필영

육군사관학교를 졸업하고, 한국외국어대학교 국제지역대학원에서 공부했다. 2003년 9월부터 2004년 4월까지 한국군 건설공병지원단 통역 장교로 이라크와 쿠웨이트에서, 2006년 11월부터 2008년 5월까지 UN Mission in Sudan(UNMIS)의 Military Observer와 Military Training Cell 교관으로 수단에서 근무했다. 현장 경험을 바탕으로 수단 내전의 원인과 실상을 다룬 번역서 『수단 내전』(2011)을 출간했고, 남수단 분리와 독립의 최대 쟁점인 아비에이(Abyei) 문제를 다룬 「아비에이 문제의 원인과 전망」(『아프리카연구』 제30호, 2011년) 등 아프리카 연구 논문 2편을 발표하였다. 현재 육군 소령으로 복무 중이다.

카르툼

대영제국 최후의 모험

1판 1쇄 펴낸날 2013년 12월 17일

지은이 | 마이클 애셔
옮긴이 | 최필영
펴낸이 | 김시연

펴낸곳 | (주)일조각
등록 | 1953년 9월 3일 제300-1953-1호(구 : 제1-298호)
주소 | 110-062 서울시 종로구 경희궁길 39
전화 | 734-3545 / 733-8811(편집부)
733-5430 / 733-5431(영업부)
팩스 | 735-9994(편집부) / 738-5857(영업부)
이메일 | ilchokak@hanmail.net
홈페이지 | www.ilchokak.co.kr

ISBN 978-89-337-0672-5 03390
값 30,000원

* 이 도서의 국립중앙도서관 출판시도서목록(CIP)은
e-CIP홈페이지(http://www.nl.go.kr/ecip)와
국가자료공동목록시스템(http://www.nl.go.kr/kolisnet)에서
이용하실 수 있습니다.
(CIP제어번호 : CIP2013026241)